# 生物质水解转化酯类燃料及化学品

雷廷宙　林　鹿　王志伟　著

科 学 出 版 社

北　京

## 内 容 简 介

本书较为全面系统地介绍了生物质基酯类燃料及与其相关联的平台化合物（如乙酰丙酸、糠醛、糠醇、5-羟甲基糠醛等）的研究进展情况，并对酯类燃料进行综合评价。全书共6章，包括概述、生物质基乙酰丙酸的制取技术、生物质基乙酰丙酸酯类燃料制取技术、乙酰丙酸中间产物化学品制取技术、酯类车用替代燃料的复配技术和生物质水解转化酯类燃料及化学品的综合评价等。

本书可作为生物质能源、化学化工、全生命周期评价等领域高等院校和科研机构科研工作者和研究生的参考书，也可作为相关行业专业技术人员的参考资料。

**图书在版编目（CIP）数据**

生物质水解转化酯类燃料及化学品/雷廷宙，林鹿，王志伟著. —北京：科学出版社，2019.6

ISBN 978-7-03-060054-7

Ⅰ. ①生… Ⅱ. ①雷… ②林… ③王… Ⅲ. ①生物质－转化－酯－生物燃料－研究 Ⅳ. ①TK63

中国版本图书馆CIP数据核字（2018）第285818号

责任编辑：刘翠娜 孙 曼／责任校对：杨 赛
责任印制：徐晓晨／封面设计：蓝正设计

科 学 出 版 社 出版
北京东黄城根北街16号
邮政编码：100717
http://www.sciencep.com
北京虎彩文化传播有限公司 印刷
科学出版社发行 各地新华书店经销
*
2019年6月第 一 版 开本：787×1092 1/16
2021年4月第三次印刷 印张：22 1/2
字数：533 000

**定价：168.00元**

# 序

早在原始社会，人类就以“钻木取火”的方式使用生物质。随着社会的不断发展进步，生物质能的开发利用成为当今工业化进程的必然要求，能源和化学品的消耗使生物质的研究受到国际社会的广泛关注。据统计，生物质的年储能量约是世界主要燃料消耗量的 10 倍，而作为能源利用的还不足 1%，未被利用的生物质多以自然腐朽分解和人为燃烧的方式将能量和碳资源返回到自然界中，造成了能量和资源的极大浪费，同时也给自然环境增添了负担。近十年来，我国石油进口量逐年攀升，2017 年我国进口原油 4.2 亿 t，对外依存度为 67.4%，2018 年我国原油对外依存度高达 72.3%，远超国际石油安全的警戒线。党的十九大报告指出，推进绿色发展，推进能源生产和消费革命，构建清洁低碳、安全高效的能源体系。因此，通过生物质能源转换技术生产清洁燃料、电力、化学品等，可以减少对化石能源的依赖，缓解能源和环境压力。

乙酰丙酸（酯）及其衍生物能够由生物质类纤维素和半纤维素转化获得，含有酮基、羧基、醛基等高反应活性官能团，是合成高附加值化学品的平台化合物，在燃料、材料、医药、农药、化妆品、涂料、橡胶和表面活性剂等方面有广阔的应用前景。此外，乙酰丙酸乙酯还可以作为一种新型的液体燃料添加剂，因为其和生物柴油性质相似，所以以适当比例添加在汽油或柴油中时，可使汽/柴油的燃烧更加环保。$\gamma$-戊内酯作为一种潜在的平台化合物，可用于食品添加剂、有机中间体、润滑剂、增塑剂、药品和黏合剂等，也是一种重要的绿色环保的汽/柴油添加剂，可由纤维素或半纤维素经催化降解得到，在此过程中，$\gamma$-戊内酯保留有适当的官能团，被用作树脂溶剂及各种有关化合物的中间体，制备其他碳基化学品、材料及液体燃料等，具有无毒、可生物降解的特性，被认为是最具应用前景的生物质基平台化合物之一。因此，利用生物质制备酯类燃料及化学品，具有重要的社会和环境意义。

生物质水解转化制备酯类燃料及化学品是一种安全、温和、稳定的生物质利用方式。生物质首先在催化剂的作用下，得到一系列的糖类化合物，再经水解、酯化、醇解、加氢、脱水等过程获得目标产物，反应路径简单，过程安全温和。在《生物质水解转化酯类燃料及化学品》一书中，详细介绍了生物质水解转化制备燃料和化学品的发展现状，从生物质的预处理出发，重点介绍生物质水解的方法研究、催化剂研究、动力学研究和产物分离研究等内容，阐明了生物质水解转化过程中的反应机理，所得产物以乙酰丙酸、乙酰丙酸酯和 $\gamma$-戊内酯为主，糠醛、糠醇、5-羟甲基糠醛、甲基四氢呋喃和脂肪族类液体燃料为辅，提出酯类燃料与汽/柴油复配技术，并对生物质制备酯类燃料进行了全生命周期评价。

该书的出版有助于加深生物质研究领域的学生和学者对生物质水解技术的理解，也将拓展他们在酯类燃料领域的知识见解，为进一步推动生物质化学化工的发展提供理论支撑，也为生物质的理论研究与应用探索之间架起了一座桥梁。

中国工程院院士

# 前　　言

生物质来源于光合作用，具有清洁可再生的优点，是目前可再生能源中唯一可转化为固态、液态和气态燃料的碳资源，同时还能燃烧供热、发电和转化为高附加值化学品。生物质能是仅次于石油、天然气和煤炭的第四大能源，是当今人类社会发展赖以生存的重要能源。我国生物质资源丰富，理论储量在50亿t左右，主要有农作物秸秆及农产品加工剩余物、林业剩余物、生活垃圾、有机废水和能源植物等，可作为能源化利用的约合4.6亿t标准煤。因此，相关部门对生物质能的利用极为重视，已连续多次将生物质能利用技术研究列入国家重点攻关项目，如大中型沼气工程、生物质成型燃料、生物质液体燃料、生物质气化与气化发电等，并相继取得了一系列成果。

生物质的三大组分为纤维素、半纤维素和木质素，通过水解、醇解等过程将其转化为乙酰丙酸和$\gamma$-戊内酯等平台化合物，这些平台化合物可以通过酯化、卤化、加氢、氧化脱氢、缩合等方式制取高品位的酯类燃料，同时还可联产高附加值化学品。随着生物质能源化工的发展，化石基产品将逐步被替代，以期能有效缓解能源危机和环境污染问题，维护国家能源安全和可持续发展战略。

为推动生物质能源领域的技术进步，反映生物质液体燃料的研究进展，作者较全面地收集了本领域的有关资料，结合作者近年来的研究成果，著成了《生物质水解转化酯类燃料及化学品》一书。全书共6章，首先从生物质能的发展和前景入手，详细介绍了生物质基液体燃料和化学品的研究现状。第2章到第4章着眼于酯类燃料的制备技术，包括水解、醇解、酯化等过程，分别介绍了乙酰丙酸、乙酰丙酸酯、$\gamma$-戊内酯、糠醛、糠醇等平台化合物的制备方法、原理以及反应动力学。第5章则是以酯类燃料的复配技术为主，介绍了酯类化合物与汽/柴油形成复配燃料的理化特性、动力性、经济性和排放性能。最后，第6章在前几章内容的基础上，对生物质水解转化酯类燃料及化学品进行综合评价，详细介绍了生命周期评价理论和分析方法。其中，第1章由雷廷宙研究员、王志伟研究员和关倩副研究员负责撰写，第2章由雷廷宙研究员和徐海燕副研究员负责撰写，第3章和第4章由林鹿教授、徐海燕副研究员、关倩副研究员和曾宪海教授负责撰写，第5章由雷廷宙研究员和王志伟研究员负责撰写，第6章由王志伟研究员负责撰写。

在本书成稿之际，首先感谢河南省生物质能源重点实验室里诸多同事的支持和鼓励。同时也非常感谢863计划“木质纤维素水解生产柴油代用燃料技术研究”（2007AA05Z404）和“生物质水解制备乙酰丙酸燃料关键技术”（2012AA051802）等项目在研究领域提供的经费资助，保证了本书研究的正常开展。最后，诚挚感谢陈高峰、辛晓菲、杨淼、张孟举、安亮亮、齐天、李学琴、杨延涛等在文献资料收集、插图编排和文字校对上所提供的大力帮助。

生物质水解转化酯类燃料及化学品是一个正在迅速发展的新领域，由于作者水平有限，本书可能还存在一些疏漏和不足，希望相关专家和读者批评指正，以便再版时能进一步修正和完善。

著　者

2019年1月于郑州

# 目录

序
前言
第1章 概述……1
1.1 生物质能及其发展……1
1.1.1 生物质能定义及概述……1
1.1.2 生物质能技术领域及应用……1
1.1.3 生物质能发展前景……6
1.2 生物质基液体燃料及其发展……10
1.2.1 生物质基液体燃料研究发展背景……10
1.2.2 生物质基乙酰丙酸及酯类燃料研究现状……15
1.2.3 生物质基液体燃料的发展及前景……25
1.3 生物质基化学品研究……34
1.3.1 糖基化学品及其衍生物……34
1.3.2 淀粉基精细化学品……37
1.3.3 纤维素及其衍生物……45
1.3.4 半纤维素及其衍生物……50
1.3.5 木质素及其衍生物……52
参考文献……55
第2章 生物质基乙酰丙酸的制取技术……67
2.1 生物质原料组成……67
2.1.1 纤维素……68
2.1.2 半纤维素……69
2.1.3 木质素……70
2.2 乙酰丙酸的制备方法……71
2.2.1 糠醇催化水解法……71
2.2.2 生物质直接水解法……73
2.2.3 两种乙酰丙酸合成方法对比……75
2.3 水解原料预处理技术研究……76
2.3.1 物理法……77
2.3.2 化学法……78
2.3.3 物理化学法……80
2.3.4 生物法……81
2.4 纤维素水解技术……81
2.4.1 无机酸水解……82
2.4.2 有机酸水解……84
2.4.3 固体酸催化水解……85

2.4.4 酶水解……85
2.4.5 超临界水解……86
2.4.6 离子液体水解……86
2.5 生物质水解制乙酰丙酸技术原理……87
2.5.1 纤维素水解为葡萄糖……87
2.5.2 葡萄糖水解制 HMF……88
2.5.3 HMF 转化为乙酰丙酸……89
2.6 生物质水解制乙酰丙酸反应研究……89
2.6.1 均相催化剂催化生物质制备乙酰丙酸……89
2.6.2 固体酸催化生物质制备乙酰丙酸……91
2.6.3 有机溶剂体系中生物质制备乙酰丙酸……92
2.6.4 离子液体催化生物质制备乙酰丙酸……93
2.7 生物质水解反应动力学研究……93
2.7.1 纤维素水解反应动力学……94
2.7.2 半纤维素水解反应动力学……95
2.8 水解产物的分离和提纯技术……97
2.8.1 减压蒸馏……97
2.8.2 溶剂萃取和反应萃取……97
2.8.3 吸附与离子交换……99
2.8.4 活性炭吸附法……100
参考文献……100
**第 3 章 生物质基乙酰丙酸酯类燃料制取技术……108**
3.1 乙酰丙酸酯化法……108
3.2 单糖及多糖制备乙酰丙酸酯技术……110
3.2.1 葡萄糖的催化转化……110
3.2.2 果糖的催化转化……118
3.2.3 多糖的催化转化……123
3.3 纤维素制备乙酰丙酸酯技术……126
3.3.1 纤维素结构及性能……126
3.3.2 纤维素的催化转化技术……130
3.4 生物质制备乙酰丙酸酯技术……138
3.4.1 生物质制备乙酰丙酸酯的研究……138
3.4.2 生物质制备乙酰丙酸酯技术路径……139
3.5 $\gamma$-戊内酯的制备技术……145
3.5.1 乙酰丙酸(酯)加氢合成 $\gamma$-戊内酯的研究……146
3.5.2 $\gamma$-戊内酯的应用研究……155
参考文献……162
**第 4 章 乙酰丙酸中间产物化学品制取技术……171**
4.1 愈创木酚和紫丁香醇及其制取技术……171
4.1.1 愈创木酚及其制取技术……171
4.1.2 紫丁香醇及其制取技术……174

4.2　糠醛与糠醇的制取技术 ……175
4.2.1　糠醛及其制取技术 ……175
4.2.2　糠醇及其制取技术 ……187
4.3　5-羟甲基糠醛的制取技术 ……199
4.3.1　5-羟甲基糠醛合成的催化反应体系 ……199
4.3.2　5-HMF 合成的溶剂体系 ……205
4.3.3　催化转化糖类化合物合成 5-HMF 的反应机理 ……208
4.3.4　5-HMF 合成的影响因素 ……209
4.4　甲基四氢呋喃的制取技术 ……211
4.4.1　甲基四氢呋喃的研究进展 ……212
4.4.2　不同催化剂对合成 2-甲基四氢呋喃及其中间产物的影响 ……215
4.5　脂肪族类液体燃料 ……219
参考文献 ……223
**第 5 章　酯类车用替代燃料的复配技术** ……232
5.1　酯类柴油燃料的理化特性 ……232
5.1.1　互溶性与低温流动性 ……234
5.1.2　雾化及蒸发性 ……237
5.1.3　氧化安定性 ……250
5.1.4　发火性与热值 ……252
5.1.5　防腐性与洁净性 ……258
5.2　酯类燃料动力性、经济性和排放性 ……272
5.2.1　醇类复配燃料 ……272
5.2.2　$\gamma$-戊内酯柴油复配燃料 ……285
5.2.3　乙酰丙酸酯类复配燃料 ……290
5.3　酯类汽油燃料的理化特性 ……299
5.3.1　互溶性 ……302
5.3.2　密度 ……303
5.3.3　低位热值 ……304
5.3.4　馏程 ……304
5.3.5　氧化安定性 ……304
5.4　酯类汽油燃料在点燃式内燃机上的使用特性 ……305
5.4.1　内燃机常用运行参数基本概念 ……305
5.4.2　混合燃料使用特性 ……308
5.5　酯类燃料配方技术 ……314
5.5.1　配方优选方法 ……314
5.5.2　配方优选技术 ……317
5.5.3　配方优选验证 ……320
参考文献 ……320
**第 6 章　生物质水解转化酯类燃料及化学品的综合评价** ……323
6.1　生命周期评价理论概述 ……323
6.1.1　生命周期评价理论 ……323

6.1.2　生命周期评价的技术框架……323
6.1.3　环境、能源和经济因素确定……324
6.1.4　生命周期分析软件……325
6.2　生物质水解转化酯类燃料及化学品生命周期分析……327
6.2.1　能源与环境分析……327
6.2.2　经济性分析……343
6.3　小结……348
参考文献……348

# 第1章　概　　述

## 1.1　生物质能及其发展

### 1.1.1　生物质能定义及概述

生物质是指生物通过土地、水、大气等生长而来的有机物质，它包括植物通过光合作用而产生的木质产物及动物和微生物产生的其他各种有机体组织。生物质有广义和狭义之分。广义的生物质范畴为一切动物、植物、微生物及它们在成长过程中产生的废弃物，有代表性的生物质如农作物及其废弃物、林业及其废弃物、动物粪便等；狭义的生物质主要是指农林业生产过程中除粮食、果实以外的秸秆、树木等木质纤维素，农产品加工业下脚料，农林废弃物及畜牧业生产过程中的禽畜粪便和废弃物等物质[1]。

生物质能是通过生物把太阳能经有机合成转变为化学能，即将能量储存于生物质内的表现形式。生物质能最基本的合成途径是绿色植物的光合作用，通过光合作用产生的生物质又可加工转变为固态、液态及气态燃料。生物质能作为世界第四大能源，与传统能源的煤炭、石油和天然气不同，可大量地再生。

生物学者的统计研究显示，地球绿色植物每年经光合作用合成的生物质约有 1730 亿 t，其中，地球陆地上的生物质产量高达 1000 亿～1250 亿 $t \cdot a^{-1}$，海洋的生物质产量高达 500 亿 $t \cdot a^{-1}$[2]。这些生物质如果全部转化为生物质能，可以达到全球能源总消耗量的数十倍。可见生物质能每年的供给量已经远远超过全世界能源总需求，目前，全球能源消耗平均每年以 3%的速度递增，随着化石能源资源的逐年减少，生物质能资源巨大的市场潜力凸显出来，在经历了多次世界性石油危机之后，国际上对生物质能的关注和利用达到了一个新高度。

### 1.1.2　生物质能技术领域及应用

1. 生物质能技术领域

生物质能利用技术可分为生物质发电和供热、液体燃料、气体燃料和成型燃料等（图 1-1）。生物质能在六种可再生能源技术中占有重要的地位，是一种可以收集、储存、运输的，最接近常规化石燃料的可再生能源，在推动低碳经济发展的过程中显示出独特的优势和广阔的发展空间。

作为世界第四大能源，生物质能对温室气体减排和环境保护发挥越来越重要的作用。生物质能技术的发展对促进能源结构优化、保障能源安全、稳定能源价格、维护能源市场正常秩序、节能增效、推动建立可持续发展型能源生产方式和消费模式、有效扩大内需、增加社会就业、优化区域环境、提高农村地区人民生活水平都有着重要的作用。以固体成型燃料为例，现今，各种成型设备已经实现自动化或半自动化生产，不会产生

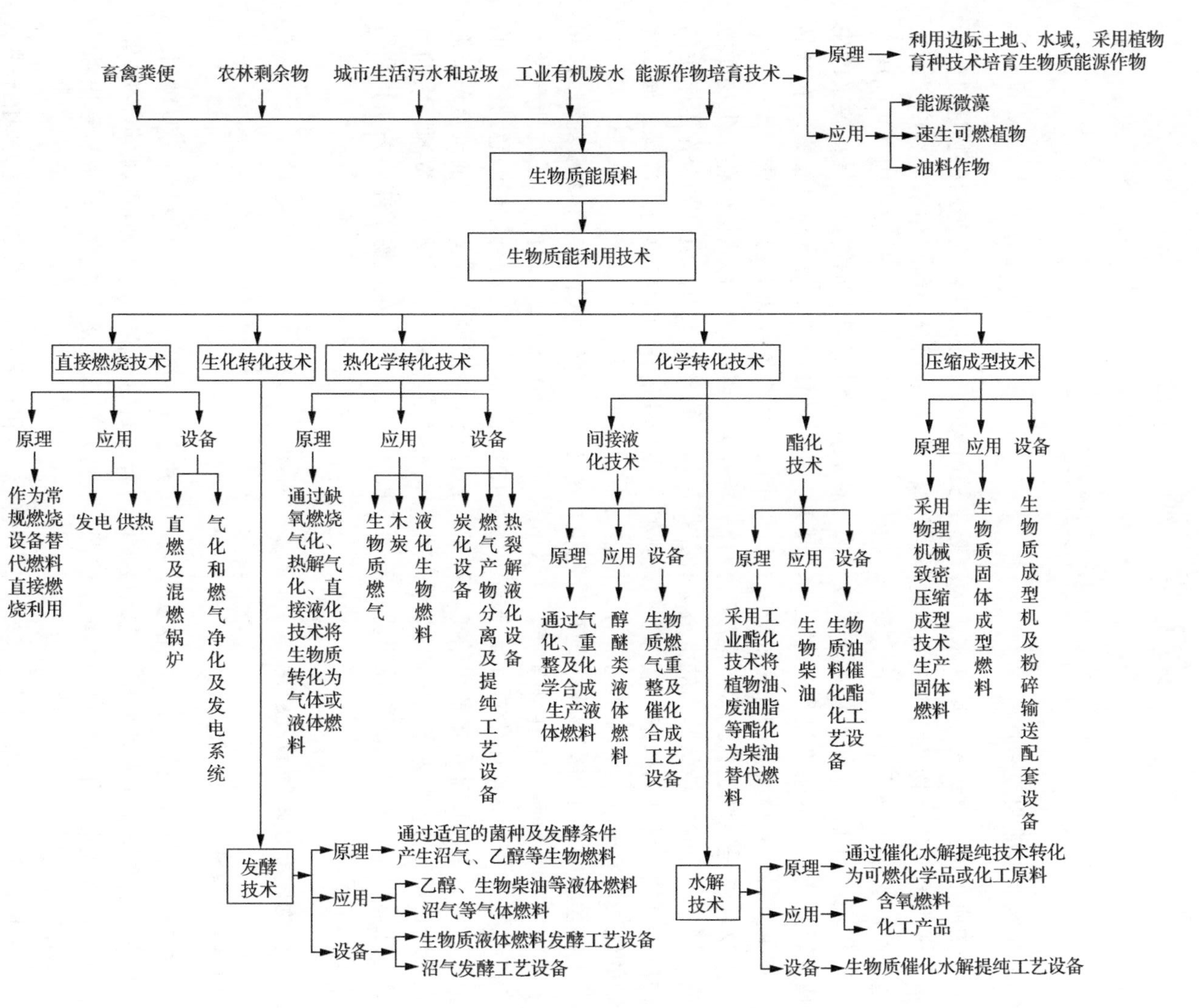


图 1-1　生物质能利用技术构成

有害体或污染物，从生产到运输均具有较高的可靠性与安全性。并且，随着技术的不断进步，成型设备的主要工作部件使用寿命也越来越长，设备生产及稳定性也越来越可靠。目前，液压式成型机易损件的使用寿命已达1000h以上，改进后的块状环模成型机的模具寿命可达800h以上，粉碎与成型单位产品能耗也降至60kW·h·t$^{-1}$以下。生物质成型燃料燃烧后的灰尘及排放指标比煤低，可实现$CO_2$、$SO_2$降排，减少温室效应，有效地保护生态环境。生物质成型燃料进入规模化生产后，不仅环保效益明显，还可安排农民就业，增加收入，经济和社会效益同样显著[3]。

在热转化方面，生物质能可以直接燃烧或经过转换形成便于储存和运输的固体、气体和液体燃料，可用于以石油、煤炭及天然气为燃料的工业锅炉和窑炉中。随着生物质能源的现代化生产，很多国家面临的废弃物问题可以得到解决，人口增长带来的能源需求问题得到缓解。欧洲一些国家把生物质能技术主要用于燃料和发电，目的是将生物质作为石油和煤的替代燃料。以农作物秸秆为例，秸秆加工设备、锅炉、热风炉、发电设备等都已产业化，同时把秸秆出口到中东一些国家。而美国将秸秆作为重要的工业原料或饲料加工和出口，加工过程实现了全程机械化或工厂化，秸秆在田间的收集方式主要是“秸秆打捆”技术[4]。纵观全球生物质能发展过程，大体呈现出多元化、综合化、规模化的趋势：燃料乙醇作为生物能源战略重点产业，规模持续发展壮大，作为生物燃料产业的发展基础，原料、生产和利用技术趋于多元化。以纤维素乙醇为主的第二代生物燃料产业化成为技术研发重点，生物质能转化的技术研发力度加大；部分技术已实现或初步实现产业化，一些前沿性技术在形成一定规模的基础上，进入中试或者产业化初级阶段[5]。

生物质能的应用方式及技术构成较为复杂，可通过液体燃料、固体燃料、燃烧发电、气化供气等多种方式实现应用，技术手段包括热化学转化、生化转化、化学(催化)转化、物理转化(压缩成型)、直接燃烧等，形成的能源产品形式多种多样[6](图1-1)。

### 2. 生物质能应用现状

生物质能应用十分广泛，在工业、农业、制造业等领域，电机发电、供暖、锅炉、日常生活等方面都发挥着重要的作用。生物质能还在纺织、印染、造纸、食品、橡胶、塑料、化工、医药等工业产品加工工艺过程中扮演了重要的角色。现阶段，生物质能的重要研究方向是将可再生的生物质通过处理使其得到高品位的利用，以替代化石能源，因此生物质能的发展前景广阔。同时，由于生物质燃料含硫量和含氮量低，配套专用锅炉可以达到很高的清洁燃烧水平，一般只需要适当除尘即可达到天然气的锅炉排放标准，是国际公认的可再生清洁能源，不会因为大力发展而对环境产生负面的影响[7]。

生物质能以技术与方法作为其不断发展的动力，在原材料来源基本固定的情况下，改善加工工艺和简化处理工程将是需要花费一定时间研究的课题。因此，立足于国内外生物质能技术发展现状，解决中国生物质能技术发展中的技术问题尤为关键。例如，中国生物质能技术的发展必须进行工程化研究，发展市场应立足于农村，同时需要国家的产业政策支持等。但生物质能也存在一些局限性，例如，生物质成型设备磨损部位材料的快速磨损问题、热处理工艺、运行参数试验优化、生产系统中的可靠性等关键技术问题需进一步突破，这是最终实现成型燃料产业化所要突破的技术瓶颈[8]。

随着经济全球化的不断发展，世界煤炭、石油资源被大量使用，随之而来的是全球气温升高，煤炭、石油价格高涨等负面影响，因此，发展生物质能越来越成为全球各个国家的战略性目标。随着规模化农林产业的发展，在生产和加工过程中产生的农林废弃物也越来越多。目前虽然开发和利用农林废弃物等生物质已经引起了人们的广泛关注，但是在很多地方，处理农林废弃物的方法仍然是焚烧和填埋等[9]，农林废弃物的利用率普遍较低。制取生物质液体燃料是目前农林废弃物利用的主要方式之一，因此，有效提高液体燃料产品的品质就成了提高农林废弃物利用率的主要方法。我国针对实际情况，制定了财政补贴、税收减免、优惠贷款、用户补助等一系列扶持政策。从资源状况、国内外技术发展水平来看，目前和今后的一段时间，生物质液体燃料、成型燃料和沼气将是发展较快、应用较广的生物质能源，以高附加值的液体燃料和化学品为目标产物的转化过程将显现出强的生命力。

中国与世界其他国家相比，具有独特的优势，幅员辽阔，并且生物质资源丰富、种类繁多，分布在全国各个省区，具有广阔的发展空间。目前，我国生物质能的发展也具备了一定的规模，并积累了一些经验，有的已经进入产业化阶段。以秸秆综合利用为资源价值的生物质能装备及相关产业，是一种具有可再生性和广泛应用性特征的绿色能源“富矿”[10]。

### 3. 生物质能发展优势

生物质能有很多与生俱来的特性，与传统能源相比，具有可再生、清洁低碳、可替代、原料丰富等优势。

生物质是由太阳能到化学能的植物承载体，从这个角度看，绿色植物通过光合作用产生的有机化合物将直接储存在生物体内部。由于太阳能源源不断地输送到地球，有生命的植物也将不断地产生新的生物质，生物质能与风能、太阳能无差别地实现了能源的永续利用。我国农林业和畜牧业都是生物质能来源的重要途径，农林产品加工制成可持续利用的生态产品，不仅解决了能源供给问题，还能有效减少农林废弃物的堆积对环境产生的负面影响。不同生物具有生物多样性，具有不同储存形式的生物质能可作为能源可持续发展的稳定来源，不仅如此，由太阳能转化成的化学能来源于自然，消耗于自然，可被环境降解，因此生物质能对资源环境的发展起到了推动和促进作用。

生物质的主要形式为有机化合物，这种新能源中的有害物质含量很低，属于清洁能源。同时，生物质能的转化过程是通过绿色植物的光合作用将二氧化碳和水合成生物质，生物质能的使用过程又生成二氧化碳和水，形成二氧化碳的循环排放过程，能够有效减少二氧化碳的净排放量，降低温室效应。生物质能的开发过程并不影响原有的生态效益和经济效益的发挥，而是通过采集生产剩余物，实现高效率的能源转化。另外，生物质能的发展还可以带动我国广大宜林荒山荒沙地种植能源林，既不占用耕地，又可以恢复植被；并且以灌木为主的能源林收割后还能自然萌生更新，是能源建设和生态建设的最佳结合。从一个国家或地区的角度来看，生物质能是林业管理和土地利用总系统中的重要组成部分，可以对林业和能源产业同时起到促进作用。因此，生物质能的开发将成为农业、林业等方面可持续经营和管理的一项基本动力。

生物质资源丰富，分布广泛。世界自然基金会预计，全球生物质能潜在的可利用量达 $350EJ \cdot a^{-1}$(约合 82.12 亿 t 标准油，相当于 2016 年全球能源消耗量的 62%)。另外，根据我国《可再生能源中长期发展规划》统计，目前我国生物质资源每年可转换为能源的潜力约 5 亿 t 标准煤，今后随着造林面积的扩大和经济社会的发展，我国生物质这种新能源每年转换的潜力可达 10 亿 t 标准煤。在传统能源日渐枯竭的背景下，生物质能源是理想的替代能源，是继煤炭、石油、天然气之后的新能源[11]。

4. 生物质能来源途径

生物质能主要来自以下途径：农作物秸秆和农业加工剩余物、薪材及林业加工剩余物、禽畜粪便、工业有机废水和废渣、城市生活垃圾和能源植物。通过特定的设备将这些原料转换为高品位能源，如液体燃料、固体成型燃料、气体燃料和电能，在这些不同形式的生物质能中，生物质液体燃料因其特殊的合成工艺和广泛的应用领域，越来越受到人们的关注，其研究技术也将是中国未来发展生物质能所面临的重要课题。通过生物质资源生产的燃料乙醇和生物柴油，替代由石油制取的汽油和柴油，是可再生能源开发利用的重要方向。

我国生物质能资源十分丰富，涵盖了农业剩余物、林业剩余物、城市固体生活垃圾、畜禽粪便、污水、能源作物等。仅农业剩余物年产量达 8 亿多吨，可作为燃料利用的约 4 亿 t，折合约 2 亿 t 标准煤，林业剩余物中每年可作为燃料利用的约 3 亿 t，折合 1.5 亿多吨标准煤，即农业和林业剩余物可利用量总计折合约 3.5 亿多吨标准煤；与此同时，目前我国仅城市固体垃圾年产量就有 2 亿 t，随着城镇化的发展和城镇率的提升，预计 2020 年达 3 亿 t 以上；加上能源作物和有机废弃物等生物质资源，每年约 5 亿 t 标准煤可作为能源利用[9]。

目前，我国以秸秆原料为代表的生物质资源的收集主要有三种方式。第一种是农民分散送厂，这种方式虽然一次性投资较少，但是运输成本高，供料不稳定；第二种是在农村建立原料收购点，这种方式虽然运输成本有所降低，供料也相对稳定，但是一次性投资较高；第三种是加工企业直接收集，这种方式虽然运输成本低，供料稳定性最好，但是一次性投资也是最高的，并且干燥成本及对交通条件的要求都比较高。以上三种收集原料的方式虽然可以适用不同规模的生物质原料加工厂，但是在实际操作过程中，要考虑投资资金、利润收益、当地民情、政策扶持、技术工艺管理等多方面的因素，并且实际运行过程中不如理论分析的效果那么理想，存在着多种多样的问题。因此，生物质原料的收集是制约成型燃料技术发展的瓶颈，不过生物质原料的收集技术发展将经历一个由不成熟走向成熟的过程，根据产业生命周期理论，生物质原料收集技术的发展过程可分为形成期、成长期和成熟期。

总的来说，充足的原料资源是实现生物质能规模化生产的前提条件。我国森林资源、禽畜粪便、工业有机垃圾、城市生活垃圾、能源植物总量丰富，具有很大的开发利用潜力。生活中所用的能源系统在发挥其基本的经济功能和生态功能的同时，仍有大量的剩余物产出，成为目前相对经济和容易获取的原料资源。并且，随着生物质能产业的发展，原料收集技术也会越来越成熟，为未来生物质原料来源提供有力保障。

### 1.1.3 生物质能发展前景

1. 国外生物质能发展现状

生物质能的研究始于20世纪30年代，日本、美国开始研究应用机械驱动活塞式成型技术和螺旋式生物质能成型技术；70年代，欧洲一些国家，如意大利、丹麦、法国、德国、瑞士等，也开始重视生物质液体燃料技术的研究，并研制、生产出相应设备[12]；80年代，泰国、印度、菲律宾等亚洲国家研制出了加黏结剂的生物质成型机，并建立了生物质固化、液化、气化等专业生产厂。历经80多年的发展，现今这项技术逐步成熟，已进入大范围规模化、产业化应用阶段。

自20世纪70年代的“石油危机”后，生物质能的开发利用引起了世界各国政府和科学家的关注，欧美等发达国家和地区将发展生物质产业作为一项重大的国家战略推进，纷纷投入巨资，进行生物质能的研发。国外生物质能源化利用技术领域主要包括液体燃料、生物质燃气、成型燃料及发电、藻类等能源植物培育与能源转化等。2016年，全球生物燃料总产量为8231万t油当量，其中，美国占比43.5%，巴西占比22.5%，欧洲占比约16%。2016年，全球生物质液体燃料产量中，生物柴油产量约为3280万t，乙醇产量为7915万t；沼气产量约为600亿$m^3$，其中，德国沼气年产量超过200亿$m^3$；全球500个大型沼气厂的热量年产出为500亿MJ；生物质成型燃料生产量约3500万t，其中，德国、瑞典、芬兰、丹麦、加拿大、美国的生产量占总量的50%以上；生物质发电累计装机容量约为1.1亿kW，当年(2016年)生物质能发电量近5000亿kW·h，占总发电量的2%，在可再生能源发电中仅次于水能和风能的发电量，全球生物质能发电装机容量已超过5000万kW，可替代9000多万吨标准煤，其中，美国生物质能发电总装机容量超过1万MW，占美国可再生能源发电总装机容量的40%以上[13]。生物质能持续发展，有助于满足一些国家日益增长的能源需求，实现环境和生态改善的目标。然而，生物质能行业也面临诸多挑战，尤其是源于低油价、低煤价及一些市场政策不确定性的挑战。

生物质能的开发与应用在世界重大研究课题中占有越来越大的分量，在全球能源结构的优化中扮演了极其重要的角色。世界各国政府与研究学者把生物质能发展计划提升到战略决策地位。在全球具有模板意义的有印度的“绿色能源工程”、美国的“能源农场”、日本的“阳光计划”和巴西的“酒精能源计划”等，这些计划着重强调了生物质能在其国家发展中的中流砥柱作用。许多国家已经注重对生物质能技术研发的投资，并实现了商业和产业化运营模式，其中，美国、瑞典已经对生物质能进行了较充分的利用，能够把生物质能应用在军事、医疗、生活等方面，在其国家能源的战略部署中占有相当大的比例。美国生物质能发电的总装机容量已经到达一个全新的高度，超过$10^9$MW，单机容量就高达30MW；美国纽约的Staten垃圾处理站采用生物降解法将垃圾降解为沼气，不仅供应发电，还对农产肥料的供给提供了帮助。巴西是乙醇燃料开发应用最有特色的国家，实施了世界上规模最大的乙醇开发计划，乙醇燃料已经占该国汽车燃料消费量的50%以上。美国开发出利用纤维素废料生产乙醇的技术，建立了1MW的稻壳发电示范工程，年产乙醇2500t。

2. 国内生物质能发展现状

近几年，中国生物质能的发展卓有成效并取得了诸多研究成果，尤其是在生物质成型燃料和生物质燃油方面更是取得突破性的进展，其中，生物质燃油技术是利用农林业废弃物生产出高品质、高清洁度的生物质燃油，其生产工艺是用高温将生物质燃料转变成一氧化碳和氢气合成气，然后将合成气用管道送到合成塔，在催化剂和一定的温度、压力下合成航空煤油、汽油和柴油，生产出的生物质燃油不含硫、氮等污染物质，也不含重金属，是非常清洁的能源。

我国生物质能源化利用技术领域与发达国家大致相同，主要包括液体燃料、生物质燃气、成型燃料及发电技术等。近年来，我国“十一五”“十二五”“十三五”期间的可再生能源发展规划、生物质能发展规划纷纷重点支持生物质能源技术和产业的发展。预计到2020年，我国单位GDP碳排放量较2005年降低40%～45%；非化石能源占一次能源消费的比重达15%左右；到2030年，非化石能源占一次能源消费比重提高到20%左右；生物质能将在单位GDP碳排放量降低中发挥重要的作用，同时生物质能因独特的优势，将在新农村建设、美丽乡村建设、城镇化发展与能源利用和生态文明建设中发挥更加重要的作用。

近年来，我国消化吸收并自主研发了适合国情的生物质能技术，多数技术达到了国际先进水平。在先进生物质发电技术方面，研发了适合国情的生物质发电技术，开发了适合我国国情的农业生物质直燃电站成套的技术与设备；开发了小型高效生物质气化发电核心技术和热电联供、气电联供成套工艺和装置，建设了不同条件下的生物质气化发电及热电气联供示范工程。在生物质制备清洁燃料的关键技术与示范方面，建成了万吨级裂解生物油的生物质热裂解示范工程、年产千吨级生物质基含氧液体燃料及化学品的工程示范系统和万吨级生物质制备混合醇燃料示范工程，整体技术达到国际先进水平，为进一步拓展生物质能应用领域奠定了技术基础。在生物质燃料乙醇的制备及综合利用技术集成与示范方面，以能源作物和木质纤维素为原料，以生产生物质燃料乙醇为主，利用废渣和废液生产沼气、油脂等能源产品，同时联产建材、化学品和肥料等高附加值产品，具有较强的经济竞争优势，建设年产万吨级工业示范工程，形成清洁、高效、低成本的生物质能综合开发技术新体系。在新型能源藻的培育与能源产品转化技术方面，开发了能源藻的生物能源产业化关键技术，形成围绕能源藻的育种、大规模培养、能源化生产、航空燃油制备与应用模式、生物炼制等技术集成。在生物质低能耗固体成型燃料装备研发与应用方面，研制大规模、低能耗将原料预处理、粉碎、成型工艺组合集成为一体化、智能化的成型燃料生产设备，以乡镇为单位建立成型燃料厂，开发了适合我国国情的农作物秸秆成型燃料技术，建成了多个万吨级示范基地[14]。

2016年，我国燃料乙醇产能约230万t，年产量与产能基本相当，生物柴油产能达

300多万吨，年产量不足100万t；全国共有4000多万户用沼气池，规模化沼气工程10万多处，沼气理论年产量约200亿$m^3$，其中，规模化沼气工程年产气量50多亿立方米；生物质成型燃料生产总量约800万t；生物质发电并网装机容量近0.13亿kW，年发电量634.1亿kW·h，年上网电量542.8亿kW·h[15]，占非可再生能源总装机容量的5.1%、发电量的17%，低于风能和太阳能的发电量。我国生物质能在整体技术水平与产业规模等方面与发达国家相比较为落后，主要体现在资源开发利用率较低、系统转化率不高、产品经济性较差、关键装备及其产业化水平落后、产业规模和占比较小。目前，在欧盟主要国家生物质能利用率约占可再生能源利用率的60%，超过其他可再生能源利用率之和，在总能源利用中约占18%；而生物质能利用在我国可再生能源利用率中约占8%，在总能源利用中约占0.9%。2016年，我国生物燃料总产量为206万t油当量，占世界生物燃料总产量的2.5%；年发电量634.1亿kW·h，占世界生物质能发电总量的12.6%。

在生物质液体燃料方面，“十二五”期间，我国组织实施了“生物质制备清洁燃料关键技术与示范”“非粮燃料乙醇关键技术开发与示范”等国家863计划主题项目及“生物质制备液体燃料技术”重点专项，为推动生物质液体燃料规模化利用并实现其替代石油提供技术支撑。但目前，除了纤维素制备生物航油研究在国际上处于领跑地位以外，燃料乙醇和生物柴油存在系统转化效率低、产品成本相对较高、项目经济性差等问题，仍处于跟跑阶段。近年来，国家依托973、863等计划项目，支持我国微藻固碳与生物能源全套技术的基础研究、应用技术研究及工程示范，目前，国内从事微藻能源和微藻减排课题研究的大学和科研单位有数十家。与西方发达国家相比，我国在微藻生物燃料方面起步晚，投入的研究开发经费还相当少，企业参与力度小，技术研究和产业发展水平整体相对落后，尚处于产业培育期，还没有形成规模化示范，属于跟跑阶段。

在生物质燃气方面，近年来，我国在采用不同物料的沼气发酵工艺技术、微生物菌剂、规模化沼气工程的设备和装备技术、沼气发酵产品和发酵残余物综合利用等方面取得了较大的进步；在生物质热解气化方面，燃气净化分离的成本持续下降，气化设备连续运行的稳定性不断加强。沼气技术正处于转型升级的关键阶段。但沼气工程装备及净化提纯装备的制造水平比国外明显偏低，设备及系统自动化水平较低，运行可靠性较差，容积产气率较低，高效发酵菌种和酶产品有待提升；生物质热解气化方面，依然存在燃气净化分离成本高，尤其是焦油低成本清洁化脱除技术不成熟，针对多种原料的气化设备连续运行稳定性差，大规模集成化智能式装备技术属于跟跑阶段等问题。

在生物质成型燃料及发电方面，成型燃料的关键技术与设备取得进步，一体化、自动化技术不断提升，规模化运行水平不断提高，但受煤炭价格低迷的影响，成型燃料产量增速小于预期规划。我国是一个农业大国，8亿多人口生活在农村，发展生物质成型燃料，一方面是因为生物质资源极其丰富，每年资源总量达5亿t标准煤以上，农村生活用能还处在依赖低品位利用的生物质能阶段；另一方面是因为农村能源，尤其是优质能源普遍短缺，能源供求矛盾十分突出，每年约有2亿多吨的生物质秸秆被废弃或荒烧，造成了严重的空气污染，极大地影响了社会、经济、环境、生态和人们的生活，成为各级政府关切的一个严重的社会问题[16]。在生物质先进发电技术方面，适合我国国情的农业生物质直燃电站成套的技术设备、高效生物质气化发电核心技术和供热发电得到持续开发。截至2016年年底，全国已投产生物质发电项目665个。与国际社会相比，国内生产系统智能化控制水平低，系统能耗较高，属于并跑阶段；在生物质发电方面，与国外技术相比，缺乏先进燃烧技术优化设计软件，发电效率存在较大差距，混燃发电由于政策和监测技术的缺乏，发展极其迟缓，属于跟跑阶段。

从总体来看，我国生物质能产业发展处于初期阶段，各个研究领域产业发展很不平衡，有的领域已经初步产业化，而多数领域还处于技术路线选择和定型阶段。其中，生物质液体燃料整体处于技术路线选择和定型阶段。沼气已形成较大规模的产业，基于热化学过程的生物质气化及合成液体燃料形成千吨级示范。生物质成型燃料及直燃发电已经形成一定的产业规模，生物质发电规模比例逐步增大。微藻能源目前尚处于产业培育期，还没有形成规模化示范。

3. 我国生物质能发展展望

随着经济社会的发展，未来我国将面临更加严峻的能源消耗、环境保护等方面的压力，能源的生产方式需要发生巨大的改变以应对压力并解决相关问题。同时，农作物废物和畜禽粪便等产生量将与日俱增，这些生物质资源也需要更加合理地利用和转化。生物质能工程科技的发展对优化能源结构、促进生态环境改善具有重大意义。生物质能在我国能源生产和消费结构中所占比例逐步上升，将进一步发挥三种作用：一种生物质资源的能源化利用节省了化石能源，减少化石能源利用过程中的污染物排放量；二是生物质资源本身具有清洁环保性，对环境影响小，加上生物质能利用技术的突破性进步，其全生命周期的温室气体和污染物排放量将更低，相比化石能源发挥更加明显的环境保护作用；三是生物质资源的能源化利用实现了变废为宝，避免了生物质资源随意焚烧和乱弃带来的环境污染。

目前，我国已有一批长期从事生物质转换技术研究开发的科技人员，已经初步形成具有中国特色的生物质能研究开发体系，对生物质转化利用技术在理论和实践上进行了广泛的研究，获得一批具有较高水平的研究成果，部分技术已形成产业化，为今后进一步研究开发打下了良好的基础。

同时，我国生物质资源丰富，能源化利用潜力大。全国可作为能源利用的农作物秸秆及农产品加工剩余物、林业剩余物和能源作物、生活垃圾与有机废弃物等生物质资源总量每年约5亿t标准煤。2015年，生物质能利用量约3500万t标准煤，其中，商品化的生物质能利用量约1800万t标准煤[17]。生物质发电和液体燃料产业已形成一定规模，生物质能、生物天然气等产业已起步，呈现良好的发展势头。

当今是我国实现能源转型升级的重要时期，是新型城镇化建设、生态文明建设、全面建成小康社会的关键时期，生物质能面临产业化发展的重要机遇[18]。

随着我国经济体系的不断成长和优化，虽然环境问题和能源缺口矛盾稍有缓解，但是在日益增长的能源消耗下，传统化石能源依旧面临诸多考验。党的十九大报告对国家农村环境政策、优化能源产业结构做出重要调整，生物质能作为清洁能源，是环境友好型与资源节约型社会发展的重要选择。作为目前应用最广泛的生物燃料，生物质能要在全球能源供给中承担更多的责任，但目前生物质能的发展技术还存在局限性，国家生产的生物质燃料还远远达不到社会经济发展的正常需求。因此，大力发展生物质能是未来能源重心转移的一个重要标志。

## 1.2 生物质基液体燃料及其发展

### 1.2.1 生物质基液体燃料研究发展背景

当今世界，人类面临着经济增长、环境保护、社会可持续发展等多重挑战，改变能源的生产和消费方式，对建立可持续发展的能源系统，促进经济发展、社会发展和生态文明发展具有重大意义[19,20]。生物质能在推动低碳经济发展的过程中显示出独特的优势和广阔的发展前景，在 6 种可再生能源技术中占有重要的地位。生物质能是一种可以收集、储存、运输的最接近常规化石燃料的可再生能源，从原料构成到理化特性，均与煤炭相似，其不但是绿色的洁净能源，而且是可再生能源中唯一可以培育和能够转化为液体燃料的碳资源[21,22]。生物质基液体燃料技术是生物质能转化利用技术中最重要的一项技术，发展生物质基液体燃料产业，不但对增强我国石油安全具有重要战略意义，而且对缓解我国能源和资源压力、减轻生态环境污染和发展社会经济等具有现实意义[23]。

我国石油进口量逐年攀升，对外依存度远远超过了国际石油安全的警戒线，然而燃料乙醇产能 200 多万吨，生物质制取汽油替代燃料的技术薄弱。目前，生物柴油产能 300 多万吨，年产量不足 100 万 t。我国石油进口量和消费量连续十年上升，其中柴油的表观消费量占汽柴油总量约 60%。我国在废弃油脂、维素类生物质、藻类等制取柴油替代燃料技术水平方面急需提高。E10 乙醇汽油到 2020 年全覆盖的目标使得生物汽油的行业需求和市场潜力增大。

化石燃料资源匮乏，迫切需要新能源的替代，生物质燃料技术的应用开辟了弥补化石资源短缺，变农林废弃物为新能源的新途径，且能承担起全面替代化石能源的使命。预计到 2022 年，生物质基液体燃料技术相对成熟，可替代 5%的汽柴油燃料，达到约 1500 万 t 的市场潜力空间(2016 年，我国汽油消耗量为 11983 万 t，柴油消耗量为 16469 万 t，原油进口量为 3.81 亿 t，对外依存度为 65.4%，远超国际警戒线 50%)。2030 年生物质基液体燃料可进入大规模产业化阶段，生产量可达 3000 万 t，占我国汽油柴油消耗量的 10.5%，市场潜力巨大[24]。

目前，我国生物质能科技发展和相应的能源产品生产能力还低于预期目标，其根本原因是缺乏高效的转化技术。因此，有必要立足我国的资源现状，开发出高效生物质能利用技术和研发相应的新设备和新工艺，提高效率、降低排放，大幅度提升我国生物质能利用技术水平，为我国能源产业发展提供重要的技术保障。

1. *石油燃料消耗加速*

我国是能源消费大国，尤其是化石能源的消费。虽然一直在减少煤炭在能源消费结构中的比例，但煤炭消耗量在能源总量中比例依然过大，2015 年煤炭在我国能源消费结构中的比例达到 64%，远高于 30%的世界煤炭平均水平，2016 年其占比有所下降，约 62%。与此同时，随着我国经济社会的快速发展，原油进口量逐年攀升(图 1-2)，2015 年和 2016 年我国原油进口量分别为 3.28 亿 t 和 3.81 亿 t，对外依存度分别为 60.6%和 65.4%[25-27]，超过了国际石油安全的警戒线(依存度 50%)，供需矛盾突出。2017 年，中国原油进口量为 4.2 亿 t，同比增长 10.2%，创出历史纪录新高。同期，原油进口均价上涨 29.6%[28]。

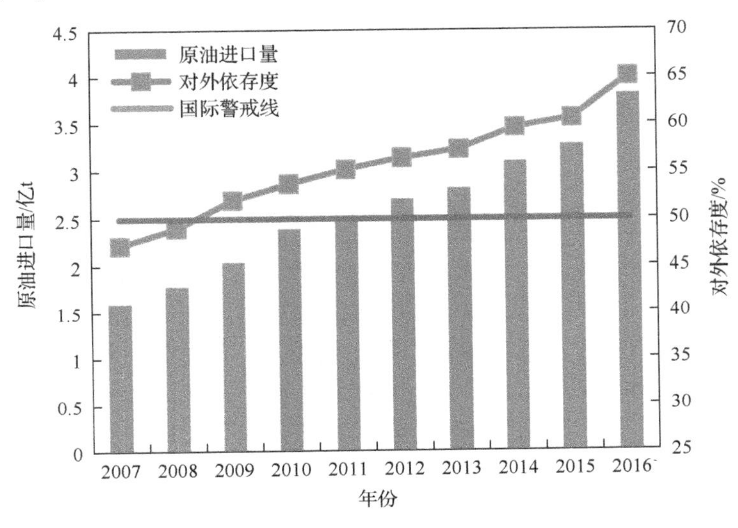


图 1-2 中国 2007～2016 年原油进口量及对外依存度

随着我国经济的快速增长，商品能源流通日益便利，液化石油气(LPG)、电力等越来越多地在农村的炊事中应用，从而使秸秆等农村以往使用的炊事燃料首先成为被替代的对象，被弃于田间地头甚至河流水沟，耽误农业生产、污染环境，有的被随意或偷偷焚烧，不仅浪费资源，还严重污染大气，危害生存环境。近年来，禁烧秸秆等所投入的人力、物力和财力，消耗了大量的政府和公共资源。在开发利用方面，生物质主要用于能源化、肥料化、饲料化和材料化等，能源化是未来发展的重点主攻方向[29]，相比秸秆的饲料化、肥料化和材料化，能源化的产业规模可以做得更大，从而避免环境污染和促进农业生产，还可作为传统能源的有益补充。

近年来，我国可再生能源发展速度较快，其中，风能、太阳能呈井喷式增长，但生物质能产业发展较慢。我国可再生能源约占总能源利用量的 12%，生物质能仅占可再生能源利用量的 8%(含传统的生物质能利用)；生物质能利用量占我国能源利用总量的比例约为 1%，占生物质资源可利用量的不足 9%，发展空间和潜力很大。从我国资源发展空间、能源结构优化和环境生态需求等方面考虑，发展生物质能势在必行。

与日俱增的原油对外依存度让我国承受着巨大的压力，同时也在追使我国进行能源消费结构的调整。当前，要逐渐改变以往仅从原油战略储备方面考虑能源安全的做法，应该将能源多元化和清洁能源发展作为能源安全的重要部分，寻找原油替代品，降低对其他国家的能源依赖，减少国际油价波动对国内的影响，保障在能源价格稳定条件下充足的能源供给。目前，车用燃油消耗量占原油消耗量已超过了 60%；而且汽车用汽柴油消费占我国汽柴油消费的大头，每年新增的原油消费量的 70%以上均被新增的汽车所消费，而我国千人汽车保有量与发达国家相比仍有较大的差距，预计未来很长一段时间内，汽车保有量仍将持续增长，由此带来的能源紧张问题将更加突出[30]。降低交通运输领域的原油消耗量，成为改变能源消费结构的重要着力点，增加新能源及可再生能源的供应成为降低交通运输领域原油消耗量的关键。与此同时，我国原油进口来源相对集中，进口通道受制于人，远洋自主运输能力不足，金融支撑体系亟待加强，能源储备应急体系不健全，应对国际市场波动和突发性事件能力不足，能源安全保障压力巨大。解决原油对外依存度过高的问题迫在眉睫，其在危及能源安全的同时，也将危及经济安全、社会稳定。

2. 车辆排放污染严重

汽车作为现代文明的标志，给人类带来快捷、舒适的交通服务，汽车工业对国民经济具有重要的刺激增长作用，已成为许多国家的支柱性产业。我国汽车工业起步较晚，但从 20 世纪 90 年代开始，随着我国经济的迅速发展，汽车保有量逐年增加。2006 年，我国汽车保有量为 3800 万辆，2011 年已突破 1 亿辆的规模，2012 年上半年达到 1.14 亿辆[31]，截至 2017 年年底，我国汽车保有量达 2.17 亿辆[32]，2019 年底将超越美国，成为世界汽车保有量最大的国家[33]。同时我国的汽车生产和销售也进入了一个高速发展期，其中，汽车销售量为世界第一。

汽车产量和保有量的增加，在给人类生产和生活带来便利的同时，也带来了诸多负面影响，尤其是环境污染方面。我国的汽车尾气已成为城市大气环境的一个主要污染源。有调查表明，近年来北京在非采暖期，城区内机动车排放的 CO、碳氢化合物（HC）和 $NO_x$ 已分别占总排污负荷的 60%、86.8%和 54.7%，上海城区内机动车排放的 CO、HC 和 $NO_x$ 已分别占总排污负荷的 86%、90%和 56%。目前，机动车排放的 $NO_x$、挥发性有机化合物（VOC）和 $PM_{2.5}$ 在城市中心区所有污染源中所占比例已分别达到 66%、90%和 26%。事实证明，城市污染已经由过去的煤烟型污染转化成以机动车污染为主。城市机动车排放污染已经成为城市发展的瓶颈和不可承受之重。汽车尾气排放也是雾霾天气的原因之一，从 2013 年以来，全国大部分地区雾霾情况较重，机动车尾气排放成为引发雾霾的罪魁祸首之一。我国汽车数量和密度较高的北京、上海、广州等城市也并不比纽约、东京、伦敦、巴黎等超大城市更高，汽车导致的空气污染却比发达国家更严重，原因之一就是国内的汽车排放标准、燃油质量标准不够严格。因此，逐步改变汽车能源结构，发展汽车清洁代用燃料，在发动机上实现高效、低污染的燃烧，控制汽车发动机有害排放，已成为我国能源领域急需解决的问题之一。

3. 生物质基液体燃料技术

生物质能技术继续沿着低成本、高转化效率、高品质的方向进步和发展。美国计划到2025年生物质燃料替代中东进口原油的75%，到2030年生物质燃料替代车用燃料的30%；德国预计到2020年沼气发电总装机容量达到950万kW；日本计划在2020年前车用燃料中乙醇掺混比例达到50%以上；另外，印度、巴西、欧盟分别制定了“阳光计划”、“酒精能源计划”和“生物燃料战略”，加大生物质燃料的应用规模。到2020年，欧盟生物质能需求量比2010年至少增加44%，世界生物质燃料市场规模有望增长到2010年的3倍以上，实现950亿美元销售额，生物质能容量增至1.3亿kW左右；预计到2035年，生物质燃料将替代世界约一半以上的汽柴油[34]。

在生物质基液体燃料方面，近年来，非粮乙醇与生物柴油是研究重点，技术比较成熟。为推动生物质行业的发展，世界各国采取系统部署、政府扶持、出台法律法规等保障措施，如制定发展规划，对生物质基液体燃料产业链给予补贴、退税，制定产品标准，规范市场等，极大地促进了生物质基液体燃料的发展。2016年，全球生物质基液体燃料产量中，生物柴油产量约为3280万t，乙醇产量7915万t[35]；欧盟是世界上最大的生物柴油生产和消费地区；巴西和美国是世界上主要的燃料乙醇生产和消费地区。近年来，美国、日本、澳大利亚等国家政府对微藻生物燃料研发给予了大力支持。国外的企业与民间资本对该领域也进行了大量投资，如BP、Shell、Eni、Boeing、Carbon Trust和ExxonMobil先后投资几千万美元到几亿美元。国外微藻生物燃料研究与开发工作主要集中在产油藻种选育，光生物反应器研制，产油微藻规模化培养，微藻生物质采收、脱水、提油，以及微藻生物燃料的制备，建立了多个示范装置，并实现了民航客机试用微藻生物燃料。

生物质基液体燃料在国外已有较为成功的示范，在国内虽也呈现一定的规模，但在我国发展仍面临着一定的问题和障碍。生物柴油可采用植物油、动物油、废弃食用油、地沟油等原料生产，我国具有丰富的油料资源，但目前生物柴油的生产能力远低于国家预期目标，主要原因是缺乏原料资源的可持续供应体系和经济可行的转化技术，所以出现了目前的生产能力大、实际产量小，形成不了市场规模的局面。生物乙醇的发展在我国虽初具规模，但随着人口的增多和经济的增长，陈化粮的利用也逐渐受到制约；木薯、甜高粱等为原料的燃料乙醇，存在“与人争粮，与粮争地”的情况，只能作为短期的研究；纤维素乙醇的发展也要逐步突破多个关键技术瓶颈，主要技术障碍是缺乏高效纤维素水解工艺和微生物工程菌。目前，生物质快速裂解油虽可用作锅炉燃料，但不能用作发动机燃料，因其有高的含水量和含氧量，低的氢碳比，且存在不饱和物，其稳定性差而不易储存，只有探索新型反应器和分离提纯技术，才能促进技术发展，并最终达到实用的水平。我国生物质气化合成液体燃料技术的研究尚处于起步阶段，主要科技需求为高纯度合成气生产、合成催化剂和先进的工艺设备等。总体上，我国生物质基液体燃料的核心技术或关键技术的研究与开发力度不够。因此，有必要立足我国的资源现状，开发出生物质基液体燃料制备新技术和新工艺，大幅度提升我国生物质基液体燃料转化技术水平，为生物质能与化学品炼制这一新兴战略产业发展提供可靠的技术保障。

生物质资源的转化开发存在着很多难点问题，尤其是木质纤维素生物质的转化，更是面临着难以克服的经济和技术瓶颈，直接影响了生物质资源开发利用产业化进程。木质纤维素生物质是目前地球上最丰富、最廉价的生物质资源，可来自生物质能原料中的农业剩余物、林业剩余物、纤维类植物等，全世界每年产量约 1000 亿 t，巨大的资源量为液体燃料的转化提供了基础[36]。农林剩余物为木质纤维素生物质最重要的组成部分，我国每年可作能源利用的农林剩余物达 7 亿 t 以上，折合约 3.5 亿 t 标准煤[37,38]，是一笔巨大的可再生资源财富，如果不被合理、充分利用，就难免被随意焚烧，造成环境污染和资源浪费[39]。木质纤维素生物质转化为液体燃料用于柴油机替代燃料的研究是重要的发展方向，将乙酰丙酸(levulinic acid，LA)与乙醇反应可生成乙酰丙酸乙酯，乙酰丙酸和乙醇[40,41]均可从木质纤维素生物质资源获得，乙酰丙酸乙酯的生产可实现可再生和可持续发展[42,43]。随着生物质基乙酰丙酸和乙醇技术的进步及生产成本的下降，乙酰丙酸乙酯作为柴油替代燃料应用将逐步被推广，但国内对其在柴油机上燃烧动力及排放性能的研究几乎为空白。乙酰丙酸乙酯的含氧量为 33%，且不含硫，是一种清洁的燃料。同时，乙酰丙酸乙酯具有较好的润滑性，与柴油等比较容易混合，而良好的润滑性也延长了柴油发动机的寿命。以乙酰丙酸乙酯为添加燃料，综合考虑与柴油的混合燃料的燃烧排放特性，找出适合柴油机使用的优化配比改性混合燃料，将有利于生物质基乙酰丙酸乙酯的推广利用和木质纤维素生物质的合理化、规模化利用。

木质纤维素主要由纤维素、半纤维素和木质素三种物质组成。在木质纤维素细胞中，这三种组分均呈不连续的层状结构。纤维素构成细胞壁的骨架，木质素和半纤维素则是微细纤维之间的填充剂和黏结剂。纤维素是由葡萄糖通过糖苷键连接而成的线性高分子化合物，经酶解或酸水解，可以得到葡萄糖。半纤维素分子结构包括戊糖基、己糖基、糖醛酸基和乙酰基，经酶解可得到单糖(主要是木糖)。木质素是一种多分支的高分子量化合物，无法直接转化成液体燃料，但可通过气化、合成或热解转化为液体燃料。木质纤维素可通过各种转化技术转化为汽油、柴油替代燃料，如图 1-3 所示。

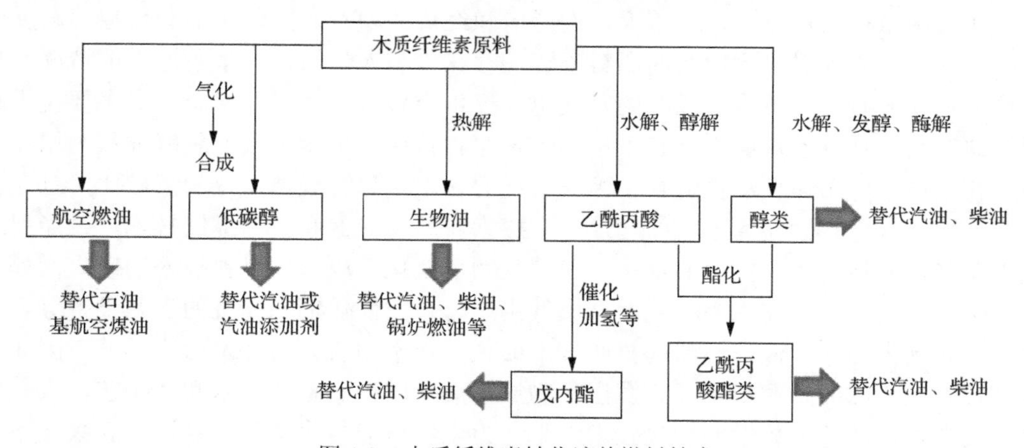


图 1-3 木质纤维素转化液体燃料技术

### 1.2.2 生物质基乙酰丙酸及酯类燃料研究现状

乙酰丙酸，又名果糖酸、左旋糖酸，生物质在水解条件下可生成乙酰丙酸，乙酰丙酸是继乙醇之后的新一代生物质资源平台化合物，其分子中包含了羰基和羧基，能够进行酯化、氧化还原、取代、聚合等多种反应(图 1-4)[44,45]，乙酰丙酸作为一种新型、绿色的平台化合物备受人们关注，经过化学转化可以生产出许多高附加值产品，如琥珀酸、聚合物、除草剂、医药、食用香料、溶剂、增塑剂、防冻剂等[46]，除此之外，乙酰丙酸加氢生成 2-甲基四氢呋喃(methyl tetrahydrofuran，MTHF)，可生产汽油替代燃料，乙酰丙酸与乙醇、丁醇等反应生成乙酰丙酸乙酯、乙酰丙酸丁酯(butyl acetylpropionate，BA)，可生产柴油替代燃料[47]。从生物质中获取乙酰丙酸，进而生成乙酰丙酸酯(ethyl levulinate，EL)类等替代燃料的研究，越来越被人们关注。

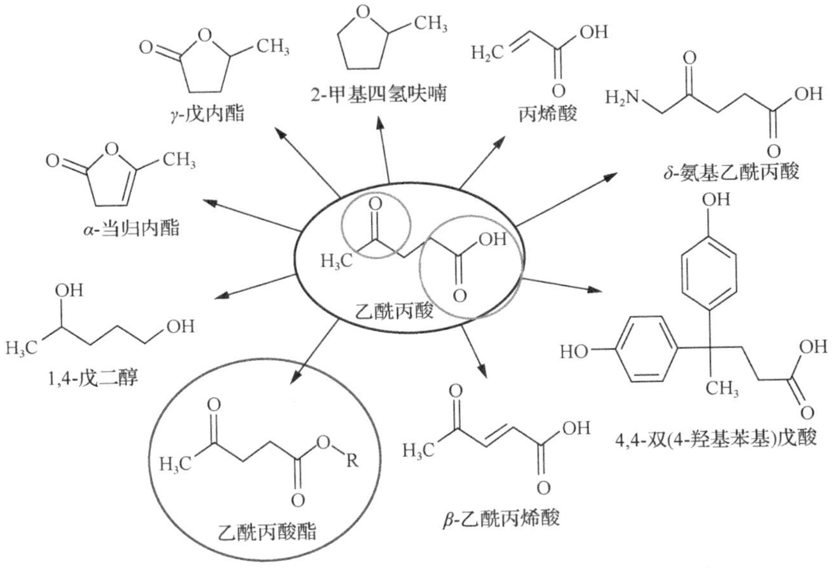

图 1-4 平台化合物乙酰丙酸

美国在生物质水解及代用燃料研究方面处于领先水平。Biometics 公司在纽约州能源研究与开发局的资助下开发了将纤维素类生物质转化成乙酰丙酸的 Biofine 工艺，该技术采用液相酸水解工艺，乙酰丙酸的产率高达 70%，使乙酰丙酸的生产成本大幅度下降。乙酰丙酸加氢生成 2-甲基四氢呋喃工艺正在实现工业化[48]。Paul 博士用 2-甲基四氢呋喃、乙醇和天然气副产烃类混合物制造 p-系列替代燃料，已取得了包括中国在内的数十个发明专利，p-系列替代燃料适用于可变燃料汽车[49]。乙酰丙酸酯类可以由乙酰丙酸与醇类通过酯化反应制得，有研究者将乙酰丙酸甲酯(MLE)和乙酰丙酸乙酯作为柴油的添加剂，这些酯类的性质与低硫柴油配方中常用的脂肪酸甲酯性质比较接近。目前研究最为广泛的是由 Biofine 和 Texaco 提出的将乙酰丙酸乙酯作为低烟柴油的添加组分用于普通柴油发动机。

1. 乙酰丙酸研究现状

乙酰丙酸可以通过糠醇(FA)催化水解法和生物质直接水解法两种方法获得[50]。目前，生物质直接水解法制备乙酰丙酸已成为制备乙酰丙酸的主要方法。本书中的乙酰丙酸酯类主要是建立在木质纤维素生物质的基础上，木质纤维素生物质转化为乙酰丙酸是一个比较复杂的反应，包含了许多副产物和中间产物(图 1-5)。半纤维素和纤维素是生物质的主要组成部分，并以碳水化合物形式存在，可以在水解情况下转化为低分子量的糖类，并以此为途径转化为平台化合物，该途径的木质纤维素生物质无需经过复杂的预处理，通过物理的或化学的方法直接转化为平台化合物，其中，常见的平台化合物代表有糠醛(FFA)、5-羟甲基糠醛(5-HMF)和乙酰丙酸等。这些平台化合物制备过程比较简单，一般以无机酸为催化剂，在一定温度、压力反应条件下，直接将木质纤维素生物质进行水解就能获得。相比其他转化途径，该转化途径具有工艺简单，并且纤维素、半纤维素的利用率高等优点，是生物质开发利用的有效方法之一。

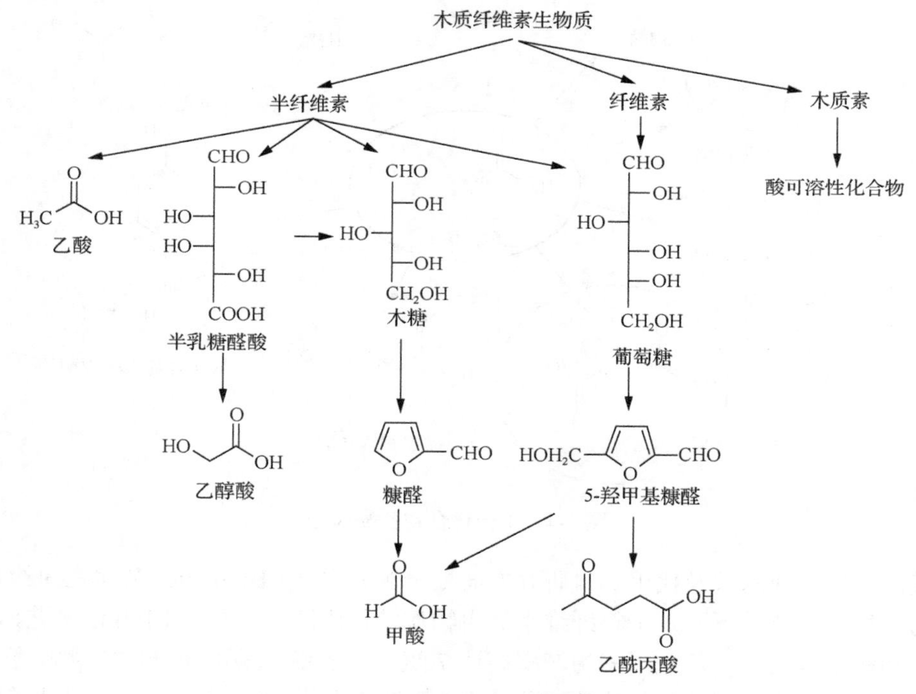


图 1-5　木质纤维素生物质转化为乙酰丙酸及副产物

Biofine 工艺为纤维素生物质由储罐经高压泵进入一级管式反应器中，高压蒸汽由底部直接通入，在 215℃，1.5%～3%(质量分数)稀硫酸条件下，连续水解 13.5～16s。纤维素分解为己糖单体和低聚物，半纤维素水解为戊糖和低聚物，两部分又继续水解为糠醛和 5-羟甲基糠醛。水解物料经管式反应器进入二级反应器，继续在 200℃的条件下水解 20～30min，使 5-羟甲基糠醛水解为乙酰丙酸[51]。乙酰丙酸可由反应器底部连续流出(图 1-6)。乙酰丙酸的产率可以达到 70%，该方法具有产率高、副产物少、分离简单等优点。

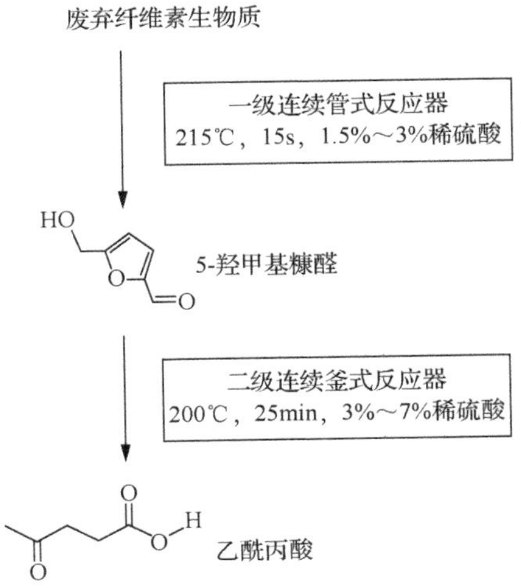

废弃纤维素生物质

一级连续管式反应器
215℃，15s，1.5%～3%稀硫酸

HO
O
5-羟甲基糠醛

二级连续釜式反应器
200℃，25min，3%～7%稀硫酸

O
O
H
O
乙酰丙酸

图 1-6　纤维素类生物质转化成乙酰丙酸的 Biofine 工艺

Biofine 工艺主要以造纸废料为原料，并且高温，高压、酸性水解严重腐蚀设备，需用锆金属材料作高压反应器的内壁，固定资产投资较大。Biofine 乙酰丙酸生产流程如图 1-7 所示。

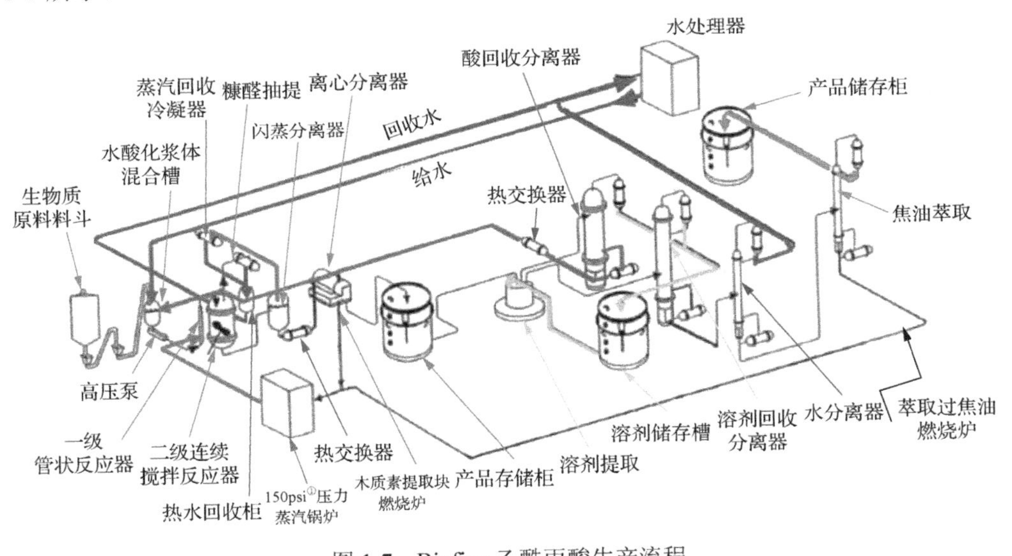


图 1-7　Biofine 乙酰丙酸生产流程

美国内布拉斯加大学开发了一种双螺杆挤压机法，用来连续生产乙酰丙酸[52]。该工艺简化流程如图 1-8 所示。该工艺采用双螺杆挤压机作为反应器，在其内部有多段温度段。原料和稀酸混合后经过挤压机时，在挤压机内经过 100℃—120℃—150℃的加热段，历经 80～100s，能够连续地完成加热和催化反应过程。该工艺具有连续性强、反应步数少，反应时间短等优点，非常适合商业化生产，产率可达 48%以上。

① 1psi=6.89476×$10^3$Pa。

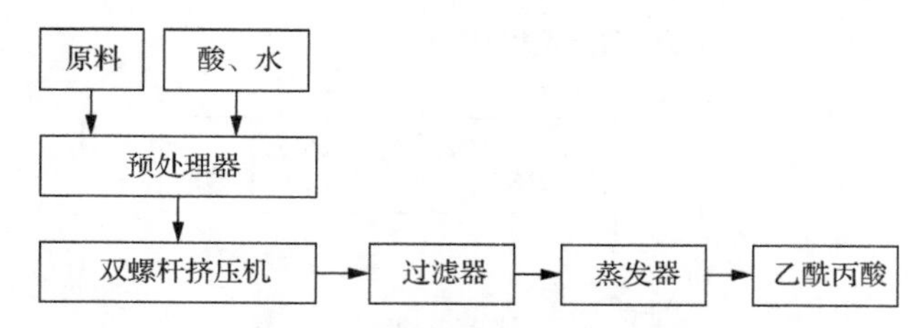


图 1-8 内布拉斯加大学开发的双螺杆挤压机法连续生产乙酰丙酸的工艺

Rodriguez-Romos[53]以木质纤维素(如甘蔗渣、玉米棒子、稻壳等)为原料在高压反应釜中制备乙酰丙酸和糠醛。首先，在密闭反应器中，饱和压力下，以一定的速率将体系加热到 160～170℃，用 1%的稀硫酸为催化剂，稀硫酸与原料的体积与质量之比为 8∶1；接着，打开反应器的阀门，在此温度下蒸馏分离，制得糠醛，产率为 10.52%；最后，关闭反应器阀门，快速升温到 185～210℃，以 1.62%的稀硫酸为催化剂，稀硫酸与纤维素的体积与质量之比为 16∶1，水解制得乙酰丙酸，产率为 14.20%。

美国 Arkenol 公司以含有纤维素和半纤维素的生物质为原料，20%～30%的硫酸为催化剂，在 80～100℃条件下，水解原料二次，经固液分离后合并二次水解液，然后在 80～120℃下进一步水解[54]。水解产物用阴离子树脂色谱柱层析分离硫酸和有机物，有机物经过常压蒸馏和减压蒸馏得到乙酰丙酸，产率为 48%。

徐桂转等[55]利用木屑为原料，探讨了在高温(170～250℃)、稀酸(质量分数为 1%～5%)的条件下制备乙酰丙酸的工艺条件。根据水解方式的不同，确定采用无机酸为催化剂水解木屑有利于乙酰丙酸的生成。在此基础上，分别研究了不同硫酸含量、反应温度、木屑粒度、液固比和反应时间对木屑转化为乙酰丙酸产率的影响。结果表明，温度 210℃、硫酸质量分数 3%、液固比(质量比)15∶1、木屑粒度 20～40 目、反应时间 30min 为较优的工艺条件。该工艺条件下，乙酰丙酸的产率为 17.01%。

常春等[56]考查了不同温度、硫酸浓度、原料粒度、液固比和反应时间对小麦秸秆转化为乙酰丙酸产率的影响。结果表明，温度 210～230℃、硫酸浓度 3%、液固比 15∶1、反应时间 30 min 下为较优的工艺条件，乙酰丙酸产率为 19.2%。

李湘苏[57]采用 $WO_3/ZrO_2$ 固体酸水解农作物废弃物稻谷壳粉制备乙酰丙酸，以正交实验优化水解乙酰丙酸的条件。研究结果表明，原料粒度 140 目、固体酸用量 3.0%、反应时间 40min、反应温度 230℃、液固比 11∶1 为最佳工艺条件，在该条件下，乙酰丙酸的最佳产率为 22.71%。

李静等[58]以蔗糖为原料，在硫酸催化下制备乙酰丙酸，主要考察了反应时间、反应温度、蔗糖浓度、硫酸浓度对乙酰丙酸产率的影响。实验结果表明，反应时间 60min、反应温度 110℃、蔗糖浓度 $0.4mol \cdot L^{-1}$、硫酸浓度 $3.5mol \cdot L^{-1}$ 条件下乙酰丙酸的产率最高，可达 43.31%。

刘泰等[59]研制了固体超强酸催化剂 $S_2O_8^{2-}/ZrO_2\text{-}TiO_2\text{-}Al_2O_3$，并以蔗糖为原料，用催化水解法制备乙酰丙酸。通过单变量法考察了催化剂的焙烧温度、催化剂的投加量、蔗糖浓度、反应温度、反应时间等对乙酰丙酸相对产率的影响，并采用了正交实验来确定最佳工艺条件。研究结果表明，当催化剂的焙烧温度为 550℃、蔗糖浓度为 $15g \cdot L^{-1}$、催化剂用量为蔗糖质量的15%、反应温度为200℃、反应时间为60min时，乙酰丙酸的相对产率最大，达到72.28%。

李利军等[60]研制了固体超强酸催化剂$S_2O_8^{2-}$/聚乙二醇-$TiO_2$-$M_2O_3$(M=Al,Cr)，并以赤砂糖为原料，利用催化水解法制备乙酰丙酸。通过单变量法考察了催化剂焙烧时间、催化剂用量、赤砂糖浓度、反应温度和反应时间等对乙酰丙酸产率的影响，并通过正交实验确定最佳工艺条件。结果表明，在催化剂焙烧时间120min、赤砂糖浓度10g·$L^{-1}$、催化剂用量为赤砂糖质量的15%、反应温度200℃和反应时间120min条件下，乙酰丙酸产率达39.98%。

杨莉等[61]以花生壳作为生物质水解原料，在220℃时葡萄糖产率可达到80%左右；葡萄糖产率和乙酰丙酸产率均随着温度提高而提高，葡萄糖产率最高可达75%以上(180℃)，乙酰丙酸产率最高可达20%以上(220℃)；硫酸和盐酸的效果明显好于磷酸和硝酸的效果。对于有机酸来说，温度对原料的质量损失影响不大，损失率徘徊在40%左右；温度越高，葡萄糖产率受到抑制，乙酰丙酸相对转化率较高，草酸水解时乙酰丙酸产率可达25%以上(220℃)；草酸的效果明显好于乙酸和柠檬酸的效果。

2. 乙酰丙酸的酯化研究现状

乙酰丙酸酯，又名戊酮酸酯、4-酮基戊酸酯或4-氧代戊酸酯，是一类具有芳香气味的无色透明或黄色液体，易溶于乙醇、乙醚、氯仿等大多数有机溶剂。了解乙酰丙酸酯的物理和化学特性非常重要，可以和传统柴油、汽油作为对比应用到现代车辆发动机燃油方向，其中常见的乙酰丙酸酯类包括以下几种：乙酰丙酸甲酯、乙酰丙酸乙酯、乙酰丙酸丁酯、γ-戊内酯等，这些酯类都可作为燃料和传统柴油、汽油以适当比例调和，从而成为更环保、更高效的生物质基液体燃料。通过实验室实验测得以上几种酯类的物理化学性质，其具体参数参见表1-1[62]。

**表1-1　几种常见的乙酰丙酸酯的物理化学性质**

| 参数 | 乙酰丙酸甲酯 | 乙酰丙酸乙酯 | 乙酰丙酸丁酯 | γ-戊内酯 |
|---|---|---|---|---|
| 分子式 | $C_6H_{10}O_3$ | $C_7H_{12}O_3$ | $C_9H_{16}O_3$ | $C_5H_8O_2$ |
| 分子量 | 130.14 | 144.17 | 172.22 | 100.12 |
| 沸点/℃ | 196 | 206 | 238 | 207～208 |
| 熔点/℃ | –24 | — | — | –31 |
| 密度(25℃)/(g·$mL^{-1}$) | 1.0551 | 1.016 | 0.974 | 1.047 |
| 折射率(20℃) | 1.422 | 1.422 | 1.427 | 1.433 |
| 闪点/℃ | 66.9 | 90.6 | 91.0 | 81 |

生物质转化为乙酰丙酸酯包含4种潜在合成途径：直接酸催化醇解法、经乙酰丙酸酯化、经5-氯甲基糠醛[5-(chloromethyl) furfural，5-CMF]醇解和经糠醇醇解[63]。其中，生物质经乙酰丙酸酯化合成乙酰丙酸酯是目前最常用的方法，该方法一般要经过生物质的预处理(粉碎)、水解、分离及酯化，最后生成乙酰丙酸乙酯。简要流程为：①预处理

过程对生物质进行粉碎，以便于进行水解，生物质粒度过大，不容易进入反应器，粒度过小，又耗电量过大；②生物质水解法制取乙酰丙酸，可以通过间歇催化水解法和连续催化水解法来实现；③水解后的生物质包含乙酰丙酸、糠醛、甲酸和水，其中糠醛可以再循环水解生成乙酰丙酸；④水解得到的乙酰丙酸在催化剂的条件下与乙醇进行反应生成乙酰丙酸乙酯。

生物质经乙酰丙酸酯化的主要反应式如下[64]：

$$(C_6H_{10}O_5)_n + nH_2O \xrightarrow{[H^+]} nC_6H_{12}O_6 \tag{1-1}$$

$$C_6H_{12}O_6 \xrightarrow{[H^+]} \text{HOH}_2\text{C-}(C_4H_2O)\text{-CHO} + 3H_2O \tag{1-2}$$

$$\text{HOH}_2\text{C-}(C_4H_2O)\text{-CHO} \xrightarrow{[H^+]} H_3C\text{—}\underset{\underset{\displaystyle O}{\|}}{C}\text{—}CH_2CH_2COOH + HCOOH \tag{1-3}$$

$$H_3C\text{-}CO\text{-}CH_2CH_2\text{-}COOH \xrightarrow{ROH} CH_3\text{-}CO\text{-}CH_2CH_2\text{-}COOR \tag{1-4}$$

以硫酸为催化剂比较经济，硫酸能够吸收反应过程中生成的水，使酯化反应效率更高。何柱生等[65]研制了以分子筛为载体的固体超强酸催化乙酰丙酸和乙醇合成乙酰丙酸乙酯，反应条件温和、副反应少，对乙酰丙酸与乙醇的酯化反应进行了优化，得到最佳条件：$V_{醇}:V_{酸}=5:6$，反应时间为 1.5h，油浴温度为 110℃，催化剂用量为乙酰丙酸质量的 5%，酯平均产率为 96.5%。Bart 等[66]研究了反应物摩尔比、硫酸浓度和反应温度对乙酰丙酸与正丁醇酯化的反应速率和平衡转化率的影响，根据反应机理，进行了动力学拟合。王树清等[67]采用强酸性阳离子树脂作为催化剂，环己烷为带水剂，以乙酰丙酸和正丁醇为原料合成乙酰丙酸丁酯，最高产率超过 90%。

在化学催化剂或者生物酶催化剂作用下，乙酰丙酸可与醇类发生酯化反应生成乙酰丙酸酯类。Yadav 等[68]利用脂肪酶为催化剂，使乙酰丙酸与正丁醇反应合成乙酰丙酸正丁酯，研究了脂肪酶的种类、搅拌转速、酶的用量、反应温度、乙酰丙酸和正丁醇摩尔比、催化剂特性等对酯化反应的影响。研究结果表明，以四丁基二甲醚为溶剂，在 60℃的反应温度、2h 的反应时间、1∶2 的乙酰丙酸与正丁醇摩尔比条件下，乙酰丙酸的转化率最高达到 90%。Lee 等[69]选择固定化脂肪酶作为生物催化剂，在 30mL 的密闭玻璃瓶中，利用响应面方法对实验进行优化，得到最佳的反应时间为 41.9min，温度为 51.4℃，乙醇与乙酰丙酸的摩尔比为 1.1∶1，酶的用量为 292.3mg，乙酰丙酸的转化率达到了 96%。

Dharne 等[70]以蒙脱石(montmorillonite，MMT)为载体、杂多酸为催化剂，利用乙酰丙酸和正丁醇制备乙酰丙酸正丁酯，研究了杂多酸种类、催化剂用量、乙酰丙酸和正丁醇摩尔比等参数与酯化反应的关系；得到了最佳反应温度为120℃、反应时间为4h、乙酰丙酸和正丁醇摩尔比为6∶1、催化剂和乙酰丙酸的质量比为10∶1、杂多酸负载量为20%，乙酰丙酸转化率可达97%，乙酰丙酸丁酯选择性为100%。除酸催化外，生物酶也应用于乙酰丙酸酯化过程中，具有反应条件更加温和、能耗低等优点，脂肪酶是一种非常有效的乙酰丙酸酯化催化剂。

美国Biofine公司利用生物质转化为液体燃料的联产技术[71]，生产乙酰丙酸乙酯和生物柴油。1000kg的生物质先经过酸水解后生成250kg乙酰丙酸、150kg糠醛、500kg固体剩余物和100kg甲酸，乙酰丙酸再和乙醇进行酯化反应生成乙酰丙酸乙酯，而固体剩余物和甲酸经过高温分解生成生物质炭和生物油，生物油再经过升级提纯生成最终可替代柴油的生物油。该系统实现了生物质到液体燃料的联产反应，实现了高效率的生物质到乙酰丙酸乙酯和生物油的转化，此工艺的整个流程见图1-9。

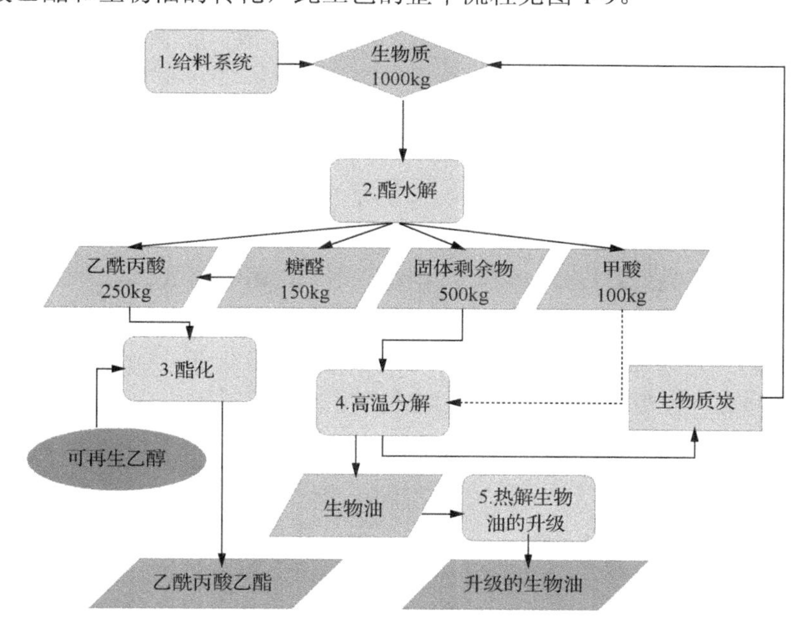


图1-9 生物质生产乙酰丙酸乙酯和生物油的联产系统流程示意图

3. 乙酰丙酸乙酯柴油机利用现状

一般来说，车用代用燃料应具备以下特点：资源丰富，价格较低；热值满足内燃机的需要；能够在一定程度上降低排放；内燃机结构的改动要小或基本不改动，技术上可行；对内燃机的可靠性无不良影响[72]。生物质基液体燃料作为代用燃料在内燃机，尤其是柴油机中的应用研究较多。

相对于汽油发动机，柴油机具有更高的能效、更长的工作寿命和更低的一氧化碳排放，但是对环境影响比较严重的烟度和$NO_x$排放却比较高[73]。研究者认为在柴油中添加氧化剂可以解决上述问题[74]，并且有报道指出，当燃料中氧的质量分数达到38%时就可以达到烟度和 $NO_x$ 的零排放[75]。常用作柴油氧化剂的化合物为生物柴油、醇类和醚类。生物柴油其实是动植物油脂或餐饮废弃油（地沟油）与短链醇类的酯化产物[76,77]，而柴油则是长链芳烃的混合物，所以它们之间的性质不太一样，生物柴油具有较高的十六烷值（CN）、黏度和闪点，以及较低的热值，这些不同会影响混合燃料在柴油机内的燃烧性能和排放[78]。Barabás 等[74]研究表明，由于生物柴油热值较低，柴油—生物柴油—生物乙醇混合燃料性能降低，特别是在低负荷时降低更明显；CO 和 HC 排放降低，在中低负荷时降低更显著；而 $CO_2$ 和 $NO_x$ 排放则升高。Buyukkaya[77]研究表明，生物柴油（菜籽油）的燃烧性能与标准柴油接近，并可以降低尾气的烟度和 CO 排放，然而，其燃油消耗率（BSFC）升高。Rakopoulos 等[79]实验测定了柴油中添加乙醇后的性能和排放，发现尾气烟度、$NO_x$ 和 CO 排放量变化不大或稍微有所降低，HC 排放量有所增加，油耗率随乙醇加入量的增加而增加，热效率稍微有所提高。随后他们又实验测定并对比了添加正丁醇对柴油性能和排放的影响[80]。Luján 等[81]研究表明，生物柴油适用于柴油引擎，至少在生物柴油添加量比较小的时候引擎是正常运转的，虽然生物柴油的油耗率有所升高，但是引擎效率基本保持不变，尾气中颗粒物浓度、CO 和 HC 排放降低，而 $NO_x$ 排放升高。Huang 等[82]指出乙醇-正丁醇-柴油混合燃料的 BTE（制动热效率）和柴油相当，油耗率升高，尾气烟度降低，CO 和 HC 排放在某些状态下降低，$NO_x$ 排放随不同的引擎转速、负荷和燃料混合比例而变化。Çlikten 等[83]实验测定了菜籽油和大豆油与甲醇酯化后合成的生物柴油的性能和排放，指出普通柴油引擎无需改装即可使用这类液体燃料，由于生物柴油较低的热值和较高的黏度，柴油机性能有所下降，尾气烟度和 CO 排放也有所降低，而 $NO_x$ 排放增加。Sayin[84]的研究结果表明，伴随着甲醇-柴油和乙醇-柴油的使用，油耗率和 $NO_x$ 排放增加，而 BTE、尾气烟度、CO 和 HC 排放降低。Qi 等[85]实验研究表明，添加高含氧量和高挥发度的添加物，如二乙醚和乙醇，可以使生物柴油-柴油混合燃料综合能效更高。另外，还有研究表明，生物柴油混合燃料的使用可以降低尾气中醛类的排放[86]。虽然有大量关于醇类作为柴油添加剂的研究，但是限制该技术的障碍还没有被完全克服，相对于柴油，乙醇的密度和黏度比较低，如果不添加其他助溶剂，它很难和柴油形成稳定的混合燃料。而从动植物油脂酯化而来的生物柴油的低温性能很差，其凝点一般在 2～15℃，此时其黏度会变得比柴油大得多，增加了燃料输送的压力，这一特性限制了生物柴油在低温环境中的应用[87]。

乙酰丙酸乙酯是一种比较有潜力的柴油添加剂[88]。另外，Biofine 工艺将己糖转化为乙酰丙酸的转化率高达 50%[89,90]，这一工艺大大降低了乙酰丙酸乙酯作为柴油添加剂的使用成本。乙酰丙酸乙酯的氧含量达到了 33%，Girisuta 等报道了一种由 20%乙酰丙酸乙酯、79%柴油和 1%助剂组成的具有 6.9%氧含量的新型混合燃料，该燃料清洁高效、润滑性能好，可有效降低硫的排放，符合 ASTM D975 的各项柴油标准[91]。Windom 等分析了乙酰丙酸乙酯-柴油混合物和脂肪酸-乙酰丙酸乙酯混合物的蒸馏曲线，添加合适比例的乙酰丙酸乙酯不会明显影响柴油的挥发性。Joshi 等[92]则研究了乙酰丙酸乙酯浓度达 20%的混合生物柴油的凝点、流动点和低温过滤堵塞点等参数，并研究了超低硫柴油

(ULSD)中添加乙酰丙酸乙酯对酸值、氧化安定性、动力黏度和闪点的影响，得出在乙酰丙酸乙酯添加量小于15vol%①时，所有指标满足ASTM D6751标准。这些研究为乙酰丙酸乙酯作为柴油添加物提供了数据基础。

国内对生物柴油[93-98]、甲醇[99-102]、二甲醚[103-106]等在柴油机中利用的研究较多。其中，生物柴油在发动机中的输出功率有所下降，燃油消耗率高于石化柴油，燃油消耗率随生物柴油添加比例的增大而增加，CO、HC排放及烟度等均比石化柴油低，$CO_2$、$NO_x$排放有所上升。生物质基乙酰丙酸乙酯是一种比较新的液体燃料，国内外对其在内燃机上燃烧及排放性能的研究较少，给该液体燃料的推广及使用造成了一定的难度。

4. 乙酰丙酸乙酯生命周期研究现状

生命周期评价最早出现在20世纪60年代末的美国，当时的研究机构对包装品进行生命周期分析，也被称为资源与环境状况分析。1969年，美国中西部研究所对可口可乐公司的饮料包装瓶从原材料采掘到废弃物最终处理的全过程进行跟踪与定量分析，并得出一次性塑料瓶较可回收玻璃瓶更具环境友好性的研究结论[107]。液体燃料生命周期的研究早期出现在20世纪90年代的欧美等发达国家和地区，鉴于交通能源消耗巨大、环境污染严重和环保意识加强，车用液体燃料的生命周期评价研究应运而生[108]。最初的生物质基液体燃料生命周期评价主要集中在生物柴油、生物乙醇等[109,110]，侧重于交通液体燃料的生命周期分析，主要研究对比了生物柴油、乙醇与汽油的能耗和环境气体排放，由于边界条件及分析方法的限制，结果表明，生物柴油的使用可以减少95%的石油消耗和70%的化石能源消耗，可减少78%的$CO_2$排放，生物质基乙醇可降低96%的$CO_2$排放[111,112]。德国研究人员较早地对不同发展路线的生物质能生命周期能耗、$CO_2$、$N_2O$、$SO_2$和$NO_x$进行了分析，为生物质基液体燃料生命周期分析提供了基础。近年来，国际上的生物质基液体燃料的生命周期分析研究逐步区别于传统的评价，同时侧重于方法革新。Woertz等[113]利用CA-GREET模型对微藻基生物柴油进行了生命周期能耗与环境影响的评价，同时对比了相关文献的研究结果和方法，得出了综合的生命周期分析结果。Wang等[114]以Aspen Plus模拟了五种方式的小麦秸秆生产乙醇工艺流程，利用生命周期分析方法，评价了不同方法所产生的环境影响，同时指出边界条件的设立是影响环境排放的一个重要因素。Stratton等[115]以量化变异方法为手段，分析了生物质基液体燃料生命周期过程中路径特性、副产品、分配和土地利用等的不同所产生的温室气体排放结果的差异。Sills等[116]利用蒙特卡罗法对微藻基生物柴油的生命周期进行不确定性分析，结果显示，大部分的不确定性出现在生物柴油的生产阶段，不确定性分析结果最终可为生物柴油生产和政策制定者提供可靠的评价范围。美国国家可再生能源实验室对重组汽油、含10vol%乙醇的汽油(E10)和含95vol%乙醇的汽油(E95)的生命周期排放物进行了研究和比较，研究表明，与重组汽油相比，E10(乙醇为生物质基乙醇)的生命周期排放几乎没有变化，E95(乙醇为生物质基乙醇)降低$CO_2$排放可达96%，同时$NO_x$、$SO_2$和颗粒物(PM)

① vol%表示体积分数。

排放也大幅降低，但 VOC 与 CO 排放有所增加。此后，美国国家可再生能源实验室又对公交车用生物柴油进行了生命周期能耗与排放影响分析，结果表明，与柴油相比，生物柴油的使用可以减少 95%的石油消耗和 70%的化石能源消耗；能够减少排放 $CO_2$ 达 78%，PM、CO 和 $SO_2$ 等排放均有不同程度的下降，$NO_x$ 和 HC 排放有所上升，而 HC 排量的增加来源于生物柴油生产过程。

国内在液体燃料方面的生命周期评价起步并不算晚。1997 年我国与美国合作进行的项目，将煤基代用燃料路线与原油基代用燃料路线进行对比，对多种汽车替代液体燃料方案进行了分析[117]。国内对生物质基液体燃料的分析评价起步相对较晚，且集中在生物乙醇、生物柴油等方面。胡志远等对木薯乙醇燃料的生命周期进行了全面的分析，先后建立了木薯乙醇汽油车燃料周期和车辆周期相统一的生命周期排放评估模型[118]和能源效率评价模型[119]，同时对 E10、E22（含 22vol%乙醇的汽油）、E85（含 85vol%乙醇的汽油）和 E100 等木薯乙醇-汽油混合燃料进行了生命周期能源、环境及经济性评价[120]，为木薯乙醇-汽油混合燃料的应用提供决策依据。李小环等[121]计算了木薯乙醇生命周期的温室气体排放量，并将间接排放分解到 43 个行业部门，研究了间接排放在生产链各部门的分布情况，对相关减排政策的制定具有指导意义。高慧等[122]选取黑龙江东部、新疆中部、山东北部和海南 4 个典型地区的甜高粱液态发酵制乙醇生产系统为研究对象，以生命周期分析方法计算并比较了乙醇在全生命周期内的温室气体排放量。相比生物乙醇，生物柴油的原料来源较多，生命周期评价结果更加多样化。邢爱华等[123]评估了生物柴油项目对环境的影响，统计了以菜籽油、麻疯树油、地沟油为原料的生物柴油全生命周期各种污染物排放，结果表明，生物柴油全生命周期中的 $CO_2$ 排放量低于石化柴油，HC、CO 排放量与石化柴油接近，$NO_x$、$PM_{2.5}$ 排放量略高于石化柴油，$SO_2$ 排放量远高于石化柴油。朱祺[124]分析得出，生物柴油全生命周期的石油消耗与柴油相比下降了 90%以上，全生命周期环境排放显著下降，其中，麻疯树油和菜籽油等生物柴油与柴油相比，$CO_2$ 排放下降了 50%左右。胡志远等[125]建立了 4 种原料基生物柴油生命周期能耗和排放评价模型，与石化柴油相比，大豆和油菜籽基生物柴油全生命周期能耗与石化柴油相差不大；光皮树和麻疯树基生物柴油的全生命周期能耗比石化柴油降低 10%左右；全生命周期 CO、$PM_{10}$、HC、$SO_x$ 和 $CO_2$ 排放均降低，$NO_x$ 排放有所升高。易红宏等[126]研究了在燃料中分别添加不同比例的生物质基乙醇和甲酯带来的生命周期能耗和污染物排放变化，其中乙醇的使用没有降低化石燃料消耗，甲酯的使用可降低 20%左右；乙醇使用增加了 $NO_x$ 排放，而甲酯可降低约 50%的 $NO_x$ 排放。总体上，我国对于生命周期评价相关软件、数据库的开发研究起步较晚，就案例研究所涉及的生物质能类别，包括原料类别和产品类别等，都有待丰富，且系统性研究更有待提高[127]。国外的生命周期研究方法已开始应用更加全面和动态的分析方法[128,129]，相信这些分析方法如果应用到生物质基液体燃料的生命周期评价会产生更加科学和精确的分析结果。

基于生命周期分析方法的煤基、天然气基液体燃料，生物柴油、生物乙醇、生物丁醇、生物质基二甲醚等的研究已经在国内外开展。我国生物质基液体燃料的生命周期评价，多数参照其他行业的生命周期评价模型，所用的软件和部分数据来自国外，这势必会造成评价结果的不准确和不全面。因此，深入研究生物质基液体燃料生命周期能耗和环境气体排放体系，建立完善的数据库和合理的分析方法，将有利于促进生物质基液体燃料技术的全面评价。利用生命周期分析方法，研究分析生物质水解转化酯类燃料及化学品的生命周期能耗、温室气体排放及经济性指标，有利于全面、正确地分析生产和利用过程对环境的影响及能源消耗，并以此为依据提供改善环境、降低能耗及提高经济性的技术。

### 1.2.3 生物质基液体燃料的发展及前景

在全球可持续发展的背景下，出于对经济和环境方面的考虑，生物质基液体燃料目前是最有效的替代燃料。生物质基液体燃料具有低温室气体排放、低污染物排放、可再生等优点。这些燃料可以使用现有的发动机，不用改动发动机，或者对发动机轻微地改动[130-132]。以汽柴油内燃机为基础进行升级改造，对以生物柴油、生物基醇类、生物基醚类和生物基酯类等为燃料的替代燃料进行利用，将成为目前和今后一段时间内内燃机技术的研究重点[133-136]。

目前，车用替代燃料乙醇约占世界生物燃料的90%，美国和巴西占世界总产量的3/4，其他替代燃料的研究也取得了许多进展，如生物柴油、甲醇、乙醇、丁醇、二甲醚、乙醚、合成天然气、费托柴油加氢、直接植物油(SVO)、加氢精制植物油(HVO)等[137]。国内外研究和利用较多的车用替代燃料有生物柴油、生物乙醇、甲醇、酯类、醚类、合成天然气、氢气等。

1. 生物柴油的发展及前景

生物柴油这一概念最早由德国工程师Diesel于1985年提出，是指利用各种动植物油脂为原料，与甲醇或乙醇等醇类物质经过酯交换反应改性，使其最终变成可供内燃机使用的一种燃料。生物柴油是一种长链脂肪酸单烷基酯，是含氧清洁燃料。

与石化柴油相比，生物柴油具有高的生物降解率[138]，与柴油相比，生物柴油具有十六烷值高、硫和芳香烃含量低、挥发性低等特点[139]，生物柴油与柴油可以很好地互溶，在燃用时，不必对柴油机做较大改动，尾气排放中的烟度、THC(总烃)、CO、$SO_2$等都有明显降低。更重要的是生物柴油属于生物质能，可再生，且有助于减轻温室效应和保持生态的良性循环，因而是一种绿色燃料。

生物柴油具体优势如下：①具有优良的环保特性。由于生物柴油中硫含量很低，二氧化硫和硫化物的排放降低，比石化柴油减少约30%(有催化剂时为70%)；生物柴油中不含对环境造成污染的芳香族烷烃，因而废气对人体损害低于石化柴油。检测表明，与石化柴油相比，使用生物柴油可降低90%的空气毒性，降低94%的患癌率，生物柴油含氧量高，燃烧时排放的烟少。此外，生物柴油的生物降解性高，在自然条件下很快被微生物降解。②较好的润滑性能，延长发动机的使用寿命。发动机的寿命与油品的腐蚀性有很大的关系，油品的硫含量对发动机的寿命影响很大，生物柴油的含硫量极微，使用生物柴油，柴油机的寿命会得到更好的保障。此外，生物柴油优秀的润滑性能使喷油泵、发动机缸体和连杆的磨损率大大降低，延长使用寿命。③具有较好的安全性能。闪点是衡量生物柴油在运输、储存和使用过程中的安全性的重要指标。生物柴油的碳链的平均长度比石化柴油长，闪点一般在 100℃以上。生物柴油由于闪点高，在运输、储存和使用过程中安全性比较高。④具有良好的燃烧性能。十六烷值是衡量柴油点火性能、影响柴油燃烧特性的参数。生物柴油燃烧性好，燃烧残留物呈微酸性，可使催化剂和发动机机油的使用寿命延长。⑤具有可再生性，可作为石油产品的替代品。生物柴油与石油、煤等矿物能源不同，生物柴油的生产、加工、消费是一个有机的循环过程。生物柴油的原料植物通过光合作用能把太阳能转化为生物能储存起来，通过加工制成生物柴油，生物柴油经过人的使用，其中的碳以二氧化碳的形式回到大气中去，作为下次光合作用的原料。生物柴油的可再生性可以解决一些化石能源枯竭而引起的能源危机，保证能源安全。⑥兼容性、调和性好。无需改动柴油机，便可直接添加使用，且生物柴油以一定比例与石化柴油调和使用，可降低油耗，提高柴油机的动力性能，并大大降低尾气的排放量[140-145]。

目前，传统的石化柴油主要由 $C_{15}$ 左右碳链状烷烃混合物构成，而植物油主要由 $C_{14}$～$C_{18}$ 范围内的烷烃混合物组成，二者分子结构相近。但植物油的黏度比石化柴油燃料高得多，不能直接用于柴油发动机。因此，1937 年比利时发明者首次提出使用酯交换法将植物油转化为脂肪酸烷基酯，并将其用作柴油燃料替代品。经过第二次世界大战和 20 世纪 70 年代的石油危机，人们对环境、能源安全和农业过度生产的担忧再一次将由植物油制备的生物柴油的使用推向了前列，酯交换反应是生产这种燃料替代品的首选方法。直到 20 世纪 80 年代末，生物柴油产业才在欧洲建立。欧盟是世界上最大的生物柴油生产和消费地区，2014 年，欧盟生物柴油总消费量增长到 1300 万 t 左右；2015 年，欧盟又公布了生物柴油调和燃料的 B20/B30 标准，生物柴油与石化柴油的掺混比例进一步提高，欧盟领先生物柴油的市场；南美洲、亚太地区、北美地区的生物柴油消费比例也较高。

第一代生物柴油主要以动植物油脂、地沟油为原料，以甲醇为酯交换剂，在合适的反应参数和碱性催化剂，如氢氧化钠的协同作用下生产脂肪酸甲酯，并且伴随着约 10%的甘油副产品，相比普通石化柴油，其具有十六烷值高、闪点高、硫含量低，能利用废弃油脂作为原料等诸多优点。第一代生物柴油虽然具有许多理想的燃料特性，但是在生产过程中会产生相当量的含碱、脂肪酸酯、甲醇和甘油等工业废水。另外，第一代生物柴油含氧量高、热值组分相对较低，组分中含有羧基单元，这是与传统柴油明显不同的官能团结构，此外，第一代生物柴油储存过程易变质、沸程窄、与发动机兼容性差、凝点高，添加到传统柴油中的量过高会引起燃烧系统故障，因此，添加量被限制在 5%以下，且燃烧热值仅为普通石化柴油的 87%。因此，为了解决第一代生物柴油存在的问题，人们将研究重点转移到第二代生物柴油。

第二代生物柴油基于催化加氢脱氧、异构化过程，改变油的羧基官能团分子结构，脱除含氧基团，使其转变为异构烷烃。该结构与石化柴油的结构接近，使用更为方便，也是理想的混合柴油替代燃料。第二代生物柴油的生产工艺主要有以下两种：通过催化加氢反应将动物脂肪和植物油转化为烃类生物柴油，该方法是目前应用最多的工艺，产品可直接与石化柴油掺混调配；通过催化热裂化工艺，将动物脂肪和植物油转化为液体燃料和化学品。催化加氢的生产工艺路线为：将原料油中的甘油三酸酯和游离脂肪酸通过催化加氢、脱水、脱羰等过程转化为烷烃；通过压缩冷凝技术回收甲烷、丙烷等低碳烃气；对加氢产物脱水，避免下游反应受到干扰；加氢产物催化裂化、异构重整，得到异构烷烃。第二代生物柴油几乎不含硫，具有较高的十六烷值和良好的低温性能，物理化学性质稳定，且燃烧热值要明显高于燃料乙醇和第一代生物柴油。但第二代生物柴油生产过程中依然存在问题，如含硫废气和废液的产生，加氢催化剂失活导致的运行成本提高等。

与第二代生物柴油相比，第三代生物柴油拓展了原料的选择范围，将原料拓展到微生物油脂和非油脂类高纤维素生物质。酵母、霉菌和藻类等微生物可将碳水化合物转化为油脂储存在菌体内，该类油脂称为微生物油脂。随着生物技术的发展，微生物油脂发酵从原料到过程的研究都不断取得新进展，成为未来生物柴油产业的重要研究方向之一。目前，常用的产油微生物包括产油酵母和微藻。非油脂类高纤维素生物质通过以下两种途径可制得生物柴油：生物质经热解或热液化制热解油；生物质首先经过气化合成气，再经费托反应合成烃类，该方法称为生物质间接液化。生物质间接液化技术可将存储量远高于油脂类生物质的高纤维素生物质通过气化和催化合成，转化为超清洁的生物柴油。

早在二十年前我国就开始了生物柴油的研究和推广工作。科技部在“八五”至“十五”期间从能源作物种植培育、生物柴油炼制、台架及车辆试验等关键技术环节等支持了生物柴油的发展。科技部高新技术和产业化司先后启动了生物柴油相关的科技攻关计划项目，生物酶技术应用于生物柴油等技术得到了国家863计划的支持。国家发展和改革委员会也组织实施了节能和新能源关键技术方面的国家重大产业技术开发专项，利用餐厨废油和野生植物生产生物柴油的关键技术得到了支持，并将生物柴油生产及过程控制关键技术逐步实现工业化[146-148]。

虽然生物柴油具有排放低、可再生等优点，但经济性还较差，成本高是困扰生物柴油大规模推广的重要因素。植物油制取的生物柴油存在生产成本高的问题，也存在与人争粮、与粮争地的现象，目前，地沟油作为生物柴油虽然有较大的资源优势，但转化技术并不成熟，且由于原料价格的差距，地沟油资源流失的情况比较严重。

### 2. 生物质基醇类燃料的发展及前景

生物质基醇类燃料包括甲醇、乙醇、丁醇、混合醇等，与石油燃料的理化特性接近，可以作为新型车用燃油替代品。

#### 1) 甲醇

甲醇是最简单的饱和一元醇，是一种无色、透明、易挥发、可燃的液体。甲醇可作为汽油调和燃料，主要有以下几个燃料特性[149,150]：①抗爆性好，甲醇的辛烷值(RON)较高，为$10^6$，高于汽油，可以提高汽油机的压缩比，从而提高发动机功率，降低油耗率；②甲醇的着火极限宽，汽油的着火极限仅为1.3%～7.6%，甲醇的着火极限为7.3%～36.9%；③甲醇含氧量高达50%，有利于汽油混合燃料燃烧充分；④甲醇和汽油的密度差别不大，而甲醇的沸点比汽油低，这有利于甲醇的气化；⑤甲醇的气化潜热远远大于汽油，有利于降低进气温度，增加进气量；⑥甲醇的凝点比汽油低，低温流动性好。

甲醇可以经生物发酵法制醇类等制得，也可经热化学法，将生物质转化为合成气，再进一步催化制成醇类制得。与生物发酵法相比，热化学法制醇类燃料可以提高生物质中纤维素与木质素的利用率。生物质热化学法制甲醇主要有以下三种技术路线：①利用氧气/水蒸气为气化介质将生物质气化，合成气经过净化、CO 变换和 $CO/H_2$ 比例调整，$CO_2$ 和 $H_2S$ 脱除等过程后，经甲醇合成反应合成甲醇；②生物质在加氢气化炉中产生富甲烷气，富甲烷气在重整反应器中经水蒸气变换生成 CO 和 $H_2$，合成甲醇；③气化后合成气直接进入甲醇合成反应器，“一步法”合成甲醇，未反应的气体进行循环发电，该方法虽然甲醇含量较低，但甲醇和热电同时产生，系统效率得到了提高。

20 世纪 70 年代的能源危机促进了甲醇作为燃料的研发和使用。欧美等发达国家和地区先后进行了甲醇作为车用燃料的试验。德国早在 20 世纪 80 年代就率先推出纯甲醇汽车。后来，美国先后研发了添加 85%甲醇和纯甲醇燃料汽车，美国的福特公司开发了可使用任意比例甲醇的汽油的汽车。后来，日本对甲醇燃料车进行了研究，推广了甲醇燃料汽车[151]。

甲醇在汽油机中的利用存在以下缺点：①甲醇能溶于水，甲醇含水量、非芳香烃含量和甲醇纯度均会影响甲醇与汽油的互溶性[152]。②在汽车燃用低甲醇汽油混合燃料时，汽车启动过程的油路中会产生较多的甲醇蒸气，造成气阻和高温启动难的现象[153]。③甲醇对锡、铜、铝、镁、锌等金属材料都有腐蚀性，在发动机燃油供给系统中会腐蚀镀铅锡合金、铝锌镁合金及黄铜等金属而生成氢氧化物，含水甲醇还会使钢管或薄钢板件腐蚀、生锈[154]。④甲醇与橡胶有一定相溶性，使汽油泵的橡胶隔膜膨润而造成气密性不好，引起油路故障，有些接头也会因垫片胀坏而漏油[155]。⑤甲醇经过口、呼吸道和皮肤等途径均可使人急性中毒。甲醇的急性毒作用带窄，急性中毒后果严重，易造成失明或死亡[156]。

2) 乙醇

生物质基乙醇是指通过微生物的发酵将各种生物质转化为燃料乙醇。它可以单独或与汽油混配制成作为汽车燃料的乙醇汽油。从生产原料和技术来看，燃料乙醇分为两代。第一代是以玉米、木薯等糖类和淀粉类为原料，生产工艺流程包含液化、糖化、发酵、蒸馏、脱水、提纯。第二代是以木质纤维素为原料。与前者相比，第二代燃料乙醇技术原料更为先进，不存在与人争粮和与粮争地的情况，同时可利用农业废弃物资源，减少秸秆焚烧污染等状况。

由于乙醇含氧，可以作为汽油含氧添加剂以减少碳烟排放，并能有效地降低 CO 排放；同时，乙醇有着比汽油高的辛烷值，因而乙醇可以替代甲基叔丁基醚(MTBE)作为汽油的抗爆添加剂，此外，乙醇有比汽油高的着火温度、较宽的着火界限和较高的火焰传播速率，这有利于发动机提高压缩比和实现高的废气再循环(EGR)率燃烧[157]。1908 年，美国 H. Ford 设计制造了第一台使用纯乙醇的汽车。20 世纪 30 年代，美国第一次使用乙醇和汽油掺混车用燃料，70 年代后，世界很多国家纷纷开展一系列掺醇汽油或者纯甲醇/乙醇替代车用汽油的研究工作。瑞典、德国、新西兰等国曾先后推广使用含 15%甲醇的 M15 汽油，美国国会在 2007 年年底通过《能源独立和安全法案》，要求以玉米淀粉为原料的燃料乙醇的年使用量逐步增加；日本自 2007 年起，推广使用乙醇添加比例为 3%的乙醇汽油燃料。目前美洲、欧洲等地区市场上以 15%、85%乙醇含量的乙醇汽油为主。

我国从“十五”期间开始探索发展燃料乙醇，国内燃料乙醇的主要原料是陈化粮和木薯、甜高粱、地瓜等淀粉质或糖质非粮作物，到“十一五”初，全国乙醇汽油消费量已占全国汽油消费量的20%。今后研发的重点集中在以木质纤维素为原料的第二代燃料乙醇技术。国家发展和改革委员会已核准了广西的木薯燃料乙醇、内蒙古的甜高粱燃料乙醇和山东的木糖渣燃料乙醇等非粮试点等项目，以农林废弃物等木质纤维素原料制取乙醇燃料技术也已进入年产万吨级规模的中试阶段[158]。在我国，燃料乙醇是目前应用最多和最普遍的汽车用混合燃料。目前市面上使用的乙醇汽油由10vol%燃料乙醇和90vol%汽油组成。我国从2003年起对河南、安徽、黑龙江、吉林、辽宁等5个示范省及山东、江苏、河北、湖北等4个省的27个城市实施燃料乙醇计划[159]。

3）丁醇

丁醇是一种化学组成单一的含氧燃料，是醇类燃料的一种，由碳、氢、氧元素组成，含氧量达22%。丁醇与乙醇相比有更长的碳链，这使其具有更高的热值和沸点。丁醇可以由生物法和化学法制取，生物丁醇是一种极有发展潜力的新型生物燃料，被称为第二代生物燃料，在替代汽油作为燃料方面的性能优于乙醇，与其他生物燃料和汽柴油燃料相比，生物丁醇具有许多优点[160]，如丁醇与汽油的互溶性好，混合比例更高。在改变汽车发动机基本配置的条件下，甲醇与汽油的体积混合比一般控制在10%以内，乙醇控制在15%以内，丁醇可以任意互溶。丁醇的低位热值就达33MJ·kg$^{-1}$以上，高于甲醇和乙醇，能量密度更接近汽油，与汽油热值非常接近；丁醇的辛烷值和空气燃油混合比也与汽油非常接近，比乙醇和甲醇更类似于“油”。

首先，与传统汽油和乙醇混合汽油相比，生物丁醇能提高车辆的燃油率和行驶里程。每加仑（约合 4.5L）生物丁醇相比传统汽油提高车辆行驶里程 10%，相比燃料乙醇提高30%。其次，丁醇比乙醇更适合在现有燃油供应和分销系统中应用。丁醇亲水性弱，与汽油以任意比例混合后蒸气压低、腐蚀性小，可以通过管道输送实现便捷运输，能直接用现有的加油站系统，无需改造，而乙醇容易腐蚀管线。美国的杜邦公司和英国 BP 公司都已对正丁醇作为车用替代燃料进行了相关研究。国内的类似实验也令人乐观。华北制药集团有限责任公司与长城汽车股份有限公司技术研究院试验中心采用欧Ⅳ国际标准，用10%～75%不同比例的生物丁醇进行了台架和道路等实验。实验证明，与93号汽油对比，生物丁醇无论从动力性、燃油消耗、最高车速、加速性、耗油量还是尾气排放等方面，具备更优异的性能指标。

此外，丁醇的生产原料来源非常广泛，包含农业废弃物（如玉米秸秆、小麦秸秆等），林业废弃物（如木屑、林草等），这种木质纤维素类的生物丁醇不存在与人争粮、与粮争地的情况[161]。多个生产纤维素乙醇的公司也开始开发纤维素丁醇，纤维素丁醇有望成为生物乙醇后又一创新性燃料产品[162]。

工业上生产丁醇的方法有以下三种：①羰基合成法：利用丙烯与 CO、$H_2$ 在加压加温及催化剂存在下，羰基合成正、异丁醛，加氢后分馏得丁醇；②醇醛缩合法：乙醛经缩合生成丁醇醛，脱水生成丁烯醛，再经加氢后得丁醇；③发酵法：以淀粉等为原料，植入丙酮-丁醇菌种，进行丙酮、丁醇发酵，发酵液精馏后得丁醇。其中，发酵法生产的生物丁醇的优势体现在生产方法和产品性能方面。化工合成法以石油为原料，虽然技术成熟，但是投资大；而发酵法一般以木薯、木质纤维素等可再生资源为原料，原料价廉、可再生，设备投资较小；发酵法生产条件温和，不使用贵重金属催化剂，投资较小；制取丁醇选择性好、副产物相对较少、安全性高，易于分离和提纯。

4) 混合醇

低碳混合醇燃料是指 $C_1$～$C_6$ 的醇类混合物，和单一的甲醇或乙醇相比，与汽油的互溶性更好，热值更高，但对它的研究起步较晚。由合成气生产低碳混合醇的工艺主要是针对煤和天然气气化生成的合成气进行的，并对催化剂和反应工艺申请了相应的专利。国外主要工艺有：①意大利 Snam 公司的 MAS 工艺。该工艺通过改进甲醇催化剂及工艺条件，在生产甲醇的同时生产部分低碳醇，产品组分是以甲醇为主的醇类混合物。②采用改性低压甲醇催化剂的 Octamix 工艺。该工艺选择性高，但催化剂易热失活，反应产物 $C_2$ 以上醇含量占总醇的 30%～50%，含水量低于 1%，只用分子筛脱水即可。③采用硫化钼系耐硫催化剂的 Sygmol 工艺。Sygmol 工艺操作压力和温度介于 MAS 和 Octamix 工艺之间，该工艺选择性好，产物含水量很低，$C_2$ 以上醇含量高；催化剂抗结炭、耐硫，投资和操作费用最少；但由于催化剂中存在硫，影响产物的纯度。④采用 Cu-Co 系催化剂的 IFP 工艺。法国石油研究所(IFP)从 1976 年开始提出制取低碳混合醇的方法，采用两级反应器由合成气生产甲醇为主的低碳混合醇，IFP 还提出了以合成乙醇为主的乙醇基燃料方法。虽然 IFP 工艺操作压力和温度低，但选择性差，合成气利用率低，投资和操作费用比 MAS 工艺高。上述四种合成工艺的技术特性比较如表 1-2 所示。

**表 1-2　四种典型低碳混合醇合成工艺的技术特性**

| 项目 | | MAS 工艺 | IFP 工艺 | Sygmol 工艺 | Octamix 工艺 |
|---|---|---|---|---|---|
| 操作条件 | 空速/$h^{-1}$ | 3000～15000 | 4000 | 5000～7000 | 2000～4000 |
| | 温度/℃ | 350～420 | 290 | 290～310 | 270～300 |
| | 压力/MPa | 12～16 | 6 | 10 | 7～10 |
| | $H_2$/CO(摩尔比) | 0.5～3 | 2～2.25 | 1.1～1.2 | 1～1.2 |
| 液体产物组成(质量分数)/% | 甲醇 | 70 | 41 | 40 | 59.7 |
| | 乙醇 | 2 | 30 | 37 | 7.4 |
| | 丙醇 | 3 | 9 | 14 | 3.7 |
| | 丁醇 | 13 | 6 | 5 | 8.2 |
| | $C_{5+}$醇 | 10 | 8 | 2 | 10.4 |
| 催化剂 | | Zn-Cr-K | Cu-Co-M-K | $MoS_2$-M-K | Cu-Zn-Al-K |
| ($C_{2+}OH/C_nOH$)/% | | 22～30 | 30～60 | 30～70 | 30～50 |
| 粗醇含水率/% | | 20 | 5～35 | 0.4 | 0.3 |
| CO 成醇选择性/% | | 90 | 65～76 | 85 | –85 |
| CO 转化率/% | | 17 | 21～24 | 20～25 | — |
| 产率/(mL · $h^{-1}$) | | 0.25～0.3 | 0.2 | 0.32～0.56 | — |
| 催化剂考察时间/h | | 6000 | 4000 | 6500 | — |

上述四种工艺中，Octamix 工艺和 Sygmol 工艺是目前较为先进的技术，两者不但工艺条件温和，成醇选择性高，而且粗产品中水含量很低，脱水所需的能耗较另外两种方法大为降低。值得注意的是，Octamix 工艺的烃产率大大低于 Sygmol 工艺，这对提高过程热效率是有利的。在国内就技术成熟程度作比较，Octamix 工艺要成熟得多，而 Sygmol 工艺在国内仍处于小试阶段，技术难度较大。从催化剂制备、工艺成熟度和设备的国产化等方面来看，Octamix 工艺的开发周期会短得多。Sygmol 工艺不但 $C_{2+}$醇/总醇比值最高，而且乙醇和丙醇总含量约占 50%。乙醇和丙醇是国内目前紧缺的化工原料，且价格昂贵，Sygmol 工艺产品结构较有利于进行化工利用。

2017 年 9 月 13 日，国家发展和改革委员会、国家能源局等 15 部门联合印发《关于扩大生物燃料乙醇生产和推广使用车用乙醇汽油的实施方案》（以下简称《方案》），提出以生物燃料乙醇为代表的生物能源是国家战略性新兴产业，并明确到 2020 年，要在全国范围内推广使用车用乙醇汽油，基本实现全覆盖。《方案》指出，在当前形势下，扩大生物燃料乙醇的生产和推广使用车用乙醇汽油具有重要的现实意义和战略意义，不但有利于优化能源结构、改善生态环境、调控粮食市场，而且有利于促进农村和区域经济发展。到 2020 年，市场化运行机制初步建立，先进生物液体燃料创新体系初步构建，纤维素燃料乙醇 5 万 t 级装置实现示范运行，生物燃料乙醇产业发展整体达到国际先进水平。到 2025 年，力争纤维素乙醇实现规模化生产，先进生物液体燃料技术、装备和产业整体达到国际领先水平，形成更加完善的市场化运行机制。《方案》为生物质基醇类燃料在我国的发展提供了重要政策支持，生物质基醇类燃料发展前景广阔。

### 3. 生物质基醚类燃料的发展及前景

醚类化合物具有辛烷值高、与汽油的互溶性好、毒性低等一系列优点。特别是在推广无铅汽油、使用清洁燃料以来，醚类对清洁空气作出的贡献备受关注。醚类燃料的发展过程曲折，美国曾经极力推崇甲基叔丁基醚(MTBE)，但 MTBE 本身的化学特性使得它极易穿过土壤进入地下水体，进而引起人类身体的不良反应，因此在车用燃料中被禁止使用。但醚类燃料的优点也是显而易见的，醚类沸点比相应的烯烃高、调入汽油可降低其蒸汽压、安定性好、溴价(或碘值)低，汽油含醚可以改善甲醇与汽油的互溶性。醚的含氧量较高，可以减少汽车尾气中的 CO、HC 及 $NO_x$ 排放量。醚类化合物既可看作是汽油的一种高辛烷值调和组分，也可看作是汽油的一种辛烷值提高剂。

二甲醚(DME)，是一种最简单的脂肪醚，是二分子甲醇脱水缩合的衍生物。在常温常压下为气体，在常压、–24.9℃或常温(25℃)、0.6MPa 状态下为液体，具有轻微醚香味。相对密度(20℃)为 0.666，熔点为–141.5℃，室温下蒸气压约为 0.5MPa。由于不存在碳碳原子相连，在燃烧时基本上没有黑烟，其十六烷值为 55～60，适合于柴油发动机及城镇燃气。DME 用作燃料时具有燃烧充分、易压缩、存储运输安全等优点。DME 的一些物理化学性质与液化石油气(LPG)很相似，可以用来替代 LPG。DME 十六烷值高，具有优良的燃烧性能，是柴油发动机理想的替代燃料。用作汽车燃料时无论是单独燃烧还是与柴油混合使用，车辆均能达到或超过原有的动力性，燃油经济性与柴油相似，发动机的各项排放指标均优于单独燃用柴油[163-166]。

合成气制二甲醚的生产工艺包括：经过甲醇合成和甲醇脱水的两步法制二甲醚；合成气直接生产二甲醚。此外，二氧化碳加氢合成也是制二甲醚的新工艺。二甲醚适合作柴油机的替代燃料，是因为它具有以下优点：①二甲醚分子式为 $CH_3$—O—$CH_3$，分子结构中只有 C—H 键和 C—O 键，没有 C—C 键，有利于减少燃烧生成的碳烟。而且分子中氧的含量高达 34.8%，允许使用较大比例的废气再循环（EGR）技术，可以降低 $NO_x$ 排放。②二甲醚沸点很低，在气缸内容易与空气混合，有助于混合气的形成和燃烧，从而缩短着火延迟期，同时减少 $NO_x$ 生成，降低燃烧噪声。③二甲醚十六烷值大于 55，发火性好，容易自燃，使柴油机具有较好的低温启动性。

享有“21 世纪的清洁能源”美称的二甲醚自从 1995 年作为替代燃料应用以来，以其优异的排放性能和良好的应用前景，在短短四五年间赢得许多内燃机研究者的青睐。近年来，国内外在研究和生产二甲醚方面已经取得一定的成绩。世界二甲醚生产商主要有美国杜邦公司、Allied-Signal 公司，德国联合莱茵褐煤燃料公司和 DEA 公司，荷兰阿克苏公司，日本住友公司、三井东亚化学公司和新日本制铁公司，澳大利亚 CSR 有限公司和台湾康盛科技有限公司等，全球二甲醚总生产能力每年约为 21 万 t。近年来，欧美日等发达国家和地区十分看好二甲醚燃料汽车的市场前景和环保效益，纷纷开展二甲醚燃料发动机与汽车的研发工作。欧洲的沃尔沃汽车公司已研制出燃用二甲醚的大客车样车，用于试车与示范，日本的 NKK 公司和交通安全与公害研究所也分别研制了燃用二甲醚的卡车样车，计划在 3～5 年内小规模推广。我国西安交通大学与大连柴油机厂于 2000 年 9 月联合研制了国内第一辆二甲醚汽车；上海汽车集团股份有限公司和上海交通大学联合开发的二甲醚城市公交客车也于 2005 年问世，经测定，该车动力性、排放和噪声都较原柴油机公交客车好；2006 年，山东省临沂市计划实施 30 辆二甲醚公共汽车的示范运行[167,168]。日本对二甲醚车用燃料使用研究较早，2000 年，日本已有二甲醚论坛来促进二甲醚技术进步和市场开发。日本的五十铃汽车公司研发了二甲醚燃料的客车示范样车。欧洲的沃尔沃汽车公司也已研制出了二甲醚客车样车。在尾气排放方面，欧盟第五框架研究计划支持了重型汽车替代燃料研究项目，完成了二甲醚替代柴油的研究和行车试验[169,170]。

我国在发动机和汽车应用方面，上海交通大学燃烧与环境技术研究中心早在 1997 年就承担了二甲醚燃料的国家项目，对二甲醚燃料的沸腾雾化现象和燃烧过程及二甲醚发动机可靠性进行了深入研究，包含二甲醚发动机喷射特性、燃耗机理和排放特性[171]。西安交通大学对二甲醚应用于柴油机进行了研究，并在客车上进行了道路试验。我国二甲醚正处于开发应用和快速发展阶段，目前，二甲醚总生产能力为每年 1000 万 t 左右。

二甲醚作为代用燃料存在以下不足：①常温下二甲醚为气态，须改装高压供油系统使二甲醚变为液态；②二甲醚的热值低，低位热值约为 28.8MJ · $kg^{-1}$，须增大燃料循环供给量来满足发动机功率不下降；③二甲醚的黏度低，润滑性能较差，须增加燃料的润滑性能，避免配件的磨损；④二甲醚的爆炸极限为3%～17%，容易发生爆炸情况，须进行良好的密封措施。

#### 4. 生物质基酯类燃料的发展及前景

酯类燃料是由植物油与低碳醇(特别是甲醇或乙醇)进行酯交换反应制得。此反应的操作压力均为常压，反应温度从常温至200℃之间变化，反应时间为几小时，连续或间歇操作均可，可形成纯度达93%～99%的酯。形成的酯化油的各种物化性能与燃烧性能均接近柴油，二者有很好的互溶性，其调和物可作为柴油机的燃料[172]。

1) 碳酸二甲基酯

酯类燃料中碳酸二甲基酯(dimethyl carbonate，DME)研究较多，碳酸二甲基酯的含氧量高，是迄今研究出的含氧量最高的一种含氧燃料。添加碳酸二甲基酯能较大幅度地降低柴油机的碳烟排放，同时使$NO_x$的排放基本保持不变或略有下降，含碳酸二甲基酯的燃料滞燃期比纯柴油的长，且燃烧结束的时间早，热效率要比柴油的高，当碳酸二甲基酯的添加量为15%时，在不同的工作情况下，热效率比纯柴油高1%～3%。添加碳酸二甲基酯含氧燃料后，着火延迟期比原机纯柴油的长，但燃烧结束时间早，燃烧放热速率快，燃烧持续时间相对纯柴油的缩短1/4左右，可促进燃料燃烧，从而避免了因缺氧而生成碳烟微粒，同时提高了发动机热效率。碳酸二甲基酯的缺点就是自燃点很高，十六烷值比较低，使发动机的燃烧特性变化较大[173]。

2) 乙酰丙酸酯

乙酰丙酸与乙醇、丁醇等反应生成乙酰丙酸乙酯、乙酰丙酸丁酯等柴油替代燃料，美国太平洋西北国家实验室、壳牌石油(美国)等进行了大量的研究，证实了替代燃料的动力和环保性能，在柴油中添加8%～10%的乙酰丙酸乙酯，不但能改善动力和环保性能，而且能提高其润滑性。乙酰丙酸乙酯又称戊酮酸乙酯、4-酮基戊酸乙酯，分子式为$C_7H_{12}O_3$，分子量为144.17，乙酰丙酸乙酯的含氧量为33%，不含硫，所以作为燃料可不产生硫化物的排放，是一种燃烧完全的清洁燃料。同时，乙酰丙酸乙酯具有较好的润滑性，一方面，与柴油等比较容易混合；另一方面，良好的润滑性也延长了柴油发动机的寿命。乙酰丙酸乙酯作为低烟柴油的添加组分可直接用于普通柴油发动机。目前研究最为广泛的是由Biofine和Texaco提出的将乙酰丙酸乙酯作为低烟柴油的添加组分，他们将乙酰丙酸乙酯作为氧化添加剂，以20%的比例和另外1%的添加剂及79%的柴油进行混合，称为21∶79配方柴油，该配方柴油可用于普通柴油发动机。由于乙酰丙酸乙酯中的氧占比(摩尔分数)达到了33%，在该混合柴油中氧的占比也达到了6.9%，使柴油燃烧更为充分。而在乙酰丙酸甲酯中氧的比重更高，达到了36.9%，另外，乙酰丙酸丙酯氧的占比虽然略低(30.7%)，但是其结构中碳链更长，热值更高。因此，可以将乙酰丙酸酯类化合物作为柴油添加剂进行动力和排放测试。

# 1.3　生物质基化学品研究

## 1.3.1　糖基化学品及其衍生物

### 1. 单糖及其衍生物

单糖多为含有 3～6 个碳原子的多羟基醛或多羟基酮，是构成碳水化合物的基本单位，属于不能继续水解的糖类，通常是无色、水溶性和结晶固体，有些单糖带有甜味。常见的单糖有葡萄糖、果糖、半乳糖和脱氧核糖等。连接羟基的每个碳原子(除了初端和末端碳以外的所有碳)都是手性的，因此会产生许多异构体形式，所有的异构体都具有相同的化学式。例如，半乳糖和葡萄糖都是醛糖己烷，但具有不同的物理结构和化学性质。

通常，单糖的分子结构简式为 $C_X(H_2O)_Y$，其中常规 $X$ 为 3。根据碳原子数 $X$，单糖可分为三糖(3)、四糖(4)、戊糖(5)、己糖(6)、庚糖(7)等。葡萄糖是最重要的单糖，为己糖。庚糖包括酮糖甘露庚糖和景天庚酮糖。较少有八个或者更多碳原子的单糖被发现，因为它们是非常不稳定的。在水溶液中，单糖如果存在超过四个碳原子，则会作为环存在。

线性链单糖具有含一个羰基(C═O)官能团的线性无支链碳骨架，并且在每个剩余的碳原子上均有一个羟基(—OH)基团。因此，线性链单糖的结构式可以写成 $H(CHOH)_n(C{=}O)(CHOH)_mH$，其中 $n+1+m=X$，故其化学式为 $C_xH_{2x}O_x$。如果羰基在 1 位(即 $n$ 或 $m$ 为零)，分子从甲酰基 H(C═O)开始，形式上为醛类化合物。在这种情况下，该化合物被称为醛糖。否则，该分子在两个碳原子之间具有羰基(C═O)，形式上是酮类化合物，则被称为酮糖。

单糖通过羰基和同一分子的羟基之间发生亲核加成反应，从开环(开链)转化为一个环形结构。加成反应产生的碳原子通过一个桥氧原子形成一个封闭的环，由此产生的分子具有半缩醛或半缩酮官能团，具体取决于线性形式是醛糖或酮糖。该反应易逆转，产生原始的开链形式。在这些环状形式中，环通常有 5 个或 6 个原子，通过与呋喃和吡喃类比，被称为呋喃糖和吡喃糖。例如，己醛糖葡萄糖可以通过 C1 的羟基和 C4 的氧之间形成半缩醛键，产生一个五元环分子，称为呋喃葡萄糖。在 C1 和 C5 之间发生同样的反应，可以形成一个六元环分子，称为吡喃型葡萄糖。由于单糖的分子结构中仅有羰基和羟基两种官能团，其化学反应主要有三种，第一种是生成酯和醚的反应，第二种是生成糖苷键的反应，第三种是氧化反应。

葡萄糖作为重要的单糖，在食品、生物、医药、化工和能源领域均有重要的利用价值[174-176]。它在生命科学领域具有特殊的地位，是生物体内新陈代谢不可缺少的营养物质，它的氧化反应放出的热量是人类生命活动所需能量的重要来源，对于大脑的研究具有重要的意义[177,178]。除了可以直接食用外，葡萄糖也可用于造酒业、医药行业和化工行业。葡萄糖在发酵工业中发挥着巨大作用，可生产抗生素、微生物、氨基酸、有机酸、酶制剂、微生物多聚糖和有机溶剂等[179]。此外，葡萄糖还可作为能源产品的来源，如生产燃料乙醇和 2,5-二甲基呋喃等，对缓解能源压力具有重要的影响。

目前，葡萄糖的生产多以玉米、大米等粮食作物为原料，给粮食安全带来了潜在的威胁，因此，寻求廉价易得的原料生产葡萄糖成为众多研究学者的目标。

张秀男[180]以刺五加根茎剩余物为原料，采用两步酸水解的方法，探索制备葡萄糖的最佳工艺。首先，利用浓硫酸进行预水解，最佳预水解条件为：硫酸浓度72%、水解温度30℃、水解时间1h、料液比1∶9；然后，将预水解液加蒸馏水稀释至不同稀硫酸浓度后，在不同条件下进行高温回流加热二次水解，得到高温回流加热二次水解最佳工艺参数为：稀硫酸浓度12%、水解温度110℃、水解时间40min、葡萄糖转化率为83.96%。为提高水解效果，他们采用微波加热法代替传统高温回流加热法，辅助稀硫酸二次水解纤维素溶液。

张欢欢[181]以硅胶和氯磺酸为原料制备硅磺酸固体催化剂，优化了硅磺酸催化纤维素水解制备葡萄糖的生产工艺。研究结果表明：①以硅胶和氯磺酸为原料制备硅磺酸固体催化剂，并对所制得的催化剂的官能团、表面形貌、热力学稳定性和表面特性等通过红外光谱(IR)、扫描电镜(SEM)、X射线衍射(XRD)、差示扫描量热(DSC)和酸碱中和滴定进行分析表征。通过红外光谱图可知，除与原料硅胶共有的官能团振动峰外，催化剂中还有O═S═O的反对称伸缩振动峰和对称伸缩振动峰，以及S—O键的伸缩振动峰，这些特征峰表明，催化剂中成功引入了磺酸基团；由SEM和XRD图谱分析可知，催化剂的晶粒尺寸较原料硅胶小，呈无定形态；通过DSC曲线分析可知，氯磺酸与载体表面的羟基成功发生了化学反应，形成了—$SO_3H$基团；通过酸碱中和滴定，测得催化剂的表面酸量为6.8mmol·$g^{-1}$，表面酸量高，原因可能是本研究所用原料氯磺酸的质量较高及所选硅胶表面羟基更多所致。②将制备出的硅磺酸用于催化纤维素的水解，并以纤维素转化率和葡萄糖产率作为评价硅磺酸催化活性的指标。在单因素试验的基础上，选取反应温度、反应时间、催化剂用量和加水量进行Box-Behnken试验设计，使用Design-Expert软件进行数据拟合，得到硅磺酸催化纤维素水解制备葡萄糖的最佳工艺条件为反应温度137.64℃、反应时间2.16h、催化剂用量0.5g、加水量11.67mL，回归方程预测纤维素转化率为80.09%，葡萄糖产率为50.99%；考虑可操作性，将最佳工艺条件修改为反应温度138℃、反应时间2.2h、催化剂用量0.5g、加水量12mL，在此条件下，纤维素转化率和葡萄糖产率分别为82.23%、51.15%，与理论预测值基本一致，可见模型是可靠的。采用气相色谱-质谱联用仪(GC-MS)对最佳工艺条件下的水解液中的副产物进行定性分析，得水解液中的副产物主要以5-羟甲基糠醛、乙酰丙酸、糠醛、乙酸和甲酸为主。

利用葡萄糖可以制备多种衍生物，如L-乳酸、烷基糖苷、苹果酸、衣康酸、草酸和新型氨基酸产品等。目前，单糖化学品的应用研究以表面活性剂为主，已经工业化应用的糖基表面活性剂有烷基糖苷及其衍生物、葡萄糖酰胺、蔗糖酯、脱水山梨醇及其乙氧基化衍生物。其中，烷基糖苷可用于个人洗护用品领域，糖酯则多用于食品和制药领域。随着研究的不断深入，糖基表面活性剂的应用前景非常广阔[182]。

2. 二糖

二糖又称双糖，由两分子的单糖通过糖苷键形成，在一种单糖的还原基团和另一种单糖的醇羟基相结合的情况下，显示出与单糖的共同化学性质，如还原于费林(Fehling)溶液、变旋光化、脎形成等(如麦芽糖、乳糖)，通过还原基结合的二糖则无这种性质(如蔗糖、海藻糖)，自然界最普遍的二糖是乳糖、蔗糖和麦芽糖。

1) 乳糖[183]

乳糖的英文名称为 lactose，是哺乳动物乳汁中的双糖，因此而得名。乳糖由一分子 *β*-D-半乳糖和一分子 *α*-D-葡萄糖在 *β*-1,4-位形成糖苷键相连。在水中易溶，在乙醇、氯仿或乙醚中不溶。分子式 $C_{12}H_{22}O_{11}$，有两种端基异构体：*α*-乳糖和 *β*-乳糖，在水溶液中可互相转化。*α*-乳糖很容易结合一分子结晶水。

乳糖以副产品干酪乳清为制备原料，所得产品中干物质 6.5%、乳糖 4.8%、脂肪 0.4%、灰分 0.05%，酸度 1°T，也可采用酸法干酪素乳清或凝乳酸乳清，经脱脂、分离、浓缩、结晶、压滤、干燥等步骤获得。工业中从乳清中提取乳糖，用于制造婴儿食品、糖果、人造牛奶等。医学上乳糖常用作矫味剂。

乳糖主要用于作为粉状食品色素的吸附分散剂，降低色素浓度，便于使用并降低储藏期间的变色。利用其易压缩成形和吸水性低的特点，作压片等赋形剂。利用乳糖焦糖化温度较低(如蔗糖 163℃、葡萄糖 154.5℃、乳糖仅 129.5℃)的特点，对某些特殊的焙烤食品，可在较低的烘烤温度下获得较深的黄色至焦糖色色泽。

2) 蔗糖[184]

蔗糖，$C_{12}H_{22}O_{11}$，是一种极易溶于水、苯胺、氮苯、乙酸乙酯、乙醇与水的混合物的双糖。不溶于汽油、石油、无水乙醇、$CHCl_3$、$CCl_4$。晶体呈白色，具有旋光性，但无变旋，易被酸水解，水解后产生等量的 D-葡萄糖和 D-果糖。两者按等比例混合所得的产品被称为转化糖，这是由于蔗糖水解时旋光度发生变化，由蔗糖的$[\alpha]_D$=+66.5°转化为单糖的$[\alpha]_D$= –22°。蔗糖是光合作用的主要产物，广泛分布于植物体内，特别是在甜菜、甘蔗和水果中含量极高。

蔗糖作为一种食用糖，是含量最为丰富的纯有机化合物，是植物储藏、积累和运输糖分的主要形式。与其他二糖不同，蔗糖不具有还原性，也不发生变旋，即蔗糖分子中没有半缩醛结构。

蔗糖的原料主要是甘蔗(*Saccharum* spp.)和甜菜(*Beta vulgaris* L.)。将甘蔗或甜菜用机器压碎，收集糖汁，过滤后用石灰处理，除去杂质，再用二氧化硫漂白；将经过处理的糖汁煮沸，抽去沉底的杂质，刮去浮到表面上的泡沫，然后熄火待糖浆结晶成为蔗糖。

蔗糖在食品及工业中的应用。蔗糖是食品中有营养的甜味剂，它不但以化学合成甜味剂所不具备的特性成为食品中重要的添加剂，而且由于蔗糖具有独特的功能，有利于食品的加工和品质的提高。蔗糖不仅甜味纯正稳定，易于溶解和调色，还能从饱和溶液中迅速结晶出来，这些性能对糖果的生产是十分有利的。蔗糖在冰淇淋等食品中，除了作为甜味剂，还被用作冷冻点的改良剂、结晶改良剂和膨松剂。蔗糖可以在高温下发生焦化作用，能使烹调食品和焙烤食品着上所需的棕褐色。蔗糖具有渗透作用，能抑制有害微生物的生长，还可以对果酱、果冻、蜜饯起保藏作用，以延长食品的保藏期。蔗糖具有很好的水溶性，不同浓度的蔗糖溶液产生不同的黏度，可以为饮料、罐头等提供令人满意的风味，并能保持其风味的稳定性。蔗糖可以作为酵母的营养剂，为发酵过程提供能源，这也是化学合成的甜味剂所不具备的性能。蔗糖具有吸水性和保水性，在食品(特别是面制品)中能使之松软，利于延长食品的货架期限。蔗糖对淀粉颗粒起膨胀和胶凝作用，利于面包和其他面制品的制备。因此，可以说蔗糖是多功能的食品添加剂。

3) 麦芽糖[185]

麦芽糖(maltose)是通过 α(1→4)键连接的两个单位的葡萄糖，由缩合反应形成的一种双糖，结构如图 1-10 所示。它的异构体异麦芽糖具有通过α(1→6)键连接的两个葡萄糖分子。麦芽糖是淀粉酶分解淀粉产生的双糖，白色针状结晶，易溶于水，而非常见金黄色且未结晶的糖膏，甜味比蔗糖弱。麦芽糖是一种还原糖，与酵母发酵变为乙醇，和稀硫酸共热变为葡萄糖。

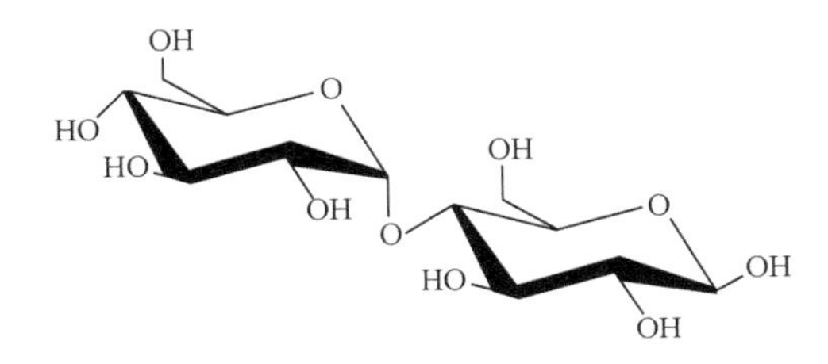


图 1-10 麦芽糖的分子结构

麦芽糖可由食物中的淀粉经唾液淀粉酶的催化作用得到。麦芽糖的制备大概分为以下几个步骤：先将小麦浸泡后让其发芽至三四厘米长，取其芽，切碎待用。将糯米洗净后倒进锅焖熟，并与切碎的麦芽搅拌均匀，发酵 3～4h，直至转化出汁液。而后滤出汁液用大火煎熬成糊状，冷却后即成琥珀状糖块。

麦芽糖不但有食用价值，而且有食疗功效，它性温味甘，在水中溶解后会催化降解为葡萄糖，作为医学上的营养料，具有美容养颜、补脾益气、润肺止咳、缓急止痛、滋润内脏、开胃除烦、通便秘等功效，主治脾胃虚弱、气短乏力、纳食减少、虚寒腹痛、肺燥咳嗽、干咳少痰、咽痛。但若中气弱、消化力不足、体内有湿热、体胖多病则要慎用，因麦芽糖会助湿生热、易令人腹胀。

### 1.3.2 淀粉基精细化学品

1. 预糊化淀粉

预糊化淀粉是一种由物理方法改性后氢键断裂的α-淀粉，具有无毒、无副作用、服用易消化、有一定的黏性、易降解、对环境无污染等优良特性，因此广泛应用于食品、医药、石油钻井、造纸等众多领域。在原淀粉的绿色环保、易降解等性能基础上，预糊化淀粉具有冷水中稳定易溶、保水性好、黏弹性好等优点。影响预糊化淀粉在冷水中溶解度的因素主要是预糊化淀粉的颗粒大小、直链淀粉含量、分子结构等[186,187]。

原材料来源不同时，预糊化淀粉产品性能存在差异。生长在气候寒冷，昼夜温差大的地区的植物，产出的淀粉颗粒粗，分子量大，其能提高预糊化淀粉的黏弹性。施磷肥也可使淀粉分子量增大。原淀粉纯度的增加可显著提升预糊化淀粉的黏弹性，原淀粉纯度相同时，含直链淀粉越多的产品黏弹性越高；储藏期短的原淀粉所制得的预糊化淀粉产品，黏弹性高。淀粉含水量对糊化程度起着决定性作用，含水量越高，淀粉越容易糊化[188]。预糊化淀粉与原淀粉相比具有晶粒小、晶体结构差等缺点。同时，原淀粉糊化过程中水分含量越高，预糊化淀粉的吸热峰值越低。预糊化淀粉的溶解性与淀粉颗粒表面的蛋白质和脂质的空胞的完整性有关。在水中预糊化后的淀粉颗粒持续肿胀形成的水合形式称为空胞，其中在颗粒表面的蛋白质和脂质是空胞稳定存在的一个决定性因素，但不是空胞形成的关键。少数的淀粉聚合物在空胞颗粒形成后不存在复原，因为聚合多糖链的形成是由肿胀颗粒的交联所致，最有可能是涉及双重螺旋结构的形成，空胞颗粒在工业化学改性淀粉功能上显示出非常重要的作用[189]。

此外，不同的生产方法产出的预糊化淀粉的性能也不同，目前工业上主要以螺杆挤压法生产预糊化淀粉，生产方法有以下三种[190]。

滚筒法：有双滚筒法和单滚筒法两种。双滚筒干燥机的两个滚筒的运动方向相反，向加热到 150℃左右的两滚筒之间输入淀粉乳液，乳液立即被糊化，在其表面干燥成薄膜状，用刮刀刮下，粉碎即制得产品。其质量取决于糊化的程度。通过调节淀粉乳液的浓度、滚筒温度及转速来调整产品承受剪切力的能力、干燥过程中的老化及黏度等性能。单滚筒法是直接将淀粉乳液输送到 150℃左右的滚筒表面进行糊化。单滚筒法的热效率低、生产能力小。滚筒法具有生产连续、操作简单、能耗低、质量稳定、适应范围广等特点，但此加工方法会使得淀粉粒迅速膨胀到原来体积的数百倍，同时具有强烈的剪切作用，使淀粉颗粒破裂，产品有很大的缺陷，包括窄的峰值黏度范围，非完整性颗粒，不能承受使用过程中的剪切力及酸和碱的影响，弹性、流动性较差，该方法使淀粉糊液只有 80%左右糊化。

喷雾法：在连续式喷射蒸煮器中，用高压蒸汽同淀粉乳混合使之糊化，然后喷雾快速干燥制成预糊化淀粉。喷雾法的特点是无需单独的粉碎过程，即得到呈空心球状的颗粒成品。淀粉乳液经糊化后，黏度剧增，使喷雾过程复杂和困难，另外，所使用的淀粉乳液浓度低，干燥时需除去的水分多，排气的温度高，造成耗能大，生产成本高。

挤压法：这是采用螺旋挤压膨化机，根据挤压膨化原理而生产预糊化淀粉的一种方法。将事先调好的含水量 15%～20%的湿淀粉加入挤压膨化机内，淀粉经螺旋轴摩擦挤压产生热而糊化，然后通过孔径为 1～10mm 的小孔高压挤出，进入大气中的物料瞬时膨胀干燥，经粉碎、筛选即得预糊化淀粉。由于受到高强度的剪切力，产品黏度下降，比滚筒法所得产品的溶解度大。由于在生长过程中基本不需要加水，能够用内摩擦热维持 120～160℃的温度，干燥不需要热源。此工艺具有设备投资少、动力消耗小的特点，但生产的预糊化淀粉由于受高强度剪切力作用，黏度低，几乎没有弹性。

预糊化淀粉的用途如下。

(1)在食品中的应用：溶解速率快和黏结性是预糊化淀粉的主要性质，因此它可用于一些对时间要求比较严格的场合，在食品工业中，可用于节省热处理时间而要求增稠、保型等方面，可改良糕点质量、稳定冷冻食品的内部组织结构等。预糊化淀粉在食品工业中主要用于制作软布丁、肉汁馅、浆、脱水汤料、调料剂及果汁软糖等。

(2) 在鳗鱼养殖上的应用：通常鳗鱼饲料为颗粒状，它由富含维生素等营养成分饲料粉、一定比例的黏合剂、油脂等组成，其中黏合剂必须具有以下特点：①无毒、易消化、有营养；②透明；③在鳗鱼吃完前，一直维持饲料颗粒的整体形状；④不被水中的溶质溶解；⑤不黏设备。预糊化马铃薯淀粉是最好的鳗鱼饲料黏合剂，一般添加量为20%。

(3) 在化妆品行业上的应用：爽身粉是一种常用的护肤品，一般用滑石粉、淀粉及其他辅料制成。现如今，国外用糊化淀粉来代替滑石粉和淀粉制造新型爽身粉，它除了具有普通爽身粉的特点外，还具有皮肤亲和性好、吸水性强等特点。

(4) 在制药工业上的应用：一般的西药片是由药用成分、淀粉、黏合剂、润滑剂等组成。其中淀粉主要起物质平衡作用。新型的药片由药用成分、预糊化淀粉、润滑剂等组成。其中预糊化淀粉除了起物质平衡作用外，还起黏合剂的作用，这样就减少了加入其他黏合剂所引起的不必要的副作用。这种新配方所生产的药片除了能满足医用要求外，还具有成型后强度高、服用后易消化、易溶解及无毒副作用等特点。

(5) 在其他行业上的应用：预糊化淀粉快速溶于冷水而形成高黏度淀粉糊的特性使其在很多方面得到了成功的应用。例如，在金属铸造中作砂型黏合剂；在纺织工业中广泛地用作上浆剂；在建筑业中用作水质涂料等；在石油工业中用于油井钻泥，增加蓄水性和黏度[191]；此外，还可作为进一步变性处理的原料。例如在淀粉接枝共聚物的制备中，淀粉原料先经预糊化后再进行接枝反应，可使接枝支链聚合物的平均分子量显著增加，而接枝频率却可大大下降。

2. 环糊精

环糊精(cyclodextrin，CD)是直链淀粉在由芽孢杆菌产生的环糊精葡萄糖基转移酶(CGTase)作用下生成的一系列环状低聚糖的总称。环糊精通常含有6~12个D-吡喃葡萄糖单元，其中研究得较多并且具有重要实际意义的是含有6、7、8个葡萄糖单元的分子，分别称为$\alpha$-CD、$\beta$-CD和$\gamma$-CD。根据X射线晶体衍射、红外光谱和核磁共振波谱分析的结果，确定构成环糊精分子的每个 D(+)-吡喃葡萄糖都是椅式构象。各葡萄糖单元均以1,4-糖苷键结合成环。由于连接葡萄糖单元的糖苷键不能自由旋转，环糊精不是圆筒状分子而是略呈锥形的圆环。环糊精用于食品、香料、医药、化合物拆分等方面，也用于模拟酶研究，还可以用作核磁共振位移试剂的诱导强化剂等[192]。环糊精具有略呈锥形的中空立体环状结构，一端大、一端小，使整个环糊精分子呈内疏水、外亲水的结构[193]。环糊精这种特殊的分子结构，使其疏水孔洞内可以包络一些客体分子，形成稳定的包合物[194,195]，从而改变客体分子的溶解度、挥发性和化学性能等理化性质[196]。

工业中的环糊精大多数是通过生物酶法生产的。化学合成的方法虽然也可以得到环糊精[197,198]，但与生物酶法相比，产率低、产物不容易分离提纯，只适合在实验室中做科学研究。概括起来，工业上环糊精的生产主要分为4个阶段[199]：菌种的选育或构建、培养，制备CGTase(分离纯化和浓缩干燥[200])，淀粉的CGTase转化，环糊精的分离、纯化与结晶。

环糊精的结构不同，性质差异也很大，由于 $\beta$-CD 的分子空腔大小适中(内径 70~80nm)、结晶性能良好(易于提纯)、生产成本低，在工业上更具独特的优势，是目前应用范围广且生产最多的环糊精产品[201]。β-CGTase 是工业上大量生产 β-CD 的专一性酶，但在我国，β-CD 菌种产酶量不高和生产成本过高使产业化受到限制，因此构建具有更高 β-CD 特异性的突变体菌株是提高 CGTase 活力的关键。根据现有的资料报道，获得 β-CGTase 的途径主要有 3 种：从自然界中筛选野生菌株，根据基因文库进行克隆表达和对已知目的基因片段进行蛋白质工程改良[202]。其中野生菌株筛选不但最为直接有效，而且也是后两种方式的基础。从自然界中筛选的野生菌株，很难适应工业化生产的要求。理想的工业化菌种必须具备遗传性状稳定、无污染、生长迅速、短时间内能生产大量的目标产物等特性。要想得到高产量和传代稳定的菌株，一般会采用诱变育种的方法。从野生菌株或者诱变育种中得到的 CGTase 往往都具备一定的工业缺陷，如突变无定向性、酶活性低、专一性和稳定性差等。为了解决这些问题，可以通过物理、化学手段和分子生物学手段使其符合最佳的工业化生产要求。β-CD 用于医药行业，不仅可以增加药物的稳定性，还具有提高药物的溶解度及生物相容性，控制药物的释放速率，掩盖苦味和异臭等优点；用于食品行业，可以作为食品和食品成分的稳定剂，保护芳香物质和保持色素稳定，除去异味和苦味，与食品中的活性成分形成包络物，可以钝化光敏性和热敏性；在环保行业，可以应用于农药污染物治理、农药残留检测、污水处理和土壤改性等方面；此外，由于 β-CD 是有手性中心的手性分子，对有机分子有识别和选择的能力，可应用于柱色谱分离[203]或者电泳分离[204]；β-CD 的空腔易与客体分子形成包合物从而影响客体分子的光谱性质，因此可应用于分析检测[205]和痕量金属含量的测定[206]等方面。

由于 β-CD 在水中的溶解度较小[207]和包合能力有限，其在工业应用上有一定的局限性。因此，人们开始对 β-CD 母体进行改性，以改变 β-CD 的理化性质，推出新型功能材料并提高其应用效果。

### 3. 酯化淀粉

酯化淀粉就是指淀粉结构中的羟基被有机酸或无机酸酯化而得到的一类变性淀粉。淀粉经过酯化改性后，其葡萄糖单元上的羟基被酯键取代，分子间的氢键作用被削弱，从而使得酯化淀粉具有热塑性、疏水性等优点，广泛地应用于纺织、造纸、降解塑料、水处理工业、医药、食品等[208,209]。

根据发生酯化反应的酸种类不同，酯化淀粉可分为无机酸酯化淀粉和有机酸酯化淀粉两大类。

#### 1）无机酸酯化淀粉

Yuri 等[210]在碱性条件下，以甲酸分别同直链淀粉和支链淀粉进行酯化反应，发现甲基化最容易发生在无定形区和支接点上，直链淀粉的取代度要大于支链淀粉。Thomas 等[211]以甲酸与淀粉的摩尔比为 2∶1，在 20℃下反应 6h，制备甲酸酯化淀粉，酯化取代度可以达到 1.25。以 DMSO（二甲基亚砜）/水为溶剂测定产物的分子量，结果发现黏均分子量下降；利用旋光仪测定甲酸酯化淀粉的旋转角，结果表明淀粉的双螺旋结构没有变化；以原子力显微镜（AFM）对结构进行表征进一步得到甲酸酯化淀粉存在着螺旋性的组合及无定形区颗粒的聚集，说明反应过程中淀粉的宏观结构没有发生明显的改变。磷酸酯化淀粉的研究也比较活跃，针对磷酸酯化淀粉取代度较低的问题，Pieschel 等[212]以尿素为催化剂，在 90～140℃、压力为 100torr①的真空容器中，原料配比为 $n$(淀粉)：$n$(磷酸化试剂)：$n$(尿素)=1：(0.1～0.5)：(0.3～0.4)，可得到常温下不水解的高取代度磷酸酯化淀粉。Lewandowicz 等[213]对淀粉进行预处理，先将不同比例的淀粉与尿素、磷酸钠、磷酸混合均匀，然后采用微波反应制备磷酸酯化淀粉，在 105～125℃微波加热 15～60min 后，得到产物结构比较复杂。随着微波加热时间的增加，产物的交联度提高且体系的 pH 呈中性。另外，通过傅里叶变换红外光谱仪(FTIR)、凝胶渗透色谱(GPC)、SEM 和 XRD 等表征手段对产物进行表征，结果说明利用微波可以在比较短的反应时间内制备酯化淀粉。Mahmoud 等[214]以磷酸氢钠和磷酸氢二钠在水溶液中与不同种类的淀粉(如玉米淀粉、大米淀粉、土豆淀粉等)制备磷酸酯化淀粉，随着磷酸盐的摩尔比(相对于淀粉)从 0.5 上升到 3.5，获得磷酸酯化淀粉的酯化取代度为 0.09～0.25。对磷酸酯化淀粉进行生物降解实验，实验结果表明，经过磷酸酯化后的淀粉，随着酯化取代度的提高降解速率下降。Chang 等[215]利用挤压工艺制备磷酸酯化淀粉，反应的酯化效率高。除磷酸酯化淀粉外，Staroszczyk 等[216]报道了分别以硒酸钠和亚硒酸钠在微波中与土豆淀粉颗粒进行固相酯化反应，以亚硒酸钠为酯化剂获得的酯化淀粉的酯化取代度比硒酸钠要高一些(最高为 0.03)，实验结果发现，增加微波的功率可以提高酯化取代度，而单纯地提高亚硒酸钠的含量对酯化取代度没有任何提高，但产物的热稳定性明显提高，结晶度下降，趋向于无定形结构。

2) 有机酸酯化淀粉

有机酸酯化改性的淀粉包括乙酸酯化淀粉、烯基琥珀酸酯化淀粉、磷酸酯化淀粉、多元酸及芳香酸酯化淀粉和其他类型的脂肪酸酯化淀粉等。

Shogren[217]将干燥的玉米淀粉、冰醋酸及乙酸酐共混后，利用高压反应，在反应温度为 160～180℃，反应时间 2～10min，可以获得酯化取代度为 0.5～2.5 的乙酸酯化淀粉，反应效率达 100%。研究表明，反应速率与冰醋酸和乙酸酐含量相关，增加反应时间虽然可以提高酯化取代度，但是会造成淀粉的降解。Miladinov 等[218]在单螺杆挤出机中制备不同酯化取代度的乙酸酯化淀粉，以氢氧化钠作为催化剂，酯化效率约为 85%。对产物进行物理性质研究，发现其分子量从 2000000 下降到 200000 左右，吸水率随着酯化取代度的提高而下降，说明酯化改性提高了淀粉的疏水性能。烯基琥珀酸酯化淀粉广泛地应用于食品[219]、医药[220]等精细化工行业[221]中，引起国内外学者的关注。Parka 等[222]系统研究了不同辛烯基琥珀酸酐添加量(0%～2.5%)对酯化淀粉流变性能的影响，结果发现，此类酯化淀粉糊化后具有高度的剪切变稀现象。Klaushofer 课题组[223-225]早在 20 世纪 70 年代，对柠檬酸酯化淀粉及其性质进行了初步的研究，制备了不同酯化取代度的产物。Miesenberger 等则制备柠檬酸酯化淀粉作为食品添加剂[226,227]。Shi 等[228]以柠檬酸、甘油为混合增塑剂制备热塑性淀粉，在熔融共混的过程中，柠檬酸与淀粉发生局部酯化。实验结果说明，该方法能有效地提高淀粉与增塑剂的结合能力，从而制备性能稳定的热塑

① 1torr≈133.322Pa。

性淀粉，有效地抑制淀粉的回生问题。以不同碳原子个数的酸酐或者酰氯与淀粉进行反应，制备具有良好疏水性和热塑性的酯化淀粉，在相同酯化取代度的条件下，长碳链的脂肪烷基的引入更能提高淀粉的疏水性能及加工性能[229]。为了得到高取代度酯化淀粉，Fang 等所在的课题组[230-232]对酯化淀粉的制备及应用于热塑性塑料进行了详细的研究，使用氯化锂(LiCl)/二甲基乙酰胺(DMAc)溶液作为酰化反应的溶剂，先使淀粉均匀分散在溶剂中形成均一的淀粉溶液，然后加入酰化试剂进行反应，反应的效率和酯化取代度都有了很大的提高，但得到的热塑性淀粉的力学性能比较差，拉伸强度只有 1.2MPa，而断裂伸长率为 87%。Kapusniak 等[233]将干淀粉与亚油酸分别以摩尔比为 0.25、1、4.5 进行反应，在氩气为保护气体、130℃下反应 13 天，结果说明，随着酯化取代度的提高(0.097～0.83)，疏水性下降，SEM 结果说明高取代度的淀粉是以黏胶态相互连接着，取代反应对产物的热稳定性能无明显影响。

4. 醚化淀粉

醚化淀粉[234-236]是淀粉中的糖苷键或活性羟基与醚化剂通过氧原子连接起来的淀粉衍生物[237]，它具备糊化温度低、抗冻融稳定性好、黏着力强、糊液清澈、热稳定性强等优良性质，并且在强碱性条件下不易水解[238]。

醚化淀粉主要包括非离子型淀粉和离子型淀粉。

1) 非离子型淀粉

羟烷基醚化淀粉是非离子型醚化淀粉，常用的醚化剂有环氧乙烷、环氧丙烷、二甲基硫酸、丙烯基氯、乙基氯、甲基氯、苄基氯、部分溴和碘的烃类。在碱催化下，淀粉与醚化试剂反应制得羟烷基醚化淀粉。在工业上实用价值较高的羟烷基醚化淀粉有羟乙基醚化淀粉和羟丙基醚化淀粉。非离子型淀粉不会受到电解质或者水硬度的影响。较低取代度的醚化淀粉颗粒近似于原淀粉，与原淀粉相比，醚化淀粉更易糊化，亲水性更高，更具耐碱性，具有更好的糊液黏度稳定性，且具有较好的成膜性、柔软度、平滑度、膜透明度等特点。

邹建[239]以木薯淀粉为原料，加入醚化剂羟丙基醚，先制得羟丙基淀粉，再引入 $\alpha$-淀粉酶，制备成不同程度羟丙基-酶解复合淀粉。测定样品的透光率、析水率等，结果表明羟丙基-酶解复合淀粉比羟丙基醚化淀粉具有更好的透明度，其透明度与水解葡萄糖当量(DE)值呈正相关，冻融稳定性较大程度地优于原淀粉。通过测定乳化性及其稳定性，得到羟丙基-酶解木薯淀粉具有较高的乳化稳定性。Wokadalaa 等[240]研究了蜡质淀粉和高直链淀粉通过丁基醚化改性来促进其与聚乳酸(PLA)的兼容性。通过差示扫描量热法、拉伸试验和扫描电镜进行测试，结果表明丁基醚化提高了蜡质淀粉和高直链淀粉与聚乳酸之间的疏水性和兼容性。相比丁基醚化蜡质淀粉，丁基醚化高直链淀粉与聚乳酸有更高的兼容性。

2) 离子型淀粉

羧甲基淀粉(CMS)属于阴离子型醚化变性淀粉，是一种能溶于冷水的天然高分子化合物。淀粉在碱性条件下与氯乙酸反应，并且在淀粉的葡萄糖残基上引入羧甲基制备出羧甲基淀粉，它是一种新型廉价、性能优越、安全、无污染型化工原料[241]。羧甲基淀粉的存在形式主要为淀粉钠盐[242]。带负电荷的官能团的引入，使其具有离子交换、絮凝和吸附等特性，同时具有低温易糊化，透明度高，冻融稳定性、水溶性、凝沉性、流动性好等优良特性[243]。羧甲基淀粉的分散、吸湿、乳化石蜡的能力很好，它以醚键进行连接，抗温能力差。目前，关于羧甲基淀粉的制备方法的研究在国内外主要包括水媒法、有机溶剂法、半干法和干法等制备工艺[244]。Stojanovie 等[245]对在非均一介质中制备羧甲基淀粉的影响因素进行了研究。研究结果表明：淀粉的种类、溶剂量、反应物量、时间、温度为重要的影响因素。

此外，氰乙基淀粉能抑制霉菌及细菌活性，具有较好的薄膜物理机械性能等。丙烯酰胺淀粉具有较高的疏水性，溶解度与温度无关。苯甲基淀粉具有高疏水性，水溶性低，较高取代度时溶液黏度低，与含油物质可生成乳液。

通常在淀粉糊化之前进行醚化反应，与原淀粉相比，醚化后的淀粉溶解性能和糊液稳定性得到提高，糊化温度降低。醚化淀粉很易吸附带有负电荷的无机或者有机的悬浮颗粒，主要是因为分子带有正电荷表面活性基团，另外还具有很好的絮凝作用。醚化淀粉具有使用量少、絮凝作用强、能降解、无毒、无污染、原料来源广泛等诸多优点，因此应用前景更加广阔[246]。

5. 氧化淀粉

氧化淀粉是淀粉在氧化剂作用下生成的一种淀粉衍生物，淀粉在氧化过程中主要发生两个化学变化：C2、C3、C6 上的羟基被氧化为羰基；$\alpha$-1,4 糖苷键断裂，淀粉分子解聚[247]。氧化后的淀粉不仅具有成膜性好、分子体积小、黏度低、糊化吸热焓小、糊化温度低的特点，还有老化程度低等优良特性[248-250]，广泛应用在造纸、纺织、建筑、包装、食品等行业。

氧化淀粉的制备方法主要包括物理、化学和生物酶方法，但实际操作中最常用且应用最广泛的是化学方法。淀粉在化学改性过程中，除本身的化学结构外，改性所需的辅助条件同样重要，例如，淀粉浆液浓度、温度、pH、时间、氧化剂添加量、催化剂等都对反应的进行起着至关重要的作用。采用不同的制备工艺将会得到不同的产品，且产品的性质也会有所不同。郝利民等[251]以 NaClO 氧化马铃薯淀粉，40%淀粉浆液中添加 3% NaClO，pH=10、30℃条件下反应 2 h，当羧基含量在 0.161%～0.675%时，氧化淀粉的消化性能与之成正比。体外碳水化合物消化试验证明，使用 NaClO 可以制备易于被人体消化的淀粉，解决了食品中含有少量抗消化淀粉，不益于人体消化的问题，也为 NaClO 在食品行业中作为淀粉氧化剂奠定了坚实的理论基础。逄艳等[252]在 30%玉米淀粉乳中添加 30%的双氧水，0.005% $CuSO_4$ 为催化剂，50℃水浴，中性条件下反应 3h，得到氧化淀粉的羧基含量高达 0.45%，透光率为 82%，产品两周内不凝沉，黏度仅为 1.5cp，但此工艺制得的氧化淀粉冻融稳定性有所下降。曹效海等[253]以 45%马铃薯淀粉浆液为原料，55℃条件下加入 150mL 0.5mol·$L^{-1}$ 盐酸，3.0%过硫酸铵，反应 50min 后制得的氧化淀粉黏度最低，抗凝沉性较好。酸解和氧化同时进行，大大缩短了反应时间，提高了反应效率。但是，过硫酸铵对皮肤黏膜有刺激性和腐蚀性，吸入后引起鼻炎、喉炎、气短和咳嗽等，若过量添加过硫酸铵，会存在安全隐患。丁龙龙等[254]通过氧化改性的方法，制备出一种羧基含量最高达 2.55%的氧化淀粉，系统研究了氧化条件对氧化产物的影响。实验结果表明：采用 10g 淀粉、100g 蒸馏水，糊化温度 80℃，催化剂 $FeSO_4$ 用量为淀粉的 1.716%，氧化剂 $H_2O_2$ 用量为淀粉的 40%，反应温度 55℃，反应时间 1.5h 时，羧基含量最高，为 2.55%。采用 FTIR、XRD 和 DSC 对氧化淀粉的结构和性能进行了分析，结果表明，高羧基含量的氧化淀粉是非晶相的，且不同羧基含量的氧化淀粉具有不同的结晶类型；淀粉的前期糊化阶段发生在淀粉的非结晶区，随着氧化的进行，淀粉的非结晶区先被氧化，当氧化程度加大时，又转向结晶区发生氧化反应。

氧化淀粉用于米面制品中，可以改善其质构、加工性能和营养特性；它还是肉制品的品质改良剂；应用在可食用包装膜中，可改善其阻水性能；双醛淀粉可以用于治疗肾功能衰竭；应用在耐嚼糖果食品中，氧化淀粉取代全部或部分明胶，能克服原技术中活性成分含量降低等不良反应。此外，氧化淀粉因存在羰基和羧基，可以与各种金属离子作用，形成新的配合物。氧化淀粉与生命有机体不可缺少的一些微量元素作用后，可以作为人体微量元素补充的载体。氧化淀粉在食品行业中，可在棉花糖和口香糖中作为粉末喷洒剂；氧化淀粉作为质构改良剂添加到奶酪中，使奶酪具有抗冻性，并且在煎炸时不易破碎；氧化淀粉因具有较好的聚合性，可作为表面涂层剂广泛应用在鱼、肉或面包制品中[255]。

6. 接枝淀粉

接枝淀粉是将淀粉分子骨架与合成聚合物以化学键的形式连接而成的一种共聚物，乙烯类单体与淀粉的接枝共聚可提升其热稳定性、黏度、流变性能、动态力学等性能，脂肪族聚酯的力学性能、加工性能、生物可降解性及生物相容性优良，受到各领域的重视，与淀粉接枝共聚后，可使其亲水性及生物可降解性得到改善，还可能赋予其新的功能，因此，被广泛地应用于高分子絮凝剂、吸水材料、造纸、纺织、塑料、医用等领域[256,257]。

张恒等以淀粉、丙烯酰胺、双氰胺和 36.5%(质量分数)浓盐酸为原料，设计合成了淀粉接枝双氰胺甲醛缩聚物絮凝剂。7.5%用量的上述絮凝剂对 $2g\cdot L^{-1}$ 尤丽素红 E-B 染料模拟废水的脱色率能达到 98.3%，同等用量运用于制浆的中段废水中，COD 的去除率可达 83.0%，从原来的 $200mg\cdot L^{-1}$ 降低至 $34mg\cdot L^{-1}$[258]。

淀粉接枝共聚物具有很好的生物乳浊性、生物相容性、生物降解性及两亲性，因此，在医用领域得到重点关注和研究。接枝淀粉运用于包装血红蛋白(GS-Hb)作为纳米氧生物传感器。研究表明，血红蛋白在 GS-Hb 中保留了其化学结构和生物活性。电化学研究表明，GS-Hb 修饰电极对氧气和过氧化氢表现出快速直接的电子转移、高的热稳定性和良好的电催化活性。GS-Hb 可以可逆地结合和释放氧气，且 GS-Hb 具有比红细胞更好的携带氧气的能力。因此，GS-Hb 提高了氧生物传感器的性能，扩大了氧载体在输血中的应用范围[259]。

对淀粉和植物纤维利用酯化助剂进行处理，使酯化助剂与脂肪族聚酯在共混挤出时实现酯交换，制得淀粉接枝脂肪族聚酯共聚物，此共聚物有利于提升复合材料的撕裂强度、断裂伸长率、拉伸性能等，可广泛运用于购物袋、农用薄膜等[260]。

淀粉接枝共聚物在造纸业中主要应用于增强剂、助滤剂和助留剂等。刘凯等[261]在高碘酸钠的溶液中加入淀粉进行加热反应，将得到粗产物双醛淀粉洗涤干燥后，分散于蒸馏水中，再加入胍盐进行反应，最后得到胍盐接枝淀粉。将胍盐接枝淀粉涂布于纸张表面，得到的纸张具有高抗菌性和高强度的性能。胍盐接枝淀粉运用于造纸有很好的应用价值。

淀粉分子与接枝聚合物之间通过共价键连接，所得产物具有很好的吸水性、黏附性、生物相容性及生物降解性等多种优良特性，淀粉作为原料便宜易得，可降低生产成本，接枝共聚的工艺简单。因此接枝淀粉得到大量的开发和利用。

### 1.3.3 纤维素及其衍生物

纤维素是自然界储量位居第一位的天然高分子化合物，它同半纤维素和木质素一起构成了植物细胞壁，是植物纤维素原料的重要组成部分。其中，纤维素含量最高且最纯的是植物界中的棉花，其次是麻类，而在木、竹中纤维素含量较低，其含量(质量分数)为40%～50%[262]。与人工加工提炼出的高分子聚合物相比，纤维素不仅具有生物易降解、可再生特性，还具有储存量大、分布范围广、无毒及生物相容性良好等特点。由于纤维素独特的物理结构和化学性质，越来越多的纤维素衍生物也随之产生，纤维素醚、纤维素酯、氧化纤维素等已经成为人类生活的重要产品。纤维素通过水解的方式获得葡萄糖，以葡萄糖为基础可以实现多种化学品的转化。随着环境污染的加重和化石能源的减少，纤维素作为自然界储量最大的可再生资源，成为能源资源化研究利用的热点。

1. 纤维素衍生物

纤维素的物理再生和化学反应是其成为功能材料及化学品的重要手段。纤维素的再生与溶解会在一定程度上改变纤维素的物理、化学特性。纤维素大分子链中每个葡萄糖基环上有三个活泼的羟基，可引发一系列与羟基有关的化学反应，纤维素通过酯化、醚化、氧化、接枝共聚与交联等化学反应，可以形成纤维素酯、纤维素醚、氧化纤维素、脱氧-卤代纤维素等纤维素衍生物，赋予纤维素一定的功能性。

1) 纤维素酯

纤维素酯是指在酸性介质中，纤维素分子链上的羟基与酸、酸酐、酰卤等发生酯化反应生成的物质，包括纤维素无机酸酯和有机酸酯两类，前者是羟基与硝酸、硫酸、二硫化碳、磷酸等反应生成的酯类物质，后者是指甲酸、乙酸、丙酸、丁酸及它们的混合酸、高级脂肪酸、芳香酸、二元酸等与羟基形成的酯类纤维素。商品化应用的纤维素酯类有纤维素硝酸酯(硝酸纤维素)、纤维素乙酸酯、纤维素丁酸酯和纤维素黄原酸酯等。例如，醋酸纤维素(纤维素乙酸酯)膜是最通用的膜材料之一，早期的超滤膜就是这种材料；醋酸纤维素还可用来制作反渗透材料，用于海水淡化，拥有很好的分离效果；醋酸纤维素是人工皮肤的优选材料，也可以用于制造人工肾脏。硝酸纤维素可以用于制造人工肝脏。另外，羧酸纤维素具有较高的抗凝血功能，常用于制作抗凝血材料。

2) 纤维素醚

纤维素醚是纤维素分子链上的羟基与烷基化试剂在碱性条件下反应生成的一系列衍生物。根据取代基的不同，可分为单一醚类和混合醚类。单一醚类包括烷基醚(如乙基纤维素、丙基纤维素、氰乙基纤维素等)、羟烷基醚(如羟甲基纤维素、羟乙基纤维素等)、羧烷基醚[如羧甲基纤维素(CMC)、羧乙基纤维素等]。混合醚类是指分子结构中含有两种以上基团的醚类物质，如羟丙基甲基纤维素(HPMC)、羧甲基羟乙基纤维素、羟丙基羟丁基纤维素等。根据离子性不同，纤维素醚又可分为以下 4 类：①非离子纤维素醚，如纤维素烷基醚；②阴离子纤维素醚，如羧甲基纤维素钠、羧甲基羟乙基纤维素钠；③阳离子纤维素醚，如 3-氯-2-羟丙基三甲基氯化铵纤维素醚；④两性离子纤维素醚，分子链上既有阴离子基团又有阳离子基团。纤维素醚种类繁多，部分产品如羧甲基纤维素、羟丙基纤维素(HPC)、羟丙基甲基纤维素等已实现商品化。例如，纤维素醚由于侧链易于旋转，纤维素主链易于实现分子的有序排列，既可显示溶致液晶性，又可显示热致液晶性[262]。羧甲基纤维素和甲基纤维素可以用于人工血浆和人工汗液。

3) 氧化纤维素

一般来说，纤维素各种不同形式的氧化反应多发生在 3 个羟基上，可生成醛基、酮基和羧基。纤维素作为多羟基化合物，很容易被氧化剂所氧化。不同的羟基可发生不同的氧化反应，主要有以下几种可能的氧化方式：①伯羟基被氧化成醛基，并可继续氧化成羧基；②链末端的还原性基团被氧化成羧基；③葡萄糖酐中 C2 和 C3 上的仲羟基被氧化成醛基，并可继续氧化成羧基；④C2 和 C3 上的仲羟基在环不破裂的情况下被氧化成一个酮基或两个酮基；⑤C1 和 C5 连接破裂，并在 C1 上发生氧化反应；⑥C1 和 C2 连接破裂，并在 C1 上形成碳酸酯基团和在 C2 上形成醛基，它可继续氧化成羧基；⑦在纤维素大分子环节间“氧桥”氧化形成过氧化物，大分子链断裂。

氧化纤维素作为纤维素衍生物的一种，具有良好的生物相容性、生物可降解性、环境友好性和无毒等特点，已被广泛用于许多行业。如用于医疗行业，制备医用可吸收止血纱布、医用可吸收手术缝合线、医用抗凝血剂、治疗慢性肾功能衰竭的口服药、人造器官材料、血液分离膜、血泵等；用于烟草行业，作为天然烟草的替代品；用作制备活性炭的原料；用于制作照相纸离子交换材料等。另外，纤维素的选择性氧化是制备各种新产品和中间体的很好途径。纤维素葡萄糖残基中的 C2、C3、C6 位羟基的选择性氧化产物可用作具荧光、储能、螯合剂及生物医用等功能的高分子材料。同时，选择性氧化可使纤维素单元上的羟基发生反应，改变纤维素的结构，并赋予纤维素许多新的功能，大大拓展了纤维素的应用领域。因此，选择性氧化纤维素已经成为纤维素科学与纤维素基新材料研究领域中的热点。

4) 纤维素接枝共聚衍生物

纤维素的接枝共聚是以分子链中的羟基为接点，将合成的聚合物连接到纤维素骨架上，赋予纤维素特定性能和功能的过程。根据聚合条件的不同，支链或接枝链的长度也随之变化。可供接枝的单体种类繁多，其中丙烯基和乙烯基单体应用最为广泛，传统的聚合物单体的活性顺序为丙烯酸乙酯＞甲基丙烯酸甲酯＞丙烯腈＞丙烯酰胺＞苯乙烯，接枝共聚在交联纤维素、氧化纤维素、羧甲基纤维素甚至交联衍生物的合成上均有应用。接枝后的纤维素本身固有的优点不会遭到破坏，聚合物的引入可起到优化纤维素性能的作用，因而广泛用于生物降解塑料、离子交换树脂、吸水树脂、复合材料、絮凝剂及螯合纤维等方面。

5）再生纤维素

再生纤维素是利用天然纤维素通过一定的物理、化学处理方式溶解、再生获得的。近年来，氢氧化钠/尿素、*N*-甲基马啡啉氧化物（MMNO）/$H_2O$、三氟乙酸/氯代烷烃、氯化锂/二甲基乙酰胺等混合溶液的出现，大大提高了纤维素及其衍生物的溶解能力，也使再生纤维素的种类越来越多[263]，如黏胶纤维、铜氨纤维、醋酸纤维、富强纤维和高湿模量纤维等。

黏胶纤维可以用来填充轮胎帘子线，具有良好的尺寸稳定性和耐热性；阻燃黏胶纤维的开发进一步扩宽了黏胶纤维的应用；抗菌黏胶纤维广泛应用于民用纺织品，产业用品方面主要体现在医用领域，如非织造布手术服、非织造布衬、口罩、创伤贴、吸水垫等；导电黏胶纤维可用作工业用毯和防护服中的抗静电组织；吸附性黏胶纤维和中空黏胶纤维在过滤、吸附、分离等领域具有重要应用。用于血液净化的纤维素材料主要是利用高分子膜良好的通透性、机械强度及与血液的相容性，实现血液透析、血液过滤和血浆交换，常用的材料有铜氨法再生纤维素和三醋酸纤维素。高湿模量纤维克服了普通黏胶纤维湿态时被水溶胀、强度明显下降，织物洗涤揉搓时易变形、干燥后易收缩、使用中又逐渐伸长，即尺寸稳定性差的缺点，是一种具有较高的强度、较低的伸长度和膨化度、较高的湿强度和湿模量的黏胶纤维，拥有广阔的应用前景。

2. 纤维素基化学品

纤维素基化学品主要是纤维素通过化学转化合成的各种生物基高值化学品和通过发酵生产的生物燃料。纤维素的降解反应是纤维素大分子链非结晶区发生水解得到纳米纤维素，或全部水解断裂获得葡萄糖，进而转化形成纤维素乙醇、5-羟甲基糠醛、糠醛、己糖醇、乙酰丙酸等其他化学品的过程。

1）纳米纤维素

纤维素由结晶区和非结晶区组成，在温和的条件下，非结晶区可以发生水解断裂，保留结晶区域，得到一个或多个维度处于纳米级（小于 100nm）的纳米纤维素。纳米纤维素具有高结晶度和机械强度、较大的比表面积及优异的可生物降解性和生物相容性等独特的优点，因此在医药缓释、造纸、分离吸附及能源材料等领域有着良好的应用前景。

纳米纤维素具有独特的长径比和比表面积，暴露出更多的亲水性羟基和疏水性烃基，表现出良好的表面活性，可以作为分散剂。纳米纤维素具有高的强度、硬度及热稳定性，可以作为增强剂添加到复合材料中，为复合材料提供更好的机械性能及良好的光学性能。例如，将纳米纤维素添加至橡胶材料中，制备出了高性能的橡胶/纳米纤维素复合材料[264]；纳米纤维素比表面积大，纳米纤维素分子内与分子间氢键结合能力强，添加纳米纤维素之后纸张的耐折度、裂断长、耐破指数、撕裂指数等机械强度指标都有所提高，为特种纸或功能纸提供了良好的发展空间[265]。纳米纤维素具有质量轻、强度高及比表面积大等优点，可以制备成纤维素薄膜材料，广泛应用于透析、超滤、半透、药物的选择性透过及药物释放等方面[266]。纳米纤维素无毒性，可塑性及生物相容性良好，在生物材料中有着广泛的应用，可以用于制造人工组织及药物缓释。将纳米纤维素进行改性处理或者进行炭化处理，赋予其导电性，然后使其与石墨烯、碳纳米管等材料进行复合制备电子复合材料，用于电子工业。

对于纳米纤维素而言，研发出高效、便捷、绿色、低能耗的纳米纤维素制备方法，进一步开发和扩宽纳米纤维素的经济利用价值，是目前纳米纤维素研究的重点。

2) 纤维素乙醇

纤维素是由 D-葡萄糖以 1,4-$\beta$-糖苷键连接起来的线型高分子化合物，通过预处理手段，将纤维素从木质纤维素原料中分离(预处理)，利用化学或生物方法可以将大分子纤维素链水解断裂，降解生成小分子葡萄糖(糖化)，再通过生物发酵的方式获得纤维素乙醇(发酵)。纤维素乙醇以植物的茎叶、农作物秸秆、林业剩余物等资源为原料，与第一代生物乙醇相比，扩大了生物质燃料的作物种类、提高了对废物的利用率、降低了生产成本、解决了与人类争粮的问题，是当前国际社会对燃料乙醇研究的重点。

纤维素的高聚合度、氢键和结晶区的存在、半纤维素及木质素的填充和木质素的三维空间结构都阻碍了纤维素的水解作用，因此，生物质制备燃料乙醇的预处理过程中，除去半纤维素和木质素、保留更多的纤维素成为预处理的主要目的。良好的预处理技术应该实现以下具体要求：①尽量除去木质素和半纤维素；②避免纤维素的水解；③减少产生抑制后续操作的化合物；④对设备要求条件低、生产成本低。目前常用的预处理技术包括物理法、化学法、物理化学法和生物法。预处理之后就是糖化、发酵过程，木质纤维素转化为乙醇的同步糖化发酵技术可以提高成本效益，减少酶的用量，从而减少生产成本。传统酵母不耐热，商业纤维素酶可操作温度高，优于传统酵母，在同步糖化发酵中使用接近商业纤维素酶最优条件的耐热酵母，可增加纤维素水解速率和缩短同步糖化发酵时间。

但迄今，纤维素乙醇的大规模开发与生产受到许多技术难关的阻碍，其中，生物质利用率低、预处理技术不完善等问题致使生产成本偏高，限制了纤维素乙醇的发展。

3) 其他化学品

纤维素其他化学品是以葡萄糖为反应底物通过各种化学转化或者生物转化方法制备的除纤维素乙醇以外的多种高附加值化学品，包括 5-羟甲基糠醛、糠醛、己糖醇、乙酰丙酸等。

a.5-羟甲基糠醛

5-羟甲基糠醛(5-hydroxymethyl-2-furfural，5-HMF)是一种在生物燃料化学和石化行业的多功能重要中间体，因其具有羟基和醛基，可用于合成很多高附加值的化合物和新型材料，包括柴油添加物、树脂类塑料和医药等，已成为持续发展的绿色平台化合物之一。

木质纤维素制备 5-HMF，需要经过纤维素断裂 1, 4-糖苷键，水解成为葡萄糖，葡萄糖异构化为果糖，果糖脱水生成 5-HMF(图 1-11)。该反应途径复杂，包括多步反应，所以纤维素制备 5-HMF 需要多功能催化剂。离子液体(ionic liquid)因能溶解纤维素，被广泛用于纤维素的解聚及水解脱水制备 5-HMF 技术中。除了使用离子液体作为溶剂或者催化剂制取 5-HMF，也可使用两相体系非离子液体溶液来降解纤维素制取 5-HMF。两相体系一般由水和不与水互溶的有机溶剂组成，主要目的是将不稳定的 5-HMF 萃取到有机溶剂中，避免其后续降解。除使用双相体系外，也有报道使用以水为溶剂，在催化剂的作用下制取 5-HMF 的研究。例如 Shi 等[267]使用热压蒸汽在滴流床中以 $ZnSO_4$ 和 $NaHSO_4$ 降解纤维素制取 5-HMF。虽然这种办法易于分离 5-HMF 和催化剂，但是反应过程中副反应较为严重(生成腐黑物)。因此，通过改进催化剂和调变反应条件等减少副产物的产生，从而提高纤维素制备 5-HMF 的效率有待进一步研究。

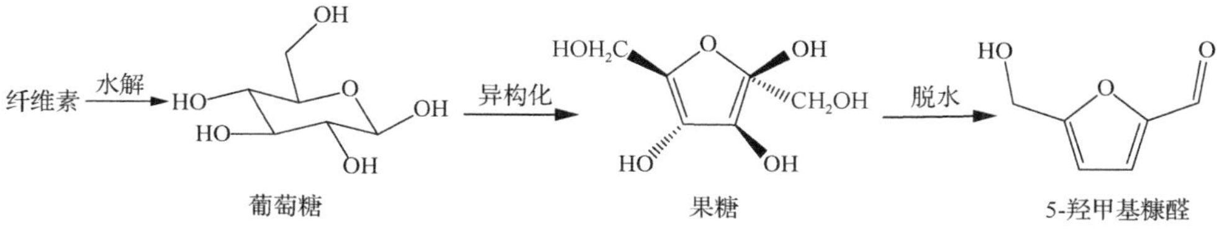

纤维素 —水解→ 葡萄糖 —异构化→ 果糖 —脱水→ 5-羟甲基糠醛

图 1-11　纤维素转化为 5-羟甲基糠醛的路线

b.糠醛

通常，木质纤维素中的半纤维素在水介质中经酸催化剂作用解聚得到五碳糖后进一步脱水可转化为糠醛，该工艺技术已趋于成熟并用于工业化生产。纤维素在水或一般的双相反应体系中解聚为六碳糖后脱水，通常生成 5-羟甲基糠醛与乙酰丙酸，而难以甚至不能转化为糠醛。最近的一些文献报道了纤维素类碳水化合物在特定的反应介质中经酸催化剂作用后可转化为糠醛，且提出了不同的反应历程。

水溶液中的葡萄糖经过开环、互变异构、逆醇醛缩合反应后形成中间体，然后异构化为阿拉伯糖，并在酸催化剂作用下脱水形成糠醛。Dumesic 课题组发现葡萄糖在 $\gamma$-戊内酯(GVL)/水介质中，经 H-$\beta$ 分子筛作用后可转化得到产率为 37.0%的糠醛。他们提出了内酯类化合物为一类适用于六碳糖转化为糠醛反应介质的观点，确立了 H-$\beta$ 分子筛与内酯类化合物的反应体系[268]。后续的研究发现，不同孔结构与酸密度的固体催化剂和内酯溶剂组成的反应体系也能将纤维素类碳水化合物转化为糠醛。同样地，Jiang 课题组以硫酸为催化剂，在环丁砜/水体系中将纤维素转化为乙酰丙酸的过程中，意外发现环丁砜与硫酸的反应体系同样适用于纤维素制备糠醛[269]。

c.己糖醇

葡萄糖经催化加氢可得具有多羟基结构的山梨醇，少部分葡萄糖异构化为果糖，果糖加氢可以得到甘露醇。山梨醇本身可作为甜味剂与食品稳定剂，也可经醚化、酯化等反应合成塑料和树脂，经生物法和化学法合成维生素 C。甘露醇是山梨醇的同分异构体，广泛应用于医药、食品、工业生产领域。

目前，将葡萄糖转化成己糖醇的方式有两种，一种是耦合水解/加氢反应制山梨醇和甘露醇；另一种是双功能催化剂催化纤维素制山梨醇和甘露醇。耦合水解/加氢反应大多采用硫酸、磷酸、杂多酸及杂多酸盐等水解纤维素，利用 Ru/C 催化剂进行加氢。由于耦合水解/加氢反应制山梨醇和甘露醇中使用的液体酸催化剂存在污染环境和催化剂回收难等问题，近年来研究人员研究了使用固体催化剂来直接制取山梨醇和甘露醇。直接催化氢解纤维素与耦合水解/加氢反应制山梨醇和甘露醇的不同之处在于水解纤维素所需要的 $H^+$来源于高温水或者 $H_2$ 在加氢活性组分表面的溢流效应，对水解得到的还原性糖进行加氢的活性组分多选用 Pt、Ni、Ru 等金属。

d.乙酰丙酸

乙酰丙酸(LA)可用于生产树脂、可塑剂、纺织品、动物饲料、衣料、防冻剂及其他类似的产品。它被看作是一种新型的绿色平台化合物，来源丰富、价格低廉、用途众多，可以用来合成一系列有高市场份额和高附加值的产品。

虽然无机酸催化具有反应时间短、副产物少等优点，但它的使用会产生酸废液，且产物难分离。固体酸催化剂制备方法简单、热稳定性好、易分离和不腐蚀设备，因此使用固体酸催化剂可实现反应过程中的环境友好化。

由于 LA 是通过 HMF 转化而来，因此同时产 HMF 和 LA 的研究也随之出现。三价镧离子因在水中具有路易斯酸的活性，在 250℃的水体系中用其催化纤维素，经过 180s 后纤维素转化率为 80.3%，水解产物主要为 HMF、D-葡萄糖和 LA[270]。对应纤维素中每摩尔葡萄糖单体加入 0.5mol $ZnCl_2$ 及 5.6mmol 当量的水，在 200℃下加热 150s 时，LA 的产率仅为 6%[271]。$CoSO_4$ 在离子液体 1-(4-磺酸基)丁基-3-甲基咪唑硫酸氢盐中，150℃下催化水解纤维素，反应 30min 后微晶纤维素转化率达 84%，HMF 和糠醛产率分别为 24%和 17%，且还有 8%的 LA 和 4%的还原糖[272]。

### 1.3.4 半纤维素及其衍生物

半纤维素广泛存在于植物中，针叶材含 15%～20%，阔叶材和禾本科草类含 15%～35%，但其分布因植物种属、成熟程度、早晚材、细胞类型及其形态学部位的不同而有很大差异。从化学结构上看，半纤维素是植物体内除纤维素、淀粉和果胶质以外的碳水化合物，是主要由葡萄糖、木糖、甘露糖、阿拉伯糖和半乳糖等以共价键、氢键、醚键和酯键连接而成的非均一性多糖[273]。

由于半纤维素的非均一性，其在植物纤维原料三大组成成分中是最不稳定的化合物，目前，除了制浆造纸工业以外还没有对半纤维素直接利用的方式。通过水解等手段将半纤维素部分或全部降解成单糖后再加以利用，是目前较为成熟和具有经济价值的利用方式。越来越多的研究证实了半纤维素在食品、保健品、造纸、纺织和化妆品工业上的重要用途。

1. 木糖醇

木糖醇是一种五碳糖醇，含有五个羟基，可作为一种高效的功能性营养添加剂，除此之外，在化学工业、食品工业、农业等诸多领域具有广泛用途。传统的木糖醇生产方法是采用化学方法将农业植物纤维废料如玉米芯、棉籽壳、蔗糖渣等水解，使其中的多缩戊糖水解为木糖，然后在高温高压下，催化氢化纯木糖生产木糖醇。这个过程的关键步骤是将酸水解的木糖进行纯化，通过离子交换树脂和活性炭进行脱盐、脱毒、脱色。研究数据表明，氢化工艺步骤需要木糖水解液纯度较高(纯度 95%以上)，这样才能通过催化加氢生产木糖醇，同时催化加氢需要镍作为催化剂；反应需要在高温高压的条件下进行，该步骤大幅增加了工业化生产的成本、降低了生产安全可操作性；木糖醇在结晶的过程中损失严重，极大降低了原料的利用率。因此，针对木糖醇的研究主要集中在生物法，化学法研究比较单一，已有的文献中关于化学法的报道也非常有限。催化转化半纤维素到木糖醇的技术有待进一步研究，并且可与纤维素转化生成已糖醇技术路线结合[274]。

2. 低聚木糖

阔叶木中富含木聚糖类的半纤维素，通过提取可以得到木糖基的低聚糖，即低聚木糖。低聚木糖作为分子量较低的碳水化合物，在新兴食品和医药制品的应用中具有很高的潜在价值。由于低聚木糖不是由人类的消化系统代谢的，所以可用作低热量甜味剂和可溶性膳食纤维。低聚木糖还可以作为益生元为肠道菌群和益生菌微生物提供碳源，并且已经开始用于生产一些强化食品来促进肠道微生物的发展[275,276]。另外，低聚木糖具有可接受的感官特性，没有毒性且不会对人体健康产生负面影响。以木聚糖和木寡糖为基础原料的醚类和酯类已经合成，可以作为热塑性化合物材料。低聚木糖还可以用来生产可生物降解的塑料、树脂、水溶性薄膜、食品工业中的涂料和制药工业中的胶囊等[277]。最近发现，通过对竹子进行预水解处理后提取得到的低聚木糖对人类白血病细胞有细胞毒性作用[278]，因此可能用于医学上白血病的治疗。

3. 糠醛

半纤维素常被用于生产木糖或糠醛。生产的糠醛产品可作为平台化合物，进一步生产出大量的下游产品，广泛地应用在食品、医药、农药、合成树脂、合成纤维、石油精炼等领域。

半纤维素水解产生的木糖上的羟基与氢离子结合脱去一分子水，同时环断裂形成碳碳双键与碳氧双键，再次脱去两分子水成环得糠醛。半纤维素生产糠醛最初的生产工艺采用有机酸和无机酸作为催化剂，催化效果明显。催化剂与产物难分离及生产过程中所产生的废液对环境的污染限制了研究者对液体酸催化的研究开发。由此，国内外的学者开始对催化剂固载和分子筛之类的固体酸进行研究。Kim 等[279]选用固体催化剂(硫酸化的氧化钛、硫酸化的氧化锆)催化半纤维素生成糠醛，催化剂可以方便地从系统中移出，并可再生循环利用，糠醛产率可达到 60%，反应很少有结焦生成。随后，金属酸性盐也被用于糠醛生产工艺，Wan 等[280]以玉米秸秆为原料，得出每 100g 干玉米秸秆用 8g $MgCl_2$ 时，糠醛的产率最高，又与山杨为原料对比，得出当半纤维素含量一样时，纤维素含量高的糠醛产率高，这说明热裂解中不仅半纤维素转化为糠醛，部分纤维素也转化为糠醛。

目前半纤维素制备糠醛的工业需要做到以下几点：①研制具有高催化活性、环境友好型的催化剂；②建立新型绿色的溶剂体系，探索新的糠醛制备方法；③开发低成本、安全高效的产物分离纯化技术。

### 1.3.5 木质素及其衍生物

木质素作为植物细胞壁的主要组成部分，是植物体内除纤维素以外，储量排在第二位的天然高分子化合物，蕴藏在其中的能量也是不容忽视的。但木质素利用效率低，从制浆造纸工业产出的木质素一般被当作废弃物直接排放或者燃烧，世界上每年木质素的商业化利用率不到木质素排放量的2%。

目前，木质素及其衍生物在高值化方面的应用研究正在蓬勃发展。木质素作为自然界唯一可再生的芳香族天然高分子化合物，成为石油基芳香族化合物的具有良好前景的替代品，社会对石油基和非可再生化学品和材料的需求也就成为其发展的主要驱动力。高碳比例使其成为良好的活性炭和碳纤维的前体，在电化学方面也有良好的应用前景，在农业中可以用于控制肥料和除草剂缓释，可以作为吸附剂、紫外吸收剂、抗氧化剂，同时也可以作为分散剂改善纤维素乙醇生产过程中酶解糖化作用[281]。

1. 木质素基活性炭和碳纤维

碳纤维作为一种高端工业应用原材料，广泛应用于航空航天、运动设备和各种豪华汽车产品中。目前，碳纤维生产的最重要的原料是聚丙烯腈(PAN)，但其成本高。近年来，人们对木质素作为一种潜力巨大的原料生产碳纤维的研究兴趣正在迅速增长。最早的关于木质素碳纤维的研究始于20世纪60年代，其生产方法是使用硫代木质素、碱木质素和木质素磺酸盐溶液进行干法和湿法纺丝[282]。后来有学者研究了有机溶剂木质素和改性后的木质素，氢解、酚化、乙酰化等手段被用于处理木质素以使其拥有较好的可纺性。木质素与其他高分子化合物共混后制备的碳纤维素材料，拥有良好的特性。大量木质素基碳纤维的研究将推动廉价、轻质材料的发展。

木质素基活性炭的制备经过两个步骤：第一步是炭化，即木质素在600～900℃温度范围内热解生成焦炭，在此过程中，形成了需要活化的非多孔材料。活化是第二步，它可以分为物理活化或化学活化。物理活化是在600～1200℃用水蒸气或烟道气(主要成分是$CO_2$)处理焦炭。化学活化是将焦炭浸渍在$H_3PO_4$、KOH或NaOH溶液中，然后在450～900℃的氮气流动下加热。硫酸盐木质素是制备焦炭和活性炭的良好前体。木质素基活性炭与其他碳源材料相比，表现出明显的吸附活性。

2. 木质素基燃料及芳香族化学品

木质素是地球上最丰富的芳香族天然高分子化合物。它是由3种甲氧基化程度不同的4-羟基肉桂醇(对香豆醇、松柏醇和芥子醇)经聚合产生的天然高聚物，基本单元间连接键的类型主要包括$\beta$-O-4′、$\beta$-$\beta$′、$\beta$-5′等，含量最高的为$\beta$-O-4′连接键(45%～60%)。随着可再生能源的开发与利用，木质素催化转化合成化学品和燃料的研究也越来越多。木质素通过解聚成为石化工业的替代物，很可能是木质素可持续利用的最有前景的途径。新型催化剂技术和成本效益较高的解聚策略正受到越来越多的关注，目前最先进的策略可分为酸/碱催化解聚/水解、热解(热分解)、加氢处理(加氢、氢解和其中的混合工艺)、化学氧化、液相重整和气化以及生物降解等手段。

图1-12给出了木质素化学转化工艺。这些转化工艺的操作环境可以分为氧化环境(以$O_2$、$H_2O_2$、过氧乙酸或空气作为氧化剂)、还原环境(以$H_2$或供氢溶剂作为还原剂)或中性环境。加氢处理是涉及氢源存在时的热还原途径，其温度通常在100～350℃之间，有可能产生大量的简单芳香化合物，如酚类、苯、甲苯和二甲苯，通过氢的参与可以进一步形成烷烃燃料。氧化反应发生在0～250℃的较低温度下，有利于生产芳香醇、醛和酸，这些都是精细化学品或平台化学品的目标产物。木质素的热解(通常在450～700℃)，可以产生“生物油”状液体产品。酸(通常在0～200℃)和碱(通常在100～300℃)催化解聚反应破坏了木质素单元间的C—O或C—C连接，产生小分子化学品，包括单体酚。在木质素转化方面，经常尝试将酸碱催化解聚与水处理或氧化相结合。液相重整(通常在250～400℃)用于木质素的转化，从木质素中产生氢气和轻质气体。气化是从木质素原料和模型化合物中产生合成气(CO和$H_2$)的过程。生物催化也被用来以一种环境友好的方式降解木质素。木质素降解酶主要有锰过氧化物酶、木质素过氧化物酶和漆酶。

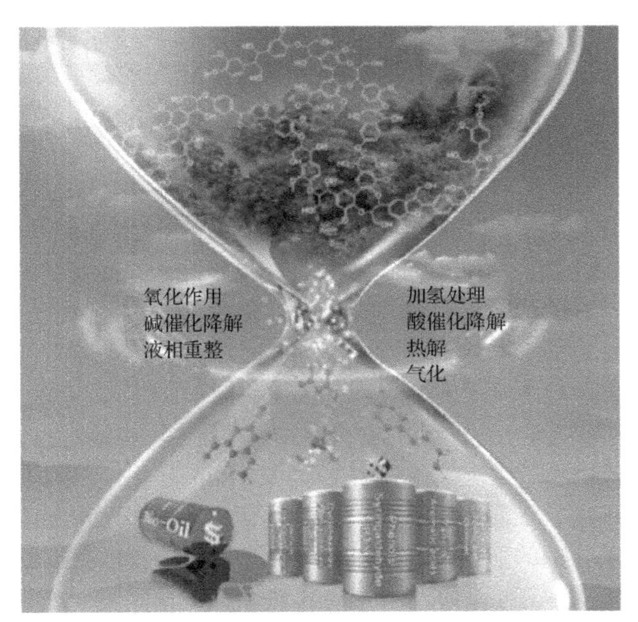


图1-12 木质素催化转化形成燃料和化学品[283]

设计生产高附加值产品的新工艺，并在商业规模上扩大这些工艺生产木质素衍生产物，是许多致力于木质素利用的研究人员的目标。催化是生物质转化的关键技术，尤其是对于木质素的高值化。从长期应用的角度来看，无论通过酸碱解聚、还原或氧化反应，还是通过综合反应，都是利用木质素生产芳香族化学品的重要途径。

3. 木质素基树脂

目前，木质素可以直接用来合成树脂和胶黏剂，如酚醛树脂、聚氨酯、螯合树脂和环氧树脂等；将木质素直接或者改性后添加至高分子材料中，可以改善其机械性能等特性。

木质素结构单元上既有酚羟基、醇羟基，又有醛基、羧基，因此可以与其他一些化合物在一定条件下合成树脂和胶黏剂。木质素酚醛树脂的合成就是利用木质素既有酚羟基又有醛基的结构特性，木质素既可作为酚与甲醛反应，又可作为醛与苯酚反应。木质素酚醛树脂的合成方法可以分为四种，第一种方法是将木质素、苯酚、甲醛按照一定比例通过共缩聚法合成酚醛树脂；第二种方法是用苯酚和甲醛在碱性条件下制备甲基酚醛树脂，然后加入木质素与之反应，能得到性能较好的胶黏剂；第三种方法是将木质素作为填充剂直接与酚醛树脂混合；第四种方法是通过改性的方式降低木质素芳香环位阻、增加反应活性位点，将改性后的木质素用于合成酚醛树脂。

将木质素通过缩聚交联反应及自由基氧化偶联反应，在不添加其他化合物的基础上直接合成具有良好性能的木质素基树脂。木质素苯环和侧链上含有羟基，可以当作多元醇与异氰酸酯反应，合成木质素聚氨酯；制备木质素聚氨酯的关键在于提高两者之间的化学反应程度，通过改性增加醇羟基的数量是其中的关键步骤。木质素酚羟基的邻位易于与亲电试剂反应，可以在木质素苯环上引入基团，制备具备螯合性能的木质素螯合树脂；环氧树脂是另一类产量很大的树脂，木质素环氧树脂的合成为木质素的利用又开辟了一条新的路径[284]。

4. *木质素基抗氧化剂*

在结构上，木质素是一种天然的类似多酚的化合物，是潜在的天然抗氧化剂。自水解木质素、碱木质素和有机溶剂木质素等均表现出优越的抗氧化活性[285,286]。

由于木质素具有天然的抗氧化活性，其在各个领域和材料中的应用也受到大家的关注。木质素作为一种有效的自由基清除剂，可以防止纸浆和纸张中纤维素的自氧化和解聚。有研究指出，硫酸盐木质素具有与维生素 E 相当的抗氧化活性，可以作为抗氧化剂添加在玉米油中[287]。木质素是膳食纤维中的主要成分，能够抑制产生超氧阴离子自由基的酶的活性，进而阻止肿瘤细胞的生长[288]。Ugartondo 等[289]研究了木质素的细胞毒性作用，发现木质素在不危害细胞的正常浓度范围内表现出高抗氧化能力，这进一步证实木质素作为商品用抗氧化剂的适用性。在聚合物(如可生物降解的包装材料、聚烯烃材料和功能膜)体系中掺入木质素可以通过阻止光和热氧化进而稳定材料，具有很广阔的应用前景。Pouteau 等[290]评价了 PP(聚丙烯)/木质素共混物的抗氧化活性，通过使用热重分析仪(TGA)对共混物的氧化诱导时间进行评测，结果表明，当木质素加入 PP 中时，氧化诱导时间明显延长。Loua 等研究了木质素的抗氧化活性在可生物降解包装材料中的应用，将木质素添加到 PLA 中，并进行 1,1-二苯基-2-三硝基苯肼(DPPH)抗氧化实验，结果发现木质素加入后，木质素/PLA 共混物抗氧化能力提高[291]。Ge 等[292]研究了纳米木质素和非纳米木质素的溶解和抗氧化作用，并将其应用于生物材料中，发现纳米木质素拥有更好的溶解性及抗氧化活性。Hambardzumyan 等[293]制备了由纤维素纳米晶和木质素组成的新型纳米复合涂层，这种涂层在可见光下透射率较高而吸收紫外光。Qian 等[294]将木质素与纯牛奶等混合用于制备天然防晒霜，防晒霜的防晒系数随着木质素浓度的升高而升高。

但木质素的多分散性和不均一性导致木质素结构的特异性，使其在作为商业原料时，不能保持稳定的物理化学性质。同时，由于木质素的难溶性，其在混入复合材料时相容性较差。因此控制木质素结构的稳定性、提高其溶解度等是扩大木质素在复合材料中的应用范围的关键突破口。

5. 其他方面的应用

木质素及其衍生物作为特殊的化学品，在造纸工业中可以用作纸页增强剂、纸页染料、助留助滤剂、树脂控制剂和纸页施胶剂等。木质素以一种涂层的方式包裹尿素，或者以微囊结构与除草剂层层复合，达到控制肥料和除草剂缓释的效果[295,296]。释放速率可以通过控制复合的层数进行控制，预示了木质素在农业上控制缓释除草剂、杀虫剂和肥料的良好应用前景。最近，硫酸盐木质素已经被用于微胶囊化工艺，借助超声的方式制备出木质素微胶囊(LMC)，并将其用于疏水性分子的储存和输送[297]，木质素作为吸附剂在废水中的应用包括不同多价离子的螯合及去除、金属离子和有机污染物的去除等[298,299]。木质素的紫外吸收性能、抗氧化性能已被用于纤维素织物表面处理，处理后的纤维表面具有了一定的抗氧化性、抗菌性和抗静电性能[300,301]，在分散剂领域，木质素磺酸盐被用于 $TiO_2$ 粒子和石墨烯纳米片中[302]，硫酸盐木质素被用在碳纳米管和可循环乳化剂中[303]。为了提高木质纤维素的酶促糖化率，木质素磺酸盐的使用是一种有效的工艺，木质素磺酸盐水解 pH 越高、分子量越小，磺化性越好，可提高纤维素的酶促糖化率[304]。有研究使用木质素磺酸盐和共轭聚合物混合物制作薄膜，这种薄膜被用作电池的阴极，是一种能够储存太阳能发电和风力发电的廉价电池[305,306]。

## 参考文献

[1] 胡理乐, 李亮, 李俊生. 生物质能源的特点及其环境效应[J]. 能源与环境, 2012, (1): 47-49.

[2] 刘亚军. 生物质焦油催化裂解实验及中热值气化技术应用研究[D]. 杭州: 浙江大学, 2004.

[3] 李保谦, 牛振华, 张百良. 生物质成型燃料技术的现状与前景分析[J]. 农业工程技术(新能源产业), 2009, (5): 31-33.

[4] 吴创之, 马隆龙. 生物质能现代化利用技术[M]. 北京: 化学工业出版社, 2005.

[5] 陈洪章. 生物基产品过程工程[M]. 北京: 化学工业出版社, 2010.

[6] 钱伯章. 生物质能技术与应用[M]. 北京: 科学出版社, 2010.

[7] 中国生物质能源产业联盟. 供热|“煤改生物质”将成为我国清洁供热的重要战略. http://www.sohu.com/a/218476785_408441. 2018-01-23.

[8] 胡德斌, 李月英. 短期能源短缺对国民经济的影响分析[J]. 国土资源情报, 2004, (5): 50-54.

[9] 黄明权, 张大雷. 影响生物质固化成型因素的研究[J]. 可再生能源, 1999, (1): 17-18.

[10] 原松华. 国外生物质能源产业发展经验与启示[J]. 中国经贸导刊, 2011, (13): 24-26.

[11] 国家发展和改革委员会. 可再生能源中长期发展规划[J]. 可再生能源, 2007, 25(6): 1-5.

[12] 张百良, 樊峰鸣, 李保谦, 等. 生物质成型燃料技术及产业化前景分析[J]. 河南农业大学学报, 2005, 39(1): 111-115.

[13] 张霞, 蔡宗寿, 陈丽红, 等. 生物质成型燃料加工方法与设备研究[J]. 农机化研究, 2014, (11): 220-223.

[14] 陈永生, 沐森林, 朱德文, 等. 生物质成型燃料产业在我国的发展[J]. 太阳能, 2006, (4): 16-18.

[15] 中国生物质能源产业联盟. 权威数据|2016 年中国生物质发电企业排名报告[EB/OL]. http://news.bjx.com.cn/html/20170712/836716.shtml. 2017-07-12.

[16] 张宗兰, 刘辉利, 朱义年. 我国生物质能利用现状与展望[J]. 中外能源, 2009, 14(4): 27-32.

[17] 张荐辕.《生物质能发展“十三五”规划》公布[EB/OL]. http://www.biotech.org.cn/information/144310. 2016-12-07.
[18] 刘助仁. 新能源: 缓解能源短缺和环境污染的希望[J]. 国际技术经济研究, 2007, (4): 22-26.
[19] 雷廷宙. 清洁能源之生物质能[J]. 高科技与产业化, 2015, 11(6): 38-39.
[20] 科学技术部. 这十年: 能源领域科技发展报告[M]. 北京: 科学技术文献出版社, 2012.
[21] 李海滨, 袁振宏, 马晓茜. 现代生物质能利用技术[M]. 北京: 化学工业出版社, 2012.
[22] 王孟杰, 谭天伟, 朱卫东. 中国生物质液体燃料技术发展[J]. 中国科技产业, 2006, (2): 80-84.
[23] 王志伟. 生物质基乙酰丙酸乙酯混合燃料动力学性能研究[D]. 郑州: 河南农业大学, 2013.
[24] 新能源商务网. 生物质能发展迅速[EB/OL]. http://m.xnyso.com/21-0-8628-1.html. 2018-05-24.
[25] Lei T Z, Wang Z W, Chang X, et al. Performance and emission characteristics of a diesel engine running on optimized ethyl levulinate-biodiesel-diesel blends[J]. Energy, 2016, 95: 29-40.
[26] 田春荣. 2015 年中国石油进出口状况分析[J]. 国际石油经济, 2016, 24(3): 44-53.
[27] 中国石油新闻中心. 中国原油对外依存度升至 65.4%[EB/OL]. http://news.cnpc.com.cn/system/2017/03/30/001641265.shtml. 2017-01-30.
[28] 生意社. 2017 年全年中国原油进口量为 4.2 亿吨[EB/OL]. http://finance.sina.com.cn/money/future/nyzx/2018-01-15/doc-ifyqptqv9554740.shtml. 2018-01-15.
[29] 何君, 杨易. 芬兰瑞典生物质能发展经验借鉴[J]. 宏观经济与管理, 2011, (1): 90-92.
[30] 搜狐网. 汽车行业: 原油进口依赖度高, 燃油消耗标准趋严[EB/OL]. http://www.sohu.com/a/156621106_620847. 2017-01-12.
[31] 中国行业研究网. 2012 年 7 月份全国汽车保有量过亿辆[EB/OL]. http://www.chinairn.com/news/20120723/555309.html. 2012-07-23.
[32] 新华社. 2017年底: 我国机动车保有量3.10亿辆 驾驶人3.85亿人[EB/OL]. http://www.gov.cn/xinwen/2018-01/15/content_5256832.htm. 2018-01-15.
[33] 长江有色金属网. 中国汽车保有量突破 2 亿辆 2019 年或超越美国成第一[EB/OL]. http://finance.sina.com.cn/money/future/indu/2017-04-18/doc-ifyeifqx6271347.shtml EB/OL. 2017-04-18.
[34] 2020 年生物质能有望创造 2300 亿美元产值[J]. 可再生能源, 2010, 28(4): 53.
[35] 魏丹, 韩晓龙. 我国生物质能源开发利用现状及发展政策研究[J]. 特区经济, 2013, (4): 131-132.
[36] Sukumaran R K, Singhania R R, Mathew G M, et al. Cellulase production using biomass feed stock and its application in lignocellulose saccharification for bio-ethanol production[J]. Renewable Energy, 2009, 34(2): 421-424.
[37] 国家发展和改革委员会. 可再生能源中长期发展规划[R]. 2007.
[38] 王志伟, 何晓峰, 赵宝珠, 等. 生物质热解利用系统的实验研究[J]. 农机化研究, 2009, 31(3): 150-153.
[39] 张全国, 雷廷宙. 农业废弃物气化技术[M]. 北京: 化学工业出版社, 2006.
[40] Perales A L V, Valle C R, Ollero P, et al. Technoeconomic assessment of ethanol production via thermochemical conversion of biomass by entrained flow gasification[J]. Energy, 2011, 36(7): 4097-4108.
[41] Hamelinck C N, Hooijdonk G V, Faaij A P. Ethanol from lignocellulosic biomass: Techno-economic performance in short-, middle-and long-term[J]. Biomass and Bioenergy, 2005, 28(4): 384-410.
[42] Chang C, Cen P L, Ma X J. Levulinic acid production from wheat straw[J]. Bioresource Technology, 2007, 98(7): 1448-1453.
[43] Sen S M, Henao C A, Braden D J, et al. Catalytic conversion of lignocellulosic biomass to fuels: Process development and technoeconomic evaluation[J]. Chemical Engineering Science. 2012, 67(1): 57-67.
[44] Girisuta B, Janssen L P B M, Heeresa H J. Green chemicals a kinetic study on the conversion of glucose to levulinic acid[J]. Chemical Engineering Research and Design, 2006, 84(5): 339-349.
[45] 林鹿, 薛培俭, 庄军平, 等. 生物质基乙酰丙酸化学与技术[M]. 北京: 化学工业出版社, 2009.
[46] 常春, 马晓建, 岑沛霖. 新型绿色平台化合物乙酰丙酸的生产及应用研究进展[J]. 化工进展, 2005, 24(2): 350-356.
[47] 张挺, 常春. 生物质制备乙酰丙酸酯类转化路径的研究进展[J]. 化工进展. 2012, 31(6): 1224-1229.

[48] Jean-Paul L, Wouter D, Rene J H. Conversion of furfuryl alcohol into ethyl levulinate using solid acid catalysts[J]. Chemistry and Sustainability, 2009, (2): 437-441.

[49] Fang Q, Hanna M A. Experimental studies for levulinic acid production from whole kernel grain sorghum[J]. Bioresource Technology. 2002, 81(3): 187-192.

[50] 常春. 生物质制备新型平台化合物乙酰丙酸的研究[D]. 杭州: 浙江大学, 2006.

[51] Biofine Incorporated. Production of levulinic acid from carbohydrated containing-materials: USA, US5608105[P]. 1997.

[52] Ghorpade V M, Hanna M A. Method and apparatus for production of levulinic acid via reactive extrusion: USA, US5859263[P]. 1999.

[53] Rodriguez-Romos E. Process for jointly producing furfural and levulinic acid from bagasse and other lignocellulosic material: USA, S3701789[P]. 1972.

[54] Arkenol Inc. Method for the production of levulinic acid and its derivatives: USA, US6054611[P]. 2000.

[55] 徐桂转, 马俊军, 岳建芝. 生物质制备乙酰丙酸的影响因素研究[J]. 河南农业大学学报, 2007, 41(5): 584-587.

[56] 常春, 马晓建, 岑沛霖. 小麦秸秆制备新型平台化合物——乙酰丙酸的工艺研究[J]. 农业工程学报, 2006, 22(6): 161-164.

[57] 李湘苏. $WO_3/ZrO_2$固体酸水解稻谷壳制备乙酰丙酸的优化研究[J]. 江苏农业科学, 2012, 40(9): 267-268.

[58] 李静, 王君, 张晔, 等. 酸催化水解蔗糖制取乙酰丙酸[J]. 化工进展, 2012, (S1): 57-59.

[59] 刘焘, 李利军, 刘柳, 等. 固体超强酸催化剂$S_2O_8^{2-}/ZrO_2-TiO_2-Al_2O_3$制备乙酰丙酸[J]. 化工进展, 2012, 31(9): 1975-1979.

[60] 李利军, 刘焘, 刘柳, 等. 固体超强酸催化剂 $S_2O_8^{2-}$/聚乙二醇-$TiO_2-M_2O_3$(M=Al, Cr)制备乙酰丙酸[J]. 工业催化, 2012, 20(5): 64-68.

[61] 杨莉, 刘毅. 花生壳常压酸水解制备乙酰丙酸[J]. 花生学报, 2012, 41(3): 27-32.

[62] Rowley R L, Wilding W V, Oscarson J L, et al. DIPPR Data Compilation of Pure Compound Properties[C]. New York: Design Institute for Physical Properties AIChE, 2004.

[63] 彭林才, 林鹿, 李辉. 生物质转化合成新能源化学品乙酰丙酸酯[J]. 化学进展, 2012, 24(5): 801-809.

[64] 邱建华. 生物质稀酸水解制备乙酰丙酸的实验研究[D]. 郑州: 郑州大学, 2006.

[65] 何柱生, 赵立芳. 分子负载 $TiO_2/SO_4^{2-}$催化合成乙酰丙酸乙酯的研究[J]. 化学研究与应用, 2001, 13(5): 537-539.

[66] Bart H J, Reidetschlager J, Schatka K, et al. Kinetics of esterification of levulinic acid with *n*-butanol by homogeneous catalysis[J]. Industrial and Engineering Chemistry Research , 1994, 33(1): 21-25.

[67] 王树清, 高崇, 李亚芹. 强酸阳离子交换树脂催化合成乙酰丙酸丁酯[J]. 上海化工, 2005, 30(4): 14-16.

[68] Yadav G D, Borkar I V. Kinetic modeling of immobilized lipase catalysis in synthesis of n-butyl levulinate[J]. Industrial and Engineering Chemistry Research, 2008, 47(10): 3358-3363.

[69] Lee A, Chaibakhsh N, Rahman M B A, et al. Optimized enzymatic synthesis of levulinate ester in solvent-free system [J]. Industrial Crops and Products, 2010, 32(3): 246-251.

[70] Dharne S, Bokade V V. Esterification of levulinic acid to *n*-butyl levulinate over heteropolyacid supported on acid-treated clay[J]. Journal of Natural Gas Chemistry, 2011, 20(1): 18-24.

[71] 蔡磊, 吕秀阳, 何龙, 等. 新平台化合物乙酰丙酸化学与应用[J]. 化工时刊, 2004,(7):1-4.

[72] 王贺宾, 周龙保. 含氧燃料添加剂对柴油机性能和排放的影响[J]. 内燃机学报, 2001, 19(1): 1-4.

[73] Windom B C, Lovestead T M, Mascal M, et al. Advanced distillation curve analysis on ethyl levulinate as a diesel fuel oxygenate and a hybrid biodiesel fuel [J]. Energy Fuels, 2011, 25: 1878-1890.

[74] Barabás I, Todoruţ A, Băldean D. Performance and emission characteristics of an CI engine fueled with diesel-biodiesel-bioethanol blends [J]. Fuel, 2010, 89(12): 3827-3832.

[75] Miyamoto N, Ogawa H, Nurun N M, et al. Smokeless, low $NO_x$, high thermal efficiency, and low noise diesel combustion with oxygenated agents as main fuel[C]. International Congress & Exposition. Detroit, MI, USA, 1998: 980506.

[76] Pahl G. Biodiesel: Growing a new energy economy [M]. Vermont: Chelsea Green Publishing, 2005.

[77] Buyukkaya E. Effects of biodiesel on a DI diesel engine performance, emission and combustion characteristics [J]. Fuel, 2010, 89(10): 3099-3105.

[78] Kousoulidou M, Fontaras G, Ntziachristos L, et al. Biodiesel blend effects on common-rail diesel combustion and emissions [J]. Fuel, 2010, 89(11): 3442-3449.

[79] Rakopoulos D C, Rakopoulos C D, Kakaras E C, et al. Effects of ethanol-diesel fuel blends on the performance and exhaust emissions of heavy duty DI diesel engine[J]. Energy Conversion and Management, 2008, 49(11): 3155-3162.

[80] Rakopoulos D C, Rakopoulos C D, Giakoumis E G, et al. Effects of butanol-diesel fuel blends on the performance and emissions of a high-speed DI diesel engine[J]. Energy Conversion and Management, 2010, 51(10): 1989-1997.

[81] Luján J M, Bermúdez V, Tormos B, et al. Comparative analysis of a DI diesel engine fuelled with biodiesel blends during the European MVEG-A cycle: Performance and emissions (Ⅱ)[J]. Biomass and Bioenergy, 2009, 33(6-7): 948-956.

[82] Huang J, Wang Y, Li S, et al. Experimental investigation on the performance and emissions of a diesel engine fuelled with ethanol-diesel blends[J]. Applied Thermal Engineering, 2009, 29(11-12): 2484-2490.

[83] Çlikten İ, Koca A, Arslan M A. Comparison of performance and emissions of diesel fuel, rapeseed and soybean oil methyl esters injected at different pressures[J]. Renewable Energy, 2010, 35(4): 814-820.

[84] Sayin C. Engine performance and exhaust gas emissions of methanol and ethanol-diesel blends[J]. Fuel, 2010, 89(11): 3410-3415.

[85] Qi D H, Chen H, Geng L M, et al. Effect of diethyl ether and ethanol additives on the combustion and emission characteristics of biodiesel-diesel blended fuel engine[J]. Renewable Energy, 2011, 36(4): 1252-1258.

[86] Peng C Y, Yang H H, Lan C H, et al. Effects of the biodiesel blend fuel on aldehyde emissions from diesel engine exhaust[J]. Atmospheric Environment, 2008, 42(5): 906-915.

[87] O'Connery B D. Biodiesel Handling and Use Guide[M]. New York: Nova Science Pubishing Incorporated, 2010.

[88] Mascal M, Nikitin E B. Dramatic advancements in the saccharide to 5-(chloromethyl)furfural conversion reaction[J]. ChemSusChem, 2009, (2): 859-861.

[89] Fitzpatrick S W. Lignocellulose degradation to furfural and levulinic acid: USA, 4897497[P]. 1990.

[90] Fitzpatrick S W. Production of levulinic acid from carbohydrate-containing materials: USA, 5608105[P]. 1997.

[91] Girisuta B, Kalogiannis K G, Dussan K, et al. An integrated process for the production of platform chemicals and diesel miscible fuels by acid-catalyzed hydrolysis and downstream upgrading of the acid hydrolysis residues with thermal and catalytic pyrolysis[J]. Bioresource Technology, 2012, 126(4): 92-100.

[92] Joshi H, Moser B R, Toler J, et al. Ethyl levulinate: A potential bio-based diluent for biodiesel which improves cold flow properties[J]. Biomass and Bioenergy, 2011, 35(7): 3262-3266.

[93] 纪威，符太军，姚亚光，等. 柴油机燃用乙醇-柴油-生物柴油混合燃料的试验研究[J]. 农业工程学报，2007，23(3): 180-185.

[94] 汤东，李昌远，葛建林，等. 柴油机掺烧生物柴油 $NO_x$ 和碳烟排放数值模拟[J]. 农业机械学报, 2011, 42(7): 1-4.

[95] 马志豪，张小玉，王鑫，等. 基于热重分析法的生物柴油-柴油发动机颗粒排放研究[J]. 农业机械学报，2011，42(9): 26-29.

[96] 马林才，刘大学，周志国，等. 生物柴油-柴油混合燃料的理化及排放特性研究[J]. 燃料化学学报, 2011, 39(8): 600-605.

[97] 宋天一，雷廷宙，王志伟，等. 生物柴油-柴油混合燃料性能和排放的实验研究[J]. 河南科学, 2011, 30(3): 368-371.

[98] 王晓燕，李芳，葛蕴珊，等. 甲醇柴油与生物柴油微粒排放粒径分布特性[J]. 农业机械学报, 2009, 40(8): 7-12.

[99] 周颖超. 甲醇柴油混合燃料理化性质及羰基污染物排放特性的研究[D]. 天津：天津大学, 2007.

[100] 潘芝桂，邵毅明. 单缸柴油机掺烧不同比例甲醇混合燃料的仿真研究[J]. 北京汽车, 2011, (1): 29-32.

[101] 周庆辉，纪威，王夺. 甲醇-柴油混合燃料燃烧的数值模拟[J]. 小型内燃机与摩托车, 2008, 37(6): 20-22.

[102] 向晋华. 直喷式柴油机燃用甲醇-二甲醚混合燃料排放特性的研究[D]. 太原：太原理工大学, 2006.

[103] 黄华. 二甲醚-生物柴油混合燃料对柴油机性能与排放影响的试验研究[D]. 南宁：广西大学, 2007.

[104] 郑尊清，尧命发，汪洋，等. 二甲醚均质压燃燃烧过程的试验研究[J]. 燃烧科学与技术, 2003, 9(6): 561-565.

[105] 张俊军. 二甲醚发动机燃烧与排放特性及其性能优化[D]. 上海: 上海交通大学, 2009.

[106] 李玉琦. 二甲醚-生物柴油及其混合燃料物性估算和缸内工作过程模拟研究[D]. 北京: 北京交通大学, 2008.

[107] Hunt R G, Franklin W E. LCA—How it came about[J]. The International Journal of Life Cycle Assessment, 1996, 1(1): 4-7.

[108] 张亮. 车用燃料煤基二甲醚的生命周期能耗、环境排放与经济性研究[D]. 上海: 上海交通大学, 2007.

[109] Kaltschmitt M, Reinhardt G A, Stelzer T. Life cycle analysis of biofuels under different environmental aspects [J]. Biomass and Bioenergy, 1997, 12(2): 121-134.

[110] Fu G Z, Chan A W, Minns D E. Life cycle assessment of bio-ethanol derived from cellulose[J]. International Journal of Life Cycle Assessment , 2003, 8: 137-141.

[111] Bull S R. Renewable alternative fuels: Alcohol production from lignocellulosic biomass[J]. Renewable Energy, 1994, 5(5-8): 799-806.

[112] Camobreco V, Sheehan J, Duffield J, et al. Understanding the life-cycle costs and environmental profile of biodiesel and petroleum diesel fuel[J]. Diesel Exhaust Emissions, 2000,(1): 1487.

[113] Woertz I C, Benemann J R, Du N, et al. Life cycle GHG emissions from microalgal biodiesel—a CA-GREET model[J]. Environmental Science & Technology, 2014, 48(11): 6060-6068.

[114] Wang L, Littlewood J, Murphy R J. Environmental sustainability of bioethanol production from wheat straw in the UK[J]. Renewable and Sustainable Energy Reviews, 2013, 28: 715-725.

[115] Stratton R W, Wong H M, Hileman J I. Quantifying variability in life cycle greenhouse gas inventories of alternative middle distillate transportation fuels[J]. Environmental Science & Technology, 2011, 45(10): 4637-4644.

[116] Sills D L, Paramita V, Franke M J, et al. Quantitative uncertainty analysis of life cycle assessment for algal biofuel production[J]. Environmental Science & Technology, 2012, 47(2): 687-694.

[117] 孙柏铭, 严瑞. 生命周期评价方法及在汽车代用燃料中的应用[J]. 现代化工, 1998, (7): 34-39.

[118] 胡志远, 浦耿强, 王成焘. 木薯乙醇汽油车生命周期排放评价[J]. 汽车工程, 2004, 26(1): 16-19.

[119] 胡志远, 戴杜, 浦耿强, 等. 木薯燃料乙醇生命周期能源效率评价[J]. 上海交通大学学报, 2004, 38(10): 1715-1718.

[120] 胡志远, 戴杜, 张成, 等. 木薯乙醇-汽油混合燃料生命周期评价[J]. 内燃机学报, 2003, 21(5): 341-345.

[121] 李小环, 计军平, 马晓明, 等. 基于 EIO-LCA 的燃料乙醇生命周期温室气体排放研究[J]. 可再生能源, 2009, 27(6): 63-68.

[122] 高慧, 胡山鹰, 李有润, 等. 甜高粱乙醇全生命周期温室气体排放[J]. 农业工程学报, 2012, 28(1): 178-183.

[123] 邢爱华, 马捷, 张英皓, 等. 生物柴油环境影响的全生命周期评价[J]. 清华大学学报(自然科学版), 2010, 50(6): 917-921.

[124] 朱祺. 生物柴油的生命周期能源消耗、环境排放与经济性研究[D]. 上海: 上海交通大学, 2008.

[125] 胡志远, 谭丕强, 楼狄明, 等. 不同原料制备生物柴油生命周期能耗和排放评价[J]. 农业工程学报, 2006, 22(11): 141-146.

[126] 易红宏, 朱永青, 王建昕, 等. 含氧生物质燃料的生命周期评价[J]. 环境科学, 2005, 26(6): 28-32.

[127] 王红彦, 毕于运, 王道龙, 等. 生命周期能值分析法与生物质能源研究[J]. 中国农业资源与区, 2014, 35(2): 11-17.

[128] Beloin-Saint-Pierre D, Heijungs R, Blanc I. The ESPA(Enhanced Structural Path Analysis) method: A solution to an implementation challenge for dynamic life cycle assessment studies[J]. International Journal of Life Cycle Assessment, 2014, 19: 861-871.

[129] Muth Jr D J, Bryden K M, Nelson R G. Sustainable agricultural residue removal for bioenergy: A spatially comprehensive US national assessment[J]. Applied Energy, 2013, 102 : 403-417.

[130] Hoekman S K, Robbins C. Review of the effects of biodiesel on $NO_x$ emissions[J]. Fuel Processing Technology. 2012, 96: 237-249.

[131] Thomas G, Feng B, Veeraragavan A, et al. Emissions from DME combustion in diesel engines and their implications on meeting future emission norms: A review[J]. Fuel Processing Technology, 2014, 119: 286-304.

[132] 杨靖, 杨小龙. 汽油机丁醇-汽油混合燃料特性的实验研究[C]. 中国汽车工程学会年会论文集, 2008: 1611-1613.

[133] Gill S S, Tsolakis A, Dearn K D, et al. Combustion characteristics and emissions of Fischer-Tropsch diesel fuels in IC engines[J]. Progress in Energy and Combustion Science. 2011, 37(4): 503-523.

[134] Bermúdez V, Lujan J M, Pla B, et al. Comparative study of regulated and unregulated gaseous emissions during NEDC in a light-duty diesel engine fuelled with Fischer Tropsch and biodiesel fuels[J]. Biomass and Bioenergy, 2011, 35(2): 789-798.

[135] Vallinayagam R, Vedharaj S, Yang W M, et al. Pine oil-biodiesel blends: A double biofuel strategy to completely eliminate the use of diesel in a diesel engine. Applied Energy[J]. Applied Energy, 2014, 130: 466-473.

[136] Gravalos I, Moshou D, Gialamas T, et al. Emissions characteristics of spark ignition engine operating on lower-higher molecular mass alcohol blended gasoline fuels[J]. Renewable Energy, 2013, 50: 27-32.

[137] Karavalakis G, Hajbabaei M, Durbin T D, et al. The effect of natural gas composition on the regulated emissions, gaseous toxic pollutants, and ultrafine particle number emissions from a refuse hauler vehicle[J]. Energy, 2013, 50: 280-291.

[138] Salvi B L, Subramanian K A, Panwar N L. Alternative fuels for transportation vehicles: A technical review[J]. Renewable and Sustainable Energy Reviews, 2013, 25: 404-419.

[139] Lim M K C H, Ayoko G A, Morawska L, et al. Effect of fuel composition and engine operating conditions on polycyclic aromatic hydrocarbon emissions from a fleet of heavy-duty diesel buses[J]. Atmospheric Environment, 2005, 39(40): 7836-7848.

[140] Abbaszaadeh A, Ghobadian B, Omidkhah M R, et al. Current biodiesel production technologies: A comparative review. Energy Conversion and Management, 2012, 63: 138-148.

[141] 陆小明, 葛蕴珊, 韩秀坤, 等. 柴油机燃用生物柴油及柴油的燃烧分析与排放特性[J]. 燃烧科学与技术, 2007, 13(3): 204-208.

[142] 柴保明, 谷兴海. 柴油机燃烧生物柴油试验研究[J]. 车用发动机, 2008,(z1): 45-47.

[143] Subramaniam D, Murugesan A, Avinash A, et al. Bio-diesel production and its engine characteristics—An expatiate view[J]. Renewable and Sustainable Energy Reviews, 2013, 22: 361-370.

[144] Xue J L, Grift T E, Hansen A C. Effect of biodiesel on engine performances and emissions[J]. Renewable and Sustainable Energy Reviews, 2011, 15(2): 1098-1116.

[145] Dwivedi G, Jain S, Sharma M P. Impact analysis of biodiesel on engine performance—A review[J]. Renewable and Sustainable Energy Reviews, 2011, 15(9) : 4633-4641.

[146] Varatharajan K, Cheralathan M. Influence of fuel properties and composition on $NO_x$ emissions from biodiesel powered diesel engines: A review[J]. Renewable and Sustainable Energy Reviews, 2012, 16(6): 3702-3710.

[147] 丁声俊. 国外生物柴油的发展状况、政策及趋势[J]. 中国油脂, 2010, 35(7): 1-4.

[148] 王汝栋, 郭和军, 王煊军, 等. 生物柴油的性能与研究进展[J]. 拖拉机与农用运输车, 2010, 37(5): 12-13, 16.

[149] 张尊华. 乙醇及乙醇掺混燃料预混层燃烧特性研究[D]. 武汉: 武汉理工大学, 2012.

[150] 梁鲜香. 木质纤维素制备燃料乙醇的研究[D]. 北京: 北京化工大学, 2009.

[151] 宋安东, 裴广庆, 王风芹, 等. 中国燃料乙醇生产用原料的多元化探索[J]. 农业工程学报, 2008, 24(3): 302-307.

[152] 蒋德明, 黄佐华. 内燃机替代燃料燃烧学[M]. 西安: 西安交通大学出版社, 2007.

[153] 崔心存. 内燃机的代用燃料[M]. 北京: 机械工业出版社, 1990.

[154] 熊道陵, 傅学政, 李金辉, 等. 甲醇燃料产业的发展现状及应用前景[J]. 煤炭经济研究, 2008, (1): 24-26.

[155] 周瑞, 黄风林, 倪炳华. 甲醇汽油的稳定性能研究[J]. 西安文理学院学报(自然科学版), 2008, 11(1): 64-67.

[156] 罗陶涛, 杨林, 杨世光. 基础汽油对甲醇汽油气阻影响研究[J]. 化工时刊, 2005, 19(4): 3-4.

[157] 陈健. 生物柴油的发展现状及前景分析[J]. 科技传播, 2010, (18): 108-111; 薛志忠, 吴新海. 国内外生物柴油研究进展[J]. 现代农业科技, 2010, (16): 293-294, 297.

[158] Wemer I, Koger C S, Deanovic L A, et al. Toxicity of methyl-tert-butyl ether to freshwater organisms[J]. Environmental Pollution, 2011, 111(1): 83-88.

[159] Anderson J E, Dicicco D M, Ginder J M, et al. High octane number ethanol-gasoline blends: Quantifying the potential benefits in the united States[J]. Fuel, 2012, 97(7): 585-594.

[160] 吕海波. 生物丁醇: 欲成燃料新宠路在何方[J]. 中国新能源, 2011,(6): 47.
[161] 闫皓, 纪常伟, 邓福山, 等. 氢及混氢燃料发动机研究进展与发展趋势[J]. 小型内燃机与摩托车, 2008, 37(3): 89-92.
[162] 王占宜, 赵岚, 张静, 等. 氢气在发动机中的应用研究[J]. 内燃机与动力装置, 2010, (5): 55-58.
[163] 方祖华. 气体燃料发动机缸内喷气技术及燃烧特性的研究[D]. 长春: 吉林工业大学, 1997.
[164] 崔慧峰, 邹博文, 李静波, 等. 缸内直喷CNG发动机点火提前特性分析[J]. 车用发动机, 2011, 193(2): 60-63.
[165] 孙嗣炎 张振东, 方祖华, 等. 缸内直喷式天然气发动机的试验研究[J]. 农业机械学报, 2005, 36(10): 13-15, 29.
[166] Li X L, Huang Z, Wang J S, et al. Characteristics of ultrafine particles emitted from a dimethylether (DME) engine[J]. Chinese Science Bulletin, 2008, 53(2); 304-312.
[167] 余克橡, 苏永志, 罗振华, 等. 二甲醚-柴油混合燃料发动机的试验研究[J]. 装备制造技术, 2007, (9): 8-10.
[168] Wu J H, Huang Z, Qiao X Q, et al. Study of combustion and emission characteristics of turbocharged diesel engine fuelled with dimethylether[J]. Transactions of Csice, 2(1): 79-85.
[169] Zhu J P, Cao X L, Pigeon R, et al. Comparison of vehicle exhaust emissions from modified diesel fuels[J]. Journal of the Air & Waste Management Association, 2003, 53(1): 67-76.
[170] 豪彦. 我国首辆无黑烟二甲醚城市公交客车问世[J]. 汽车与配件, 2005, (26): 32-35.
[171] 陈卫国. 车用替代燃料的发展趋势[J]. 国际石油经济, 2007, 15(2): 31-36, 42.
[172] 丁丽芹, 何力, 郝平. 国外生物燃料的发展及现状[J]. 现代化工, 2002, 22(11): 55-56.
[173] 曾庆平, 袁晓东, 郭和军, 等. 柴油机清洁含氧燃料及其发展[J]. 内燃机与动力装置, 2007, 98(2): 51-54.
[174] Tavakoli F, Salavati-Niasari M, Ghanbari D, et al. Application of glucose as a green capping agent and reductant to fabricate CuI micro/nanostructures [J]. Materials Research Bulletin, 2014, 49: 14-20.
[175] Slaughter G, Kulkarni T. Enzymatic glucose biofuel cell and its application[J]. Journal of Biochips & Tissue Chips, 2015, 5(1): 110-118.
[176] Hull P. Glucose Syrups: Technology and Application[M]. New York: Wiley- Blackwell, 2010.
[177] Pellerin L. Food for thought: The importance of glucose and other energy substrates for sustaining brain function under varying levels of activity[J]. Diabetes and Metabolism, 2010, 36(Suppl 3): S59-S63.
[178] Rostami E. Glucose and the injured brain-monitored in the neurointensive care unit[J]. Frontiers in Neurology, 2014, 5: 9.
[179] 权伍荣, 张健, 李森. 结晶葡萄糖的生产工艺、用途及其发展前景[J]. 延边大学农学学报, 2004, 26(4): 313-318.
[180] 张秀男. 刺五加根茎剩余物制备葡萄糖的酸解工艺研究[D]. 哈尔滨: 东北林业大学, 2013.
[181] 张欢欢. 固体酸催化纤维素水解制备葡萄糖的工艺研究及糖液食用安全性评价[D]. 重庆: 西南大学, 2017.
[182] 刘征宙. 生物质化学品的开发和生产现状[J]. 化学试剂, 2008,(2): 150.
[183] U. S. Department of Energy. Biodiesel Handling and Use Guidelines[R]. Office of Scientific & Technical Information Technical Reports, 2001.
[184] 陈树功. 蔗糖工业化学[M]. 广州: 华南理工大学出版社, 1994.
[185] 尤新. 功能性低聚糖生产与应用[M]. 北京: 中国轻工业出版社, 2004.
[186] 曹志强, 曹咏梅, 曹志刚, 等. 预糊化淀粉的研究进展[J]. 大众科技, 2016, 18(1): 31-34.
[187] 曹志刚, 曹志强, 曹咏梅, 等. 预糊化淀粉的性质、应用及市场前景[J]. 大众科技, 2016, 18(2): 59-63.
[188] 丁文平, 檀亦兵, 丁霄霖. 水分含量对大米淀粉糊化和回生的影响[J]. 粮食与饲料工业, 2003,(8): 44-45, 47.
[189] Debet R M, Gidley M J. Why do gelatinized starch granules not dissolve completely? Roles for amylose, protein, and lipid in granule "ghost"integrity[J]. Journal of Agricultural and Food Chemistry, 2007, 10(55): 4752-4760.
[190] 程建军. 淀粉工艺学[M]. 北京: 科学出版社, 2011: 155.
[191] 李慧东. 淀粉制品加工技术[M]. 北京: 中国轻工业出版社, 2012.
[192] 何国方. 环糊精化学的发展与应用[J]. 泰山学院学报, 1997,(6): 77-79.
[193] Szejtli J. Introduction and general overview of cyclodextrin chemistry[J]. Chemical Reviews, 1998, 53(6): 271-282.
[194] Szejtli J. The cyclodextrins and their applications in biotechnology[J]. Carbohydrate Polymers, 1990,(12): 375-392.

[195] Schneiderman E, Stalcup A M. Cyclodextrins: A versatile tool in separation science[J]. Journal of Chromatography B: Biomedical Sciences and Applications, 2000, 745(1): 83-102.

[196] Nepogodiev S A, Stoddart J F. Cyclodextrin-based catenanes and rotaxanes[J]. Chemical Reviews, 1998, 98(5): 1959-1976.

[197] 惠斯特勒 R L, 贝密勒 J N, 帕斯卡尔 E F. 淀粉的化学与工艺[M]. 王雒文译. 北京: 中国食品出版社, 1988.

[198] Atwood J L, Lehn J M, Davies J E D, et al. Comprehensive Supramolecular Chemistry[M]. Oxford: Pergamon, 1996: 491.

[199] 童林荟. 环糊精化学基础与应用[M]. 北京: 科学出版社, 2001: 331-376.

[200] Rao P, Suresh C, Rao D N. Digestion of residual $\beta$-cyclodextrin in treated egg using glucoamylase from a mutant strain of *Aspergillus niger*(CFTRI1105)[J]. Food Chemistry, 1999, 65(3): 297-301.

[201] Thatai A, Kumar M, Mukher K J. A single step purification process for cyclodextrin glucanotransferase from a bacillus sp. isolated from soil[J]. Preparative Biochemistry & Biotechnology, 1999, 29: 35-47.

[202] 赵永亮, 管景帅, 温金娥, 等. $\beta$-环糊精研究及应用进展[J]. 河南工业大学学报(自然科学版), 2014, 35(6): 97-102.

[203] Crinia G, Morcellet M. Synthesis and applications of adsorbents containing cyclodextrins[J]. Journal of Separation Science, 2015, 25(13): 789-813.

[204] Wang R Q, Ong T T, Ng S C. Chemically bonded cationic $\beta$-cyclodextrin derivatives and their applications in supercritical fluid chromatography[J]. Journal of Chromatography A, 2012, 1224: 97-103.

[205] Zhou Y X, Chen J B, Dong L N, et al. A study of fluorescence properties of citrinin in $\beta$-cyclodextrin aqueous solution and different solvents[J]. Journal of Luminescence, 2012, 132(6): 1437-1445.

[206] 朱园园, 汤志勇, 邱海鸥, 等. 用于X射线荧光检测痕量贵金属的预富集制样方法: 中国, CN102288460A[P]. 2011.

[207] Hedges A, Mcbride C. Utilization of $\beta$-cyclodextrin in food[J]. Cereal Food World, 1999, 44(10): 700-704.

[208] 李春胜, 杨红霞. 酯化淀粉及其应用[J]. 食品研究与开发, 2005,(6): 84-87.

[209] 张水洞. 酯化淀粉的研究进展[J]. 化学研究与应用, 2008, (10): 1254-1259.

[210] Yuri F M, Burgt U, Bergsma J, et al. Structural studies on methylated starch granules[J]. Starch/Stärke, 2000, 52: 40-43.

[211] Thomas D, Eric B, Feller J F, et al. The influence of O-formylation on the scale of starch macromolecules association in DMSO and water[J]. Carbohydrate Polymers, 2007, 68: 136-145.

[212] Pieschel F, Lange E, Camacho J. Starch phosphates, method for the production thereof and their use: USA, US6703496[P]. 2004.

[213] Lewandowicz G, Fornal J, Walkowski A, et al. Starch esters obtained by microwave radiation structure and functionality[J]. Industrial Crops and Products, 2000, 11: 249-257.

[214] Mahmoud Z S, Mohamed F. Ramadan degradability of different phosphorylated starches and thermoplastic films prepared from corn starch phosphomono esters[J]. Starch/Stärke, 2001, 53: 317-322.

[215] Chang Y H, Lii C Y. Preparation of starch phosphates by extrusion[J]. Journal of Food Science, 2006, 57: 203-205.

[216] Staroszczyk H, Tomasik P, Janas P, et al. Esterification of starch with sodium selenite and selenate[J]. Carbohydrate Polymers, 2007, 69: 299-304.

[217] Shogren R L. Rapid preparation of starch esters by high temperature/pressure reaction[J]. Carbohydrate Polymers, 2003, 52: 319-326.

[218] Miladinov V D, Hanna M A. Starch esterification by reactive extrusion[J]. Industrial Crops and Products, 2000, 11: 51-57.

[219] 宋广勋, 冯光炷, 李和平, 等. 辛烯基琥珀酸酐淀粉修饰物的研究进展[J]. 食品研究与开发, 2006, 27(10): 154-157.

[220] 陈晓玲, 王璋, 许时婴. 辛烯基琥珀酸酯化淀粉在微胶囊化桔油中的应用[J]. 无锡轻工大学学报, 2004, 23(1): 21-24.

[221] Mellul A T. Preparation of starch esters by alkenylsuccinates: USA, US6083491[P]. 1988.

[222] Parka S, Chungb M G, Yooa B. Effect of octenyl-succinylation on rheological properties of corn starch pastes[J]. Starch/Stärke, 2004, 56: 399- 406.

[223] Klaushofer H, Berghofer E, Steyrer W. Die neuentwicklung modifizierter starken am beispiel von citratstarke[J]. Nutrition, 1978, 2: 51-55.

[224] Klaushofer H, Berghofer E, Steyrer W. Starke citrate-produktion and an wending strarch nische eigenschaften[J]. Starch/Stärke, 1978, 30: 47-51.

[225] Klaushofer H, Berghofer E, Pieber R. Quantitative bestimmung von citronensaure in citratstärken[J]. Starch/Stärke, 1979, 31: 259-261.

[226] Wepner B, Berghoter E, Miesenberger E. Citrate starch-application as resistant starch in different food systems[J]. Starch/Stärke, 1999, 51: 354-361.

[227] Miesenberger E. Die herstellung von hochveresterten citratstarke–derivaten und prüfung ihrer eignung als resistente starke[D]. Vienna: University far Bodenkultur, 1999.

[228] Shi R, Zhang Z Z, Liu Q Y, et al. Characterization of citric acid/glycerol co-plasticized thermoplastic starch prepared by meltblending[J]. Carbohydrate Polymers, 2007, 69: 748-755.

[229] Sagar A D, Merrill E W. Properties of fatty-acid esters of starch[J]. Journal of Applied Polymer Science, 1995, 58(9): 1647-1656.

[230] Fang J M, Fowler P A, Tomkinson J. The Preparation and characterisation of a series of chemically modified potato starches[J]. Carbohydrate Polymers, 2002, 47: 245-252.

[231] Fang J M, Fowler P A, Tomkinson J, et al. An investigation of the use of recovered vegetable oil for the preparation of starch thermoplastics[J]. Carbohydrate Polymers, 2002, 50: 429-434.

[232] Fang J M, Fowler P A, Sayers C, et al. The chemical modification of arrange of starches under aqueous reaction conditions[J]. Carbohydrate Polymers, 2004, 55: 283- 289.

[233] Kapusniak J, Siemion P. Thermal reactions of starch with long-chain unsaturated fatty acids. Part 2. Linoleic acid[J]. Journal of Food Engineering, 2007, 78: 323-332.

[234] 曹咏梅, 曹志刚, 史磊, 等. 醚化淀粉的性质、应用及市场前景[J]. 大众科技, 2016, 18(3): 31-34.

[235] 曹咏梅, 曹志刚, 曹志强, 等. 醚化淀粉的研究进展[J]. 大众科技, 2015, 17(12): 42-45.

[236] 陈建初. 醚化淀粉的制备及应用[J]. 湖北化工, 1996, (4): 35-36.

[237] 刘雪红, 巨敏, 刘军海. 复合醚化淀粉制备工艺研究进展[J]. 河南化工, 2011, (5): 26-28.

[238] 尹爱萍, 闫怀义, 张小勇, 等. 醚化支链淀粉的制备及其上浆性能研究[J]. 棉纺织技术, 2014, (7): 22-24, 53.

[239] 邹建. 羟丙基-酶解木薯淀粉性质及其在速冻汤圆中的应用研究[J]. 安徽农业科学, 2015, (3): 196-199.

[240] Wokadala O C, Emmambux N M, Ray S S. Inducing PLA/ starch compatibility through butyl-etherification of waxy and high amylose starch[J]. Carbohydrate Polymers, 2014, (112): 216-224.

[241] 陈建福, 施伟梅, 蓝志福. 羧甲基绿豆淀粉合成工艺研究[J]. 粮食与油脂, 2013, (1): 29-31.

[242] 张言献. 离子液体中羧甲基淀粉和羟丙基淀粉的合成与性能研究[D]. 郑州: 河南工业大学, 2011.

[243] 彭丽, 刘忠义, 包浩, 等. 羧甲基化反应对大米淀粉性质影响的研究[J]. 食品工业科技, 2015, (6): 138-142.

[244] 曹龙奎, 周春, 闫美珍. 羧甲基淀粉的干法制备及特性研究[J]. 中国粮油学报, 2009, (1): 49-53.

[245] Stojanovie Z, Jeremie K, Jovanovic S. Synthesis of carboxymethyl starch[J]. Strach, 2000, 52(3): 413-419.

[246] 孙阿惠, 苏敏, 柳莹, 等. 微波干法制备醚化淀粉絮凝剂及其应用[J]. 工业用水与废水, 2011, (4): 69-71, 83.

[247] 宋小琳, 姚丽丽, 陆利霞, 等. 氧化淀粉在食品工业中的应用[J]. 食品研究与开发, 2014, 35(1): 124-127.

[248] Chan H T, Leh C P, Bhat R, et al. Molecular structure, rheological and thermal characteristics of ozone-oxidized starch [J]. Food Chemistry, 2011, 126: 1019-1024.

[249] Zhang Y R, Wang X L, Zhao G M, et al. Preparation and properties of oxidized starch with high degree of oxidation [J]. Carbohydrate Polymers, 2012, 87: 2554-2562.

[250] Sandhu K S, Kaur M, Singh N, et al. A comparison of native and oxidized normal and waxy corn starches: Physicochemical, thermal, morphological and pasting properties [J]. LWT-Food Science and Technology, 2008, 41: 1000-1010.

[251] 郝利民, 邓桂芳, 张晓娟, 等. 制备易消化氧化淀粉工艺条件的研究[J]. 食品科学, 2004, 25(1): 115-118.

[252] 逄艳, 石春芝, 吕维忠. 玉米 $H_2O_2$ 氧化淀粉的制备及其性能研究[J]. 广东化工, 2012, 39(2): 35-36.

[253] 曹效海, 呼小鹏. 马铃薯酸解氧化淀粉的加工工艺研究[J]. 北京工商大学学报(自然科学版), 2011, 29(4): 46-49.

[254] 丁龙龙, 张彦华, 顾继友, 等. 高羧基含量氧化淀粉的制备与表征[J]. 林产化学与工业, 2014, 34(2): 108-112.
[255] Sajilata M G, Singhal R S. Specialty starches for snack foods [J]. Carbohydrate Polymers, 2005, 59: 131-151.
[256] 周永元, 祝志峰. 一类新型浆料——接枝变性淀粉[J]. 中国纺织大学学报, 1997, (4): 8-15.
[257] 关山, 倪海明, 曹咏梅, 等. 接枝淀粉的性质、应用及市场前景[J]. 大众科技, 2016, 18(6): 31-35.
[258] 张恒, 王晓平, 胡振华, 等. 新型淀粉接枝双氰胺甲醛缩聚物絮凝剂的制备及反应机理研究[J]. 中国造纸学报, 2014(3): 15-19.
[259] Liu X J, Pan Z Q, Dong Z L, et al. Amperometirc oxygen biosensor based on hemoglobin encapsulated in nanosized grafted starch padicles[J]. Micorchimica Acta, 2016, 183(l): 353-359.
[260] 孟庆栓. 淀粉/植物纤维复合生物降解聚酯吹膜级树脂及制备方法: 中国, CN105504363A[P]. 2016.
[261] 刘凯, 陈礼辉, 黄六莲, 等. 一种胍盐接枝淀粉多功能造纸助剂及其制备方法: 中国, CN10372444lA[P]. 2014.
[262] 赵雪冰. 木质纤维素生物转化的多尺度效应分析与生物炼制过程的多角度强化[C]//中国生物工程学会青年工作委员会. 中国生物工程学会第二届青年科技论坛暨首届青年工作委员会学术年会论文集. 中国生物工程学会青年工作委员会: 中国生物工程学会, 2017.
[263] 宋贤良, 温其标, 郭桦. 以纤维素为基础的功能材料[J]. 高分子通报, 2002, (4): 47-52.
[264] Favier V, Canova G R, Cavaillé J Y, et al. Nanocomposite materials from latex and cellulose whiskers[J]. Polymers for Advanced Technologies, 1995, 6(5): 351-355.
[265] 林旷野, 安兴业, 刘洪斌. 纳米纤维素在制浆造纸工业中的应用研究[J]. 中国造纸, 2018, 37(1): 60-68.
[266] 张金明, 张军. 基于纤维素的先进功能材料[J]. 高分子学报, 2010, (12): 1376-1398.
[267] Shi N, Liu Q, Ma L, et al. Direct degradation of cellulose to 5-hydroxymethylfurfural in hot compressed steam with inorganic acidic salts[J]. RSC Advances, 2014, 4(10): 4978-4984.
[268] Gürbüz E I, Gallo J M R, Alonso D M, et al. Conversion of hemicellulose into furfural using solid acid catalysts in $\gamma$-valerolactone[J]. Angewandte Chemie-International Edition, 2013, 52(4): 1270-1274.
[269] Wang K, Ye J, Zhou M H, et al. Selective conversion of cellulose to levulinic acid and furfural in sulfolane/water solvent[J]. Cellulose, 2017, 24(3): 1383-1394.
[270] Seri K, Sakaki T, Shibata M, et al. Lanthanum(III)-catalyzed degradation of cellulose at 250℃[J]. Bioresource Technology, 2002, 81(3): 257-260.
[271] Amarasekara A S, Ebede C C. Zinc chloride mediated degradation of cellulose at 200℃ and identification of the products [J]. Bioresource Technology, 2009, 100(21): 5301-5304.
[272] Tao F R, Song H L, Chou L J. Catalytic conversion of cellulose to chemicals in ionic liquid [J]. Carbohydrate Research, 2011, 346(1-3): 58-63.
[273] 裴继诚. 植物纤维化学[M]. 4 版. 北京: 中国轻工业出版社, 2012.
[274] 袁正求, 龙金星, 张兴华, 等. 木质纤维素催化转化制备能源平台化合物[J]. 化学进展, 2016, 28(1): 103-110.
[275] Crittenden R G, Playne M J. Production, properties and applications of food-grade oligosaccharides[J]. Trends in Food Science & Technology, 1996, 7(11): 353-361.
[276] Kontula P, Wright A V, Mattila-Sandholm T. Oat bran $\beta$-gluco-and xylo-oligosaccharides as fermentative substrates for lactic acid bacteria[J]. International Journal of Food Microbiology, 1998, 45(2): 163-169.
[277] Glasser W G, Jain R K, Sjostedt M A. Thermoplastic pentosan-rich polysaccharides from biomass: USA, US5430142A[P]. 1995.
[278] Ando H, Ohba H, Sakaki T, et al. Hot-compressed-water decomposed products from bamboo manifest a selective cytotoxicity against acute lymphoblastic leukemia cells[J]. Toxicology in Vitro, 2004, 18(6): 765-771.
[279] Kim Y C, Lee H S. Selective synthesis of furfural from xylose with supercritical carbon dioxide and solid acid catalyst[J]. Journal of Industrial and Engineering Chemistry, 2001, 7(6): 424-429.
[280] Wan Y Q, Chen P, Zhang B, et al. Micowave-assisted pyrolysis of biomass: Catalysts to improve product selectivity[J]. Journal of Analytical and Applied Pyrolysis, 2009, 86: 161-167.

[281] Norgren M, Edlund H. Lignin: Recent advances and emerging applications[J]. Current Opinion in Colloid & Interface Science, 2014, 19(5): 409-416.

[282] 徐保明, 张弘, 唐强, 等. 木质素基碳纤维制备方法的研究进展[J]. 化工新型材料, 2018, 46(4): 23-26.

[283] Li C, Zhao X, Wang A, et al. Catalytic transformation of lignin for the production of chemicals and fuels[J]. Chemical Reviews, 2015, 115(21): 11559-11624.

[284] 蒋挺大. 木质素[M]. 北京: 化学工业出版社, 2009.

[285] Aadil K R, Barapatre A, Sahu S, et al. Free radical scavenging activity and reducing power of *Acacia nilotica* wood lignin[J]. International Journal of Biological Macromolecules, 2014, 67: 220-227.

[286] Lu Q, Liu W, Yang L, et al. Investigation of the effects of different organosolv pulping methods on antioxidant capacity and extraction efficiency of lignin[J]. Food Chemistry, 2012, 131(1): 313-317.

[287] Kasprzycka-Guttman T, Odzeniak D. Antioxidant properties of lignin and its fractions[J]. Thermochimica Acta, 1994, 231(94): 161-168.

[288] Ugartondo V, Mitjans M, Vinardell M P. Applicability of lignins from different sources as antioxidants based on the protective effects on lipid peroxidation induced by oxygen radicals[J]. Industrial Crops and Products, 2009, 30(2): 184-187.

[289] Ugartondo V, Mitjans M, Vinardell M P. Comparative antioxidant and cytotoxic effects of lignins from different sources[J]. Bioresource Technology, 2008, 99(14): 6683-6687.

[290] Pouteau C, Dole P, Cathala B, et al. Antioxidant properties of lignin in polypropylene[J]. Polymer Degradation and Stability, 2003, 81(1): 9-18.

[291] Domenek S, Guinault A, Baumberger S, et al. Potential of lignins as antioxidant additive in active biodegradable packaging materials[J]. Journal of Polymers & the Environment, 2013, 21(3): 692-701.

[292] Ge Y, Wei Q, Li Z. Preparation and evaluation of the free radical scavenging activities of nanoscale lignin biomaterials[J]. BioResources, 2014, 9(4): 6699-6706.

[293] Hambardzumyan A, Foulon L, Chabbert B, et al. Natural organic UV-absorbent coatings based on cellulose and lignin: Designed effects on spectroscopic properties[J]. Biomacromolecules, 2012, 13(12): 4081-4088.

[294] Qian Y, Qiu X, Zhu S. Sunscreen performance of lignin from different technical resources and their general synergistic effect with synthetic sunscreens[J]. ACS Sustainable Chemistry & Engineering, 2016, 4(7): 4029-4035.

[295] Mulder W J, Gosselink R J A, Vingerhoeds M H, et al. Lignin based controlled release coatings[J]. Industrial Crops & Products, 2011, 34(1): 915-920.

[296] Du X, Li J, Lindström M E. Modification of industrial softwood kraft lignin using Mannich reaction with and without phenolation pretreatment[J]. Industrial Crops & Products, 2014, 52(1): 729-735.

[297] Tortora M, Cavalieri F, Mosesso P, et al. Ultrasound driven assembly of lignin into microcapsules for storage and delivery of hydrophobic molecules. [J]. Biomacromolecules, 2014, 15(5): 1634-1643.

[298] He Z W, Lü Q F, Zhang J Y. Facile preparation of hierarchical polyaniline-lignin composite with a reactive silver-ion adsorbability[J]. ACS Applied Materials Interfaces, 2012, 4(1): 369-374.

[299] Fierro C M, Górka J, Zazo J A, et al. Colloidal templating synthesis and adsorption characteristics of microporous-mesoporous carbons from Kraft lignin[J]. Carbon, 2013, 62(5): 233-239.

[300] Tammelin T, Österberg M, Johansson L S, et al. Preparation of lignin and extractive model surfaces by using spincoattng technique—Application for QCM-D studies[J]. Nordic Pulp & Paper Research Journal, 2006, 21(4): 444-450.

[301] Zimniewska M, Batog J, Bogacz E, et al. Functionalization of natural fibres textiles by improvement of nanoparticles fixation on their surface[J]. Journal of Fiber Bioengineering & Informatics, 2012, 5(5): 321-339.

[302] Yang Q, Pan X, Huang F, et al. Fabrication of high-concentration and stable aqueous suspensions of graphene nanosheets by noncovalent functionalization with lignin and cellulose derivatives[J]. Journal of Physical Chemistry C, 2010, 114(9): 3811-3816.

[303] Milczarek G. Kraft lignin as dispersing agent for carbon nanotubes[J]. Journal of Electroanalytical Chemistry, 2010, 638(1): 178-181.

[304] Lou H, Zhou H, Li X, et al. Understanding the effects of lignosulfonate on enzymatic saccharification of pure cellulose[J]. Cellulose, 2014, 21(3): 1351-1359.

[305] Milczarek G, Inganas O. Renewable cathode materials from biopolymer/conjugated polymer interpenetrating networks[J]. Science, 2012, 335(6075): 1468-1471.

[306] Nagaraju D H, Rebis T, Gabrielsson R, et al. Charge storage capacity of renewable biopolymer/conjugated polymer interpenetrating networks enhanced by electroactive dopants[J]. Advanced Energy Materials, 2014, 4(1): 1-7.

# 第2章　生物质基乙酰丙酸的制取技术

近年来，随着不可再生的化石资源的不断枯竭及环境污染的日益加剧，人类面临着前所未有的生存与发展危机，以可再生的生物质资源为原料进行环境友好的、过程高效的转化途径成为人们研究的热点。乙酰丙酸是一种新型、绿色的平台化合物，在医药、化工、材料等领域具有广泛的应用前景，除此之外，乙酰丙酸可作为原料生产汽油和柴油替代燃料。随着能源危机的日益加剧和对可再生资源利用的重视，以生物质为原料的乙酰丙酸制取技术越来越被人们关注。

## 2.1　生物质原料组成

生物质来源于木材、竹材、稻草、秸秆、甘蔗渣等农林作物，以及工业废物和城市垃圾。根据化学成分，可将生物质分为木质纤维素、淀粉和油脂。其中，木质纤维素是生物质中最重要的组成部分，是一种性质稳定、结构复杂、可再生的生物质资源。木质纤维素的主要化学成分为：纤维素为35%～50%，半纤维素为20%～35%和木质素为5%～30%，这三种组分构成了生物质的基本骨架[1,2]。纤维素和半纤维素皆由碳水化合物组成，木质素为芳香族化合物。

有研究表明，纤维素、半纤维素、木质素之间由化学键连接或紧密结合，一起形成植物细胞壁的网络结构。半纤维素通过阿魏酸、对香豆酸等酚酸与木质素通过共价键连接，而纤维素和半纤维素之间不存在共价作用，而是通过氢键、范德瓦耳斯力等紧密结合。种类和产地不同的生物质中木质纤维素三大组分相对含量有所不同，表2-1给出了一些木质纤维素原料的主要组成[3]。

**表2-1　部分木质纤维素原料的主要组成**

| 木质纤维素原料 | 组成/%（干基） | | |
| --- | --- | --- | --- |
| | 纤维素 | 半纤维素 | 木质素 |
| 玉米秸秆 | 30～40 | 25～35 | 8～15 |
| 水稻秸秆 | 35 | 25 | 12 |
| 小麦秸秆 | 30 | 50 | 20 |
| 甘蔗渣 | 40 | 24 | 25 |
| 柳枝 | 45 | 30 | 12 |
| 硬木 | 40～55 | 24～40 | 18～25 |
| 草 | 25～40 | 35～50 | 10～30 |

### 2.1.1　纤维素

纤维素是生物质最重要的组成部分，是地球上最丰富的可再生能源，全球每年通过光合作用合成约 $10^{12}$t 纤维素。纤维素成分为不溶于水的均一聚糖，是由 D-葡萄糖分子以 $\beta$-1,4 糖苷键结合成的直链状高分子化合物，其结构如图 2-1 所示[4]。纤维素聚合物的基本重复单元称为纤维二糖，是由两个葡萄糖酸酐单元组成的。纤维素分子之间通过氢键形成晶体结构，这使得纤维素的性质很稳定，无还原性，不溶于水及一般有机溶剂，在常温下不发生水解，纤维素与水只有在一定条件下才发生反应，反应时水分子加入，氧桥断裂，纤维素分子由长链变成短链，直至氧桥全部断裂，变成葡萄糖。纤维素化学式为 $(C_6H_{10}O_5)_n$ ($n$ 为纤维素中葡萄糖单元的聚合度)。一般而言，聚合度在 2～6 的纤维素低聚物可以溶于水，聚合度在 7～13 的低聚物可以溶于热水，聚合度更高则不溶于水，而且聚合度高于 30 时，纤维素就会利用分子间氢键形成致密的结构。天然植物中的纤维素的聚合度一般在 1000 以上，有的甚至高达上万，这使得植物能够抵御自然界中的化学和生物侵蚀，并且不溶于常规溶剂[5,6]。不同生物质原料纤维素的聚合度有很大差异，天然状态下，木材纤维素分子链长度约为 5000nm，相应的约含有 10000 个葡萄糖基，即平均聚合度约为 10000。棉花纤维素的聚合度高于木材，约为 15000。而草本类(小麦、玉米秸秆等)纤维素的平均聚合度则稍低。

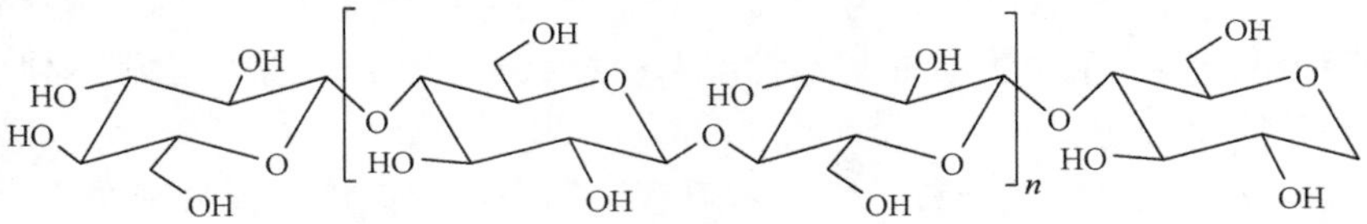

图 2-1　纤维素基本结构示意图

天然纤维素的超分子结构是由无定形非结晶区和结晶区交错形成的。结晶区纤维素分子排列紧密整齐，不易被水解，无定形非结晶区纤维素分子排列比较松散、不整齐，较易被水解。在天然纤维素分子中，每个葡萄糖单元的 C2、C3、C6 位上分别含有一个羟基(—OH)，能够发生氧化、酯化、连接共聚等化学反应，这三个羟基由于连接的碳原子不同，它们的性质也不同，既可以全部参加反应，也可以使其中的某一个或某两个参加反应，因此，可以通过特定的条件反应设计纤维素的化学结构，从而制备具有特殊功能的精细化工产品。纤维素的葡萄糖环上的羟基中的氢原子极性很强，这些羟基的氢原子(H)与另一羟基的氧原子(O)相互吸引形成氢键，从而构成纤维素结构中巨大的氢键网络[7]。纤维素的氢键一般分两种：分子内氢键和分子间氢键，即在一条纤维素链上相邻的葡萄糖单元形成的氢键和链与链之间形成的氢键。分子内和分子间氢键使分子链具有很大的张力，使纤维素很难在大多数溶剂中溶解。通过 X 射线衍射的研究，发现纤维素大分子的聚集体中，结晶区分子排列规则，呈现清晰的 X 射线衍射图，密度大；无定形非结晶区分子链排列不整齐，因此分子间距离较大、密度较低。

### 2.1.2　半纤维素

半纤维素是指除纤维素和果胶以外的植物细胞壁聚糖，半纤维素在植物的营养组织和储存组织中广泛存在，是构成植物细胞壁的生物高分子。半纤维素围绕在纤维素周围，并通过纤维素中的孔部位深入到纤维素内部。半纤维素结构比较复杂，与纤维素不同，半纤维素并不是由单一的聚糖所构成，而是由两种或两种以上单糖构成的不均一聚糖。组成半纤维素的单糖主要有：六碳糖(如 D-葡糖糖、D-半乳糖、D-甘露糖)、五碳糖(如 D-木糖、L-阿拉伯糖、D-阿拉伯糖)、糖醛酸(如 4-*O*-甲基葡萄糖醛酸、D-半乳糖醛酸、D-葡萄糖醛酸)，以及少量的 L-鼠李糖和 L-岩藻糖。图 2-2 列出了构成半纤维素的一些主要的单糖的结构[8]。

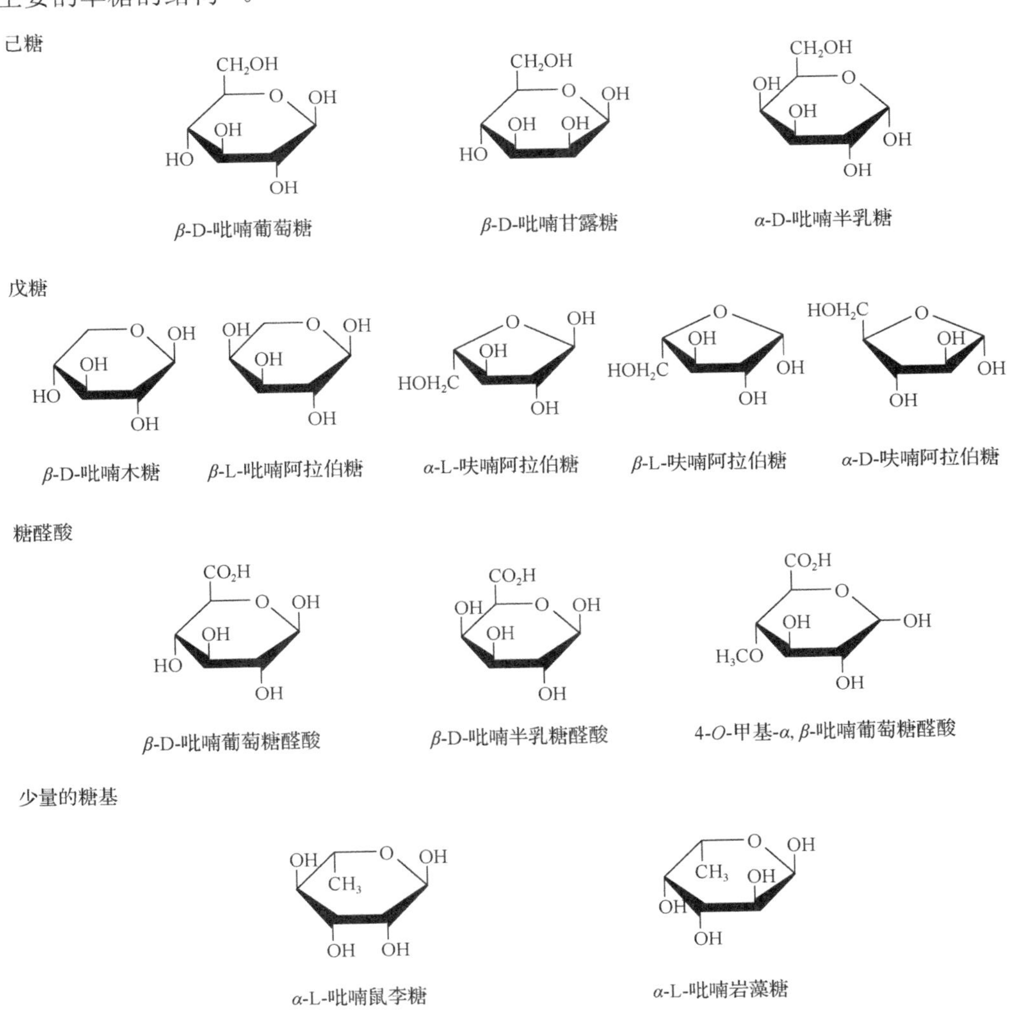


图 2-2　半纤维素中的单糖结构[8]

这些组成单元在构成半纤维素时，一般不是以一种单糖构成一种均一的聚糖，而是由 2～4 种单糖构成带支链的杂多糖。常见的半纤维素多以 $\beta$-1,4-D-木聚吡喃糖为主链骨架，其他单糖组成侧链。不同来源的半纤维素的各种结构单元比例不同，即使同种物料，各个部位的结构和组分也相差很大，但分布比较稳定的组分是木糖，木糖间以 $\beta$-1,4-糖苷键连接，分支度高，一般占一半以上。针叶木中主要的半纤维素是聚-*O*-乙酰基葡萄糖甘露糖，含部分聚阿拉伯糖-4-*O*-甲基葡萄糖醛酸木糖和少量聚阿拉伯糖半乳糖。阔叶木中的半纤维素主要是聚-*O*-乙酰基-4-*O*-甲基葡萄糖醛酸木糖，含少量聚葡萄糖甘露糖等一些其他高聚糖。禾本植物中的半纤维素主要是聚阿拉伯糖-4-*O*-甲基葡萄糖醛酸木糖[9]。

### 2.1.3　木质素

木质素又称木素，是一类由苯基丙烷单元以非线性的方式通过醚键及碳碳键连接而成的具有三维空间结构的高分子化合物。它是一种极其复杂的无定形有机聚合物，保护纤维素抵御生物袭击和真菌降解。木质素、半纤维素和果胶等一起作为填充剂和黏合剂存在于细胞壁的微细纤维之间相互连接成网状，填充在纤维素的纤丝构架中，来加固细胞壁。木质素的结构决定了其不能被水解转化为单糖，同时它在纤维素的周围还形成保护层，影响了纤维素的水解。木质素的能量密度很高，木质纤维素水解后留下的含有木质素的残渣常被作为燃料来利用。近年来，木质素在农业、石油工业、高分子材料等领域的应用也引起了人们的关注。

在不同的生物质原料中，木质素的含量是不同的，木材中的木质素含量较高，而秸秆类生物质中木质素的含量相对较低。所有的木质素都具有苯基丙烷的基本结构骨架，但其芳香核部分有所不同，根据—$OCH_3$ 数量的不同，一般可将木质素分为愈创木基木质素（G-木质素）、紫丁香基木质素（S-木质素）和对羟苯基木质素（H-木质素）。对应的木质素具有三种主要的结构单体：愈创木基（guaiacyl，G）丙烷、对羟苯基（*p*-hydroxyphenyl，H）丙烷和紫丁香基（syringyl，S）丙烷。这些单体通过脱氢聚合，相互之间形成 C—C 键和 C—O 键，从而无序连接组合构成木质素复杂的三维结构。图 2-3 列出了三种木质素基本单元结构及苯丙烷结构单元[8]。针叶植物中的木质素主要由 G 型结构单元缩聚而成，阔叶植物中的木质素主要由 G 型和 S 型结构单元共聚而成，草本植物木质素则主要由 H 型、G 型和 S 型三种结构单元组成。

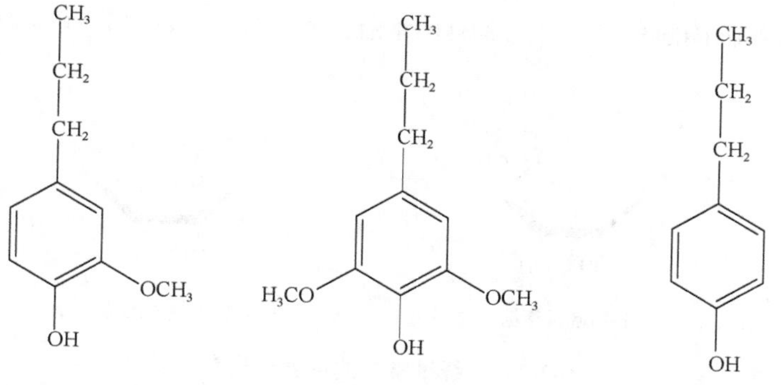

愈创木基丙烷　　紫丁香基丙烷　　对羟苯基丙烷

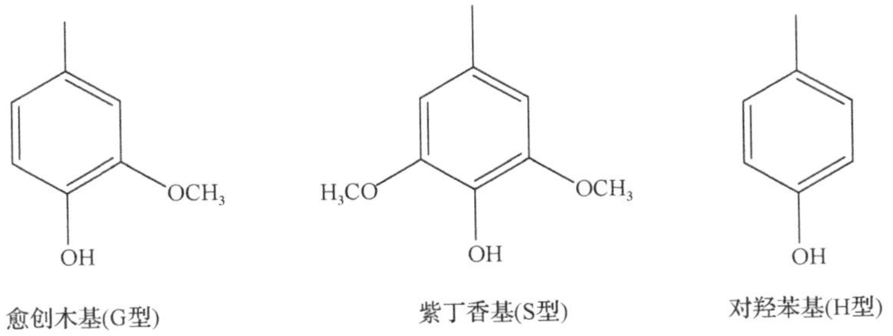

愈创木基(G型)　　紫丁香基(S型)　　对羟苯基(H型)

图 2-3　三种木质素基本单元结构及苯丙烷结构单元[8]

## 2.2　乙酰丙酸的制备方法

乙酰丙酸的传统生产工艺有两种，即糠醇催化水解法和生物质直接水解法。糠醇催化水解法利用的主要是生物质中的五碳糖，即半纤维素中的糖，半纤维素中的五碳糖首先转化为糠醛，糠醛通过加氢转化为糠醇，最后以糠醇为原料，在酸催化下合成乙酰丙酸。生物质直接水解法制乙酰丙酸是以含纤维素或淀粉等生物质资源为原料，利用的主要是生物质中的六碳糖即葡萄糖，原料在酸性条件下催化水解得到乙酰丙酸。这两种方法各有优缺点，下面对这两种方法进行简单的介绍和对比。

### 2.2.1　糠醇催化水解法

糠醇催化水解法是以生物质为原料，生物质原料首先降解生成糠醛，然后糠醛加氢生成糠醇，糠醇在酸催化作用下，通过水解、开环、重排反应，生成乙酰丙酸。发生的主要反应如图 2-4 所示。糠醇催化水解的关键在于开环和重排反应，主要的副反应为聚合反应。反应介质、催化剂及反应条件对产物的产率都具有较大的影响。

根据糠醇催化水解法所采用的反应条件和反应介质，形成了几种不同的工艺。目前，主要的工艺有五种，分别为：日本大冢化学药品公司糠醇催化水解法、日本宇部兴产糠醇催化水解法、法国有机合成公司糠醇催化水解法、美国固特里奇公司糠醇催化水解法及糠醇氧化法。

日本大冢化学药品公司采用盐酸或乙二酸为催化剂(以盐酸效果较佳)，用量是 1mol 糠醇加 1～1.5mol 催化剂，加 10～25mol 水。反应介质中，需要添加丙酮、甲乙酮、二乙酮、甲基异丁基酮或环己酮来抑制聚合物生成，其中甲乙酮和二乙酮的效果最佳。每摩尔糠醇的酮用量为 5～15mol，酮用量小于 1mol 时起不到抑制作用；用量过高会增加提取时的能耗。在反应体系中，还可选用甲苯、二甲苯、苯和甲基异丙基苯为溶剂，以促进水解反应，其用量为每摩尔原料加 5～15mol。在 70～100℃的条件下水解，产率为 85%～90%。

日本宇部兴产糠醇催化水解法则采用解离常数为 $10^{-6}$～$10^{-4}$ 的有机酸(乙酸或者丙酸)作为溶剂，在非氧化无机酸(盐酸)的参与下，从糠醇制备乙酰丙酸。有机酸用量是每 100g 糠醇加 300～800g，水用量是每 100g 糠醇加 30～100g，无机酸用量是每 100g 糠醇加 0.3～0.8mol。在 60～80℃下，以浓盐酸为催化剂，乙酸用作有机溶剂，糠醇催化水解制乙酰丙酸的产率为 89.5%。

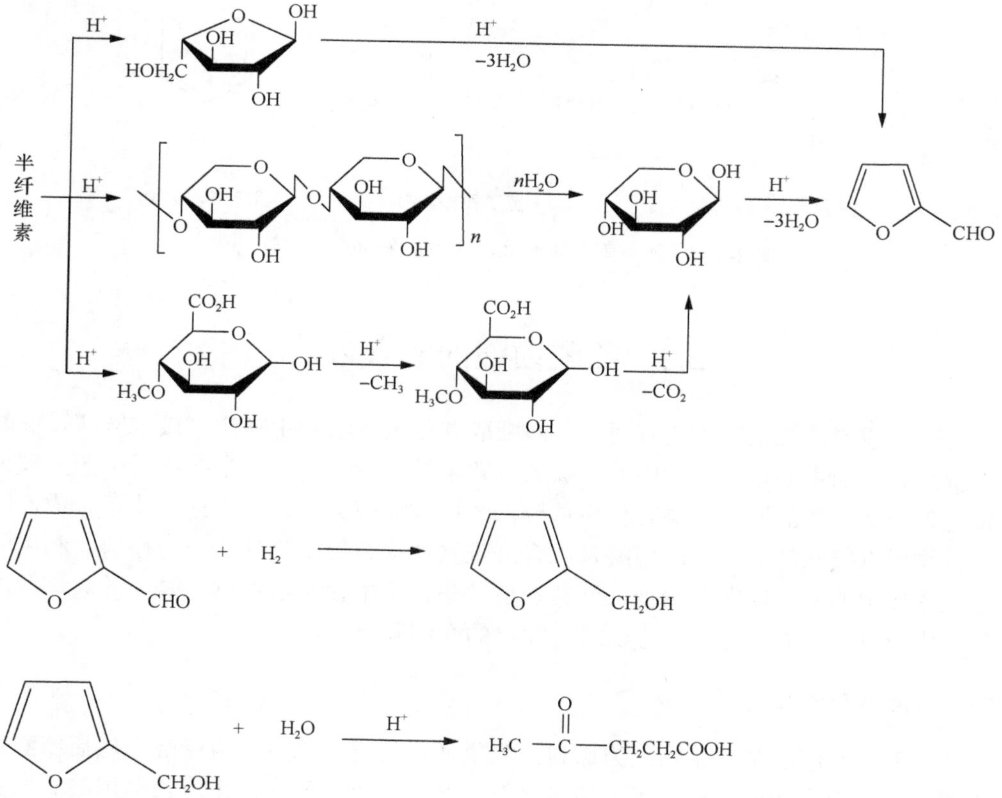

图 2-4　糠醇催化水解法主要反应过程

法国有机合成公司糠醇催化水解法的特点是采用乙酰丙酸为反应溶剂，其是为了防止采用其他溶剂在反应过程中生成的杂质，导致产品不纯。反应体系中，乙酰丙酸用量为 30%～100%(质量分数)，采用强质子酸(如盐酸、氢卤酸、氢碘酸、硫酸等)为催化剂，其中盐酸为首选。1mol 糠醇加 1.5～10mol 水，催化剂用量为水质量的 2%～20%，常压下，反应温度 60～100℃。反应结束，产率为 83.0%(摩尔分数)，产物纯度为 98.8%，颜色为无色或淡黄色。

美国固特里奇公司糠醇催化水解法以糠醇为原料，采用两步法制备乙酰丙酸。首先，在高沸点溶剂邻苯二甲酸二甲酯中，以 37%的盐酸和丁醇处理糠醇，得到乙酰丙酸丁酯。然后，乙酰丙酸丁酯与盐酸共热得到乙酰丙酸。

糠醇氧化法采用双氧水氧化糠醇制备乙酰丙酸，溶剂是二噁烷。在最佳操作条件下，双氧水过量一倍，乙酰丙酸产率为 50%，双氧水过量两倍，乙酰丙酸产率为 70%。

由以上可知，糠醇催化水解法的特点是乙酰丙酸的产率普遍较高且产品质量均匀，但是其原料糠醇是通过糠醛加氢而来，涉及高压加氢，因此对设备要求高、价格高且来源紧张。

### 2.2.2　生物质直接水解法

生物质直接水解法多以含纤维素和淀粉等的生物质为原料，通过酸催化在高温条件下反应，原料首先分解为单糖，再脱水形成 5-羟甲基糠醛，最后进一步脱羧生成乙酰丙酸。生物质水解法生成乙酰丙酸的主要反应如图 2-5 所示。

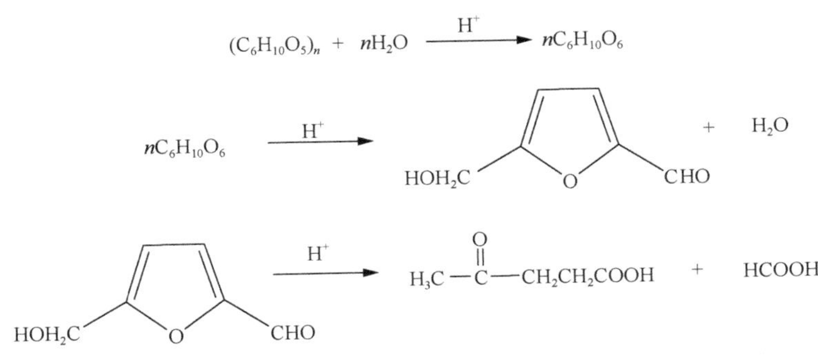


图 2-5　生物质直接水解法反应过程

生物质直接水解法由于直接采用储量丰富、可再生的生物质资源或者富含生物质资源的废渣、废液为原料一步水解制备乙酰丙酸，生产成本大幅度降低，从而引起了人们巨大的兴趣。目前国内外已对采用不同的原料，如木糖残渣(液)、葡萄糖母液、淀粉、造纸残渣、高梁淀粉等，酸性水解制备乙酰丙酸进行了大量的研究，并取得了较高的产率。生物质直接水解法根据工艺不同，可以分为生物质间歇催化水解法和生物质连续催化水解法。

1. 生物质间歇催化水解法

所谓生物质间歇催化水解法，即生物质原料一次性投入反应，一次性加入催化剂进行催化水解，直至反应结束，然后分离提纯得到乙酰丙酸。该方法的研究和应用报道最为广泛，常用的原料有单糖(如葡萄糖、果糖等)、多糖(如蔗糖、淀粉等)、植物纤维和植物废渣(如糠醛原料废渣)等。若以糖或淀粉等物质作为原料，生产过程相对较为简单，只需让原料与无机酸(如盐酸、硫酸、磷酸、硝酸等)高温共热，然后分离提纯，即得乙酰丙酸。如果以植物纤维为原料，由于原料成分复杂和副反应增多，产品的产率和纯度都受到影响。

美国 Nebraska 大学 Fang 等用高粱粉作为原料[10]，硫酸为催化剂来制取乙酰丙酸。高粱粉与浓度分别为 2%、5%、8%的硫酸混合，160℃或 200℃下在加压反应器中反应一定时间，即可得到乙酰丙酸。实验结果表明，此工艺的最佳工艺条件为：高粱粉的量 10%，反应温度 200℃、反应时间 40min、稀硫酸浓度 8%时，乙酰丙酸的产率最高，为 32.6%。

常春等[11]研究了以小麦秸秆为原料制备乙酸丙酸的工艺条件，分别考察了不同温度、硫酸浓度、原料粒度、液固比和反应时间对小麦秸秆转化为乙酰丙酸产率的影响。结果表明，温度在 210～230℃、硫酸浓度 3%、液固比 15∶1、反应时间 30min 为较优的工艺条件，乙酰丙酸产率为 19.2%。

2. 生物质连续催化水解法

所谓生物质连续催化水解法，即生物质原料进行连续的催化水解，然后源源不断地得到反应产物，再经过分离提纯得到乙酰丙酸。该方法具有生产效率高，处理能力大等特点，是一种非常有前途的生产方法。下面介绍几种代表性的工艺。

美国 Nebraska 大学以淀粉为原料，以稀硫酸为催化剂，用双螺杆挤压机法制备乙酰丙酸。玉米淀粉、水和稀硫酸在预处理器中经预处理后形成浆，然后送到双螺杆挤压机挤压。挤压机内分多段温度区间，第一个温度区间为 80～100℃，第二个温度区间为 120～150℃，第三个温度为 150℃。浆在挤压机中停留时间为 80～100s。挤压机出口产物经压滤机压滤，滤液经真空蒸馏可得到乙酰丙酸，产率为 70%左右。该工艺的特点是采用了双螺杆挤压机作为反应器，其内部有多个温度段。原料和稀酸混合后经过挤压机时，在挤压机内经过 100℃—150℃—150℃的加热段，历经 80～100s，能够不断连续地被加热完成催化过程。该工艺具有连续性强、反应步骤少、反应时间短等优点，非常适合商业化生产，产率最高可达 47%。该工艺简化流程如图 2-6 所示[12,13]。

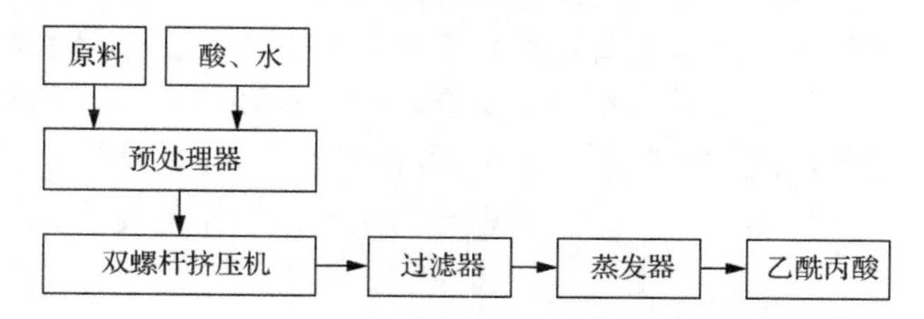


图 2-6 Nebraska 大学开发的双螺杆挤压机法连续生产乙酰丙酸工艺

美国 Biofine 公司以废弃的纤维素为原料，以稀硫酸为催化剂，采用两个连续反应器催化水解得到乙酰丙酸，其工艺见图 2-7[14,15]。纤维素原料由原料罐经高压泵进入管式反应器，高压蒸汽由底部直接通入，在 210～230℃、1%～5%稀硫酸条件下连续水解 13～25s。此时，纤维素和半纤维素已经水解为已糖和戊糖或相应的低聚糖，又进一步水解为糠醛和 5-羟甲基糠醛。之后，物料进入釜式水解反应器，在 195～215℃的条件下水解 15～30min，使 5-羟甲基糠醛水解为乙酰丙酸，产物可由水解反应器底部连续流出，产率在 60%～70%。该方法具有副产物少、产率高和分离简单等优点，且 Biofine 工艺过程中使用便宜的废弃物木质纤维素(如农业残留物、造纸厂污泥和城市废纸)生物质原料，可以使生产平台分子乙酰丙酸的成本具有竞争性，目前该公司的上述工艺已经建立了一套示范装置，并已经连续运行 1 年以上，每天可以处理纸浆 1t(干重)，产出 0.5t 乙酰丙酸，以及副产物甲酸和糠醛。该工艺的提出使 Biofine 公司得到了 1999 年美国总统绿色化学挑战奖中的小企业奖。

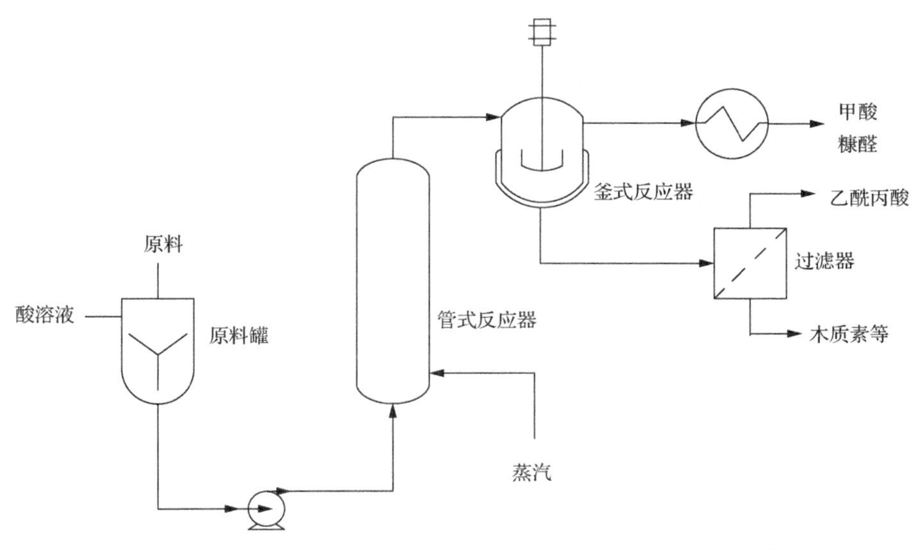


图 2-7　Biofine 公司开发的两段连续催化法生产乙酰丙酸[14]

### 2.2.3　两种乙酰丙酸合成方法对比

综上所述，乙酰丙酸的制备方法可分为糠醇催化水解法和生物质直接水解法。两种方法的主要区别在于原料的不同，但糠醇也是由生物质催化水解为糠醛后加氢转化获得。比较二者的工艺(图 2-8)，虽然同样以生物质资源为起始原料，但是糠醇催化水解法需要水解、脱水、加氢和水解四步获得乙酰丙酸，而生物质直接水解法只需两步水解就可以得到乙酰丙酸。因此，生物质直接水解法工艺具有工艺简单、生产成本低、原料来源广泛等优点，该工艺今后将成为乙酰丙酸生产的主流方法。

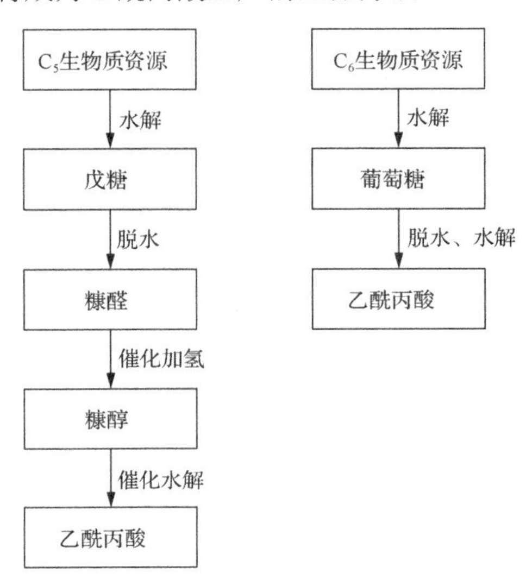


图 2-8　两种乙酰丙酸合成方法对比

## 2.3　水解原料预处理技术研究

众所周知，生物质原料的主要组成为木质纤维素，在木质纤维素水解制取乙酰丙酸的过程中，其特殊的物理化学结构不利于水解过程的进行[16]。从木质纤维素的化学组成来看，纤维素被半纤维素和木质素所包围，且纤维素本身又有细胞壁包裹，这些因素都降低了木质纤维素的可及度；从其结构来看，木质纤维素特有的高分子链使它具有高密度和高结晶度，使其较难水解；从木质纤维素的比表面积来看，天然木质纤维素的比表面积较小，水解过程中与催化剂的接触面积较小。以上这些因素的存在，导致木质纤维素可及度及反应性较低，从而使其水解效率较低，进而影响到后续转化为乙酰丙酸的效率。预处理是有效提高木质纤维素转化率的手段，其目的就是促进木质纤维素的天然高分子结构分解成为易被利用的结构。利用预处理方法可以破坏木质素、半纤维素对纤维素的包裹，去除木质素，降解半纤维素，改变纤维素的结晶结构，使纤维素、半纤维素和木质素相对分离(图 2-9)，提高木质纤维素的可及度及疏松性，提高后续水解或酶解的效率和得糖率[17]。

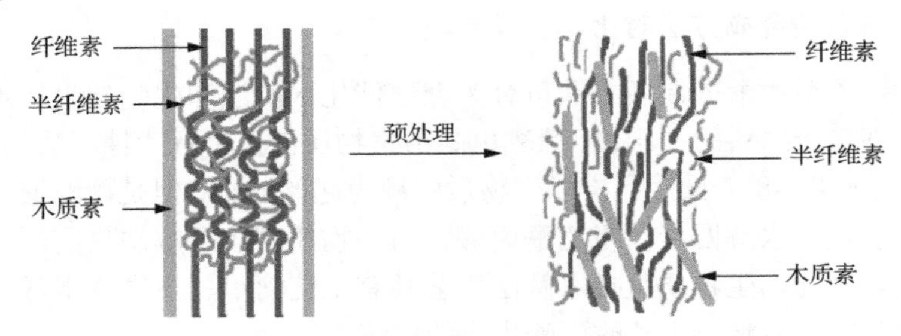


图 2-9　生物质预处理的主要作用

常用的生物质预处理技术一般可以分为物理法、化学法、物理化学法和生物法四种[18-20]。物理法中最常见的是机械粉碎法，能耗大、成本高，因为效率较低，所以应用较少。化学法是指以酸、碱、金属离子、无机盐等作为预处理催化剂，破坏木质纤维素的晶体结构，打破木质素与纤维素、半纤维素的连接，进而溶解半纤维素或者纤维素。物理化学法一般指蒸汽爆破法和亚、超临界有机溶液法，通过高压水蒸气将生物质原料经过短时间加热后，快速地释放压力至大气压，这种方法使木质纤维素结构严重膨化，进而可以促进其转化为单糖。生物法则是利用降解木质素的微生物和其他细菌等，在培养过程中可以产生分解木质素的酶类，进而可以专一性地降解木质素。但是目前得到的木质素分解酶的酶活性低，处理周期比较长且菌类比较少。所以目前研究的重点主要是化学法和物理化学法，且在处理过程中应遵循以下四个原则：①促进糖的生成并有利于后面的水解发酵；②尽可能避免生成的糖降解；③避免生成对水解和发酵有害的副产品；④具有经济性。

### 2.3.1　物理法

物理法是生物质原料预处理的主要方法，物理法是采用研磨或其他破坏方法(如机械粉碎、电磁处理、高压处理等)打断或破坏物料原有的结构，增大比表面积、孔径，降低木质纤维素的结晶度和聚合度。目前研究使用的生物质物理预处理法主要有机械粉碎法、挤压膨化法、高压热水法以及超声波与微波处理法等。

1. 机械粉碎法

机械粉碎法是木质纤维素预处理最常见的方法，其基本原理是利用破碎、研磨、切割等物理方法作用于物料，将木质纤维素粉碎成颗粒或条状，从而破坏木质素和半纤维素的结合层，达到减小物料的粒度，增加木质纤维素的比表面积，降低木质纤维素中纤维素的结晶度，从而提高木质纤维素的可及度和反应性，提高其水解速率和水解程度的目的。该法缺点在于机械粉碎不能有效地分离纤维素、半纤维素和木质素，木质纤维素颗粒粒度越小，能耗越大，并且机械预处理不会改变生物质的化学组分，木质素和半纤维素组分依然存在，并包裹在纤维素周围，因此水解效率的提高程度非常有限。

2. 挤压膨化法

挤压膨化法是将原料粉碎后，加水调节至一定的浓度，然后送入挤压机内，物料在挤压机螺杆的推动下逐渐向前移动，同时受到螺杆的剪切作用和挤压作用，并且在摩擦生热和外加热的共同作用下升温至 140～170℃，最后从挤压机中喷出，此时物料的压力突然降低、体积迅速膨胀，从而导致纤维素的结晶结构被破坏，为纤维素酶的水解创造了有利条件。这种预处理方法的效果比蒸汽爆破的效果好，且生产过程连续，不需要蒸汽。

3. 高压热水法

高压热水法是将物料放入高温(200～300℃)高压的热水中处理 2～15min，使物料成分的 40%～60%溶解，其中，纤维素可溶解 4%～22%，木质素可溶解 35%～60%，半纤维素约溶出 100%[21]。适当控制系统的温度和处理时间是高压热水法预处理的关键所在[22]。Weil 等[23]采用高压热水法对玉米秸秆纤维进行预处理，预处理物料经酶解后，纤维素和半纤维素的转化率接近 100%。由于该工艺的操作过程中不需要使用任何化学药品，在一定程度上可以降低成本、保护环境。同时，在热水处理过程中物料会自动裂解，因此可以节约粉碎处理所需要的能耗，并且该方法中半纤维素水解率较高，易回收，残余物较少。

4. 超声波与微波处理法

超声波与微波预处理法的基本原理是在微波或超声波的作用下，木质纤维素内部纤维素、半纤维素和木质素分子结构会发生改变，结晶区域纤维素的晶体结构会被破坏，纤维素的结晶度得到降低，木质纤维素的水解效率得到提高。通过超声波或微波预处理，一方面可以降低纤维素聚合度，改变分子量的分布特性；另一方面可以降低纤维素的结晶度，使纤维素活性增加，从而有利于物料中纤维素的水解[24]。有研究表明[25]，采用微波对纤维素物料预处理后，纤维素的酶水解效率有一定程度的提高，尤其是与化学方法结合使用时，酶水解效率有了较大幅度的提高，该法的不足在于处理费用高，难以得到工业化应用。

### 2.3.2 化学法

1. 酸法

酸法预处理是采用酸对木质纤维素物料进行预处理，将半纤维素水解得到五碳糖，同时纤维素的致密结构被破坏，从而提高其反应活性。酸法预处理一般采用硫酸、盐酸、磷酸和硝酸等，其中最常用的是硫酸，尤其是稀硫酸的预处理效果较好，因此研究和应用得较多[26]。稀硫酸预处理[27]适用于许多木质纤维素原料，如玉米芯和玉米秸秆等。有研究表明[28]，麦秆经质量分数为 4%的稀硫酸在常压和 80℃条件下预处理后用纤维素酶进行水解，其葡萄糖产率比未经酸预处理直接进行酶解时高 50%。Cheng 等在 100～150℃采用质量分数为 4%～12%的盐酸、硫酸和硝酸对玉米芯进行水解，将得到的木糖进行生成木糖醇的加工，取得了很好的效果[29]，但是酸的使用会对反应器有较强的腐蚀作用，因此对设备的耐腐蚀性要求较高。

2. 碱法

碱法预处理是用碱作用于木质纤维素物料，碱法预处理的作用机理在于碱中 $OH^-$ 能够减弱纤维素和半纤维之间的氢键，能与半纤维素和木质素分子之间的酯键发生皂化反应，还可以破坏木质素的结构，进而溶出木质素，从而增强纤维素和半纤维素的反应活性[30,31]。

碱法预处理常用的碱有 NaOH、KOH、$Ca(OH)_2$ 和氨水等。在碱法预处理中 NaOH 是被选用的最多的催化剂，研究发现，木质纤维素经 NaOH 预处理后，结构膨化，表面积增加，聚合度降低，木质素的结构被破坏[32,33]。Silverstein 等[34]采用 NaOH 对棉花秆进行预处理，用 0.5%的 NaOH 分别在 90℃和 121℃、103.4kPa 下处理 30min，分别能脱去 23.31%、25.22%的木质素，用 1.0%的 NaOH 在 90℃下处理 30min，木质素脱除率为 21.9%，用 2%的 NaOH 在 121℃、103.4kPa 下处理 90min，木质素脱除率为 65.63%。Varga 等[35]用 10%的 NaOH 在高压锅中处理玉米秆 1h，木质素的脱除率高达 95%。Zhao 等[36]利用 NaOH 溶液对杂草茎在不同条件下进行预处理，得出最佳的反应条件为：浓度为 10%的 NaOH，固液比为 1∶6，110℃下处理 120min，除去了 25%的木质素，纤维素含量的增加率为 58.5%。氢氧化钙也是碱预处理最常用的一种碱。Kaar 等[37]在不同的温度、时间下对玉米秸秆进行了实验，最后葡聚糖、木聚糖、阿拉伯聚糖的产率分别为 88.0%、87.7%和 92.1%。他们用石灰在 120℃对玉米秸秆进行了预处理，反应加热 4h 后，发现玉米秸秆的酶水解能力比预处理前提高了 9 倍，说明木质素已经去除了一部分，如果把氧气通入到石灰和生物质的混合物中，还可以去除更多生物质中的木质素。显然石灰预处理成本低、使用安全，但仍存在着预处理反应时间较长、反应残余物对环境污染严重等缺点。氨水预处理法也比较常用，通常是用10%左右的氨水溶液浸泡秸秆，脱除秸秆中的木质素。研究发现[38]，用10%的氨水对140目大豆秸秆进行预处理24h，秸秆中木质素含量下降30.2%，纤维素和半纤维素含量变化也很明显。

碱预处理操作简便，设备要求较低，用碱处理天然木质纤维素材料可显著提高纤维素的含量，但是存在部分有用的半纤维素随木质素一同损失的缺点，且过程中产生的废水较多，环保压力很大。

3. 有机溶剂法

有机溶剂法是采用有机溶剂或者有机溶剂的水溶液，在无机酸催化剂存在的条件下，对木质纤维素原料进行催化分解，溶出木质素和半纤维素，使部分纤维素解体，从而提高纤维素的反应活性[39,40]。常用的有机溶剂主要有甲醇、乙醇、丙酮和乙二醇等，常用的作为催化剂的无机酸主要有硫酸和盐酸等。有机溶剂预处理面临的最大难题就是有机溶剂的回收利用，从而降低成本，而且还要考虑有机溶剂对纤维素水解、微生物生长和水解液发酵的影响[41]。有机溶剂法预处理的投资和成本较高，尚未实现产业化。

4. 离子液体法

作为一种新兴的溶剂和催化剂，离子液体已经得到了广泛应用。离子液体是由有机阳离子和无机阴离子组成的，由于离子液体具有许多优点，近年来引起了研究者的广泛关注与研究。与传统的有机溶剂和电解质易挥发、污染环境的性质相比，离子液体具有良好的热稳定性，不易挥发，不易燃烧，无特殊气味，且可回收利用等优点[42]。离子液体法是采用离子液体作为溶剂将纤维素、淀粉和木质素等天然聚合物溶解分离的方法[43,44]。这种方法对生物质进行预处理时，通常是在常温或低温条件下进行，可以避免高温过程产生发酵抑制物，并且为了达到最佳的预处理效果，可以针对不同的生物质采用不同的离子液体。

国内外学者对离子液体对糖类的溶解性展开了大量研究，研究发现，一些新型的离子液体可以在较大程度上溶解纤维素，并且可以对纤维素进行改性。中国科学院过程工程研究所研究员陈洪章等采用[$C_4$mim]Cl 溶解小麦秸秆(未处理及经蒸汽爆破处理)，发现能有效地提高酶降解纤维素的速率[45]。李秋瑾等以[$C_4$mim]Cl 为溶剂对微晶纤维素进行预处理，通过对比发现处理后的纤维素氢键减弱，结晶形态发生改变，由Ⅰ型转变为Ⅱ型，这样更有利于纤维素的水解[46]。Dadi 等[47]采用离子液体[$C_4$mim]Cl 对木质纤维素生物质进行了预处理，并对所得物料进行了水解糖化反应的研究，结果表明，离子液体预处理后酶水解速率是未预处理时的50倍以上，说明了离子液体预处理可以促进后续水解过程的进行。

5. 湿氧化法

湿氧化法[48,49]是通过加热、高压、碱性环境、水和氧气的共同作用处理木质纤维素物料，降解木质素和半纤维素，膨化纤维素，从而得到高纯度的纤维素，有利于提高水解效率。通常采用碳酸钠等弱碱性化学药品来调节湿氧化预处理液的pH，使其呈碱性，在这种环境中不仅可以防止纤维素的降解，还可以限制产生糠醛等副产物。有研究表明[50]，在预处理温度195℃、预处理时间15min、碳酸钠含量2g·$L^{-1}$、氧压1.2MPa的条件下，对物料浓度为60g·$L^{-1}$的玉米秸秆进行预处理，使得30%的木质素溶出，60%的半纤维素降解，90%的纤维素膨化分离，所得纤维素的酶解转化率可达85%，可见湿氧化法预处理可以较大程度地提高纤维素酶解率。而且与其他预处理方法相比，湿氧化法预处理过程中产生的糠醛、羟甲基糠醛及乙酸等抑制酶活性的物质较少，有利于后续的生化处理[51]。但是湿氧化法预处理所需的高温高压环境会导致成本较高，所得预处理液中的木质素高度降解，利用价值不高。目前现有的研究仅是针对甘蔗渣、秸秆等草本原料，对木材原料的研究较少，且主要是针对湿氧化法预处理的工艺进行了研究，对预处理机理的研究较少。

### 2.3.3 物理化学法

物理化学法预处理是通过将物理方法和化学方法相结合的手段，对生物质原料进行预处理，以提高其进一步反应性能。

1. 蒸汽爆破法

蒸汽爆破法是指用高压蒸汽将原料加热到到一定温度(150～240℃)，在此温度下维持压力一段时间(10～30min)后瞬间降压终止反应。其作用机理是，在高压作用下水蒸气渗透进入细胞壁中，细胞壁得到浸润，而半纤维素分子中的活性乙酰基会发生水解生成乙酸，生成的乙酸又可以作为半纤维素水解的催化剂；当压力骤然释放时，渗透进入细胞壁中的水蒸气立即蒸发，而蒸汽的膨胀对细胞壁施加了很大的作用力，致使木质纤维素结构得到破坏。从机理可知，蒸汽爆破法实际上就是木质纤维素材料在高温高压下的热降解、半纤维素自催化及材料结构破坏的复合过程。研究表明，原料经过蒸汽爆破后结构变得疏松，比表面积和孔隙度都显著增大，有利于提高纤维素的酶解效率，但是在蒸汽爆破过程中也存在半纤维素的降解，产生有抑制作用的小分子(醛类和有机酸)，因此蒸汽爆破后得到的固液混合物要经过大量的水冲洗，以洗除产生的抑制物小分子，由于一些半纤维素是水溶性的，冲洗的过程中也会被带走，这对总糖产量会有一定影响[52]。实验测定影响蒸汽爆破预处理效果的主要因素有：反应温度、反应时间、催化剂选择、物料粒度及含水率。Grous等对白杨木屑经过蒸汽爆破预处理后发现，预处理24h后，木屑的酶水解率比未经预处理的高75%，效果很明显[53]。Ballesteros等研究了蒸汽爆破技术对不同颗粒大小农业废弃物的影响，反应条件为：汽爆温度210℃，时间4～8min，结果表明，当物料颗粒较大(8～12mm)时，反应后其酶解率可达到99%，而未处理的小颗粒酶解率只有70%[54]。Söderström等在190℃、200℃和210℃条件下分别对麦秆进行了蒸汽爆破实验，蒸汽爆破前，麦秆先用0.2% $H_2SO_4$进行预浸润，蒸汽爆破时间分别为2min、5min和10min，研究结果表明，在190℃下处理10min时，葡萄糖和木糖的产率最高[55]。Mielenz等采用在蒸汽爆破杨木时加入NaOH，发现加入碱对木质素的去除很明显，随碱浓度的提高，木质素脱除率也会不断增强，最高可达90%[56]。

蒸汽爆破法的预处理过程被认为是在热量与水蒸气的膨胀剪切力及糖苷键水解的共

同作用下实现木质纤维素结构的分解，通过蒸汽进行热机械化学过程，进而对半纤维素和纤维素组分达到预处理效果。但单纯的蒸汽处理，耗能过大，因而需与其他方法结合增加其应用的可能性。其中，碱与酸是两种常用的结合方法。将低饱和蒸气压的碱与蒸汽爆破相结合的氨爆预处理方法将传统蒸汽爆破的温度降低，且可大量去除木质素组分和破坏纤维素结构，因而具有一定的应用价值。虽然蒸汽爆破法预处理效果比较明显，但也存在高温对设备要求比较苛刻的问题。

2. 亚、超临界有机溶液法

亚、超临界有机溶液法是在有机溶剂法预处理的基础上，采用乙醇-水溶液在亚、超临界条件下水解液化木质纤维素原料[57]，在此过程中，乙醇不仅强化了对纤维素的解离作用，还降低了临界点，减少了能耗和设备投资。有研究表明[58]，在乙醇的摩尔分数分别为9%和21%时，玉米秸秆的液化率可以达到86.59%和88.51%。此方法中乙醇的分离和回收利用是技术难点。

3. 亚硫酸盐法

亚硫酸盐法是先对木片用化学药品进行预处理，再通过机械法减小木片的粒度，这一点与传统工艺不同。在化学预处理过程中，$SO_3^{2-}$、$HSO_3^-$或者二者相结合等活性基团对木质素产生磺化作用使之溶出，且在酸性条件下，半纤维素可以有效地溶出，从而改变生物质的物理化学结构，提高纤维素的可酶解性。亚硫酸盐法预处理的特点是在预处理过程中可以采取较小的液固比，而且后续机械处理时消耗的能量较少，所获得的物料酶水解率较高，可以达到90%以上[59]，且预处理时所生成的磺化木质素有一定的应用价值。

### 2.3.4 生物法

生物法是利用一些微生物来降解木质纤维素原料中的半纤维素和木质素，从而达到提高水解效率的效果[60]。一般情况下，微生物对生物质的预处理是在常压、低温和 pH 近中性的环境中进行的，微生物主要是将木质素和半纤维素降解为二氧化碳和水，由于纤维素的结构致密，微生物很难降解纤维素[61]。生物法预处理常用的真菌有白腐菌、褐腐菌和软腐菌等，其中，白腐菌处理木质纤维素生物质的效果最好，因此利用白腐菌进行预处理的研究较多。

生物法预处理具有无污染、能耗低、条件温和等优点，但是处理周期长，菌体会破坏部分半纤维素和纤维素，从而导致纤维素水解产率的下降，因此该方法还需要进行深入的研究。

## 2.4 纤维素水解技术

纤维素水解生成还原性糖是生物质制取乙酰丙酸的前提步骤。水解是指复杂物质分解并重新与水分子结合成更简单的物质的过程。生物质水解指主要成分为纤维素、半纤维素和木质素的木材加工剩余物、农作物秸秆等木质纤维素类生物质，在一定温度和催化剂作用下，使其中的纤维素和半纤维素加水分解(糖化)成为单糖(己糖和戊糖)的过程，其最终目的是将单糖通过化学和生物化学加工，制取燃料乙醇、糠醛、木糖醇、乙酰丙酸等产品。图 2-10 列出了目前常用的一些木质纤维素水解途径。其中酸水解法和酶水解法是目前木质纤维素水解的主要方法。以酸作为催化剂称作酸水解，根据所用酸的浓度，酸水解包括超低酸水解、稀酸水解和浓酸水解，根据所用酸种类不同，酸水解又可分为无机酸水解和有机酸水解。另外，近年来，随着木质纤维素生物质转化技术的不断发展，一些新型的水解方法也不断涌现，如超(亚)临界水解、离子液体水解等[62]。这些新型的水解技术大多具有环保、高效清洁的特点，不仅极大地拓展了水解技术的应用领域，也进一步推动了木质纤维素生物质开发利用的进程。

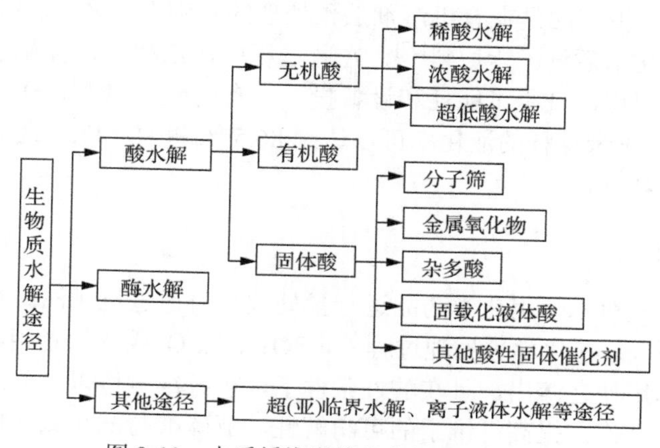

图 2-10　木质纤维素催化水解的主要方法

### 2.4.1　无机酸水解

1. 超低酸水解

超低酸水解是一种在高温(200℃以上)、低酸(质量分数低于 0.1%)条件下将纤维素水解成单糖和低聚糖的工艺。因为酸浓度很低，所以对设备腐蚀性小，对反应器材质要求较低，可用普通不锈钢，同时水解液生成的废弃物较少，环境污染小，不需要对酸液进行回收，因此超低酸水解的经济性较好，符合绿色化工的标准[63]。

Mok 等[64]研究了纤维素水解的糖产率随温度(190～225℃)、酸浓度(0～20mmol·$L^{-1}$)、反应时间(0～300min)的变化，并提出了水解反应的动力学模型，实验发现，在 215℃、34.5MPa、120min 及硫酸浓度为 5mmol·$L^{-1}$ 的条件下葡萄糖有最大的产率，为 71%，当温度低于 220℃时，纤维素水解存在旁路竞争，温度高于 220℃时，葡萄糖的分解变得显著。Lee 等[65]在超低酸的条件下对逆流压缩渗滤床水解反应进行了研究，结果表明，逆流压缩渗滤床对纤维素和半纤维素的水解都起促进作用，但对纤维素的水解促进作用更明显，由于糖在反应器中停留时间较短，可以减少糖的分解，在质量分数为 0.08%酸的条件下，硬木纤维素原料的糖产率可以达到 80%～90%，同时他们指出温度及酸浓度是影响此反应器水解的主要原因。

Kim 等[66]在质量分数为 0.07%的酸及 205～235℃条件下，利用压缩渗滤床反应器对黄杨树进行水解，在 205℃、220℃及 235℃下的糖产率分别为 87.5%、90.3%及 90.8%，葡萄糖质量分数为 2.25%以上，实验结果表明，用压缩渗滤床反应器的水解效果是间歇反应器的三倍以上。

Xiang 等[67]在超低酸(质量分数为 0.05%～0.2%)和 180～230℃条件下用间歇反应器研究了纤维素的水解，发现影响水解的主要因素是反应温度、酸的种类及酸的浓度，同时水解纯纤维素和木质纤维素类生物质有很大的差异，在木质纤维素的水解过程中，金属离子可以促进葡萄糖的分解。

王树荣等在超低酸两步水解秸秆的研究中发现，在最佳条件(第一步：215℃、0.05% $H_2SO_4$、35min，第二步：180℃、无酸、30min)下，原料和总糖的转化率分别为 53.44%和 23.82%；在超低酸水解滤纸的研究中发现，在最佳条件下可获得 55.07%的纤维素转化率和 46.55%的还原糖产率，反应产物中单糖有葡萄糖和果糖，低聚糖有纤维四糖、三糖和二糖[68-70]。

Ballesteros 等[71]研究稀硫酸处理朝鲜蓟，结果表明硫酸质量分数和温度对木糖产率有较大影响，而固体浓度的影响不明显，当原料在 180℃、酸质量分数 0.1%、固体浓度 7.5%时，木糖产率达 90%，并且生成糠醛的产量低。

2. 稀酸水解

稀酸水解一般是指用浓度在 10%以内的硫酸或盐酸等无机酸为催化剂将纤维素、半纤维素水解成单糖的方法。稀酸水解是研究最为广泛的水解方法，是木质纤维素水解较为成熟的方法，采用稀酸水解法水解木质纤维素已有 150 余年历史，工业生产上利用稀酸水解法的工艺较多。在稀酸水解过程中，纤维素上的氧原子和水中的氢离子相结合，使纤维素变得不稳定，然后长链断裂，同时释放出氢离子。由于纤维素的稀酸水解过程中最少有两种反应(纤维素水解为糖，糖就立即被转化为糠醛等化学物质)发生，故糖产率最多在 50%左右。同时糠醛等降解产物对微生物的发酵有毒副作用，即在稀酸的水解过程中得到的单糖会进一步降解生成对发酵有害的副产品，因此，现在稀酸水解多采用分步水解法(对半纤维素和纤维素进行分步水解)来减少发酵有害物的产生。

生物质稀酸水解中主要使用的是无机强酸，Aguilar 等[72]研究了以稀硫酸为催化剂对木质纤维素生物质水解的效果，研究考察了温度、反应时间、硫酸浓度等参数对反应的影响，反应中有木糖和乙酸生成。随着反应时间的延长，葡萄糖的降解会加剧。研究发现，半纤维素比纤维素容易水解，木糖很快就会出现产率的最大值。提高反应温度有利于纤维素水解成葡萄糖。

传统的稀酸水解方法为一步法，将生物质原料加到酸液(酸的质量分数为 1%～5%)中，在一定反应条件下直接进行水解处理[73]。一步法的缺点是对生物质选择性较差，造成生物质组分中较容易水解的半纤维素水解单糖在反应器中因停留时间过长，糖降解比较严重。为了缓解水解过程中半纤维素水解单糖因过高的反应温度而发生降解，对一步法进行改进，提出了一步分段温度水解法，就是在稍低的温度下，先对生物质中的半纤维素进行水解，然后提高水解温度，对生物质中的纤维素进一步水解，但因为没有对半纤维素水解的单糖液分离，对缓解单糖降解的效果有限[74]。针对一步法的缺点，有学者根据生物质中纤维素和半纤维素结构的不同提出了二步法，主要原理是对生物质中的半纤维素和纤维素进行差别化条件水解。首先在稍温和的酸性条件下，水解生物质组分中的半纤维素并分离出糖液。这样就避免了糖产物在反应器中停留时间过长的问题，减少了糖的降解，然后在提高反应强度的条件下水解纤维素。Choi 等[75]利用两步法水解淀粉废弃物、木片、麦草、粮食废弃物等生物质，第一步采用的是在 132℃下，固液比为 5%，稀硫酸浓度为 2%的条件下，水解 40min。分离出糖液和残渣，未水解的残渣继续在 15%的硫酸溶液中水解糖化 70min，固液比为 10%～12%，总糖产率依生物质种类的不同在 15%～81%之间。两步法水解的半纤维素糖产率较高，可达 70%～90%，在进一步的纤维素水解过程中，糖产率也可以达到 50%～70%。

稀酸水解的优点是使用的酸量少、反应时间短、对环境污染少。但是稀酸水解还是暴露了一些问题，首先是反应的选择性控制问题，高温下会产生乙酸和羟甲基糠醛，它们不仅会降低单糖的产率，更为重要的是我们很难将这些副产物从反应体系中分离开来，对后续的糖发酵产生毒害作用，影响纤维素酶的活性。此外，稀酸水解还要对木质纤维素原料进行复杂的预处理，这些都会增加工艺的成本。

3. 浓酸水解

浓酸水解是纤维素在较低的温度下溶解在浓酸(一般使用 65%～72%的硫酸，也有使用 41%～42%的盐酸、77%～83%的磷酸或者 80%～85%的硝酸)溶液中，纤维素在溶解过程中是均相水解。纤维素一般在较低温度(50℃左右)下就可以完全溶解在浓酸中，在反应器中反应 2～6h 后，转化成低聚糖，稀释加热溶液后，低聚糖可以转化为葡萄糖，产率最高可达 90%以上。

浓酸水解的工艺主要基于两个步骤：第一步，浓酸(主要是高浓度的盐酸、磷酸和硫酸)在较低的温度下水解纤维素形成均相体系。该过程中纤维素已经水解为小分子量的寡糖。第二步，加水升温使小分子寡糖继续水解，最终生成葡萄糖。这种方法可以得到高产率的葡萄糖。

对于浓酸水解法，水解溶液中游离的氢离子浓度越高，纤维素的水解速率越快，因此浓酸水解可以获得较高的纤维素转化率，且可以在较低的温度下进行。但由于浓酸水解反应时间较长，所用的酸必须进行回收，并且回收工艺较为复杂，浓酸的腐蚀性很高，对设备的要求较高。对环境的污染以及投资和消耗较高，降低了浓酸水解的发展。同时，在酸性环境中，纤维素水解得到的单糖会进一步降解成小分子物质，因此糖的实际产率并不高，所以此水解方法的研究价值和应用前景并不是很好。

### 2.4.2 有机酸水解

有机酸水解也是一种重要的生物质水解方法。由于有机酸提供的酸环境没有无机酸剧烈，有机酸水解成为生物质酸水解的重要介质之一。有机酸作为生物质水解介质的优势在于分离和回收相对容易，废弃物排放少，且有机酸对葡萄糖的降解催化作用没有无机酸明显[76-78]；缺点在于使用量大，介质提供的酸性比无机酸弱，水解温度相对高。有机酸水解主要采用的是甲酸、乙酸等一元酸和草酸、丁烯二酸等二元酸。在相对温和的条件下，有机酸对生物质中的木质素具有降解和溶解作用。另外，有机酸也常用来作为一种制浆手段，如甲酸法、甲酸/乙酸法、甲酸/乙酸/水法等。半纤维素较纤维素容易降解，有机酸也常用来作为生物炼制的一种预处理方法。Kootstra 等[79]将丁烯二酸与硫酸作为麦草酶水解前预处理的酸催化剂。预处理条件为：固液比为 20%～30%，酸与麦草的质量比约为 5.17%，预处理温度为 130～170℃。从实验结果看，无机酸预处理的效果较有机酸好，对经过预处理后的木质纤维素材料进行酶解，预处理温度越高，糖化率差距越小。Kupiainen 等[80]研究了麦草浆在甲酸溶液中的水解规律，并用微晶纤维素作了对比研究。在 200℃、20%甲酸、固液比约为 4.5%的条件下，水解糖化率可达 32.1%。

### 2.4.3　固体酸催化水解

固体酸的种类很多，大致可以分为八类。第一类为金属氧化物和金属硫化物，第二类为复合金属氧化物，第三类为黏土矿物，第四类为沸石分子筛，第五类为杂多酸化合物，第六类为阳离子交换树脂，第七类为金属硫酸盐和磷酸盐，第八类为固体超强酸。固体酸的应用是非常广泛的，目前研究发现其可应用于酯化反应、水解反应、水合反应、脱水反应、烷基化反应、聚合反应、缩合反应、加成反应和异构化反应。

利用固体酸催化剂催化纤维素水解的路线，主要包括纤维素在氢氛围下的还原反应和水热条件下的水解反应。有研究者利用双功能催化剂 $Pt/Al_2O_3$ 一步水解氢化纤维素，反应在 190℃条件下进行，山梨醇产率在 30%左右，该研究开创了纤维素制取多元醇的路线[81]。Luo 等[82]报道了利用高温热水可以释放出质子的原理，以 Ru/C 为催化剂氢解纤维素，主要产物是山梨糖和甘露糖。后来，有报道开发了负载碳化物催化剂，氢解纤维素生成乙二醇，产率在 60%左右[83]。Suganuma 等[84]报道了利用石墨烯状的磺酸功能化的炭在较温和的条件下催化水解纤维素，产物主要是小分子的寡糖，葡萄糖的产率为 4%。为了降低纤维素的结晶度，研究者以磺化的活性炭为催化剂，水解无定形纤维素得到 41%产率的葡萄糖[85]。Takagaki 等[86]报道了使用层状的过渡金属多氧化物铌钼酸水解糖类制备葡萄糖，铌钼酸对淀粉和蔗糖的催化效果较好，但水解纤维素只得到 1%的单糖产率。Kobayashi 等[87]研发了介孔碳负载的 Ru 催化剂，并探讨了其对纤维素的水解效果，在优化的条件下，葡萄糖的产率为 34%。

### 2.4.4　酶水解

酶水解始于 20 世纪 50 年代，是一种较新的水解技术，一般在常压下进行(pH 为 4.8，温度为 45～55℃)，操作简单，设备要求及能量消耗低。由于酶的选择性高，可以形成单一的产物，糖产率可大于 95%，且在整个过程中不用再加入化学药品，提纯过程简单，无腐蚀、污染和发酵抑制物等问题。

酶水解由于反应时间长(一般需要几天)，酶成本高，直接水解的效率低(纤维素、半纤维素和木质素相互缠绕，阻止纤维素酶接近纤维素表面，水解的原料必须经过预处理，除去木质素，溶解半纤维素，破坏纤维素的晶体结构，增大其可接触表面)等，要实现工业化还有很长的路要走。

纤维素酶并非单一物质，而是一大类复杂酶系的统称，主要包括随机作用于可溶和不可溶的葡萄糖链的内切葡聚糖酶，这些酶协同作用于天然纤维素起到解晶作用和水解作用[88,89]，纤维素酶水解法反应条件温和，葡萄糖产率较高，可达到 75%～95%，生成的葡萄糖较为纯净，几乎不会生成葡萄糖降解产物，因此在生产乙醇等清洁液体燃料方面的发展前景相当可观。纤维素酶水解过程虽然在经济上可行，但是仍有一些缺陷阻碍了其进一步发展。首先，由于纤维素存在致密的结晶区，可与纤维素酶进行有效接触的表面积相当有限，因而需要对原料进行预处理，使纤维素分子结晶结构形成松散的无定形结构，以便酶与纤维素分子充分结合，酶水解过程甚至需要数天，反应时间远长于酸水解。其次，纤维素酶生产成本较高，并且某些特定的纤维素酶活性较低。最后，随着反应时间的进行，酶活性逐渐降低，且水解反应还受到最终产物抑制效果的影响[90]。

### 2.4.5 超临界水解

超临界流体(SCF)处于临界温度和临界压力以上，兼有气体和液体的性质，具有溶解性强、扩散性能好和易于控制的特点。纤维素超临界水解技术可以使反应体系变为均相，反应的速率加快，超临界水解是无催化反应，反应不需要任何催化剂，并且环境污染小。通过反应前后比较，纤维素在超临界条件下几乎可以完全转化。但是纤维素超临界水解选择性差，产物分布复杂，主要产物是葡萄糖、赤藓糖、糠醛、羟甲基糠醛。这些产物的存在对糖类发酵会起到抑制作用。超临界水解由于不需要催化剂、反应时间较短(<10s)、选择性较好、对环境友好且可以持续发展，超临界流体技术在纤维素水解方面的应用近年来广受关注。超临界水会高度离子化产生 $H^+$，从而促使纤维素水解，使得以超临界水为介质的化学反应速率大大加快[91]。Sasaki 等[92]分别在超临界水和近临界水中进行了纤维素水解实验，在低温区域低聚糖的降解速率远快于纤维素的水解速率，因而水解产物的产率很低，而在临界点处，纤维素的水解速率急剧加快，甚至比低温区域的水解速率高一个数量级，此时纤维素的水解速率高于低聚糖的降解速率，从而可得到较高的水解产物的产率。但为了达到水的超临界状态，需高压(22.1MPa)设备，加大了设备的投资，且存在安全隐患，故目前超临界水解还无法实现工业化。

### 2.4.6 离子液体水解

离子液体是在室温及室温附近温度范围内呈液态的完全由离子构成的熔盐体系。离子液体由阴阳离子对组成，化学性质稳定、难挥发、极性强、溶解性强，被认为是能代替易挥发化学溶剂的绿色溶剂。Swatloski 等[93]发现[BMIM]Cl 离子液体可以很好地溶解纤维素。25wt%(质量分数)的纤维素可以溶解在[BMIM]Cl 中形成均相溶液。自此之后，纤维素在离子液体中的化学衍生、水解、氢解的研究大量涌现。中国科学院大连化学物理研究所赵宗保研究小组[94]以离子液体为溶剂，运用盐酸、硫酸和磷酸为催化剂，对木质纤维素原材料进行水解，得到较好的水解效果，总还原糖的产率最高可达 85%。为了解决在离子液体中分离还原性糖的问题，研究者[95]提出了在离子液体中运用固体酸水解纤维素的路径，在较温和的条件下酸性的树脂(Amberlyst 15 DRY)将纤维素水解为纤维低聚物，将反应停留在纤维低聚物阶段对糖类的提取和后续处理非常关键。通过加入水可以将纤维低聚物分离出来，这些纤维低聚物为低分子量的寡糖，与纤维素酶的结合比纤维素更容易。之后，Zhao 等[96]研究发现，离子液体催化剂能够有效地将葡萄糖等糖类转化成 5-羟甲基糠醛，金属二氯化物形成的离子液体能够将 70%的葡萄糖和接近 90%的果糖转化为 5-羟甲基糠醛，仅仅残余微量的酸性杂质。此类催化剂中，二氯化铬的催化效果最好，所产生的杂质也最少，同时这种反应需要的温度也很低，反应在 100℃左右，5-羟甲基糠醛的产率接近 70%。

# 2.5　生物质水解制乙酰丙酸技术原理

由纤维素制备乙酰丙酸通常需要使用无机强酸作为催化剂。根据生物质水解制乙酰丙酸的反应途径，其机理可以分为以下三部分来讨论：①纤维素在酸的作用下水解得到葡萄糖；②葡萄糖异构化并脱水生成 HMF 中间体；③HMF 在高温酸性水溶液中发生重排反应得到乙酰丙酸和副产物甲酸。下面从这三个方面对生物质水解制备乙酰丙酸的反应原理进行研究。

## 2.5.1　纤维素水解为葡萄糖

一般而言，碳水化合物要进行生物转化都需要将其水解成水溶性的糖，然后再与微生物或者酶作用生成相应的产物。类似地，碳水化合物的化学转化也需要经历水解过程得到寡糖或单糖，再发生脱水、加氢或氧化等反应。纤维素水解制葡萄糖反应的机理如图 2-11 所示，一般认为纤维素首先被质子化，在反应途径 I 中，$\beta$-1,4-糖苷键上的氧原子被质子化；反应途径 II 中，吡喃环上的氧被质子化。考虑到在水溶液中反应，两种质子化的中间体都可以以水合物的形式表示。在 $\beta$-1,4-糖苷键断裂的步骤中，反应途径 I 得到的是环状的碳正离子中间体和葡萄糖残基，再通过与水分子结合得到另一分子葡萄糖残基。而反应途径 II 中，$\beta$-1,4-糖苷键断裂会形成开环的碳正离子，从而继续与水反应[97]。

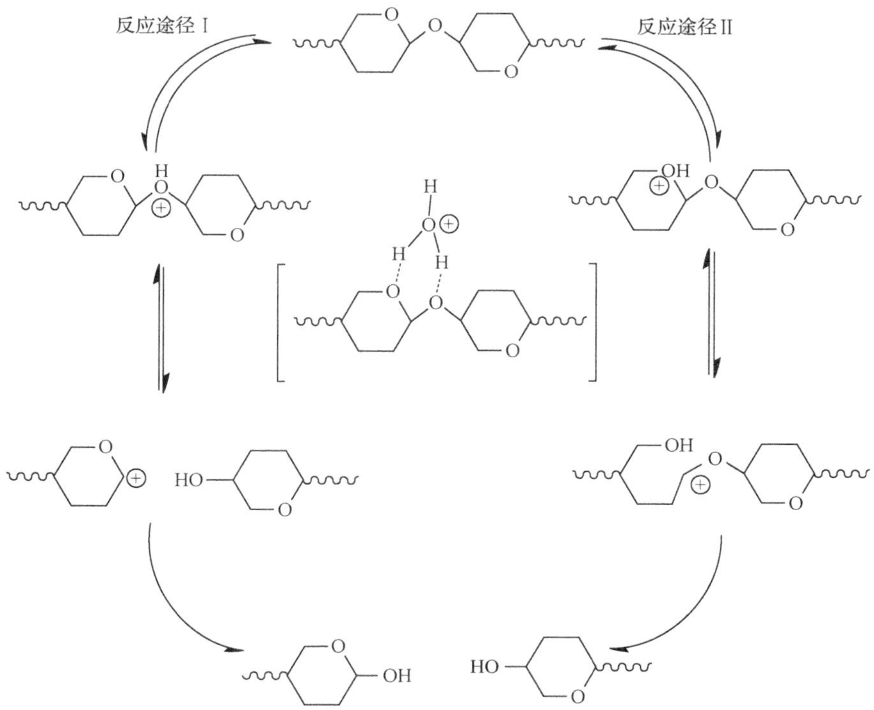

图 2-11　纤维素水解制葡萄糖反应机理

## 2.5.2 葡萄糖水解制 HMF

葡萄糖在酸催化剂的作用下转化为 HMF 主要有两条反应路线(图 2-12)：一条是环状反应路线，经过一系列的呋喃环中间体形成 HMF[98-100]，另一条是非环状反应路线，

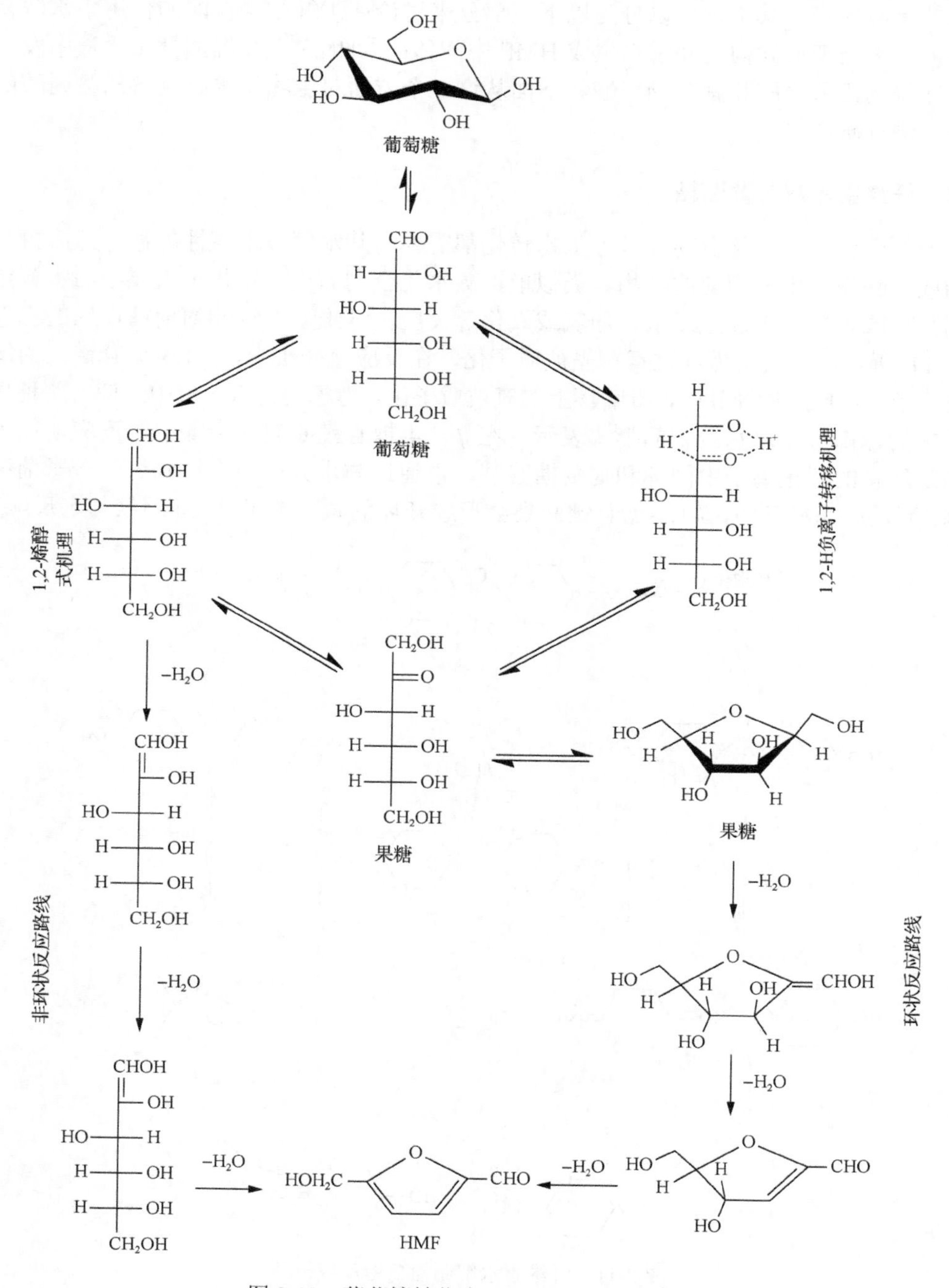


图 2-12　葡萄糖转化为 HMF 的反应机理[108]

经过一系列的直链中间体形成 HMF[101]。其中在环状反应路线中，葡萄糖需要先经过 1,2-烯醇式反应机制[102-105]或 1,2-氢转移反应机制[106,107]异构化为果糖，果糖再通过上述两种反应路线脱水形成 HMF，其中异构化过程是该反应最为关键的一步，对于反应的选择性和产物产率起着决定性作用，也就是说异构化过程是整个反应过程的控速步骤，一旦葡萄糖异构为果糖，果糖就能很容易地发生脱水反应形成 HMF，这也能够解释为什么以葡萄糖为原料制备 HMF 要比以果糖为原料制备 HMF 要困难和缓慢得多。

### 2.5.3　HMF 转化为乙酰丙酸

HMF 转化为乙酰丙酸的反应过程比较复杂，一般认为 5-羟甲基糠醛经水解、脱水及异构化等一系列反应，生成 2, 5-二氧-3-己烯醛中间体，然后脱去甲酸后再经分子重排得到乙酰丙酸。具体流程如图 2-13 所示。

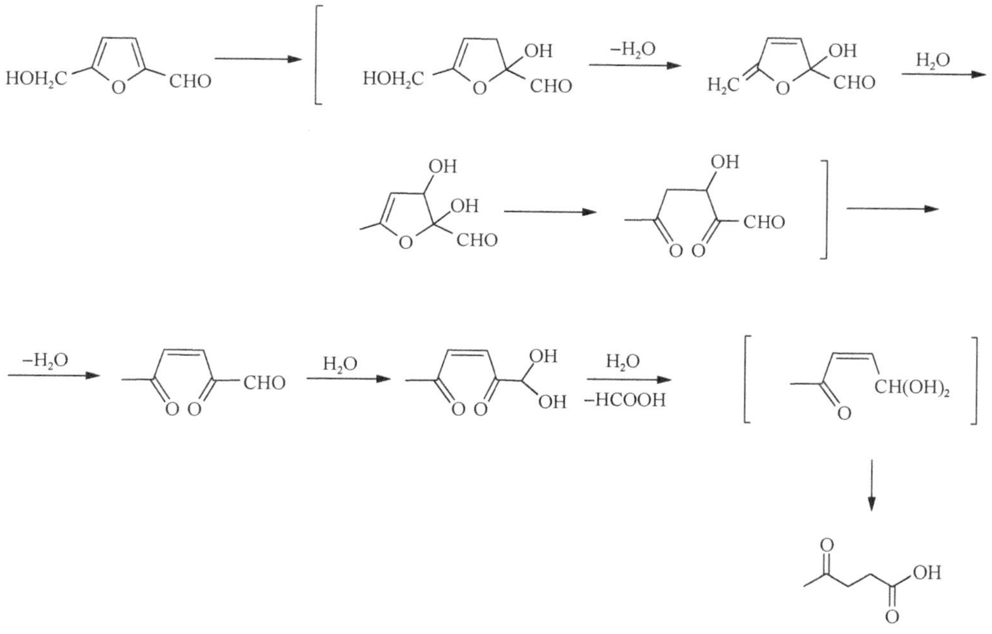

图 2-13　HMF 转化为乙酰丙酸的反应机理[14]

## 2.6　生物质水解制乙酰丙酸反应研究

### 2.6.1　均相催化剂催化生物质制备乙酰丙酸

均相催化剂催化糖类或生物质制备乙酰丙酸的研究比较广泛，最常使用的均相催化剂包括液体无机酸、有机酸和金属盐类(主要是氯盐和硫酸盐)，如 HCl、$HNO_3$、$H_2SO_4$、$H_3PO_4$、对甲苯磺酸(PTSA)、三氟乙酸(TFA)、$AlCl_3$ 及 $CrCl_3$ 等[109-113]，这些均相酸催化剂的优势在于价格低廉、易于获得。此外，由于均相催化剂在水相中与反应底物如葡萄糖形成均相的溶液(二者之间传质阻力小)，均相催化剂催化己糖水解转化为乙酰丙酸的产率一般都比较高。酸催化己糖水解通常涉及$H^+$对反应底物进攻所导致的脱水及异构化等反应；此外，氯盐和硫酸盐属于强酸弱碱盐，其水溶液能够解离出$H^+$使溶液呈酸性，所以这些均相酸催化己糖或生物质水解转化为乙酰丙酸的效率在很大程度上取决于反应中使用的酸浓度及无机酸初级解离常数的大小。此外，这些均相催化剂的催化效率还取决于反应底物的浓度、具体的反应条件等。表 2-2 中总结了近年来各种均相催化剂催化糖类或生物质转化制备乙酰丙酸的研究进展。

**表 2-2 各种均相催化剂中催化糖类或生物质转化制备乙酰丙酸的研究**[14]

| 原料 | 催化剂 | 反应温度/℃ | 反应时间 | 乙酰丙酸产率 | |
|---|---|---|---|---|---|
| | | | | /wt%[a] | /mol%[b] |
| 果糖 | $H_2SO_4$(0.1mol·$L^{-1}$) | 120 | 24h | 40 | 62 |
| | $H_2SO_4$(1mol·$L^{-1}$) | 140 | 30min | 47 | 73 |
| | $H_2SO_4$(2mol·$L^{-1}$) | 170 | 30min | 28 | 43 |
| | HCl(2mol·$L^{-1}$) | 100 | 24h | 52 | 81 |
| | HCl(2mol·$L^{-1}$) | 170 | 30min | 32 | 49 |
| | 三氟乙酸(0.5mol·$L^{-1}$) | 180 | 1h | 37 | 57 |
| 葡萄糖 | $H_2SO_4$(1mol·$L^{-1}$) | 140 | 2h | 38 | 59 |
| | $H_2SO_4$(2mol·$L^{-1}$) | 170 | 30min | 26 | 41 |
| | HCl(0.1mol·$L^{-1}$) | 160 | 2.5h | 35 | 54 |
| | HCl(2mol·$L^{-1}$) | 170 | 30min | 31 | 49 |
| | $InCl_3$(0.01mol·$L^{-1}$) | 180 | 1h | 37 | 57 |
| | 甲磺酸(0.5mol·$L^{-1}$) | 180 | 15min | 41 | 64 |
| | HCl(0.1mol·$L^{-1}$)+$CrCl_3$(0.02mol·$L^{-1}$) | 140 | 6h | 30 | 47 |
| | $H_3PO_4$(0.02mol·$L^{-1}$)+$CrCl_3$(0.02mol·$L^{-1}$) | 170 | 4.5h | 32 | 50 |
| 蔗糖 | HCl(0.2mol·$L^{-1}$) | 150 | 3h | 24 | 71 |
| 膨化淀粉 | $H_2SO_4$(4wt%) | 200 | 40min | 48 | 67 |
| 纤维二糖 | $H_2SO_4$(2mol·$L^{-1}$) | 170 | 30min | 28 | 41 |
| | HCl(2mol·$L^{-1}$) | 170 | 30min | 30 | 44 |
| 纤维素 | $H_2SO_4$(1mol·$L^{-1}$) | 150 | 2h | 43 | 60 |
| | $H_2SO_4$(2mol·$L^{-1}$) | 170 | 50min | 23 | 34 |
| | HCl(0.927mol·$L^{-1}$) | 180 | 20min | 44 | 60 |
| | HCl(2mol·$L^{-1}$) | 170 | 50min | 31 | 46 |
| | $CrCl_3$(0.02mol·$L^{-1}$) | 200 | 3h | 48 | 67 |
| | [$C_3SO_3$Hmim]$HSO_4$ | 160 | 30min | 32 | 45 |
| | [BSMim]$HSO_4$ | 120 | 2h | 40 | 56 |
| 水葫芦(26wt%葡聚糖) | $H_2SO_4$(1mol·$L^{-1}$) | 175 | 30min | 9 | 53 |
| 预处理杨木(92wt%葡聚糖) | $H_2SO_4$(5wt%) | 190 | 50min | 18 | 60 |
| 芦苇(35wt%葡聚糖) | HCl(1.68wt%) | 190 | 20min | 22 | 30 |
| 玉米芯剩余物(62wt%葡聚糖) | NaCl(6.8mol·$L^{-1}$)+$AlCl_3$(0.08mol·$L^{-1}$) | 180 | 2h | 33 | 47 |

a：wt%表示质量分数；b：mol%表示摩尔分数。

从表 2-2 可知，HCl 和 $H_2SO_4$ 是催化己糖转化为乙酰丙酸最常用的无机酸催化剂，HCl 催化己糖制备乙酰丙酸已经具有数十年的历史。早在 1931 年，Thomas 等[114]就研究了利用 HCl 催化各种碳水化合物降解制备乙酰丙酸。到了 1962 年，Carlson 的专利也声称 HCl 是催化各种碳水化合物转化为乙酰丙酸的最佳催化剂，因为 HCl 容易回收再利用。近年来的研究表明，$H_2SO_4$ 也可以成功地催化简单的糖类如葡萄糖或果糖制备乙酰丙酸，并且乙酰丙酸的产率与 HCl 催化条件下的结果相当。例如，Ármin 等[115]研究了在微波辐射加热条件下(170℃，30min)催化果糖降解制备乙酰丙酸，HCl 和 $H_2SO_4$ 催化作用下乙酰丙酸的产率分别达到 49.3%和 42.7%。值得注意的是，Rackemann 等[116]研究发现，在 180℃和 15min 的反应条件下，$H_2SO_4$ 催化葡萄糖在水溶液中转化为乙酰丙酸的产率可以达到 65.2%。此外，在同样的反应条件下，甲磺酸也能达到与 $H_2SO_4$ 接近的催化效果。金属盐也能高效地催化己糖降解制备乙酰丙酸。最近，Peng 等[117]研究了 $FeCl_3$、$AlCl_3$ 及 $CrCl_3$ 等氯盐在水相中催化葡萄糖转化制备乙酰丙酸。实验结果发现，在这些被研究的金属氯化物中，$AlCl_3$ 催化葡萄糖制备乙酰丙酸的效果最好，最高产率可达 71.1%(180℃、2h)。这些金属盐的催化机理可以从两个方面解释：一是金属阳离子的 Lewis 酸性能够催化葡萄糖-果糖异构反应；二是金属盐自身水解释放的 Brønsted 酸能够催化己糖降解形成乙酰丙酸。此外，Choudhary 等[118]也证明 $SnCl_4$ 和 HCl 具有类似的 Lewis-Brønsted 酸协同催化作用，并能催化葡萄糖经过连续的异构化、脱水和再水合反应得到乙酰丙酸和甲酸[119]。

均相酸(如盐酸、硫酸、磷酸等无机酸和草酸、甲酸等有机酸)是一类最常见的催化剂，由于其来源丰富和作用机理明确，有重要的实际应用价值。但是也存在反应过程中副产物较多、转化率和回收率偏低等问题，所以很多研究人员通过改变反应体系和优化反应参数来提高产物产率，并控制副反应进行。

### 2.6.2　固体酸催化生物质制备乙酰丙酸

均相酸催化剂的使用面临一些难以避免的缺点，如酸催化剂难以回收、严重的设备腐蚀及环境污染、重金属离子的毒性等，另外无机酸及金属氯盐对金属的强腐蚀性决定了反应装置的建造需要选用特殊材质，进而增加整体工艺的投资成本和运行成本。对于上述问题最好的解决办法就是使用多相催化剂来取代均相催化剂。与均相催化剂相比，多相催化剂易分离且环境友好，是目前研究的主要方向之一。水解制备乙酰丙酸的多相催化剂主要为固体酸催化剂，固体酸催化剂是一类特殊的酸性催化剂，它具有良好的稳定性，并且易于回收利用和活化再生，因此很多研究者利用多相酸催化剂催化己糖转化为乙酰丙酸。近年来，很多研究开始关注于开发便于回收再利用的固体酸催化剂代替均相酸催化剂，来催化葡萄糖等碳水化合物降解转化为乙酰丙酸。至今已有的相关研究包括了离子交换树脂、固体磷酸盐/硅酸盐、黏土、金属氧化物、沸石分子筛、金属及负载金属催化剂等。表 2-3 总结了不同物料应用固体酸及新型催化剂制备乙酰丙酸的部分文献报道，可见与均相催化剂相比，乙酰丙酸产率明显不高，此外普遍需要更多的反应时间。

表 2-3　各种多相催化剂中催化糖类或生物质转化制备乙酰丙酸的研究[14]

| 原料 | 催化剂 | 反应温度/℃ | 反应时间 | 乙酰丙酸产率 | |
|---|---|---|---|---|---|
| | | | | /wt% | /mol% |
| 果糖 | Amberlyst-15 | 120 | 24h | 34 | 52 |
| | LZY | 140 | 15h | 43 | 66 |
| | 5-Cl-SHPAO | 165 | 1h | 43 | 66 |
| 葡萄糖 | Amberlyst-70 | 180 | 25 | 32 | 50 |
| | Fe/HY | 180 | 4h | 43 | 66 |
| | 5-Cl-SHPAO | 165 | 5h | 33 | 51 |
| | 磺化氧化石墨烯 | 200 | 2h | 50 | 78 |
| 蔗糖 | Amberlyst-36 | 150 | 3h | 18 | 53 |
| | 5-Cl-SHPAO | 165 | 5h | 19 | 55 |
| 淀粉 | 20% Ru-ZSM-5 | 300 | 1h | 21 | 32 |
| | 5-Cl-SHPAO | 165 | 7h | 36 | 50 |
| 纤维素 | $ZrO_2$ | 180 | 3h | 39 | 54 |
| | Al-$NbOPO_4$ | 180 | 24h | 38 | 53 |
| 北欧纸浆（91wt%葡聚糖） | Amberlyst-70 | 180 | 60h | 37 | 57 |
| 甘蔗渣（51wt%葡聚糖） | 酸化膨润土 | 200 | 1h | 16 | 45 |
| （油棕）空果串（41wt%葡聚糖） | $CrCl_3$ + HY | 145 | 147min | 16 | 59 |

### 2.6.3　有机溶剂体系中生物质制备乙酰丙酸

近年来由于水相中乙酰丙酸的低收率，有机溶剂如二甲基亚砜、二甲基甲酰胺、二甲基乙酰胺、四氢呋喃(THF)、甲基异丁基酮及乙酸乙酯等逐渐被研究者考察。有机溶剂可以用来改变反应混合物的属性，改变反应的选择性，使介电常数提高，使反应在较低温度下发生。Mascal 等[120,121]报道了一种两步法转化葡萄糖制备乙酰丙酸的方法。首先，在 1,2-二氯乙烷中葡萄糖在浓 HCl 催化作用下形成 5-氯甲基糠醛(100℃，1～3h)；然后，得到的 5-氯甲基糠醛在水相中继续水解得到乙酰丙酸，基于葡萄糖的乙酰丙酸产率可达 79%(190℃，20min)。

由于纤维素等碳水化合物酸催化降解制备乙酰丙酸的反应过程中涉及多步水解反应，因此在纯的有机溶剂中纤维素或生物质原料降解制备乙酰丙酸的效果较差。通常在有机溶剂中掺混少量水分促进水解过程，如水(10wt%)与 $\gamma$-戊内酯(90wt%)的混合溶液。在 $\gamma$-戊内酯与水组成的混合体系中，Zuo 等[122]研究了磺化氯甲基聚苯乙烯树脂催化微晶纤维素降解制备乙酰丙酸：在 170℃和 10h 的条件下，乙酰丙酸产率可以达到 47wt%。分析认为，$\gamma$-戊内酯能够溶解纤维素，因此增强了纤维素与固体酸之间的相互作用，进而促进纤维素高选择性转化乙酰丙酸。然而，研究者实际上并未给出 $\gamma$-戊内酯能够溶解纤维素的直接证据，也可能 $\gamma$-戊内酯只是能够比较有效地溶胀纤维素。同样在 $\gamma$-戊内酯与水组成的混合体系中，Alonso 等[123]在类似的反应条件(160℃、16h)下研究了磺化

Amberlyst-70 催化纤维素转化制备乙酰丙酸，目标产物产率最高可达 49.4wt%。而在纯水体系中，在同样条件下磺化 Amberlyst-70 催化纤维素转化制备乙酰丙酸产率只有 13.6wt%，这充分说明了 $\gamma$-戊内酯能够促进不溶的固体酸催化剂和纤维素之间的相互作用，进而促进纤维素降解制备乙酰丙酸。

在使用溶剂过程中也可以用两相的溶剂，使产物有选择性地分离出来，防止重新聚合，促进反应进行，提高效率。Wettstein 等[124]研究了在 $\gamma$-戊内酯与饱和食盐水组成的两相中，HCl 催化纤维素转化制备乙酰丙酸：在 155℃和 1.5h 的条件下，纤维素在水相中经过酸催化降解得到乙酰丙酸，同时乙酰丙酸不断被萃取至有机相 $\gamma$-戊内酯中，最终产率可以达到 51.6wt%。

### 2.6.4　离子液体催化生物质制备乙酰丙酸

近年来，应用离子液体作为反应溶剂或催化剂的研究受到了极大的关注。离子液体通常是指在室温至 100℃范围内呈液态的一种盐类[125]。离子液体具有众多常规溶剂所不具备的特性，如稳定性、低蒸气压及根据离子不同广泛可调的物理化学性质，这些与众不同的特性使得其非常适合作为生物质原料转化为高附加值产物的溶剂[126,127]。特别需要强调的是，多种离子液体能够有效地溶解纤维素甚至生物质原料，因此能极大地促进催化活性位点与反应底物之间的相互作用。例如，Kang 等[128]在离子液体[EMIM]Cl 中，$CrCl_3$ 和 HY 分子筛共同催化纤维素降解乙酰丙酸的产率可以达到 46wt%（61.8℃、14.2min）。在同样的反应条件下，空果壳在离子液体中转化制备乙酰丙酸的产率也可以达到 20wt%。然而，离子液体的应用仍然存在一些不可忽视的缺点：目前离子液体的“绿色溶剂”属性受到一定程度的质疑，这主要是由于不同阴阳离子的组合可以得到数量众多且性能各异的离子液体，这就很难保证离子液体的制备工艺及其性能都是环境友好的[129]；离子液体的高黏度性能不利于催化反应过程中的质量传递；离子液体的低挥发性限制了通过简单的精馏等方法对其进行回收，因而需要开发其他方法分离反应物质和离子液体，此外，离子液体的制备工艺相对复杂，使得其成本比较高。上述这些问题都限制了离子液体的工业规模应用。

## 2.7　生物质水解反应动力学研究

木质纤维素生物质水解是一个十分复杂的过程，其水解受到多方面因素的影响。水解过程的中间产物是一系列不同聚合度的低聚糖，水解的目标产物一般是单糖（如葡萄糖和木糖），也有 5-羟甲基糠醛、乙酰丙酸和糠醛，但它们有些又会进一步降解，因此难以用精确的动力学模型进行描述。通常按照单糖的生成速率来研究酸水解动力学，并假设其为拟均相一级不可逆反应来研究其水解反应历程。通过改进的阿伦尼乌斯方程，来预测不同温度和酸浓度下纤维素和半纤维素水解的动力学常数。关于其水解动力学的研究也主要集中在纤维素与半纤维素水解动力学的研究。

### 2.7.1 纤维素水解反应动力学

关于纤维素的水解反应动力学研究，目前一般使用的是拟均相一级反应模型。这个模型最早是由 Saeman[130]提出的，通过对纤维素在 180～200℃、硫酸浓度 0.2wt%～2.0wt%及固定床反应器中水解进行研究，指出纤维素的水解是由两个拟均相不可逆一级连串反应组成。具体见图 2-14。

$$\text{纤维素} \xrightarrow{k_1} \text{葡萄糖} \xrightarrow{k_2} \text{葡萄糖降解产物}$$

图 2-14 Saeman 纤维素水解反应模型

图 2-14 中，$k_1$ 为纤维素水解速率常数，$k_2$ 为葡萄糖降解速率常数。这个模型认为纤维素水解为葡萄糖的同时，葡萄糖也发生降解。根据该模型，通过一个增加了酸浓度项的改进阿伦尼乌斯方程，来预测不同温度和酸浓度下纤维素和半纤维素水解的动力学常数。

$$k_i = A_i (Ac)^{m_i} \exp^{-E_i/RT}$$

式中，$k_i$ 为反应速率常数；$A_i$ 为指前因子；$Ac$ 为酸浓度；$m_i$ 为酸指数；$E_i$ 为反应活化能。通过实验数据拟合可以得到反应速率常数及表观活化能等反应动力学参数，这些计算得到的参数一般会受到不同反应条件的影响，如催化剂的种类(如 HCl、$H_2SO_4$)、反应温度及反应器类型(如间歇反应釜、柱塞流反应器及连续搅拌反应器)等的影响。表 2-4 列出了部分纤维素水解动力学研究数据。

表 2-4 不同生物质原料纤维素水解动力学参数[131]

| 生物质原料 | 纤维素含量/wt% | 酸种类 | 酸浓度/wt% | 温度/℃ | 纤维素→葡萄糖 | | | 葡萄糖→葡萄糖降解物 | | |
|---|---|---|---|---|---|---|---|---|---|---|
| | | | | | $A_1$ | $E_1$/(kJ·mol$^{-1}$) | $m_1$ | $A_2$ | $E_2$/(kJ·mol$^{-1}$) | $m_2$ |
| 冷杉木 | 44 | $H_2SO_4$ | 0.4～1 | 170～190 | $1.02\times10^{21}$ | 179.5 | 1.34 | $1.44\times10^{16}$ | 137.5 | 1.02 |
| 纸浆 | 85 | $H_2SO_4$ | 0.2～1 | 180～240 | $1.68\times10^{22}$ | 188.7 | 1.78 | $2.94\times10^{16}$ | 137.2 | 0.55 |
| 橡树木 | 43.1 | $H_2SO_4$ | N.A. | N.A. | $2.64\times10^{20}$ | 179.5 | 1 | $1.68\times10^{14}$ | 125.5 | 1.8 |
| 玉米秸秆 | N.A. | $H_2SO_4$ | 0.3～2.3 | 160～245 | $5.76\times10^{16}$ | 137.2 | 1.4 | $2.34\times10^{11}$ | 87.9 | 0.569 |
| 预处理硬木 | N.A. | $H_2SO_4$ | 4.41～12.19 | 170～190 | $3.96\times10^{18}$ | 165.3 | 1.64 | $3.84\times10^{14}$ | 128.9 | 1.1 |
| 玉米秸秆 | N.A. | $H_2SO_4$ | 0.5～1.5 | 155～236 | $1.62\times10^{21}$ | 189.5 | 2.74 | $1.20\times10^{16}$ | 137.2 | 1.86 |
| 白杨木(60 目) | 49.2 | $H_2SO_4$ | 0.5 | 180～190 | $8.4\times10^{20}$ | 179.5 | 1.34 | $1.20\times10^{16}$ | 137.4 | 1.02 |
| 纤维素 | 99.5 | $H_2SO_4$ | 0.2～1 | 220～240 | $7.2\times10^{20}$ | 177.6 | 1.3 | $2.28\times10^{16}$ | 136.7 | 0.7 |
| 预处理橡木片 | 61.6 | $H_2SO_4$ | 1～3 | 198～215 | $1.68\times10^{15}$ | 133.1 | 1.2 | $1.68\times10^{14}$ | 124.7 | 1.17 |
| 固体废弃物 | 30 | $H_2SO_4$ | 1.3～4.4 | 200～240 | $9.0\times10^{20}$ | 171.5 | 1 | $2.46\times10^{17}$ | 142.3 | 0.67 |
| 纤维二糖 | 100 | $H_2SO_4$ | 0.147 | 120～160 | $4.62\times10^{18}$ | 132.7 | 1 | $1.56\times10^{19}$ | 140.7 | 1 |
| 微晶纤维素 | 100 | HCOOH/HCl | 4 | 55～75 | $2.94\times10^{16}$ | 105.6 | 1 | $9.6\times10^{20}$ | 131.4 | 1 |

N.A.指未分析。

由 Saeman 动力学模型来看，由于葡萄糖降解反应的存在，纤维素水解的葡萄糖产率不可能达到 100%，与实际情况相吻合。但是 Saeman 动力学模型并不能完全与实际水解过程相吻合，因而自 Saeman 动力学模型提出以来，人们在此基础上对模型进行了各种改进，以期更真实地描述反应过程。

Conner 等研究了葡萄糖的逆反应，从而改进了 Saeman 动力学模型，以更好地描述葡萄糖的降解反应[132]，如图 2-15 所示。

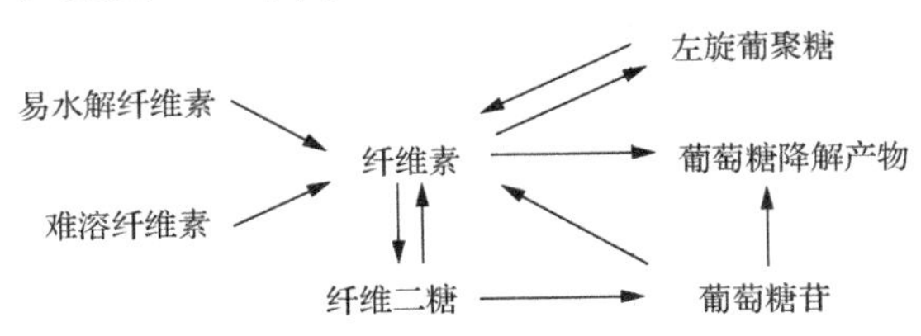


图 2-15　改进的纤维素水解反应模型(一)

Mok 等[133]也报道了有部分纤维素(或者说是不水解低聚物)不能水解为葡萄糖，并提出了一个包含了平行反应的反应模型，如图 2-16 所示。

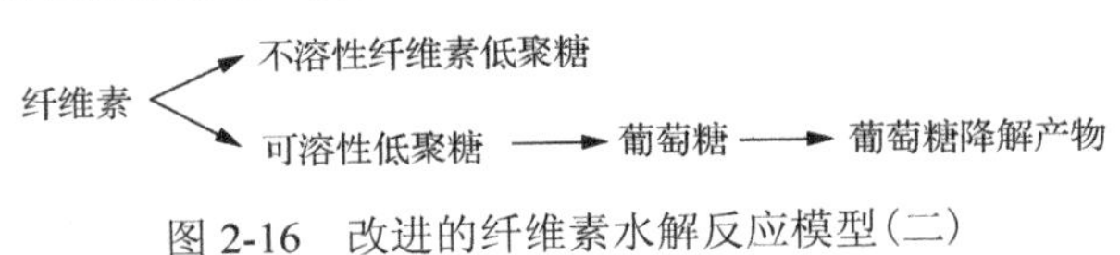


图 2-16　改进的纤维素水解反应模型(二)

Abatzoglov 等[134]在反应温度为 200～240℃的级联反应器中用 0.2%～1%的稀硫酸催化水解纤维素，发现纤维素的液化过程中生成了大量可溶性低聚糖中间物，从而在 Saeman 动力学模型的基础上提出了一个扩展动力学模型，如图 2-17 所示。

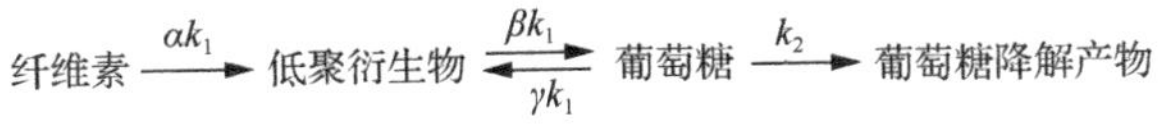

$$\text{纤维素} \xrightarrow{\alpha k_1} \text{低聚衍生物} \underset{\gamma k_1}{\overset{\beta k_1}{\rightleftharpoons}} \text{葡萄糖} \xrightarrow{k_2} \text{葡萄糖降解产物}$$

图 2-17　改进的纤维素水解反应模型(三)

$\alpha$、$\beta$、$\gamma$ 为反应级数

### 2.7.2　半纤维素水解反应动力学

半纤维素的酸水解机理与纤维素水解机理类似，即溶剂中的 $H^+$打断连接单体的糖苷键，使半纤维素链断开，从而生成可溶性的低聚糖和木糖，而木糖继续发生脱水反应，环化生成糠醛等降解产物。半纤维素的一阶水解动力学模型最早同样是由 Saeman[130]提出的，模型为一个拟均相一级反应模型，他指出，在半纤维素的水解进程中，首先半纤维素水解得到木糖，然后木糖会进一步降解，具体见图 2-18。表 2-5 为根据 Saeman 半纤维素水解模型的不同生物质原料半纤维素水解动力学参数。

$$\text{半纤维素} \xrightarrow{k_1} \text{木糖} \xrightarrow{k_2} \text{降解产物}$$

图 2-18　Saeman 半纤维素水解反应模型

表 2-5 不同生物质原料半纤维素水解动力学参数[135]

| 生物质原料 | 反应条件 | 半纤维素→木糖 | | 木糖→木糖降解物 | |
|---|---|---|---|---|---|
| | | $A_1$ | $E_1$/(kJ · mol$^{-1}$) | $A_2$ | $E_2$/(kJ · mol$^{-1}$) |
| 废麦芽 | 10MPa，250～300℃，$H_2O$ | $4.4\times10^8$ | 96 | — | 118.9 |
| 稻壳 | 10MPa，250～300℃，$H_2O$ | $7.4\times10^8$ | 100 | — | 147.2 |
| 棕壳 | 4MPa，160～220℃，$H_2O$ | $5.3\times10^9$ | 95.2 | $3.3\times10^7$ | 79．7 |
| 橡树 | 160～180℃，0.05%～0.2% $H_2SO_4$ | $9.0\times10^{13}$ | 113.4 | $4.8\times10^{13}$ | 128.4 |
| 甘蔗渣 | 80～200℃，0.25%～8% $H_2SO_4$ | $2.2\times10^7$ | 82.8 | $2.7\times10^{12}$ | 118.9 |
| 甘蔗渣 | 80～200℃，0.25%～8% HCl | $2.3\times10^6$ | 74.5 | $6.8\times10^{11}$ | 114.8 |
| 甘蔗渣 | 100～128℃，2%～6% $HNO_3$ | $1.6\times10^{13}$ | 104 | — | — |
| 玉米秸秆 | 150～170℃，0.05～0.2mol/L 马来酸 | $2.4\times10^{10}$ | 83.3 | $2.2\times10^{15}$ | 143.5 |
| 锯末 | 125～160℃，2% HCl+0.5% $FeCl_2$ | $1.4\times10^{10}$ | 87.6 | $7.2\times10^4$ | 147.2 |
| 玉米秸秆 | 160～240℃，0.49%～1.47% $H_2SO_4$ | $5.2\times10^{20}$ | 171.5 | $3.3\times10^{14}$ | 133.9 |
| 柳枝稷 | 140～180℃，0.6%～1.2% $H_2SO_4$ | $1.9\times10^{21}$ | 169.0 | $3.8\times10^{10}$ | 99.5 |
| 香脂树 | 175℃，0.5% $H_2SO_4$ | $2.2\times10^8$ | 76.2 | $7.6\times10^{15}$ | 147.6 |
| 杨树 | 160～190℃，0.25%～1.0% $H_2SO_4$ | $5.5\times10^{15}$ | 134.7 | $6.5\times10^{16}$ | 155.4 |
| 玉米秸秆混合料 | 120～150℃，0.44%～1.90% $H_2SO_4$ | $1.0\times10^{14}$ | 115.1 | $9.0\times10^{11}$ | 118.0 |

1955 年 Kobayashi 等[136]在实验中发现半纤维素转化 70%后水解反应速率迅速下降，从而对上述 Saeman 动力学模型进行了改进，在改进模型中将半纤维素分为易反应和难反应两个部分，如图 2-19 所示。

图2-19所示的改进半纤维素水解模型假设了水解过程中低聚糖降解为单糖的速率远快于其形成的速率，故在模型中表示为半纤维素直接转化为木糖，然而事实上低聚糖的形成和降解过程确实存在，故为使模型更符合实际过程，研究人员[132]进一步改进了水解模型，如图 2-20 所示。

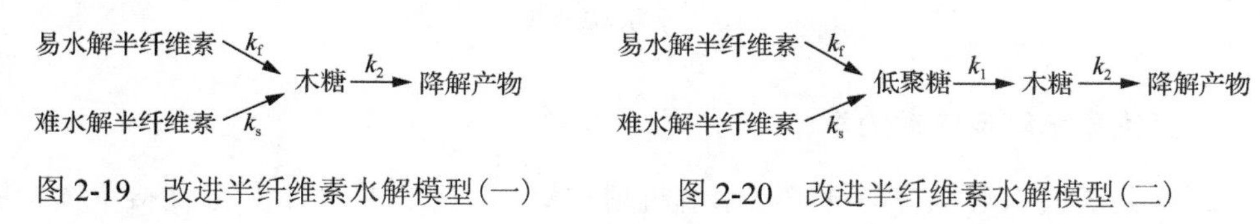


图 2-19 改进半纤维素水解模型(一)　　图 2-20 改进半纤维素水解模型(二)

根据 Seaman 的一阶水解动力学模型，徐明忠等[137]以木聚糖、稻草秸秆、棕榈壳为对象，在间歇条件下，对其在 160～220℃、4.0MPa、液固比为 1∶20、搅拌转速 500r · min$^{-1}$条件下的水解动力学进行研究，得到木聚糖、稻草秸秆、棕榈壳的水解活化能分别为 65.58kJ · mol$^{-1}$、68.76kJ · mol$^{-1}$、95.19kJ · mol$^{-1}$；其水解成糖类的降解活化能分别为 147.21kJ · mol$^{-1}$、47.08kJ · mol$^{-1}$、79.74kJ · mol$^{-1}$。刘学军等[138]利用草酸催化水解甜高粱秸秆残渣制备木糖，测定了各个温度下的木糖的产率和副产物糠醛的产量，并根据半纤维素水解的 Saeman 动力学模型，得到木聚糖水解和木糖降解的活化能分别为 58.9kJ · mol$^{-1}$ 和 13.8kJ · mol$^{-1}$。孙勇等[139]利用稀盐酸催化玉米秸秆中的半纤维素水解，通过测定各个水解温度和各个水解时间下木糖的浓度及糠醛的浓度，并进行 Saeman 动力学模型拟合，得到木糖的生成活化能为 $116kJ \cdot mol^{-1}$。刘仁成等[140]利用对椰壳盐酸水解制备木糖的过程进行动力学分析，发现木糖的生成活化能为 $98.4kJ \cdot mol^{-1}$。

## 2.8 水解产物的分离和提纯技术

经过水解反应釜出来的水解原液含有糠醛和乙酰丙酸等主要产物，单纯采用精馏法根据两种产物沸点不同进行分离，分离完再提纯的方法，能耗较高，因为水解原液中含水率较高，将大部分的水蒸馏除去，需要大量的热源将水分蒸发，能耗高，导致生产成本居高不下。对分离工艺和提纯手段中，水解原液的温度、流速、压滤罐的压力等进行了实验室小试研究，为进一步的实验提供了技术数据支撑。

生物质转化为乙酰丙酸的过程是一个复杂的过程，在反应过程中，每生成一分子乙酰丙酸的同时会产生一分子甲酸，乙酰丙酸和甲酸都属于羧酸类物质，都有较强的亲和力，易溶于水，同时降解产物中还有未反应的糖、中间产物糠醛以及其他小分子副产物和高聚物副产物。因此，要得到纯度较高的乙酰丙酸产品，必须对降解产物混合物进行分离纯化，从混合物的水溶液中分离出乙酰丙酸，分离纯化是制备生产乙酰丙酸过程中的一个重要环节。

### 2.8.1 减压蒸馏

减压蒸馏是在蒸馏釜中接入抽真空装置，使反应液(被处理液)处于低于常压的状态；然后加热蒸发，将蒸气冷凝液化后分离，乙酰丙酸的熔点为33.5℃，在常压下沸点为245～246℃，在1kPa下的沸点仅为139～140℃，因此通过减压蒸馏，可以将乙酰丙酸从水溶液中提取出来。

减压蒸馏法是目前乙酰丙酸生产企业采用得最多的精制方法。稻草和蔗渣的盐酸催化液化产物在55℃减压蒸馏下得到初乙酰丙酸产品，$^{1}$H-NMR(核磁共振)、$^{13}$C-NMR 的分析结果基本与标准品的分析结果相一致，GC-MS 分析发现初产品中乙酰丙酸含量达到93.5%，乙酰丙酸乙酯副产物的含量为1.42%。尽管减压蒸馏法是目前工业上用得最多的纯化方法，但在减压蒸馏过程中乙酰丙酸经常会发生脱水反应生成 $\alpha$-当归内酯(4-羟基-3-戊烯酸-$\gamma$-内酯)、$\beta$-当归内酯(4-羟基-2-戊烯酸-$\gamma$-内酯)、乙酰丙酸乙酯等副产物，从而降低了产品的产率。同时，减压蒸馏时需要的能耗也较大。

### 2.8.2 溶剂萃取和反应萃取

1. *溶剂萃取法*

溶剂萃取法是利用化合物在两种互不相溶(或微溶)的溶剂中溶解度或者分配系数的不同，使化合物从一种溶剂转移到另一种溶剂中，经过反复多次萃取，将绝大部分的化合物提取出来的方法。

乙酰丙酸的萃取剂有甲基异丁基酮、正丁醇、乙酸丁酯及仲辛醇、三辛基胺的异戊醇溶液、二盐基酯等。溶剂萃取法一般以水为反萃取剂，首先以体积比小于 2∶1 的萃取剂与水解液萃取，然后以体积比小于 1∶1 的萃取剂与反萃取剂(水)反萃取，在萃取和反萃取过程中，可适当地加热，以提高分子活性，缩短萃取时间。通过反向萃取从萃取剂溶液中将乙酰丙酸重新萃回溶液中，再通过浓缩和真空精制进一步提纯。

祝庆[141]使用仲辛醇作萃取剂，萃取剂与水解液的体积比为(1.5～2.0)∶1，萃取温度 30～400℃；反萃剂为水，反萃取温度 30～40℃，溶剂与水的体积比为(0.6～10)∶1。通过反萃取从仲辛醇溶剂中将乙酰丙酸重新萃回溶液中，再通过浓缩和真空精制进一步提纯。根据何柱生[142]的研究，在 30℃下采用逆流萃取和逆流反萃取工艺得到含乙酰丙酸约 $30g \cdot L^{-1}$ 的水溶液，常压浓缩至含乙酰丙酸 $200g \cdot L^{-1}$，再减压精馏，在绝对压力 133kPa 下收集 140～143℃的馏分，得到含乙酰丙酸 98%以上的浅黄色液体，再经两次冷冻结晶，得到纯净的乙酰丙酸。

该方法虽然具有处理能力大、回收率高、可连续生产、成本低等优点，但萃取效率低，溶剂用量很大，因而萃取设备比较庞大，且有机溶剂都属于易燃化学品，从而限制了其工业化应用。

2. *反应萃取法*

反应萃取法是用一种化合物与目标物发生化学反应，生成不溶于水的物质，然后再分离出目标物的方法。首先用醇类与反应水解液中的乙酰丙酸进行酯化反应，生成不溶于水的乙酰丙酸乙酯，然后将该乙酰丙酸乙酯从反应混合物中分离洗涤，再经过水解反应就可得到乙酰丙酸和上述醇类。反应萃取法与萃取法最主要的区别就是反应萃取法使用的萃取剂一般为 4 个碳原子以上，不与水混溶的醇，可同时作为萃取乙酰丙酸的溶剂，使工艺得到简化。

目前用反应萃取法从水溶液中提取有机酸主要分为两种情形，一种为用碱性的有机胺和羧酸形成可逆的酸碱复合物，从而达到高选择性的目的，这种方法有时也称为液体离子交换法，其作用机理和用弱碱阴离子交换树脂吸附酸很类似；另一种为在加热情况下，用醇和酸发生酯化反应来提高对羧酸的选择性，然后再进行分离得到目标物。下面分别介绍这两种反应萃取法提取乙酰丙酸的研究情况。

溶解在有机溶剂中的脂肪二胺和脂肪三胺是羧酸十分优良的萃取剂，Shang 等[143]就有这方面的研究报道。该过程的实质是：胺与羧酸通过酸碱结合这一可逆反应形成络合物，实现相转移而进入有机相，胺对羧酸的选择性很高。Senol[144]以 Alamine 308(三辛胺 TOA)为萃取剂，环己酮、甲基环己醇、氯苯、二氯苯和甲苯为稀释剂，研究了甲酸、乙酰丙酸、烟碱酸、戊酸的萃取平衡特性，其中氯苯和二氯苯的萃取性能最强，分离机理包括物理萃取和化学氢键作用，证明了使用萃取法分离羧酸混合稀溶液的可行性。

在加热情况下用醇和酸发生酯化反应来分离羧酸一般包括以下几个步骤：①用醇和羧酸发生酯化反应生成不溶于水的酯；②从混合物中分离出不溶于水的酯；③不溶于水的酯水解得到羧酸和醇；④把羧酸从醇中分离出来。Ahmed[145]研究了一种用于从水溶性组分的反应混合物中分离乙酰丙酸的方法，首先用醇将乙酰丙酸酯化得到非水溶性的酯，然后将该酯从反应混合物中分离，最后水解得到酸和醇。Farone 等[146]研究将甲醇或乙醇加入含水的乙酰丙酸/硫酸混合物中，并且将所得混合物回流而制备乙酰丙酸酯，醇量相对于乙酰丙酸量为化学计量过量，在将过量的醇蒸出之后可通过相分离回收乙酰丙酸酯。Ayoub[147]开发了一种方法，将含有乙酰丙酸的水溶液和与水混溶的酯化溶剂反应形成酯化混合物，同时将该酯化混合物与不与水混溶的有机溶剂接触以萃取所形成的酯，该与水混溶的酯化溶剂优选含 1～5 个碳原子的低级烷基醇，该不与水混溶的有机溶剂优选苯或氯仿。最近，阿尤布[148]公开了一种从含乙酰丙酸的水混合物中反应萃取乙酰丙酸的方法，在 50～250℃下催化，使乙酰丙酸和 4 个碳原子以上不与水混溶的醇酯化形成乙酰丙酸酯，该液态醇用作酯化醇，并且用作所生成的乙酰丙酸酯的溶剂，该发明所用的不与水混溶的醇既是酯化剂又是萃取乙酰丙酸酯的溶剂，将酯化和从含水混合物中分离酯耦合，简化了工艺流程。

### 2.8.3　吸附与离子交换

大孔吸附树脂有的能吸附有机羧酸，但是吸附量小，选择性差，且易被水洗掉，因而在有机酸提取分离方面应用不多。邓旭等[149]研究了用几种大孔吸附树脂回收柠檬酸，发现弱极性的 AB-8 树脂对柠檬酸的吸附量最大，但是当平衡浓度达到 100mg·mL$^{-1}$ 时，其吸附量也只有 70mg·g$^{-1}$，且吸附等温线优惠程度很低，近似为线性。对于乳酸和乙酰丙酸等分子更小的羧酸，其吸附量及等温线优惠程度将更小，这说明大孔吸附树脂不适合用来提取极性较强的有机羧酸。

阴离子交换树脂在提取分离水溶液中的酸方面有非常广泛的应用。最早 Kunin 于 1958 年提出用弱碱阴离子树脂分离水溶液中的酸。随后，Höll 等[150]、Hübner 等[151]也相继报道了这方面的研究结果。

阴离子交换树脂在提取有机酸特别是实现糖酸分离方面的文献与专利不胜枚举，然而在提取乙酰丙酸方面的报道非常有限，目前仅有一例报道。Farone 等[152]研究了用硫酸作为催化剂在强酸性条件下水解单糖得到含乙酰丙酸的水解产物，用阴离子交换树脂 Mitsubishi A306S 和 DowXFS.43254.00 分离水解产物，用去离子水分步洗脱乙酰丙酸和催化剂硫酸。

离子交换过程是两种以上离子性物质之间相互交换的过程，是物质运动的一种形式，一般指水溶液中的溶质解离为离子，其中带一种电荷的离子与固相交换剂所携带的带同种电荷的离子实现离子交换，通过固-液两相间离子相互交换而达到物质分离的过程。它是利用离子交换剂为固定相，根据溶质离子所带电荷与离子交换剂之间静电相互作用力的差别进行溶质分离的一种层析方法。

离子交换技术作为一种液相组分独特的分离技术，具有优异的分离选择性与很高的浓缩倍数，操作方便，效果突出。因此，在各种回收、富集与纯化作业中得到广泛应用[153]。目前，应用离子交换法提取乙酰丙酸的研究正逐渐引起人们的关注，但有关提取工艺和相关理论的研究鲜见报道。

任其龙等[154]发明了一种采用活性炭分离乙酰丙酸的方法，糖类物质水解液经弱碱阴离子交换柱层析及大孔吸附树脂脱色后，通过活性炭吸附柱，热水解析甲酸后用醇水溶液洗脱乙酰丙酸，洗脱液经减压浓缩得到高纯度的乙酰丙酸。甲酸和乙酰丙酸混合液可直接通过活性炭吸附柱进行完全分离，不需要其他前处理步骤，具有产率高、生产成本低、易于产业化等优点，使用的醇为甲醇或乙醇，最终产品的纯度大于 98%，整个工艺过程的总产率达 90%以上，适合工业化生产。Liu 等[155]发现碱性树脂 335、D301 和 D315 上乙酰丙酸和甲酸的亲和力有区别，前者能被后者完全置换。在分离纯化乙酰丙酸时可选择合适的树脂先把甲酸从降解混合物中分离出去。

### 2.8.4 活性炭吸附法

活性炭由于比表面积大，表面官能团种类和数量多及价廉易得，有非常广泛的用途，在有机酸加工行业，活性炭最常见的用途是作为脱色剂[156,157]。活性炭对短链脂肪酸的吸附情况研究不多，大部分文献所报道的为吸附平衡和传质特性的研究。Wang 等[158]测定了乙酸、丙酸、正丁酸、正己酸和正庚酸等 5 种短链一元脂肪酸在活性炭上的吸附平衡数据。Lee 等[159]测定了乙二酸、丙二酸和丁二酸等二元短链羧酸在活性炭上的吸附平衡数据。Frierman 等[160,161]以活性炭和树脂为吸附剂，进行了从乙酸水溶液中吸附分离乙酸的研究，讨论了影响吸附容量和选择性的因素及吸附剂解吸等方面的问题。Suzuki 等[162]研究了丙酸在活性炭颗粒内的吸附平衡及表面扩散现象，得到表面扩散系数随吸附量的变化而变化，并用吸附热随吸附量变化而变化来解释这一现象。

由此可见，活性炭吸附短链脂肪酸目前只局限于理论方面的研究，用活性炭来分离几种有机羧酸混合物还未见报道。羧酸混合物的分离目前多采用精馏法[163]，最后减压分馏得到乙酰丙酸，产物纯度可达到 95%。

## 参 考 文 献

[1] Heinze T, Liebert T. Unconventional methods in cellulose functionalization[J]. Progress in Polymer Science, 2001, 26(9): 1689-1762.

[2] Elgharbawy A A, Alam M Z, Moniruzzaman M, et al. Ionic liquid pretreatment as emerging approaches for enhanced enzymatic hydrolysis of lignocellulosic biomass[J]. Biochemical Engineering Journal, 2016, 109: 252-267.

[3] Sun Y, Cheng J Y. Hydrolysis of lignocellulosic materials for ethanol production: A review[J]. Cheminform, 2003, 83(1): 1-11.

[4] 吕本莲. 离子液体对纤维素和木聚糖的溶解性能及溶解机理研究[D]. 兰州: 兰州大学, 2016.

[5] Klemm D, Heublein B, Fink H P, et al. Cellulose: Fascinating biopolymer and sustainable raw material. [J]. Angewandte Chemie-International Edition, 2005, 44: 3358-3393.

[6] 邓理. 催化转化纤维素制备乙酰丙酸和 $\gamma$-戊内酯的研究[D]. 合肥: 中国科学技术大学, 2011.

[7] Yong S, Lu L, Deng H, et al. Hydrolysis of bamboo fiber cellulose in formic acid[J]. Frontiers of Forestry in China, 2008, 3(4): 480-486.

[8] 裴继诚. 植物纤维化学[M]. 4 版. 北京: 中国轻工业出版社, 2012.

[9] Mamman A S, Lee J M, Kim Y C, et al. Furfural: Hemicellulose/xylosederived biochemical[J]. Biofuels Bioproducts & Biorefining, 2008, 2(5): 438-454.

[10] Fang Q, Hanna M A. Experimental studies for levulinic acid production from whole kernel grain sorghum[J]. Bioresource Technology, 2002, 81(3): 187-192.

[11] 常春, 马晓建, 岑沛霖. 小麦秸秆制备新型平台化合物——乙酰丙酸的工艺研究[J]. 农业工程学报, 2006, 22(6): 161-164.

[12] Cha J Y, Hanna M A. Levulinic acid production based on extrusion and pressurized batch reaction[J]. Industrial Crops & Products, 2002, 16(2): 109-118.

[13] Ghorpade V M, Hanna M A. Method and apparatus for production of levulinic acid via reactive extrusion: USA, US5859263[P]. 1999.
[14] Fang Z, Smith R L, Qi X H. Production of Platform Chemicals from Sustainable Resources[M]. Singapore: Springer, 2017.
[15] Fitzpatrick S W. Production of levulinic acid from carbohydrate-containing materials: USA, US5608105A[P]. 1997.
[16] Chandra R P, Bura R, Mabee W E, et al. Substrate pretreatment: The key to effective enzymatic hydrolysis of lignocellulosics?[J]. Advances in Biochemical Engineering/Biotechnology, 2007, 108: 67-93.
[17] Mosier N, Wyman C, Dale B, et al. Features of promising technologies for pretreatment of lignocellulosic biomass[J]. Bioresource Technology, 2005, 96(6): 673-686.
[18] Kumar P, Barrett D M, Delwiche M J, et al. Methods for pretreatment of lignocellulosic biomass for efficient hydrolysis and biofuel production[J]. Industrial & Engineering Chemistry Research, 2009, 48(8): 3713-3729.
[19] 刘姗姗. 杨木废弃物预处理技术和水解反应动力学的研究[D]. 北京: 中国林业科学研究院, 2012.
[20] 吴晓斌. 稀酸/盐水解玉米芯产木糖及其动力学模拟和响应曲面优化[D]. 天津: 天津大学, 2012.
[21] Mosier N, Hendrickson R, Ho N, et al. Optimization of pH controlled liquid hot water pretreatment of corn stover[J]. Bioresource Technology, 2005, 96(18): 1986-1993.
[22] Mosier N S, Hendrickson R, Brewer M, et al. Industrial scale-up of pH-controlled liquid hot water pretreatment of corn fiber for fuel ethanol production[J]. Applied Biochemistry & Biotechnology, 2005, 125(2): 77-97.
[23] Weil J R, Rau S G J, Ladisch C M, et al. Pretreatment of corn fiber by pressure cooking in water[J]. Applied Biochemistry & Biotechnology, 1998, 73(1): 1-17.
[24] Wyman C E, Dale B E, Elander R T, et al. Coordinated development of leading biomass pretreatment technologies[J]. Bioresource Technology, 2005, 96(18): 1959-1966.
[25] Mamar S A S, Hadjadj A. Radiation pretreatments of cellulose materials for the enhancement of enzymatic hydrolysis[J]. International Journal of Radiation Applications & Instrumentation. Part C. Radiation Physics & Chemistry, 1990, 35(1): 451-455.
[26] Taherdazeh M J, Karimi K. Acid-based hydrolysis processes for ethanol from lignocellulosic materials: A review[J]. Bioresources, 2007, 2(3): 472-499.
[27] Yang B, Wyman C E. Pretreatment: The key to unlocking low - cost cellulosic ethanol[J]. Biofuels Bioproducts & Biorefining, 2010, 2(1): 26-40.
[28] 王栋, 龚大春, 田毅红, 等. 酸法-酶法处理麦秆木质纤维素的工艺研究[J]. 可再生能源, 2008, 26(2): 50-53.
[29] Cheng K K, Zhang J A, Chavez E, et al. Integrated production of xylitol and ethanol using corncob[J]. Applied Microbiology & Biotechnology, 2010, 87(2): 411-417.
[30] Silverstein R A, Chen Y, Sharma-Shivappa R R, et al. A comparison of chemical pretreatment methods for improving saccharification of cotton stalks[J]. Bioresource Technology, 2007, 98(16): 3000-3011.
[31] 朱圆圆, 顾夕梅, 朱均均, 等. 两步碱法预处理对玉米秸秆组分及结构的影响[J]. 中国科技论文, 2015, 10(12): 1376-1381.
[32] Soto M L, Dominguez H, Nunez M J, et al. Enzymatic saccharification of alkali-treated sunflower hulls[J]. Bioresource Technology, 1994, 49(1): 53-59.
[33] Macdonald D G, Bakhshi N N, Mathews J F, et al. Alkali treatment of corn stover to improve sugar production by enzymatic hydrolysis[J]. Biotechnology and Bioengineering, 1983, 25(8): 2067-2076.
[34] Silverstein R A, Chen Y, Sharma-Shivappa R R, et al. A comparison of chemical pretreatment methods for improving saccharification of cotton stalks [J]. Bioresource Technology, 2007, 98(16): 3000-3011.
[35] Vargae E, Scengyel Z, Recaey K. Chemical pretreatments of corn stover for enhancing enzymatic digestibility [J]. Applied Biotechnology, 2002, 98(100): 73-87.
[36] Zhao X, Zhang L, Liu D. Comparative study on chemical pretreatment methods for improving enzymatic digestibility of crofton weed stem [J]. Bioresource Technology, 2008, 99(9): 3729-3736.

[37] Kaar W E, Holtzapple M T. Using lime pretreatment to facilitate the enzymic hydrolysis of stover [J]. Biomass and Bioenergy, 2000, 18 (3): 189-199.

[38] Zhong X, Wang Q, Jiang Z, et al. Enzymatic hydrolysis of pretreated soybean straw[J]. Biomass and Bioenergy, 2007, 31 (2-3): 162-167.

[39] Zhao X, Cheng K, Liu D. Organosolv pretreatment of lignocellulosic biomass for enzymatic hydrolysis [J]. Applied Microbiology and Biotechnology, 2009, 82 (5): 815-827.

[40] Brosse N, Sannigrahi P, Ragauskas A. Pretreatment of *Miscanthus* x *giganteus* using the ethanol organosolv process for ethanol production[J]. Industrial & Engineering Chemistry Research, 2009, 48 (18): 8328-8334.

[41] Sun F, Chen H. Organosolv pretreatment by crude glycerol from oleochemicals industry for enzymatic hydrolysis of wheat straw[J]. Bioresource Technology, 2008, 99 (13): 5474-5479.

[42] Huddleston J G, Visser A E, Reichert W M, et al. Characterization and comparison of hydrophilic and hydrophobic room temperature ionic liquids incorporating the imidazolium cation[J]. Green Chemistry, 2001, 3 (4): 156-164.

[43] Pu Y, Jiang N, Ragauskas A J. Ionic liquid as a green solvent for lignin[J]. Journal of Wood Chemistry and Technology, 2007, 27 (1): 23-33.

[44] Heinze T, Schwikal K, Barthel S. Ionic liquids as reaction medium in cellulose functionalization[J]. Macromolecular Bioscience, 2010, 5 (6): 520-525.

[45] Liu Q J, Chen H Z. Enzymatic hydrolysis of cellulose materials treated with ionic liquid [BMIM]Cl[J]. Chinese Science Bulletin, 2006, 51 (20): 2432-2436.

[46] 李秋瑾, 殷友利, 苏荣欣, 等. 离子液体[BMIM]Cl 预处理对微晶纤维素酶解的影响[J]. 化学学报, 2009, 67 (1): 88-92.

[47] Dadi A P, Varanasi S, Schall C A. Enhancement of cellulose saccharification kinetics using an ionic liquid pretreatment step[J]. Biotechnology & Bioengineering, 2010, 95 (5): 904-910.

[48] Varga E, Schmidt A S, Réczey K, et al. Pretreatment of corn stover using wet oxidation to enhance enzymatic digestibility[J]. Applied Biochemistry & Biotechnology, 2003, 104 (1): 37-50.

[49] Martín C, Klinke H B, Thomsen A B. Wet oxidation as a pretreatment method for enhancing the enzymatic convertibility of sugarcane bagasse[J]. Enzyme & Microbial Technology, 2007, 40 (3): 426-432.

[50] Schmidt A S, Thomsen A B. Optimization of wet oxidation pretreatment of wheat straw[J]. Bioresource Technology, 1998, 64 (2): 139-151.

[51] Chang J, Cheng W, Yin Q, et al. Effect of steam explosion and microbial fermentation on cellulose and lignin degradation of corn stover [J]. Bioresource Technology, 2012, 104: 587-592.

[52] Intanakul P, Krairish M, Kitchaiya P. Ehancement of enzymatic hydrolysis of lignocellulosic wastes by microwave pretreatment under atmospheric pressure[J]. Journal of Wood Chemistry & Technology, 2003, 23 (2): 217-225.

[53] Grous W R, Converse A O, Grethlein H E. Effect of steam explosion pretreatment on pore size and enzymatic hydrolysis of poplar[J]. Enzyme & Microbial Technology, 1986, 8 (5): 274-280.

[54] Ballesteros I, Oliva J M, Negro M J, et al. Enzymic hydrolysis of steam exploded herbaceous agricultural waste (*Brassica carinata*) at different particle sizes[J]. Process Biochemistry, 2002, 38 (2): 187-192.

[55] Söderström J, Pilcher L, Galbe M, et al. Combined use of $H_2SO_4$ and $SO_2$ impregnation for steam pretreatment of spruce in ethanol production[J]. Applied Biochemistry & Biotechnology, 2003, 105 (1-3): 127-140.

[56] Mielenz J R. Ethanol production from biomass: Technology and commercialization status[J]. Current Opinion in Microbiology, 2001, 4 (3): 324-329.

[57] 李辉, 袁兴中, 曾光明, 等. 混合溶剂对稻草亚/超临界液化行为影响初探[J]. 农业工程学报, 2008, 24 (5): 200-203.

[58] 刘孝碧, 曲敬序, 李栋, 等. 玉米秸在亚/超临界乙醇-水中液化的初步研究[J]. 农业工程学报, 2006, 22 (5): 130-134.

[59] Zhu W, Zhu J Y, Gleisner R, et al. On energy consumption for size-reduction and yields from subsequent enzymatic saccharification of pretreated lodgepole pine[J]. Bioresource Technology, 2010, 101 (8): 2782-2792.

[60] Kurakake M, Ide N, Komaki T. Biological pretreatment with two bacterial strains for enzymatic hydrolysis of office paper[J]. Current Microbiology, 2007, 54(6): 424-428.

[61] Pérez J, Muñozdorado J, Rubia T D L, et al. Biodegradation and biological treatments of cellulose, hemicellulose and lignin: An overview[J]. International Microbiology, 2002, 5(2): 53-63.

[62] 来大明. 催化水解纤维素制备高附加值化学品[D]. 合肥: 中国科学技术大学, 2011.

[63] 段晓玲. 木质纤维素超低酸水解过程及动力学研究[D]. 武汉: 武汉工程大学, 2012.

[64] Mok W S, Antal M J, Varhegyi G. Productive and parasitic pathways in dilute acid-catalyzed hydrolysis of cellulose[J]. Industrial & Engineering Chemistry Research, 1992, 31(1): 94-100.

[65] Lee Y Y, Wu Z W, Torget R W. Modeling of countercurrent shrinking-bed reactor in dilute-acid total-hydrolysis of lignocellulosic biomass[J]. Bioresource Technology, 2000, 71(1): 29-39.

[66] Kim J S, Lee Y Y, Torget R W. Cellulose hydrolysis under extremely low sulfuric acid and high-temperature conditions[J]. Applied Biochemistry & Biotechnology, 2001, 91(1): 331-340.

[67] Xiang Q, Lee Y Y, Torget R W. Kinetics of glucose decomposition duringdilute-acid hydrolysis of lignocellulosic biomass[J]. Applied biochemistry and biotechnology, 2004, 115(1): 1127-1138.

[68] 王树荣, 庄新姝, 骆仲泱, 等. 木质纤维素类生物质超低酸水解试验及产物分析研究[J]. 工程热物理学报, 2006, 27(5): 741-744.

[69] 庄新姝, 王树荣, 骆仲泱, 等. 纤维素低浓度酸水解试验及产物分析研究[J]. 太阳能学报, 2006, 27(5): 519-524.

[70] 庄新姝, 王树荣, 袁振宏, 等. 纤维素超低酸水解产物的分析[J]. 农业工程学报, 2007, 23(2): 177-182.

[71] Ballesteros I, Ballesteros M, Manzanares P, et al. Dilute sulfuric acid pretreatment of cardoon for ethanol production[J]. Biochemical Engineering Journal, 2008, 42(1): 84-91.

[72] Aguilar R, Ramírez J A, Garrote G, et al. Kinetic study of the acid hydrolysis of sugar cane bagasse[J]. Journal of Food Engineering, 2002, 55(4): 309-318.

[73] Karimi K, Kheradmandinia S, Taherzadeh M J. Conversion of rice straw to sugars by dilute-acid hydrolysis[J]. Biomass and Bioenergy, 2006, 30(3): 247-253.

[74] Panzariu A E, Malutan T. Dilute sulphuric acid hydrolysis of vegetal biomass [J]. Cellulose Chemistry & Technology, 2015, 49(1): 93-99.

[75] Choi C H, Mathews A P. Two-step acid hydrolysis process kinetics in the saccharification of low-grade biomass: 1. Experimental studies on the formation and degradation of sugars[J]. Bioresource Technology, 1996, 58(2): 101-106.

[76] Lu Y, Mosier N S. Biomimetic catalysis for hemicellulose hydrolysis in corn stover[J]. Biotechnology Progress, 2010, 23(1): 116-123.

[77] Mosier N S, Ladisch C M, Ladisch M R. Characterization of acid catalytic domains for cellulose hydrolysis and glucose degradation[J]. Biotechnology & Bioengineering, 2002, 79(6): 610-618.

[78] Mosier N S, Sarikaya A, Ladisch C M, et al. Characterization of dicarboxylic acids for cellulose hydrolysis[J]. Biotechnology Progress, 2010, 17(3): 474-480.

[79] Kootstra A M J, Beeftink H H, Scott E L, et al. Comparison of dilute mineral and organic acid pretreatment for enzymatic hydrolysis of wheat straw[J]. Biochemical Engineering Journal, 2009, 46(2): 126-131.

[80] Kupiainen L, Ahola J, Tanskanen J. Hydrolysis of organosolv wheat pulp in formic acid at high temperature for glucose production[J]. Bioresource Technology, 2012, 116(13): 29-35.

[81] Fukuoka A, Dhepe P L. Catalytic conversion of cellulose into sugar alcohols[J]. Angewandte Chemie-International Edition, 2010, 118(31): 5161-5163.

[82] Luo C, Wang S, Liu H C. Cellulose conversion into polyols catalyzed by reversibly formed acids and supported ruthenium clusters in hot water[J]. Angewandte Chemie-International Edition 2007, 46(40): 7636-7639.

[83] Ji N, Zhang T, Zheng M, et al. Direct catalytic conversion of cellulose into ethylene glycol using nickel-promoted tungsten carbide catalysts[J]. Angewandte Chemie-International Edition, 2008, 47(44): 8510-8513.

[84] Suganuma S, Nakajima K, Kitano M, et al. Hydrolysis of cellulose by amorphous carbon bearing $SO_3H$, COOH, and OH groups[J]. Journal of the American Chemical Society, 2008, 130(38): 12787-12793.

[85] Onda A, Ochi T, Yanagisawa K. Selective hydrolysis of cellulose into glucose over solid acid catalysts[J]. Green Chemistry, 2008, 10(10): 1033-1037.

[86] Takagaki A, Tagusagawa C, Domen K. Glucose production from saccharides using layered transition metal oxide and exfoliated nanosheets as a water-tolerant solid acid catalyst[J]. Chemical Communications, 2008, 42(42): 5363-5365.

[87] Kobayashi H, Komanoya T, Hara K, et al. Water-tolerant mesoporous-carbon-supported ruthenium catalysts for the hydrolysis of cellulose to glucose[J]. ChemSusChem, 2010, 3(4): 440-443.

[88] Sánchez C. Lignocellulosic residues: Biodegradation and bioconversion by fungi[J]. Biotechnology Advances, 2009, 27(2): 185-194.

[89] Bommarius A S, Katona A, Cheben S E, et al. Cellulase kinetics as a function of cellulose pretreatment[J]. Metabolic Engineering, 2008, 10(6): 370-381.

[90] Duff S J B, Murray W D. Bioconversion of forest products industry waste cellulosics to fuel ethanol: A review[J]. Bioresource Technology, 1996, 55(1): 1-33.

[91] Matubayasi N, Wakai C, Nakahara M. Structural study of supercritical water. Ⅱ. Computer simulations[J]. Journal of Chemical Physics, 1999, 110(16): 8000-8011.

[92] Sasaki M, Kabyemela B, Malaluan R, et al. Cellulose hydrolysis in subcritical and supercritical water[J]. Journal of Supercrit Fluids, 1998, 13(1-3): 261-268.

[93] Swatloski R P, Spear S K, Holbrey J D, et al. Dissolution of cellose with ionic liquids[J]. Journal of the American Chemical Society, 2002, 124(18): 4974-4975.

[94] Li C Z, Qian W, Zhao Z K. Acid in ionic liquid: An efficient system for hydrolysis of lignocellulose[J]. Green Chemistry, 2008, 10(2): 177-182.

[95] Rinaldi, R. Palkovits R, Schuth F. Depolymerization of cellulose using solid catalysts in ionic liquids[J]. Angewandte Chemie-International Edition, 2008, 47,(42): 8047-8050.

[96] Zhao H, Holladay J E, Brown H, et al. Metal chlorides in ionic liquid solvents convert sugars to 5-hydroxymethylfurfural[J]. Science, 2007, 316(5831): 1597-1600.

[97] Rinaldi R, Schüth F. Acid hydrolysis of cellulose as the entry point into biorefinery schemes [J]. ChemSusChem, 2010, 3(3): 1096-1107.

[98] Qian X. Mechanisms and energetics for Brønsted acid-catalyzed glucose condensation, dehydration and isomerization reactions[J]. Topics in Catalysis, 2012, 55(3-4): 218-226.

[99] Assary R S, Redfern P C, Greeley J, et al. Mechanistic insights into the decomposition of fructose to hydroxy methyl furfural in neutral and acidic environments using high-level quantum chemical methods[J]. Journal of Physical Chemistry B, 2011, 115(15): 4341-4349.

[100] Amarasekara A S, Williams L D, Ebede C C. Mechanism of the dehydration of D-fructose to 5-hydroxymethylfurfural in dimethyl sulfoxide at 150 degrees C: An NMR study[J]. Carbohydrate Research, 2008, 343(18): 3021-3024.

[101] Moreau C, Durand R, Razigade S, et al. Dehydration of fructose to 5-hydroxymethylfurfural over H-mordenites[J]. Applied Catalysis A: General, 1996, 145(1-2): 211-224.

[102] Zhao H B, Holladay J E, Brown H, et al. Metal chlorides in ionic liquid solvents convert sugars to 5-hydroxymethylfurfural[J]. Science, 2007, 316(5831): 1597-1600.

[103] Ståhlberg T, Rodriguez-Rodriguez S, Fristrup P, et al. Metal-free dehydration of glucose to 5-(hydroxymethyl) furfural in ionic liquids with boric acid as a promoter[J]. Chemistry, 2011, 17(5): 1456-1464.

[104] Qi X H, Watanabe M, Aida T M, et al. Fast transformation of glucose and di-/polysaccharides into 5-hydroxymethylfurfural by microwave heating in an ionic liquid/catalyst system[J]. ChemSusChem, 2010, 3(9): 1071-1077.

[105] Hu S Q, Zhang Z F, Song J L, et al. Efficient conversion of glucose into 5-hydroxymethylfurfural catalyzed by a common Lewis acid $SnCl_4$ in an ionic liquid[J]. Green Chemistry, 2009, 11(11): 1746-1749.

[106] Binder J B, Cefali A V, Blank J J, et al. Mechanistic insights on the conversion of sugars into 5-hydroxymethylfurfural[J]. Energy & Environmental Science, 2010, 3(6): 765-771.

[107] Pidko E A, Degirmenci V, van Santen R A, et al. Glucose activation by transient $Cr^{2+}$ dimers[J]. Angewandte Chemie-International Edition, 2010, 49(14): 2530-2534.

[108] Hu L, Zhao G, Hao W W, et al. Catalytic conversion of biomass-derived carbohydrates into fuels and chemicals via furanic aldehydes[J]. RSC Advances, 2012, 2(30): 11184-11206.

[109] Rackemann D W, Doherty W O. The conversion of lignocellulosics to levulinic acid[J]. Biofuels, Bioproducts& Biorefining, 2011, 5: 198-214.

[110] Shen J, Wyman C E. Hydrochloric acid-catalyzed levulinic acid formation from cellulose: Data and kinetic model to maximize yields[J]. AIChE Journal, 2011, 58(1): 236-246.

[111] Girisuta B, Janssen L P B M, Heeres H J. Green chemicals: A kinetic study on the conversion of glucose to levulinic acid[J]. Chemical Engineering Research & Design, 2006, 84(5): 339-349.

[112] Girisuta B, Janssen L P B M, Heeres H J. Kinetic study on the acid-catalyzed hydrolysis of cellulose to levulinic acid[J]. Industrial & Engineering Chemistry Research, 2007, 46(6): 1696-1708.

[113] Heeres H, Handana R, Chunai D, et al. Combined dehydration/(transfer)-hydrogenation of $C_6$-sugars(D-glucose and D-fructose) to gamma-valerolactone using ruthenium catalysts[J]. Green Chemistry, 2009, 11(8): 1247-1255.

[114] Thomas R W, Schuette H. Studies on levulinic acid. Ⅰ. Its preparation from carbohydrates by digestion with hydrochloric acid under pressure[J]. Journal of the American Chemical Society, 1931, 53(6): 2324-2328.

[115] Ármin S, Molnár M, Dibó G, et al. Microwave-assisted conversion of carbohydrates to levulinic acid: An essential step in biomass conversion[J]. Green Chemistry, 2013, 15(2): 439-445.

[116] Rackemann D W, Bartley J P, Doherty W O. Methanesulfonic acid-catalyzed conversion of glucose and xylose mixtures to levulinic acid and furfural[J]. Industrial Crops and Products, 2014, 52: 46-57.

[117] Peng L C, Lin L, Zhang J H, et al. Catalytic conversion of cellulose to levulinic acid by metal chlorides[J]. Molecules, 2010, 15(8): 5258-5272.

[118] Choudhary V, Mushrif S H, Ho C, et al. Insights into the interplay of Lewis and Brønsted acid catalysts in glucose and fructose conversion to 5-(hydroxymethyl) furfural and levulinic acid in aqueous media[J]. Journal of the American Chemical Society, 2013, 135(10): 3997-4006.

[119] Qiao Y, Pedersen C M, Huang D, et al. NMR study of the hydrolysis and dehydration of inulin in water: Comparison of the catalytic effect of Lewis acid $SnCl_4$ and Brønsted acid HCl[J]. ACS Sustainable Chemistry & Engineering, 2016, 4(6): 3327-3333.

[120] Mascal M, Nikitin E B. Dramatic advancements in the saccharide to 5-(chloromethyl) furfural conversion reaction[J]. ChemSusChem, 2009, 2(9): 859-861.

[121] Mascal M, Nikitin E B. High-yield conversion of plant biomass into the key value-added feedstocks 5-(hydroxymethyl) furfural, levulinic acid, and levulinic esters via 5-(chloromethyl) furfural[J]. Green Chemistry, 2010, 12(3): 370-373.

[122] Zuo Y, Zhang Y, Fu Y. Catalytic conversion of cellulose into levulinic acid by a sulfonated chloromethyl polystyrene solid acid catalyst[J]. ChemCatChem, 2014, 6(3): 753-757.

[123] Alonso D M, Gallo J M R, Mellmer M A, et al. Direct conversion of cellulose to levulinic acid and gamma-valerolactone using solid acid catalysts[J]. Catalysis Science & Technology, 2013, 3: 927-931.

[124] Wettstein S, Martin A D, Chong Y, et al. Production of levulinic acid and gamma-valerolactone(GVL) from cellulose using GVL as a solvent in biphasic systems[J]. Energy & Environmental Science, 2012, 5(8): 8199-8203.

[125] Zhao D, Wu M, Kou Y, et al. Ionic liquids: Applications in catalysis[J]. Catalysis Today, 2002, 74(1): 157-189.

[126] Lopes A M, Bogel-Lukasik R. Acidic ionic liquids as sustainable approach of cellulose and lignocellulosic biomass conversion without additional catalysts[J]. ChemSusChem, 2015, 8(6): 947-965.

[127] Petkovic M, Seddon K R, Rebelo L P N, et al. Ionic liquids: A pathway to environmental acceptability[J]. Chemical Society Reviews, 2011, 40(3): 1383-1403.

[128] Kang M, Kim S W, Kim J W, et al. Optimization of levulinic acid production from Gelidium amansii[J]. Renewable Energy, 2013, 54(6): 173-179.

[129] Deetlefs M, Seddon K R. Assessing the greenness of some typical laboratory ionic liquid preparations[J]. Green Chemistry, 2010, 12(1): 17-30.

[130] Saeman J F. Kinetics of wood saccharification-hydrolysis of cellulose and decomposition of sugars in dilute acid at high temperature[J]. Industrial & Engineering Chemistry, 1945, 37(1): 43-52.

[131] Girisuta B, Dussan K, Haverty D, et al. A kinetic study of acid catalysed hydrolysis of sugar cane bagasse to levulinic acid[J]. Chemical Engineering Journal, 2013, 217(2): 61-70.

[132] Jacobsen S E, Wyman C E. Cellulose and hemicellulose hydrolysis models for application to current and novel pretreatment processes[J]. Applied Biochemistry & Biotechnology, 2000, 84-86(1-9): 81-96.

[133] Mok W S, Antal M J. Productive and parasitic pathways in dilute acid-catalyzed hydrolysis ofcellulose[J]. Industrial & Engineering Chemistry Research, 1992(31): 94-100.

[134] Abatzoglov N, Bouchard J, Chornet E, et al. Dilute acid depolymerization of cellulose in aqueous phase: Experimental evidence of the significant presence of soluble oligomeric intermediates[J]. Canadian Journal of Chemical Engineering, 2010, 64(5): 781-786.

[135] 金强, 张红漫, 严立石, 等. 生物质半纤维素稀酸水解反应[J]. 化学进展, 2010, 22(4): 654-662.

[136] Kobayashi T, Sakai Y. Hydrolysis rate of pentosan of hardwood in dilute sulfuric acid[J]. Journal of the Agricultural Chemical Society of Japan, 2014, 20(1): 1-7.

[137] 徐明忠, 庄新姝, 袁振宏, 等. 农业废弃物高温液态水水解动力学[J]. 过程工程学报, 2008, 8(5): 941-944.

[138] 刘学军, 唐俏瑜, 李十中, 等. 草酸水解甜高粱秸秆渣的 Saeman 动力学模型[J]. 化学工程, 2010, 38(5): 79-82.

[139] 孙勇, 张金平, 杨刚, 等. 盐酸水解玉米秸秆木聚糖的动力学研究[J]. 化学工程, 2007, 35(10): 50-52.

[140] 刘仁成, 姚伯远, 黄广民. 椰壳酸水解制备木糖的反应动力学[J]. 化工学报, 2007, 58(11): 2810-2815.

[141] 祝庆. 乙酰丙酸的生产及应用[J]. 适用技术市场, 1993, (11): 13-14.

[142] 何柱生. 从造纸黑液中提取乙酰丙酸的研究[J]. 化学工业与工程, 2002, 19(2): 163-166.

[143] Shang T Y, White S A, Sheng T H. Extraction of carboxylic acids with tertiary and quaternary amines: Effect of pH[J]. Industrial & Engineering Chemistry Research, 1991, 30(6): 1335-1342.

[144] Senol A. Extraction equilibria of formic and levulinic acids using Alamine 308/diluent and conventional solvent systems[J]. Separation & Purification Technology, 2000, 21(1): 165-179.

[145] Ahmed I . Methods for synthesis of high purity carboxylic and fatty acids: USA, US19960664987[P]. 1997.

[146] Farone W A, Cuzens J E. Method for the production of levulinic acid and its derivatives: USA, US6054611[P]. 2000.

[147] Ayoub P M. Process for the Reactive Extraction of Levulinic Acid: USA, CA 2554186 A1[P]. 2005.

[148] 阿尤布 P M. 乙酰丙酸的反应萃取方法: 中国, CN100548966C[P]. 2009.

[149] 邓旭, 骆有寿. 吸附法回收柠檬酸[J]. 高校化学工程学报, 1994, (3): 258-264.

[150] Höll W, Sontheimer H. Ion exchange kinetics of the protonation of weak acid ion exchange resins[J]. Chemical Engineering Science, 1977, 32(7): 755-762.

[151] Hübner P, Kadlec V, Dukla C. Kinetic behavior of weak base anion exchangers[J]. AIChE Journal, 2010, 24(1): 149-154.

[152] Farone W A, Cuzens J E. Method of separating acids and sugars resulting from strong acid hydrolysis: USA, US5580389[P]. 1997.

[153] 李寅, 傅为民, 陈坚. 离子交换法从发酵液中提取丙酮酸[J]. 食品与生物技术学报, 2001, 20(4): 335-339.

[154] 任其龙, 刘宝鉴, 杨亦文, 等. 一种从单糖水解液中分离乙酰丙酸的方法: 中国, CN1775731[P]. 2006.

[155] Liu B J, Hu Z J, Ren Q L. Single-component and competitive adsorption of levulinic/formic acids on basic polymeric adsorbents[J]. Colloids & Surfaces A Physicochemical & Engineering Aspects, 2009, 339(1): 185-191.
[156] 徐忠, 张亚丽, 郭华. 活性炭脱色对 L-乳酸质量的影响研究[J]. 化学与粘合, 2003, (5): 231-233.
[157] 邓先伦, 蒋剑春, 刘汉超, 等. 活性炭对柠檬酸及其盐溶液中色素的吸附机理和应用研究[J]. 林产化学与工业, 2002, 22(1): 55-58.
[158] Wang S W, Hines A L, Farrier D S. Adsorption of aliphatic acids from aqueous solutions onto activated carbon[J]. Journal of Chemical & Engineering Data, 1979, 24(4): 345-347.
[159] Lee C Y C, Pedram E O, Hines A L. Adsorption of oxalic, malonic, and succinic acids on activated carbon[J]. Journal of Chemical & Engineering Data, 1986, 31(2): 133-136.
[160] Frierman M, Kuo Y, Joshi J, et al. Use of adsorbents for recovery of acetic acid from aqueous solutions. Part Ⅲ: A solvent regeneration[J]. Separation & Purification Methods, 1987, 16(1): 91-102.
[161] Frierman M. The use of solid adsorbents for the recovery of acetic acid from aqueous solutions[J]. Annuaire International De Justice Constitutionnelle, 2004: 424-440.
[162] Suzuki M, Fujii T. Concentration dependence of surface diffusion coefficient of propionic acid in activated carbon particles[J]. AIChE Journal, 2010, 28(3): 380-385.
[163] Berg L. Separation of formic acid from acetic acid by extractive distillation: USA, US 5227029 A[P]. 1993.

# 第 3 章 生物质基乙酰丙酸酯类燃料制取技术

乙酰丙酸酯是乙酰丙酸的酯化衍生物，别名 4-氧代戊酸酯、4-酮基戊酸酯或戊酮酸酯。乙酰丙酸酯类化合物主要有乙酰丙酸甲酯、乙酰丙酸乙酯和乙酰丙酸丁酯，均是短链的脂肪化合物。该类化合物通常具有芳香气味，可以溶于醇类、乙醚、氯仿等有机溶剂。从结构式可知，乙酰丙酸酯类含有酯基和羰基,可以发生取代、水解、缩合、加成等反应[1]，因此是一类应用广泛的生物质材料，在香料、增塑剂、生物燃料等方面具有很大的应用价值。例如，乙酰丙酸甲酯可直接作为食品添加剂和香料，且其性质与生物柴油脂肪酸甲酯相似。乙酰丙酸乙酯可以作为一种新型的液体燃料添加剂，其和生物柴油性质相似，所以当以适当比例添加在柴油中时，可使柴油的燃烧更加环保，符合美国的柴油标准[2]。此外，乙酰丙酸丁酯具有较好的低温流动性和高润滑性等优点，因此，其不仅是一种新型液体生物燃料，还可以应用于医药、运输和化妆品等行业[3]。乙酰丙酸酯类可以由单糖、多糖、纤维素或者生物质合成，也可由乙酰丙酸酯化生成。

## 3.1 乙酰丙酸酯化法

乙酰丙酸酯化法的过程是生物质首先在一定条件下水解生成乙酰丙酸，然后乙酰丙酸和低级烷醇类发生酯化作用合成乙酰丙酸酯类。反应的化学方程式如下：

$$H_3C-\overset{\displaystyle O}{\overset{\|}{C}}-CH_2CH_2COOH + ROH \xrightleftharpoons{H^+} H_3C-\overset{\displaystyle O}{\overset{\|}{C}}-CH_2CH_2COOR + H_2O$$

在该反应途径中，酯化反应是一个典型的酸催化反应，催化酯化反应的催化剂主要有以下 3 类：无机酸、生物脂肪酶和固体酸。无机酸虽然催化效率较高，但是存在腐蚀设备、不易回收利用等缺点；生物脂肪酶催化剂不稳定，循环使用后催化效率逐渐降低，且反应条件较为苛刻，不利于大众化的反应；固体酸催化剂因易分离、可循环利用、稳定性好等优点而备受关注，因此研究和采用绿色固体酸催化剂势在必行。众所周知，羧酸与醇生成酯和水的反应是有机化学反应中一类典型的酯化反应。乙酰丙酸经酯化合成乙酰丙酸酯的过程技术总结如表 3-1 所示[4-10]。

工业上常以硫酸作为催化剂，它能同时吸收反应过程中生成的水，使酯化反应更彻底。Bart 等[11]以硫酸作为催化剂，考察了反应物摩尔比、硫酸浓度和反应温度对乙酰丙酸与正丁醇酯化反应的反应速率和平衡转化率的影响，对数据进行了动力学拟合。首先在硫酸作用下乙酰丙酸的羧基质子化形成反应中间体，然后质子化的酸与正丁醇可逆反应生成乙酰丙酸丁酯和水，结果发现，整个反应过程遵循一阶速率反应方程。近年来，由于全球对环境保护的日益重视，采用清洁的固体酸替代传统的无机液

**表 3-1　乙酰丙酸经酯化合成乙酰丙酸酯的过程技术总结**

| 反应介质 | 催化剂 | 温度/℃ | 时间/h | 乙酰丙酸酯产率/% | 文献 |
|---|---|---|---|---|---|
| 乙醇 | $TiO_2/SO_4^{2-}$ | 110 | 2 | 乙酯，97 | [4] |
| 正丁醇 | 强酸性阳离子交换树脂 | 100～105 | 3 | 丁酯，91 | [5] |
| 正丁醇 | 十二磷钨酸负载的酸化黏土 | 120 | 4 | 丁酯，97 | [6] |
| 乙醇 | 十二磷钨酸负载的 H-ZSM-5 | 78 | 4 | 乙酯，94 | [7] |
| 乙醇 | 脱硅的 H-ZSM-5 | 120 | 5 | 乙酯，95 | [8] |
| 丁醇 | 介孔修饰的 H-ZSM-5 | 120 | 5 | 丁酯，98 | [9] |
| 乙醇 | 南极假丝酵母脂肪酶(Novozym 435) | 51 | 0.7 | 乙酯，96 | [10] |

体酸作为催化剂引起了众多研究人员的关注，反应后催化剂容易过滤分离，并可多次重复使用，反应液不需碱洗、水洗等工序，后处理工艺简单，除酯化反应过程中产生少量废水外，基本无“三废”排放。另外，有一些相关合成研究报道。例如，何柱生等[4]研究了以分子筛负载 $TiO_2/SO_4^{2-}$ 的固体超强酸催化乙酰丙酸和乙醇合成乙酰丙酸乙酯，反应条件温和、副反应少，优化的乙酰丙酸乙酯产率高达 97%。王树清等[5]采用强酸性阳离子交换树脂作为催化剂，以环己烷为带水剂，以乙酰丙酸和正丁醇为原料合成乙酰丙酸丁酯，最高产率可达 91%。Dharne 等[6]用多种杂多酸负载的酸化黏土催化乙酰丙酸酯化合成乙酰丙酸丁酯，发现负载 20%(质量分数)十二钨磷酸的酸化黏土具有很高的催化活性，120℃下反应 4h，乙酰丙酸转化率可达 97%，乙酰丙酸丁酯选择性为 100%。Nandiwale 等[7]研究发现，分子筛 H-ZSM-5 上负载 15%的十二钨磷酸在更低的反应温度(78℃)下催化乙酰丙酸与乙醇，反应 4h，可获得 94%的乙酰丙酸乙酯。此外，国外有研究发现，脱硅或介孔修饰的分子筛 H-ZSM-5 自身对乙酰丙酸酯化也具有非常好的催化活性，乙酰丙酸酯产率可达 95%～98%[8,9]。除酸催化外，生物脂肪酶也被应用于乙酰丙酸酯化过程中，它具有反应条件更加温和、能耗低等优点，如 Yadav 等[12]研究了多种固定化脂肪酶用于催化乙酰丙酸和正丁醇酯化合成乙酰丙酸丁酯，发现南极假丝酵母脂肪酶(Novozym 435)催化效果最好，甲基叔丁基醚是优良的反应溶剂，动力学数据拟合表明该反应服从正丁醇底物抑制伴随的乒乓机制模型。在此基础上，Lee 等[10]采用四因素五水平中心组合旋转设计及响应面分析法对乙酰丙酸和乙醇在无溶剂体系中酯化合成乙酰丙酸乙酯的反应条件进行了优化，发现温度、固定化酶用量和反应物摩尔比三个因素对乙酰丙酸乙酯的生成影响高度显著，较佳工艺条件为：温度 51℃、时间 0.7h、酶用量 292.3mg、醇酸摩尔比 1.1∶1，转化率可达 96%。可见，生物脂肪酶也是一种非常有效可行的乙酰丙酸酯化催化剂。

总的来说，由乙酰丙酸与醇酯化转化合成乙酰丙酸酯相对容易，具有工艺简单、反应条件温和、副反应少、产物产率高等优点，是目前工业上经常采用的转化合成方法。然而，作为原料的乙酰丙酸现阶段转化合成成本仍然较高，从而限制了该转化途径合成乙酰丙酸酯的大规模工业化。

# 3.2　单糖及多糖制备乙酰丙酸酯技术

## 3.2.1　葡萄糖的催化转化

1. 工艺参数对乙酰丙酸酯产率的影响

以葡萄糖醇解制备乙酰丙酸甲酯为例，分析不同工艺参数对乙酰丙酸甲酯产率的影响。

$$\text{葡萄糖转化率}(\%)=\left(1-\frac{\text{未转化葡萄糖物质的量}}{\text{起始葡萄糖物质的量}}\right)\times 100\%$$

$$\text{甲醇转化率}(\%)=\left(1-\frac{\text{未转化甲醇物质的量}}{\text{起始甲醇物质的量}}\right)\times 100\%$$

$$\text{乙酰丙酸甲酯产率}(\%)=\frac{\text{生成乙酰丙酸甲酯物质的量}}{\text{起始葡萄糖物质的量}}\times 100\%$$

$$\text{甲基葡萄糖苷产率}(\%)=\frac{\text{生成甲基葡萄糖苷物质的量}}{\text{起始葡萄糖物质的量}}\times 100\%$$

$$\text{乳酸甲酯产率}(\%)=\frac{\text{生成乳酸甲酯物质的量}}{\text{起始葡萄糖物质的量}}\times\frac{1}{2}\times 100\%$$

$$\text{5-甲氧基甲基-2-呋喃甲醛产率}(\%)=\frac{\text{生成5-甲氧基甲基-2-呋喃甲醛物质的量}}{\text{起始葡萄糖物质的量}}\times 100\%$$

1) 催化剂种类对催化转化葡萄糖醇解反应性能的影响

在甲醇 24g、葡萄糖 0.3g、催化剂 0.15g、反应压力 2MPa、反应时间 6h 的条件下，分别考察在 220℃和 150℃条件下使用不同催化剂催化转化葡萄糖醇解制备乙酰丙酸甲酯的反应活性，具体见表 3-2。由表可知，220℃条件下，不使用催化剂时，反应没有产生乙酰丙酸甲酯，这是因为高温下大多数葡萄糖发生聚合反应生成不溶物[13]；当以 $SnCl_4\cdot 5H_2O$ 作为催化剂时，因其具有较强的 Lewis 酸性，220℃条件下葡萄糖转化率为 100%，反应产物有少量的乙酰丙酸甲酯，产率为 11.5%，其他的转化为乳酸甲酯(30.3%)、甲基葡萄糖苷(8.2%)和微量的 5-甲氧基甲基-2-呋喃甲醛(即 5-甲氧基甲基糠醛)。在 150℃条件下，当蒙脱土 K10 作为催化剂时，葡萄糖转化率为 83.5%，主要产物为乙酰丙酸甲酯(21.5%)和甲基葡萄糖苷(29.8%)；使用 Sn/K10 作为催化剂时，其反应结果与使用蒙脱土 K10 作为催化剂时相似；然而，当反应温度提高到 220℃时，Sn/K10 表现出比蒙脱土 K10 更高的反应活性，葡萄糖转化率 100%，乙酰丙酸甲酯产率达到 42.7%，这是可能是因为蒙脱土 K10 增强了催化剂表面的 Lewis 酸位，所以葡萄糖更加容易发生异构化反应生成果糖；220℃反应时均未检测到甲基葡萄糖苷生成，说明高温能够促进甲基葡萄糖苷的进一步转化；另外，Sn/K10催化剂的较强酸性导致反应过程中生成更多的聚合物。

**表 3-2　不同催化剂催化转化葡萄糖醇解制备乙酰丙酸甲酯**

| 催化剂种类 | 反应温度/℃ | 葡萄糖转化率/% | 甲醇转化率/% | 乙酰丙酸甲酯产率/% |
|---|---|---|---|---|
| 无催化剂 | 220 | 100 | 11.1 | — |
| $SnCl_4 \cdot 5H_2O$ | 220 | 100 | 12.0 | 11.5 |
| 蒙脱土 K10 | 220 | 100 | 10.0 | 36.9 |
| | 150 | 83.5 | 22.6 | 21.5 |
| Sn/K10 | 220 | 100 | 22.6 | 42.7 |
| | 150 | 82.9 | 11.0 | 22.7 |
| Na-M | 220 | 100 | 13.2 | 2.6 |
| Sn/M | 220 | 100 | 26.1 | 59.7 |
| | 150 | 84.6 | 14.4 | 32.4 |
| Sn/M-300 | 220 | 100 | 23.9 | 51.0 |
| | 150 | 83.5 | 12.6 | 28.2 |
| Sn/M-400 | 220 | 93.7 | 19.5 | 35.5 |
| | 150 | 82.6 | 11.5 | 14.2 |
| Sn/M-500 | 220 | 91.6 | 15.2 | 23.8 |
| | 150 | 78.6 | 10.1 | 5.9 |

在220℃条件下，当使用钠基蒙脱土作为催化剂时，葡萄糖能够完全转化，但仅有少量的乙酰丙酸甲酯(2.6%)生成，主要是由于钠基蒙脱土表面几乎没有酸性活性中心；然而，当引入锡离子后，由于Sn/M催化剂表面同时具备了较强的Brønsted酸位和Lewis酸位，乙酰丙酸甲酯产率由2.6%增加为59.7%，且在低温150℃条件下仍有32.4%的乙酰丙酸甲酯和34.2%的甲基葡萄糖苷生成。对于经过焙烧的Sn/M催化剂，随着焙烧温度的提高，220℃条件下，乙酰丙酸甲酯的产率由51.0%逐渐降低至23.8%；150℃条件下，葡萄糖和甲醇转化率及乙酰丙酸甲酯和甲基葡萄糖苷产率都随着Sn/M催化剂焙烧温度的提高而下降。这主要是焙烧温度的提高使得催化剂表面总酸量，特别是Brønsted酸量逐渐降低，这与$NH_3$-TPD(程序升温脱附法)和吡啶吸附红外光谱表征结果一致。

经过活性测试和催化剂表征可知，在众多催化剂中，由于Sn/M催化剂表面具备了较大的总酸量且其Brønsted酸量和Lewis酸量达到了较好的平衡，因此，Sn/M催化剂表现出了最佳的反应活性[13-15]。

2) 反应温度对乙酰丙酸甲酯产率的影响

在甲醇24g、葡萄糖0.3g、催化剂0.15g、反应压力2MPa、反应时间6h的条件下，考察不同反应温度对催化剂Sn/M催化转化葡萄糖醇解制备乙酰丙酸甲酯的反应活性的影响，具体见图3-1。从图可以看出，随着温度的升高，葡萄糖和甲醇的转化率逐渐升高，然而乙酰丙酸甲酯产率呈现出先升高再降低的趋势，这可能是由于高温促进了乙酰丙酸甲酯的分解和其他产物的聚合[16]。当反应温度为220℃时，乙酰丙酸甲酯产率达到最大，为 59.7%。随着反应温度的升高，中间产物甲基葡萄糖苷产率逐渐降低，反应温度大于200℃时，甲基葡萄糖苷产率为 0，说明高温能够促进 5-甲氧基甲基-2-呋喃甲醛进一步反应生成乙酰丙酸甲酯。

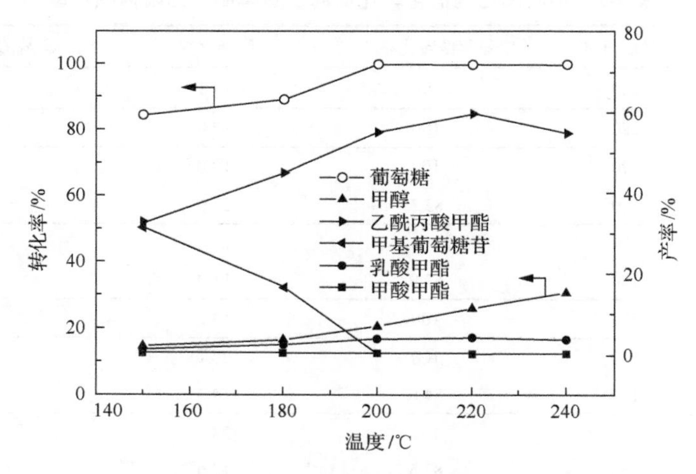


图 3-1 反应温度对葡萄糖醇解制备乙酰丙酸甲酯产率的影响

3）反应时间对乙酰丙酸甲酯产率的影响

在甲醇 24g、葡萄糖 0.3g、催化剂 0.15g、反应压力 2MPa、反应温度 220℃的条件下，考察不同反应时间对催化剂 Sn/M 催化转化葡萄糖醇解制备乙酰丙酸甲酯的反应活性的影响，具体见图 3-2。从图中可以看出，当反应温度为 220℃时，随着反应时间由 2h 延长至 6h，乙酰丙酸甲酯产率由 50.6%上升至 59.7%，继续延长反应时间，乙酰丙酸甲酯产率则不再增加，反应产物中均未检测到甲基葡萄糖苷，且葡萄糖和甲醇转化率及乳酸甲酯产率均没有明显变化，说明葡萄糖和甲醇转化率以及甲基葡萄糖苷和乳酸甲酯产率受反应时间影响不大。

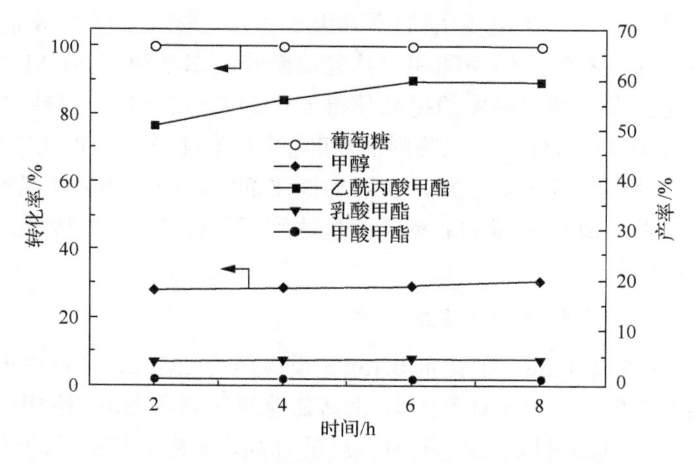


图 3-2 反应时间对葡萄糖醇解制备乙酰丙酸甲酯产率的影响

4) 催化剂用量对乙酰丙酸甲酯产率的影响

在甲醇 24g、葡萄糖 0.3g、催化剂 0.15g、反应压力 2MPa、反应温度 220℃、反应时间 6h 的条件下，考察不同葡萄糖与催化剂比例对葡萄糖醇解制备乙酰丙酸甲酯产率的影响，具体见图 3-3。从图中可以看出，在 220℃条件下，当催化剂用量为 0.15g 时，随着葡萄糖用量的增加，乙酰丙酸甲酯的产率逐渐降低，当葡萄糖用量为 0.69g 时，乙酰丙酸甲酯产率下降为 48%，且能够检测到的可溶产物总和也逐渐降低。然而，随着葡萄糖用量的增加，反应液颜色逐渐加深，反应液中积炭等聚合不溶物有明显增加。这可能是由于当葡萄糖量增加时，相应的酸活性中心相对减少，葡萄糖更易发生聚合反应生成不溶物。

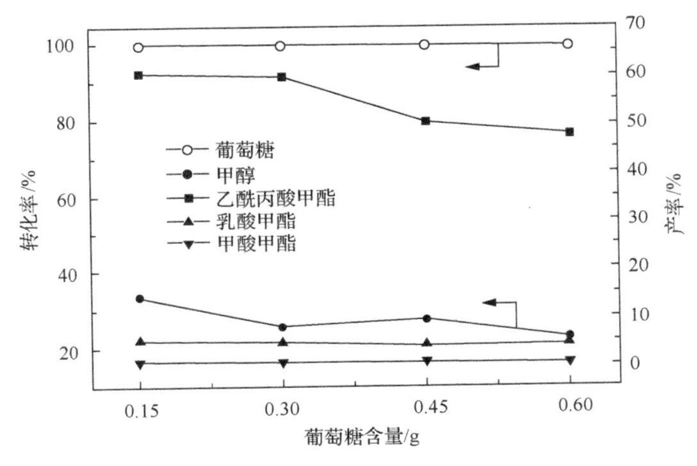


图 3-3　葡萄糖与催化剂比例对乙酰丙酸甲酯产率的影响

2. 葡萄糖的转化路径

果糖较葡萄糖而言更易进行转化合成乙酰丙酸酯类化合物，而研究表明 Lewis 酸对于葡萄糖异构化为果糖具有良好的催化效果。文献[17]采用 Brønsted 酸和 Lewis 酸分子筛形成的混合酸体系催化葡萄糖一锅法合成乙酰丙酸甲酯(MLE)，图 3-4 为由葡萄糖在该混合酸性催

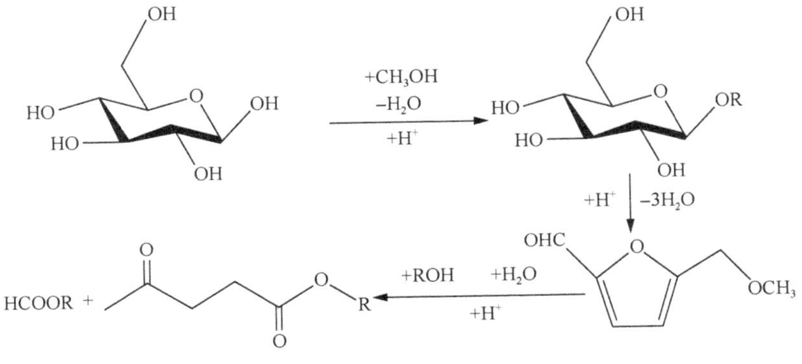

图 3-4　葡萄糖一锅法醇解制备乙酰丙酸甲酯的反应步骤

化剂体系下于甲醇中合成 MLE 的可能反应历程。葡萄糖首先在 Sn-$\beta$ 分子筛的作用下异构化为甲基果糖，然后在酸性条件下脱去三分子的水形成 5-甲氧基甲基糠醛，其在酸催化剂存在时继续和甲醇反应生成 MLE，具有高选择性且 MLE 得到了较高的产率。

所以，以葡萄糖为原料醇解制备乙酰丙酸甲酯是一个较为复杂的反应，涉及较多的中间产物，反应过程中需要 Brønsted 酸和 Lewis 酸协同作用，其具体反应机理路径如图 3-5 所示。首先，葡萄糖在 Lewis 酸作用下发生异构化反应生成果糖，果糖在 Brønsted 酸作用下脱水生成 5-羟甲基糠醛，而 5-羟甲基糠醛在 Brønsted 酸环境下与甲醇反应生成 5-甲氧基甲基-2-呋喃甲醛，进一步与甲醇作用生成乙酰丙酸甲酯和甲酸甲酯。另外，葡萄糖在 Lewis 酸作用下与甲醇反应可以生成甲基葡萄糖苷，甲基葡萄糖苷进一步脱水生成 5-甲氧基甲基-2-呋喃甲醛，最后再与甲醇进一步反应生成乙酰丙酸甲酯和甲酸甲酯[18]。

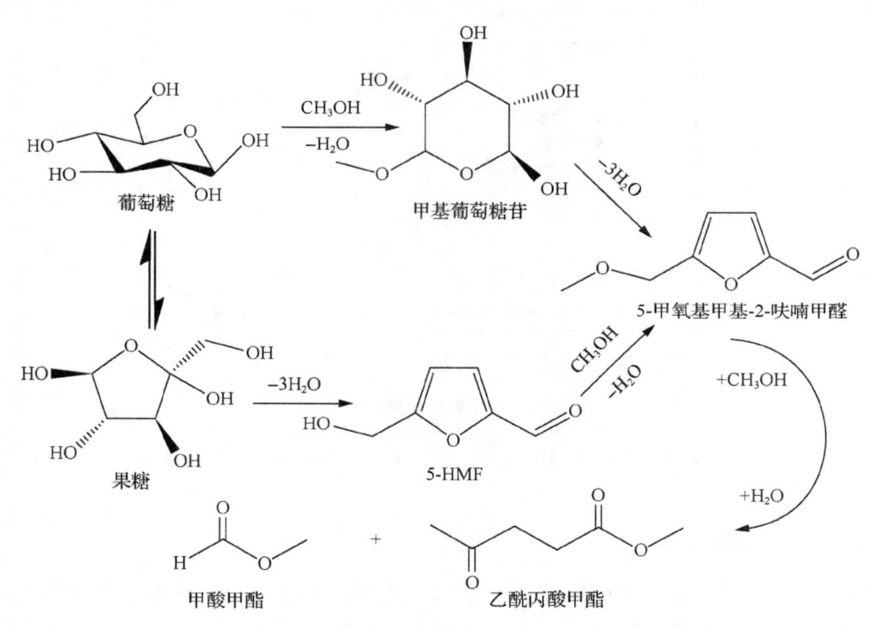


图 3-5 葡萄糖醇解制备乙酰丙酸甲酯反应机理

3. 葡萄糖的转化动力学

根据文献[19]可知葡萄糖在甲醇中的反应历程如下：

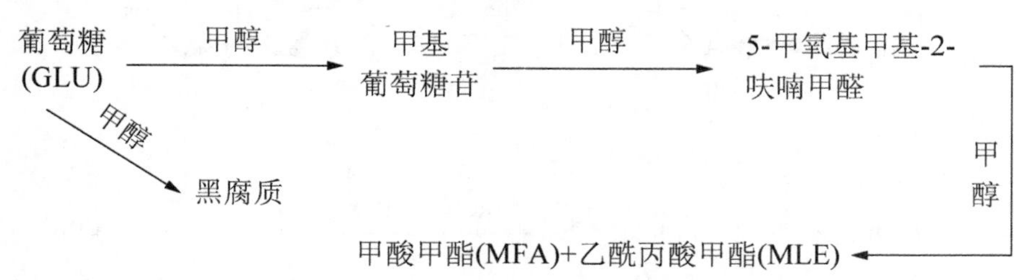


由于很多实验的数据采集时间内很难精准测量葡萄糖的转化率和中间产物 5-甲氧基甲基-2-呋喃甲醛的产率数据，反应模型简化如下：

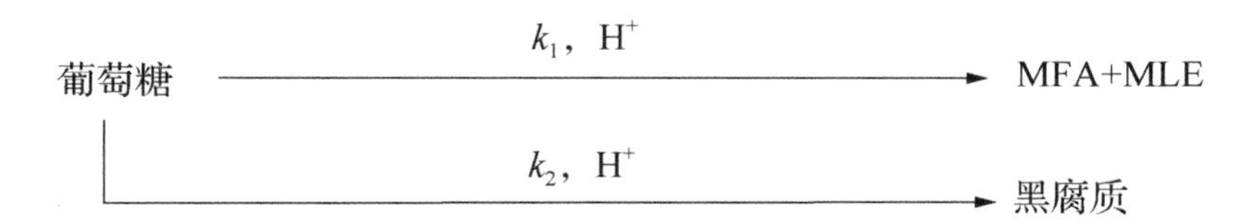


假设葡萄糖醇解的主、副反应均为一级反应，根据动力学模型，有

$$\frac{dC_{GLU}}{dt}=-(k_1C_{GLU}+k_2C_{GLU}) \tag{3-1}$$

$$\frac{dC_{MLA}}{dt}=-k_1C_{GLU} \tag{3-2}$$

式中

$$k_1=A_1C_{H^+}^{\alpha}\exp(-E_1/RT) \tag{3-3}$$

$$k_2=A_2C_{H^+}^{\beta}\exp(-E_2/RT) \tag{3-4}$$

对式(3-1)、式(3-2)进行积分，可得葡萄糖及 MLA 的浓度表达式为

$$C_{GLU}=C_{GLU,0}\exp[-(k_1+k_2)t] \tag{3-5}$$

$$C_{MLA}=C_{GLU,0}\frac{k_1}{k_1+k_2}\{1-\exp[-(k_1+k_2)t]\} \tag{3-6}$$

式(3-6)可变为

$$y_{MLA}=\frac{k_1}{k_1+k_2}\{1-\exp[-(k_1+k_2)t]\} \tag{3-7}$$

当时间 $t$ 趋于无穷时，式(3-7)求极值可得

$$\lim_{t\to\infty}y_{MLA}=\frac{k_1}{k_1+k_2} \tag{3-8}$$

式中，$C_{GLU,0}$、$C_{GLU}$ 分别为葡萄糖初始浓度、葡萄糖浓度，$mol\cdot L^{-1}$；$C_{H^+}$ 为 $H^+$浓度，$mol\cdot L^{-1}$；$C_{MLA}$ 为 MLA 浓度，$mol\cdot L^{-1}$；$k_1$、$k_2$ 分别为葡萄糖醇解成 MLA 的主反应及葡萄糖醇解成黑腐质的副反应的表观反应速率常数，$min^{-1}$；$T$ 为反应温度，K；$t$ 为反应时间，min；$y_{MLA}$ 为 MLA 的摩尔收率，%；$\alpha$ 为葡萄糖醇解的主反应对$[H^+]$的级数；$\beta$ 为葡萄糖醇解的副反应对$[H^+]$的级数。由于时间趋于无穷的平衡产率实验无法测得，可令MLA产率基本不变时的产率平均值为 MLA 平衡产率。根据 MLA 平衡产率数据可求得 $k_1/(k_1+k_2)$ 比值，将求得的 $k_1/(k_1+k_2)$ 代入式(3-7)，以 $y_{MLA}$ 对 $t$ 作图，可求得 $k_1$，再联合式(3-8)可求得 $k_2$。

用该动力学模型拟合不同温度和硫酸浓度下 MLA 的产率实验数据,得到的速率常数 $k_1$ 和 $k_2$ 见表 3-3、表 3-4。

**表 3-3　不同温度下 $k_1$ 和 $k_2$ 拟合结果**

| 温度/℃ | $k_1/\text{min}^{-1}$ | $k_2/\text{min}^{-1}$ |
| --- | --- | --- |
| 160 | 0.00119 | 0.00206 |
| 170 | 0.00225 | 0.00347 |
| 180 | 0.00529 | 0.00665 |
| 190 | 0.00767 | 0.00646 |

**表 3-4　不同硫酸浓度下 $k_1$ 和 $k_2$ 拟合结果**

| 硫酸浓度/$(\text{mol}\cdot\text{L}^{-1})$ | $k_1/\text{min}^{-1}$ | $k_2/\text{min}^{-1}$ |
| --- | --- | --- |
| 0.01 | 0.00118 | 0.0018 |
| 0.02 | 0.00228 | 0.00353 |
| 0.03 | 0.00388 | 0.00594 |
| 0.04 | 0.00538 | 0.00809 |
| 0.06 | 0.00615 | 0.00911 |

用阿伦尼乌斯公式关联表 3-3 中不同温度下反应速率常数数据，可以求得葡萄糖在 $0.02\text{mol}\cdot\text{L}^{-1}$ 硫酸催化下主、副反应的活化能分别为 $107.5\text{kJ}\cdot\text{mol}^{-1}$ 和 $68.4\text{kJ}\cdot\text{mol}^{-1}$。

由于目前缺乏硫酸在高温甲醇中电离度的数据，氢离子浓度难以准确计量，假设硫酸在高温高压下的甲醇中完全电离，则将相同温度、不同硫酸浓度下的 $\ln k_1$ 或 $\ln k_2$ 对 $\ln C_{\text{H}^+}$ 作图，斜率即为 $\alpha$ 或 $\beta$，对表 3-4 数据拟合得，$\alpha$ 为 0.981，$\beta$ 为 0.953。

将求得的 $\alpha$、$\beta$、$E_1$ 和 $E_2$ 代入 $k_1$ 和 $k_2$ 表达式，即可求得对应的 $A_1$ 和 $A_2$，再取 8 组数据的平均值，可得 $A_1=1.07\times10^{14}\text{mol}^{-0.981}\cdot\text{L}^{0.981}\cdot\text{min}^{-1}$、$A_2=6.62\times10^{8}\text{mol}^{-0.953}\cdot\text{L}^{0.953}\cdot\text{min}^{-1}$。

利用文献[20]中甲醇 PVT(压力、体积和温度)数据可以插值计算出体系的初始压力。甲醇的初始密度为 $19.02\text{mol}\cdot\text{dm}^{-3}$，经计算在 170℃、180℃、190℃时对应的初始压力分别为 2.8MPa、7.5MPa、12.9MPa，因而反应初期体系处于压缩液体状态。随着反应的进行，作为反应物的甲醇逐渐被消耗，体系应处于气液二相状态，压力接近反应温度下甲醇的饱和蒸气压。

葡萄糖醇解过程中葡萄糖的消耗速率很快，在实验条件下无法测得葡萄糖降解反应动力学，葡萄糖醇解会生成中间产物甲基葡萄糖、5-甲氧基甲基-2-呋喃甲醛等，由于体系中甲醇量的减少，影响了对中间产物定量的精度，因此只对产物乙酰丙酸甲酯的生成反应动力学进行研究。

图 3-6 为不同温度和硫酸浓度对葡萄糖醇解反应选择性(即速率常数之比 $k_1/k_2$)的影响。从图中可以看出，随着温度的升高，生成乙酰丙酸甲酯的选择性增加，而增大酸浓度对选择性的提高影响不大，同时酸浓度的提高会促进二甲醚的生成。

将求得的 $k_1$、$k_2$ 代入式(3-3)、式(3-4)和式(3-7)可以得到乙酰丙酸甲酯平衡产率与温度 $T$、硫酸浓度间的关系，将其做成三维图，如图 3-7 所示。从图 3-7 同样可以看出，硫酸浓度的改变对乙酰丙酸甲酯平衡产率的影响较小，但是提高反应温度能显著提高乙酰丙酸甲酯的平衡产率。

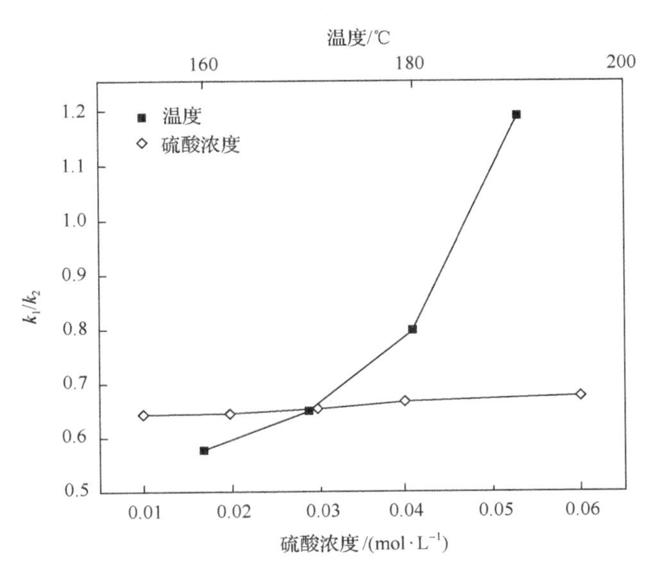


图 3-6　不同温度和硫酸浓度对葡萄糖醇解反应选择性的影响

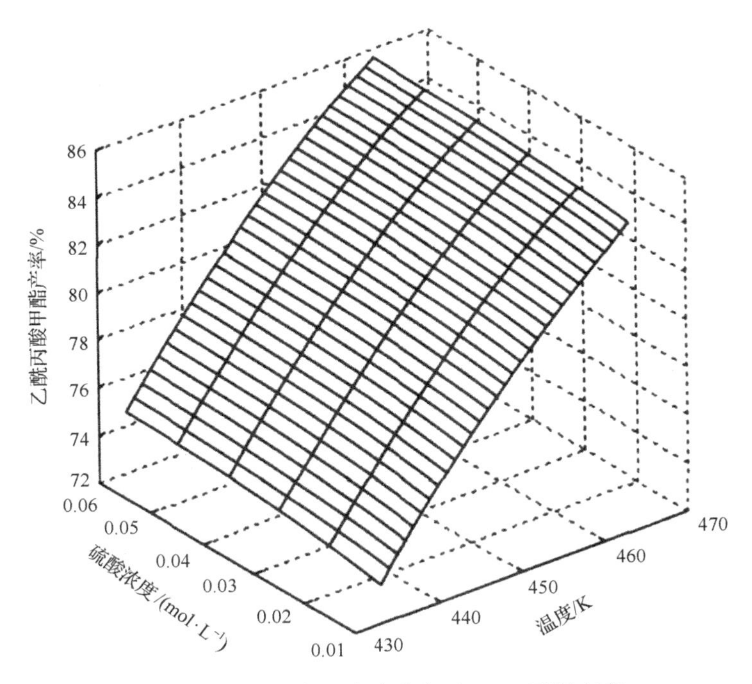


图 3-7　不同温度和硫酸浓度下 MLA 平衡产率

表 3-5 为 170℃、硫酸浓度 0.01mol·L$^{-1}$ 下实验表观反应速率常数与文献值[21,22]的比较。从表中可知，在近临界甲醇中葡萄糖醇解的表观反应速率常数($k_1$)与近临界水中葡萄糖水解至 5-羟甲基糠醛的速率常数十分接近，差值远小于 5-羟甲基糠醛在水中的降解速率，且对葡萄糖醇解 30min 的产物进行液相色谱分析显示无葡萄糖存在，表明以甲醇为反应介质能大大加快葡萄糖的醇解；同时葡萄糖醇解至黑腐质的表观反应速率常数($k_2$)

远小于其在水中降解至黑腐质的总速率常数($k_2$ 和值)，说明近临界甲醇体系不利于副反应的发生，这可能与甲醇反应体系不含水有关，水的存在不利于葡萄糖脱水生成糠醛的主反应发生，这些都是造成近临界甲醇中终产物 MLA 的选择性和产率比水解终产物乙酰丙酸要高的原因。

**表 3-5　170℃、硫酸浓度 $0.01mol \cdot L^{-1}$ 下实验表观反应速率常数与文献值的比较**

| 反应介质 | 葡萄糖速率常数 | | 黑腐质速率常数 | |
|---|---|---|---|---|
| | $k_1$ | $k_2$ | $k_1$ | $k_2$ |
| 甲醇 | 0.0018 | 0.00183 | — | — |
| 水[1,2] | 0.00145 | 0.00026 | 0.00741 | 0.00529 |

### 3.2.2　果糖的催化转化

1. 工艺参数对乙酰丙酸酯产率的影响

以果糖醇解制备乙酰丙酸甲酯为例，分析不同工艺参数对乙酰丙酸甲酯产率的影响[23]；果糖生物转化率、甲醇的转化率、乙酰丙酸甲酯的产率及乙酰丙酸甲酯的选择性计算公式如下：

$$果糖生物转化率(\%)=\frac{反应的果糖的物质的量}{加入的果糖的物质的量}\times 100\%$$

$$甲醇的转化率(\%)=\frac{反应的甲醇的物质的量}{加入的甲醇的物质的量}\times 100\%$$

$$乙酰丙酸甲酯的产率(\%)=\frac{生成的乙酰丙酸甲酯的物质的量}{加入果糖的物质的量}\times 100\%$$

$$乙酰丙酸甲酯的选择性(\%)=\frac{生成的乙酰丙酸甲酯的物质的量}{反应果糖的物质的量}\times 100\%$$

1) 催化剂种类对乙酰丙酸甲酯产率的影响

在甲醇 24g、果糖 0.75g、催化剂 0.48g、反应压力 2MPa、反应时间 2h、反应温度 130℃、转速 $600r \cdot min^{-1}$ 反应条件下，利用不同铁含量的磷钨酸($H_3PW_{12}O_{40} \cdot xH_2O$)催化剂及铜盐催化剂催化果糖醇解制备乙酰丙酸甲酯，分析反应过程中果糖转化率和乙酰丙酸甲酯产率的变化，具体见表 3-6。从表 3-6 分析可知，在考察的两种温度条件下 Fe-HPW-1(1∶16)催化剂都表现出最高的催化活性，且当催化剂中 Fe 与磷钨酸的摩尔比从 1∶16 增加到 1∶4，在反应温度为 100℃、反应 2h 时，果糖的转化率从 98.7%降低到 90.1%，乙酰丙酸甲酯的产率从 25.0%降低到 19.8%，当以 $FeCl_3 \cdot 6H_2O$ 作为催化剂时，果糖的转化率及乙酰丙酸甲酯的产率都很低，而以磷钨酸作为催化剂时，乙酰丙酸甲酯的产率也不高。当反应温度升高到130℃时也表现出同样的规律，这可能是由于随着Fe含量的增加，磷钨酸铁催化剂中Brønsted酸的酸性减弱，而Lewis酸的酸性增强，而该反应体系是在Brønsted酸和Lewis酸协同催化作用下进行的，较强的Brønsted酸或较强的Lewis酸对该催化体系都不利，只有以Fe-HPW-1(1∶16)为催化剂时，目标产物乙酰丙酸甲酯的产率最高(为73.7%)，因此选用Fe-HPW-1(1∶16)为最佳的催化剂。

**表3-6　催化剂种类对果糖转化率的影响**

| 催化剂种类 | 反应温度/℃ | 果糖转化率/% | 甲醇转化率/% | 乙酰丙酸甲酯产率/% |
|---|---|---|---|---|
| $H_3PW_{12}O_{40}\cdot xH_2O$ | 130 | 100 | 9.5 | 60.4 |
| | 100 | 95.5 | 8.7 | 23.4 |
| Fe-HPW-1(1∶16) | 130 | 100 | 8.8 | 73.7 |
| | 100 | 98.7 | 7.2 | 25.0 |
| Fe-HPW-2(1∶8) | 130 | 100 | 7.8 | 65.9 |
| | 100 | 93.4 | 6.9 | 21.8 |
| Fe-HPW-3(1∶4) | 130 | 100 | 7.1 | 60.3 |
| | 100 | 90.1 | 6.5 | 19.8 |
| $FeCl\cdot 6H_2O$ | 130 | 87.3 | 1.2 | 2.3 |
| | 100 | 20.1 | 0.8 | 0 |
| $CuCl_2$ | 130 | 98.2 | 7.43 | 7.95 |
| $CuBr_2$ | 130 | 100 | 8.23 | 21.9 |
| $Cu(NO_3)_2$ | 130 | 0 | 0 | 0 |
| $CuSO_4$ | 130 | 100 | 11.2 | 68.0 |
| $CuAc_2$ | 130 | 100 | 10.7 | 34.2 |
| $Cu(OTf)_2$ | 130 | 100 | 9.91 | 88.1 |

在相同条件下，表3-6还列出了以各铜盐为催化剂催化果糖醇解制备乙酰丙酸甲酯的反应结果，可以看出催化剂的种类对反应体系有着很大的影响，其中以卤族元素的铜盐为催化剂时，$CuBr_2$的催化活性优于$CuCl_2$。以铜的含氧酸无机盐为催化剂时，$CuSO_4$表现出良好的催化活性，其中果糖完全转化，乙酰丙酸甲酯的产率可达68.0%。然而以有机的$Cu(OTf)_2$为催化剂时，乙酰丙酸甲酯的产率达到最大值，为88.1%，可见$Cu(OTf)_2$对果糖醇解制备乙酰丙酸甲酯有很好的催化活性。

综上所述，催化剂种类对催化果糖醇解制备乙酰丙酸甲酯类有很大的影响。其中以Fe-HPW-1(1∶16)和$Cu(OTf)_2$为催化剂时，催化果糖醇解制备乙酰丙酸甲酯的催化效果较好，乙酰丙酸甲酯产率较高。

2)催化剂用量对乙酰丙酸甲酯产率的影响

在甲醇24g、果糖0.75g、反应温度130℃、反应压力2MPa、反应时间2h、转速$600r\cdot min^{-1}$的反应条件下，分析不同催化剂用量对果糖醇解制备乙酰丙酸甲酯产率的影响，具体见图3-8。从图中可以看出，随着催化剂用量的增加，乙酰丙酸甲酯和甲酸甲酯的产率呈现先增加后减少的趋势，这可能是由于果糖醇解制备乙酰丙酸甲酯为酸性体系下的反应，增加催化剂的用量能够提高体系的酸性强度，可以有效提高催化转化的效率。但当催化剂用量超过 0.48g 时，体系的酸性太强，反而加速产物之间进一步地反应，导致其产率的下降。在整个反应过程中，果糖的转化率始终保持在 100%，而甲醇的转化率一直呈增加趋势，这可能是因为随着催化剂量的增加，体系的酸性增强，从而促进了甲醇之间脱水生成二甲醚，这样不利于甲醇的回收利用，所以催化剂量 0.48g 为最佳用量。

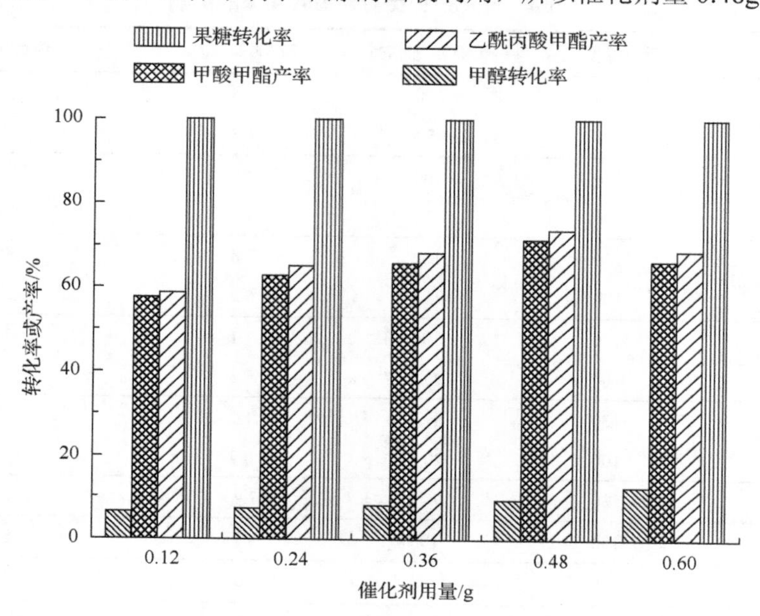


图 3-8　催化剂用量对果糖转化率和乙酰丙酸甲酯产率的影响

3）反应温度对乙酰丙酸甲酯产率的影响

在甲醇 24g、果糖 0.75g、催化剂用量 0.48g、反应压力 2MPa、反应时间 2h、转速 $600r \cdot min^{-1}$ 的反应条件下，分析不同的反应温度对果糖的转化率和乙酰丙酸甲酯产率的影响，具体结果见图 3-9。结果表明，随着反应温度的升高，果糖的转化率逐渐增大，当反应温度为 373K 时，反应液的颜色为淡黄色，果糖的转化率为 98.7%，甲酸甲酯和乙酰丙酸甲酯的产率分别为 26.4%和 25.3%，5-甲氧基甲基-2-呋喃甲醛的产率为 20.8%，甲醇的转化率为 4.21%。当温度升高到 403K 时，果糖完全转化，乙酰丙酸甲酯的产率也达到最大值 73.7%，5-甲氧基甲基-2-呋喃甲醛消失，反应液的颜色由淡黄色逐渐转变为深褐色，可见升高温度有利于果糖的醇解。因为果糖醇解为吸热反应，升高温度有利于果糖的转化，并且随着温度的升高，5-甲氧基甲基-2-呋喃甲醛的产率逐渐降低直到消失，这说明 5-甲氧基甲基-2-呋喃甲醛为该反应的中间体，升高温度有利于其脱水生成乙酰丙酸甲酯。当温度继续升高至 413K 时，乙酰丙酸甲酯的产率又开始逐渐减小，甲醇的转化率升高到 15.7%，这主要是因为随着温度的升高，部分乙酰丙酸甲酯开始分解[24]，反应液的颜色逐渐变为深黑色，这是由于温度太高会促进聚合反应的发生，生成了大量可溶性的聚合物和深色不溶性的胡敏素等，导致乙酰丙酸甲酯产率的下降[25]。

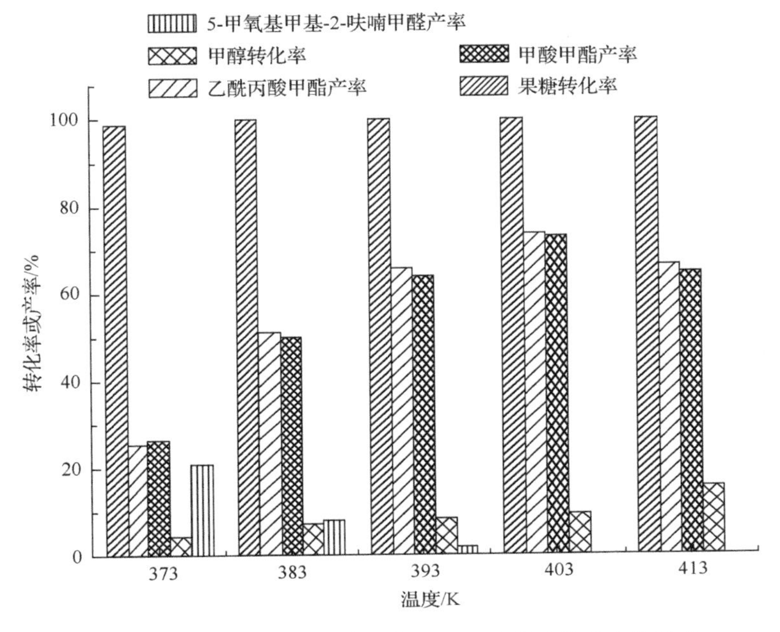


图 3-9　反应温度对果糖转化率和乙酰丙酸甲酯产率的影响

4) 反应时间对乙酰丙酸甲酯产率的影响

在甲醇 24g、果糖 0.75g、催化剂用量 0.48g、反应压力 2MPa、反应温度 130℃的反应条件下，分析不同的反应时间对果糖醇解反应的影响，结果如图 3-10 所示，当反应温度为 130℃时，反应 0.5h 后，果糖的转化率为 100%，乙酰丙酸甲酯的产率为 60.1%，还有少量的 5-甲氧基甲基-2-呋喃甲醛生成，它是果糖醇解制备乙酰丙酸甲酯的中间产物，

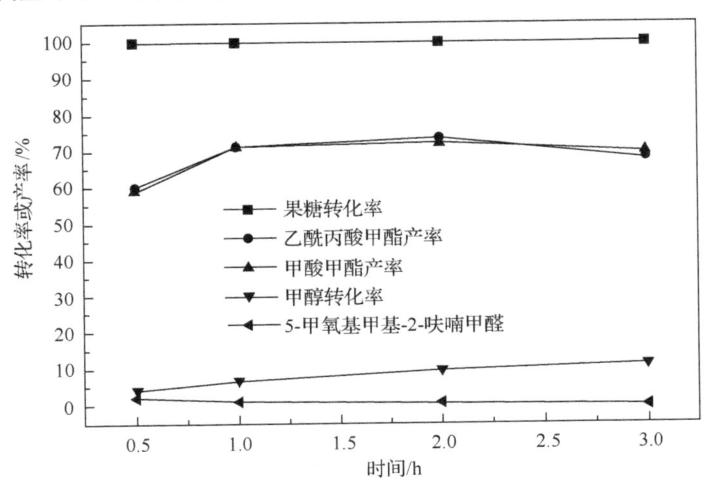


图 3-10　反应时间对果糖转化率和乙酰丙酸甲酯产率的影响

其产率为 2.2%。当反应时间延长至 1h 时后，乙酰丙酸甲酯的产率从 60.1%增加到 71.5%，5-甲氧基甲基-2-呋喃甲醛的产率下降为 1.0%。当反应时间延长至 2h 时，乙酰丙酸甲酯的产率达到最高值 73.7%，此时 5-甲氧基甲基-2-呋喃甲醛几乎全部消失。当反应时间延长到 3h 后，乙酰丙酸甲酯的产率开始减小，在 2～3h 这段时间内，可能是因为随着反应时间的延长，产物中乙酰丙酸甲酯的含量也逐渐增多，随着反应体系中乙酰丙酸甲酯浓度的增加，一些副反应如乙酰丙酸甲酯的聚合也随之发生，根据实验结果，反应时间为 2h 是该催化体系下的最佳反应时间。

5）反应压力对乙酰丙酸甲酯产率的影响

在甲醇 24g、果糖 0.75g、催化剂用量 0.48g、反应时间 2h、反应温度 130℃、转速 $600r\cdot min^{-1}$ 的反应条件下，分析不同的反应压力对果糖的转化率和乙酰丙酸甲酯产率的影响，具体见图 3-11。由图可知，随着反应压力的增大，乙酰丙酸甲酯和甲酸甲酯的产率也随之增大，当反应压力为常压时，乙酰丙酸甲酯的产率为 58.5%，甲酸甲酯的产率为 58.1%，当反应压力为 2MPa 时，乙酰丙酸甲酯的产率增加至 73.7%，甲酸甲酯的产率为 72.2%，当反应压力增加至 3MPa 时，产物的产率都有所下降。以此可以得出，压力为 2MPa 为最佳反应压力。

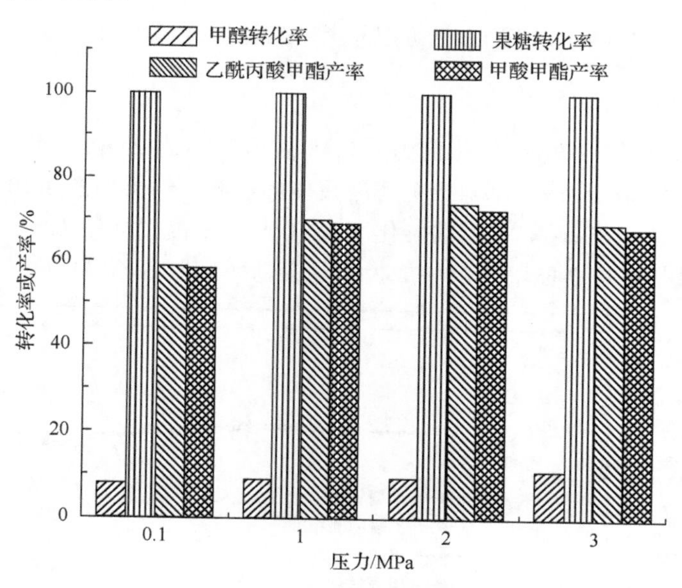


图 3-11　反应压力对果糖转化率和乙酰丙酸甲酯产率的影响

2. 果糖转化为乙酰丙酸酯的反应过程

果糖醇解转化为乙酰丙酸酯是一个比较复杂的反应过程。一般认为在反应初始阶段，果糖的半缩醛羟基与醇分子中的羟基在酸催化剂的作用下脱去一分子水得到烷基果糖苷[26]，生成的烷基果糖苷继续与醇反应制得 5-烷氧基烷基-2-呋喃甲醛，此物质为果糖醇解反应过程中的中间产物，最后进一步反应转变为乙酰丙酸酯。具体的反应路线如图 3-12 所示。

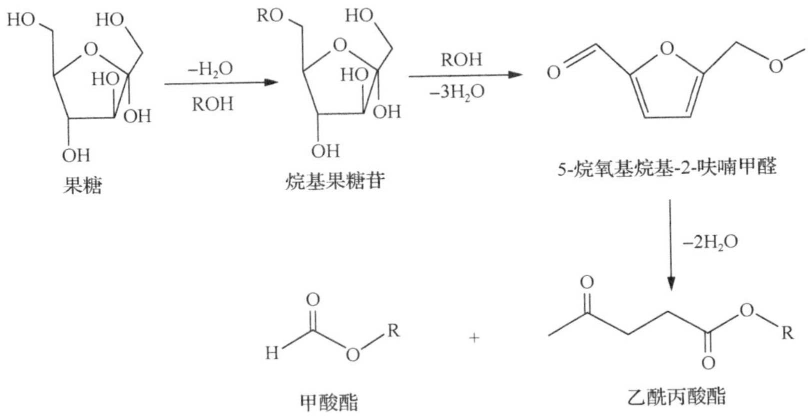

图 3-12　果糖醇解制备乙酰丙酸酯的反应路线图

### 3.2.3　多糖的催化转化

对于多糖催化转化制备乙酰丙酸甲酯的研究所使用的催化体系，研究最多的依然是液体酸，而固体酸的研究相对较少，这主要是由于在所需的反应条件下，常用的固体酸的稳定性受限。然而，离子液体作为溶剂，广泛地用于低温条件下纤维素的水解反应[27-29]，但还未应用于乙酰丙酸酯的合成中。

尽管已有报道用淀粉或菊粉合成乙酰丙酸酯，但是，Garves 课题组首先报道了在 180～210℃下使用硫酸催化转化各种木质纤维素合成乙酰丙酸酯[30]。

木薯粉是一种淀粉，淀粉是葡萄糖的高聚体，化学式是$(C_6H_{10}O_5)_n$，水解到二糖阶段为麦芽糖，化学式是$C_{12}H_{22}O_{11}$，完全水解后得到葡萄糖，化学式是$C_6H_{12}O_6$。木薯粉组分中木聚糖含量为 0.52wt%，酸溶性木质素和酸不溶性木质素分别为 0.92wt%和 1.09wt%，最主要的组分葡聚糖(包括木薯淀粉、纤维素)含量为 78.06wt%。以超低酸在乙醇中催化木薯淀粉醇解制乙酰丙酸乙酯为例，考察反应温度、硫酸浓度、反应时间和底物浓度对乙酰丙酸乙酯产率的影响，从而考察多糖催化转化制备乙酰丙酸酯的影响因素。

1. 催化剂及其用量对乙酰丙酸酯产率的影响

以液体酸硫酸作为催化剂，在乙醇用量为 50mL、木薯淀粉浓度为 $50g\cdot L^{-1}$、反应温度为 473K 和反应时间为 2h 的条件下，考察了硫酸浓度对乙酰丙酸乙酯产率的影响，如图 3-13 所示。硫酸浓度为 $2mmol\cdot L^{-1}$ 时，乙酰丙酸乙酯产率仅为 11.7%；当硫酸浓度为 $16mmol\cdot L^{-1}$ 时，乙酰丙酸乙酯产率达到 38.7%；当硫酸浓度继续提高时，乙酰丙酸乙酯产率略有下降。由此可见，硫酸浓度过低时，不能提供足够有效酸位点，从而影响产物的生成，使乙酰丙酸乙酯产率偏低；而硫酸浓度过高时会加剧副反应的进行，从而导致乙酰丙酸乙酯产率的下降。

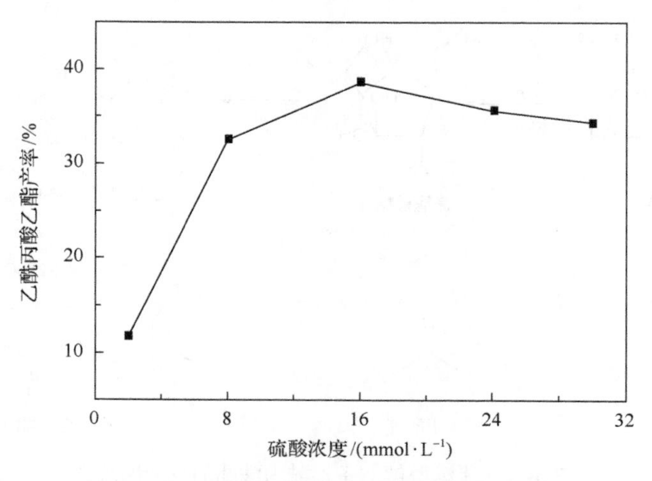


图 3-13　硫酸浓度对乙酰丙酸乙酯产率的影响

2. 反应温度对乙酰丙酸酯产率的影响

在乙醇用量为 50mL、木薯淀粉浓度为 $50g \cdot L^{-1}$、硫酸浓度为 $8mmol \cdot L^{-1}$ 和反应时间为 2h 的条件下，考察了反应温度对乙酰丙酸乙酯产率的影响。如图 3-14 所示，随着温度的提高，乙酰丙酸乙酯产率呈先上升后下降的趋势。当反应温度为 453K 时，乙酰丙酸乙酯产率仅 18.9%；提高反应温度至 473K 时，乙酰丙酸乙酯产率达最大值，为 32.5%；当反应温度继续提高时，乙酰丙酸乙酯产率略微下降，但当反应温度升高至 533K 时，乙酰丙酸乙酯产率下降明显。由此可见，在木薯淀粉制备乙酰丙酸乙酯过程中，提高反应温度能促进乙酰丙酸乙酯的生成，但同时也会加速木薯淀粉向副产物的转化。

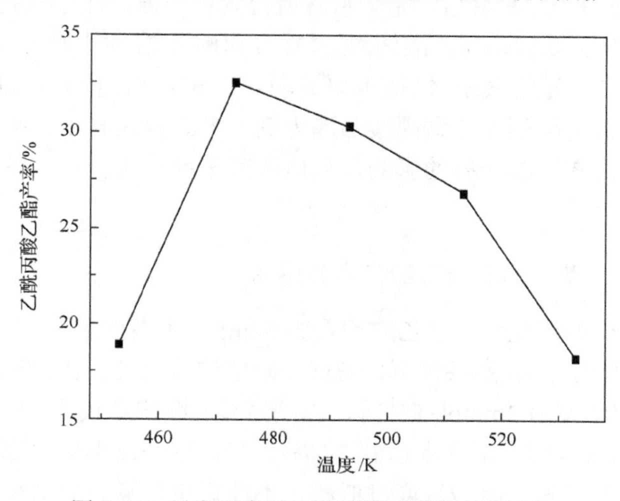


图 3-14　反应温度对乙酰丙酸乙酯产率的影响

3. 反应时间对乙酰丙酸酯产率的影响

在乙醇用量为 50mL、木薯淀粉浓度为 $50g \cdot L^{-1}$、反应温度为 473K 和硫酸浓度为

$16mmol\cdot L^{-1}$ 的条件下，考察了乙酰丙酸乙酯产率随反应时间的变化，如图 3-15 所示。随着反应时间的延长，乙酰丙酸乙酯产率呈逐渐上升后略微下降的趋势，在反应时间为 2h 时达最高值，说明不能单靠延长反应时间的方式来提高乙酰丙酸乙酯的产率。

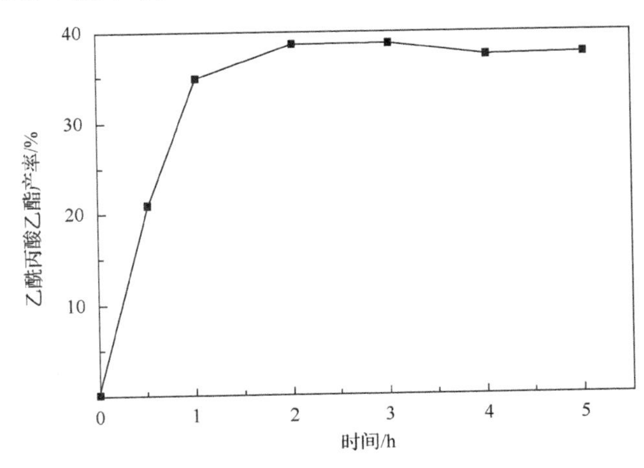


图 3-15　反应时间对乙酰丙酸乙酯产率的影响

4. 底物浓度对乙酰丙酸酯产率的影响

在乙醇用量为 50mL、反应温度为 473K、硫酸浓度为 $16mmol\cdot L^{-1}$ 和反应时间为 2h 的条件下，考察了木薯淀粉初始浓度对乙酰丙酸乙酯产率的影响。从图 3-16 可以看出，木薯淀粉浓度对乙酰丙酸乙酯产率有着显著的影响，当木薯淀粉浓度分别为 $10g\cdot L^{-1}$ 和 $25g\cdot L^{-1}$ 时，乙酰丙酸乙酯产率分别可以达到 41.0%和 42.6%，而当木薯淀粉浓度提高至 $100g\cdot L^{-1}$ 时，乙酰丙酸乙酯产率下降到 31.5%。由此可见，过高浓度的木薯淀粉在醇解生成乙酰丙酸乙酯的同时，促进了分子之间的交联反应[13]，从而形成更多的副产物，进而降低了乙酰丙酸乙酯的产率。

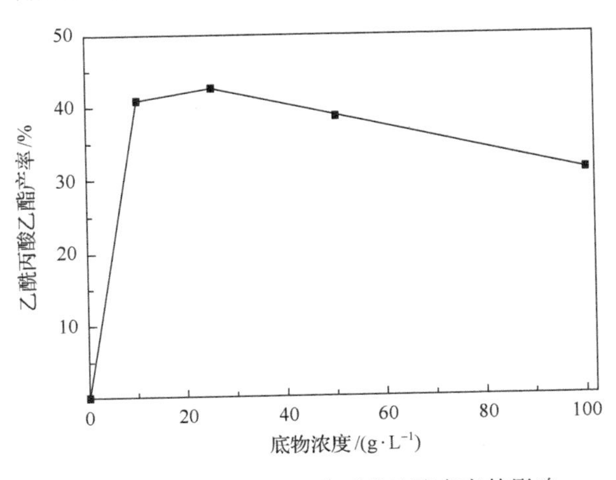


图 3-16　底物浓度对乙酰丙酸乙酯产率的影响

# 3.3　纤维素制备乙酰丙酸酯技术

## 3.3.1　纤维素结构及性能

1. 纤维素的结构

1) 化学结构[31]

纤维素是D-葡萄糖以$\beta$-1,4-糖苷键组成的大分子多糖，分子量为50000～2500000，相当于300～15000个葡萄糖基。分子式可写作为$(C_6H_{10}O_5)_n$，其中$n$为聚合度。自然界中存在的纤维素$n$在10000左右。

纤维素经浓酸(如40%盐酸或72%硫酸)水解得96.98%理论量的葡萄糖，说明纤维素是由葡萄糖缩合而成的均缩已糖。纤维素可被苦杏仁酶水解得纤维二糖，说明它含有$\beta$-糖苷键(能被麦芽糖水解的含有$\alpha$-糖苷键)。图3-17为纤维素的结构式。

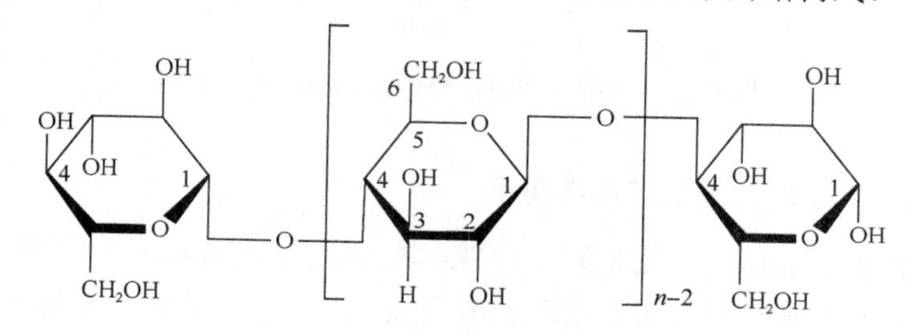

图3-17　纤维素的结构式

由图3-17可知，纤维素除了含有头尾两个葡萄糖的羟基外，中间的残基只含有三个游离的羟基：一个伯羟基，两个仲羟基，它们的反应活性是有区别的。伯羟基不参与分子内氢键的形成，但它可在形成相邻分子间氢键中起作用。

另外，由于哈沃斯式是平面投影式，在化学反应过程中，葡萄糖基分子要转化为椅式，稳定性高，分子内有3个平伏键和3个直立键，因此突出体现了纤维素分子的反应特性。现在多以椅式构象来描绘纤维素的分子结构式(图3-18)。

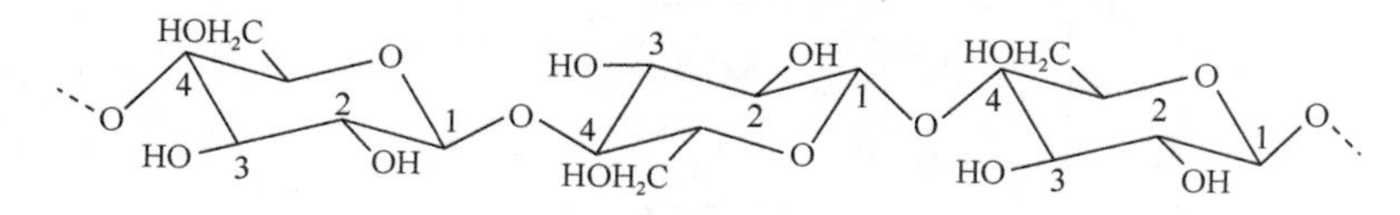

图3-18　纤维素的椅式构象

纤维素的分子式可以简单地表示为$C_6H_{11}O_6$-$(C_6H_{10}O_4)_n$-$C_6H_{11}O_6$，纤维素的基环分子量为162，分子链两末端基环比链中的基环共多出了2个氢和1个氧，即分子量多了18。纤维素大分子的聚合度DP=$n$+2，故纤维素的分子量为：$M$=DP×162+18。当DP很大时，上式中的18可以忽略不计，因此纤维素的分子量$M$和聚合度DP之间的关系为：$M$=DP×162或DP=$M$/162。

根据分子量的测定，天然棉纤维大约由15300个葡萄糖组成，木材纤维素由8000～

10000 个葡萄糖组成。由于品种的来源不同，纤维素的分子量在 5000～250000 变化。由植物纤维原料经过化学处理制成的各类化学浆，纤维素的聚合度下降至 1000 左右。

每一种植物纤维原料中的纤维素都是由不同聚合度的分子组成。因此由植物原料制成的浆粕，其纤维素的分子量也是不均一的。这种分子量的不均一性称为多分散性。为此，纤维素的分子量均以平均分子量表示。平均分子量又因统计方法不同而有数量平均分子量 $M_n$(简称数均分子量)和质量平均分子量(简称质均分子量)等多种形式。

2) 物理结构

纤维素的物理结构是指组成纤维素高分子的不同尺度的结构单元在空间的相对排列，它包括高分子的链结构和聚集态结构。

链结构又称一级结构，它表明一个分子链中原子或基团的集合排列情况，其中又包括尺度不同的二类结构。近程结构即第一层次结构，指单个高分子内一个或几个结构单元的化学结构和立体化学结构。远程结构即第二层次结构，指单个高分子的大小和在空间所存在的各种形状(构型)，如是伸直链、无规律团还是折叠链、螺旋链等。

聚集态结构又称二级结构，指高分子整体的内部结构，包括晶体结构、非晶体结构、取向结构、液晶结构，它们是描述高分子聚集体每个分子之间是如何堆砌的，称为第三层次结构。聚集态结构是决定高分子化合物制品使用性能的主要因素。

(1) 纤维素的链结构。在一些高分子溶液中制得的纤维素单晶样品，其 X 射线衍射分析结果表明，纤维素的高分子链是在垂直于单晶平面方向上往返折叠排列的。小角 X 射线衍射研究发现，纤维素分子的纵向上存在平均长度 10～20nm 的重复单元。因此，推测纤维素链与其他线型高分子聚合物一样具有折叠链结构。20 世纪 60 年代，科学家发现直径 3.5nm 左右的基元纤维及其周期结构，提出带状盘折的折叠结构模型。在这种模型中，纤维素分子链通过折叠，形成宽为 3.5nm 的带子，并形成螺旋状。分子链伸直的部分平行于螺旋轴。这样的基原纤有 3.5nm×2.0nm 左右的矩形横截面。原纤之间由氢键结合。

(2) 纤维素的聚集态结构。纤维素的聚集状态，即所谓的纤维素超分子结构，就是一种由结晶区和无定形区交错结合的体系，从结晶区到无定形区是逐步过渡的，无明显界限，一个纤维素分子链可以含有若干结晶区和无定形区。在纤维素的结晶区旁边存在相当的空隙，大小一般为 100～10000nm，最大的达 10000nm。

纤维素与很多其他高聚物一样是多晶，即由无数微晶体与无定形区交织在一起，其结晶的程度视纤维品种而异，天然纤维素如苎麻的结晶度略高于 70%，而再生纤维素如黏胶纤维的则只有 35%左右。具有一定构象的纤维素高分子链按一定的秩序堆砌，便成为纤维素的微晶体，微晶体的组成单元称为晶胞。代表晶胞尺寸的参数可以从纤维素的广角 X 射线衍射图像直接算出。

在纤维素中存在着化学组成相同，而单元晶胞不同的同质多晶体(结晶变体)，常见的结晶变体有五种，即纤维素Ⅰ、Ⅱ、Ⅲ、Ⅳ和Ⅴ，其中纤维素Ⅰ是天然的。这五种结晶变体各有其不同的晶胞结构，并可由 X 射线衍射、红外光谱、拉曼光谱等方法分析鉴定。

### 2. 纤维素的性能

#### 1) 纤维素的物理性质

a.纤维素的吸湿与解吸

纤维素的游离羟基对极性溶剂和溶液具有很强的亲和力。干的纤维素置于大气中，能自大气中吸取水或水蒸气。因大气中降低了蒸汽分压使纤维素放出水或蒸汽的现象称为解吸。纤维素吸附水蒸气这一现象影响纤维素的许多重要性质。例如，随着纤维素吸附水量的变化而引起纤维润胀或收缩，纤维的强度性质和电化学性质也会发生变化。

b.纤维素的纤维润胀和溶解

纤维素纤维的润胀分为有限润胀和无限润胀。纤维素吸收润胀剂的量有一定限度，其润胀的程度亦有限度，称为有限润胀。无限润胀是指润胀剂可以进入纤维素的无定形区和结晶区发生润胀，但并不形成新的润胀化合物，因此对进入无定形区和结晶区的润胀剂的量并无限制。纤维素的润胀剂很多是有极性的，这是因为纤维素的羟基本身是有极性的，通常水或 LiOH、NaOH、KOH、RbOH、CsOH 的水溶液等可以作为纤维素的润胀剂，磷酸也可以导致纤维润胀。在显微镜下观察纤维的外观和反应性能时，常通过滴入磷酸把纤维润胀后进行观察比较。其他的极性液体，如甲醇、乙醇、苯胺、苯甲酸等加入后也出现类似的现象。一般来说，液体的极性越大，润胀的程度越大，但上述几种液体引起的润胀程度都比较小。

纤维素的溶解分两步进行：首先是润胀阶段，然后在纤维素无限润胀时即出现溶解，此时原来纤维素的 X 射线衍射图消失，不再出现新的 X 射线衍射图。纤维素可以溶解于某些无机的酸、碱、盐中。一般纤维素的溶解多使用氢氧化铜与氨或胺的配位化合物，如铜氨溶液或铜乙二胺溶液。纤维素还可以溶于以有机溶剂为基础的非水溶剂中。

c.纤维素的热降解

纤维素在受热时产生聚合度下降的现象，在大多数情况下，纤维素热降解时发生纤维素的水解和氧化降解，严重时还会产生纤维素的分解，甚至发生碳化反应或石墨化反应。25～150℃时，纤维素物理吸附的水开始进行解吸；150～240℃时，纤维素结构中某些葡萄糖基开始脱水；240～400℃时，纤维素结构中糖苷键开始断裂，一些 C—O 键和 C—C 键也开始断裂，并产生一些新的产物和低分子量的挥发性化合物；400℃以上，纤维素结构的残余部分进行芳环化，逐步形成石墨结构。

#### 2) 纤维素的化学性质

a.纤维素的降解反应

在各种各样的环境下，纤维素都有发生降解反应的可能。对于生产纤维素制品而言，纤维素的降解反应有利也有弊。为了化学工业方面的用途，一定量的降解，如碱纤维素老化时，降解作用控制着最终产品的性能。降解作用有以下几种不同类型。

(1) 酸水解降解在酸性介质中，纤维素中 $\beta$-糖苷键容易发生水解：

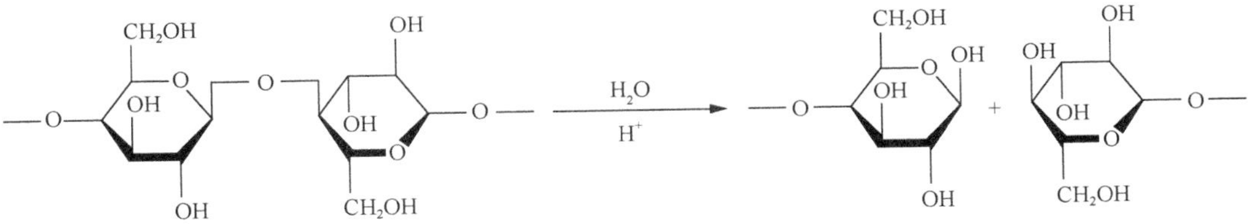

$\xrightarrow[H^+]{H_2O}$

当完全水解时，最终产物为 D-葡萄糖。在温和条件下，水解后得到水解纤维素(聚合度降低的纤维素；当 $n$ 下降至 200 以下时，呈粉末状)。

在稀酸和高温下水解时，生产的单糖可发生进一步分解：

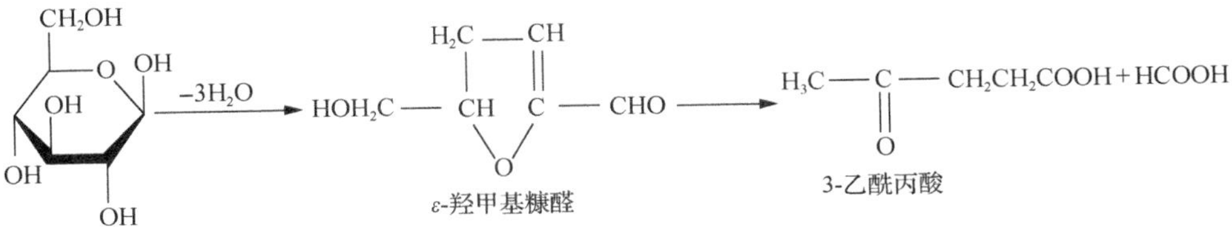

$\xrightarrow{-3H_2O}$ $HOH_2C-CH=CH-C-CHO$ $\longrightarrow$ $H_3C-C(=O)-CH_2CH_2COOH+HCOOH$

ε-羟甲基糠醛　　3-乙酰丙酸

纤维素在高温下水解具有自催化作用。

(2) 碱性降解：在碱性介质中，纤维素 $\beta$-糖苷键较为稳定，但在高温作用下可进行碱性水解，反应十分复杂。首先是末端基开环成醛式，然后在碱的作用下转变为酮式，引起纤维素从末端基一个接一个地脱掉葡萄糖基，并进行一系列的异构化反应。

(3) 氧化降解：纤维素受空气、氧气、漂白剂之类的氧化作用，在纤维素葡萄糖基环的 C2、C3、C6 位的游离羟基及还原性末端基 C1 位置羟基上，根据条件不同，相应地生成醛基、酮基或羧基，形成氧化纤维素。氧化纤维素的结构与性质和原来的纤维素不同，由使用的氧化剂的种类和条件而定。在大多数情况下，随着羟基被氧化，纤维素的聚合度同时下降，这种现象称为氧化降解。

(4) 微生物降解：纤维素受微生物酶的作用，聚合度下降，发生降解作用。在用酶水解纤维素的研究中，希望能寻找一种成本低、效率高的方法，将纤维素水解成单糖——葡萄糖。

b.纤维素的酯化和醚化

组成纤维素大分子的每个葡萄糖中含有三个醇羟基，从而使纤维素有可能发生各种酯化或醚化反应，通过这些反应能够生成许多有价值的纤维素衍生物。目前，纤维素酯、纤维素醚的生产已成为国民经济的重要部分。

大多数纤维素的酯化或醚化反应都是在多相介质中完成的，为了提高纤维素的酯化程度，首先必须对纤维素进行润胀处理，润胀后大分子间的相互作用变弱，有利于反应试剂向纤维素各链节的环节的扩散。预润胀既可以在浓碱液中进行，又可以在冰醋酸、硫酸或磷酸介质内进行。

纤维素是一种含多元醇的化合物。它与无机酸反应能生成酯衍生物，若干种强酸，如硝酸、硫酸和磷酸能直接酯化纤维素。有机酸、酸酐和酰氯作用于纤维素能生成有机酸酯，有机酸中只有甲酸能直接酯化纤维素并得到相当高取代程度的酯，其他有机酸的取代程度低，甚至在其沸点的温度下反应也是如此，但是这些有机酸转变成酸酐后能酯化纤维素，而且取代程度高。另外，在有机酸与纤维素的酯化反应中一般以无机酸或盐作为催化剂，如高氯酸镁等。

纤维素的醇羟基能与烷基卤化物或其他醚化剂在碱性条件下发生醚化反应，生成相应的纤维素醚。例如在碱性条件下，纤维素与硫酸二甲酯作用，生成纤维素甲基醚，检测为甲基纤维素，反应过程如下。甲基纤维素可继续发生甲基取代反应。

$$R_{纤}-(OH)_3+\frac{H_3CO}{H_3CO}\!>\!SO_2+NaOH \longrightarrow \underset{\text{甲基纤维素}}{R_{纤}-(OH)_2OCH_3}+\frac{NaO}{H_3CO}\!>\!SO_2+H_2O$$

工业上常用的另一纤维素醚是羧甲基纤维素(CMC)，它是由一氯乙酸与碱和纤维素作用而得到的，反应如下：

$$R_{纤}-(OH)_3+ClCH_2COOH+NaOH \longrightarrow R_{纤}-(OH)_2OCH_2COONa+NaCl+H_2O$$

c.纤维素的化学改性

纤维素作为一种天然高分子化合物，在性能上存在着某些缺点，如不耐化学腐蚀、强度有限等，纤维素可以通过化学改性而获得具有特殊性能的纤维素新产物。在纤维素化学改性的方法中应用较多的有接枝共聚和交联反应。化学改性的范围很广，例如，自由基型或离子型的接枝共聚反应；在热、光、辐射线或交联剂的作用下，纤维素链间形成共价键，产生凝胶或不溶物，发生酯的交联反应，最终实现包括防火耐热、耐微生物、耐磨损、耐酸以及提高纤维素的湿强度、黏附力和对染料的吸收性等改善。

### 3.3.2 纤维素的催化转化技术

1. 纤维素转化途径

1) 直接醇解转化途径[32]

低元醇在高温高压下对生物质有良好的溶解性和反应性，以纤维素类生物质为原料，与醇类能够直接进行醇化转化生成乙酰丙酸酯。纤维素类生物质醇解生成乙酰丙酸酯是一个复杂的、连续的多步串联反应过程，反应机理如图 3-19 所示。

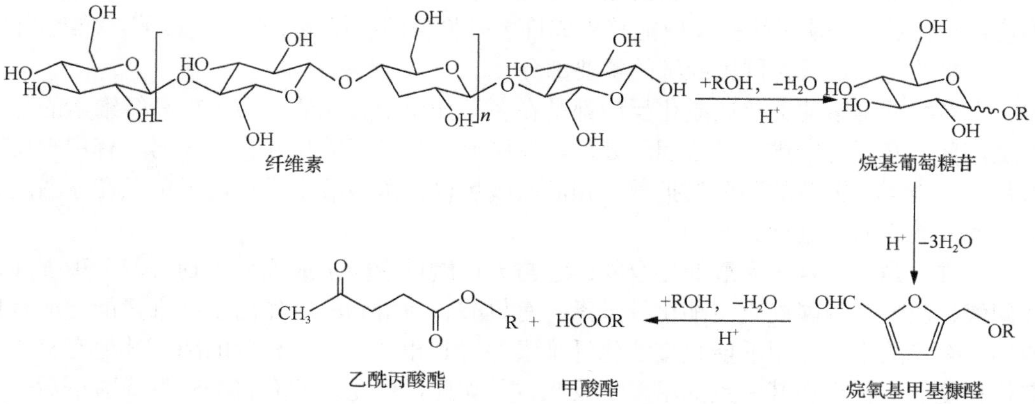

纤维素 —(+ROH，$-H_2O$；$H^+$)→ 烷基葡萄糖苷 —($H^+$；$-3H_2O$)→ 烷氧基甲基糠醛 —(+ROH，$-H_2O$；$H^+$)→ 乙酰丙酸酯 + 甲酸酯（HCOOR）

图 3-19 纤维素直接醇解转化生成乙酰丙酸酯的反应过程

Olson[33]研究了利用废木板和建筑废料生产乙酰丙酸乙酯的工艺条件。这些纤维素材料在酸催化下，在甲醇或乙醇中 200℃下反应，达到了较高的乙酯丙酸乙酯的产率。该工艺最大的特点是在醇中进行反应，使得反应产生的废水大量减少，并且反应后的醇还可以回收利用。生物质废料在乙醇中经 190℃下反应 40 min 时，产率达到最高值，为 31%。

Chang 等[34]以农作物小麦秸秆为原料，在乙醇体系中直接醇解制备乙酰丙酸乙酯。以乙酰丙酸乙酯产率为优化目标，采用响应面法，对硫酸浓度、反应温度、液固比、反应时间进行实验设计，最终优化得到乙酰丙酸乙酯的产率为 17.91%(为理论产率的 51.0%)。

Kuo 等[35]以多种固体酸为催化剂，催化果糖转化为乙酰丙酸甲酯，其中纳米 $TiO_2$ 表现出较高的催化活性，乙酰丙酸甲酯产率为 80%，选择性为 80%，而且对其他碳水化合物，如葡萄糖、蔗糖、纤维二糖和淀粉也具有较好的催化效果。相对于其他固体酸催化剂而言，纳米 $TiO_2$ 具有较好的稳定性。通过改变溶剂可以调节 5-羟甲基糠醛衍生醚和乙酰丙酸甲酯的产率，如当溶剂为正丁醇时，5-羟甲基糠醛衍生醚和乙酰丙酸甲酯的产率分别为 12%和 67%；当溶剂为 2-丁醇时，5-羟甲基糠醛衍生醚和乙酰丙酸甲酯的产率分别为 54%和 4%。

Peng 等[26]采用沉淀浸渍法制备了 $SO_4^{2-}/TiO_2$、$SO_4^{2-}/ZrO_2$、$SO_4^{2-}/ZrO_2\text{-}TiO_2$ 和 $SO_4^{2-}/ZrO_2\text{-}Al_2O_3$ 四种固体酸催化剂催化制备乙酰丙酸乙酯，实验表明在这四种催化剂中，$SO_4^{2-}/ZrO_2$ 催化转化效果最好，接着考察不同的反应变量，最终确定最佳工艺条件为当催化剂用量为 2.5wt%，反应温度为 200℃，反应时间为 3h 时，乙酰丙酸乙酯的产率为 30%。该固体酸催化剂可以循环使用 5 次，具备很好的可重复使用性。Kuwahara 等[36]在 $SO_4^{2-}/ZrO_2$ 中掺杂适量的 Si 能够提高催化剂的比表面积，并使 $SO_4^{2-}$ 和酸位点的数目增加。催化结果表明，结构性能和催化剂活性之间具有明显的相关性。这说明易接近的活性酸位点的数目和反应物与活性位点的接近难易程度在催化过程中起着重要的作用。在制备的催化剂中，$SO_4^{2-}/Si_{7.5}\text{-}ZrO_2$ 被认为是最具有前景的催化剂，其在甲醇中分别催化葡萄糖和果糖生成乙酸丙酸甲酯的产率为 46.3mol%和 73.4mol%，比传统的 $SO_4^{2-}/ZrO_2$ 与介孔 $SO_4^{2-}/Zr\text{-}SBA\text{-}15$ 均具有较好的催化效果。

Xu 等[37]对价格低廉的蒙脱石(MMT)进行硫酸化处理以提高酸位点数目和酸度。在制备的一系列硫酸化蒙脱石中，$20\text{-}SO_4^{2-}/MMT$ (用 20% $H_2SO_4$ 处理蒙脱石)表现出较好的催化效果，在最优条件下，催化醇解葡萄糖和果糖转化生成乙酰丙酸甲酯的产率分别为 48%和 65%。

与其他制备方法相比，直接醇解生物质制备乙酰丙酸酯的生产工艺较为简单，所有反应过程均在同一反应器中进行，能够有效减少废水的排放，通过分馏能够很容易得到较高纯度的产品。

2) 甲醇体系中酸催化降解途径

根据相关文献[30,38,39]提出了在甲醇体系中酸催化降解纤维素合成乙酰丙酸甲酯的可能反应机理，结果如图 3-20 所示。

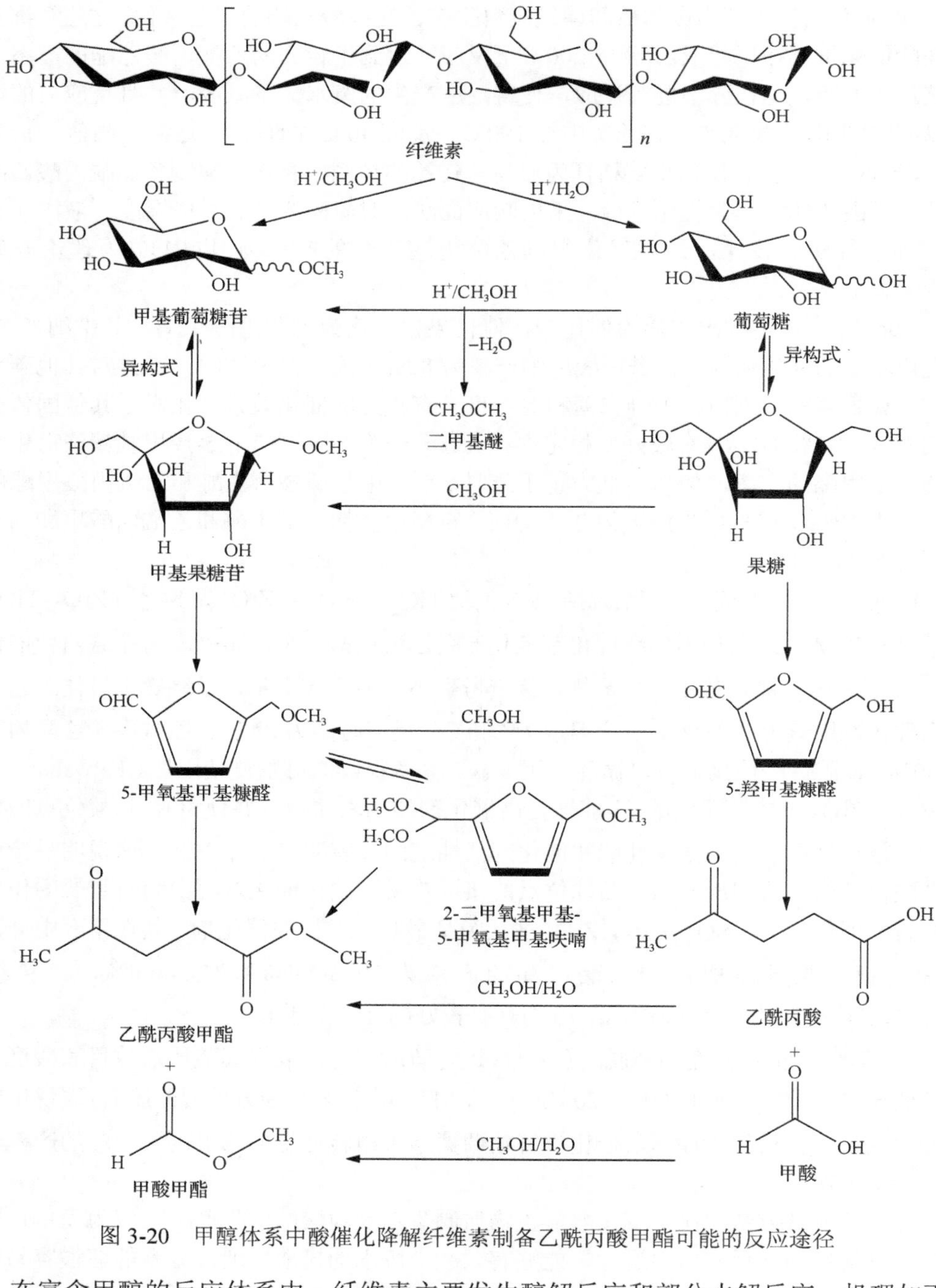

图 3-20　甲醇体系中酸催化降解纤维素制备乙酰丙酸甲酯可能的反应途径

在富含甲醇的反应体系中，纤维素主要发生醇解反应和部分水解反应。机理如下：首先，在酸催化剂作用下，纤维素高分子链断裂成低分子片段，其中的糖苷键羟基与甲醇发生缩合反应形成甲基葡萄糖苷，而纤维素水解生成葡萄糖，葡萄糖上的糖苷键羟基则直接与甲醇发生脱水缩合反应形成甲基葡萄糖苷；然后，甲基葡萄糖苷异构化成甲基果糖苷，高温作用下它们进一步发生分子内脱水生成 5-甲氧基甲基-2-呋喃甲醛，而 5-

甲氧基甲基-2-呋喃甲醛上的羰基容易与甲醇发生加成反应生成缩醛化合物 2-二甲氧基甲基-5-甲氧基甲基呋喃；最后，这些中间产物经水解和甲醇加成反应生成等物质的量的乙酰丙酸甲酯和甲酸甲酯。在反应过程中，由于纤维素和葡萄糖的醇解脱水及甲醇分子间的自身缩合脱水，体系中会有少量水产生，因此发生醇解反应的同时可能会伴随有部分水解反应。也就是说，少量纤维素首先水解成葡萄糖，然后异构化成果糖，再脱水生成 5-羟甲基糠醛，最后水解生成等物质的量的乙酰丙酸和甲酸。反应的同时，这些产物也能与甲醇发生醚化和酯化反应，生成醇解产物。在富含甲醇和仅含少量水的反应体系中，乙酰丙酸甲酯和甲酸甲酯将是最终主要的反应产物。

2. 工艺参数对乙酰丙酸酯产率的影响

1) 纤维素初始浓度对纤维素醇解的影响[39]

在甲醇体系中，硫酸浓度 $0.007\text{mol}\cdot\text{L}^{-1}$、反应温度 190℃下，测定了纤维素初始浓度为 $10\text{g}\cdot\text{L}^{-1}$、$20\text{g}\cdot\text{L}^{-1}$、$40\text{g}\cdot\text{L}^{-1}$ 时，甲基葡萄糖苷产率和乙酰丙酸甲酯产率随反应时间的变化情况，结果如图 3-21 所示。由图可知，在设定的实验条件范围内，不同纤维素初始浓度对甲基葡萄糖苷产率和乙酰丙酸甲酯产率影响都较小，因此在该初始浓度范围内可以认为纤维素醇解的主、副反应对纤维素均为 1 级反应。在下面动力学研究实验中，纤维素初始浓度选定为 $20\text{g}\cdot\text{L}^{-1}$。

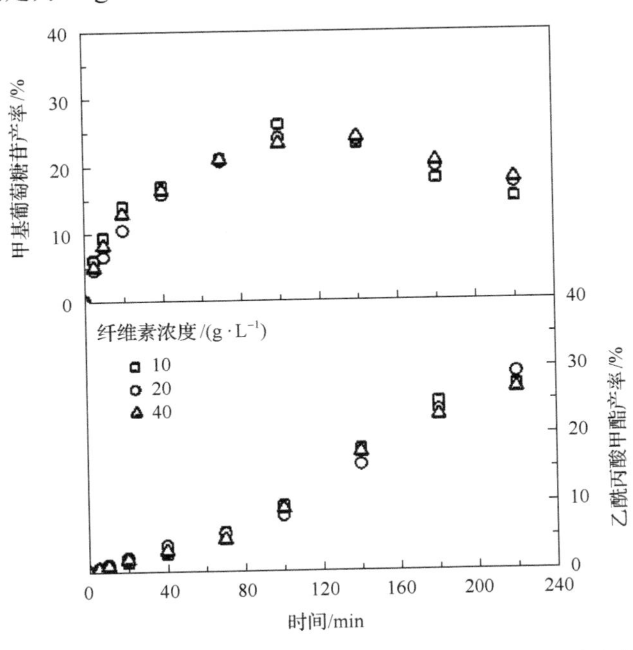


图 3-21　纤维素初始浓度对甲基葡萄糖苷产率和乙酰丙酸甲酯产率的影响

2) 反应温度对纤维素醇解的影响

在甲醇体系中，纤维素初始浓度 $20\text{g}\cdot\text{L}^{-1}$、硫酸浓度 $0.007\text{mol}\cdot\text{L}^{-1}$ 下，测定了 180℃、190℃、200℃温度下，甲基葡萄糖苷产率和乙酰丙酸甲酯产率随反应时间的变化规律，结果如图 3-22 所示。由图可知，反应初期，大量的中间产物甲基葡萄糖苷生成，随着反应的继续进行和反应温度的升高，甲基葡萄糖苷进一步醇解转化成乙酰丙酸甲酯。乙酰丙酸甲酯的生成速率和产率随反应温度的升高迅速提高。

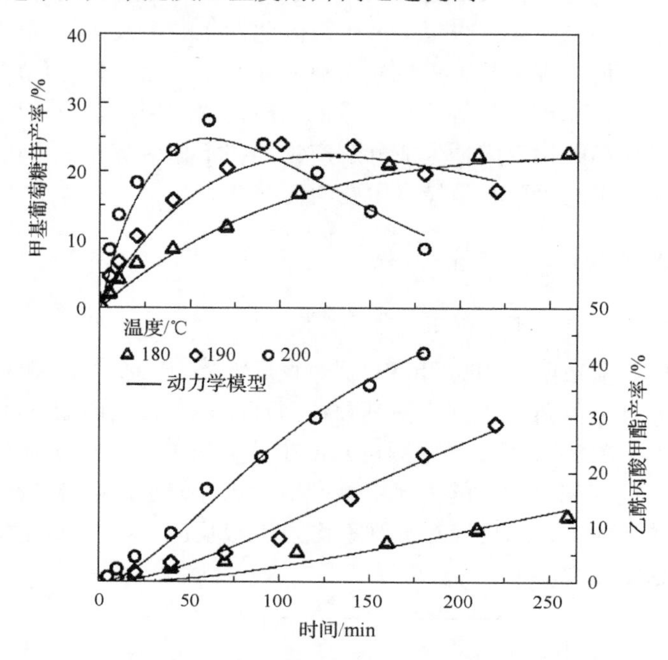


图 3-22　反应温度对甲基葡萄糖苷产率和乙酰丙酸甲酯产率的影响

3）硫酸浓度对纤维素醇解的影响

在甲醇体系中，纤维素初始浓度 20g·L$^{-1}$、反应温度 190℃下，测定了硫酸浓度分别为 0.004mol·L$^{-1}$、0.007mol·L$^{-1}$、0.01mol·L$^{-1}$ 时，甲基葡萄糖苷产率和乙酰丙酸甲酯产率随反应时间的变化情况，结果如图 3-23 所示。从图可以看出，增加硫酸浓度有利于促进纤维素降解成甲基葡萄糖苷，从而提高中间产物甲基葡萄糖苷的生成速率。同时，随着硫酸浓度的增加，甲基葡萄糖苷的降解速率也相应增加，使得乙酰丙酸甲酯的生成速率和产率都明显提高。

3. 纤维素降解转化模型

研究结果表明，纤维素等碳水化合物在甲醇中降解时，会生成一种主要的稳定中间产物甲基葡萄糖苷，据此我们建立纤维素经甲基葡萄糖苷醇解生成乙酰丙酸甲酯的动力学模型。纤维素醇解生成甲基葡萄糖苷的同时，可能会发生副反应生成一些腐殖质等聚合物，另外，甲基葡萄糖苷进一步醇解时也会产生不溶性固体腐殖质，然而反应后这些固体物与未反应的纤维素会混合在一起，因此很难精确测定纤维素的含量和计算其转化率，所以动力学研究中对纤维素降解的副反应暂不考虑，认为降解的纤维素全部转化成甲基葡萄糖苷。基于这些假设及结合甲基葡萄糖苷的醇解过程，纤维素醇解成乙酰丙酸甲酯的反应模型可简化为图 3-24。

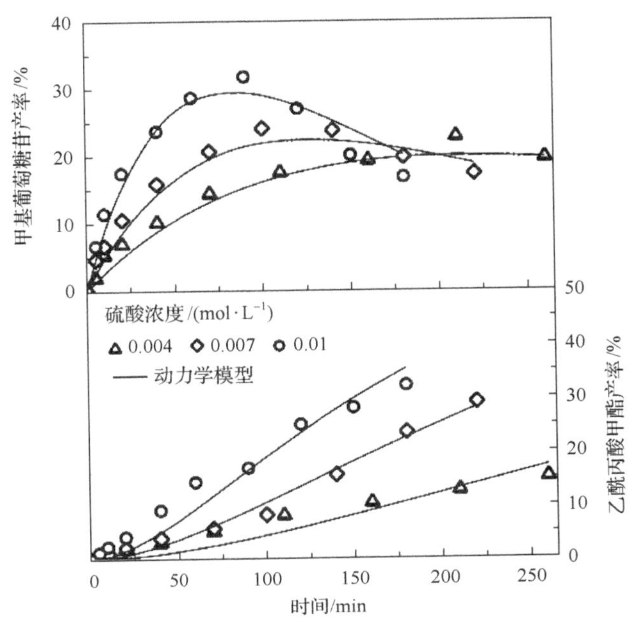


图 3-23　硫酸浓度对甲基葡萄糖苷产率和乙酰丙酸甲酯产率的影响

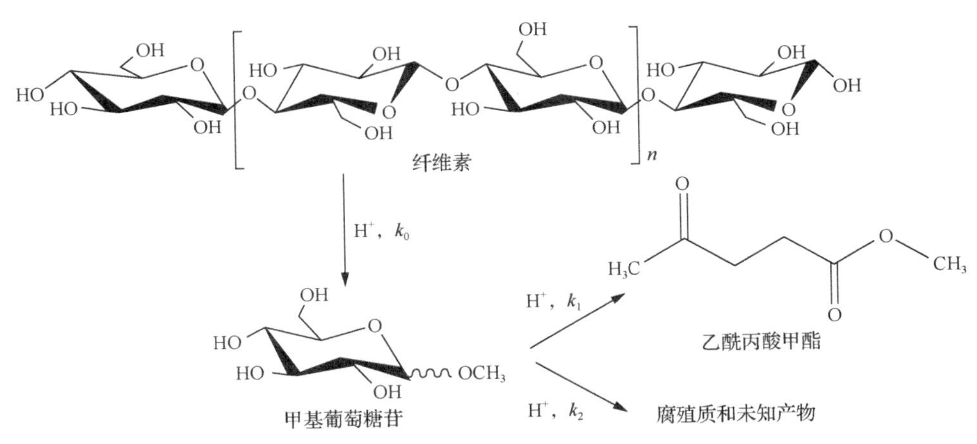


图 3-24　纤维素在甲醇中酸催化降解生产乙酰丙酸甲酯的简化反应模型

4. 纤维素降解转化动力学

在设定的实验条件范围内，纤维素初始浓度对甲基葡萄糖苷和乙酰丙酸甲酯产率基本上没有影响，所以可认为纤维素醇解的主反应对纤维素为 1 级反应。假定纤维素醇解的主反应对 $H^+$浓度为 $\gamma$ 级反应，则纤维素醇解的主反应速率方程可以写成式(3-9)[40]。

$$R_0 = A_0 C_{\mathrm{CEL}} C_{\mathrm{H^+}}^{\gamma} \exp(-E_0 / RT) \tag{3-9}$$

令 $k_0 = A_0 C_{\mathrm{H^+}}^{\gamma} \exp(-E_0 / RT)$，另外甲基葡萄糖苷(MGO)醇解的主、副反应速率方程如下：

$$R_1 = A_1 C_{\mathrm{MGO}} C_{\mathrm{H^+}}^{\alpha} \exp(-E_1 / RT) \tag{3-10}$$

$$R_2 = A_2 C_{\mathrm{MGO}} C_{\mathrm{H^+}}^{\beta} \exp(-E_2 / RT) \tag{3-11}$$

可知 $k_1 = A_1 C_{\mathrm{H^+}}^{\alpha} \exp(-E_1 / RT)$，$k_2 = A_2 C_{\mathrm{H^+}}^{\beta} \exp(-E_2 / RT)$，则有

$$\frac{\mathrm{d}C_{\mathrm{CEL}}}{\mathrm{d}t} = -k_0 C_{\mathrm{CEL}} \tag{3-12}$$

$$\frac{\mathrm{d}C_{\mathrm{MGO}}}{\mathrm{d}t} = k_0 C_{\mathrm{CEL}} - (k_1 + k_2) C_{\mathrm{MGO}} \tag{3-13}$$

$$\frac{\mathrm{d}C_{\mathrm{MLA}}}{\mathrm{d}t} = k_1 C_{\mathrm{MGO}} \tag{3-14}$$

在一定的反应温度和硫酸浓度下，$k_0$、$k_1$、$k_2$ 均为常数。将式(3-12)积分可得

$$C_{\mathrm{CEL}} = C_{\mathrm{CEL,0}} \exp(-k_0 t) \tag{3-15}$$

将式(3-15)代入式(3-13)积分，可得纤维素醇解时甲基葡萄糖苷浓度表达式：

$$C_{\mathrm{MGO}} = C_{\mathrm{CEL,0}} \frac{k_0}{(k_1 + k_2) - k_0} \left\{ \exp(-k_0 t) - \exp\left[ -(k_1 + k_2) t \right] \right\} \tag{3-16}$$

将式(3-16)代入式(3-14)积分，可得纤维素醇解时乙酰丙酸甲酯浓度的表达式：

$$C_{\mathrm{MLA}} = C_{\mathrm{CEL,0}} \frac{k_0 k_1}{(k_1 + k_2) - k_0} \left\{ \frac{\exp\left[ -(k_1 + k_2) t \right] - 1}{k_1 + k_2} - \frac{\exp(-k_0 t) - 1}{k_0} \right\} \tag{3-17}$$

由于缺乏纤维素浓度随反应时间变化的数据，无法直接通过式(3-15)求 $k_0$。另外，醇解过程中得到的中间产物甲基葡萄糖苷的数据误差可能较大，影响动力学拟合。因此，这里将使用乙酰丙酸甲酯浓度与反应时间的关系求 $k_0$，首先将一定反应温度和硫酸浓度下求得的 $k_1$ 和 $k_2$ 代入式(3-17)，然后在 Excel 中求解，即可求得相应反应条件下的速率常数 $k_0$，拟合结果见表 3-7。

**表 3-7 纤维素在不同反应温度和硫酸浓度下醇解的速率常数**

| 反应温度/℃ | 硫酸浓度/(mol · L$^{-1}$) | $k_0$/min$^{-1}$ | $R^2$ |
|---|---|---|---|
| 180 | 0.007 | 0.00235 | 0.9831 |
| 190 | 0.007 | 0.00517 | 0.9824 |
| 190 | 0.004 | 0.00275 | 0.9702 |
| 190 | 0.010 | 0.01010 | 0.9670 |
| 200 | 0.007 | 0.01200 | 0.9857 |

将不同反应条件下拟合得到的参数 $k_0$、$k_1$ 和 $k_2$ 代入式(3-17)，并结合 MLA产率(%) = $\frac{C_{MLA}}{C_{CEL,0}}\times100\%$ 计算，可得乙酰丙酸甲酯产率随反应时间的变化曲线；类似地，将不同反应条件下拟合得到的参数 $k_0$、$k_1$ 和 $k_2$ 代入式(3-16)，并结合 MGO产率(%) = $\frac{C_{MGO}}{C_{CEL,0}}\times100\%$ 计算，可得中间产物甲基葡萄糖苷的产率随反应时间的变化曲线，拟合结果如图 3-25 和图 3-26 中实线所示。从这些图可知，乙酰丙酸甲酯数据和甲基葡萄糖苷数据都遵循该一阶反应动力学模型，具有良好的一致性。另外，用全部实验值对模型预测值作关联图，结果如图 3-25 所示。所得直线斜率为 1.0574，接近于 1，该结果也表明模型预测值和实验值之间具有高度的相关性。

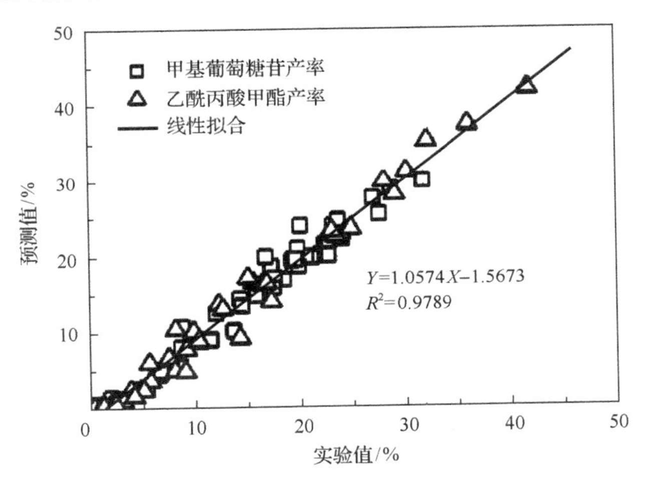


图 3-25　全部实验值与模型预测值的关联性

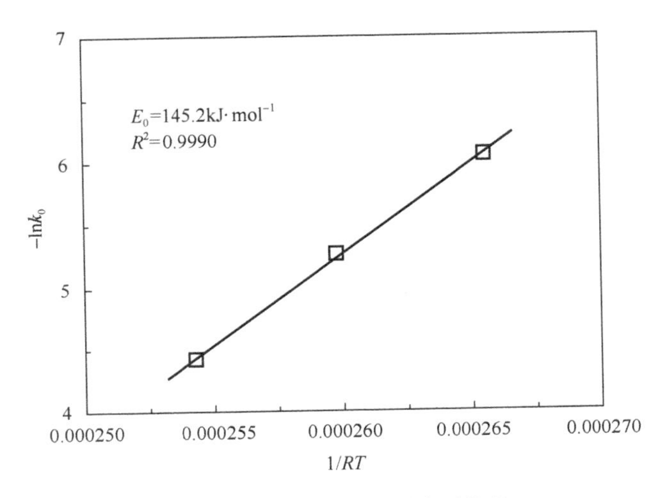


图 3-26　$-\ln k_0$ 对 $1/RT$ 作图求活化能 $E_0$

根据表 3-7 中硫酸浓度 0.007mol·L$^{-1}$ 下不同反应温度的数据，以$-\ln k_0$ 对 $1/RT$ 作图，

所得直线的斜率即为 $E_0$。结果如图 3-26 所示，经拟合可知 $E_0$ 为 145.2kJ · mol$^{-1}$。

根据表 3-7 中 190℃下不同硫酸浓度的数据，以 $\ln k_0$ 对 $\ln C_{H^+}$ 作图，所得直线的斜率即为 $\gamma$，经拟合可知 $\gamma$ 为 1.39。

将求得的 $\gamma$、$E_0$ 代入 $K_0$ 表达式，即可求得相应反应条件下的 $A_0$，再取 5 组数据的平均值，可得 $A_0$=5.11×10$^{16}$mol$^{-1.39}$ · L$^{1.39}$ · min$^{-1}$。

将 $\gamma$、$E_0$、$A_0$ 代入式(3-9)，可得出在实验范围内纤维素醇解成甲基葡萄糖苷的反应速率方程如式(3-18)所示。

$$R_0 = 5.11\times10^{16} C_{\mathrm{CEL}} C_{\mathrm{H^+}}^{1.39} \exp(-145.2\times1000 / RT) \tag{3-18}$$

从表 3-7 可以看出，增加反应温度和硫酸浓度均有利于加快纤维素醇解的反应速率，在一定反应时间内增加产物乙酰丙酸甲酯的产率。纤维素在甲醇中降解成乙酰丙酸甲酯的反应历程和动力学参数总结如图 3-27 所示。对比发现，纤维素醇解成甲基葡萄糖苷的活化能稍高于甲基葡萄糖苷醇解的主、副反应的活化能，说明纤维素在高的反应温度下更容易发生醇解。另外，纤维素醇解成甲基葡萄糖苷对 $H^+$的级数也明显高于甲基葡萄糖苷醇解的主、副反应对 $H^+$的级数，说明提高硫酸浓度更加有利于纤维素醇解成甲基葡萄糖苷。所有这些结果表明，纤维素降解比甲基葡萄糖苷进一步降解要困难，它需要更加苛刻的反应条件及酸性环境，因此该降解过程也被认为是决定最终产物乙酰丙酸甲酯产率的关键步骤之一。

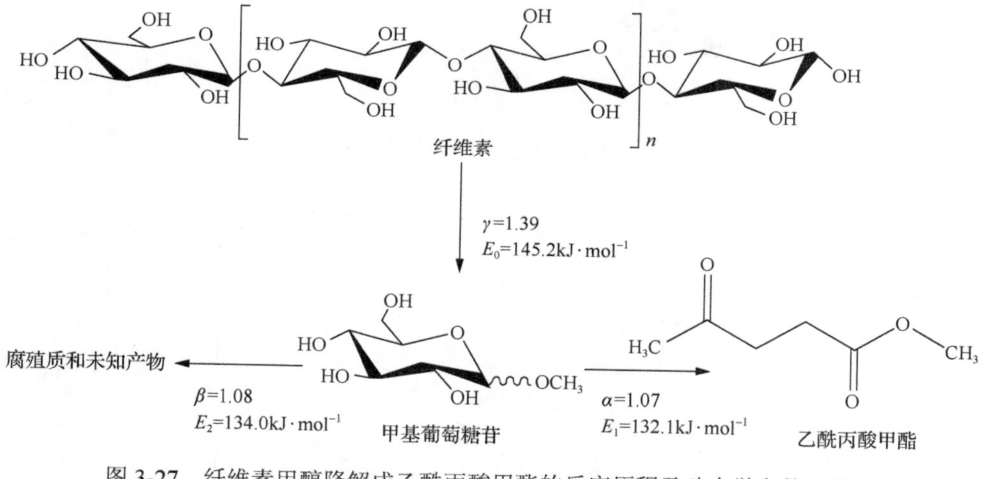

图 3-27　纤维素甲醇降解成乙酰丙酸甲酯的反应历程及动力学参数示意图

## 3.4　生物质制备乙酰丙酸酯技术

### 3.4.1　生物质制备乙酰丙酸酯的研究

乙酰丙酸酯是一种常用的脂肪酸酯，被认为是最有潜力的一类生物平台化合物，可以作为石油基化学品的替代品，用于生物燃料添加剂、食品、化妆品、装潢涂料和医学用药等行业中。生物质主要由纤维素、半纤维素和木质素构成，其中，纤维素和半纤维素是由葡萄糖或其他单糖聚合而成的大分子物质，降解后可获得相应的低聚合度糖，如葡萄糖、木糖和甘露糖等，这些单糖及其衍生物在直接使用或转化为重要的平台化合物中具有巨大的潜力。乙酰丙酸酯的合成原料如图 3-28 所示[40]，主要可以分为三类，一是乙酰丙酸，也是被报道较多的合成反应物，其经典反应就是与醇溶剂在回流的情况下进行酯化得到目标产物；二是纤维素降解得到的葡萄糖及其异构化合物果糖，葡萄糖及果糖可在催化剂的作用下经一系列脱水、醇解等反应得到目标产物；三是半纤维素降解的木糖经脱水转化后得到的糠醛和糠醇，它们在加氢还原或醇解后即可得到乙酰丙酸酯类化合物。

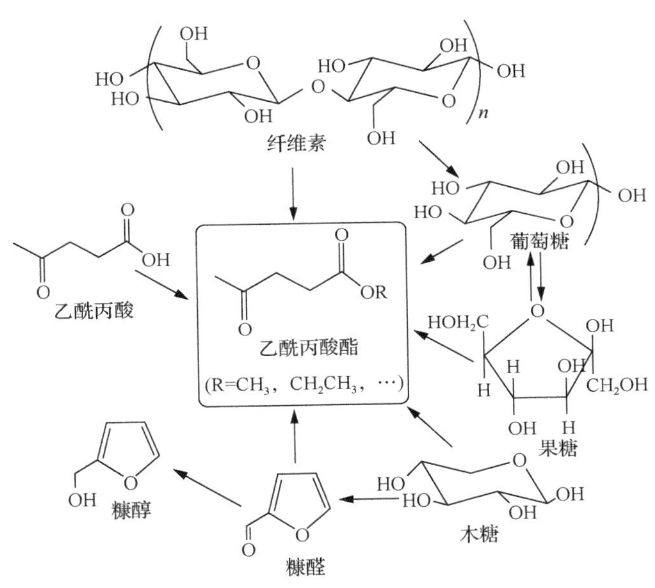


图 3-28　乙酰丙酸酯的合成原料[41]

### 3.4.2　生物质制备乙酰丙酸酯技术路径

1. 生物质直接醇解制乙酰丙酸酯

生物质中存在着大量的纤维素和半纤维素，但由于其形态、粒度和结晶度等特定因素对转化有一定的影响，木质纤维素的转化条件比单糖更加苛刻，往往需要更高的温度和压力。目前，木质纤维素制备乙酰丙酸酯的研究中，液体酸仍然是使用较多的催化剂，固体酸和其他催化剂的研究报道并不多见。Wu 等[42]以甲醇为溶剂，使用一系列的有机酸催化纤维素的醇解，结果表明，硫酸和对甲苯磺酸的催化效果优于其他可溶性酸，如磷酸、羧酸等，研究还发现反应温度和硫酸浓度是影响纤维素醇解和乙酰丙酸甲酯产率的主要因素，在反应温度为 190℃、硫酸浓度 $0.02mol \cdot L^{-1}$ 的条件下，5h 后乙酰丙酸甲酯的产率高达 55%，甲基葡萄糖苷是反应的中间产物，其转化被认为是反应的限速步骤。在 Mascal 等[43]的研究中发现乙酰丙酸乙酯的产率并不高，乙醇在反应过程中发生溶剂分子间的脱水生成乙醚等副反应，乙酰丙酸乙酯的产率被限制在 20%左右。为了进一步提高乙酰丙酸乙酯的产率，Mascal 等[43]以增加与酯相对应的羧酸中间产物的产率和减少副反应为出发点，使用氧化剂对原料进行预处理得到高产量的反应中间体，最终液化产品的总产率提高了约 1.6 倍，由原来的 27%提升至 70%。

一般在可溶性酸催化系统中，由纤维素制备乙酰丙酸酯的产率低于以单糖为原料的产率，催化剂的再生研究报道也较少见。Dora 等[44]报道指出，可以利用生物炭制备得到磺化炭作为催化剂，在一定的反应时间和温度条件下，由纤维素转化而来的甲基葡萄糖苷的产率可达 90%以上，甲基葡萄糖苷进一步转化得到乙酰丙酸甲酯的产率可达 30%，且 98%的炭催化剂可以被回收再利用。Rataboul 等[45]曾在超临界甲醇-水(90/10)体系中利用不溶性催化剂($C_{2.5}H_{0.5}PW_{12}O_{40}$)研究纤维素的液化行为，发现纤维素可经催化直接溶解制备得到乙酰丙酸甲酯，在反应温度为 300℃、压力为 10MPa 的条件下，纤维素几乎完全溶解，反应进行 1min 后乙酰丙酸乙酯的产率即达 20%，同等条件下，使用其他固体酸催化剂也可达到同样的效果。

2. 生物质经乙酰丙酸制乙酰丙酸酯

乙酰丙酸是一种 $\gamma$-酮酸，由碳水化合物降解获得，多个官能团的存在使其成为多用途的化学中间体。生物质经乙酰丙酸酯化合成乙酰丙酸酯的过程如下：首先将生物质水解得到乙酰丙酸，然后乙酰丙酸和醇类溶剂在催化剂的作用下发生酯化反应，得到相应的乙酰丙酸酯。生物质水解转化为乙酰丙酸的路径有两种，如图 3-29 所示：一种是戊聚糖水解得到糠醛，进一步加氢生成糠醇，再经酸化、水解、开环和重排生成乙酰丙酸；另一种是纤维素在酸催化下加热水解，经葡萄糖和 HMF 等中间产物直接生成乙酰丙酸。第一类转化途径所得乙酰丙酸产率较高，但生产过程中的步骤较多、工艺复杂，导致经济性较差，不利于大规模生产。相比较而言，第二类途径的工艺过程简单，反应条件易于控制，产率亦较佳，且生产成本低，在以后生物质转化合成乙酰丙酸的研究中潜力巨大。适当的醇酸摩尔比有利于目标产物的生成，多数研究以摩尔比在 5～10 之间进行，过量的醇溶剂可能会限制反应物与固体催化剂之间的传质，同时会发生醇分子间的脱水，降低酯类产物的产率，而醇溶剂的不足则导致乙酰丙酸的不完全反应，造成原料的浪费[46,47]。

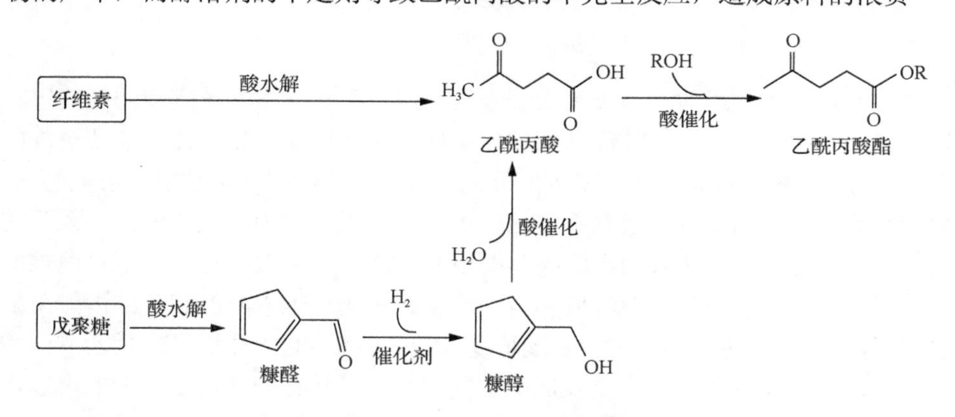


图 3-29　生物质经乙酰丙酸酯化合成乙酰丙酸酯的路径

催化剂是乙酰丙酸酯化合成乙酰丙酸酯反应过程中重要的影响因素，也是近年来的研究热点。在酸性催化剂中，杂多酸是酯化反应的最优选择，在使用中大多采用将其负载于金属氧化物以克服其比表面积低的缺点，研究表明，催化剂的构造、孔隙、孔洞尺寸和酸性位点是影响其催化性能的重要因素，微-介孔沸石之间的差异对乙酰丙酸乙酯的合成有显著影响，提高催化剂的介孔体积同时保留足够的酸浓度，可以有效增加催化剂的催化活性。Melero 等[48]通过磺酸基二氧化硅介孔催化剂催化乙酰丙酸与不同的醇进行酯化反应，得到乙酰丙酸酯，在最优条件下，在反应进行 2h 后，乙酰丙酸的转化率几乎可达 100%。Dharne 等[6]通过研究证明杂多酸负载蒙脱土的重要性，他们首先将 20%的二乙三胺五乙酸负载于蒙脱土 K10 得到催化剂 $H_3PW_{12}O_{40}$/K10，然后在反应温度为 120℃，丁醇与乙酰丙酸的体积比为 6∶1，催化剂用量为 10%的条件下反应 4h，乙酰丙酸丁酯的产率高达 97mol%。Nandiwale 等[7,8]在研究中发现，将 $H_3PW_{12}O_{40}$ 负载于部分脱硅 ZSM-5 沸石形成具有较强结构和酸性的催化剂，该催化剂对反应物具有较高的催化转化作用，对乙酰丙酸乙酯的转化具有较高的选择性，在最佳条件下反应 4h 后，乙酰丙酸的转化率高达 94%，乙酰丙酸乙酯的产率接近 100%，但酸的脱附会导致形成的催化剂在使用三次后失去活性，降低其使用寿命。Cirujano 等[49]制备得到含锆的金属有机催化剂(UiO-66-$NH_2$，UiO-66 型)，并利用所得催化剂对乙酰丙酸进行催化转化，结果表明，在研究所用实验条件下，乙酰丙酸乙酯和乙酰丙酸丁酯的产率最高分别可达 95%和 99%，此外，$C_{12}$醇、$C_{16}$醇和 $C_{18}$醇与乙酰丙酸经酯化反应所得对应酯的产率可高达 90%、82%和 62%，由此可见，两种催化剂对乙酰丙酸的酯化催化活性均较高。

生物法催化酯化乙酰丙酸是合成乙酰丙酸酯的另一重要方式。Yadav 等[12]和 Lee 等[10]分别在有溶剂和无溶剂的情况下，通过使用固定化脂肪酶催化乙酰丙酸与醇的酯化合成，结果表明，即使是在低温下，诺维信脂肪酶 435 也可以有效地催化转化乙酰丙酸，乙酰丙酸丁酯的最终产率在 90%以上，且乙酰丙酸乙酯的产率可高达 96.2%。

以乙酰丙酸为原料的乙酰丙酸酯合成方法反应效率高、副产物少、产物易分离，但成本过高且原料的纯度要求高，因此，实现工业化规模生产的成本较高。

3. 生物质经糠醇制乙酰丙酸酯

糠醛来源于木质纤维素类生物质中半纤维素的降解产物木糖，糠醇则由糠醛加氢还原得到。在酸性条件下，糠醇通过转化为乙酰丙酸，最终与醇反应生成乙酰丙酸酯，转化路线与乙酰丙酸类似，产物产率较高，可以作为合成乙酰丙酸酯的原料，反应途径如图 3-30 所示。

反应中，糠醇的醇解机理主要分为两步：首先是糠醇与醇反应生成中间产物 2-烷氧基甲基呋喃，该中间产物与醇相对应，然后是中间产物转化为相应的乙酰丙酸酯。其中，第一步占主导作用，糠醇或中间产物都可能发生副反应，糠醇的羟基和醇的羟基发生质子化和缩合反应，形成中间产物 2-烷氧基甲基呋喃。该步骤容易进行且反应速率较快，

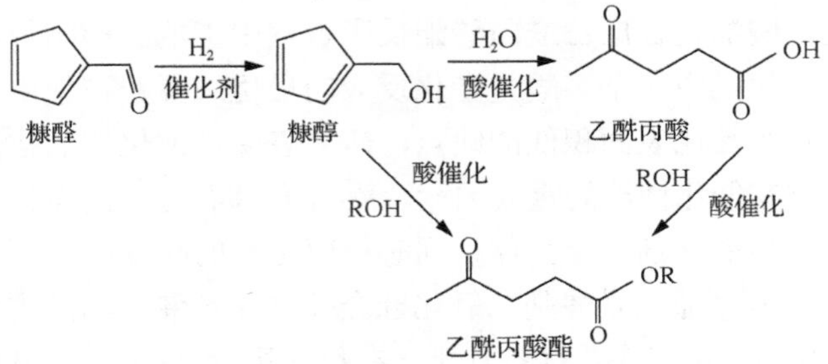

图 3-30　糠醛转化为糠醇合成乙酰丙酸酯的途径

但 2-烷氧基甲基呋喃转化为乙酰丙酸酯的过程较为复杂，反应速度较慢，为糠醇转化为乙酰丙酸酯的决速阶段。糠醇转化形成乙酰丙酸酯的过程中产生了多个中间体，如图 3-31 所示。醇溶剂在 2-烷氧基甲基呋喃及其衍生物的不同位置上发生加成和亲核反应，形成的中间体经质子化反应、消除反应和异构化等转化为乙酰丙酸酯。此外，由于糠醇的活性羟基发生酯化反应，对糠醇形成保护，仅有小部分的糠醇分子发生副反应。

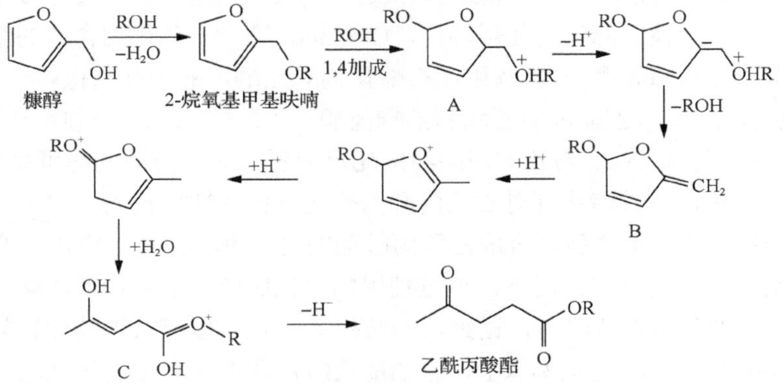

图 3-31　酸催化糠醇转化形成乙酰丙酸酯的反应机理

在糠醇转化制备乙酰丙酸酯的过程中，传统催化剂的使用以无机酸为主，如硫酸和盐酸等，但糠醇容易在该类强酸作用下发生聚合反应生成低聚物，造成乙酰丙酸酯的产率降低，需要通过加入过量的醇溶剂以降低对糠醇聚合的影响，同时该类催化剂回收困难，对环境的污染较大。因此，固体酸等非均相催化剂和离子液体等均相催化剂成为催化反应体系的研究重点。

Lange 等[50]使用固体酸催化剂，研究树脂和沸石对糠醇大规模醇解，反应在过量乙醇的条件下进行，结果表明，较低的糠醇混合物流速有利于减少副产物的生成，进而提高反应效率，固化型树脂催化系统中乙醚的含量更高。Neves 等[51]采用非均相酸催化剂，5-羟甲基-2-糠醛和糠醇为原料，制备乙酰丙酸酯和呋喃醚，结果表明，以糠醇为原料时的乙酰丙酸乙酯产率高于糠醛原料的，多数烷基乙酰丙酸酯均可由糠醇催化合成。同时他们认为乙酰丙酸酯形成的效率受固体催化剂结构的影响，如酸性位点的密度、强度、孔隙度和活性位点的可及性[52]。Kean 等[53]在催化剂用量较少的实验条件下，研究糠醇的醇解转化行为，得到较为理想的乙酰丙酸丁酯产率，同时催化剂可以在不显著降低催化性能的情况下回收利用。

近几年越来越多的人把目光转向磺酸改性的介孔固体酸催化剂，因为这类催化剂的多孔特性和强酸性都利于反应的进行。这类催化剂包括经磺酸改性后的活性炭、硅碳复合材料和有机硅纳米空心球，实验测得的乙酰丙酸乙酯产率都在 80%～90%。但催化剂的磺酸负载量会影响反应速率，负载量越多，反应速率越快，然而只要有足够的磺酸基存在，乙酰丙酸乙酯最后的产率都很接近[54-56]。Zhang 等[57]使用甲基咪唑硫酸丁酯磷钨酸($[MIMBS]_3PW_{12}O_{40}$)催化剂催化糠醇合成乙酰丙酸酯，这种催化剂是一种有机-无机杂化材料，由有机阳离子和无机阴离子组成，在最优条件下，乙酰丙酸丁酯的产率高达 93%。但离子液体的使用也存在缺点，例如，其合成工艺复杂，合成过程中会产生废水，纯化步骤繁多，增加了离子液体的生产成本，同时也带来了污染，降低了离子液体的绿色特征。此外，离子液体还存在稳定性、循环再生利用、环境和安全等方面的一系列问题。

近年来，金属盐用于糠醇醇解反应的研究逐渐出现。最先被使用的金属盐催化剂是乙酰丙酮铁，在低温条件下乙酰丙酸乙酯的产率高达 95%。在之后的相关研究中，发现金属铝盐可作为糠醇催化合成乙酰丙酸乙酯的催化剂，且催化活性较高。以 $AlCl_3$ 为催化剂时，在 110℃的条件下反应 3h，乙酰丙酸乙酯的产率可达到 74%；优化后，在 123℃下反应 2.7h，乙酰丙酸乙酯产率高达 96%。进一步观察催化剂的 Brønsted 酸性，$AlCl_3$ 的 pH 为 0.89。因此，推测可知 $AlCl_3$ 同时具有 Brønsted 酸性和 Lewis 酸性，可以有效地合成更多的乙酰丙酸乙酯。在所有铝盐中，$AlBr_3$ 的 Brønsted 酸性最大(pH=0.01)，糠醇的转化率也最大，但 $AlBr_3$ 易造成聚合反应，导致乙酰丙酸乙酯的产率降低。此外，$AlCl_3$ 作为催化剂使用 6 次后仍可保持高活性，具有较高的反应产率，具有较大的产业化应用前景。但以 $AlCl_3$ 为催化剂时，卤素的存在会造成设备腐蚀。所以金属盐催化剂的催化性能仍然需要进一步的研究，以促进其在糠醇醇解制备乙酰丙酸酯的反应中的应用[58]。

此外，其他的催化辅助手段可以使催化效果达到更好的水平。Huang 等[59]研究发现，在微波加热的辅助下，金属盐 $Al_2(SO_4)_3$ 催化碳水化合物转化，在 150℃条件下只需 5min 就能使乙酰丙酸甲酯的产率达到 80.6%。相比传统的加热方式，微波加热具有更大的优势。

4. 生物质经糠醛制乙酰丙酸酯

糠醛可由半纤维素降解得到，是生物质降解产物中重要的平台化合物之一。传统上，乙酰丙酸酯的合成主要通过糠醛加氢还原为糠醇后再醇解得到。糠醛合成乙酰丙酸酯的路径如图 3-32 所示。

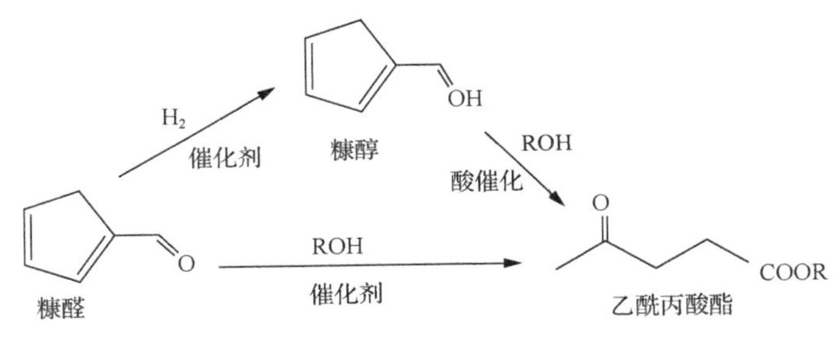


图 3-32　糠醛转化合成乙酰丙酸酯的反应路径

糖类化合物的酯化转化主要是通过转化成乙酰丙酸后形成 5-羟甲基糠醛，并最终经脱水和再水合作用得到酯类化合物。该反应过程的进行受反应时间、温度和催化剂浓度等因素的影响，温度范围在 120～250℃，但在此条件下经常伴随有烷基醚的生成[60]，阻碍了溶剂的回收利用和目标产物的分离，给工业化应用生产带来了困难。

最初开发的糠醛合成乙酰丙酸酯技术需要借助氢气来完成，有研究以 $Pt/ZrNbPO_4$ 为催化剂、反应温度为 140℃、压力为 5MPa 的氢气氛围条件下，催化糠醛和乙醇合成乙酰丙酸酯，反应 6h 后，产物选择率达到 75.6%[61]。在 $ZrNbPO_4$ 上负载 Pt 纳米粒子可以催化糠醛的加氢得到糠醇，Nb 元素为催化剂提供了强 Brønsted 酸位，还使催化剂的比表面积与孔径增大，增加了糠醇醇解的速率[61]。Antunes 等[62]研究发现，Sn-$\beta$ 沸石作为催化剂可以提高糠醛的转化率，达 95%，产物中包括乙酰丙酸、乙酰丙酸酯和 $\gamma$-戊内酯等高附加值的平台化合物，但单一产物产率低，乙酰丙酸酯的产率只有 14%。沸石催化剂中还可引入 Zr 元素。在相同的反应条件下，使用(Zr)SSIE-$\beta$ 可以缩短反应时间，糠醛转化率达到 98%[63]。但同样具有产物复杂，单一产物乙酰丙酸酯的产率低的缺点。Zr-位点对糠醛转化是不可缺少的，但高 Zr 负载量容易引起不必要的副反应[63]。Zhu 等利用复合改性的催化剂 $Au\text{-}H_4SiW_{12}O_{40}/ZrO_2$，在 120℃、0.1MPa 氮气氛围中反应 24h，乙酰丙酸酯的产率可达 72%。首先由 Au-位点催化糠醛发生氢转移加成反应生成糠醇，然后 HSiW 为糠醇醇解反应提供酸性位点，促进乙酰丙酸酯的生成[64]。Chen 等[65]合成双功能催化剂 $Nb_2O_5\text{-}ZrO_2$，在 180℃、2MPa $N_2$ 条件下反应 8h，糠醛转化率达到 93%，乙酰丙酸酯选择性达到 71.8%。该研究表明，$ZrO_2$ 可以为糠醛转化提供高效的催化活性，而单独的 $Nb_2O_5$ 并没有催化活性，通过聚合物前体法将两者结合改性后，合成凝胶型固体酸，增大了催化剂的比表面积，增加了孔隙和反应活性位点，同时还拥有强 Lewis 酸性，通过它们的协同作用，发挥了良好的双官能团催化作用。

糠醛的化学性质活泼，加氢后的产物复杂，如糠醇、2-甲基呋喃、2-甲基四氢呋喃、呋喃、四氢呋喃和多元醇等，所以糠醛加氢的方向难以控制。重金属盐催化糠醛转化为糠醇的同时如果还能提供酸性位点，就可以使糠醇进一步转化为乙酰丙酸酯。目前，糠醛一步转化为乙酰丙酸酯的技术尚未成熟，产业化开发仍然存在困难，所以糠醛一步合成乙酰丙酸酯的集成催化反应还需要进一步的研究。

5. 生物质经 5-氯甲基糠醛制乙酰丙酸酯

生物质经 5-氯甲基糠醛合成乙酰丙酸酯是利用纤维素等组分在盐酸溶液中降解生成 5-氯甲基糠醛，再经醇解制取乙酰丙酸酯，合成路线如图 3-33 所示[66,67]。

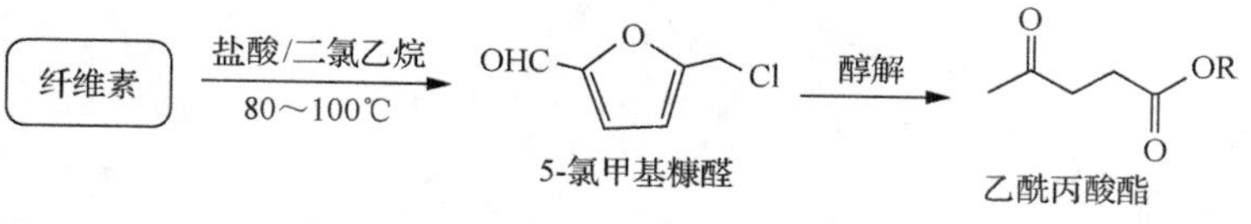

纤维素
盐酸/二氯乙烷
80～100℃
OHC
O
Cl
5-氯甲基糠醛
醇解
O
OR
O
乙酰丙酸酯

图 3-33　纤维素经 5-氯甲基糠醛醇解转化合成乙酰丙酸酯

5-氯甲基糠醛尽管不能作为燃料直接使用，但它是一种高反应活性的化学中间体，容易高效转化成其他燃料化学品，如经水解可得到 HMF 和乙酰丙酸；经醇解可得到 5-烷氧基甲基糠醛和乙酰丙酸酯；加氢还原可转化合成 5-甲基糠醛等。Mascal 等[67]的研究表明：在乙醇体系中，5-氯甲基糠醛在 160℃下反应 30min，乙酰丙酸乙酯分离产率可达 85%；在正丁醇体系中，5-氯甲基糠醛在 110℃下反应 2h，可获得分离产率为 84%的乙酰丙酸丁酯。可见，在无催化剂的作用下，在不同的醇体系中 5-氯甲基糠醛都容易发生醇解，并且获得较高产率的乙酰丙酸酯。

综上可知，纤维素生物质经 5-氯甲基糠醛二步法转化合成乙酰丙酸酯的总产率可达 60%以上，转化率较高，且反应条件较温和，这为生物质转化合成乙酰丙酸酯开辟了一条新的可行途径。

## 3.5　γ-戊内酯的制备技术

γ-戊内酯作为一种生物基平台化合物，可由纤维素或半纤维素经催化降解得到，制备过程如图 3-34 所示。在降解制备过程中，γ-戊内酯保留有适当的官能团，可用作树脂溶剂及各种有关化合物的中间体，可制备其他碳基化学品、材料及液体燃料等，具有无毒、可生物降解的特性，被认为是最具应用前景的生物质基平台化合物之一[68]。

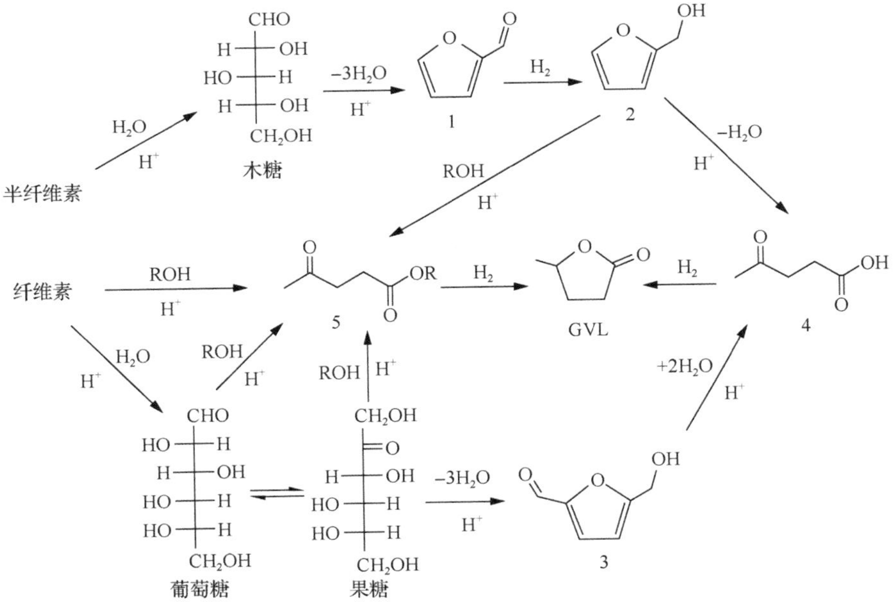

图 3-34　GVL 的制备反应路径[69]

GVL 的生产成本决定了其在商业化领域中的应用，纤维素和半纤维素均可作为 GVL 的制备原料，如图 3-34 所示，由半纤维素降解得到的木糖在酸催化作用下脱水形成糠醛[70]，随后催化加氢得到糠醇[71]，最后在水或醇溶液中继续水解或醇解得到乙酰丙酸或乙酰丙酸酯[50,52,61,72]；纤维素及其降解产物葡萄糖和果糖在水相中催化降解得到 HMF，进一步水合得乙酰丙酸[73]；同时，纤维素及其降解产物葡萄糖和果糖还可醇解直接得到乙酰丙酸酯[13,34,74-76]，所得到的乙酰丙酸及乙酰丙酸酯均可通过加氢制备得到 GVL。

关于乙酰丙酸和乙酰丙酸酯选择性加氢合成 GVL 的研究已有很多，根据氢源的差异将 GVL 的制备体系分为三大类：$H_2$ 作为外部氢源、甲酸作为原位氢源和醇溶剂作为原位氢源，以下将对三类制备体系进行总结分析。

### 3.5.1 乙酰丙酸(酯)加氢合成 *γ*-戊内酯的研究

1. $H_2$ 作为外部氢源

目前，关于 $H_2$ 催化体系中乙酰丙酸选择性还原制备 GVL 的机理有两类研究，如图 3-35 所示，一类是在液相加氢体系中，存在于乙酰丙酸中的 C4 位羰基被还原为羟基，形成 4-羟基戊酸(4-hydroxyvaleric acid，HVA)，而该酸的热稳定性差，易环化脱水形成稳定的 GVL[77]；另一类是在气相加氢体系中，高温使得乙酰丙酸发生烯醇化，随后脱水环化得到 *α*-当归内酯(*α*-angelica lactone，AAL)，进一步加氢还原即可得到 GVL[78]。

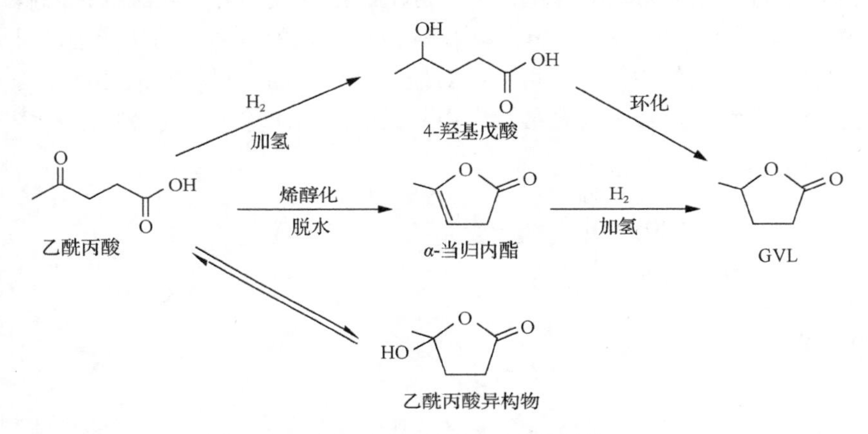


图 3-35 乙酰丙酸选择性加氢还原制备 GVL

1) 非均相催化体系

$H_2$ 的还原能力需要有催化剂的作用，用于还原乙酰丙酸制备 GVL 的催化剂多为含有过渡态活性金属的非均相体系，即以贵金属为活性组分，考虑催化剂的经济性原因，高度分散的负载型催化剂将是工业化推广应用研究的必然选择。

早在 1930 年，以非均相体系为催化剂，利用 $H_2$ 作为氢源还原乙酰丙酸制备 GVL 的研究就已经出现，Schuette 等[79]以 $PtO_2$ 为催化剂，$H_2$ 为氢源，在低压和长反应时间条件下还原乙酰丙酸合成 GVL。经过十年的发展，Raney Ni(雷尼镍)被用来在高温、高压且无溶剂的条件下合成 GVL，产率达到 90%以上[80]。20 世纪 50 年代，Dunlop 等[81]利用还原后的 CuO 和 $Cr_2O_3$ 混合物为催化剂，将乙酰丙酸在高温、常压下定量转化为 GVL。Broadbent 等[82]则以 $Re_2O_7$ 为催化剂，在无溶剂、高压的条件下连续反应 18h 获得 GVL，产率为 71%。

多种负载型贵金属催化剂被证明在乙酰丙酸的选择性还原催化中效果较好，而 Ru 基催化剂比其他负载型催化剂表现出更高的活性，即使在无溶剂、室温条件下，适当延长反应时间，Ru/C 仍能将乙酰丙酸全部还原为 GVL，而同等条件下，Ru/$Al_2O_3$ 和 Ru/$SiO_2$ 催化合成 GVL 的产率不到 10%，表明 Ru 基负载型催化剂的载体对催化剂活性的影响较大[83]。Primo 等[84]通过透射电镜得知，当活性炭为载体时，Ru 纳米颗粒具有更高的分散度，说明催化剂载体在分散活性组分的能力上存在差异，而活性金属的分散程度则影响负载型催化剂的活性，因此，他们通过降低 $TiO_2$ 表面 Ru 的负载量来提高其分散度，使 Ru 纳米颗粒的粒度降低 3 nm 以上，得到 Ru/$TiO_2$ 催化剂，其活性优于 Ru/C。随后，Oritiz-Cervabtes 等[85]以[$Ru_3(CO)_{12}$]为前体原位合成纳米 Ru 颗粒（粒度为 2～3nm），在无溶剂和水体系中催化合成 GVL，产率大于 95%。但这种纳米 Ru 颗粒易失活，重复使用三次后催化活性下降严重。

提高加氢效率需要增加反应的温度和压力，这无疑增加了反应成本和危险性，不利于工业化发展的实现，因此，研究温和条件下的加氢还原反应具有重要的经济和安全意义。近年来，该方向的研究已经取得了一定的成果，Galletti 等[86]利用 Ru/C 和固体酸在低温下共催化乙酰丙酸制备 GVL，实现了混合催化剂的高效选择性还原。其中，Amberlyst A70 的共催化效果最佳，低于 100℃、不到 1bar①的 $H_2$ 氛围下反应 3h，GVL 的产率高达 97%以上，当以经过中和过滤后的生物质（芦竹）酸水解产物为原料时[87]，GVL 的产率为 81.2%，远高于没有共催化剂时的产率 15%。

从催化剂的经济性出发，非贵金属加氢催化剂的研究开发具有重要的意义，吸引各国研究学者的关注。Hengne 等[88]在研究中发现，以 $ZrO_2$ 和 $Al_2O_3$ 为载体的纳米 Cu 催化剂在乙酰丙酸还原合成 GVL 的过程中催化活性较高，且无过度还原产物的形成，两类催化剂在水溶液中催化合成 GVL 产率均可达到 100%，由此得出以下结论：载体上的纳米 Cu 是催化剂还原活性的来源，两种载体主要是促进加氢产物的环化脱水形成最终产物 GVL。然而 Cu/$ZrO_2$ 在水溶液中活性金属容易流失，醇体系则可以解决这一问题。

将乙酰丙酸直接还原制备 GVL，可以解决生物质分离乙酰丙酸的难题，具有重要的研究价值。Heeres 等[89]利用三氟乙酸和 Ru/C 直接催化果糖制备 GVL，在低温阶段使用较低的搅拌速率以减少果糖与 $H_2$ 的接触，有效地避免了果糖被还原为山梨醇等副反应，GVL 的产率达到 62%。开发易分离的催化剂的研究成为近年来的研究热点，Bourne 等[90]以 Ru/$SiO_2$ 为催化剂，水和超临界 $CO_2$（$scCO_2$）为反应介质，同步完成乙酰丙酸的加氢和 GVL 的分离，反应完成后乙酰丙酸和 GVL 分别存在于水相和 $scCO_2$ 相中，最终实现 GVL 的高效分离。这一工艺具有一定工业应用的价值，但是所需压力较高，100bar 压力下才能实现 GVL 的分离，对设备的要求非常高。Selva 等[91]报道了一种便于分离催化剂的 GVL 合成体系，该体系包含水相、离子液体相和有机相，其中离子液体在有机相和水相之间形成第三相，催化剂 Ru/C 被完全分散在离子液体相中，而 GVL 的合成发生在水相中，以实现离子液体和催化剂的回收利用，但离子液体的价格较高，导致这一催化体系的进一步放大受到限制。Dumesic 等采用含有双金属的催化剂 RuSn/C 在 2-仲丁基苯酚（SBP）和水的双相体系中选择性还原乙酰丙酸，同时实现了 GVL 的分离，且不会对 SBP 中的碳碳双键造成影响[92,93]。一方面，SBP 是木质素的一类衍生物[94]，制取成本较为低廉，

①1bar=100kPa。

且是可再生溶剂；另一方面，在水和 SBP 形成的两相体系中，GVL 在 SBP 中具有比较大的分配系数，使合成得到的 GVL 快速进入有机相中，以实现目标产物的迅速分离。

此外，气相的连续加氢反应也被应用于乙酰丙酸还原制备 GVL 反应中。Tay 等[95]采用固定床反应器，在 265℃下利用 Ru/C 催化还原乙酰丙酸，GVL 的产率达到了 100%，且催化剂在使用 240h 后，活性基本保持不变。当以 Pd/C 和 Pt/C 催化时，产物中出现了大量的 $\alpha$-当归内酯，同时还检测到一定量的过度加氢产物 2-甲基四氢呋喃。2-甲基四氢呋喃在空气中极易被过氧化，其过氧化物是极易燃易爆的化合物，因此，该过度加氢产物是研究中极力要避免的产物。

连续的气相加氢工艺具有加氢效率高、易实现生产的特点，但是其反应温度过高，对设备的要求较严格，同时有效避免危险的过度加氢产物的生成仍是亟须解决的难题之一。

2) 均相催化体系

加氢催化剂的第二类研究方向为均相催化剂，具有用量少、加氢效率高等特点，但也存在结构复杂、回收困难等缺点。20 世纪 90 年代初，Braca 等[96]采用多种 Ru 基配合物催化剂在水相中还原乙酰丙酸，得到了较佳的催化效果，以 $Ru(CO)_4I_2$ 最为突出，但 Ru 基配合物需要同时以 HI 或 NaI 为促进剂时才能稳定存在，$Ru(CO)_4I_2$ 在水中主要以 $HRu(CO)_3I_3$ 的形式存在，这种配合物具有一定的酸性和较强的加氢能力，利用该催化剂的这一特性，可以同步实现单糖到乙酰丙酸的转化和进一步加氢制备 GVL，但该工艺存在催化剂难以回收和易失活的缺点。

近年来所研究的多种均相催化剂中，Ru 基催化剂的效果最佳。Starodubtseva 等[97]在 60℃下，以手性 $Ru^{II}$-BINAP 为催化剂在乙醇中催化还原乙酰丙酸乙酯合成 GVL，产率达到 95%以上。$Ru^{II}$-BINAP 在室温条件下依然有较好的催化活性，反应 18h 后 GVL 的产率在 85%以上。Henningson 等[98]曾利用 $Ru(acac)_3$/TPPTS 在水相和 $Ru(acac)_3/PBu_3/NH_4PF_6$ 在无溶剂条件下催化还原乙酰丙酸，GVL 的产率可分别达到 95%和 100%。活性中心 Ru 的加氢能力在很大程度上受制于配体的结构，但是 Henningson 等并未就 TPPTS、$PBu_3$、$NH_4PF_6$ 等配体和辅助剂在促进加氢的机理方面作详细的说明。鉴于配体对催化剂的调节作用，Delhomme 等[99]考察了各种水溶性的膦配体对 $Ru(acac)_3$ 加氢活性的影响，发现 $Ru(acac)_3$+TPPTS 的催化效果最佳。Delhomme 等认为配体的重要作用之一是稳定 $Ru(acac)_3$，因为在没有配体存在的情况下催化剂容易分解为不溶的黑色颗粒。

一般均相催化体系中的 GVL 高产率都需要在较高 $H_2$ 压力（通常大于 50bar）下才能完成。最近 Tukacs 等[100]以 $Ru(acac)_3$ 结合烷基取代的苯基膦磺酸盐（$R_nP(C_6H_4\text{-}m\text{-}SO_3Na)_{3-n}$（$n$=1 或 2; R=Me, Pr, *i*Pr, Bu, Cp）为配体，无溶剂体系中 10bar $H_2$ 条件下完成了乙酰丙酸的定量还原。实验发现，对催化体系的催化活性影响较大的因素是配体中烷基取代的数量和种类，其中以一取代的配体 $BuP(C_6H_4\text{-}m\text{-}SO_3Na)_2$ 和 $PrP(C_6H_4\text{-}m\text{-}SO_3Na)_2$ 催化效果最好。而同等条件下直接以 TPPTS 作为配体时，GVL 的产率不足 30%。

为了方便地回收催化剂，Chalid 等[101]以二氯甲烷和水为反应介质，利用原位合成的水溶性 Ru/TPPTS 催化还原乙酰丙酸合成 GVL。Ru 基催化剂和生成的 GVL 分别存在于水相和有机相中，经过简单相分离即可回收 Ru 基催化剂，且催化剂保留了相当的活性。

除此以外，为了避开高能耗的乙酰丙酸分离，Heeres 等[89]以葡萄糖为原料，三氟乙酸和 Ru/TPPTS 分别作为糖水解和乙酰丙酸加氢的催化剂，制备乙酰丙酸并还原加氢得到 GVL，最终乙酰丙酸和 GVL 的产率分别达到 19%和 23%。但是，在上述反应条件下，Ru/TPPTS 催化效率却低于非均相催化剂 Ru/C，原因可能是葡萄糖的降解产物中的某些成分破坏了 Ru/TPPTS 的稳定性。因而开发结构简单而稳定的其他均相催化剂成为各专家学者面临的首要难题。

除了 Ru 基催化剂以外，Zhou 等[102]研究了一种以 $Ir\{[Ir(COE)_2Cl]_2\}$为活性中心的螯合配合物，并利用其在乙醇体系中催化还原乙酰丙酸。含不同螯合配位体的催化剂的活性差别比较大，且都需要加入 KOH 等碱促进剂才能获得较高的催化活性。此外，该类催化剂的结构比较复杂。

综上所述，在未来应用在实际生产中，非均相催化剂和均相催化剂都需要具有高效、选择性的催化还原能力和长期的稳定性的特性，这也为未来催化剂的研究指明了方向。

2. 甲酸作为原位氢源

甲酸在催化剂的作用下，分解为氢气和二氧化碳，是一种极有研究价值的储氢化合物[103-105]。葡萄糖在酸水解生成乙酰丙酸的同时会产生等摩尔量的甲酸，但受副反应的影响，最终水解产物中甲酸的摩尔量高于乙酰丙酸[106]，因此，水解所得到的甲酸可以作为原位氢源满足乙酰丙酸的还原制备得到 GVL。考虑原子经济性和资源利用最大化，如果有合适的催化剂将水解产生的甲酸利用起来，对生物质直接制备 GVL 具有重大的现实意义。

最近，Henningson 等[98]在 pH=4 的 HCOONa 水溶液和惰性气氛中以$[(\eta^6\text{-}C_6Me_6)Ru(bpy)(H_2O)][SO_4]$定量还原催化乙酰丙酸合成 GVL，但 GVL 的产率仅为 25%，另外，还发现了 25%的过度加氢产物 1,4-戊二醇。由于 Henningson 等没有就 HCOONa 在催化剂作用下发生的变化做深入的研究，HCOONa 的加氢机理需要做进一步的研究。Heeres 等[89]分别以果糖和甲酸为原料，以三氟乙酸和 Ru/C 作为糖水解和乙酰丙酸加氢的催化剂直接制备 GVL，产率达到 52%。但是，该研究也并未阐明甲酸在 Ru/C 催化下的供氢方式是直接氢转移还是分解为氢气和二氧化碳。

在前人的研究基础上，Deng 等[107]在碱促进剂和配体可调的 Ru 基催化剂体系中，以甲酸为氢源选择性还原乙酰丙酸合成 GVL。该催化剂以 $RuCl_3$ 为活性中心，催化剂的活性同碱促进剂的碱性强度呈正相关（KOH＞NaOH＞$NEt_3$＞吡啶＞$NH_3$＞LiOH）；配体对催化体系的影响也很大，其中以 $PPh_3$ 效果最佳。他们发现，在 Ru 基催化剂的作用下甲酸首先分解成 $H_2$ 和 $CO_2$，然后对乙酰丙酸进行还原催化，即该 Ru 基催化剂在催化甲酸分解的同时催化乙酰丙酸还原，但是水会造成这种催化剂的不稳定。当直接以中和后的葡萄糖酸水解产物浓缩液为原料，且不向反应系统提供任何外部氢源的条件下，GVL 的产率可达 48%。为了方便催化剂的回收，Deng 等将 $RuCl_3$ 负载于功能化的 $SiO_2$ 表面，但结果发现这类 Ru 基催化剂催化甲酸分解的效率高于催化乙酰丙酸加氢还原的效率，不过在催化加氢还原过程中活性金属易流失和失活[108]。

纳米 Au 催化剂在有机合成化学中具有非常广泛的应用[109,110]，负载型的纳米 Au 催化甲酸的分解和乙酰丙酸的加氢的研究已经受到关注。有研究表明，$ZrO_2$ 负载的纳米 Au 能够高效地将甲酸分解为 $CO_2$ 和 $H_2$[111]。最近 Du 等[112,113]仅用单催化剂 Au/$ZrO_2$ 实现了甲酸的高效分解和乙酰丙酸加氢还原同步进行。Au/$ZrO_2$ 不但具有很好的耐酸耐水性，而且 Au/$ZrO_2$ 分解甲酸的产物中不含 CO，仅有 $CO_2$ 和 $H_2$，这是因为反应过程中 Au/$ZrO_2$ 催化 CO 与 $H_2O$ 反应生成 $CO_2$ 和 $H_2$[114]。直接以中和过的生物质酸水解的混合液为原料时，Au/$ZrO_2$ 的催化活性依然较高。以果糖为原料，在经历酸水解和 Au/$ZrO_2$ 催化加氢后，GVL 的产率可达 60%。但以原始生物质为原料的水解产物中(尤其是含有腐殖质等各种复杂成分的产物)，关于 Au/$ZrO_2$ 的稳定性及其重复使用的性能还需要进一步的研究。此外，Ortiz-Cervantes 等[85]原位合成了 Ru-NPs，并以其为催化剂在 $Et_3N$ 促进下催化甲酸分解及乙酰丙酸的还原制备 GVL，但是 Ru-NPs 的催化活性及稳定性均低于 Au/$ZrO_2$。

甲酸不仅可以在催化剂作用下分解以提供氢气分子，还能在适当条件下直接通过氢负离子转移还原乙酰丙酸。Kopetzki 等[115]在水热条件下(175～300℃)，以硫酸钠等盐类催化甲酸氢转移还原乙酰丙酸，经实验研究发现，溶液的 pH 控制着氢转移过程，调整 pH 使甲酸和乙酰丙酸分别以甲酸盐和中性分子的形式存在，有利于氢转移的发生。$Na_2SO_4$ 在高温水热条件下的解离常数较常温下发生了变化，使得 $Na_2SO_4$ 变成一种受温度控制的碱，从而可把反应液的 pH 调整到有利于甲酸氢转移的发生。相较于贵金属催化剂而言，硫酸盐的价格非常便宜，但是这种转移加氢工艺的效率比较低：在 $0.5mol \cdot L^{-1}$ $Na_2SO_4$ 水溶液中，220℃下反应 12h 后，GVL 的产率只有 11.0%。

将甲酸作为储氢载体的研究已广泛开展，但是以甲酸作为原位氢源还原乙酰丙酸制备 GVL 的研究还不是很多。现在使用的催化剂或多或少地存在价格昂贵、易分解或效率低等缺点，如果能开发出价廉、高效、稳定的催化剂直接将甲酸作为原位氢源还原乙酰丙酸合成 GVL，将极大地推动生物质转化生产 GVL 向着市场化的方向靠拢。在以上这些研究中，催化剂的活性金属扮演着双重催化作用，即同时催化了甲酸分解产氢和乙酰丙酸加氢还原。以甲酸作为氢源其本质上还是以分子 $H_2$ 加氢还原乙酰丙酸合成 GVL，只是这里的 $H_2$ 来自于制备乙酰丙酸过程中所产生的副产物甲酸。

### 3. 醇溶剂作为原位氢源

乙酰丙酸及其酯类加氢还原合成 GVL 的反应本质上是一个羰基选择性还原的过程。除了分子 $H_2$ 外，脂肪醇类也可以作为氢供体，并通过 Meerwein-Ponndorf-Verley(MPV)反应催化羰基化合物转移加氢合成相应的醇类。MPV 转移加氢反应对羰基具有专一的选择性，所以 MPV 反应在不饱和醛酮的选择性还原反应中具有广泛的应用。最近，Chia 等[116]以金属氧化物催化醇类(如乙醇、2-丁醇、异丙醇等)氢转移还原乙酰丙酸酯，GVL 的产率可达到 90%以上。在众多的金属氧化物中，以 $ZrO_2$ 的催化活性最佳。然而，当乙酰丙酸作为反应底物时，即使在 220℃下经过长达 16h 的反应，GVL 产率也只有 71%。这主要是由于 $ZrO_2$ 的催化活性与催化剂表面酸碱活性位点密切相关，而乙酰丙酸属于酸性较强的有机酸，因而可能与催化剂表面的碱性位点发生相互作用并导致催化剂部分失活[117]。Zr-Beta 分子筛也能有效地催化乙酰丙酸酯经 MPV 转移加氢反应合成 GVL[118]，但是 Zr-Beta 分子筛的制备工艺要比金属氧化物复杂。值得注意的是，Tang 等[119]开发的原位催化剂体系能够高效地催化乙酰丙酸在醇体系中转移加氢合成GVL。在这种催化剂体系中，催化剂前体 $ZrOCl_2 \cdot 8H_2O$ 在乙酰丙酸的醇溶液中受热自发分解为 HCl 和 $ZrO(OH)_2$，并分别有效地催化了乙酰丙酸的酯化和后续酯化产物的转移加氢。这种原位催化剂体系避免了烦琐的催化剂制备过程，特别是原位形成的催化剂具有比传统沉淀法制备的氢氧化物更高的比表面积，并且对腐殖质也具有较好的耐受性。此外，Yang 等[120]制备的Raney Ni在室温条件下就能催化乙酰丙酸乙酯在异丙醇中转移加氢，GVL的最高产率接近100%。但是Raney Ni催化氢转移机理不同于MPV还原，更类似于催化 $H_2$ 加氢的机理。这种自制的Raney Ni在室温条件下的优异催化性能主要得益于其制备过程中残留的酸性组分 $\gamma$-$Al_2O_3$，因为酸性组分能够极大地促进加氢中间产物的环化反应在低温下进行[121]。Pd、Ru 等贵金属基催化剂也能催化乙酰丙酸酯在醇溶液中转移加氢合成GVL[122,123]，但从催化剂成本方面考虑，贵金属催化剂不是最理想的选择。上述转移加氢途径通常只能有效地利用两个C以上的脂肪醇作为氢供体，而甲醇在MPV转移加氢反应中属于非常惰性的氢供体，在甲醇中乙酰丙酸酯通过MPV还原合成GVL的产率一般都在10%以下。然而，Tang 等[124]发现纳米Cu催化剂能够同时有效地催化甲醇重整制氢和乙酰丙酸甲酯还原加氢合成GVL，并且在腐殖质存在的情况下纳米Cu催化剂也能表现出比较稳定的催化性能。因此，通过纤维素甲醇醇解制备的乙酰丙酸甲酯粗产品的加氢还原可以直接以溶剂甲醇作为原位氢源，从而省去了乙酰丙酸甲酯的分离提纯过程，极大地简化了生产工艺。

1) MPV 转移加氢制备 $\gamma$-戊内酯

以乙酰丙酸乙酯在乙醇中经MPV转移加氢制备GVL为例。利用GC-MS对乙酰丙酸乙酯在乙醇中的转移加氢产物进行定性分析，结果显示除了目的产物GVL外，产物中还有另外三种主要的副产物(图3-36中化合物1、4、5)。图3-36中绘制了主产物GVL和各种副产物可能的反应路径：首先，在 $ZrO(OH)_2$ 催化下乙酰丙酸乙酯从乙醇中夺取两个氢原子并还原分子中4位的羰基得到中间产物4-羟基戊酸乙酯，而失去H的乙醇则转化为乙醛；然后，4-羟基戊酸乙酯通过分子内的酯交换作用脱去一分子乙醇形成GVL。此外，4-羟基戊酸乙酯还可能与乙醇经醚化反应转化为副产物4-乙氧基戊酸乙酯(图3-36中化合物1)，GVL也有可能与乙醇直接开环形成副产物1。然而，通过GC-MS并未在产物中检测到中间产物4-羟基戊酸乙酯，这主要是由于GVL的五元环状结构具有比4-羟基戊酸乙酯更高的热力学稳定性。先前的研究发现，在酸性固体催化剂和反应温度高于50℃的条件下，4-羟基戊酸乙酯就可以非常迅速地环化形成GVL，所以乙酰丙酸乙酯转移加氢形成4-羟基戊酸乙酯为整个反应的速控步骤[125]。尽管GC-MS未能检测到4-羟基戊酸乙酯，但已有研究者通过 $^1H$ NMR 检测，确定了中间产物4-羟基戊酸乙酯的形成[126]。

如图3-36所示，乙醇脱氢产品乙醛可能与乙酰丙酸乙酯发生羟醛缩合形成化合物2，化合物2经过催化转移加氢可以得到化合物3，化合物3最终也可以通过分子内环化形成副产物4。产物GVL也可以与乙醛发生缩合反应生成另一副产物5。另外，需要注意的是，由于反应过程中乙醇脱氢产物乙醛主要与乙醇形成了乙缩醛(通过GC-MS检测)，乙酰丙酸乙酯转移加氢产物中只生成了少量的副产物4和5。

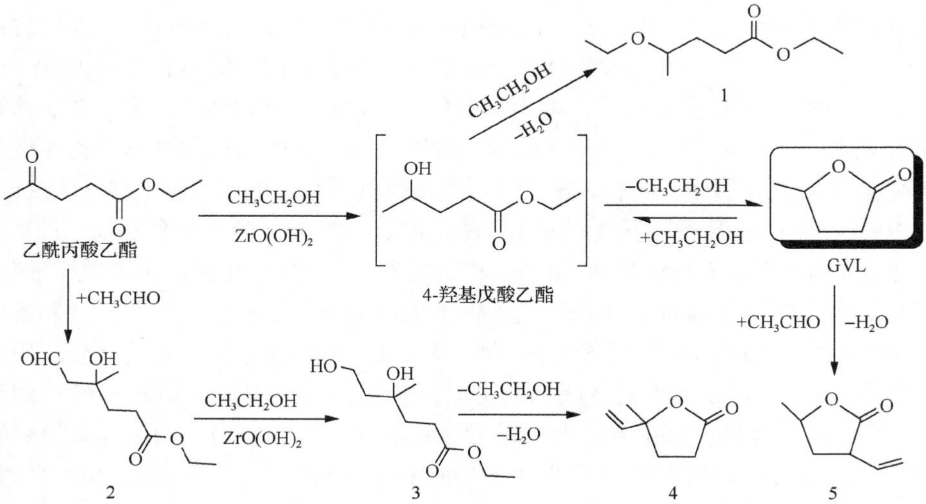

图 3-36　催化乙酰丙酸乙酯在乙醇中转移加氢合成 GVL 及副产物的反应路径

为了更深入地了解乙酰丙酸乙酯在乙醇中转移加氢的机理，一系列的杂质被引入反应体系中并考察其对乙酰丙酸乙酯转化率和产物选择性的影响。从表 3-8 中可以看出，当向反应体系加入 5wt%或 10wt%的水分后，乙酰丙酸乙酯转化率分别稍微提高至 89.6%和 92.0%，但是 GVL 和副产物 1、4 及 5 的选择性反而都出现了降低的趋势。由于这些副产物的形成涉及脱水反应，根据 Le Chatelier 原理，体系中水含量增加必然会抑制这些副反应的产生。然而，GVL 选择性的降低说明水分的存在可能促进了其他未知的副反应发生。此外，吡啶的加入导致乙酰丙酸乙酯转化率和 GVL 选择性分别稍微下降至 81.1%和 82.2%。吡啶中的 N 原子能与催化剂表面的 Zr 原子(酸性位点)发生结合，进而降低了乙酰丙酸乙酯中羰基与酸性位点接触的概率；但由于吡啶分子中 N 原子周围空间位阻较大，吡啶在与乙酰丙酸乙酯的竞争吸附中并不占优势，所以吡啶对乙酰丙酸乙酯转移加氢的影响比较有限。然而，当加入苯甲酸时，乙酰丙酸乙酯的转化率急剧地下降到 23.2%，但 GVL 的选择性未出现大幅下降。这主要是由于苯甲酸比乙醇更容易与催化剂表面的–OH 基团(碱性位点)发生结合，无法催化乙醇进行氢转移，因而乙酰丙酸乙酯转化率急剧下降。上述实验结果说明，$ZrO(OH)_2$催化乙酰丙酸乙酯转移加氢的活性与其表面的酸碱位点密切相关。

**表 3-8　添加物对 $ZrO(OH)_2$催化乙酰丙酸乙酯转移加氢还原的影响**

| 添加物 | 转化率/% | 产物选择性/% | | | |
|---|---|---|---|---|---|
| | | GVL | 副产物 1 | 副产物 4 | 副产物 5 |
| 空白 | 89.1 (1.33wt%) [a] | 84.5 | 10.5 | 1.8 | 3.2 |
| 5wt%$H_2O$ | 89.6 | 81.4 | 8.8 | 1.4 | 1.7 |
| 10wt%$H_2O$ | 92.0 | 80.5 | 7.6 | 0.9 | 0.9 |
| 2.5wt%吡啶 | 81.1 | 82.2 | 10.2 | 2.8 | 3.5 |
| 2.5wt%苯甲酸 | 23.2 | 78.7 | 8.8 | 0.4 | 2.6 |
| 10bar $O_2$ | 66.9 (3.33wt%) [a] | 58.6 | 6.6 | 4.6 | 2.7 |

反应条件：2g 乙酰丙酸乙酯、38g 乙醇、240℃、1g $ZrO(OH)_2$、60min。

a 括号内表示反应后溶液的含水量。

尽管一般认为 MPV 转移加氢是通过氢负离子 $H^-$的转移完成的[127]，但这主要是基于化学反应原理的合理推测，因为很难通过原位的观察证明 $H^-$的存在。$H^-$在反应体系中很难稳定存在，极容易参与氧化还原反应并形成其他化合物。为了验证在转移加氢过程中 $H^-$的存在，研究者在反应开始之前向反应釜中充入一定量的 $O_2$，反应完成后分别测定乙酰丙酸乙酯转化率、产物选择性及反应液含水量。在空白试验中，反应液的含水量只有 1.33wt%，这些水分应该主要来自乙醇的醚化及副产物形成过程中所涉及的脱水反应。当反应前室温下向反应釜中充入 10bar $O_2$ 时，在反应完成后，观察到室温下反应釜内压力突降至 4.5bar，而反应液中的含水量提高至 3.33wt%；与此同时，乙酰丙酸乙酯转化率和 GVL 选择性分别降至 66.9%和 58.6%。上述结果说明，很大一部分 $O_2$ 在反应过程中被消耗并生成了更多的水，$O_2$ 与乙酰丙酸乙酯竞争 $H^-$造成了乙酰丙酸乙酯转化率和 GVL 选择性的明显降低。

基于上述实验结果和其他文献报道，研究者们提出了乙酰丙酸乙酯通过 MPV 转移加氢形成中间产物 4-羟基戊酸乙酯的反应机理，即氢转移反应是一个涉及六元环状过渡态的循环催化过程。如图 3-37 所示，乙醇首先吸附到催化剂碱性催化位点并解离成相应的醇盐(第 1 步)；然后，乙醇溶液中乙酰丙酸乙酯靠近与该碱性位点相邻的酸性催化位点(Zr 原子)，并以其分子中 4 位的羰基吸附到酸性催化位点上(第 2 步)；在催化剂表面酸碱催化位点的协同作用下乙酰丙酸乙酯与醇盐形成一个六元环状过渡态，然后醇盐中靠近催化位点的氢原子以 $H^-$的形式转移至乙酰丙酸乙酯分子中 4 位的羰基 C 上(第 3 步)；失去氢的醇盐被氧化成乙醛并从催化位点脱附进入溶液(第 4 步)；最后，另一 $H^-$继续从催化位点转移至乙酰丙酸乙酯分子中与 C4 相连的 O 原子上，进而形成还原产物 4-羟基戊酸乙酯，并从催化剂表面脱附进入溶液(第 5 步)。一般认为上述催化循环中的每一步

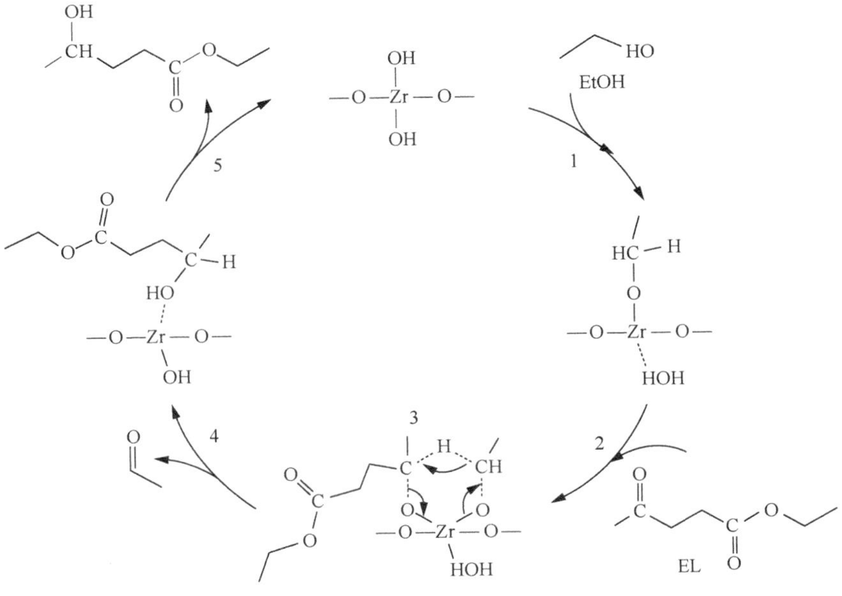

图 3-37　$ZrO(OH)_2$ 在乙醇体系中催化乙酰丙酸乙酯转移加氢的反应机理

都是可逆的，反应由各个中间产物及目的产物之间的热力学性质差异所驱动[128]。4-羟基戊酸乙酯在反应温度下能够迅速环化转化为更稳定的 γ-戊内酯，因此上述转移加氢的反应平衡将极大地偏向形成 4-羟基戊酸乙酯的方向，反过来进一步促进了 γ-戊内酯的高产率。此外，上述关于乙醇氢转移的反应机理同样适用于以其他醇作为氢供体时催化乙酰丙酸乙酯转移加氢合成 γ-戊内酯的反应。

2) 甲醇原位分解产氢制备 γ-戊内酯

在 MPV 转移加氢催化体系中，众多氢供体醇中，甲醇的供氢能力非常差。例如，在 $ZrO_2$、250℃和 1h 的反应条件下，乙酰丙酸乙酯在甲醇中转移加氢的 γ-戊内酯产率只有 14.9%；在 $ZrO(OH)_2$、200℃和 1h 的反应条件下，乙酰丙酸甲酯在甲醇中转移加氢的 γ-戊内酯产率只有 9.4%。

然而，甲醇作为乙酰丙酸甲酯加氢合成 γ-戊内酯的氢源具有比其他醇类或者 $H_2$ 更明显的优势。一方面，各种碳水化合物如纤维素、葡萄糖及果糖等都可以在甲醇中经酸催化直接醇解制备乙酰丙酸甲酯[129,130]。特别是甲醇在反应过程中与中间产物中的活性基团如羟基、醛基形成醚或缩醛，能有效地抑制活性中间产物的缩合，进而在减少腐殖质形成的同时提高乙酰丙酸甲酯的产率。例如，Hu 等[38]发现，在 Amberlyst 70、170℃和 3h 的反应条件下，葡萄糖在甲醇中醇解制备乙酰丙酸甲酯的产率可以高达 90%以上。另一方面，甲醇是一种可以通过生物质合成气制备的可持续供应的化学品[131]；并且由于其自身的高 H/C 比和室温下呈液态等特性，甲醇被认为是一种非常有应用前景的储氢化合物[132]。目前已经有一些研究致力于利用甲醇作为原位氢源并催化提质木质纤维素材料及其衍生化合物。例如，Maston 及 Wu 等国内外学者制备了一种多孔性氧化物负载的 Cu 催化剂(Cu-PMO)，该催化剂能够在 320℃下催化各种木质纤维素生物质在甲醇中直接降解液化得到 $C_2$～$C_6$ 的脂肪醇混合产物，反应过程中所消耗的 $H_2$ 由 Cu-PMO 催化甲醇分解产生[133,134]。

如图 3-38 所示，甲醇重整制氢的反应途径主要有以下四种：①甲醇分解产氢途径(途径 1)；②甲醇蒸汽重整产氢途径(途径 2)；③甲醇部分氧化产氢途径(途径 3)；④甲醇氧化蒸汽重整产氢途径(途径 4)[132]。在研究中所有实验都在无氧条件下完成，在反应后气体产物中同时检测到 CO 和 $CO_2$，这说明此时甲醇产氢是图 3-38 中反应途径 1 和 2 共同作用的结果。此外，Cu 催化剂也可能催化 CO 与 $H_2O$ 发生水煤气变换反应产氢。

途径1：$CH_3OH \longrightarrow 2H_2+CO$

途径2：$CH_3OH+H_2O \longrightarrow 3H_2+CO_2$

途径3：$CH_3OH+\frac{1}{2}O_2 \longrightarrow 2H_2+CO_2$

途径4：$CH_3OH+(1-n)H_2O+0.5nO_2 \longrightarrow (3-n)H_2+CO_2$

图 3-38　甲醇重整制氢的四种反应途径

在这种反应体系中，除了 γ-戊内酯外，在反应产物中还检测到一些副产物。如图 3-39 所示，γ-戊内酯可以与反应釜内的 CO 和 $CO_2$ 发生羧基化反应，得到的羧基化产物还原后形成 γ-戊内酯甲基化副产物(图 3-39 中化合物 1 和 2)；此外，γ-戊内酯及其甲基化产物都可以经过催化开环形成其他的副产物(图 3-39 中化合物 3、4 和 5)[135,136]。其中，γ-戊内酯的开环产物 4-甲氧基戊酸甲酯(图 3-39 中化合物 5)还可以由乙酰丙酸甲酯转移加氢中间产物 4-羟基戊酸甲酯与甲醇经醚化反应形成，但是由于中间产物在反应温度下很容易内酯化形成 γ-戊内酯，在产物中并未检测到中间产物[77]。

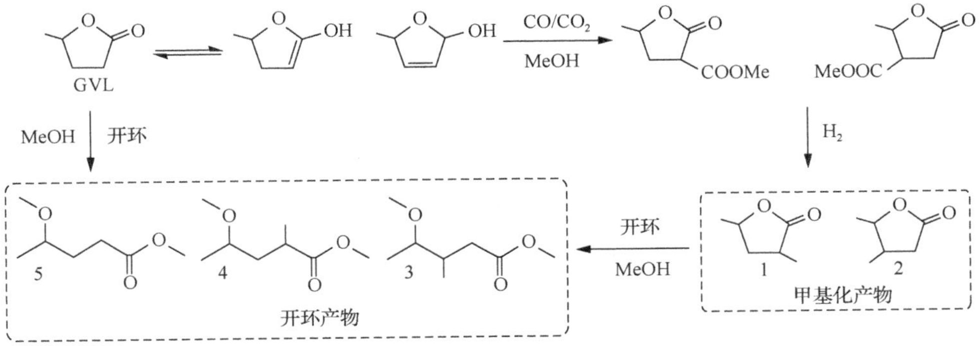

图 3-39 γ-戊内酯通过开环反应和加氢羧基化反应形成副产物的反应途径

近年来，越来越多的研究关注于利用脂肪醇类作为原位氢源合成 γ-戊内酯。相对于传统外部氢气的加氢途径，醇作为原位氢源的工艺消除了引入外部氢气的单元操作和贵金属催化剂的使用，分别用更便于管理的醇类作为氢供体和用便宜的过渡金属催化剂如 Cu、Zr 等代替贵金属催化剂。MPV 转移加氢反应还可以消除原来分子 $H_2$ 与加氢底物和固体催化剂之间的气液、气固传质阻力，且不需要额外的输氢设备的建设，这有助于简化整体加氢工艺，提高其经济性。

### 3.5.2 γ-戊内酯的应用研究

1. γ-戊内酯作为反应溶剂

Fegyverneki 等[137]以 γ-戊内酯为原料合成了一系列绿色溶剂，包括常规溶剂如 4-烷氧基戊酸酯和离子液体等，但 Fegyverneki 等并没有将这些新合成的溶剂应用于特定的反应。有研究发现，在 γ-戊内酯衍生的离子液体中催化烯烃加氢的转化频率要大大高于常规的离子液体(如 1-丁基-3-甲基咪唑氯盐)，并且在 γ-戊内酯衍生的离子液体中加氢反应对碳碳双键的选择性也要明显高于其他不饱和键[138]。此外，γ-戊内酯本身也是一种性能优异的、无毒可生物降解的绿色有机溶剂。例如，磷脂酰丝氨酸是许多功能食品和药物的重要成分，研究发现，在 γ-戊内酯中合成磷脂酰丝氨酸的产率可以达到 95%[139]。此外，γ-戊内酯还被用作各种 Pd 催化偶联反应(如 Hiyama 反应)的溶剂，以替代那些有毒的非质子性极性溶剂如 *N,N*-二甲基乙酰胺(DMF)、甲基吡咯烷酮(NMP)和 *N,N*-二甲基乙酰胺(DMA)[140,141]。更为重要的是，γ-戊内酯可以作为木质纤维素催化转化的反应溶剂，并表现出明显优于水或其他有机溶剂的性能。

例如，Qi 等[142]报道了在 γ-戊内酯/$H_2O$/$H_2SO_4$ 混合溶剂中催化果糖、葡萄糖和蔗糖转化 HMF 和乙酰丙酸的研究，在优化的反应条件下，果糖转化 HMF 和乙酰丙酸的最高产率分别达 75%和 70%。而在之前的文献报道中，通常只有在离子液体中才能获得如此高的 HMF 产率。研究还发现果糖在纯 γ-戊内酯中的溶解度只有 0.01g·(100g γ-戊内酯)$^{-1}$，

而在加入少量 $H_2SO_4$ 水溶液后，糖类在混合溶剂中的溶解度大大提高。上述产物中乙酰丙酸可以进一步原位还原合成 γ-戊内酯，即目标产品与溶剂是同种化合物，因而可以省去产品和溶剂的分离提纯的步骤[143]。Wettstein 等[144]研究了在 γ-戊内酯与饱和 NaCl/HCl 水溶液所构成的两相体系中转化纤维素制备乙酰丙酸。在这种两相体系中，纤维素在水相中经酸催化降解生成的乙酰丙酸不断被转移至 γ-戊内酯相中，进而促进了反应向生成乙酰丙酸的方向进行，最终乙酰丙酸的产率可达 72%。值得注意的是，纤维素降解反应的所有产物(包括腐殖质)都能溶解在 γ-戊内酯/$H_2O$ 混合溶剂中，反应完成后几乎没有固体不溶物出现。此外，由于受固固传质阻力的影响，在之前的文献报道中，固体酸催化纤维素降解制备乙酰丙酸的产率都很低。意想不到的是，Alonso 等[145]发现了在 γ-戊内酯/$H_2O$(9：1，质量比)混合溶剂中，固体酸(Amberlyst 70)催化纤维素降解制备乙酰丙酸的产率能达到 69%，而相同反应条件下，在纯水体系中的乙酰丙酸产率只有 20%。进一步研究发现，γ-戊内酯能够有效地破坏纤维素中的结晶结构，甚至溶解部分纤维素，因而增强了固体催化剂与纤维素之间的相互作用[145]。

在 γ-戊内酯/$H_2O$(9：1，质量比)混合溶剂中，固体酸同样能够高效地催化木糖、木聚糖甚至富含半纤维素的玉米芯降解制备糠醛[146,147]。相对于纯水体系，与产物糠醛相关的副反应在 γ-戊内酯/$H_2O$ 混合溶剂中受到抑制，促进糠醛的产率可以达到 80%以上。众所周知，糠醛通常是由五碳糖如木糖在酸催化下降解产生。然而，固体酸在 γ-戊内酯/$H_2O$ 混合溶剂中也能够催化六碳糖如葡萄糖和果糖降解生成糠醛，产率分别可达 32%和 36%[101]。这是迄今报道的六碳糖制备糠醛的最高产率，但是 γ-戊内酯促进六碳糖降解转化为糠醛的机理还有待深入研究。此外，Alonso 等[148]研究了在 GVL/$H_2O$ 混合溶剂中催化木质纤维素原料(如玉米秸秆)降解同步制备乙酰丙酸和糠醛。研究表明，提高催化剂($H_2SO_4$)浓度或延长反应时间都有利于增加乙酰丙酸的产率，但却加剧了糠醛的副反应。由于糠醛的沸点低于 γ-戊内酯和乙酰丙酸，可以在反应过程中通过蒸馏回收糠醛，从而同时保证糠醛和乙酰丙酸的高产率。

最近，GVL/$H_2O$ 混合溶剂体系也被用于生物质原料如玉米秸秆、枫木和松木等制备可溶性的糖类。Luterbacher 等[149]设计了一种固定床流通式反应器(packed-bed flow-through reactor)，并将含有稀硫酸的 GVL/$H_2O$ 混合溶剂以恒定的流速通过固定在反应器中的生物质原料，同时反应器内的温度以固定的加热速率从 157℃升至 217℃，在这一过程中，生物质原料不断发生降解，最终流出液中可溶性糖类的产率能够达到 70%～90%(取决于原料的类型)。通过这种反应器和工艺条件的巧妙设计，能够有效地阻止可溶性糖类进一步降解。同时，以这种工艺催化木质纤维素生物质制备可溶性糖类的效率要明显高于生物法(如纤维素酶降解)。混合溶剂中的可溶性糖类可以通过超临界 $CO_2$ 萃取技术实现分离提纯，并可以继续通过生物法或化学催化转化法生产乙醇或乙酰丙酸等产品[150]。基于以上研究，将来可以建立起完全基于生物基溶剂的生物炼制工艺体系。

2. γ-戊内酯合成液体烃类燃料

Horváth 等[68]认为 γ-戊内酯是比乙醇更好的燃料添加剂，因为 γ-戊内酯具有更低的饱和蒸气压和更高的能量密度。且不同于乙醇的是，γ-戊内酯与水不会形成共沸物，因此在水溶液中浓缩提纯γ-戊内酯可能比从发酵液中分离提纯乙醇更容易。Bruno 等[151]系统地研究了γ-戊内酯与 AI-91 号夏季汽油组成的混合燃料的各项性能，发现γ-戊内酯的加入能够大大降低排放尾气中 CO 和烟尘的浓度。但是由于γ-戊内酯相对于汽油的较高极性，随着γ-戊内酯掺混比例的提高，这种混合燃料会出现明显的相分离[152]。

γ-戊内酯的高水溶性和低辛烷值等特点限制了其在交通燃料领域的应用。通过加氢提质可以在一定程度上克服γ-戊内酯作为燃料组分的缺点，例如，γ-戊内酯催化加氢的产物 MTHF 被认为是一种很有应用前景的生物燃料添加剂[153]。MTHF 的辛烷值(87)远高于γ-戊内酯，其与汽油的掺混比例可以高达 70%。γ-戊内酯在 Pt 基催化剂和固体酸作用下经过开环、加氢和酯化等系列反应可以制备戊酸酯类生物燃油(图 3-40)[154-156]。相对于乙醇、丁醇和 MTHF，戊酸酯类化合物具有更高的能量密度和与传统燃料相适应的极性范围。不同脂肪链长度的戊酸酯分别适用于汽油或柴油组分。例如，戊酸乙酯的辛烷值和沸点更接近于汽油组分，而戊酸戊酯的辛烷值和沸点等性能使其更适合用作柴油组分。Lange 等[154]测试了戊酸乙酯掺混比例为 15vol%的常规汽油在十类车辆引擎中的燃料性能，其累计测试里程达 25 万 km。测试结果表明，这种混合燃料在引擎和车辆的损耗、油品的稳定性、引擎积炭和废气排放等方面并未表现出额外的负面效应。

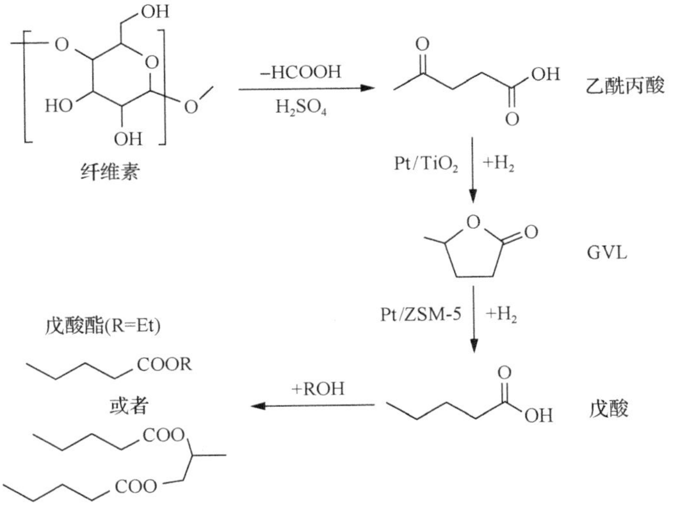

图 3-40　从纤维素制备戊酸酯类生物燃油的反应途径[154]

然而，由于相对高的含氧量，无论 MTHF 还是戊酸酯类化合物都只能用作常规燃料的添加剂。因此，催化提质γ-戊内酯制备能够完全替代石油基燃料的“drop-in”生物基燃料的研究逐渐受到关注[157]。如图 3-41 所示，γ-戊内酯的水溶液经过在两个固定床反应器中进行的连续三步催化反应可以合成 $C_8$ 液体烃类燃料[158]。在第一个反应器中，γ-戊内酯首先在 $SiO_2/Al_2O_3$ 的催化下(375℃)开环生成戊烯酸混合物，然后进一步催化脱羧后得到异构丁烯混合产物，总的丁烯产率可以达到 98%(基于 C 平衡)[159]；反应物料继续进入第二个反应器中，丁烯在固体酸(H-ZSM-5 或 Amberlyst 70)的催化下(170℃)经缩合反应合成 $C_8$ 液体烃类产物，此时基于γ-戊内酯的 $C_8$ 烃类产物产率最高可达 77%。这类 $C_8$

液体烃类产物可以直接作为航空燃油使用，并且整个催化反应过程中不涉及贵金属催化剂的使用，因此有利于降低生产成本。Braden 等[160]进一步对这种以 $\gamma$-戊内酯为原料制备 $C_8$ 液体烃类燃料的工艺进行了技术经济分析，结论认为，这种制备生物基烃类燃料的工艺比美国国家可再生能源实验室提出的纤维素乙醇生产工艺更经济。

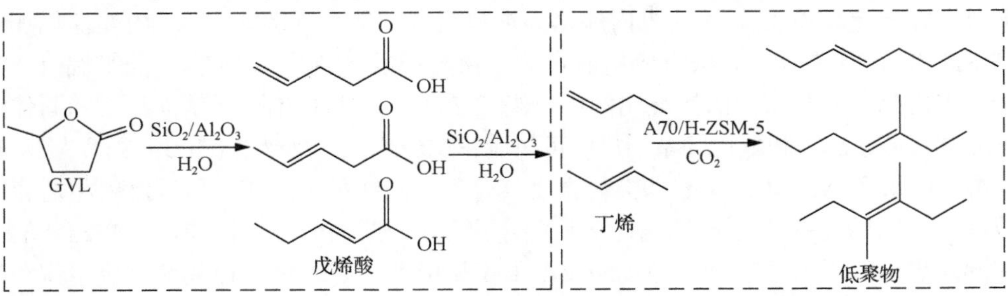

图 3-41　催化提质 GVL 转化 $C_8$ 烃类燃料的反应途径[158]

此外，$\gamma$-戊内酯经过逐步的加氢脱氧还可以合成 $C_9$～$C_{18}$ 的液体烃类燃料。如图 3-42 所示，$\gamma$-戊内酯首先在 $Pd/Nb_2O_5$ 和 $H_2SO_4$ 作用下开环加氢生成戊酸[161]；两分子戊酸在 $Ce_{0.5}Zr_{0.5}O_2$ 催化下经过酮基化反应缩合形成 5-壬酮[162]，5-壬酮进一步经过加氢脱氧制备可作为汽油使用的 $C_9$ 烯烃；然后 $C_9$ 烯烃经过催化异构和缩合反应能够合成可作为柴油使用的 $C_9$～$C_{18}$ 烃类燃料。综上所述，$\gamma$-戊内酯经过一系列加氢脱氧等催化提质反应能够分别合成可作为汽油、柴油及航空燃油使用的液体烃类燃料。

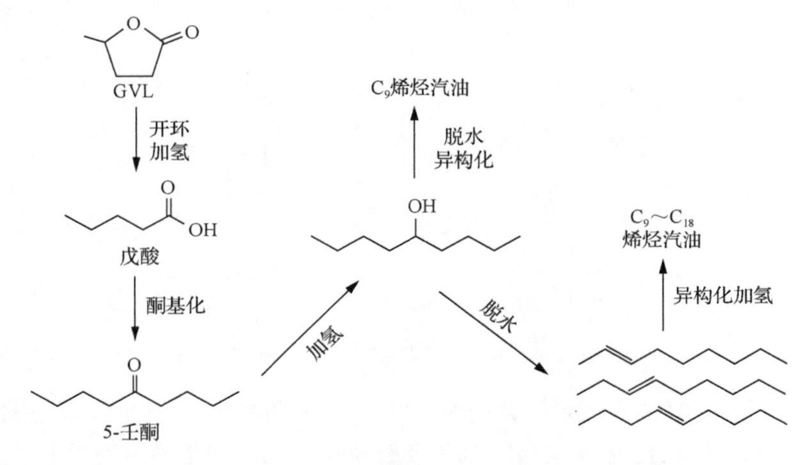


图 3-42　催化提质 GVL 转化 $C_9$～$C_{18}$ 烃类燃料的反应途径[128]

3. $\gamma$-戊内酯合成聚合材料

除了在绿色溶剂和生物燃料领域的应用，$\gamma$-戊内酯同样可以用于合成聚合材料。如图 3-43 所示，Lee 等[163]利用 $BF_3 \cdot OEt_2$ 催化 $\beta$-丁内酯和 $\gamma$-戊内酯共聚合制备聚(3-羟基丁酸酯-共聚-4-羟基戊酸酯)[poly(3-hydroxybutyrate-co-4-hydroxyvalerate)，P(3HB-*co*-4HV)]，

聚合物的产率达到 90%以上，其分子量分布在 800～4300。P(3HB-*co*-4HV)是一种性能优良的可生物降解型聚酯，目前这种聚酯的主要生产方式是微生物发酵，其生产效率低且价格昂贵，因而限制了这种生物基聚酯的应用。所以上述报道的化学合成法将有助于提高 P(3HB-*co*-4HV)的生产效率并降低其生产成本，进而促进 P(3HB-*co*-4HV)应用于更广泛的领域。

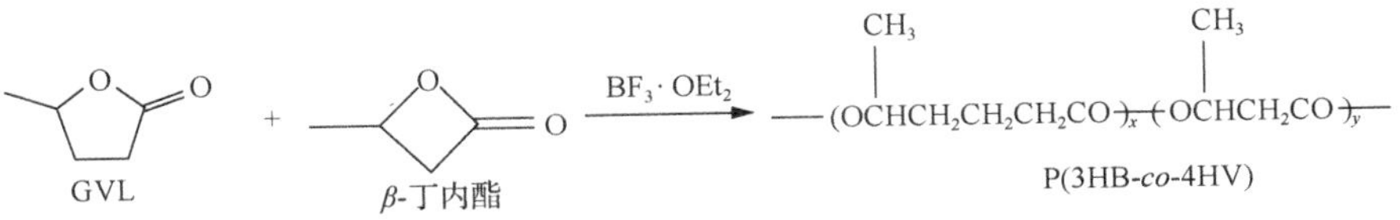

图 3-43　GVL 与 β-丁内酯共聚合成 P(3HB-*co*-4HV)

此外，γ-戊内酯与甲醛在 Ba/$SiO_2$ 催化下可以合成具有类似丙烯酸酯结构的新型单体 α-亚甲基-γ-戊内酯(α-methylene-γ-valerolactone，MeMBL)[164]。特别是，由于 MeMBL 分子中独特的环酯结构，聚 MeMBL 材料具有比传统聚丙烯酸酯材料更好的热稳定性，其玻璃化转变温度($T_g$)可以达到 200℃以上。在甲醇中，γ-戊内酯在酸性催化剂如对甲苯磺酸(PTSA)的作用下开环脱水形成戊烯酸甲酯(methyl pentenoate)，而戊烯酸甲酯可以用作生产尼龙类聚合材料的前体(图 3-44)[165]。戊烯酸甲酯与 $NH_3$ 经过缩合和闭环反应还可以合成另一种重要的尼龙单体 ε-己内酰胺[166]。γ-戊内酯、ε-己内酰胺和聚乙二醇也可以合成嵌段共聚物，这种嵌段共聚物比单独的聚乙二醇具有更好的亲水性和生物相容性[167]。

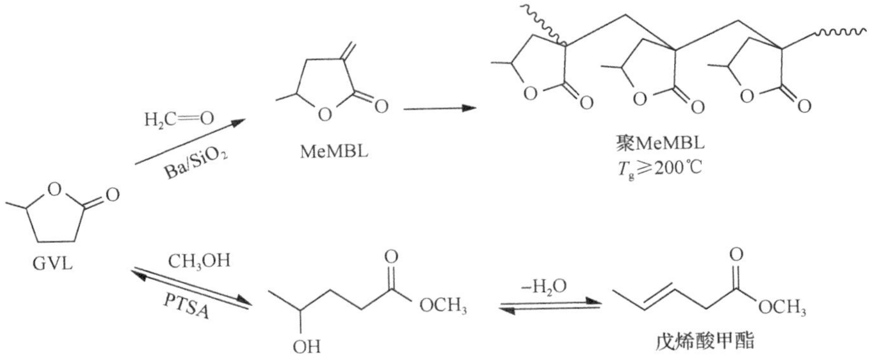

图 3-44　从 GVL 合成聚合物单体 MeMBL 和戊烯酸甲酯[165]

γ-戊内酯还可以用于合成另一种非常重要的聚合材料——聚氨酯。如图 3-45 所示，γ-戊内酯与胺类化合物(如 $NH_3$、乙醇胺或乙二胺等)经过开环缩合可以合成羟基胺、二醇或羟基羧酸类双功能线型分子，这种分子链首末端分别具有活性基团，其与二异氰酸酯反应可以合成新型的聚氨酯复合材料[168]。研究发现，这些新型的聚氨酯材料都具有较好的热稳定性和机械强度，其 $T_g$ 最高可以达到 128℃，弹性模量最大可以达到 2210MPa。

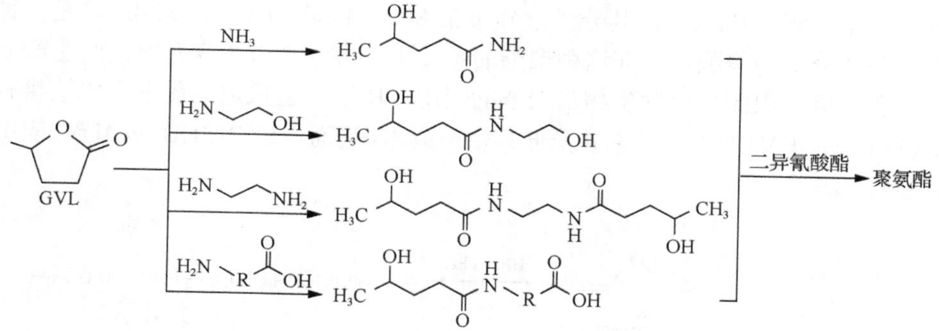

图 3-45 GVL 与胺类化合物开环缩合制备聚氨酯单体[168]

4. γ-戊内酯合成碳基化学品

以 γ-戊内酯合成其他化学品的研究可以追溯到 20 世纪四五十年代，尽管当时的研究者并未意识到 γ-戊内酯是一种可以从生物质获取的平台分子。例如，Cannon 等[169]研究了 γ-戊内酯与甲基酮类或二烷基碳酸酯的加成或酰化反应，产物 2-(2-羟基-1-烯基)-4,5-二氢呋喃(图 3-46 中化合物 3)的产率在 32%～59%。Mosby 等[170]利用 γ-戊内酯和苯基芳香化合物的 Friedel-Crafts 反应及环化、还原和脱水等反应合成各种多取代萘、蒽、菲类化合物(图 3-47)。

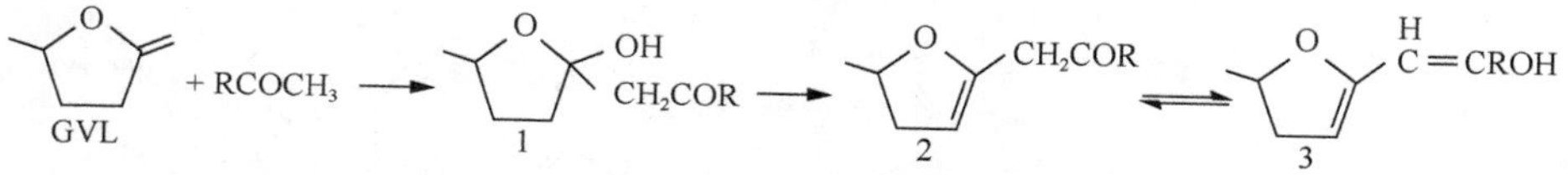

图 3-46 GVL 与甲基酮类酰化反应合成 2-(2-羟基-1-烯基)-4,5-二氢呋喃[169]

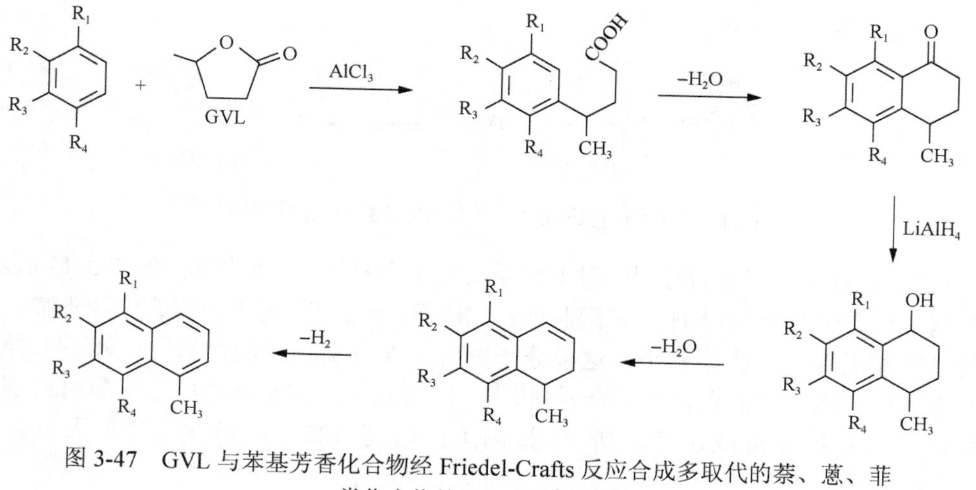

图 3-47 GVL 与苯基芳香化合物经 Friedel-Crafts 反应合成多取代的萘、蒽、菲类化合物的反应路径[169,170]

此外，γ-戊内酯也被应有于 Ivanov 反应[171]。Ivanov 反应通常应用于药物合成，此外该反应都是链增长的反应，因而这些反应在转化 γ-戊内酯合成液体燃料中的应用也值得关注。

近年来，γ-戊内酯转化制备其他碳基化学品的研究取得了较大进展。Patel 等详细地研究了 γ-戊内酯在酸性催化剂 $SiO_2/Al_2O_3$ 作用下经开环和脱羧转化为丁烯的反应机理(图 3-48)，催化反应的温度通常在 350℃以上，这说明 γ-戊内酯的五元环结构是非常稳定的，因此其直接脱羧较难发生，相对而言，γ-戊内酯开环产物戊烯酸的脱羧反应更容易发生；动力学研究也表明 γ-戊内酯脱羧的表观活化能(175kJ·mol$^{-1}$)远高于戊烯酸脱羧反应(142kJ·mol$^{-1}$)的[172]。此外，γ-戊内酯同样可以在 $Pd/Nb_2O_5$ 催化下开环加氢合成戊酸(图 3-48)，典型的反应条件如 325℃和 35bar $H_2$，戊酸在产物中的选择性可达 92%以上；酸性更强的载体负载的催化剂如 Ru/HZSM-5 或 Pt/HMFI 等能够促进 γ-戊内酯开环加氢反应在更温和的条件下进行(200℃)。戊酸在 $Ce_{0.5}Zr_{0.5}O_2$ 催化下继续经酮基化反应可以合成 5-壬酮(图 3-48)，但反应通常需要在更高的温度如 425℃下进行，产物中 5-壬酮的选择性可达 80%以上[173]。

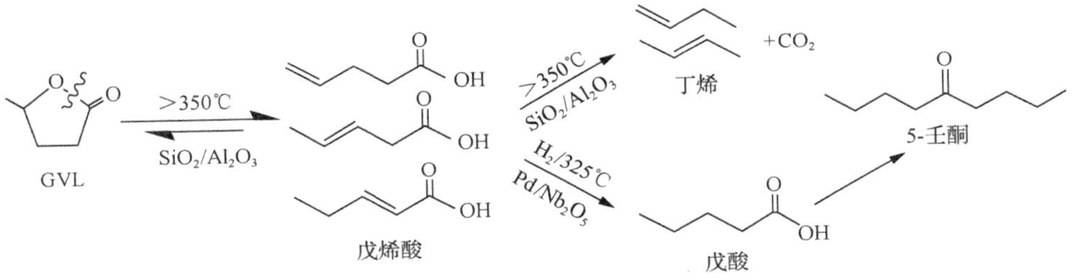

GVL　>350℃　$SiO_2/Al_2O_3$　OH　OH　OH　戊烯酸　>350℃　$SiO_2/Al_2O_3$　丁烯　+$CO_2$　$H_2$/325℃　$Pd/Nb_2O_5$　OH　戊酸　5-壬酮

图 3-48　GVL 经开环和脱羧/加氢分别合成戊烯酸、丁烯、戊酸和 5-壬酮的反应路径

γ-戊内酯有两种开环断链的机理，开环位置不同，导致得到的产物也不同。当 γ-戊内酯中与甲基相连的 C—O 键发生断裂时，形成的产物主要为戊烯酸或戊酸(图 3-48)；而当 γ-戊内酯中内酯键的 C—O 键发生断裂时，形成的主要产物则为 1,4-戊二醇，再经环化脱水可以合成 2-甲基四氢呋喃(图 3-49)。1,4-戊二醇和 2-甲基四氢呋喃都是重要的精细化工中间体，例如 1,4-戊二醇可以用于制备高性能的生物可降解聚酯，2-甲基四氢呋喃则是一种性能优良的溶剂和燃料添加剂。早在 1947 年，Christian 等[174]就研究了在无溶剂、240～290℃和 200bar $H_2$ 的条件下，以 CuCr 氧化物催化 γ-戊内酯开环加氢合成 1,4-戊二醇和 2-甲基四氢呋喃。Henningson 等[98]也尝试了在无溶剂的均相催化条件下 $Ru(acac)_3+NH_4PF_6$ 转化 γ-戊内酯合成 2-甲基四氢呋喃(200℃，1100psi① $H_2$，20h，产率 72%)；使用 Ru/C 作为催化剂，在无溶剂条件下 2-甲基四氢呋喃的最高产率只能达到 43%[175]。

此外，Rh-Mo 或 Pt-Mo 双金属负载羟基磷灰石催化剂等也被用于乙酰丙酸或 γ-戊内酯加氢开环合成 1,4-戊二醇或 2-甲基四氢呋喃，并且在比较温和的条件下(80～130℃)都取得较好的产物产率，这其中一个重要的因素是酸性载体能够促进 GVL 的开环反应[176,177]。

① 1psi=6.89476×$10^3$Pa。

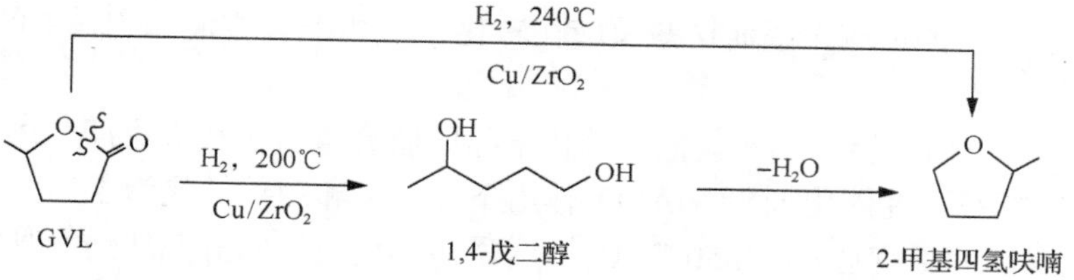

H₂, 240℃ Cu/ZrO₂

GVL —H₂, 200℃ Cu/ZrO₂→ 1,4-戊二醇 —−H₂O→ 2-甲基四氢呋喃

图 3-49 GVL 经开环加氢合成 1,4-戊二醇和 2-甲基四氢呋喃

γ-戊内酯在 Zn/ZSM-5 分子筛催化下，高温(500℃)反应可以合成芳香烃类化合物，产物中苯、甲苯和二甲苯的总产率可以达到 10%左右[178]。但 γ-戊内酯芳构化的机理非常复杂，整体反应涉及脱水、脱羧基、脱羰基、烷基化、异构化及芳构化等一系列的过程。

γ-戊内酯作为一种新型的平台化合物，既可以作为性能优良的溶剂(特别是在木质纤维素生物质催化转化领域)，又可以用于合成其他高附加值的碳基化学品，还可以作为合成聚合材料和液体燃料的原料，所以在此基础上，未来可以建立起基于 γ-戊内酯的生物炼制工艺。但 γ-戊内酯在未来生物炼制领域中的应用潜力在很大程度上取决于其由生物质制备的成本，尤其需要考虑合成 γ-戊内酯的直接原料乙酰丙酸难以从生物质原料经济高效地大规模制备。为解决上述 γ-戊内酯利用的困境，一方面，可以通过醇解生产比乙酰丙酸更易分离的乙酰丙酸酯(沸点比乙酰丙酸低得多)，并结合醇作为氢供体的转移加氢体系合成 γ-戊内酯；另一方面，应继续研究开拓 γ-戊内酯的应用领域，以进一步刺激上游 γ-戊内酯合成工艺的创新，逐渐降低生产成本，促进由生物质制备 γ-戊内酯的工业化生产。

## 参 考 文 献


[1] 赵耿，林鹿，孙勇. 生物质制备乙酰丙酸酯研究进展[J]. 林产化学与工业, 2011, 31(6): 107-111.

[2] Bozell J J, Petersen G R. Technology development for the production of biobased products from biorefinery carbohydrates—The US Department of Energy's "Top 10" Revisited[J]. Green Chemistry, 2010, 12(4): 539-554.

[3] 常春，邓琳，戚小各，等. 固体催化剂在生物质合成乙酰丙酸和乙酰丙酸酯中的应用研究进展[J]. 林产化学与工业, 2017, 37(2): 11-21.

[4] 何柱生，赵立芳. 分子筛负载 $TiO_2/SO_4^{2-}$ 催化合成乙酰丙酸乙酯的研究[J]. 化学研究与应用, 2001, 13(5): 537-539.

[5] 王树清，高崇，李亚芹. 强酸性阳离子交换树脂催化合成乙酰丙酸丁酯[J]. 上海化工, 2005, 30(4): 14-16.

[6] Dharne S, Bokade VV. Esterification of levulinic acid to *n*-butyl levulinate over heteropolyacid supported on acid-treated clay[J]. Journal of Energy Chemistry, 2011, 20(1): 18-24.

[7] Nandiwale K Y, Sonar S K, Niphadkar P S, et al. Catalytic upgrading of renewable levulinic acid to ethyl levulinate biodiesel using dodecatungstophosphoric acid supported on desilicated H-ZSM-5 as catalyst[J]. Applied Catalysis A: General, 2013, 460(12): 90-98.

[8] Nandiwale K Y, Niphadkar P S, Deshpande S S, et al. Esterification of renewable levulinic acid to ethyl levulinate biodiesel catalyzed by highly active and reusable desilicated H-ZSM-5[J]. Journal of Chemical Technology & Biotechnology, 2015, 89(10): 1507-1515.

[9] Nandiwale K Y, Bokade V V. Esterification of renewable levulinic acid to *n*-Butyl levulinate over modified H-ZSM-5[J]. Chemical Engineering & Technology, 2015, 38(2): 246-252.

[10] Lee A, Naz C, Mohdbasyaruddinabdul R, et al. Optimized enzymatic synthesis of levulinate ester in solvent-free system[J]. Industrial Crops & Products, 2010, 32(3): 246-251.

[11] Bart H J, Reidetschlager J, Schatka K, et al. Kinetics of esterification of levulinic acid with *n*-butanol by homogeneous catalysis[J]. Industrial & Engineering Chemistry Research, 1994, 33(1): 21-25.
[12] Yadav G D, Borkar I V. Kinetic modeling of immobilized lipase catalysis in synthesis of *n*-butyl levulinate[J]. Industrial & Engineering Chemistry Research, 2008, 47(10): 3358-3363.
[13] Peng L, Lin L, Li H. Extremely low sulfuric acid catalyst system for synthesis of methyl levulinate from glucose[J]. Industrial Crops & Products, 2012, 40(11): 136-144.
[14] Saravanamurugan S, Nguyen V B O, Riisager A. Conversion of mono-and disaccharides to ethyl levulinate and ethyl pyranoside with sulfonic acid-functionalized ionic liquids[J]. ChemSusChem, 2011, 4(6): 723-726.
[15] Zhou L, Zou H, Nan J, et al. Conversion of carbohydrate biomass to methyl levulinate with $Al_2(SO_4)_3$ as a simple, cheap and efficient catalyst[J]. Catalysis Communications, 2014, 50(18): 13-16.
[16] Liu Y, Liu C L, Wu H Z, et al. An efficient catalyst for the conversion of fructose into methyl levulinate[J]. Catalysis Letters, 2013, 143(12): 1346-1353.
[17] 张阳阳, 罗璇, 庄绪丽, 等. 混合酸催化葡萄糖选择性转化合成乙酰丙酸甲酯[J]. 化工学报, 2015, 66(9): 3490-3495.
[18] 刘杰. 离子交换蒙脱土催化葡萄糖醇解制备乙酰丙酸甲酯[D]. 西安: 陕西师范大学, 2016.
[19] Ishikawa Y, Saka S. Chemical conversion of cellulose as treated in supercritical methanol[J]. Cellulose, 2001, 8(3): 189-195.
[20] Straty G C, Palavra A M F, Bruno T J. PVT properties of methanol at temperatures to 300℃[J]. International Journal of Thermophysics, 1986, 7(5): 1077-1089.
[21] Peng X. Decomposition kinetics of glucose catalyzed by dilute sulfuric acid[J]. Chemical Reaction Engineering & Technology, 2008, 24(6): 523-528.
[22] Peng X, Lu X. Decomposition kinetics of 5-hydroxymethylfurfural catalyzed by dilute sulfuric acid[J]. Journal of Chemical Industry & Engineering, 2008, 59(5): 1150-1155.
[23] 刘彦. 果糖醇解制备乙酰丙酸甲酯[D]. 西安: 陕西师范大学, 2013.
[24] 曾珊珊, 林鹿, 彭林才. 固体酸 $SO_4^{2-}$ /$TiO_2$ 催化葡萄糖制备乙酰丙酸甲酯[J]. 现代食品科技, 2011, 27(7): 783-787.
[25] Qi X, Watanabe M, Aida T M, et al. Efficient process for conversion of fructose to 5-hydroxymethylfurfural with ionic liquids[J]. Green Chemistry, 2009, 11(9): 1327-1331.
[26] Peng L C, Lin L, Zhang J H, et al. Solid acid catalyzed glucose conversion to ethyl levulinate[J]. Applied Catalysis A: General, 2011, 397(1): 259-265.
[27] Song J, Fan H, Ma J, et al. ChemInform abstract: Conversion of glucose and cellulose into value-added products in water and ionic liquids[J]. Green Chemistry, 2014, 44(50): 2619-2635.
[28] Ståhlberg T, Fu W, Woodley J M, et al. Synthesis of 5-(hydroxymethyl) furfural in ionic liquids: Paving the way to renewable chemicals[J]. ChemSusChem, 2011, 4(4): 451-458.
[29] Pinkert A, Marsh K N, Pang S, et al. Ionic liquids and their interaction with cellulose[J]. Chemical Reviews, 2009, 109(12): 6712-6728.
[30] Garves K. Acid catalyzed degradation of cellulose in alcohols[J]. Journal of Wood Chemistry & Technology, 1988, 8(1): 121-134.
[31] 王军. 生物质化学品[M]. 北京: 化学工业出版社, 2008.
[32] 赵世强. 固体酸催化醇解碳水化合物制备乙酰丙酸乙酯的研究[D]. 郑州: 郑州大学, 2015.
[33] Olson E S. Conversion of lignocellulosic material to chemicals and fuels[J]. Office of Scientific & Technical Information Technical Reports, 2001.
[34] Chang C, Xu G Z, Jiang X X. Production of ethyl levulinate by direct conversion of wheat straw in ethanol media[J]. Bioresource Technology, 2012, 121(10): 93-99.
[35] Kuo C H, Poyraz A S, Jin L, et al. Heterogeneous acidic $TiO_2$ nanoparticles for efficient conversion of biomass derived carbohydrates[J]. Green Chemistry, 2014, 16(2): 785-791.

[36] Kuwahara Y, Kaburagi W, Nemoto K, et al. Esterification of levulinic acid with ethanol over sulfated Si-doped $ZrO_2$ solid acid catalyst: Study of the structure-activity relationships[J]. Applied Catalysis A: General, 2014, 476(6): 186-196.

[37] Xu X, Zhang X, Zou W, et al. Conversion of carbohydrates to methyl levulinate catalyzed by sulfated montmorillonite[J]. Catalysis Communications, 2015, 62: 67-70.

[38] Hu X, Li C Z. Levulinic esters from the acid-catalysed reactions of sugars and alcohols as part of a bio-refinery[J]. Green Chemistry, 2011, 13(7): 1676-1679.

[39] 彭林才. 生物质甲醇中直接降解制取乙酰丙酸甲酯的研究[D]. 广州: 华南理工大学, 2012.

[40] 彭新文, 吕秀阳. 葡萄糖在稀硫酸催化下的降解反应动力学[J]. 化学反应工程与工艺, 2008, 24(6): 523-528.

[41] Démolis A, Essayem N, Rataboul F. Synthesis and applications of alkyl levulinates[J]. ACS Sustainable Chemistry & Engineering, 2014, 2(6): 1338-1352.

[42] Wu X, Fu J, Lu X. One-pot preparation of methyl levulinate from catalytic alcoholysis of cellulose in near-critical methanol[J]. Carbohydrate Research, 2012, 358(9): 37-39.

[43] Mascal M, Nikitin E B. Comment on processes for the direct conversion of cellulose or cellulosic biomass into levulinate esters[J]. ChemSusChem, 2010, 3(12): 1349-1351.

[44] Dora S, Bhaskar T, Singh R, et al. Effective catalytic conversion of cellulose into high yields of methyl glucosides over sulfonated carbon based catalyst[J]. Bioresource Technology, 2012, 120(5): 318-321.

[45] Rataboul F, Essayem N. Cellulose reactivity in supercritical methanol in the presence of solid acid catalysts: Direct synthesis of methyl-levulinate[J]. Industrial & Engineering Chemistry Research, 2011, 50(2): 699-704.

[46] Patil C R, Niphadkar P S, Bokade V V, et al. Esterification of levulinic acid to ethyl levulinate over bimodal micro-mesoporous H/BEA zeolite derivatives[J]. Catalysis Communications, 2014, 43(2): 188-191.

[47] Su F, Ma L, Song D, et al. Design of a highly ordered mesoporous $H_3PW_{12}O_{40}/ZrO_2$-Si(Ph)Si hybrid catalyst for methyl levulinate synthesis[J]. Green Chemistry, 2013, 15(4): 885-890.

[48] Melero J A, Morales G, Iglesias J, et al. Efficient conversion of levulinic acid into alkyl levulinates catalyzed by sulfonic mesostructured silicas[J]. Applied Catalysis A: General, 2013, 466(8): 116-122.

[49] Cirujano F G, Corma A, Xamena F X L I. Conversion of levulinic acid into chemicals: Synthesis of biomass derived levulinate esters over Zr-containing MOFs[J]. Chemical Engineering Science, 2015, 124: 52-60.

[50] Lange J P, Wd V D G, Haan R J. Conversion of furfuryl alcohol into ethyl levulinate using solid acid catalysts[J]. ChemSusChem, 2010, 2(6): 437-441.

[51] Neves P, Antunes M M, Russo P A, et al. Production of biomass-derived furanic ethers and levulinate esters using heterogeneous acid catalysts[J]. Green Chemistry, 2013, 15(12): 3367-3376.

[52] Neves P, Lima S, Pillinger M, et al. Conversion of furfuryl alcohol to ethyl levulinate using porous aluminosilicate acid catalysts[J]. Catalysis Today, 2013, 218-219(12): 76-84.

[53] Kean J R, Graham A E. Indium(Ⅲ) triflate promoted synthesis of alkyl levulinates from furyl alcohols and furyl aldehydes[J]. Catalysis Communications, 2015, 59: 175-179.

[54] Russo P A, Antunes M M, Neves P, et al. Solid acids with $SO_3H$ groups and tunable surface properties: Versatile catalysts for biomass conversion[J]. Journal of Materials Chemistry A, 2014, 2(30): 11813-11824.

[55] Zhu S, Chen C, Xue Y, et al. Graphene Oxide: An efficient acid catalyst for alcoholysis and esterification reactions[J]. ChemCatChem, 2015, 6(11): 3080-3083.

[56] Mbaraka I K, Radu D R, Lin S Y, et al. Organosulfonic acid-functionalized mesoporous silicas for the esterification of fatty acid[J]. Journal of Catalysis, 2003, 219(2): 329-336.

[57] Zhang Z, Dong K, Zhao Z. Efficient conversion of furfuryl alcohol into alkyl levulinates catalyzed by an organic-inorganic hybrid solid acid catalyst[J]. ChemSusChem, 2011, 4(1): 112-118.

[58] Peng L, Gao X, Chen K. Catalytic upgrading of renewable furfuryl alcohol to alkyl levulinates using $AlCl_3$ as a facile, efficient, and reusable catalyst[J]. Fuel, 2015, 160: 123-131.

[59] Huang Y B, Yang T, Zhou M C, et al. Microwave-assisted alcoholysis of furfural alcohol into alkyl levulinates catalyzed by metal salts[J]. Green Chemistry, 2016, 18(6): 1516-1523.
[60] Moradi G R, Yaripour F, Vale-Sheyda P. Catalytic dehydration of methanol to dimethyl ether over mordenite catalysts[J]. Fuel Processing Technology, 2010, 91(5): 461-468.
[61] Chen B, Li F, Huang Z, et al. Integrated catalytic process to directly convert furfural to levulinate ester with high selectivity[J]. ChemSusChem, 2014, 7(1): 202-209.
[62] Antunes M M, Lima S, Neves P, et al. One-pot conversion of furfural to useful bio-products in the presence of a Sn,Al-containing zeolite beta catalyst prepared via post-synthesis routes[J]. Journal of Catalysis, 2015, 329(2): 522-537.
[63] Antunes M M, Lima S, Neves P, et al. Integrated reduction and acid-catalysed conversion of furfural in alcohol medium using Zr,Al-containing ordered micro/mesoporous silicates[J]. Applied Catalysis B: Environmental, 2016, 182: 485-503.
[64] Zhu S, Cen Y, Guo J, et al. One-pot conversion of furfural to alkyl levulinate over bifunctional Au-$H_4SiW_{12}O_{40}/ZrO_2$ without external $H_2$[J]. Green Chemistry, 2016, 18(20): 5667-5675.
[65] Chen B, Li F, Huang Z, et al. Hydrogen-transfer conversion of furfural into levulinate esters as potential biofuel feedstock[J]. Journal of Energy Chemistry, 2016, 25(5): 888-894.
[66] Mascal M, Nikitin E B. Direct, high-yield conversion of cellulose into biofuel[J]. Angewandte Chemie International Edition in English, 2010, 47(41): 7924-7926.
[67] Mascal M, Nikitin E. High-yield conversion of plant biomass into the key value-added feedstocks 5-(hydroxymethyl) furfural, levulinic acid, and levulinic esters via 5-(chloromethyl) furfural[J]. Green Chemistry, 2010, 12(3): 370-373.
[68] Horváth I T, Mehdi H, Fábos V, et al. $\gamma$-Valerolactone—A sustainable liquid for energy and carbon-based chemicals[J]. Green Chemistry, 2008, 10(2): 238-242.
[69] Tang X, Zeng X, Li Z, et al. Production of $\gamma$-valerolactone from lignocellulosic biomass for sustainable fuels and chemicals supply[J]. Renewable & Sustainable Energy Reviews, 2014, 40: 608-620.
[70] Lange J P, Van D H E, Van B J, et al. Furfural—A promising platform for lignocellulosic biofuels[J]. ChemSusChem, 2012, 5(1): 150-166.
[71] Villaverde M M, Bertero N M, Garetto T F, et al. Selective liquid-phase hydrogenation of furfural to furfuryl alcohol over Cu-based catalysts[J]. Catalysis Today, 2013, 213(7): 87-92.
[72] Demma C P, Ciriminna R, Shiju N R, et al. Enhanced heterogeneous catalytic conversion of furfuryl alcohol into butyl levulinate[J]. ChemSusChem, 2014, 7(3): 835-840.
[73] Girisuta B, Janssen L P B M, Heeres H J. A kinetic study on the decomposition of 5-hydroxymethylfurfural into levulinic acid[J]. Green Chemistry, 2006, 8(8): 701-709.
[74] Peng L, Lin L, Li H, et al. Conversion of carbohydrates biomass into levulinate esters using heterogeneous catalysts[J]. Applied Energy, 2011, 88(12): 4590-4596.
[75] Saravanamurugan S, Riisager A. Zeolite catalyzed transformation of carbohydrates to alkyl levulinates[J]. ChemCatChem, 2013, 5(7): 1754-1757.
[76] Zhang J, Wu S B, Li B, et al. Advances in the catalytic production of valuable levulinic acid derivatives[J]. ChemCatChem, 2012, 4(9): 1230-1237.
[77] Luo H Y, Consoli D F, Gunther W R, et al. Investigation of the reaction kinetics of isolated Lewis acid sites in Beta zeolites for the Meerwein-Ponndorf-Verley reduction of methyl levulinate to $\gamma$-valerolactone[J]. Journal of Catalysis, 2014, 320(1): 198-207.
[78] Upare P P, Lee J M, Hwang Y K, et al. Direct hydrocyclization of biomass-derived levulinic acid to 2-methyltetrahydrofuran over nanocomposite copper/silica catalysts[J]. ChemSusChem, 2011, 4(12): 1749-1752.
[79] Schuette H A, Thomas R W. Normal valerolactone III. Its preparation by the catalytic reduction of levulinic acid with hydrogen in the presence of platinum oxide[J]. Chemistry-A European Journal, 1930, 52(7): 3010-3012.
[80] Kyrides L P, Craver J K. Process for the production of lactones: USA, US2368366[P]. 1945.

[81] Dunlop A P, Madden J W. Process of preparing gammavalerolactone: USA, US2786852[P]. 1957.

[82] Broadbent H S, Campbell G C, Bartley W J, et al. Rhenium and its compounds as hydrogenation catalysts. III. Rhenium heptoxide1,2,3[J]. Journal of Organic Chemistry, 1959, 24 (12) : 3587-3589.

[83] AlShaal M G, Wright W R H, Palkovits R. Exploring the ruthenium catalysed synthesis of γ-valerolactone in alcohols and utilisation of mild solvent-free reaction conditions[J]. Green Chemistry, 2012, 14 (5) : 1260-1263.

[84] Primo A, Concepción P, Corma A. Synergy between the metal nanoparticles and the support for the hydrogenation of functionalized carboxylic acids to diols on Ru/$TiO_2$[J]. Chemical Communications, 2011, 47 (12) : 3613-3615.

[85] Ortiz-Cervantes C, García J J. Hydrogenation of levulinic acid to γ-valerolactone using ruthenium nanoparticles[J]. Inorganica Chimica Acta, 2013, 397: 124-128.

[86] Galletti A, Antonetti C, Deluise V, et al. A sustainable process for the production of γ-valerolactone by hydrogenation of biomass-derived levulinic acid[J]. Green Chemistry, 2012, 14 (3) : 688-694.

[87] Galletti A M R, Antonetti C, Ribechini E, et al. From giant reed to levulinic acid and gamma-valerolactone: A high yield catalytic route to valeric biofuels[J]. Applied Energy, 2013, 102 (2) : 157-162.

[88] Hengne A M, Rode C V. Cu-$ZrO_2$ nanocomposite catalyst for selective hydrogenation of levulinic acid and its ester to γ-valerolactone[J]. Green Chemistry, 2012, 14 (4) : 1064-1072.

[89] Heeres H, Handana R, Dai C, et al. Combined dehydration/ (transfer) -hydrogenation of $C_6$-sugars (D-glucose and D-fructose) to γ-valerolactone using ruthenium catalysts[J]. Green Chemistry, 2009, 11 (8) : 1247-1255.

[90] Bourne R A, Stevens J G, Ke J, et al. Maximising opportunities in supercritical chemistry: The continuous conversion of levulinic acid to gamma-valerolactone in CO (2) [J]. Chemical Communications, 2007, 44 (44) : 4632-4634.

[91] Selva M, Gottardo M, Perosa A. Upgrade of biomass-derived levulinic acid via Ru/C-catalyzed hydrogenation to γ-valerolactone in aqueous-organic-ionic liquids multiphase systems[J]. ACS Sustainable Chemistry & Engineering, 2013, 1 (1) : 180-189.

[92] Alonso D M, Wettstein S G, Bond J Q, et al. Production of biofuels from cellulose and corn stover using alkylphenol solvents[J]. ChemSusChem, 2011, 4 (8) : 1078-1081.

[93] Wettstein S G, Bond J Q, Alonso D M, et al. RuSn bimetallic catalysts for selective hydrogenation of levulinic acid to γ-valerolactone[J]. Applied Catalysis B: Environmental, 2012, 117-118 (50) : 321-329.

[94] Azadi P, Carrasquilloflores R, Pagántorres Y J, et al. Catalytic conversion of biomass using solvents derived from lignin[J]. Green Chemistry, 2012, 14 (6) : 1573-1576.

[95] Tay B Y, Wang C, Phua P H, et al. Selective hydrogenation of levulinic acid to γ-valerolactone using *in situ* generated ruthenium nanoparticles derived from Ru-NHC complexes[J]. Dalton Transactions, 2016, 45 (8) : 3558-3563.

[96] Braca G, Galletti A M R, Sbrana G. Anionic ruthenium iodorcarbonyl complexes as selective dehydroxylation catalysts in aqueous solution[J]. Journal of Organometallic Chemistry, 1991, 417 (1-2) : 41-49.

[97] Starodubtseva E V, Turova O V, Vinogradov M G, et al. Enantioselective hydrogenation of levulinic acid esters in the presence of the Ru Ⅱ-BINAP-HCl catalytic system[J]. Cheminform, 2006, 37 (35) : 2374-2378.

[98] Henningson M, Johansson U, Olsson H. Integration of homogeneous and heterogeneous catalytic processes for a multi-step conversion of biomass: From sucrose to levulinic acid, γ-valerolactone, 1,4-pentanediol, 2-methyl-tetrahydrofuran, and alkanes[J]. Topics in Catalysis, 2008, 48 (1-4) : 49-54.

[99] Delhomme C, Schaper L A, Mei Z P, et al. Catalytic hydrogenation of levulinic acid in aqueous phase[J]. Journal of Organometallic Chemistry, 2013, 724 (724) : 297-299.

[100] Tukacs J M, Király D, Strádi A, et al. Efficient catalytic hydrogenation of levulinic acid: A key step in biomass conversion[J]. Green Chemistry, 2012, 14 (7) : 2057-2065.

[101] Chalid M, Broekhuis A A, Heeres H J. Experimental and kinetic modeling studies on the biphasic hydrogenation of levulinic acid to γ-valerolactone using a homogeneous water-soluble Ru- (TPPTS) catalyst[J]. Journal of Molecular Catalysis A: Chemical, 2011, 341 (1) : 14-21.

[102] Zhou Q L. Highly efficient hydrogenation of biomass-derived levulinic acid to γ-valerolactone catalyzed by iridium pincer complexes[J]. Green Chemistry, 2012, 14(9): 2388-2390.

[103] Grasemann M, Laurenczy G. Formic acid as a hydrogen source—Recent developments and future trends[J]. Energy & Environmental Science, 2012, 5(8): 8171-8181.

[104] Johnson T C, Morris D J, Wills M. Cheminform abstract: Hydrogen generation from formic acid and alcohols using homogeneous catalysts[J]. Chemical Society Reviews, 2009, 39(1): 81-88.

[105] Gu X, Lu Z H, Jiang H L, et al. Synergistic catalysis of metal-organic framework-immobilized Au-Pd nanoparticles in dehydrogenation of formic acid for chemical hydrogen storage[J]. Journal of the American Chemical Society, 2011, 133(31): 11822-11825.

[106] Weingarten R, Cho J, Xing R, et al. Kinetics and reaction engineering of levulinic acid production from aqueous glucose solutions[J]. ChemSusChem, 2012, 5(7): 1280-1290.

[107] Deng L, Li J, Lai D M, et al. Catalytic conversion of biomass-derived carbohydrates into γ-valerolactone without using an external $H_2$ supply[J]. Angewandte Chemie International Edition in English, 2010, 121(35): 6651-6654.

[108] Hayes D J, Fitzpatrick S, Hayes M H B, et al. The biofine process-production of levulinic acid, furfural, and formic acid from lignocellulosic feedstocks[M]. New York: Wiley-Blackwell, 2008: 139-164.

[109] Stratakis M, Garcia H. Catalysis by supported gold nanoparticles: Beyond aerobic oxidative processes[J]. Chemical Reviews, 2012, 43(41): 4469-4506.

[110] Yan Z, Cui X, Feng S, et al. Nano-gold catalysis in fine chemical synthesis[J]. Chemical Reviews, 2012, 112(4): 2467.

[111] Bi Q Y, Du X L, Liu Y M, et al. Efficient subnanometric gold-catalyzed hydrogen generation via formic acid decomposition under ambient conditions[J]. Journal of the American Chemical Society, 2012, 134(21): 8926.

[112] Du X L, He L, Zhao S, et al. Hydrogen-independent reductive transformation of carbohydrate biomass into γ-valerolactone and pyrrolidone derivatives with supported gold catalysts[J]. Angewandte Chemie, 2011, 50(34): 7815-9.

[113] Du X L, Bi Q Y, Liu Y M, et al. Conversion of biomass-derived levulinate and formate esters into γ-valerolactone over supported gold catalysts[J]. ChemSusChem, 2011, 4(12): 1838-1843.

[114] Yu L, Du X L, Yuan J, et al. A versatile aqueous reduction of bio-based carboxylic acids using syngas as a hydrogen source[J]. ChemSusChem, 2013, 6(1): 42-46.

[115] Kopetzki D, Antonietti M. Transfer hydrogenation of levulinic acid under hydrothermal conditions catalyzed by sulfate as a temperature-switchable base[J]. Green Chemistry, 2010, 12(4): 656-660.

[116] Chia M, Dumesic J A. Liquid-phase catalytic transfer hydrogenation and cyclization of levulinic acid and its esters to γ-valerolactone over metal oxide catalysts[J]. Chemical Communications, 2011, 47(44): 12233-12235.

[117] Tang X, Sun Y, Hu L, et al. Conversion of biomass-derived ethyl levulinate into gamma-valerolactone via hydrogen transfer from supercritical ethanol over a $ZrO_2$ catalyst[J]. RSC Advances, 2013, 3(26): 10277-10284.

[118] Bui L, Luo H, Gunther W R, et al. Innentitelbild: Domino reaction catalyzed by zeolites with Brønsted and lewis acid sites for the production of γ-valerolactone from furfural[J]. Angewandte Chemie, 2013, 125(31): 8044-8044.

[119] Tang X, Zeng X, Li Z, et al. *In situ* generated catalyst system to convert biomass-derived levulinic acid to γ-valerolactone[J]. ChemCatChem, 2015, 7(8): 1372-1379.

[120] Yang Z, Huang Y B, Guo Q X, et al. RANEY® Ni catalyzed transfer hydrogenation of levulinate esters to γ-valerolactone at room temperature[J]. Chemical Communications, 2013, 49(46): 5328-5330.

[121] Geboers J, Wang X, Carvalho A B D, et al. Densification of biorefinery schemes by H-transfer with Raney Ni and 2-propanol: A case study of a potential avenue for valorization of alkyl levulinates to alkyl γ-hydroxypentanoates and γ-valerolactone[J]. Journal of Molecular Catalysis A: Chemical, 2014, 388-389: 106-115.

[122] Gopiraman M, Babu S G, Karvembu R, et al. Nanostructured $RuO_2$ on MWCNTs: Efficient catalyst for transfer hydrogenation of carbonyl compounds and aerial oxidation of alcohols[J]. Applied Catalysis A: General, 2014, 484(10): 84-96.

[123] Manzer L E. Production of 5-methyl-*N*-aryl-2-pyrrolidone and 5-methyl-*N*-cycloalkyl-2-pyrrolidone by reductive amination of levulinic acid with aryl amines: USA, 101943313[P]. 2004.

[124] Tang X, LI Z, Zeng X, et al. *In situ* catalytic hydrogenation of biomass-derived methyl levulinate to $\gamma$-valerolactone in methanol[J]. ChemSusChem, 2015, 8(9): 1601－1607.

[125] Abdelrahman O A, Heyden A, Bond J Q. Analysis of kinetics and reaction pathways in the aqueous-phase hydrogenation of levulinic acid to form $\gamma$-valerolactone over Ru/C[J]. ACS Catalysis, 2014, 4(4): 1171-1181.

[126] Chan-Thaw C E, Marelli A M, Psaro B R, et al. New generation biofuels: $\gamma$-Valerolactone into valeric esters in one pot[J]. RSC Advances, 2013, 3(5): 1302-1306.

[127] Ivanov V A, Bachelier J, Audry F, et al. Study of the Meerwein-Pondorff-Verley reaction between ethanol and acetone on various metal oxides[J]. Journal of Molecular Catalysis, 1994, 91(1): 45-59.

[128] Cohen R, Graves C R, Nguyen S T, et al. The mechanism of aluminum-catalyzed Meerwein-Schmidt-Ponndorf-Verley reduction of carbonyls to alcohols[J]. Journal of the American Chemical Society, 2004, 126(45): 14796-14803.

[129] Li H, Peng L, Lin L, et al. Synthesis, isolation and characterization of methyl levulinate from cellulose catalyzed by extremely low concentration acid[J]. Journal of Energy Chemistry, 2013, 22(6): 895-901.

[130] Xun H, Lievens C, Larcher A, et al. Reaction pathways of glucose during esterification: Effects of reaction parameters on the formation of humin type polymers[J]. Bioresource Technology, 2011, 102(21): 10104-10113.

[131] Hamelinck C N, Faaij A P C. Future prospects for production of methanol and hydrogen from biomass[J]. Journal of Power Sources, 2002, 111(1): 1-22.

[132] Yong S T, Ooi C W, Chai S P, et al. Review of methanol reforming-Cu-based catalysts, surface reaction mechanisms, and reaction schemes[J]. International Journal of Hydrogen Energy, 2013, 38(22): 9541-9552.

[133] Matson T D, Barta K, Iretskii A V, et al. One-pot catalytic conversion of cellulose and of woody biomass solids to liquid fuels[J]. Journal of the American Chemical Society, 2011, 133(35): 14090-14097.

[134] Wu Y, Gu F, Xu G, et al. Hydrogenolysis of cellulose to $C_4$～$C_7$ alcohols over bi-functional CuO-MO/$Al_2O_3$（M=Ce, Mg, Mn, Ni, Zn）catalysts coupled with methanol reforming reaction[J]. Bioresource Technology, 2013, 137(6): 311-317.

[135] Scotti N, Dangate M, Gervasini A, et al. Unraveling the role of low coordination sites in a Cu metal nanoparticle: A step toward the selective synthesis of second generation biofuels[J]. ACS Catalysis, 2014, 4(10): 2818-2826.

[136] Fujihara T, Xu T, Semba K, et al. Copper-catalyzed hydrocarboxylation of alkynes using carbon dioxide and hydrosilanes[J]. Angewandte Chemie, 2011, 50(2): 523-527.

[137] Fegyverneki D, Orha L, Láng G, et al. Gamma-valerolactone-based solvents[J]. Tetrahedron, 2010, 66(5): 1078-1081.

[138] Stradi A, Molnar M, Ovari M, et al. Cheminform abstract: Rhodium-catalyzed hydrogenation of olefins in $\gamma$-valerolactone-based ionic liquids[J]. Cheminform, 2013, 15(7): 1857-1862.

[139] Duan Z Q, Hu F. Highly efficient synthesis of phosphatidylserine in the eco-friendly solvent $\gamma$-valerolactone[J]. Green Chemistry, 2012, 14(6): 1581-1583.

[140] Ismalaj E, Strappaveccia G, Ballerini E, et al. $\gamma$-Valerolactone as a renewable dipolar aprotic solvent deriving from biomass degradation for the hiyama reaction[J]. ACS Sustainable Chemistry & Engineering, 2014, 2(10): 2461-2464.

[141] Vaccaro L, Marrocchi A, Facchetti A, et al. Biomass-derived safe medium to replace toxic dipolar solvents and access cleaner heck coupling reactions[J]. Green Chemistry, 2014, 17(1): 365-372.

[142] Qi L, Mui Y F, Lo S W, et al. Catalytic conversion of fructose, glucose, and sucrose to 5-(hydroxymethyl)furfural and levulinic and formic acids in $\gamma$-valerolactone as a green solvent[J]. ACS Catalysis, 2014, 4(5): 1470-1477.

[143] Qi L, Horváth I T. Catalytic conversion of fructose to $\gamma$-valerolactone in $\gamma$-valerolactone[J]. ACS Catalysis, 2012, 2(11): 2247-2249.

[144] Wettstein S G, Alonso D M, Chong Y, et al. Production of levulinic acid and gamma-valerolactone（GVL）from cellulose using GVL as a solvent in biphasic systems[J]. Energy & Environmental Science, 2012, 5(8): 8199-8203.

[145] Alonso D M, Gallo J M R, Mellmer M A, et al. Direct conversion of cellulose to levulinic acid and gamma-valerolactone using solid acid catalysts[J]. Catalysis Science & Technology, 2013, 3(4): 927-931.

[146] Ei G, Jm G, Dm A, et al. Conversion of hemicellulose into furfural using solid acid catalysts in $\gamma$-valerolactone[J]. Angewandte Chemie, 2013, 125(4): 1308-1312.

[147] Zhang L, Yu H, Wang P, et al. Production of furfural from xylose, xylan and corncob in gamma-valerolactone using $FeCl_3 \cdot 6H_2O$ as catalyst[J]. Bioresource Technology, 2014, 151(1): 355-360.

[148] Alonso D M, Wettstein S G, Mellmer M A, et al. Integrated conversion of hemicellulose and cellulose from lignocellulosic biomass[J]. Energy & Environmental Science, 2012, 6(1): 76-80.

[149] Luterbacher J S, Rand J M, Alonso D M, et al. Nonenzymatic sugar production from biomass using biomass-derived $\gamma$-valerolactone[J]. Science, 2014, 343(6168): 277-280.

[150] Han J, Luterbacher J S, Alonso D M, et al. A lignocellulosic ethanol strategy via nonenzymatic sugar production: Process synthesis and analysis[J]. Bioresource Technology, 2015, 182: 258-266.

[151] Bruno T J, Wolk A, Naydich A. Composition-explicit distillation curves for mixtures of gasoline with four-carbon alcohols (butanols)[J]. Energy Fuels, 2009, 23(1): 2295-2306.

[152] Yang M, Wang Z, Lei T, et al. Influence of gamma-valerolactone-*n*-butanol-diesel blends on physicochemical characteristics and emissions of a diesel engine[J]. Journal of Biobased Materials & Bioenergy, 2017, 11(1): 66-72.

[153] Du X, Bi Q, Liu Y, et al. Tunable copper-catalyzed chemoselective hydrogenolysis of biomass-derived $\gamma$-valerolactone into 1,4-pentanediol or 2-methyltetrahydrofuran[J]. Green Chemistry, 2012, 14(4): 935-939.

[154] Lange J P, Price R, Ayoub P M, et al. Valeric biofuels: A platform of cellulosic transportation fuels[J]. Angewandte Chemie International Edition in English, 2010, 122(26): 4581-4585.

[155] Pan T, Deng J, Xu Q, et al. Catalytic conversion of biomass-derived levulinic acid to valerate esters as oxygenated fuels using supported ruthenium catalysts[J]. Green Chemistry, 2013, 15(10): 2967-2974.

[156] Contino F, Dagaut P, Dayma G, et al. Combustion and emissions characteristics of valeric biofuels in a compression ignition engine[J]. Journal of Energy Engineering, 2013, 140(3): 171-175.

[157] Rye L, Blakey S, Wilson C W. Sustainability of supply or the planet: A review of potential drop-in alternative aviation fuels[J]. Energy & Environmental Science, 2010, 3(1): 17-27.

[158] Bond J Q, Alonso D M, Wang D, et al. Integrated catalytic conversion of gamma-valerolactone to liquid alkenes for transportation fuels[J]. Science, 2010, 327(5969): 1110-1114.

[159] Bond J Q, Alonso D M, West R M, et al. $\gamma$-Valerolactone ring-opening and decarboxylation over $SiO_2/Al_2O_3$ in the presence of water[J]. Langmuir, 2010, 26(21): 16291-16298.

[160] Braden D J, Henao C A, Heltzel J, et al. Production of liquid hydrocarbon fuels by catalytic conversion of biomass-derived levulinic acid[J]. Green Chemistry, 2011, 13(7): 1755-1765.

[161] Serrano-Ruiz J C, Braden D J, West R M, et al. Conversion of cellulose to hydrocarbon fuels by progressive removal of oxygen[J]. Applied Catalysis B: Environmental, 2010, 100(1): 184-189.

[162] Serranoruiz J C, Wang D, Dumesic J A. Catalytic upgrading of levulinic acid to 5-nonanone[J]. Green Chemistry, 2010, 12(4): 574-577.

[163] Lee C W, Urakawa R, Kimura Y. Copolymerization of $\gamma$-valerolactone and $\beta$-butyrolactone[J]. European Polymer Journal, 1998, 34(1): 117-122.

[164] Manzer L E. Catalytic synthesis of $\alpha$-methylene-$\gamma$-valerolactone: A biomass-derived acrylic monomer[J]. Applied Catalysis A: General, 2004, 272(1): 249-256.

[165] Lange J P, Vestering J Z, Haan R J. Towards 'bio-based' nylon: Conversion of gamma-valerolactone to methyl pentenoate under catalytic distillation conditions[J]. Chemical Communications, 2007, 33(33): 3488-3490.

[166] Raoufmoghaddam S, Rood M T M, Buijze F K W, et al. Catalytic conversion of $\gamma$-valerolactone to $\varepsilon$-caprolactam: Towards nylon from renewable feedstock[J]. ChemSusChem, 2014, 7(7): 1984-1990.

[167] Gagliardi M, Michele F D, Mazzolai B, et al. Chemical synthesis of a biodegradable PEGylated copolymer from ε-caprolactone and γ-valerolactone: Evaluation of reaction and functional properties[J]. Journal of Polymer Research, 2015, 22(2): 1-12.

[168] Chalid M, Heeres H J, Broekhuis A A. Structure-mechanical and thermal properties relationship of novel γ-valerolactone-based polyurethanes[J]. Journal of Macromolecular Science: Part D - Reviews in Polymer Processing, 2015, 54(3): 234-245.

[169] Cannon G W, Casier J J, Gaines W A. Acylation studies. Ⅱ. the condensation of γ-butyrolactone and γ-valerolactone with methyl ketones[J]. Journal of Organic Chemistry, 2002, 17(9): 207-221.

[170] Mosby W L. The Friedel-Crafts eeaction with γ-valerolactone. Ⅰ. The synthesis of various polymethylnaphthalenes[J]. Journal of the American Chemical Society, 2002, 74(10): 417-424.

[171] Blicke F F, Brown B A. Interaction of an ivanov and an ivanov-like reagent with γ-butyrolactone and γ-valerolactone[J]. Journal of Organic Chemistry, 2002, 26(10): 149-151.

[172] Kazi F K, Patel A D, Serrano-Ruiz J C, et al. Techno-economic analysis of dimethylfuran (DMF) and hydroxymethylfurfural (HMF) production from pure fructose in catalytic processes[J]. Chemical Engineering Journal, 2011, 169(1): 329-338.

[173] Patel A D, Serrano-Ruiz J C, Dumesic J A, et al. Techno-economic analysis of 5-nonanone production from levulinic acid[J]. Chemical Engineering Journal, 2010, 160(1): 311-321.

[174] Christian R V, Brown H D, Hixon R M. Derivatives of γ-valerolactone, 1,4-pentanediol and 1,4-di-(β-cyanoethoxy)-pentane1[J]. Journal of the American Chemical Society, 1947, 69(8): 1961-1963.

[175] Alshaal M, Dzierbinski A, Palkovits R. Solvent-free g-valerolactone hydrogenation to 2-methyltetrahydrofuran catalysed by Ru/C: A reaction network analysis[J]. Green Chemistry, 2014, 16(3): 1358-1364.

[176] Corbeldemailly L, Ly B K, Minh D P, et al. Heterogeneous catalytic hydrogenation of biobased levulinic and succinic acids in aqueous solutions[J]. ChemSusChem, 2013, 6(12): 2388-2395.

[177] Mizugaki T, Togo K, Maeno Z, et al. One-pot transformation of levulinic acid to 2-methyltetrahydrofuran catalyzed by Pt-Mo/H-beta in water[J]. ACS Sustainable Chemistry &Engineering, 2016, 4(3): 682-685.

[178] Xia H A, Zhang J, Yan X P, et al. Catalytic conversion of biomass derivative γ-valerolactone to aromatics over Zn/ZSM-5 catalyst[J]. Journal of Fuel Chemistry & Technology, 2015, 43(5): 575-580.

# 第 4 章　乙酰丙酸中间产物化学品制取技术

## 4.1　愈创木酚和紫丁香醇及其制取技术

### 4.1.1　愈创木酚及其制取技术

1. 愈创木酚的性质及应用

愈创木酚又称邻甲氧基苯酚、甲基儿茶酚、邻羟基茴香醚，分子式 $C_7H_8O_2$，其结构如图 4-1 所示，分子量 124.13、熔点 27～29℃、沸点 205℃、闪点 82℃、折射率 1.5429，是一种白色或微黄色结晶或无色至淡黄色透明油状液体，有特殊芳香味，对皮肤和黏膜有轻微的刺激性。可燃，略溶于水和苯，易溶于甘油，可与乙醇、乙醚、氯仿、油类、冰醋酸混溶，遇三价铁变蓝色。

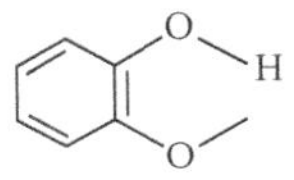

图 4-1　愈创木酚结构图

作为一种重要的精细化工中间体，愈创木酚的应用非常广泛。愈创木酚具有止咳、祛痰作用，在临床上用于治疗支气管炎、咳嗽等症状；在香料生产工业中，它被用来制备香兰素和人造麝香；在食品和化妆品行业中，它具有较强的抗氧化作用，可以用来制备酚类抗氧剂；在农业领域，以愈创木酚为原料合成 5-硝基愈创木酚钠，用于植物的生长调节，可高效提升植物的生长率[1]；同时，愈创木酚还能用于有机合成及分析测定，如测定酮、氢氰酸和亚硝酸盐试剂。综合愈创木酚在医药、香料、化妆品、农业和工业方面的用途可知，愈创木酚在人们的生产生活中发挥着重要的作用，具有广阔的应用前景。

2. 愈创木酚的制取技术

愈创木酚的制备包括天然提取和人工合成两种方式。

1) 天然提取

愈创木酚在自然界中主要存在于愈创木树脂、松油和硬木干馏油中。早在 1897 年，就有报道指出愈创木酚可从愈创木酚油中提取得到。1993 年，罗富源等[2]以林化杂酚为原料，经过滤、酸析和精馏可使愈创木酚的纯度达到 95%以上，产率大于 60%，该方法提高了林化杂酚的利用价值，但是生产过程中对环境造成了严重的污染。随后精馏、冷冻和分离被改进入该方法[3]，减少了对酸和碱的使用，减少了提取过程中污染物的排放，然而经成盐、过滤、酸析、精馏等步骤提纯得到愈创木酚的方法成本较高，且效率较低。厦门大学孙勇等[4]以竹木质素为原料，利用氢氧化钠、金属催化剂和水等参与反应制备愈创木酚，将各反应物加入高压反应釜中，在氮气保护下加热反应，随后过滤并对催化剂进行回收，用硫酸调节滤液的 pH 至 5～6，再过滤收集滤液，用氯仿萃取滤液中的木质素降解产物，分离有机相并用无水硫酸钠干燥，回收溶剂得到愈创木酚。

2) 人工合成

人工合成愈创木酚的方法包括生物法、邻氨基苯甲醚法、邻苯二酚法、环己酮法和环氧环己烷法等[5,6]。

Corli 等的研究表明，可以利用 *Alicyclobacillus acidoterrestris* 菌从香兰素和香兰醛中制备愈创木酚[7]。王涛等利用毕赤酵母生产愈创木酚，结果表明，愈创木酚的含量占可检测挥发物质总质量的 17.2%[8]。生物法制备愈创木酚可以在较低温度下完成，进一步提高产率是生物法制备愈创木酚的研究方向。

邻氨基苯甲醚法制备愈创木酚分为两个步骤：邻氨基苯甲醚重氮化和水解。首先在冰水中加入硫酸和硝酸钠将邻氨基苯甲醚进行重氮化，然后将重氮化产物与硫酸和硫酸钙溶液混合并加热至 135℃，水解的同时蒸馏出愈创木酚[9]。目前，类似的方法被用于工业当中，以邻氨基苯甲醚为原料，与亚硝酸钠在低温、酸性水溶液中发生重氮化反应，再向沸腾的含硫酸铜催化剂的酸溶液中滴入生成的重氮盐进行水解制备愈创木酚。该方法在生产过程中需要使用大量的酸、碱和无机盐，水解工艺复杂，污染严重，并且由于受搅拌、加热和体积的限制，会出现产品质量不稳定的问题，实际得到愈创木酚的产率低于 82%。为提高愈创木酚产率、优化生产工艺和减少环境污染，研究者提出多种工艺改进方案和装置改进方法。张小希[10]在现有制备工艺的基础上，增加了两步降温措施：首先，将重氮盐溶液冷冻、降温分离出其中的硫酸钠；然后，将其加入沸腾的硫酸铜溶液中水解得到愈创木酚，改进后的生产工艺减少了愈创木酚偶合反应的副产物，使愈创木酚产率提高到 89%，同时还能回收硫酸铜和硫酸，并用于再生产，大幅度降低了产品消耗量，减少了废酸的产生。李光明等[11]以愈创木酚产率为目标，考察了重氮盐水解温度、重氮盐滴加时间、水解液中水酸配比和催化剂用量等对产率的影响，结果表明，产品产率最高约为 84%，最佳条件为水解温度 100～110℃，重氮盐稀释一倍滴加 1h，水解液中水酸质量比约 10∶1、催化剂用量为 30%～35%。李斌等[12]将亚硝酸钙用于硫酸与邻氨基苯甲醚的重氮化反应中，不仅可以改善水解条件，降低生产成本，还提高了愈创木酚的产率，同时消除了废液处理过程中产生的大量废水污染问题。为进一步提高愈创木酚的产率，生产装置和流程的改进也在研究之中，这些改进多通过抑制副反应、提高主反应的选择性、缩短反应时间等，实现重氮盐水解工艺的连续化。刘有智等[13]研究了一种新的水解装置(图 4-2)，水解生成产物的产率高达 90%，该装置使用带加热夹套的旋转填料床，可加热催化剂，对水解管道进行保温，实现了连续操作，解决了传统装置中水解反应副产物多、产品产率低、水解时间长、设备利用率低和环境污染大等问题。邻氨基苯甲醚法制备愈创木酚可实现连续化生产，但对其分离技术的研究尚未见报道。因此，该方法尚未得到工业化推广应用。

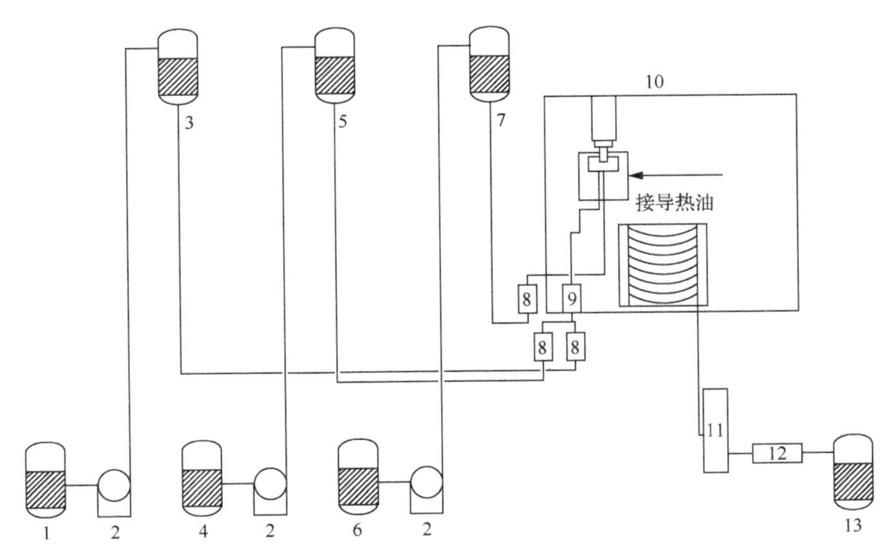


图 4-2　邻甲氧基苯胺重氮盐水解流程

1. 水解液储槽；2. 泵；3. 水解液高位槽；4. 萃取剂储槽；5. 萃取剂高位槽；6. 重氮盐溶液储槽；7. 重氮盐溶液高位槽；8. 液体流量计；9. 预热器；10. 水解反应器；11. 搅拌器；12. 冷凝器；13. 反应输出液储槽

邻苯二酚法主要是将邻苯二酚与不同的甲基化试剂(如一氯甲烷、硫酸二甲酯、碳酸二甲酯和甲醇等)在一定条件下制备愈创木酚，但会生成邻苯二甲醚、苯酚、苯甲醚、甲基邻苯二酚和甲基愈创木酚等副产物。Marx[14,15]曾以邻苯二酚和一氯甲烷为原料，氢氧化钠和碱土金属为碱催化剂，氯苯和二甲苯为溶剂，在加压、加热的条件下进行反应，最终得到愈创木酚。Swidinsky 则以二价金属盐为催化剂，在氢氧化钠作用下，使用具有渗透作用的有机溶剂降低了反应温度和压力[16,17]。陶立丹等[18]在碱性条件下，以邻苯二酚和一氯甲烷为原料，使用相转移催化剂合成愈创木酚，并研究了反应因素对合成效果的影响，结果表明，当原料与水-甲苯非均相溶剂摩尔比为 1∶1.4、反应温度 140℃、氢氧化钠过量 10%、聚乙二醇 800 的质量分数为 5%时，愈创木酚的产率可达 80%。张苏明[19]在碱性催化剂 $NaHCO_3$ 的作用下，将邻苯二酚与甲基化试剂进行反应，愈创木酚选择性和产率约为 95%。邻苯二酚法制备愈创木酚过程中所使用的甲基化试剂存在不同的缺点，如毒性、腐蚀性、催化剂积炭等，导致其目前并不具备替代现有生产工艺的能力。因此，进一步开发合适的催化剂是将该方法工业化的一条捷径。

环已酮法是以环己酮为原料，在一定条件下经氯化和甲氧基化-芳构化反应得到邻羟基苯甲醚，成本较低，经济效益较高，因其分析方法和产品产率问题仍待研究，故并未得到推广[20]。环氧环己烷法是将环氧环己烷在一定条件下进行开环反应，得到邻甲氧基环己醇，然后经脱氢反应得到愈创木酚，副产物易分离，愈创木酚的纯度高达 99%，该法所得产品稳定性高，具有商业化价值[21]。

此外，蒋挺大[22]曾介绍以邻硝基氯苯为原料，通过甲氧基化、液相加氢、重氮化和水解四步反应来制备愈创木酚，最佳条件下，愈创木酚的产率可达 85%。

### 4.1.2 紫丁香醇及其制取技术

1. 紫丁香醇简介

紫丁香醇，别名2,6-二甲氧基苯酚、2,6-二甲氧基酚，结构如图4-3所示，为无色液体，存在于紫丁香(*Syringa vulgaris*)花中，具紫丁香花香气。熔点50～56℃、沸点261℃，水溶性2g/100mL(13℃)，闪点140℃。由乙酸芳樟酯以二氧化硒氧化成$\alpha,\beta$-不饱和醛，再经缩醛化、水解、环化、还原制得。其还原产物紫丁香醛及其缩醛也可用作香精。

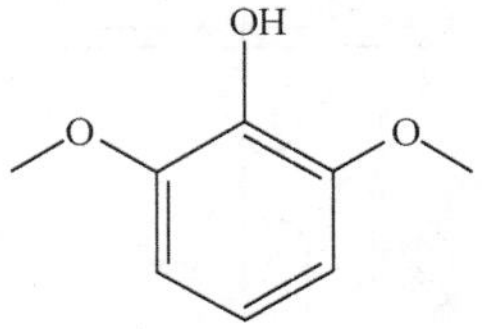

图4-3 紫丁香醇的化学结构

2. 紫丁香醇的制备技术

紫丁香醇可作为研究Claisen重排，合成其他化合物及天然产物的重要前体[23-25]。其最早的制备方法是Krauss的方法，即焦性没食子酸经溴代甲烷选择性甲醚化，但该方法所得产物复杂，产率较低。

吴安心等[26]在前人研究的基础上，对紫丁香醇的制备方法进行了改进，合成路线如图4-4所示。以焦性没食子酸为原料，在$(CH_3)_2SO_4$及NaOH的作用下生成三甲醚产物，再经$ZnCl_2/CH_3CH_2COOH$作用，选择性去除甲醚，得到2,6-二甲氧基苯酚。该工艺所用试剂廉价易得，操作简单，选择性高，产物较为单一，是紫丁香醇的理想合成方法。首先，在氮气保护下，将焦性没食子酸溶于氢氧化钠溶液(33%)中，升温至80℃，搅拌下将$(CH_3)_2SO_4$缓慢滴加到反应器中；然后，再将氢氧化钠溶液(33%)和$(CH_3)_2SO_4$交替滴加进反应器，滴加完毕，用氢氧化钠溶液调至强碱性，继续加热搅拌1h，总反应时间为8h，然后以氯仿萃取3～4次，无水硫酸钠干燥，蒸干溶剂得浅黄色固体，继续在氮气保护下，将浅黄色固体与无水氯化锌、乙酸加入反应器中，搅拌下升温至回流，并将生成的氯代甲烷导出室外，反应1.5h后停止加热，减压蒸馏除去乙酸，反应液倒入冰水中，以氯仿萃取数次，无水硫酸钠干燥，硅胶柱层析得到白色固体，即为紫丁香醇，产率可达71%。

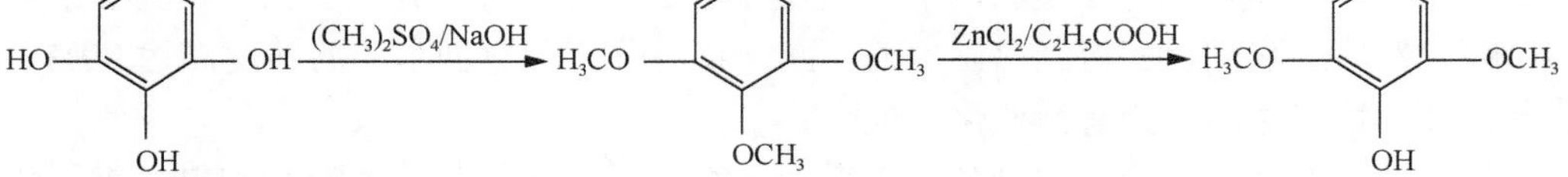

图4-4 紫丁香醇合成路线

唐培宇等[27]用超临界$CO_2$流体萃取技术(SFE)萃取紫丁香浸膏，所得浸膏呈淡黄色，用分子蒸馏(MD)技术进行精制，萃取压力 30MPa，萃取温度 50℃，解析压力 9MPa，解析温度 60℃，萃取时间选择 1.5h，得到呈香液体透明精油，分析发现主体呈香成分为醇类物质，该方法所提取的紫丁香醇得率较高。

## 4.2　糠醛与糠醇的制取技术

### 4.2.1　糠醛及其制取技术

1. 糠醛的合成机制

糠醛，别名呋喃甲醛，分子结构中含有活泼的醛基和呋喃环，可以制备多种化学品和液体燃料，如合成乙酰丙酸、糠醇、琥珀酸、马来酸和戊酸酯等[28-30]，成为被广泛应用的化工原料。

在 1922 年，美国 Quaker Oats 公司首次实现了糠醛的工业化生产，并将其应用于木松香脱色和润滑油精制方面，完成了其工业化应用。随后，糠醛被应用于合成橡胶、医药、农药、铸造、能源及下游化工产品领域[31]。近 10 年来，我国的糠醛生产量由 20 万 $t \cdot a^{-1}$ 提升至 150 万 $t \cdot a^{-1}$，但生产工艺存在着污染严重、能耗高和产率低的问题，因此，研究糠醛的合成机制，构建绿色经济的合成途径，有利于促进糠醛领域的发展，缓解传统能源枯竭带来的能源危机。

糠醛尚未能通过化学合成的方式来实现制备[32]，主要是通过戊糖脱水生成。工业上常用的生产糠醛的原料以农林废弃物为主，如玉米芯、玉米秸秆、小麦秸秆、棉花秸秆、稻壳、甘蔗渣、棕榈树和木材加工剩余物等。在相同的反应条件下，戊聚糖含量越高的原料，糠醛的产率越高。Montané 等[33]经研究发现，以原料的质量来计算，玉米芯的糠醛产量为 22%，甘蔗渣的糠醛产量为 17%，玉米秸秆的糠醛产量为 16.5%，向日葵壳的糠醛产量为 16%，稻壳的糠醛产量为 12%，硬木料的糠醛产量为 15%～17%。目前，我国市场上的糠醛生产原料以玉米芯为主。由于纤维素类生物质组分及其结构较为复杂，糠醛产率较低，但以木糖、木聚糖和半纤维素提取液等为原料制备糠醛的研究近几年已得到快速的发展。

糠醛的合成主要有两种途径，包括戊糖脱水及糖醛酸脱水。戊糖在自然界中广泛存在，而糖醛酸则较为罕见，因此，利用含有戊糖的纤维原料制备糠醛成为研究利用的主要方式。戊聚糖在植物纤维原料中以半纤维素的形式存在，半纤维素在酸性催化剂的作用下首先发生水解得到戊糖，随后戊糖发生脱水环化形成糠醛。其中第一步水解反应速率很快，且戊糖的产率很高；而第二步脱水环化反应速率较慢，同时还有副反应发生，具体途径如下：

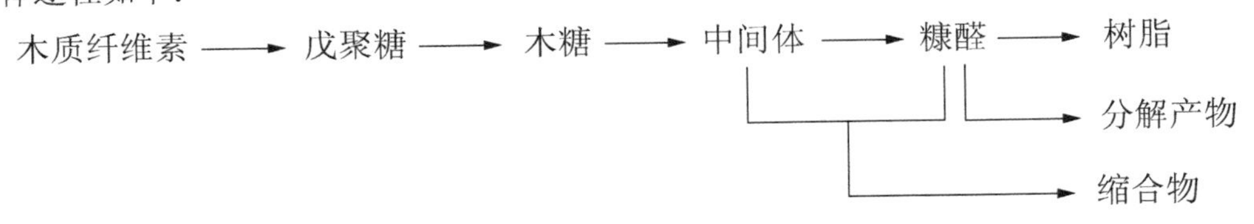

因此，由木质纤维素催化转化为糠醛的反应过程分为戊聚糖(或木聚糖)水解产生木糖及木糖环化脱水产生糠醛两部分。

1) 戊聚糖水解机制

戊聚糖为五元环以氧桥的形式连接而成，水解得到木糖需要经过稀酸水解或在水蒸气条件下脱乙酰化作用，具体过程为：①戊聚糖氧桥连接中的氧键被质子化，从而形成三价氧；②碳氧键裂解，导致氧桥的一边形成碳正离子，另一边形成羟基；③碳正离子与水反应形成离子；④释放出氢离子后留下羟基；⑤重复上述反应，直至戊聚糖中所有的氧键消失，释放出戊糖或木糖分子，如图 4-5 所示[34]。

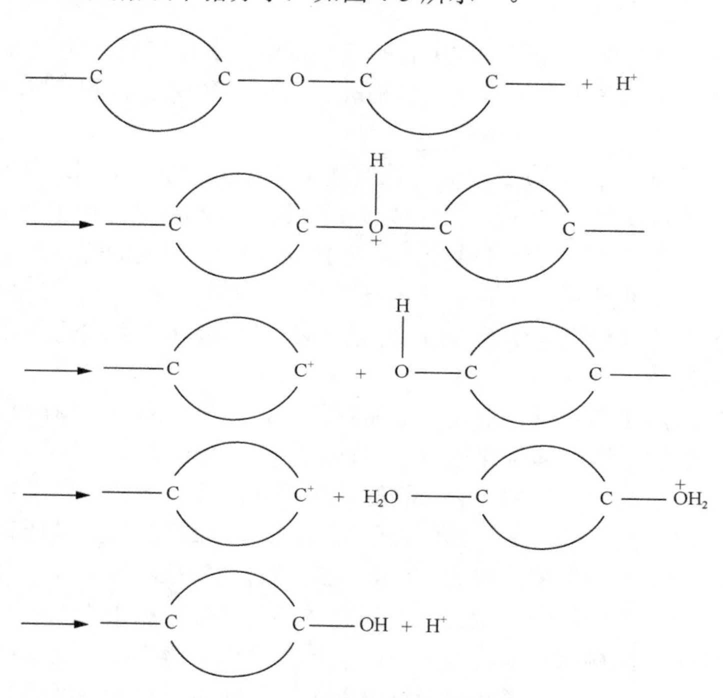


图 4-5　戊聚糖的水解机理

蒸汽处理木质纤维素会导致木聚糖的水解而产生单糖并释放出乙酸，且少量的单糖在较弱的酸性条件及低温下可进一步脱水产生糠醛，副反应较少，提高了整体反应的选择性。

2) 木糖环化脱水机制

木糖环化脱水生成糠醛的主要过程为：①氢质子与木糖中 C1 原子上的羟基氧结合，脱掉一个水分子形成碳氧双键；②C2 羟基氧上的电子转移到 C5 上，C5 和环上的氧之间的键断开，与 C2 羟基上的氧形成碳氧键，生成带有羟基和醛基的环氧化合物，再脱去两分子的水生成糠醛[35]，如图 4-6 所示。另一种路径是质子与木糖中 C2 原子上的羟基氧结合，脱掉一个水分子；然后环上氧原子的电子向 C2 转移，生成带有羟基和醛基的环氧化合物，再脱去两个水分子生成糠醛。Antal 等[36]在研究中发现，酸催化木糖生成糠醛的反应过程中，首先形成 2,5-酸酐中间体，然后由这种中间体脱水生成糠醛。

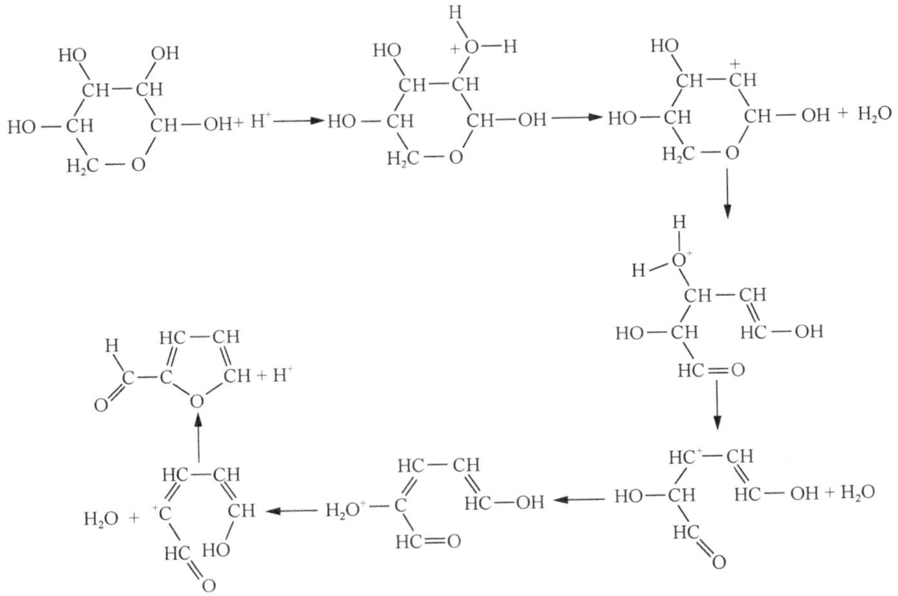

图4-6　木糖环化脱水生成糠醛的机制

2. 糠醛的制备技术

糠醛的制备工艺分为连续式和分批式两种模式，主流的生产工艺包括 Quaker Oats 工艺、Agrifuran 工艺、Petrole-chimie 工艺、Escher Wyss 工艺及 Rosenlew 工艺[37]。关于糠醛生产工艺的研究主要集中在催化剂的选择上，常用的催化剂为无机酸液体催化剂，如硫酸、盐酸、磷酸等。此外，还可以用酸式盐、强酸弱碱盐等能在水解过程中解离出氢离子的物质作为催化剂。实际应用的有磷酸盐、过磷酸钙、重过磷酸钙及硝酸盐和氯化铵等，还有 Ti、Zn、Al 等金属的盐类，$GeO_2$、$TiO_2$、$ZrO_2$、ZnO、$Fe_2O_3$ 等金属氧化物，以及氢型沸石、负载磺酸的硅土等固体催化剂[38,39]。尽管以木糖作为模型化合物在酸性催化剂存在下催化脱水合成糠醛的研究较多，但戊糖脱水环化生成糠醛的工艺还不成熟，糠醛产率也较低[40]。目前，我国糠醛生产企业多是采用95%的硫酸催化法，少数企业使用盐酸催化法，通过一步法或两步法合成糠醛。

1) 一步法

一步法指在糠醛生产的过程中，戊聚糖水解产生戊糖和戊糖脱水生成糠醛在同一个水解锅中进行，这种工艺操作过程可称为蒸醛。一步法因设备投资少，操作简单，在糠醛工业中得到了广泛的应用。具体步骤如下：首先在自然干燥或预处理的植物纤维原料中加入浓度为 5%～8%的硫酸，即进行混酸装料处理，然后利用蒸汽升压到0.5～0.7MPa，温度为150～164℃，水解处理2～4h，最后排出含有糠醛的蒸汽得到最终产物[41,42]。

近年来，糠醛的生产工艺和技术进步较快，已由单锅蒸煮升级到多锅串联和连续生产的工艺，包括 Quaker Oats 工艺、Agrifuran 工艺、Petrole-chimie 工艺、Escher Wyss 工艺、Rosenlew 工艺和 RRL-J 工艺等。其中，Quaker Oats 工艺是间歇性的生产工艺，也是最古老的糠醛生产工艺，1921 年，美国 Quaker Oats 公司以硫酸为催化剂，蔗渣、燕麦壳、玉米芯、稻壳等为原料，在带有炭砖、防酸水泥衬里的球形蒸煮罐中进行反应，操作压力为 $4.2\mathrm{kg \cdot cm^{-2}}$($1\mathrm{kg \cdot cm^{-2}}$=98.07kPa)，反应温度为 153℃，时间为 6～8h，反应过程中将生成的糠醛以连续通入蒸汽的方式及时移出。从蒸煮罐出来的含糖醛蒸汽先进入汽提塔，塔顶馏出液经冷凝分为两层，富醛相转入脱水塔精制。在此过程中，糠醛的生成和汽提同时完成，减少了糠醛的副反应发生，如树脂化和聚合。但 Quaker Oats 间歇工艺存在原料停留时间长、酸浓度高、设备要求高和生产成本高等严重的缺点。

Agrifuran 工艺经改造后形成 Petrole-chimie 工艺，反应使用一套间歇、固定的反应器进行串联操作，用磷酸或过磷酸钙作催化剂，操作压力为 $6.5\mathrm{kg \cdot cm^{-2}}$，固液比一般为 1∶6。反应过程中，蒸汽依次通过第一反应器、第二反应器和其他反应器。串联操作降低了蒸汽的消耗量，并且由于从前面反应器中出来的含糠醛蒸汽中含有水解过程中生产的乙酸，进入后一反应器后可以加快糠醛的生成速率，因而能得到较高浓度的糠醛液，简化了后面的糠醛精制过程；反应后产生的废渣可以用来生产磷肥。

Escher Wyss 工艺是在流化床反应器中实现连续操作的，原料通过旋转进料器进入反应器，在设备中部喷洒 3%硫酸与原料均匀混合，蒸汽由位于设备下部的蒸汽分布器进入，并使原料颗粒处于悬浮状态以实现固体流态化，反应程度由 γ 射线控制，残渣通过排渣系统排出。其间反应温度为 170℃，平均反应时间为 45min。但该工艺存在原料颗粒反应时间不均匀、旋转进料器对原料要求高、设备腐蚀严重、维护费用高、蒸汽流量控制严格(过大过小都会影响“流化态”效果)等缺陷，因而限制了其大规模应用。

Rosenlew 工艺是由瑞典的 Saov 设计的，用萃取单宁后的木材和锯末作原料，首先对原料进行二次蒸汽脱氧预处理，用水解过程中生成的乙酸作催化剂，无需加入或分离催化剂。此工艺同样是连续水解工艺，原料从反应器顶部进入，蒸汽从底部进入，固液比为 1∶0.45，水解时间为 1～2h，水解蒸汽压力为 1.5～1.7MPa，每吨糠醛的蒸汽耗量为 22～23t，产率为 10%，副产物为乙酸。该工艺具有设备投资少、腐蚀性较小、废渣易处理等优点。

一般情况下，如果采用单锅工艺水解生产糠醛，糠醛的平均浓度较低，需要依靠汽提的方法从反应体系中移出，该过程需消耗大量蒸汽，能耗较高，且糠醛在高温下会发生热分解。而如果采用多锅串联的工艺路线进行水解生产糠醛，即将前一台水解锅后半期抽出的含糠醛较少的蒸汽通到第二台水解锅，作为该水解锅后半期的加热蒸汽，这样可以把蒸出的糠醛浓度由 4%提高到 5%～6%，并且生产 1t 糠醛可以节省 6～8t 蒸汽，这是一步法经常采用的方式[43]。

一步法会产生大量的废渣，这些废渣主要由纤维素、木质素、未反应的半纤维素和残留的催化剂组成。目前，糠醛生产厂处理废渣的办法主要是采用煤渣混烧技术将糠醛废渣用作产生蒸汽的燃料。

一步法所采用的催化剂主要有均相催化剂和非均相催化剂两大类，其中均相催化剂主要包括盐酸和硫酸类矿物酸、有机酸、Lewis 酸及酸性离子液体等其他酸催化剂；而非均相催化剂主要是固体酸催化剂。

a.均相催化剂

(1)矿物酸催化法。矿物酸催化法主要包括磷酸法、盐酸法(又称纳塔法)及硫酸法三种方法。其中，Vazquez 等[44]进行了磷酸一步法水解稻草制备糠醛的实验研究，取得了一定的效果。而盐酸法是一种较传统的酸水解碳水化合物产生糠醛的方法。浙江省林业科学研究院、北京日用化学二厂等单位在大量研究工作的基础上，建立了 150～300t·a$^{-1}$ 以盐酸为催化剂催化碳水化合物水解及脱水生产糠醛的装置。本法的特点是使用常压连续水解，设备生产能力大，易实现自动化，出醛率高(17%～18%)；缺点是设备腐蚀严重，设备的部件维修更换率高，而且产生的废弃物和废渣难以处理。

硫酸法因原料和水解锅的区别，又可以分为桂格燕麦法、罗尼法和谢巴夫法等。其中桂格燕麦法在美国广为采用，其特点是水解锅为球形旋转式，含糠醛蒸汽废热产生二次蒸汽，甲醛等低沸点物可以被回收，但乙酸未被回收、出醛率低；罗尼法的特点是水解锅为四塔流程式，设备结构复杂，自动化水平较高；谢巴夫法的特点是水解釜为固定床，分离为四塔流程，采用间歇操作，电耗少。后期为使废渣变为有机复合肥料，减轻污染，在传统硫酸法的基础上，通过在硫酸稀释时加入普通过磷酸钙而出现改良硫酸法，其生产条件及出醛率均与硫酸法相同，并根据原料的不同分为罗森柳-赛佛法、斯基格-舍沃法、埃斯切维斯-巴考克公司法等。其中，罗森柳-赛佛法的主要特点是采用连续自动水解，原料为甘蔗渣，设备处理能力强，无需加催化剂，甲醇等轻组分可以被回收，蒸汽和废渣利用充分，但设备及加工技术要求较高。国内未见相关的研究和采用此法生产的实例。斯基格-舍沃法的主要特点是采用连续自动水解，原料是木材下脚料，分离为三塔流程，基本实现了自动化操作；埃斯切维斯-巴考克公司法的主要特点是水解前先进行二次蒸汽脱氧，水解连续操作，分离为三级萃取流程。

在 20 世纪 70 年代中期，广东省东莞糖厂以蔗渣为原料，建立了一座采用稀硫酸加压连续水解生产糠醛的车间，年产量达 300t。经过不断地摸索实践，他们克服了设备防腐、连续进料、排料、料位控制等问题，基本取得了成功，填补了国内连续水解生产糠醛的空白。随后，东莞糖厂与中国林业科学院南京林产化学工业研究所协作，扩大了糠醛生产规模，产品主要供出口。该扩建工程包括增加一套连续水解设备，配套二次蒸汽回收及采用连续精馏新技术精制糠醛。全套设备自主设计和制造，经不断摸索，基本达到日产 2t 精馏糠醛的设计要求，产品质量达到出口国际标准。1980 年以后，国内各糠醛生产厂家普遍推广了东莞糖厂的连续精馏新技术，精馏产品的纯度达到 99%以上，攻克了糠醛出口产品质量问题的大难关。东莞糖厂的连续水解工艺设备，投入生产 10 年时间，基本上达到预期的要求，但它还存在设备腐蚀和出醛率不够理想等问题。进入 20 世纪 80 年代后期，由于甘蔗原料大减产，蔗渣及蔗糖供应不足，糠醛车间被迫停止生产。我国目前尚没有采用连续水解工艺进行糠醛生产的规模化工厂，缺乏连续水解生产的实践和技术资料。从我国糠醛生产的现状来看，技术装备水平还比较落后，生产带来的环境污染问题亟待解决。目前世界上年产 5000t 的糠醛厂均将糠醛水解残渣配以少量煤等燃料，供锅炉联产电和蒸汽，不但可满足自用，还可将能源输出。然而，这对我国目前大多数小规模糠醛厂来说是难以实现的。未来我国糠醛的发展，必须走规模化、资源化、无害化的道路。

近年来，微波辐射技术在化学反应及材料合成中逐渐得到广泛应用，它不仅将反应时间从几小时缩短到几分钟，同时还提高了反应效率。因此，将微波辐射协同矿物酸催化戊聚糖脱水生产糠醛的研究也得到广泛关注。其中，Yemis 等[45]在 140～190℃条件下，研究了微波辐射协同矿物酸在戊聚糖催化转化为糠醛过程中的反应活性。结果表明，在 180℃及 pH=1.12 的条件下，采用微波辐射可在 20min 内将麦秆、小黑麦秸秆及亚麻纤维素高效转化为糠醛，糠醛的产率分别能达到 48.4%、45.7%及 72.1%。而 Cai 等[46]通过构建 THF 与水的混合体系进一步提高了反应的效率。研究发现，当直接以水为溶剂体系时仅能收获 39%糠醛；而以 THF/水(体系比为 3∶1)为溶剂体系时，糠醛产率高达 87%。他们认为，当 THF 与水混溶时，水相中形成的糠醛很容易被有机相的 THF 萃取出来，而糠醛在 THF 中较稳定，避免了其进一步发生降解，从而提高了产率。Xing 等[47]进一步开发出一个连续的双相反应器用于从半纤维素水溶液中生产糠醛。该反应主要包括木糖脱水及 THF 萃取两个步骤，当以盐酸或硫酸为催化剂、氯化钠为助催化剂进行木片热水抽提液的催化脱水时，糠醛的产率可高达 90%。据估计，以微波辐射协同矿物酸催化生产糠醛的方法所使用的能量仅为目前工业上糠醛生产方法的 67%～80%，糠醛生产成本为每吨 366 美元，仅为美国糠醛市场销售价格的 25%。

(2) 有机酸催化法。有机酸催化法主要包括乙酸法、甲酸法和马来酸法等。其中，乙酸法也称直接无酸法或自催化法。Mao 等[48]的研究表明，当以乙酸为酸催化剂、三氯化铁为助催化剂，在 190℃下催化海藻转化生产糠醛时，可得到 70%～80%的糠醛。

甲酸法是直接以甲酸为催化剂，在一定反应体系中催化木糖或半纤维素脱水生产糠醛的方法。该方法由于具有较低的腐蚀性，且甲酸易于分离和回收而引起越来越多的关注。Yang 等[49]以甲酸为催化剂，研究了木糖在 170～190℃下的催化脱水行为，结果表明，当木糖初始浓度为 $40g \cdot L^{-1}$，甲酸浓度为 $10g \cdot L^{-1}$ 时，在 180℃温度反应下，木糖转化为糠醛的选择性达到 78%，糠醛产率为 74%。

马来酸法于 2012 年被 Kim 等[50]报道，他们首先在 160℃的温度下研究了木聚糖在水溶液中催化转化为木糖的可行性，并研究了半纤维素催化转化为糠醛的动力学。研究发现，当以纯的木糖为原料时，在 200℃的温度下反应 28min，木糖的转化率可高达 100%，糠醛的产率则达到 67%；而当以玉米秸秆、柳枝稷、松木和杨木等为原料时，木糖的转化率可分别达到 92%、85%、75%和 81%，而糠醛的产率可分别达到 61%、57%、29%和 54%。

(3) Lewis 酸催化法。除矿物酸和有机酸外，Lewis 酸也可用于一锅法中催化戊聚糖脱水制备糠醛。有国内外科研工作者以离子液体[BMIM]Cl 为溶剂，采用一锅法研究了各种 Lewis 酸在微波辐射下催化戊聚糖脱水生产糠醛的行为。结果表明，$AlCl_3$ 具有较好的催化反应活性，木聚糖在 170℃下反应 10min 即可得到 77%的糠醛产率。在整个反应过程中，$AlCl_3$ 首先在[BMIM]Cl 上以类似于 $LnCl_3$ 的方式先形成$[AlCl_n]^{(n-3)-}$，$[AlCl_n]^{(n-3)-}$通过与木聚糖中糖苷键上氧原子结合而削弱了糖苷键之间的键合，从而使木聚糖易水解为木糖，并进一步脱水生成糠醛。同时，他们利用未处理过的玉米芯、草类原料及松木为原料，在相同的体系下进行了水解及催化脱水产生糠醛的研究，糠醛的产率可分别达到 19.1%、31.4%和 33.6%[51,52]。然而，由于离子液体价格较高，使用该方法制备糠醛的成本较高。因此，使用可再生的溶剂生产糠醛在近几年引起学者广泛的研究兴趣。

Zhang 等[53]以 GVL 为溶剂，通过构建水/GVL 反应体系，采用一锅法研究了 $FeCl_3$ 催化木聚糖及玉米穗产生糠醛的调控途径。研究表明，当水/GVL 质量比为 1∶10 时具有最佳的反应效果，木聚糖在该体系中 170℃下反应 40min 后，糠醛的产率可达到 68.6%；而当反应温度为 185℃时，未经处理的玉米芯在反应 100min 时可得到 79.6%的糠醛。另外，该反应体系中，六碳糖也能转化为糠醛，这也是以未经处理的玉米芯为原料比以木聚糖为原料能得到更高糠醛产率的原因。纤维素在该体系中 170℃下反应 80min 可生产 14.3%的糠醛，且 GVL 可加快糠醛的生成速率、减缓糠醛的降解反应、提高糠醛的稳定性、溶解反应过程中所形成的腐殖质。Binder 等[54]以 $CrCl_3$ 或 HCl 为催化剂，在 DMA 或 DMA-LiCl 体系中研究了木糖或木聚糖催化水解及脱水生产糠醛的可行性。结果显示，当直接以木糖为原料，在 DMA 溶剂体系中无催化剂或以 HCl 为催化剂时，控制反应温度为 100℃，2h 后仅能得到极少量的糠醛。另外，控制 HCl 的初始浓度为 12%或 24%，在 DMA 溶剂体系中，尽管木糖的转化率达到 47%以上，但糠醛的产率仅为 6%～8%。他们认为，其主要原因是 HCl 一般在反应温度为 150℃以上时才具有较好的催化效果，而在该研究中，由于反应条件更温和(温度仅为 100℃)，单独使用 HCl 为催化剂并不能获得较高的糠醛产率。而当以 $CrCl_3$ 为催化剂时，在 DMA 体系中，糠醛产率可达 30%～40%。另外，当在反应过程中加入 1-乙基-3-甲基咪唑氯盐([EMIM]Cl)、LiBr 或[BMIM]Cl 等助催化剂时，它们对木糖脱水产生糠醛有一定的影响。其中，当以 HCl 为催化剂、[EMIM]Cl 为助催化剂时，糠醛的产率反而有所降低；而当以 $CrCl_3$、$CrBr_3$ 或 $CrCl_2$ 为催化剂时，糠醛的产率均有一定的提高。结果表明，当以 $CrCl_3$ 为催化剂时，以[EMIM]Cl 为助催化剂，糠醛产率没有改变；而当以 LiBr 为助催化剂时，糠醛产率则提高到 47%。在以 $CrCl_2$ 为催化剂，以[EMIM]Cl 为助催化剂时，糠醛的产率达到 45%；而如果以 NaBr、[BMIM]Br 或 LiBr 为助催化剂时，糠醛产率则提高到 54%～56%。另外，当以 $CrBr_3$ 为催化剂，以 LiBr 为助催化剂时，糠醛产率也可达到 50%。

(4) 其他酸催化法。除了上述提及的几种酸催化法外，其他一些均相酸催化剂也被用于一锅法催化木聚糖和半纤维素脱水生成糠醛的研究中。Serrano-Ruiz 等[55]报道了一种酸性离子液体($[Py\text{-}SO_3H]BF_4$)在 100W 微波辐射的作用下能有效催化木糖脱水产生糠醛。结果显示，在水/THF 的双相反应体系中，以$[Py\text{-}SO_3H]BF_4$为酸催化剂，在 180℃下反应 1h，木糖的转化率及糠醛的产率可分别达到 95%和 85%。另外，他们也研究了木质纤维素生物质水解糖浆在$[Py\text{-}SO_3H]BF_4$的催化作用下，经过两步法催化产生糠醛的情况。

研究发现，当在 180℃条件下反应 2h，糠醛的产率可达到 45%。而催化剂的回收实验表明，催化剂每被循环一次，糠醛的产率就会降低一半，可能是由糖浆中含有较高的盐分，部分$[Py\text{-}SO_3H]BF_4$进入有机相所致。

b.非均相催化剂催化

虽然均相催化剂在碳水化合物催化脱水生产糠醛的过程中表现出较高的催化活性，但这些均相催化剂同时也表现出一些固有的缺点，如具有腐蚀性、难回收利用及对环境有害等。而使用非均相催化剂可以克服均相催化剂的这些缺点，因此，采用非均相催化剂合成糠醛的研究已引起了极大的重视。而在非均相催化剂催化碳水化合物生产糠醛的过程中，其体系的构建对产物的产率具有重要的影响，目前已经报道的主要有两种反应体系，即单相及双相催化脱水体系。

(1) 单相体系中一锅法产生糠醛。Li 等[56]以固体酸$SO_4^{2-}/TiO_2\text{-}ZrO_2/La^{3+}$为催化剂，在热水溶液中研究了玉米芯的水解行为，结果表明，$SO_4^{2-}/TiO_2\text{-}ZrO_2/La^{3+}$具有较高的热稳定性及较强的酸性位点，能将多聚糖水解为木糖并进一步脱水生成糠醛。当以玉米芯为原料，且玉米芯/水的质量比为 10∶100 时，在 180℃条件下反应 120min，每 100g 玉米芯可产糠醛 6.18g，产木糖 6.8g，而反应所剩的残渣主要是木质素及纤维素。尽管$SO_4^{2-}/TiO_2\text{-}ZrO_2/La^{3+}$表现出良好的热稳定性，但直接从木质纤维素转化产生糠醛的产率较低。

为了提高非均相催化剂的活性，Zhang 等[57]以木聚糖和木质纤维素为原料，通过构建[BMIM]Cl 的离子液体反应体系，研究了三种具有较强酸性的固体酸（包括 Amberlyst-15、NKC-9 和 $H_3PW_{12}O_{40}$）在微波辐照下的转化行为。结果显示，当以 Amberlyst-15 为催化剂时，木聚糖在 140℃下反应 10min 后，可得到 87.8%的糠醛；当以 NKC-9 为催化剂时，木聚糖在 140℃下反应 10min 后，可得到 58.8%的糠醛；而在 180℃下反应 2min 时，糠醛产率可达到 65.9%；而当以 $H_3PW_{12}O_{40}$ 为催化剂时，木聚糖在 160℃下反应 10min 后，可得到 93.7%的糠醛，远高于以木糖为原料时 69.8%的糠醛产率。基于以木聚糖为原料时糠醛的产率高于以木糖为原料时的产率，他们认为一个可能的解释是当反应液中木糖浓度过高时，生成的糠醛可能与木糖之间发生交叉聚合反应或生成的糠醛与中间体之间发生反应，从而导致以木糖为原料时所得糠醛产率下降。研究表明，离子液体具有较好的重复使用性能，当使用过的离子液体通过乙酸乙酯萃取后，可重复使用 5 次以上。另外，当以未经处理的木质纤维，如玉米芯、松木或稻草为原料时，在 160℃下反应 10min，$H_3PW_{12}O_{40}$ 可将其转化为糠醛，糠醛产率可分别达到 15.3%、22.3%和 26.8%。另外，Choudhary 等[58]使用一锅炉法研究了 $\beta$-Sn 沸石在水相中催化木糖异构转化为木酮糖，再以 HCl 为催化剂催化木酮糖脱水产生糠醛的行为。研究表明，$\beta$-Sn 沸石在 100℃左右时，能高效地将木糖异构化为木酮糖。其中，在 110℃下反应 180min 时，木糖的转化率可达到 83.9%，而木酮糖和糠醛的产率可分别达到 11.2%和 14.3%。Gürbüz 等[59]直接以 GVL 为溶剂，以固体酸为催化剂，研究了木糖催化脱水产生糠醛的行为。结果表明，当以 $\gamma$-$Al_2O_3$、Sn-SBA-15 和 $\beta$-Sn 为催化剂，仅能得到较低产率的糠醛；而当使用硫酸化的 Amberlyst-70、SAC-13、SBA-15 和 HZSM-15 等含质子酸酸性位点的催化剂时，能得到较高产率的糠醛（>70%）。

(2) 双相体系中一锅法产生糠醛。Sahu 等[60,61]以分子筛为催化剂，研究了木质纤维素在双相反应体系中催化脱水生产糠醛的行为。结果表明，双相反应体系能明显提高糠醛的产率，当甘蔗渣在单相水体系以 HUSY (Si/Al=15) 为催化剂进行催化脱水时，在 170℃下反应 300min 后，糠醛产率仅为 18%；而当反应在水/对二甲苯体系中进行时，甘蔗渣在 140℃下反应 300min，半纤维素转化为糠醛并留下木质素及纤维素，糠醛产率达到 56%，碳的利用率高达 90%。然而，HUSY (Si/Al=15) 不稳定，在水热条件下易发生形态学变化，导致其每次回用时的催化活性下降 20%。Li 等[62]以负载锡离子的蒙脱石 (Sn-MMT) 为催化剂，研究了玉米芯的水不溶性半纤维素及水溶性部分在 2-丁基酚/氯化钠-DMSO 体系中被催化脱水生产糠醛的反应行为。研究表明，在 180℃下反应 30min 时，糠醛的产率可分别达到 39.6%和 54.2%。在该反应中，Sn-MMT 的 Lewis 酸性位点可促进木糖异构化转化为木酮糖，而质子酸酸性位点可促使木酮糖水解及脱水生成糠醛。然而，Sn-MMT 不稳定，在其回收利用时，催化活性会逐渐降低。回收实验表明，当 Sn-MMT 催化剂在经过二次活化后，木糖的转化率基本不变，而糠醛的产率则下降 11.7%～13.0%。他们认为，回用过程中由于有 Sn 的流失或其表面被反应生成的一些腐殖质所覆盖，催化剂的活性降低。

图 4-7 为葡萄糖和木糖在 $SO_4^{2-}/ZrO_2\text{-}TiO_2$ 催化剂的催化作用下脱水生成 5-HMF 及糠醛可能的反应机理。$SO_4^{2-}/ZrO_2\text{-}TiO_2$ 催化剂能形成含水的化合物，并在葡萄糖和木糖的催化脱水反应中起到 Lewis 酸和 Brønsted 酸的作用。从图 4-7 (a) 可知，在 $SO_4^{2-}/ZrO_2\text{-}TiO_2$ 催化葡萄糖脱水的反应中，$SO_4^{2-}/ZrO_2\text{-}TiO_2$ 通过攻击 C1 上的羟基而使 $\alpha$-葡萄糖在 C1 位发生开环反应，从而使葡萄糖的旋光性发生变化，由 $\alpha$-葡萄糖变为 $\beta$-葡萄糖；$\beta$-葡萄糖进一步在 $SO_4^{2-}/ZrO_2\text{-}TiO_2$ 催化剂提供的酸性位点的作用下在 C1 位发生开环，进而异构化为果糖或直接脱除三分子的水而得到 5-HMF；同时，得到的果糖在 $SO_4^{2-}/ZrO_2\text{-}TiO_2$ 催化剂的酸催化作用下脱除三分子的水后也得到 5-HMF。如果有水存在，5-HMF 还会进一步降解为乙酰丙酸和甲酸。在图 4-7 (b) $SO_4^{2-}/ZrO_2\text{-}TiO_2$ 催化木糖脱水的反应中，与催化葡萄糖脱水制备 5-HMF 相似，$SO_4^{2-}/ZrO_2\text{-}TiO_2$ 催化剂的酸性位点首先攻击木糖 C1 上的羟基，进而使木糖在 C1 位发生开环反应，并迅速脱除水合 $SO_4^{2-}/ZrO_2\text{-}TiO_2$ 化合物而得到 D-木酮糖；D-木酮糖与 D-木糖在 $SO_4^{2-}/ZrO_2\text{-}TiO_2$ 的催化作用下脱除三分子水后得到糠醛，在有水存在的条件下，所得到的糠醛还会进一步与水发生反应生成腐殖质。因此，在葡萄糖和木糖混合糖的催化脱水反应体系中采用双相反应体系，使葡萄糖和木糖与 $SO_4^{2-}/ZrO_2\text{-}TiO_2$ 催化剂在水相中发生催化脱水反应而分别得到目标产物；同时，通过有机层中正丁醇萃取生成的 5-HMF 和糠醛，从而能有效防止产物的进一步水解。

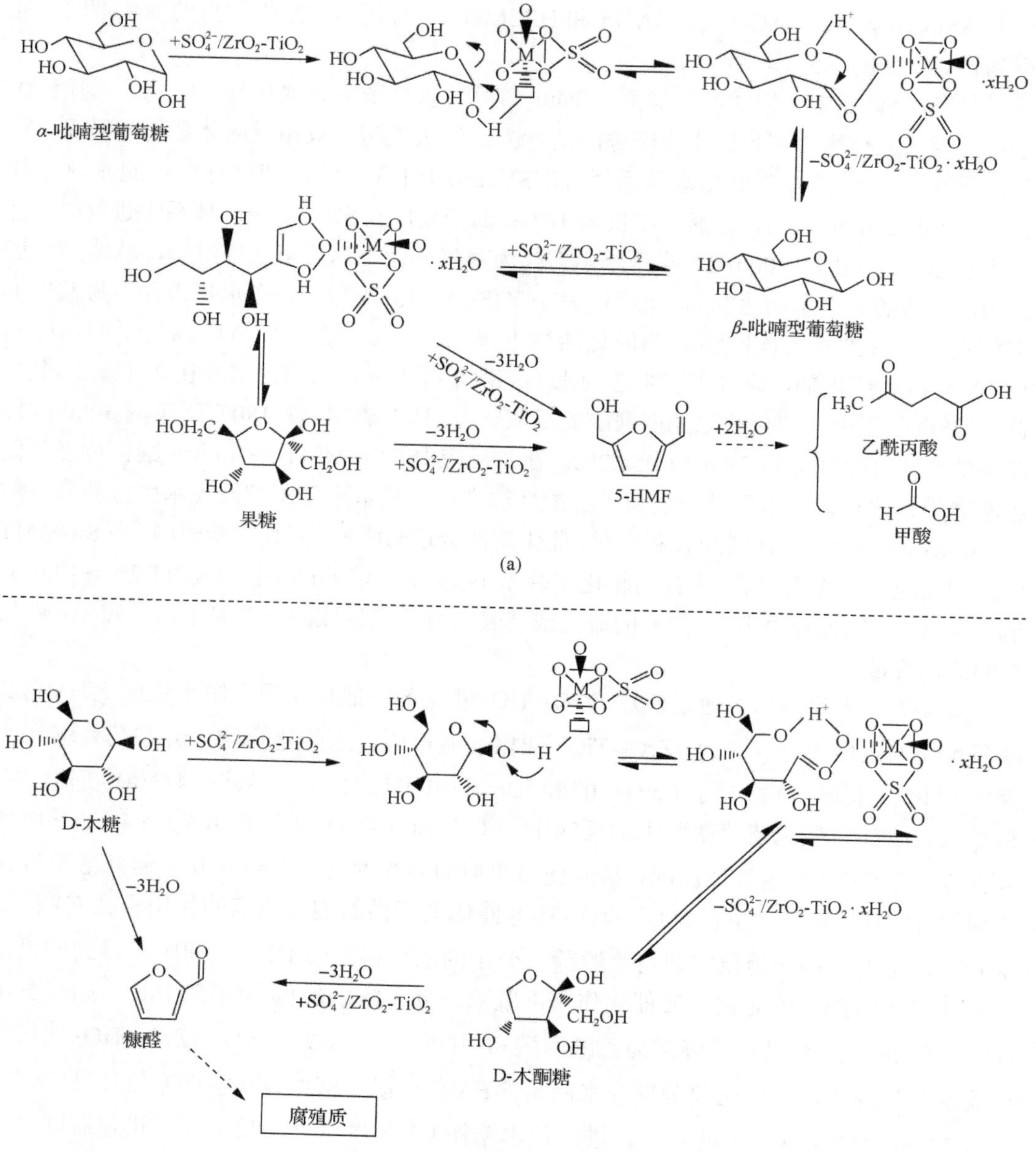

图 4-7　$SO_4^{2-}$ /$ZrO_2$-$TiO_2$ 催化葡萄糖（a）和木糖（b）脱水制备 5-HMF 和糠醛可能的机理

除无机固体酸外，一些有机固体酸也被应用于一锅法催化木质纤维素转化为糠醛的过程中。Xu 等[63]以对甲苯磺酸和多聚甲醛共聚制备出有机固体酸 PTSA-POM，并研究了其在 GVL/水的双相体系中催化木聚糖脱水产生糠醛的行为。结果显示，当 GVL/水的质量比为 10∶1 时，木聚糖在 170℃下反应 10min，糠醛的产率达到 69.2%；当以木糖为原料时，糠醛的产率高达 80.4%。然而，在最优反应条件下，如果进一步延长反应时间，糠醛的产率会突然降低，表明糠醛在上述反应体系中不稳定，容易形成腐殖质。而以木糖为模型物的回收实验结果表明，催化剂在回用时磺酸会逐渐溶出，导致催化活性逐渐降低，使糠醛产率从新鲜催化剂的 81.6%下降到第五次回用时的 68.3%。

研究发现，稳定及可回收的固体酸催化剂催化半纤维素高效转化为五碳糖和糠醛是利用木质纤维素转化为高平台化合物的关键。因此，开发稳定的固体酸是将半纤维素高效转化为糠醛的关键。Bhaumik 等[64,65]以磷酸硅铝(SAPO-44)为催化剂开发出一种高效、环保、温和的反应过程来转化多种原料生产糠醛。结果显示，当以水/甲苯为双相反应体系，在无催化剂的情况下催化时，在 170℃下反应 480min，仅能得到 26%的糠醛；而当以 SAPO-44 为催化剂时，糠醛的产率可达到 63%。在同样条件下，若以沸石为催化剂，糠醛的产率仅有 44%～56%，原因可能是 SAPO-44 的酸性不强且具有较高的疏水性[66,67]。

Moreau 等[68,69]用氢型八面沸石和氢型丝光沸石作催化剂，在 0.3L 带搅拌的高压釜中进行木糖的催化脱水反应。研究表明，向反应釜中加入 3.75g 木糖、1g 催化剂及 50mL 水和 150mL 甲基异丁基酮或甲苯组成的双相反应体系，充入氮气，反应温度为 170℃，在木糖转化率较低时，糠醛的选择性可以达到 96%。Dias 等[70-73]以硫酸锆、12-钨磷酸盐或磺化改性后的介孔分子筛为催化剂，在以水和二甲基亚砜或甲苯的混合物为溶剂体系中，在氮气保护下，对木糖进行催化脱水。结果表明，木糖具有较高的转化率，分别达到 85%、91%和 90%以上；糠醛的产率也达到 76%、50%和 45%。Lima 等[74]在甲苯-水的双相体系中以沸石为催化剂研究了木糖的催化脱水行为，结果表明，90%的木糖能发生脱水反应，糠醛的产率达到 47%。Gürbüz 等[75]通过构建邻仲丁基苯酚/饱和氯化钠的盐酸溶液组成的双相反应体系，研究了木糖在 170℃下催化脱水产生糠醛的行为。结果表明，当木糖浓度为 1.5wt%时，使用 $0.1\text{mol}\cdot\text{L}^{-1}$ 的盐酸作为催化剂，反应 20min 时，木糖的转化率高达 98%，而糠醛的选择性可达到 80%，糠醛的产率为 78%。

为提高一步法生产糠醛的效率，解决间歇水解中存在的问题，有学者也提出了连续水解技术：首先，将粉碎的阔叶木和稀酸混合(0.2%～2.0%)进入连续管式反应器，然后，注入饱和蒸汽使操作温度维持在 230～250℃，停留时间控制在 5～60s。该工艺先后进行了实验室规模和中试规模的研究，糠醛产率可达 70%[76]。

无论是木糖的单相水解体系还是双相水解体系，一步法生产糠醛因为产率低，污染严重，原料利用率低，无法实现规模化、资源化生产，所以两步法生产糠醛越来越受到重视。

2) 两步法

两步法指戊聚糖的水解和戊糖的脱水环化分别在两个不同的水解锅内进行，这样可以根据每步的最佳实验条件进行反应，使反应能够充分进行，提高每一步反应的产率。所以两步法工艺的糠醛产率较一步法高，并且原料中木质纤维素在戊聚糖水解过程中不发生反应，经分离可以用来生产其他具有附加价值的化学品，原料的利用率有所提高。而且戊聚糖水解时的条件比较温和，容易控制，还可以降低能耗、得到很高的木糖产率。

两步法工艺较为复杂，设备投资较高，目前在工业生产中还没有得到应用。但随着糠醛工业的发展，以及人们对环境保护和原料综合利用要求的提高，两步法生产工艺将成为糠醛工业发展的必然趋势。

早在 1945 年，Dunning[77]就使用一套连续生产设备，采用两步法工艺，以硫酸处理玉米芯而得到糠醛。研究发现，当第一步水解反应温度为 98℃，硫酸浓度为 58%时，反应 129min 可得到 95%的木糖；而玉米芯水解后经过滤、脱水等处理得到的残渣，再用 8%的硫酸在 120℃左右水解 8min，可得到 90%葡萄糖，经发酵可制备工业乙醇；而木糖溶液经硫酸催化脱水生产糠醛的产率可达 69%。该工艺可以将原料中的纤维素和半纤维素在充分分离后分别加以利用。随后，Singh 等采用两步法对综合生产木糖、糠醛及葡萄糖的方法进行了研究[78,79]。他们先以 0.8%的乙酸作为催化剂，对蔗渣中的半纤维素进行预抽提，可产生 28%的木糖；反应结束后，体系经过过滤处理，得到的滤液用 1.0%的乙酸作催化剂，在 220℃下反应 70min 得到 9.8%的糠醛。而预抽提后的滤渣经水洗和干燥，再用 1.0%的硫酸作催化剂，在 220℃下反应一定时间后可得到 61.3%的葡萄糖，葡萄糖再通过水解或发酵生产乙醇；最后剩余残渣中的木质素还可用来生产苯和苯酚。Sako 等[80]在 1991 年报道了一种硫酸催化木糖脱水再用超临界 $CO_2$ 萃取生产糠醛的方法。他们先将木糖溶液一次加入反应器中，搅拌并控制反应温度到指定值后加入硫酸，再从反应器底部通入超临界 $CO_2$，将生成的糠醛连续地从反应器中移出。当木糖的初始浓度为 2.0wt%，反应温度为 150℃，硫酸浓度为 $0.1mol \cdot L^{-1}$ 时，反应过程中糠醛的选择性始终保持在 80%以上，糠醛产率可达 70%左右。随后，Kim 等[81]对超临界 $CO_2$ 萃取工艺进行了研究，并选用固体催化剂(硫酸化的氧化锆和硫酸化的氧化钴)催化生成糠醛，催化剂可以方便地从系统中移出，并可再生循环利用。他们首先向反应器中加入 10g 催化剂、400g 水，通入 $CO_2$ 使系统压力达到 8MPa 后升温到 180℃；温度稳定后通入超临界 $CO_2$ 使压力达到 20MPa，再加入 100g 10wt%的木糖水溶液，反应过程中从反应器底部连续通入超临界 $CO_2$，并从液相中取样进行分析。用硫酸化的氧化钛作催化剂时，糠醛产率可达到 60%；用硫酸化的氧化钴作催化剂时，糠醛分解的副反应较严重，产率在 50%左右；两种催化剂的反应都很少有结焦生成。殷艳飞等[82]以造纸原料剩余物竹黄为原料，对两步稀酸水解制备糠醛的工艺条件进行了研究。结果表明，戊糖产率最高的反应条件为固液比 1∶10、温度 115℃、反应时间 2.5h、硫酸质量分数 3.5%，此条件下聚戊糖转化率可达到 72.1%。在温度 154℃、反应时间 8h、硫酸质量分数 19.3%、戊糖初始含量 4.5%的条件下，糠醛产率可达到理论产率的 63.9%。Riansa-Ngawong 等[83]以棕榈预水解所得半纤维素(木糖含量为 80.8%)为原料，采用酸水解及酸催化脱水两步法研究了其转化为糠醛的可行性。结果显示，在半纤维素酸水解过程中，当反应温度为 125℃、硫酸浓度为 5.5%、液固比为 9∶1 时，反应 30min，可得到 $12.58g \cdot L^{-1}$ 的木糖；而在催化脱水步骤中，当反应温度为 140℃时，反应 90min 可得到 $8.67g \cdot L^{-1}$ 的糠醛。

两步法生产糠醛的优点是原料中的木质素和纤维素在水解过程中不发生反应，经分离后可以用来生产其他化工产品，使原料得到综合利用，减少废渣产量，减轻环境污染。此外，由于将生成的木糖溶液分离出来单独进行脱水反应，可以降低反应过程中的蒸汽消耗量，并避免了一步法中由于纤维素、木质素的分解在最终糠醛水溶液中形成杂质，不利于糠醛精制的问题。

### 4.2.2　糠醇及其制取技术

1. 糠醇简介

糠醇又称呋喃甲醇、2-羟甲基呋喃，不仅是乙酰丙酸合成的重要前体化合物，也是一种重要的化工原料。以糠醇为原料可制得各种性能的呋喃型树脂、糠醇-脲醛树脂、酚醛树脂和耐寒性能优异的增塑剂。同时，糠醇又是呋喃型树脂、清漆、颜料的良好溶剂和火箭燃料，并在合成纤维、橡胶、农药和铸造工业有广泛应用。糠醇是糠醛的重要衍生物，是糠醛深加工的主要产品[84,85]。

糠醇主要来自糠醛的催化加氢，其中世界上糠醛产量的 2/3 用于生产糠醇，由原料进料状态不同，其生产工艺可分为液相法和气相法两种。糠醛液相加氢制糠醇开发得比较早，1931 年亚铬酸铜催化剂首次应用于糠醛的液相加氢制糠醇，20 世纪 40 年代实现了工业化。20 世纪 50 年代，糠醛气相加氢制糠醇由美国的 Quaker Oats 公司实现工业化生产。由于糠醇主要由糠醛加氢还原制得，我国的糠醇生产企业主要集中在具有丰富的玉米资源的地区，如吉林、山西、山东等地。我国具有一定规模的糠醇生产企业有 30 家左右，其中年产能力 2 万 t 以上的企业大约有 10 家，其他糠醇企业年产量在 1000～20000t。我国既是糠醇的消耗大国，也是生产和出口大国，年设计产能达到 50 万 t 以上。但由于这些企业受到糠醛生产及需求的制约，实际糠醇年产量为 30 万～40 万 t，其中 70%～80%的糠醇用于内销，以生产呋喃型树脂为主；20%～30%的糠醇用于出口，主要出口地为日本、韩国、比利时和德国等。

2. 糠醛液相加氢合成糠醇

糠醛液相加氢合成糠醇是使催化剂悬浮在糠醛中，在 180～210℃下使用中压或高压加氢，所用装置是空塔式反应器。反应过程中，通常通过控制糠醛加入速率来延长反应时间(大于 1h)，从而减轻热负荷。由于物料的返混，加氢反应不能停留在生成糠醇这一步，会进一步生成副产物 2-甲基呋喃及四氢糠醇等，导致原料消耗较高，且催化剂难以回收，易造成铬污染。另外，液相法需在加压条件下操作，对设备要求较高。目前，我国多采用此法生产糠醇。反应压力高是液相法的主要缺点，然而国内已有在较低压力(1～1.3MPa)下利用液相反应生产糠醇的报道，并获得了较高的产率。

糠醛液相加氢合成糠醇的最重要的影响因素是催化剂，因此，选择高效催化剂是糠醇生产的核心。研究发现，在糠醇半成品中残醛含量达到要求的情况下，铜硅系催化剂选择性一般小于 97%，而良好的铜铬系催化剂选择性一般达 98%以上，从而使糠醇的产率更高；并且铜铬系催化剂在糠醇后续精制工序中沉降速率快、易分离，使得糠醇生产周期更长。目前，已经报道的用于糠醛液相选择性加氢还原产生糠醇的催化剂有金系催化剂[86]、钌系催化剂[87-89]、铂系催化剂[90-92]、钯基催化剂[93]和铁基催化剂[94,95]，其中最主要的催化剂为铜系催化剂、钴系催化剂和镍系催化剂。

1）铜系催化剂

a.含铬铜系催化剂

由于含铬铜系（Cu-Cr）催化剂在糠醛氢化还原方面表现出较好的催化活性，从而在很早就引起了科研人员的广泛关注。早在1931年，美国化学家Adkins首次将亚铬酸铜催化剂成功地用于包括糠醛在内的醛类化合物的加氢还原以生成相应的醇类物质中，其反应特点是该催化剂对糠醛侧链的醛基加氢选择性较强，产品产率高。1948年，Cu-Cr催化剂已被用于糠醛还原制备糠醇的工业化生产中。但是Cu-Cr催化剂价格昂贵，废催化剂难以再生，铬污染严重。随后，Brown等在传统的Cu-Cr催化剂基础上，引入钙离子，可在一定程度上提高催化剂的稳定性。尽管在糠醛的液相加氢过程中，使用Cu-Cr-Ca催化剂能得到90%以上的糠醇，但是由于该催化剂不能再生，等于一次性催化剂，稳定剂的作用并没有显示出来。

李国安等[96]采用浸渍法，分别以$\gamma$-$Al_2O_3$、活性炭、TM级白炭黑和$SiO_2$为载体负载CuO制备出CuO/$\gamma$-$Al_2O_3$、CuO/C和CuO/$SiO_2$等催化剂，并用于糠醛液相加氢制糠醇反应。在一定条件下，当该催化剂加料量为原料质量的2%、反应温度为200℃、初始氢压为6MPa的条件下，反应40min，糠醛转化率为100%，而糠醇选择性达到99%以上。该催化剂制备过程中加入适量的碱金属有助于提高催化剂表面活性组分Cu的分散度，从而增加了单位面积的活性中心数。赵修波等[97]以共沉淀法（CP）制备了QKJ-01改性Cu-Cr糠醛液相加氢制糠醇催化剂，并考察了沉淀过程中的pH、沉淀温度和焙烧条件等对催化剂性能的影响。催化剂的工业应用表明，QKJ-01糠醛液相加氢催化剂使用量少，糠醛转化率大于99.96%，糠醇选择性大于98.4%。周红军等[98]通过X射线荧光、XRD及SEM等对QKJ-01催化剂在糠醛的液相加氢过程中的失活原因的研究发现，催化剂失活的主要原因是糠醛加氢过程中生成的高聚物附着在催化剂的活性表面，而常规的燃烧再生方法会使催化剂活性损失殆尽。Yan等[99]通过共沉淀法制备出CuO/$CuCr_2O_4$催化剂，并将该催化剂应用于糠醛液相加氢制备糠醇中，探讨了Cu/Cr摩尔比、反应温度、初始氢压对转化的影响。研究表明，Cu/Cr摩尔比为2的催化剂具有较好的催化反应活性，当反应在200℃、60bar初始氢压下反应4h，糠醛的转化率为94%，而糠醇的产率可达到83%。在此基础上，他们对该催化剂进行温度调控的研究。结果表明，反应温度与糠醛转化率和糠醇产率正相关，但温度过高会产生大量过度加氢产物。

Villaverde等[100]也通过共沉淀法制备了Cu-Cr催化剂，并将其应用于糠醛的液相加氢过程中，结果表明，在110℃及10bar的氢气压力下反应4h，糠醛的转化率可达到93.2%，糠醇产率为48.3%。虽然含铬铜系催化剂具有性能稳定、催化选择性高等特点，但由于催化剂中含有致癌物质铬，会对操作人员的健康和环境造成严重影响。因此，研制高效无铬催化剂越来越受到人们重视。

b.无铬铜系催化剂

赵会吉等[101]以铜铝合金为原料制备了Raney铜催化剂，元素分析结果表明，铜铝合金中铝与活性金属的质量比接近1，分别达到41.85%和50.95%。并且由于合金在制备过程中有氧化现象出现，铜铝合金中还含有7.2%的氧。当合金活化后，铝基本被抽提脱除

(仅含 2.05%)，得到的 Raney 铜催化剂在洗涤过程中可能残留少量铝的氧化物，因在分析过程中不可避免地接触空气，从而造成 Raney 铜催化剂中的含氧量进一步提高到 20.11%。从 Raney 铜催化剂的比表面积分析可以看出，所得到的催化剂的比表面积达到 $28.75m^2 \cdot g^{-1}$，孔体积为 $0.089cm^3 \cdot g^{-1}$，平均孔径为 8.67nm。经研究发现，铜铝合金的主要晶相为 $Al_2Cu$，此外还含少量的单质铝。而 Raney 铜催化剂中除含 CuO 晶相峰外，还有明显的 $Cu_2O$ 晶相峰。分析认为，出现 $Cu_2O$ 晶相的可能原因：①铜铝合金中的 Cu 已被部分氧化；②铜铝合金活化过程中由于不断搅拌，不可避免地接触空气而被部分氧化；③铜铝合金分析前的处理过程中，铜铝合金接触空气而被部分氧化。将所得到的催化剂用于糠醛的液相加氢还原时发现，当反应温度为 160℃、初始氢压为 7MPa 时，反应 2h，糠醛的转化率可达到 99.98%，而糠醇的选择性和产率分别达到 96.75%和 96.73%。

Xu 等[102]采用共沉淀法制备出 $Cu_xNi_y$-MgAlO 催化剂，研究发现，催化剂中 Cu 和 Ni 的负载量对催化剂的活性有较大影响。当催化剂中 Cu 的含量为 11.2mol%时，得到 $Cu_{11.2}$-MgAlO 催化剂，当反应温度分别为 220℃和 300℃时，糠醛的转化率和糠醇的产率分别达到 37.0%、52.7%和 61.2%、78.1%。而当催化剂中 Ni 的含量为 2.4mol%和 4.7mol%时，分别得到 $Ni_{2.4}$-MgAlO 和 $Ni_{4.7}$-MgAlO 催化剂，当反应温度为 220℃时，糠醛的转化率和糠醇的产率分别为 11.1%、12.6%和 53.6%、67.2%；而当反应温度增加到 300℃时，糠醛的转化率分别增加到 47.6%和 55.6%，而糠醇的产率几乎没有太大变化，分别为 58.2%和 53.2%。另外，研究还发现，当催化剂中 Cu 和 Ni 的负载量分别为 11.2mol%和 2.4mol%时，得到 $Cu_{11.2}Ni_{2.4}$-MgAlO 催化剂，其催化活性明显提高，其中，当反应温度为 220℃时，糠醛的转化率和糠醇的产率分别达到 83.1%和 81.4%；当反应温度增加到 300℃时，糠醛的转化率和糠醇的产率分别增加到 89.9%和 87.0%。而当催化剂中 Cu 和 Ni 的负载量分别为 11.2mol%和 4.7mol%时，催化剂的催化活性可进一步提高，其中，在 220℃下，糠醛的转化率和糠醇的产率分别达到 84.8%和 89.4%；当反应温度进一步增加到 300℃时，糠醛的转化率和糠醇的产率分别达到 93.2%和 89.2%。Sharma 等[103]采用共沉淀法制备出一系列不同摩尔比的 Cu∶Zn∶Cr∶Zr 基催化剂，并将制得的系列催化剂应用于糠醛的液相加氢，探讨了催化剂各活性组分含量对反应的影响，结果显示，催化剂中金属锌和锆的含量对所制得的催化剂的性能有较大的影响，当催化剂中只含有铜和铬两种活性金属元素，且其摩尔比为 3∶1 时，该催化剂在(170±2)℃的温度及 2MPa 的初始氢压下，催化糠醛氢化还原反应 3.5h，糠醛的转化率仅为 75%，糠醛转化为糠醇的选择性为 60%，糠醇的产率为 45%。而当在催化剂中分别加入不同物质的量的金属锌后，所得催化剂的活性明显发生变化，其中，当 Cu∶Zn∶Cr 摩尔比为 3∶1∶1 时，在同样的反应条件下，糠醛的转化率提高到 83%，而糠醇的选择性则提高到 68%，产率提高到 56%；随着锌的摩尔含量的提高，得到的 Cu∶Zn∶Cr(3∶2∶1)催化剂用于糠醛的催化加氢时，糠醛可以全部被消耗，而糠醇的选择性进一步提高到 70%，产率达到 70%；随着催化剂中锌含量的进一步提高，得到的 Cu∶Zn∶Cr(3∶3∶1)催化剂虽然能将糠醛 100%转化，但糠醇的选择性及产率则下降到 60%。当 Cu∶Zn∶Cr 的摩尔比为 3∶2∶1 时，在催化剂的制备过程中进一步引入活性金属元素锆，得到 Cu∶Zn∶Cr∶Zr(3∶2∶1∶1)、Cu∶Zn∶Cr∶Zr(3∶2∶1∶2)、Cu∶Zn∶Cr∶Zr(3∶2∶1∶3)和 Cu∶Zn∶Cr∶Zr(3∶2∶1∶4)四种催化剂。实验结果表明，锆元素的加入对糠醛的转化率没有影响，在相同的反应条件下，糠醛的转化率都能达到 100%；而在糠醇的选择性及产率方面，当催化剂中含有一定比例的锆后，糠醇的选择性及产率均明显提高，其中，当 Cu∶Zn∶Cr∶Zr 为 3∶2∶1∶1 时，糠醇的选择性及产率提高到 78%。进一步增加锆含量，当 Cu∶Zn∶Cr∶Zr 为 3∶2∶1∶2 时，糠醇的选择性及产率进一步提高到 85%；Cu∶Zn∶Cr∶Zr 为 3∶2∶1∶3 及 3∶2∶1∶4 时，糠醇的选择性和产率则高达 96%。

Fulajtárova 等[104]采用共沉淀法制备了 Pd/C、Pd/MgO、Cu/C、Pd-Cu/MgO 和 Pd-Cu/C 等金属催化剂，并筛选了不同的催化剂在糠醛氢化还原产生糠醇过程中的反应活性，在此基础上，进一步研究了催化剂还原方式、催化剂中铜负载量及糠醛氢化还原过程中的反应溶剂对糠醛还原产生糠醇的影响。其中，催化剂的筛选结果表明，当初始糠醛浓度为 6wt%时，在 130℃下，5% Cu/MgO 几乎没有催化活性，反应 80min 时，糠醛的转化率仅为 3.8%，无糠醇产生。当以单金属钯负载在水滑石和 MgO 上作为催化剂时，虽然糠醛的转化率增加到 80%以上，但糠醇的选择性较低，分别只有 33.5%和 59.6%。而当把单金属钯负载在活性炭上时，糠醛的转化率可达到 96.8%，糠醇的选择性也提高到 87.1%。另外，采用共沉淀法将金属钯和铜负载在 MgO 或活性炭上，催化剂的活性明显提高，其中，以 1% Pd-10% Cu/MgO 为催化剂时，在 130℃下反应 150min，糠醛的转化率及糠醇的选择性可分别达到 99.5%和 86.3%；当催化剂中铜的含量增加到 20%时，催化剂的活性进一步提高，在 130℃下反应 90min，糠醛的转化率达到 98.5%，糠醇的选择性进一步增加到 93%；以 3%的钯和 10%的铜组成 3% Pd-10% Cu/MgO 时，在反应 40min 时，糠醛的转化率和糠醇的选择性分别达到 99.2%和 85.6%；当以 5%的钯和 5%的铜组成 5% Pd-5% Cu/MgO 时，所得催化剂具有最佳的反应活性，当糠醛在 130℃下反应 30min 时，糠醛可以 100%被转化，糠醇的选择性也高达 98.7%；而进一步增加反应时间到 55min 时，糠醇的选择性则达到 99.0%。另外，当以 5% Pd-5% Cu/C 为催化剂时，在 120℃的反应温度及 0.6MPa 的初始氢压下反应 25min，糠醛的转化率和糠醇的产率可分别达到 100%和 91.2%。同时，催化剂在制备过程中的还原方式对催化剂的活性也有较大影响，其中，对 5% Pd/C 催化剂采用氢气在 300℃或 450℃下氢化还原，所得到的催化剂能在 80℃的反应温度及 0.6MPa 的初始氢压下反应 90min，使糠醛的转化率分别达到 93.2%和 95.5%，但糠醇的选择性分别只有 14.3%和 32.8%[105]。而当以 $NaBH_4$ 或甲醛还原 5% Pd/C 时，所得的催化剂在 80℃的反应温度及 0.6MPa 的初始氢压下反应 90min，仅能转化 71.5%和 46.1%的糠醛，但糠醇的选择性相对较高，可分别达到 72.3%和 86.3%。反应温度的研究结果表明，温度对糠醛的转化率及糠醇的选择性有较大影响，其中，当反应温度为 80℃时，在反应 110min 时，虽然糠醇的选择性可达到 95.7%，但糠醛的转化率仅为 79.1%；而当反应温度为 110℃时，在反应 80min 时，糠醛的转化率及糠醇的选择性可分别达到 100%和 98.6%。另外，从反应时间的影响可知，在相同的反应条件下，随着反应时间的增加，糠醛的转化率呈逐渐增加的趋势，可得到更高产率的糠醇；当在 80℃下反应 140min 时，糠醇的选择性可达到 94.4%，而糠醛的转化率可从 110min 时的 79.1%增加到 97.5%。

另外，陈兴凡等[106]用 $KBH_4$ 还原 $CoCl_2$ 和 $CuCl_2$ 混合溶液制得 Co-Cu-B 催化剂，所得催化剂的 XRD 结果表明，新鲜制得的 Co-B 催化剂为非晶态结构，该样品仅在

$2\theta=45°$处有一弥散峰；新鲜制得的Cu-B催化剂则表现为晶态结构，在其XRD谱图中会出现Cu-B晶态结构的衍射峰，分别为Cu和$Cu_2O$。而新鲜制得的Co-Cu-B(Cu/Co摩尔比为$9.64\times10^{-3}$)，由于Cu的含量较少，该催化剂中Cu-B晶态结构在Co-B非晶态结构中所占比例较少，故在XRD谱图中没有观察到Cu-B晶态结构的衍射峰，仅在$2\theta=45°$处出现Co-B非晶态结构的衍射峰。如果增加催化剂中Cu的摩尔含量(Cu/Co摩尔比为$605.94\times10^{-3}$)，Cu-B晶态结构在Co-B非晶态结构中所占有的比例不断增加，在XRD谱图中则会出现Cu-B晶态结构的衍射峰。而新鲜制得的Co-Cu-B(Cu/Co摩尔比为$9.64\times10^{-3}$)催化剂样品的X射线光电子能谱分析(XPS)结果表明，样品中的Co主要以其金属态存在，对应的电子结合能为778.0eV；Cu也主要以其金属态存在，对应的电子结合能为932.7eV；而B则存在着两种状态，其中188.3eV处对应B的合金态，192.7eV处则为B的氧化态。将制得的Co-Cu-B催化剂应用于糠醛液相选择性加氢时，该催化剂显示出极好的催化活性，在100℃及1.0MPa初始氢压下反应1.5h，糠醛的转化率和糠醇的选择性均达到100%。廉金超等[107]采用共沉淀法制备了纳米$Cu(OH)_2/SiO_2$催化剂，并将其用于糠醛液相加氢制备糠醇的反应中，考察了催化剂制备过程中的溶液滴加方式、碱液浓度、反应温度及陈化时间等因素对催化剂活性的影响。结果表明，催化剂制备过程中当含硅助剂的氢氧化钠溶液及五水硫酸铜的氨水溶液采用同时滴加的方式，且在碱液浓度为$2.8mol\cdot L^{-1}$、陈化时间1h、制备温度30℃和搅拌速率$400r\cdot min^{-1}$的条件下，可制得平均直径为12nm的氢氧化铜催化剂。另外，他们在1L的低压釜中评价了该催化剂的糠醛加氢反应活性，结果显示，当在200℃及6MPa的初始氢压下，控制糠醛与催化剂质量比为200时，反应3h，糠醛转化率达到97%，糠醇选择性高达96.6%。Villaverde等[108]通过浸渍法和共沉淀法分别制备了$Cu/SiO_2$和Cu-Mg-Al共沉淀催化剂，并将得到的催化剂应用于糠醛的液相加氢中。结果表明，这两类催化剂均有较高的催化活性，且当以含40%的Cu-Mg-Al共沉淀粒子为催化剂时，在150℃下，糠醛可100%的转化为糠醇。Lesiak等[109]以$Pd-Cu/Al_2O_3$双金属纳米粒子为催化剂(其中，含5wt%的Pd、1.5wt%～6wt%的Cu)，在90℃及20bar的初始氢压下，研究了糠醛的加氢还原行为。结果表明，当直接以5% $Pd/Al_2O_3$为催化剂时，反应2h后，糠醛的转化率可达到100%，仅得到28%的糠醇，其主要产物为四氢糠醇，产率达到72%。当催化剂中含有1.5%的Cu时，得到5% Pd-1.5% $Cu/Al_2O_3$催化剂，该催化剂催化糠醛氢化还原转化为糠醇的选择性有所提高，在反应2h后，糠醛可以全部被转化为糠醇和四氢糠醇，而糠醇的产率也从28%增加到41%。当催化剂中金属铜含量进一步提高时，糠醛氢化还原产生糠醇的选择性也逐渐增加，其中，以5% Pd-3% $Cu/Al_2O_3$为催化剂时，糠醇的选择性增加到48%；以5% Pd-6% $Cu/Al_2O_3$为催化剂时，糠醇的选择性进一步增加到56%；而当以5% $Cu/Al_2O_3$为催化剂时，在相同的反应条件下，虽然糠醛的转化率下降到81%，但糠醇的选择性可高达100%，表明铜在糠醛选择性氢化还原产生糠醇的过程中起着重要的作用。除上述双金属催化剂外，Srivastava等[110]和Khromova等[111]分别采用浸渍法制备了Co-Cu/SBA-15和Ni-Cu双金属纳米粒子催化剂，也取得了较好的反应效果。

2) 钴系催化剂

除铜系催化剂外，一些非晶态钴系催化剂在糠醛的氢化还原中也得到广泛应用。其中，彭革等[112]采用 WS-3 非自耗真空熔炼炉熔融法制备出 Co-Al 合金催化剂，经过粉碎、筛分、过滤、洗涤，制成骨架型催化剂，得到 Co：Al 为 4.2：5.8 的 Co-Al 合金催化剂。他们将所得到的催化剂应用于糠醛液相加氢制糠醇反应中，研究了反应压力及反应温度的影响。结果表明，当反应物浓度为 $6.04mol \cdot L^{-1}$，催化剂用量为 $0.076g \cdot mL^{-1}$ 条件下，反应压力对糠醛的转化率及糠醇的选择性影响显著，反应物浓度对反应影响较小，在最佳条件下重复实验，糠醇产率和选择性均在 98%以上。而反应温度的研究结果表明，Co-Al 合金是一种新型糠醛加氢催化剂，可在较低的反应温度及氢压下进行加氢反应，糠醇的选择性接近 100%。该催化剂可重复使用，寿命长；同时，它有良好的导热性，机械强度大、无毒、对环境无污染；由于该催化剂降低了反应过程的反应温度和压力，可节省能源，降低单元操作能耗，在工业中值得推广。

另外，柴伟梅等[113]以 $CoCl_2$ 为钴源，以 $KBH_4$ 为还原剂，采用化学还原法制备了一系列 Co-B 非晶态合金催化剂，研究结果表明，该系列催化剂在糠醛的选择性加氢还原过程中表现出极高的催化活性，糠醇的选择性接近 100%。Langer 等也以 Co/SBA-15 为催化剂，在乙醇体系下详细研究了初始氢压、反应温度、反应时间及底物浓度对糠醛选择性氢化还原生产糠醇的影响[114-118]。其中，从反应时间对糠醛选择性加氢还原生产糠醇的影响可以看出，当反应温度为 150℃、初始氢压为 2MPa、催化剂用量为 5wt%时，随着反应时间从 2h 降低到 1.5h，糠醛的转化率从 100%降低到 92%；然而，糠醇的选择性却从 76%增加到 96%。这可能是由于反应时间过长，体系会发生一系列副反应，包括呋喃环的加氢生成四氢呋喃、C═O 双键发生氢解生成 2-甲基呋喃或脱羧产生呋喃，以及糠醇和 2-甲基呋喃的进一步加氢还原产生四氢糠醇和 2-甲基四氢呋喃等，从而导致糠醛转化为糠醇的选择性降低，糠醇的产率下降。而当反应时间从 1.5h 进一步降低到 1h，糠醛的转化率急剧降低，下降到 80%，而糠醇的选择性仍高达 96%。

从初始氢压的影响结果可以看出，当反应温度为 150℃时，在 5MPa 的初始氢压下反应 1h 就能将糠醛全部转化；当初始氢压为 2MPa 时，在同样的反应温度下反应 2h，糠醛的转化率仅为 80%；然而，增加初始氢压，糠醛转化为糠醇的选择性将会受到较大影响，从 2MPa 时的 96%降低到 5MPa 时的 78%。这可能是由于以下两个方面的原因：①形成的糠醇在较高的氢压下会发生聚合反应而生成聚酯；②形成的糠醇在较高的氢压下会进一步发生氢解而生成完全加氢产物[119,120]。结果表明，当糠醛在 150℃及 5MPa 的初始氢压下完全转化为糠醇后，进一步增加反应时间到 2h 及 4h，糠醇的选择性会从 75%急剧下降到 40%，这也进一步证明在较高的氢压下，糠醇会进一步转化为其他物质。他们还在 1MPa 的初始氢压下对上述结果进行了进一步的验证，发现在 2h 内，糠醛的转化率为 81%，而糠醇的选择性高达 95%；在同样的反应条件下，当反应时间从 2h 增加到 3h 时，尽管糠醛的转化率增加到 88%，但糠醇的选择性却从 95%下降到 84%。

从反应温度的影响可以看出，当反应温度低于 150℃时，分别控制反应时间及反应初始氢压在 2h 及 2MPa，随着温度的降低，糠醛的转化率逐渐下降，当温度下降到

140℃时，糠醛的转化率从150℃时的100%下降到97%；进一步降低反应温度到130℃及120℃，糠醛的转化率进一步降低到76%和71%，而糠醇的选择性基本保持在87%左右不变。如果在更低的温度下进行反应，则糠醛的转化率急剧下降，如在110℃和100℃时，糠醛的转化率分别只有34%和20%。当然，当反应温度较低时，可以通过延长反应时间来提高糠醛的转化率，如在100℃下增加反应时间到6h，糠醛的产率从20%增加到51%。

3）镍系催化剂

除铜系和钴系催化剂外，镍系催化剂也常用于糠醛的液相加氢制备糠醇的反应中。其中，Kotbagi等[121]采用一锅法共凝胶溶胶-凝胶技术制备了Ni/CN催化剂，并通过透射电子显微镜（TEM）对不同Ni含量的催化剂的形貌及Ni纳米颗粒的尺寸分布进行了分析。结果显示，Ni含量分别为1wt%、2.5wt%、5wt%和10wt%的Ni/CN催化剂中，Ni纳米颗粒的平均尺寸分别为2.8nm、4.6nm、6.9nm和10.1nm，四种催化剂的比表面积分别为$458m^2 \cdot g^{-1}$、$429m^2 \cdot g^{-1}$、$374m^2 \cdot g^{-1}$和$341m^2 \cdot g^{-1}$。同时，他们还分别从反应温度和初始氢压等方面对催化剂的活性进行了评价。

从反应温度的影响可以看出，糠醛的转化率随着反应温度及反应时间的增加而增加，当反应4h后，糠醛的转化率从160℃时的46%增加到220℃时的100%。深入研究后发现，反应温度对糠醇的选择性也有较大影响，当反应温度控制在160～180℃时，糠醇的选择性较高，能达到95%～98%；而当反应温度增加到200℃时，糠醇的选择性在反应4h后达到最高（95%），进一步增加反应时间，糠醇的选择性出现下降趋势，反应6h后糠醇的选择性下降到87%；当反应温度为220℃时，随着反应时间从1h增加到6h，糠醇的选择性则从89%下降到70%。基于上述结论，他们认为控制反应温度和反应时间分别在200℃和4h能取得较好的转化效果。

另外，从初始氢压的研究结果可以看出，当反应在较低的初始氢压（2bar、5bar和7bar）下进行时，糠醛的转化率较低；当反应初始压力增加到10bar时，反应5h，糠醛的转化率可达到100%；进一步增加初始氢压到13bar时，糠醛在4h时就能被完全转化。在较低的初始氢压下，糠醇的选择性较高。当初始氢压在2～10bar时，糠醇的选择性在87%～98%；而当初始氢压增加到13bar时，糠醇的选择性急剧下降，其主要原因可能是糠醇的进一步加氢还原。基于上述结论，他们认为最佳的初始氢压为10bar。

除单一的钴或镍非晶态合金催化剂外，钴镍双金属合金催化剂也被用于糠醛的选择性加氢还原制备糠醇的研究中。其中，孙雅玲等[122]采用化学还原法制备了CoNiB非晶态合金催化剂，并将其应用于糠醛的液相加氢制备糠醇中，考察了Ni/Co摩尔比、$NaBH_4$滴加速率等催化剂制备条件对催化剂性能的影响；同时，考察了反应过程中的反应压力、反应时间、反应温度等反应条件对糠醛转化率和糠醇选择性的影响。研究发现，当在80℃及2MPa的初始氢压下进行糠醛的氢化还原3h，Ni/Co摩尔比对催化剂的活性有较大影响。其中，随着Ni/Co摩尔比的增加，糠醛的转化率逐渐提高，当Ni/Co摩尔比为5∶5时，催化剂的活性最高，糠醛的转化率可达到46.2%；之后，随着Ni/Co摩尔比的进一步增加，糠醛的转化率反而下降。他们认为，这种现象可能是钴和镍的协调作用引起的：当钴含量小于0.5时，钴的加入虽然可能会减少镍的活性中心数量，但其有利于非晶态合金分散度和无序度的增加，从而使得催化剂的活性随着 Ni/Co 摩尔比的增加而提高；当钴含量超过 0.5 后，镍的活性中心数量大幅度降低，从而导致催化剂活性随着 Ni/Co 摩尔比的增加而呈下降趋势。当 Ni/Co 摩尔比为 5∶5 时，在 80℃及 2MPa 的初始氢压下进行糠醛的氢化还原 3h，发现 $NaBH_4$ 的滴加速率对糠醛转化率有较大的影响，当 $NaBH_4$ 的滴加速率由 $1.9mL \cdot min^{-1}$ 逐渐增加到 $2.6mL \cdot min^{-1}$ 时，糠醛的转化率得到大幅度提高，且在滴加速率为 $2.6mL \cdot min^{-1}$ 时达到最大值(46.1%)；而后，随着滴加速率的进一步增加，糠醛的转化率逐渐下降。他们认为这可能是不同的滴加速率影响了非晶态合金的粒度和分散度所致。在此基础上，他们在 Ni/Co 摩尔比为 5∶5、$NaBH_4$ 滴加速率为 $2.6mL \cdot min^{-1}$ 的条件下制备得到 CoNiB 非晶态催化剂，并从初始氢压、反应温度和反应时间等方面研究了该催化剂在糠醛选择性氢化还原生产糠醇中的催化活性，当反应温度为 80℃，反应时间为 3h，随着反应初始氢压的增加，糠醛的转化率增加，且当反应压力达到 2MPa 时达到最大值(46.2%)，此时糠醇的选择性为 90.4%；进一步增加初始氢压到 3MPa，糠醛的转化率保持不变，而糠醇的选择性呈下降趋势，这可能是较高的初始氢压导致糠醇进一步氢化还原所致。而从反应温度的影响可以看出，不同的温度条件下，糠醛的转化率和糠醇的选择性基本不发生变化，说明在 80～140℃，温度对 CoNiB 非晶态催化剂催化糠醛液相加氢制糠醇无明显影响。另外，从反应时间的研究可以看出，反应时间在 3h 之前催化剂的活性及糠醇的选择性均随着反应时间的增加而变化，且在 3h 时达到最佳；而当反应时间超过 3h 后，催化剂的活性基本不变，而糠醇的选择性呈现下降趋势，说明反应时间的增加会导致糠醇的深度加氢，从而使其选择性下降。他们认为，用化学还原法制备 CoNiB 非晶态合金催化剂时，当 Ni/Co 摩尔比为 5∶5，$NaBH_4$ 滴加速率为 $2.6mL \cdot min^{-1}$ 时所得到的催化剂具有最高的活性。而将该催化剂用于糠醛的液相加氢制备糠醇的反应时，发现在 80℃及 2MPa 的初始氢压下反应 3h 时具有最佳的转化效果，糠醛的转化率为 44.2%，糠醇的选择性达到 90.4%。

除上述催化剂外，刘百军等[123]还采用高压釜式反应，将杂多酸盐浸渍到骨架镍上作为糠醛选择加氢反应的催化剂，通过与将 $(NH_4)_6Mo_7O_{24}$ 浸渍到骨架镍上的催化剂进行对比，发现当糠醛转化率约为 80%时，两催化剂的糠醇选择性相当，但当转化率达 98%时，以杂多酸盐改性的催化剂对反应的选择性不变，达到 98%，而后者对反应的选择性下降到 90%以下。骆红山等[124]以 $NiCl_2$ 和 $KBH_4$ 溶液制备出非晶态合金 Ni-B，将其应用于糠醛的液相加氢制备糠醇的研究中，发现 Ni-B 非晶态合金催化剂对糠醇的选择性接近 100%，且其催化活性显著高于 Raney Ni 和超细 Ni 催化剂。他们进一步的研究表明，对于 Ni-B 非晶态合金，其在 150℃以下进行热处理时，未出现明显的晶化；但在高温下，会逐渐发生晶化，并导致催化活性和选择性显著下降。同时，雷经新[125]以溶胶凝胶法及浸渍法研究了金属 Mo 及不同载体对非晶态的 Ni-B 合金催化性能的影响，探讨了其对糠醛催化加氢产生糠醇的影响。研究发现，对 Ni-B/$\gamma$-$Al_2O_3$ 催化剂而言，在 Mo 的含量为 1.25%～2.5%时，糠醛的转化率及糠醇的产率均能达到 100%；而以溶胶凝胶法制得的复合载体 Ni-B 催化剂，当 Mo 的含量为 1.25%时，糠醛的转化率及糠醇的产率能达到 100%；以浸渍法制得的复合载体 Ni-B 催化剂，当 Mo 的含量为 0.675%～1.25%时，糠醛的转化率及糠醇的产率能达到 100%。催化剂的 DSC 分析结果表明，Mo 能提高 Ni-B/$\gamma$-$Al_2O_3$

催化剂的热稳定性。而其 ICP、TPR(程序升温还原)及 TPD(程序升温脱附)研究结果表明，Mo 的添加使得合金负载量增加，合金中 B 的含量降低；负载型非晶态合金催化剂表面氧化态 Ni 的物种容易被还原及出现了新的加氢活性中心，同时减弱了氢的吸附强度，增加了催化剂表面上的化学吸附中心数，从而提高了催化剂的活性。魏书芹等[126]以 $NiCl_2 \cdot 6H_2O$ 为前体，$(NH_4)_6Mo_7O_{24} \cdot 4H_2O$ 为改性剂，通过浸渍、焙烧和 $NaBH_4$ 还原制备了 NiMoB/$\gamma$-$Al_2O_3$ 催化剂，并采用糠醛液相催化加氢评价了其反应活性。结果表明，与 NiB、NiMoB 相比，NiMoB/$\gamma$-$Al_2O_3$ 催化剂表现出很高的活性和选择性。在 80℃和 5.0MPa 的初始氢压下，在甲醇溶液中加氢反应 3.0h，糠醛的转化率达 99%，糠醇的产率可达 91%。另外，曹晓霞等[127]也以 Raney Ni 为催化剂，通过甲醇水相重整产氢和糠醛液相加氢两相反应，研究了反应温度、反应时间、反应压力及甲醇/糠醛体积比等对反应的影响，发现在反应温度 120℃、反应压力 0.8MPa 和水：甲醇：糠醛为 25：125：5(体积比)的条件下，原位加氢产物糠醇的选择性优于传统的液相加氢还原法。最近，Rodiansono 等[128]采用自制的 Ni-Sn/AlOH 催化剂研究了其在糠醛选择性加氢还原产生糠醇时的催化活性，发现控制 Ni 和 Sn 的摩尔比为 1 制得的 Ni-Sn(1.0)/AlOH 具有较高的催化活性，当控制反应温度为 180℃、反应初始氢压为 3.0MPa 时，反应 75min 后，糠醛的转化率能达到 97%，糠醇的产率可达 97%。

3. 糠醛气相加氢合成糠醇

糠醛气相加氢法(简称气相法)于 1956 年实现工业化，反应通常在常压或低压下进行，糠醛气化后与氢气混合，该混合气通过长径比达 100 的列管式固定床反应器进行反应，因反应过程中物料返混小，可有效地抑制二次加氢，因此，反应选择性高，糠醛单耗低。另外，气相法还具有以下优点：反应温度低，催化剂回收容易且可再生利用，同时消除了铬污染问题。因此，国外的主要糠醇生产厂家均已使用气相法生产工艺，如美国的 Quaker Oats 公司、法国的 Rhone Poulenc 公司和芬兰的 Rosenlew 公司等。我国在 1994 年以前的糠醇生产企业全部以液相法生产，1994 年中国石油吉化集团公司开发了常压糠醛气相加氢制备糠醇技术，催化剂寿命可达 1500h；保定化工厂从芬兰 Rosenlew 公司引进了低压液相加氢技术，在一定程度上改善了我国糠醇生产工艺的结构。近十年来，国内关于气相法的研究报道较多，如有将合成氨工业含氢尾气用于糠醛气相加氢制糠醇的方法，在催化剂存在下使合成氨含氢尾气与糠醛于 140～170℃下发生反应，糠醛转化率达 90%，选择性为 95%，高于国外同类技术水平。我国是世界上主要的糠醛生产和出口国，年产量约 55000t，其中 60%～80%用于出口，而国内糠醛深加工技术落后，糠醛生产受国际市场需求影响较大，因此开发先进的糠醛深加工工艺尤为必要。

糠醛气相加氢反应过程是一级反应，对氢的级数则根据氢气过量程度的不同而不同，反应的活化能为 53.058kJ·mol$^{-1}$。也有学者认为该反应对糠醛为一级，而对氢气为二级，测得反应的活化能为 89.250kJ·mol$^{-1}$。研究结果不同可能主要是所用催化剂的不同导致的。液相法操作压力较高，对设备材质要求严格，且容易发生糠醛深度加氢，副产物较多，消耗高；而气相加氢法操作条件温和，操作压力由液相法的高压或中压降至常压或十几个大气压，并且采用固定床列管式反应器，消除了返混现象，可抑制二次加氢现象，减少了副反应的发生。因此，气相法代替液相法已是国际上糠醇生产的发展趋势。

目前，对于气相法糠醛加氢工艺的研究仍主要集中在催化剂的研究上，这也是糠醛气相加氢转化产生糠醇的难点与核心。目前，气相加氢反应所用催化剂以铜系催化剂为主。

1) Cu-Cr 催化剂

铜系含铬催化剂是最早被开发出来用于糠醛选择性气相加氢生产糠醇的催化剂。该催化剂的制备过程中一般 pH 为 4～6，煅烧温度为 250～350℃，所得的催化剂具有较好的活性和稳定性。该催化剂在反应温度为 105～160℃，氢醛摩尔比为 2～25，负荷为 0.14～0.53g 糠醛 · $(g \cdot h)^{-1}$ 和常压条件下，糠醛转化率可达 100%，糖醇选择性和产率都在 98%以上。殷恒波等[129]采用孔体积分浸的方法，以 $Al_2O_3$ 为载体，以 15%的 CuO 和 5%的 $Cr_2O_3$ 制得 CuCr/$\gamma$-$Al_2O_3$ 负载型催化剂，在反应温度为 120℃、氢醛摩尔比为 10、空速为 $0.4h^{-1}$ 时，糠醛的转化率接近 100%，糠醇的选择性高达 95%。CuCr/$\gamma$-$Al_2O_3$ 催化剂性能稳定、选择性高，其中 Cu 是糠醛加氢制糠醇的活性组分，Cr 的存在提高了催化剂的活性和选择性。另外，用 XPS 对铜铬催化剂还原前后的样品做广角衍射，发现 CuO 在还原后变为 Cu，而 $Cr_2O_3$ 在还原之后结构没有变化，表明活性组分是零价铜，而非两价铜，Cr 的作用在于增加 Cu 的分散度，提高活性和热稳定性。如果在催化剂中加入助剂钙，则可延长催化剂的稳定性和使用寿命，使用 XPS 测定钙的加入对 Cu、Cr 原子相对含量的影响发现，钙的加入使 Cu-Cr 催化剂表面 Cu 对 Cr 的相对含量较均匀，这佐证了钙是铜铬催化剂的稳定剂。然而，Cu-Cr 催化剂中含有致癌物质 Cr，会造成严重的铬污染，近年无铬催化剂已成为糠醇生产的发展趋势。

2) Cu-Zn 催化剂

国内外学者通过浸渍法制备了 Cu/$Al_2O_3$ 催化剂，该催化剂表现出良好的催化加氢效果[130-134]。其中，张定国等[130]制备了不同铜锌比的 $\gamma$-$Al_2O_3$ 和改性 $\gamma$-$Al_2O_3$ 负载的 Cu-Zn 催化剂，并用 XRD、XPS 和 SEM 等手段对催化剂进行了表征，以糠醛加氢制糠醇为模型，在固定床连续流动单管反应器中评价了催化剂的活性和选择性。结果表明，当反应温度为 140℃，氢气流速为 $0.5mL \cdot s^{-1}$，糠醛空速为 $2h^{-1}$ 时，以 Co 处理过的 $\gamma$-$Al_2O_3$ 负载 Cu-Zn 催化剂具有较大的活性，糠醛转化率达到 91.3%，其稳定性可达到 6h；而以 Ni 改性的 $\gamma$-$Al_2O_3$ 负载 Cu-Zn 后表现出很低的活性，与同一族元素(如 Ca 和 Ba)改性所起的作用基本相同。另外，催化剂的 XRD 表征结果显示，催化剂还原活化前，其中的金属元素铜和锌均以氧化态 CuO 和 ZnO 的形式存在；而催化剂在被还原活化后，金属元素铜则以单质的形式存在。当催化剂失活后，其 XRD 的表征结果显示，单质铜又转变成 CuO。XPS 和 SEM 的结果也表明，催化剂中金属的价态及颗粒的形貌在反应前后发生了变化，所制备的催化剂在糠醛加氢制糠醇反应中表现出较高的选择性。多个课题组采用浸渍法制备了 Cu-Zn 系催化剂[135-137]，其中，周亚明等[135]在催化剂的制备过程中添加了适量其他金属离子的催化剂作为研究对象，利用固定床连续反应装置，考察了反应条件对催化剂活性的影响。研究表明，当以 CuO-ZnO 为催化剂时，在 160℃、常压、氢醛摩尔比 5～7、糠醛液体空速 0.5～$0.6h^{-1}$ 条件下，糠醛转化率达到 100%，糠醇选择性大于 98%。催化剂的结构测试表明，经过氢还原反应，CuO 还原为 Cu，ZnO 虽未发生变化，但 Zn 的电子动能有所上升，部分 Cu 进入 ZnO 晶格形成固溶体，Cu-ZnO 固溶体中的缺氧结构对含氧中间物起稳定作用，构成糠醛加氢的活性中心。另外，他们将 Cu、Zn、Mg、Mo 的硝酸盐配制成溶液，以 $Na_2CO_3$ 为沉淀剂，pH 中和到 7～8，沉淀经洗涤后于 110℃烘干 6h，400℃焙烧 4h 后制得 $CuO-ZnO-Al_2O_3$ 催化剂。将此催化剂进行糠醛气相加氢反应，结果表明，在 137℃、0.1MPa、糠醛进料速率 $2.1g\cdot h^{-1}$、氢气流量 $1.0L\cdot h^{-1}$ 条件下，糠醛转化率达到 100%，糠醇选择性为 99.8%。单管放大实验结果表明，在 120～145℃、0.12～0.14MPa、糠醛负荷 $0.083mL\cdot mL^{-1}$、氢醛摩尔比 32 的条件下，连续反应 1000h，糠醛转化率为 98.8%，糠醇选择性为 98.3%，2-甲基呋喃选择性为 1.7%。将 Cu、Zn 及作为助剂的硝酸盐按一定比例制成溶液，加入溶有 $Al(OH)_3$ 的 $Na_2CO_3$ 水溶液中共沉淀，经老化、洗涤、干燥和焙烧制备出 $CuO-ZnO-Al_2O_3$ 催化剂，在对助剂 Mn、Ca、Mg、Ba、Ni 进行筛选时，发现加入适量的 MnS 可以显著改善催化剂的催化性能，使糠醛转化率由不加助剂时的 96%提高到 99.8%，糠醇选择性由 53.6%提高至 97.7%，其性能优于进口催化剂。催化剂的结构测试结果表明，Mn 可提高 Cu 和 Zn 的分散度，使催化剂具有足够的活性中心，同时 Mn 是变价金属，具有氧化还原性，它的加入可降低活性中心 Cu 被氧化成 $Cu^+$或 $Cu^{2+}$的速率，起到稳定催化剂活性的作用。此外，Mn 的加入还可将 CuO 的还原温度由不加助剂时的 340℃降低到 305℃，提高了催化剂的可还原性。将含 Mn $CuO-ZnO-Al_2O_3$ 催化剂在工业生产线试运行 1 个月，结果显示，糠醛转化率仍可达到 99.4%，糠醇选择性达到 97.9%。

3) Cu-Zn-Al 催化剂

王爱菊等[138]用溶胶凝胶法制得 Cu-Zn-Al 催化剂，用于糠醛气相加氢制糠醇反应，研究了制备条件对催化剂性能的影响，并使用 TPR、BET、XRD 等技术对催化剂进行了表征。催化剂活性评价结果表明，在常压、反应温度为 130℃、糠醛进料量为 $2mL\cdot h^{-1}$ 和氢醛摩尔比为 9 的条件下，糠醛转化率为 99.18%，糠醇选择性为 97.17%。陈霄榕等[139]采用共沉淀法制备了改性的 Cu-Zn-Al 催化剂，用于糠醛气相加氢制糠醇反应。他们在相同制备条件下，加入 Mn、Ca、Mg、Ba、Ni 等助剂，考察这些助剂对催化剂活性的影响，发现适量 Mn 的加入，对 Cu-Zn-Al 催化剂性能的改变非常明显，在较温和的反应条件下(反应温度为 130℃、氢醛摩尔比为 9、糠醛液体空速为 $1.0h^{-1}$)，糠醛转化率由原来的 96.0%提高至 99.8%，糠醇选择性由 53.6%提高至 97.7%。这是由于加入 Mn 可以提高 Cu 和 Zn 的分散度。许多研究者指出，Mn 对 CuO 的高分散有促进作用。正是这种高分散作用，使得催化剂有足够的活性中心。同时，由于 Mn 是变价金属，具有氧化还原性，它的加入可稳定催化剂的活性物种 $Cu^0$，降低 $Cu^0$ 被氧化成 $Cu^+$或 $Cu^{2+}$的速率，从而起到稳定催化剂活性的作用。此外，Mn 的加入，还可降低催化剂的还原温度，即 Mn 提高了催化剂的可还原性，这也与它对 CuO 的分散作用有关。他们还发现钾的加入，可显著提高糠醇的选择性。糠醛加氢催化剂浸渍钾后，钾和活性组分之间相互作用，产生了经钾改性的加氢活性中心或活性相，这可以增加催化剂单位表面积上铜的分散度，提高单位表面的加氢活性中心数目。由于铜系催化剂上的加氢活性中心数目较少，因而限制了加氢速率，催化剂中浸渍碱性物质钾，可增加吸附物的数目，提高反应速率，所以浸渍适量的钾对反应是有利的。另外，工业运行结果表明，Cu-Zn-Al 系糠醛气相加氢制糠醇催化剂有较好的活性。

4) $Cu-SiO_2$ 催化剂

多位国内外学者[140-142]采用浸渍法制得 $Cu/SiO_2$ 催化剂，并将其应用于糠醛的气相选择性催化加氢制备糠醇的反应中，取得了较好的效果。他们以 110～120 目的 $SiO_2$ 为载体，$CuO/SiO_2$ 质量比为 0.57，助剂/Cu 质量比为 0.08，浸渍液 pH 为 8.5，浸渍温度为 95℃，活化温度为 150℃，活化时间为 6h，焙烧温度为 350℃，焙烧时间为 4h，分别制备了含铜量为 15%、18%和 20%的催化剂[140]。研究发现，含铜量为 15%的催化剂在制备过程中经室温干燥及 400℃焙烧处理 4h 后，对糠醛加氢制糠醇反应表现出良好的活性。在常压、反应温度为 105℃、糠醛投料量为 $0.53mL \cdot h^{-1}$ 和氢醛摩尔比为 13 的苛刻条件下，连续运转 50h，糠醛转化率为 98.2%，糠醇的选择性为 100%。而 TPR 的研究结果进一步表明，该催化剂中的 CuO 或大部分 CuO 不是简单负载于 $SiO_2$ 表面形成高分散的 CuO，而是与 $SiO_2$ 之间具有很强的化学作用，形成了更稳定的化学状态，使得铜的还原更难，这一结论与文献[143]、[144]的研究结果相反。而张蕊[145]及宋华等[146]也分别采用溶胶凝胶法制备了 $CuO/SiO_2$ 负载型催化剂。他们的研究结果表明，以 $Na_2CO_3$ 为沉淀剂制备的活性组分负载量为 30%的 $CuO/SiO_2$ 催化剂，在柠檬酸添加量为 5%、沉淀 pH 为 8.0、450℃焙烧 4h 的制备条件下，所制得的催化剂具有最好的活性。将该催化剂应用于固定床反应器中，在常压条件下，当反应温度为 180℃、氢醛摩尔比为 5、液体空速为 $1h^{-1}$ 时，糠醛的转化率可达到 98%以上，而糠醇的选择性也高达 99%。该催化剂在连续运行 30h 后开始失活，如果将失活的催化剂在空气气氛及 450℃下焙烧处理 4h，可恢复活性，回收的催化剂在连续使用 20h 后出现明显失活现象。另外，Li 等[147]以溶胶凝胶法制备了 $Cu/TiO_2-SiO_2$ 负载型催化剂，该催化剂在 180℃及 1.0MPa 氢压下，催化糠醛气相加氢制备糠醇具有较好的效果，糠醛的转化率可达到 96.9%，糠醇的选择性也高达 96.3%。

5) Cu-MgO 催化剂

张丽荣等[148]以超微 MgO 为载体，通过负载金属 Cu 和 Co 后制得的 Cu-Co-MgO 催化剂，可用于糠醛气相加氢制糠醇。将所得到的催化剂应用于常压连续流动固定床反应器上进行糠醛的气相加氢还原反应，结果表明，催化剂具有很高的活性、稳定性和糠醇选择性；对比后发现，Cu-Co-MgO 催化剂的性能要优于以常规 MgO 为载体的催化剂。另外，XPS 和 TPR 分析结果表明，催化剂试样中 Cu 和 Co 与载体之间存在着相互作用，Co 的加入有利于提高催化剂的稳定性。他们的放大实验结果也表明 Cu-Co-MgO 催化剂具有较好的催化性能。而一些国外学者采用共沉淀法制备了 Cu-MgO 催化剂，该催化剂用于糠醛气相加氢制糠醇反应中，糠醛转化率和糠醇选择性均达到 98%[149-152]。他们通过 $N_2O$ 的脉冲化学吸附的方法证实，Cu-MgO 催化剂表面产生了大量 Cu 的活性中心，从而使 Cu-MgO 催化剂具有较高的活性和选择性；另外，由于 Cu 和 MgO 界面层上存在着缺陷中心，这也使 Cu-MgO 催化剂具有较高的活性和选择性。

6) 铜系分子筛催化剂

20 世纪 80 年代以来，出现了以沸石分子筛为载体的催化剂，如 Pd-CuY 催化剂，该催化剂比 Cu-Cr 氧化物催化剂对糠醇的选择性高。红外光谱和电子顺磁共振光谱证实，CuY 中 $Cu^{2+}$吸附了呋喃环，其吸附量随 $Cu^{2+}$交换度的增加而增加，表明 CuY 沸石可阻止呋喃环的进一步加氢，因此糠醛在加氢过程中能选择性地生成糠醇，而不会生成深度加氢产物四氢糠醇。另外，Vargas-Hernandez 等[153]以 SBA-15 分子筛为载体，并控制铜的负载量制得 Cu/SBA-15 催化剂。研究发现，当铜的负载量为 15wt%时，所得到的催化剂具有较好的活性，在 170℃下反应 5h，糠醛的转化率为 54%，糠醇的选择性可高达 95%。

7) Cu/海泡石催化剂

乐治平等[154]采用海泡石为载体，通过浸渍法制备了负载型 Cu/海泡石催化剂。他们发现，Cu/海泡石催化剂可应用于糠醛常压气相加氢制糠醇反应，且在较低的反应温度便能获得高转化率和高选择性。结果显示，当催化剂中 Cu 的含量为 18.1%时，在反应温度为 135℃、常压、氢气流量为 $30mL \cdot min^{-1}$、糠醛注射量为 0.2μL 的条件下，糠醛的转化率可达到 100%，糠醇的选择性也高达 100%。

## 4.3　5-羟甲基糠醛的制取技术

### 4.3.1　5-羟甲基糠醛合成的催化反应体系

5-羟甲基糠醛(5-HMF)，又称 5-羟甲基-2-糠醛或 5-羟甲基呋喃甲醛，是生物质水解制备乙酰丙酸的直接前体，也是非常重要的化工原料。其化学结构式见图 4-8，物理化学性质见表 4-1。

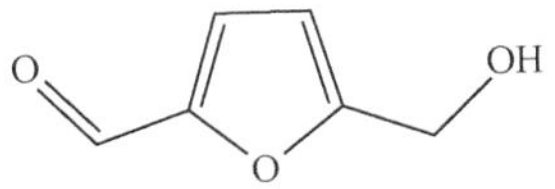

图 4-8　5-HMF 的化学结构式

**表 4-1　5-HMF 的物理化学性质**

| 参数 | 性质 |
| --- | --- |
| 分子式 | $C_6H_6O_3$ |
| 形态 | 淡黄色固体 |
| 分子量 | 126.1116 |
| 折光系数 | 1.5627(291.15K) |
| 熔点 | 28～34℃ |
| 沸点 | 110℃(0.02mmHg)，114～116℃(1hPa) |
| 闪点 | 79℃(闭口闪点) |
| 最大紫外吸收波长 | 284nm |
| 溶解性 | 能溶于甲醇、乙醇、丙酮、乙酸乙酯等有机溶剂，难溶于四氯化碳，不溶于石油醚 |
| 储存条件 | 低温避光保存 |

5-HMF 的分子中含有呋喃环、醛基和羟甲基，化学性质较为活泼，可以发生加氢、脱氧加氢、酯化、卤化、水解、聚合等化学反应。5-HMF 为甘菊花味的针状结晶、暗黄色液体或粉末，有吸湿性，易液化，受光照和加热易分解，因此需要低温避光密封保存，且不能与强碱、强氧化剂和强还原剂共存。5-HMF 易溶于水、甲醇、乙醇、丙酮、乙酰丙酸、二甲基甲酰胺、甲基异丁基甲酮等；可溶于氯仿、乙醚、苯等；微溶于四氯化物；难溶于石油醚。5-HMF 加热时放出干燥刺激性的烟雾，燃烧和分解时释放 CO 和 $CO_2$。

从 5-HMF 的商业价值上来讲，它是一种多功能的平台化合物，可以被衍化成氨基醇、醚类、二醛等具有高附加值的化学品，是大环化合物、耐热高分子材料和药物分子的先导化合物，具有较高发展潜力和应用前景。它也可以通过加氢、氧化、水合、酯化、醚化、缩合等反应进一步制备其他高附加值的衍生物(图 4-9)，并能广泛应用于能源、材料和医药等领域。

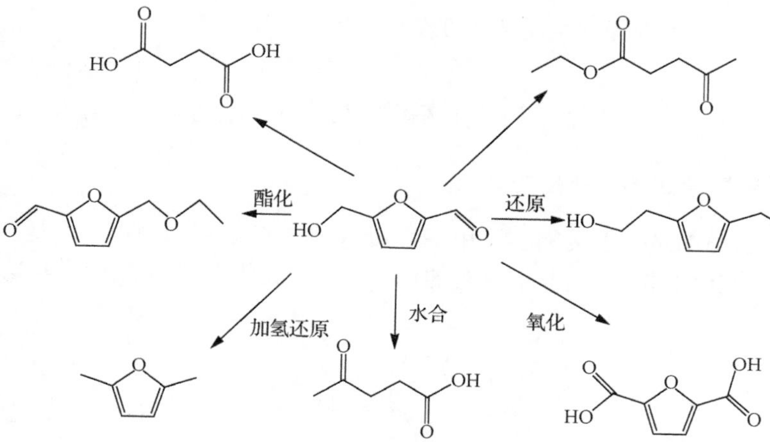

图 4-9　5-HMF 转化制备各种高附加值衍生物

由葡萄糖合成 5-HMF 的过程主要分两步，首先，葡萄糖异构化生成果糖，在此过程中 Lewis 酸可以促进葡萄糖异构化为果糖；其次，果糖脱水生成 5-HMF，在此过程中 Brønsted 酸起着显著的促进作用，但是 Brønsted 酸却不利于葡萄糖异构化成果糖。因此，对葡萄糖生成 5-HMF 过程具有优越的催化性能的异相催化剂需同时含有 Lewis 酸和 Brønsted 酸且具有合适的比例。

1. *无机酸催化剂*

无机酸包括盐酸、磷酸、硫酸、硝酸和氢溴酸等，是一类常见的酸催化剂。由于催化机理明确、价格低廉和来源广泛，在早期研究中常常用于生物质基碳水化合物制备 5-HMF 的研究，并取得了一系列进展。例如，Lai 等[155]以 HCl 作为催化剂，在异丙醇中催化果糖脱水，在 120℃反应 2h，5-HMF 的产率高达 83%；Bicker 等[156]以 $H_2SO_4$ 作为催化剂，在丙酮溶剂中发生催化反应，180℃下反应 3min，果糖的转化率为 99%，5-HMF 的选择性为 77%；Antal 等[157]以超临界水为反应溶剂，$H_2SO_4$ 为催化剂，在高温下催化转化果糖脱水制备 5-HMF，其中果糖的转化率为 95%，5-HMF 的产率为 50%。但是，在水、DMSO 或甲基异丁基酮(MIBK)中，葡萄糖的转化率和 5-HMF 的选择性均低于 50%。这是因为与果糖脱水制备 5-HMF 的反应不同，葡萄糖脱水制备 5-HMF 的反应，首先经历异构化反应形成果糖，果糖再进一步经过脱水反应形成 5-HMF。因此，葡萄糖能否有效地异构化为果糖是其能否顺利形成 5-HMF 的关键。由于无机酸不能有效催化葡萄糖转化为果糖，葡萄糖的转化率和 5-HMF 的选择性低。为了克服单独使用无机酸的不足，Huang 等[158]以丁醇-水为两相反应体系，以葡萄糖异构酶、盐酸为催化剂，在化学催化和生物催化的协同作用下，葡萄糖的转化率高达 88%，且 5-HMF 的产率提升至 63.3%。但当无机酸作为催化剂时，会对环境造成严重污染，对反应设备腐蚀严重，且在分离时较为困难，未来的发展前景有限。

2. 有机酸催化剂

Moreau 等[159]以对甲苯磺酸为催化剂，以离子液体[BMIM]$BF_4$和 DMSO 为二元溶剂体系，催化果糖脱水制备 5-HMF，得到 5-HMF 的产率为 68%。董坤等[160]以造纸过程中产生的副产物木质素磺酸为催化剂，催化果糖生成 5-HMF，发现以 1-丁基-3 甲基咪唑氯盐为反应介质，该反应在 5min 时目标产物的最大产率为 91%，但以菊粉为反应物，相同催化条件下，5-HMF 的产率只有 47%，可见反应物的不同对 5-HMF 的产率有影响。

3. 离子液体催化剂

随着对功能化离子液体研究的深入，离子液体作为催化剂在 5-HMF 的制备合成上用途越来越广泛。不同阴阳离子组成的离子液体既可作为酸性催化剂，又可作为碱性催化剂。此外，离子液体还能够起到溶剂的作用。

Qu 等[161]以磺酸化的有机磷钨酸盐$[MIMPS]_3PW_{12}O_{40}$为催化剂，2-丁醇为反应介质，120℃、2h 反应条件下，催化果糖脱水得到的 5-HMF 的最大产率为 99.1%，此类催化剂最大的优势是克服了与产物难以分离的缺点，同时保持了离子液体较好的催化活性，可以多次循环使用且能保持较高的催化效果。

张正源等以不同的 Lewis 酸性离子液体([BMIM]Cl、[BMIM]$HSO_4$、[BMIM]$H_2PO_4$、[BMIM]$BF_4$)为催化剂，以果糖为反应物，研究了不同助剂对催化果糖制备 5-HMF 的影响。在最佳助剂和最优离子液体[BMIM]$HSO_4$的催化作用下，100℃反应 40min，得到果糖的转化率为 93%，5-HMF 的选择性为 89%。

Tao 等[162]在水/MIBK 中 150℃的反应条件下分别用 1-甲基-3-磺丙基咪唑硫酸氢盐、硫酸和 $AlCl_3$ 催化木糖的转化反应，反应时间均为 25min，由于 1-甲基-3-磺丙基咪唑硫酸氢盐同时具有 Brønsted 酸性和 Lewis 酸性，比纯 Lewis 酸($AlCl_3$)和纯 Brønsted 酸有更高的催化活性，糠醛产率达到 91.4%，这是因为 Brønsted 酸性离子液体仅对果糖等己酮糖脱水制备 5-HMF 具有较强的催化能力，对葡萄糖等己醛糖异构化为己酮糖的催化活性较弱；而葡萄糖需要首先异构化为果糖才能进一步脱水形成 5-HMF，因此 Brønsted 酸性离子液体对葡萄糖基本没有催化活性，而 Lewis 酸性离子液体对葡萄糖异构化为果糖有着较强的催化活性。如果将 Lewis 酸性离子液体和 Brønsted 酸性离子液体联用作为催化剂，则有可能实现催化葡萄糖或含有葡萄糖单元碳水化合物高效转化生成 5-HMF。

虽然离子液体在单糖脱水合成 5-HMF 的过程中有着较高的催化活性，但反应后难以从混合液中分离和提纯，导致了其活性迅速下降，而且离子液体合成步骤较为复杂，黏度大，价格贵，限制了其大规模地开发和应用。

4. 金属氯化物催化剂

Zhao 等[163]在 1-乙基-3-甲基咪唑氯盐([EMIM]Cl)中研究了金属氯化物如 CuCl、$CuCl_2$、$FeCl_2$、$PdCl_2$、$PtCl_2$、$MoCl_3$、$RuCl_3$、$RhCl_3$和 $PtCl_4$ 等催化葡萄糖和果糖脱水制备 5-HMF 的反应。结果显示，这些氯化物对葡萄糖的催化效果一般，但对果糖的脱水反应表现出较高的活性，且不同的氯化物表现出明显的差异性，如 CrCl 为催化剂时，在 100℃下反应 3h，葡萄糖脱水生成 5-HMF 的产率为 70%以上。在此基础上，Hu 等[164]在 1-乙基-3-甲基咪唑四氟硼酸盐中研究 $SnCl_4$ 催化葡萄糖制备 5-HMF 的反应，在 100℃反应 3h，5-HMF 的产率高达 61%。

近年来，其他金属氯化物如 $AlCl_3$、$ZrCl_4$、$ZnCl_2$、$ZrOCl_2$、$CrBr_3$、$CrF_3$、$GeCl_4$、$LaCl_3$、$ScCl_3$、$YbCl_3$、$IrCl_3$和 $WCl_6$，以及不同金属氯化物的组合如 $CrCl_3/CuCl_2$、$CrCl_3/IrCl_3$、$CrCl_2/CuCl_2$、$CrCl_3/LiCl$、$CrCl_2/RuCl_3$、$CrCl_3/ZrOCl_2$ 等也都被用于催化各种碳水化合物脱水制备 5-HMF。金属氯化物虽然对环境造成一定的负面影响，但是鉴于其优异的催化性能，该类催化剂在制备 5-HMF 的反应研究中越来越多。

5. 杂多酸催化剂

杂多酸是一类由中心杂原子和配位多原子通过氧原子桥联按照一定的空间结构组成的多元酸，具有较强的酸性和氧化还原性。杂多酸种类繁多，按照配位多原子和中心杂原子之比可以分为五类，其中 Keggin 型杂多酸可以通过阴离子和阳离子来调节其催化性能，使研究和应用最为广泛的杂多酸在催化生物质基碳水化合物脱水制备 5-HMF 的研究中受到广泛关注。

磷钼酸($H_3PMo_{12}O_{40}$)、磷钨酸($H_3PW_{12}O_{40}$)、硅钼酸($H_4SiMo_{12}O_{40}$)和硅钨酸($H_4SiW_{12}O_{40}$)是四种最典型的 Keggin 型杂多酸，它们不但能够有效地催化果糖脱水形成 5-HMF，而且对葡萄糖脱水也具有良好的催化活性。刘欣颖等[165]研究了杂多酸及其盐对糖类催化转化合成 5-HMF 的催化效果。研究表明，高温对 5-HMF 的合成有利，磷钨酸铯的催化性能较好，聚乙烯吡咯烷酮作为助剂可提高 5-HMF 的产率，在催化剂的添加量为果糖摩尔分数 1%、溶剂为 DMSO、温度为 155℃、反应 5min 得到 5-HMF 的最大产率为 77.9%。Chidambaram 等[166]研究结果表明，当 $H_3PW_{12}O_{40}$、$H_3PMo_{12}O_{40}$、$H_4SiW_{12}O_{40}$ 和 $H_4SiMo_{12}O_{40}$ 作为催化剂时，在 120℃反应 3h 的条件下，在[BMIM]Cl 中的葡萄糖转化率和 5-HMF 选择性分别都超过了 70%和 80%。显然，上述杂多酸的催化效果大大优于 HCl、$HNO_3$、$H_3PO_4$ 和 $H_2SO_4$ 等无机酸。另外，Keggin 型杂多酸的催化活性与其自身的酸性有着非常密切的关系。一般来说，酸性越强，催化活性越好。因此，根据上述四种杂多酸的酸性强弱顺序 $H_3PW_{12}O_{40}>H_3PMo_{12}O_{40}>H_4SiW_{12}O_{40}>H_4SiMo_{12}O_{40}$ 可知，$H_3PW_{12}O_{40}$ 应具有最佳的催化活性。但是，由于 $H_3PW_{12}O_{40}$ 在[BMIM]Cl、水和很多极性溶剂中具有较大的溶解度，在催化反应结束后很难回收利用，这在很大程度上限制了它的实际应用。

近年来，随着分子设计技术的不断发展，一些有机小分子也被用来改进 $H_3PW_{12}O_{40}$ 的结构和性能。例如，在 $H_3PW_{12}O_{40}$ 基础上引入赖氨酸可以制备得到具有酸碱双功能位点的催化剂 $(C_6H_{15}O_2N_2)_2HPW_{12}O_{40}$，其中亲核的氨基和亲电的氢质子能够协同促进果糖脱水过程中的限速步骤即烯醇化反应，从而加速了 5-HMF 的形成。此外，需要特别强调的是，除了具有优良的催化性能以外，$(C_6H_{15}O_2N_2)_2HPW_{12}O_{40}$ 还是一个温度响应型催化剂。尽管在纤维素转化形成 5-HMF 的过程中，$(C_6H_{15}O_2N_2)_2HPW_{12}O_{40}$ 可以作为均相催化剂，但是只需要将反应温度降低到室温情况下，$(C_6H_{15}O_2N_2)_2HPW_{12}O_{40}$ 就会自动从反应混合液中析出，经过简单过滤后便可以用于下一轮的催化反应。因此，$(C_6H_{15}O_2N_2)_2HPW_{12}O_{40}$ 的回收利用较易实现。

6. 固体超强酸催化剂

为了更加经济、环保、高效地制备 5-HMF，人们对固体酸催化剂进行了探索。固体酸是指能够给出质子(Brønsted 酸性中心)或者能够接受孤对电子(Lewis 酸性中心)的固体催化剂。固体酸催化剂具有对环境无污染、易分离、可回收再利用等优点，被认为是一种高效的、环境友好型的催化剂，被广泛地应用在糖类降解的反应当中。固体超强酸是指酸强度比 100%浓硫酸更强的固体酸，即 Hammett 酸度函数 $H_0 < 11.93$ 的固体酸。就其本质来说，固体超强酸是由 Brønsted 酸和 Lewis 酸按照某种作用方式复合而形成的一种新型催化剂。在众多的固体超强酸中，$H_2SO_4$ 或 $H_3PO_4$ 负载型的固体超强酸具有良好的催化性能和较低的制备成本，因而在生物质基碳水化合物脱水制备 5-HMF 研究中有着最为广泛的应用。

$H_2SO_4$ 或 $H_3PO_4$ 负载型的固体超强酸的酸性中心是以硫酸根或磷酸根在金属氧化物表面的配位吸附形成的，配位作用使得金属-氧周围的电子云密度强烈偏移，强化了 Lewis 酸性中心，并且 Lewis 酸性中心吸附的水分子在催化剂焙烧过程中发生解离作用，产生 Brønsted 酸性中心。固体超强酸制备中使用的金属氧化物一般都同时具有酸碱两性，因此，硫酸或磷酸负载型固体超强酸同时具备 Lewis 酸性位点和 Brønsted 酸性位点，且还具有碱性位点，多种酸碱位点的共存能够促进葡萄糖有效地转化为 5-HMF。例如，锐钛矿型固体超强酸 $PO_4^{3-}/TiO_2$ 在甲基吡咯烷酮和 NaCl 水溶液与 THF 组成的体系中，$PO_4^{3-}/TiO_2$ 催化果糖、葡萄糖、蔗糖、纤维二糖、淀粉和纤维素制备 5-HMF 的产率分别高达 99%、91%、98%、94%、85%和 86%。这种 $PO_4^{3-}/TiO_2$ 催化剂具有优异的催化稳定性，连续重复使用 4 次后，5-HMF 的产率仍然能够达到与第一次使用时相当的水平。上述报道是生物质基碳水化合物转化利用领域的突破性进展，对于 5-HMF 的工业生产和后续利用具有十分重要的现实意义。

7. 酸性离子交换树脂催化剂

酸性离子交换树脂通常是由具有酸性功能基团的高分子化合物组成。根据氢离子交换基团电离常数的大小可将酸性离子交换树脂分为强酸性离子交换树脂和弱酸性离子交换树脂。另外，根据酸性离子交换树脂的物理结构又可将其分为凝胶型离子交换树脂和大孔型离子交换树脂。林鹿等[167]以阳离子交换树脂为催化剂，探究了 5-HMF 的生成过程。研究表明，当葡萄糖质量分数为 10%，在 130℃反应 2h，葡萄糖的转化率为 90.2%，5-HMF 的产率为 44.5%，且催化剂经过反复使用，仍能保持较高的催化活性。磷钨酸盐具有特殊的 Keggin 结构、酸性较强、热稳定性较好、组分易调等优点，将其应用于催化转化单糖脱水合成 5-HMF 的反应中，表现出了较好的催化活性。

大孔型离子交换树脂具有较大的比表面积、较大的孔径和较强的吸附性等。在催化果糖脱水制备 5-HMF 的过程中，较大的比表面积可以使得大孔型离子交换树脂展现出更多的酸性位点，较大的孔径则允许果糖分子进入大孔型离子交换树脂的孔道内部，以便增加果糖和酸性位点之间的接触概率；同时，较强的吸附性还会促进大孔型离子交换树脂吸收反应过程中生成的水，进而避免 5-HMF 继续发生水合反应等，这些均是大孔型离子交换树脂能够发挥其良好催化性能的必要条件。

8. 分子筛催化剂

分子筛又称沸石，是一类由硅氧四面体和铝氧四面体通过氧桥键连接而形成的具有三维空间网络形状的结晶态硅铝酸盐化合物。由于分子筛具有可调的酸性位点、特定的孔道结构、较大的比表面积和良好的热稳定性等诸多优点，其在催化生物质基碳水化合物脱水制备 5-HMF 方面得到了非常广泛的应用。氢型的 H-$\beta$、H-ZSM-5 和 H-MOR 是目前最常用的分子筛，它们的催化活性很大程度上依赖于其本身硅铝比的大小。一般来说，分子筛的硅铝比越大，其酸密度越小，但酸强度越大；相反，分子筛的硅铝比越小，其酸密度越大，但酸强度越小。众多研究结果表明，酸密度与酸强度之间的适度平衡对于 5-HMF 的形成是极其重要的。分子筛的 Lewis 酸性位点和 Brønsted 酸性位点在生物质基碳水化合物脱水制备 5-HMF 的反应过程中起着不同的催化作用。因此不同原料在催化反应过程中对分子筛 Lewis 酸性位点和 Brønsted 酸性位点的要求也就有所不同。例如，当以果糖作为原料制备 5-HMF 时，使用的分子筛理论上应该具有相对较多的 Brønsted 酸性位点；而如果以葡萄糖或含有葡萄糖单元的碳水化合物作为原料制备 5-HMF 时，所用的分子筛就应该具有相对较多的 Lewis 酸性位点。由此可见，有必要采取适当的措施，调节分子筛 Lewis 酸性位点和 Brønsted 酸性位点之间的比例（L/B），以便催化不同来源生物质基碳水化合物转化制备 5-HMF。其中，提高分子筛的 L/B 值，有利于葡萄糖及含有葡萄糖单元碳水化合物向 5-HMF 的转化过程，但更加适合于果糖及含有果糖单元碳水化合物向 5-HMF 的转化过程。

9. 碳基固体酸催化剂

碳基固体酸催化剂是以各种含碳有机物如果糖、葡萄糖、纤维素、椰壳等为碳源，以发烟硫酸或浓硫酸等为磺化剂，经水热合成或无氧碳化与磺化嫁接等反应得到的一类固体酸催化剂。由于此类催化剂原料廉价易得、化学稳定性好，在水解、加成、酯化、醚化、缩合、重排等化学反应中表现出良好的催化性能，碳基固体酸催化剂在生物质基碳水化合物如果糖脱水制备 5-HMF 的反应中得到广泛的应用。Hu 等[168]以酶解木质素残渣为原料，在无氧碳化与磺化嫁接反应步骤之前添加了氯化铁溶液预先浸渍步骤，在原有碳基固体酸催化剂的基础上引入了 $Fe_3O_4$ 磁性组分，这样仅需要在磁场的作用下即可实现碳基固体酸催化剂与反应体系中其他副产物的高效分离，进而解决了碳基催化剂回收利用的问题。并且，上述碳基催化剂重复使用多次以后，其催化活性也无明显降低。

碳基固体酸虽然能够高效地催化果糖脱水转化为 5-HMF(其产率可以达到 90%以上)，但对葡萄糖及含有葡萄糖单元的碳水化合物转化制备 5-HMF 并没有明显的催化活性。因为不论是吸附位点—COOH 和 Ph—OH，还是催化位点—$SO_3H$，它们均属于 Brønsted 酸性位点，碳基固体酸催化剂缺乏催化葡萄糖异构化为果糖的能力，进而不能有效地催化葡萄糖转化生成 5-HMF。为了克服碳基固体酸催化剂的上述不足，Zhang 等[169]在碳基固体酸催化剂的制备过程中引入了具有 Lewis 酸性位点的 $ZrO_2$，制备得到的大孔炭质固体酸催化剂(macroporous carbonaceous solid catalysts, MCSC)具备了催化葡萄糖异构化为果糖的能力。当葡萄糖和纤维素分别作为反应底物，在[EMIM]Cl 中 120℃下仅反应 30min，MCSC 催化制备 5-HMF 的产率可以分别达到 63%和 43%。鉴于 MCSC 的成功制备与应用，在今后的研究过程中也可以将其他具有 Lewis 酸性位点的组分引入碳基固体酸催化剂中，使其既具有催化葡萄糖异构化为果糖的活性，又具有催化果糖脱水转化为 5-HMF 的活性，进而可以适用于催化各种生物质基碳水化合物制备 5-HMF。

### 4.3.2　5-HMF 合成的溶剂体系

以糖类化合物为原料制备 5-HMF 的研究工作从 19 世纪末就已经开始了，研究人员一直致力于提高 5-HMF 的产率和工业化应用，目前产率可以达到 85%以上，为大规模工业化生产打下了良好的基础。但糖类化合物的定向转化是生物质资源得以充分利用的基础，只有实现选择性定向转化，才能实现生物质资源取代化石资源的目标。溶剂体系在催化反应过程中起着关键的作用，它不但能改变活化能，影响催化反应的速率和平衡，还会改变催化反应机制。对于以糖类为原料制备 5-HMF 的反应，选择合适的溶剂体系，可以提高反应的选择性和产物的产率。

#### 1. 水相体系合成 5-HMF

水资源因资源丰富、价格低廉、对环境无污染等优点，被视为工业生产中最绿色环保的反应溶剂。早在 20 世纪四五十年代，研究人员通常在水溶液中以液体酸催化多糖类物质转化生成 5-HMF 来进行研究。研究人员通过改变催化剂、反应温度、反应时间、反应釜气体环境、碳水化合物(如葡萄糖、果糖、蔗糖)种类来增加 5-HMF 的产率，但多糖的转化率和 5-HMF 的产率均不高，且反应过程选择性差。用 NaOH 预处理葡萄糖、甘露糖和果糖的混合物时，经盐酸中和后，以草酸为催化剂，5-HMF 的最高产率为 17%；用葡萄糖为底物，氢气环境下温度控制在 165℃，产率仅为 6.7%；以乙酰丙酸为催化剂，蔗糖为底物，在稀硫酸溶液中 250℃下反应，5-HMF 的产率最高达 38%。多糖转化率低主要是因为水溶剂中多糖的溶解度有限，反应进行得不彻底，原料未能完全被转化；5-HMF 的产率不高，反应过程选择性差主要是因为在水溶剂中，5-HMF 在酸性催化剂作用下，一方面溶液进一步转化为甲酸和乙酰丙酸，另一方面溶液和多糖或中间产物发生脱水再聚合反应，体系中生成大量的副产物。

2. 有机溶剂体系

水溶剂体系中 5-HMF 的产率普遍偏低，为此，科研人员开始寻找新的溶剂体系。进入 20 世纪 80 年代，以乙腈、四氢呋喃、二甲基亚砜、*N*, *N*-二甲基甲酰胺、甲苯、乙酸乙酯作为溶剂体系制备 5-HMF 的工艺技术被开发。极性非质子溶剂不但具有质子惰性，对多糖有较大的溶解度，而且在反应中起稀释作用，可以实现多糖的高效转化，同时，极性非质子溶剂可以有效地抑制 5-HMF 的副反应发生，从而被广泛关注。其中，二甲基亚砜被认为是多糖脱水反应效果最佳的极性非质子溶剂，也是最早应用于糖类转化制备 5-HMF 的极性非质子溶剂，且相关研究表明，果糖在二甲基亚砜溶剂中，不添加任何催化剂，仍可以得到较为理想的果糖转化率和 5-HMF 产率。虽然这些极性非质子溶剂表现出优异的性能，但是大部分溶剂存在沸点高、产物分离难度大、易污染环境等缺点，从而限制了其在工业上的应用。

除了极性非质子溶剂外，极性质子溶剂，特别是醇类溶剂在糖类转化中的应用受到越来越多的关注。Kraus 等[170]以醇为溶剂，功能化离子液体为催化剂，一步转化果糖为糠醛。实验结果表明，醇类溶剂对单糖具有良好的溶解性能，并且在部分醇溶剂中，5-HMF 可以进一步转化为高附加值的化学品，如 5-乙氧基甲基糠醛等。Lai 等[171]研究了果糖在甲醇、乙醇、异丙醇、丁醇等醇类极性质子溶剂中，盐酸催化作用下的各类产物及其分布，在异丙醇中 5-HMF 最高产率可达 80%以上。虽然和极性非质子溶剂相比，目前关于在醇类溶剂中催化转化碳水化合物制备 5-HMF 的研究报道相对较少，但作为一种低沸点且环境友好的有机溶剂，对醇类溶剂体系的研究和应用必将受到越来越多研究人员的关注，同时该类溶剂的开发和利用也对糖类化合物转化为 5-HMF 及其衍生物的规模化生产提供支撑。

近年来，出现以镧系氯化物作为催化剂转化葡萄糖、果糖、半乳糖和甘露糖脱水生成 5-HMF 的工艺技术，比较不同单糖生成 5-HMF 的产率，发现果糖生成 5-HMF 的产率明显高于葡萄糖、半乳糖和甘露糖生成 5-HMF 的产率，即酮糖高于醛糖的产率。

3. 双相法合成 5-HMF

双相法制备 5-HMF 是使用不溶性两相溶液或固液两相体系催化多糖或单糖类物质转化生成 5-HMF 的反应，两相反应的工艺技术具有更高的反应效率。两相体系中，水相通常为水或者水的盐溶液，有机相主要包括甲苯、正丁醇、甲基异丁基酮、环戊基甲醚、二氧杂环己烷、高级脂肪醇等。通常需要向水相中加入与水不互溶的有机相，如正丁醇作为萃取剂，这些有机相物质如正丁醇在 125℃以下不能与水互溶，在 125℃以上可以与水互溶。反应温度高于 125℃时，正丁醇与水互溶，并不断萃取水相中形成的 5-HMF，反应后冷却到 125℃以下，正丁醇与水相分层，5-HMF 主要存在于正丁醇相中。利用水相-正丁醇相双相法，以果糖为底物，硫酸为催化剂，在 170℃油浴中反应，产率可达到 68%。分析 5-HMF 的生成反应速率 $k_1$ 和分解反应速率 $k_2$ 后，发现随着温度的提高，$k_1$ 和 $k_2$ 都增加，但 $k_1$ 比 $k_2$ 增加得快，5-HMF 的产率提高，达到最高产率的时间也缩短了。

因此可以通过提高温度、减少反应时间来提高 5-HMF 的产率。

以磷酸和吡啶按适当比例混合作为催化剂，将葡萄糖置于双溶剂体系中，有机相为二氧杂环己烷，与水相按 1∶1 体积比混合，在 200～228℃反应 20min，5-HMF 的产率为 46%。研究发现，二氧杂环己烷与正丁醇具有相似的作用，并且二氧杂环己烷还可以有效减少缩醛的生成。葡萄糖在溶液中呈现非常稳定的环状结构，不易形成烯醇式结构和开链结构，所以以葡萄糖为底物的 5-HMF 产率低于以果糖为底物的 5-HMF 产率。

然而，双相体系中需要使用大量的有机溶剂，这些溶剂大部分易燃易爆，不利于安全生产，且容易造成环境污染。因此需要寻找更加安全环保、绿色的反应体系。

4. 离子液体体系

木质纤维素是自然界中含量最多的生物质资源，可分为纤维素、半纤维素和木质素三大类，其中纤维素含量最大，因此，以自然界含量最多的多糖类生物质——纤维素为原料制备 5-HMF，意义深远。然而，纤维素分子间存在庞大的氢键作用力，难溶于常规有机溶剂中，导致其降解和转化难度较大。

近年来，一类完全由有机阳离子和有机/无机阴离子构成、原则上可无限次循环使用、在室温或接近室温状态下呈液体状态的绿色有机溶剂——离子液体，对纤维素表现出良好的溶解能力，因而在生物质转化领域内受到广泛关注。通过改变离子液体的阴阳离子种类，可以得到针对不同多糖组成溶解度不同的离子液体。离子液体对纤维素表现出优越的溶解性能，主要是因为其阴离子可以和羟基形成氢键，同时，离子液体中离子键的存在导致的静电场可以有效地改变纤维素分子内的氢键，从而破坏其分子间庞大的氢键作用力。离子液体在糖类化合物转化制备 5-HMF 方面，表现出反应条件温和、产物稳定性高、副反应少、选择性高等一系列相对于传统有机溶剂不可比拟的优点。此外，离子液体还具有蒸气压低、难挥发、稳定性好、毒性低且可回收再利用的特征，在学术界和工业发展方面都有很好的发展前景。

5. 低共熔体系

低共熔溶剂是指由氢键供体(如尿素、酰胺或多元醇)和氢键受体(如季铵盐)组合而成的两组分或多组分的低共熔混合物，突出特点是其凝点低于各个纯物质的熔点，因而在生物质基碳水化合物制备 5-HMF 的反应中也得到了广泛的应用。Vigier 等[172]报道了以甜菜碱盐酸盐(BHC)作为一种可再生的 Brønsted 酸与 ChCl(氯化胆碱)和水构成的低共熔溶剂并用于制备 5-HMF，在这种三组分低共熔溶剂(ChCl/BHC/水)中，在 130℃下反应 2h，5-HMF 的产率可以达到 65%；当用 MIBK 作为萃取剂时，5-HMF 的产率高达 95%以上，而且该低共熔溶剂成功回收 7 次后，仍然具有一定的催化效果。

与有机溶剂和离子液体相比，低共熔溶剂有着以下明显的优点：①原料价廉易得且制备方便；②制备过程绿色且原子利用率为 100%；③毒性低且可降解。另外，当 5-HMF 被有机溶剂萃取后，旋转蒸发除去萃取和洗涤过程带进反应体系的水(低共熔溶剂溶于水)，即可实现对低共熔溶剂的回收；并且，从已经报道的大部分实验结果来看，回收的低共熔溶剂仍然能够保持良好的稳定性，将其重新用于下一个反应循环后，5-HMF 产率并没有明显的降低。除此之外，从催化化学和有机合成角度考虑，低共熔溶剂有着与咪唑类离子液体类似的溶解能力，采用不同的氢键供体和氢键受体可以配制出不同的低共熔溶剂。同时，由于低共熔溶剂自身存在着一定的酸碱性，甚至可以在不外加催化剂的条件下催化部分反应[173]。因此，在不远的未来，低共熔溶剂有望取代价格高昂的离子液体，成为一种更为绿色经济的反应溶剂。

### 4.3.3　催化转化糖类化合物合成 5-HMF 的反应机理

1. 葡萄糖水解制备 5-HMF 的反应机理

近年来，以葡萄糖为原料制备 5-HMF 受到研究人员的广泛关注，以葡萄糖为原料制备 5-HMF 可以降低反应物的成本，但葡萄糖具有稳定的吡喃型结构，烯醇化程度较低，因此，通过酸催化葡萄糖转化制备 5-HMF 的难度较大。以葡萄糖为原料制备 5-HMF 时，葡萄糖需要先异构化为果糖，果糖再脱水生成 5-HMF，其中异构化过程是该反应最为关键的一步，对于反应产率和产物选择性起着至关重要的作用。通常认为 Lewis 酸催化剂和碱性催化剂对于异构化过程有着较好的促进作用，在 Lewis 酸催化剂或碱性催化剂的作用下，葡萄糖异构化可能需要经历两种反应步骤，即 1,2-氢转移反应步骤或烯醇化反应步骤，如图 4-10 所示。

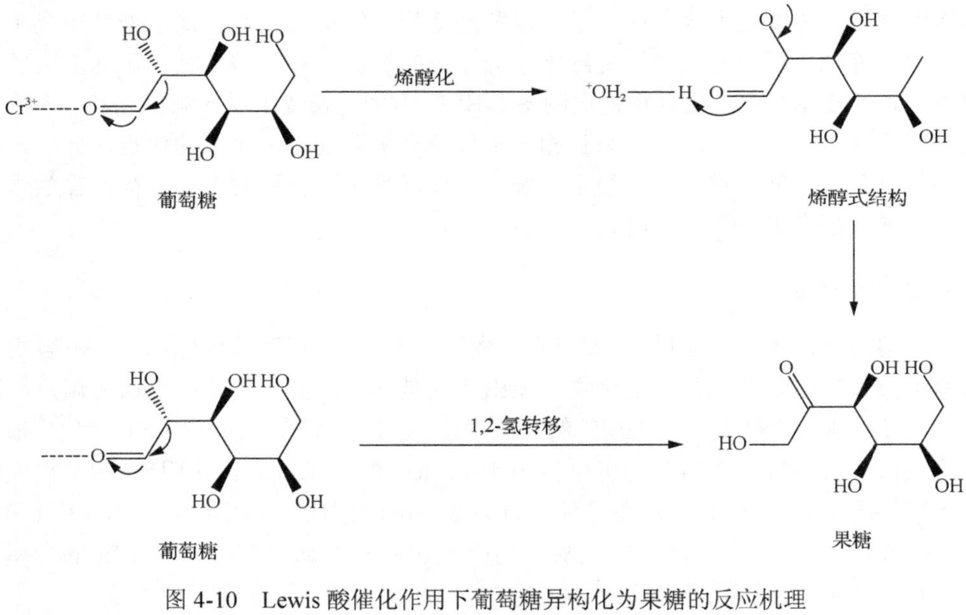

图 4-10　Lewis 酸催化作用下葡萄糖异构化为果糖的反应机理

2. 果糖水解制备 5-HMF 的反应机理

果糖是最早应用于制备 5-HMF 的原料，早期的研究主要是通过酸催化果糖脱水制备 5-HMF。采用果糖为原料制备 5-HMF 具有高的产率和选择性，主要是因为果糖是己酮糖，为五元环结构，在酸性催化剂的作用下，很容易转化为 5-HMF；同时，果糖作为反应底物能在平衡反应中形成 2-果糖乙酐，从而阻止活性基团的交叉聚合，减少副反应的发生。普遍认为果糖脱水制备 5-HMF 可能通过下面两种途径实现：①通过呋喃果糖的环状路线，在酸性催化剂作用下，果糖分子首先脱去一分子水后形成环状结构，然后逐步脱去两分子的水生成 5-HMF；②通过烯醇中间体的无环状结构，果糖分子未经过环状结构，而是在酸性催化剂作用下，直接在直链状态下逐步脱去三分子的水生成 5-HMF。但是，在酸性催化剂作用下果糖除发生脱水主反应外，还容易发生缩合、异构化等副反应，从而在很大程度上降低 5-HMF 的产率。因此，研发适合的催化反应体系是实现果糖高效转化制备 5-HMF 的关键。

3. 多糖水解制备 5-HMF 的反应机理

多糖水解制备 5-HMF 需要经历不同的反应步骤，首先，多糖水解为果糖或者葡萄糖单元，或者是二者的混合体，然后，葡萄糖单元异构化为果糖，果糖再脱水生成 5-HMF。由于多糖转化制备 5-HMF 的反应步骤较多，易发生副反应，所以反应过程的选择性和 5-HMF 的产率都有待进一步提高。以纤维素为例，纤维素是由 D-葡萄糖以 $\beta$ 糖苷键组成的结构稳定的超分子线型聚合物，分子间存在巨大的氢键作用力，难溶解于一般溶剂中，在进行降解反应之前需要对其进行溶解处理，所以，纤维素催化转化制备 5-HMF 需要经历以下步骤：①纤维素降解为纤维低聚体；②纤维低聚体水解为葡萄糖；③葡萄糖异构化为果糖；④果糖脱水生成 5-HMF。目前，以纤维素为原料催化转化制备 5-HMF 催化反应体系的设计主要存在三个亟待解决的问题：催化剂催化活性低，体系反应速率慢；异构化程度低，反应过程选择性差；产物稳定性差，发生副反应的概率大。因此，设计开发出性能卓越的催化反应体系，实现催化转化纤维素高效制备 5-HMF 成为该领域的研究热点。

### 4.3.4　5-HMF 合成的影响因素

除了催化剂和反应溶剂外，催化反应的其他参数如反应温度、反应时间、加热方式、催化剂用量、底物浓度、水分含量、助溶剂的使用和产物的萃取方法等都会影响 5-HMF 的产率。为了更好地利用这些因素，优化反应条件，提高 5-HMF 的产率，本节将对这些因素逐一进行讨论。

1. 反应温度

与水和有机溶剂相比，离子液体或低共熔混合物作为反应溶剂虽然能够显著降低 5-HMF 制备反应所需要的温度，但是反应温度仍然是影响生物质基碳水化合物转化率和 5-HMF 产率的一个很重要的因素。利用离子液体或低共熔混合物介导制备 5-HMF 所需的反应温度范围一般在室温到 140℃之间，目前大部分研究报道的反应温度都集中在 80～120℃。通常来讲，反应温度较低时，反应速率也相对较慢，从而导致较低的 5-HMF 产率；而随着反应温度的逐渐升高，5-HMF 的产率也随之上升。并且与较低的反应温度相比，在较高的温度范围下达到相同 5-HMF 产率所需的反应时间也会更短。但是当反应温度过高时，5-HMF 的产率就会下降，这是因为过高的反应温度也会促进 5-HMF 降解为其他副产物。

2. 反应时间

在一定反应条件下，5-HMF 的产率一般随着反应时间的延长而逐渐增加。然而，当 5-HMF 的产率达到最大值后，继续延长反应时间反而会导致 5-HMF 的产率逐渐降低。这主要是因为此时 5-HMF 降解的速率大于 5-HMF 形成的速率。在初步设定反应时间时，也可以将反应体系的颜色变化作为一个衡量副反应程度的指标。因为随着反应的不断进行，反应体系的颜色将由浅黄色逐渐变为褐色，而反应体系的颜色一旦变为黑色就说明 5-HMF 已经开始降解或聚合形成腐殖质等副产物了。

3. 加热方式

目前，催化制备 5-HMF 的反应主要使用传统的加热方式如油浴等。由于这种加热方式是靠物质传导性能加热，在加热时很容易导致局部温度过高并使整个反应体系受热不均匀，进而影响 5-HMF 的产率。微波加热方式是从反应体系内部加热，加热速率快且均匀，克服了传统加热方式的不足，现已逐渐被应用于 5-HMF 的制备反应中。例如，Li 等[174]研究了以葡萄糖为原料，采用微波方式加热(400W 反应 1min)，5-HMF 的产率高达 91%；而采用油浴方式加热，在 100℃下反应 1h，5-HMF 的产率却只有 17%。Qi 等[175]同样以葡萄糖为原料，在 120℃下反应 5min，采用微波方式加热，5-HMF 的产率为 67%；而采用油浴方式加热，5-HMF 的产率只有 45%。由此可见，与传统加热方式相比，采用微波方式加热不但能加快反应速率、缩短反应时间，而且可以提高 5-HMF 的产率。

4. 催化剂用量

催化剂的用量是一个与反应时间密切相关的参数。一般来说，达到相同的催化效果，较少的催化剂用量需要较长的反应时间，较多的催化剂用量则需要较短的反应时间。此外，在相同的反应时间内，5-HMF 的产率将会随着催化剂用量的增加而逐渐增加；但是催化剂使用一旦过量，5-HMF 的产率反而会逐渐降低。Tan 等[176]的研究结果表明，这可能是由于过量的催化剂不仅加快了 5-HMF 的形成，同时也促进了 5-HMF 的降解。因此，合适的催化剂用量是保证 5-HMF 高产率的一个重要指标。

5. 底物浓度

在 5-HMF 的实际生产过程中，较高的底物浓度不仅代表着较大的生产能力，还是降低生产成本的一个重要手段。众多研究表明，当底物浓度超过一定限度时，5-HMF 的产率会逐渐降低。这是因为过高的底物浓度会导致底物与底物之间以及底物与生成的 5-HMF 之间发生更多的聚合反应。从目前的技术水平来讲，这种聚合反应是不可避免的，所以要想从较高的底物浓度出发，获得较高的 5-HMF 产率还需要进一步的研究探索。

6. 水分含量

在生物质基碳水化合物转化为 5-HMF 的过程中，水起着相当重要的作用。在离子液体体系中，一方面，水可以使 5-HMF 发生水合反应，生成乙酰丙酸和甲酸等副产物，从而降低了 5-HMF 的产率；另一方面，水也可以作为反应物参与纤维素等多糖的水解。此外，虽然水可以降低离子液体的黏度，有利于传质；但是当水超过一定量时，也会造成纤维素的析出，不利于进一步的反应。水对于葡萄糖和果糖等单糖制备 5-HMF 来说有着非常不利的影响，应该尽量减少反应体系中的水分含量；而对于纤维素等多糖制备 5-HMF 来说，可以通过计算在反应体系中添加适量的水，使其参与纤维素的水解单体反应。总之，5-HMF 制备体系中水分含量应根据不同反应物而有所控制。

7. 助溶剂

Lansalot-Matras 等[177]研究了 Amberlyst-15 在[BMIM]$BF_4$ 中催化果糖降解，在 80℃下反应 24h，5-HMF 的产率只有 35%左右；而向反应体系中加入少量的助溶剂 DMSO，5-HMF 的产率可以达到 75%左右。类似地，Chidambaram 等[178]利用磷钼酸 12-MPA 在[EMIM]Cl 中催化葡萄糖降解，在 120℃下反应 3h，葡萄糖的转化率和 5-HMF 的选择性仅为 66%和 90%，而腐殖质的产率却高达 9%；当加入少量的助溶剂乙腈后，在相同的反应条件下，葡萄糖的转化率和 5-HMF 的选择性分别高达 99%和 98%，而腐殖质的产率几乎可以忽略不计。由此可见，在反应体系中加入适当且适量的助溶剂，不但能够提高碳水化合物的溶解度，而且能够抑制腐殖质等副产物的形成，进而提高 5-HMF 的产率。

8. 萃取方法

5-HMF 的规模化生产不仅取决于较高的 5-HMF 产率，还需要有高效的产物分离方法。在关于 5-HMF 分离的研究中，有机溶剂萃取法最常被采用。理想的萃取剂应该既不溶于反应溶剂，又对 5-HMF 有较强的溶解能力，同时沸点要比较低以便于回收利用。能够满足这些条件的有机萃取剂主要是乙酸乙酯、甲基异丁基酮、二乙醚、苯、四氢呋喃和丙酮等。萃取剂的使用主要有两种方法：一种是将水、离子液体或低共熔溶剂作为单相反应系统，反应完成后用萃取剂萃取 5-HMF；另一种是将水、离子液体或低共熔溶剂和萃取剂组成双相反应系统，在反应过程中萃取 5-HMF。与单相反应体系相比，双相反应体系中 5-HMF 的产率要高 15%左右，这可能是由于 5-HMF 在离子液体中形成后被及时地萃取到有机相中，避免了许多副反应的发生。

## 4.4　甲基四氢呋喃的制取技术

甲基四氢呋喃又称为 2-甲基四氢呋喃，因其优异的燃料特性被称为新一代生物质基燃料。甲基四氢呋喃可从乙酰丙酸或生物质转化乙酰丙酸的中间产物糠醛与 5-HMF 反应生成。甲基四氢呋喃的热值高于乙醇，能量密度也大于乙醇，且不溶于水，可以作为一种优质的燃料化合物与汽油添加剂结合在一起使用，具有良好的应用前景，其优点是可以与汽油、柴油以任意比例互溶，且具有优异的氧化和蒸气压特性。因为甲基四氢呋喃可以与汽油以任意比例混合，它又是疏水性的，所以可以在炼油厂的管道中与汽油混溶。乙醇也可以作为汽油添加剂，但由于乙醇为水溶性的，它只能在产品使用时才能与汽油混溶，因为如果乙醇过早与汽油相混合，有可能因其中含有少量水分而导致相分离，同时相比于甲基四氢呋喃，乙醇的热值也较低。甲基四氢呋喃可在生物炼制地点与汽油混合，并经管道运输，而乙醇只能在加油站终端加入汽油中，因为乙醇易于与水混溶，导致污染等问题。甲基四氢呋喃的热值和汽油相近，据报道，甲基四氢呋喃和汽油混合不会降低里程数。

目前常采用几种间接方法来生产甲基四氢呋喃，一种方法是以乙酰丙酸为原料，在160℃、酸性催化剂作用下脱水，先生成 1,4-二羟基-3-戊烯酸内酯，1,4-羟基-3-戊烯酸内酯经还原生成 $\gamma$-戊内酯，$\gamma$-戊内酯在经过加氢反应生成 1,4-戊二醇，最后由 1,4-戊二醇在加热和酸性催化剂作用下脱水生成甲基四氢呋喃；另一种方法是先将乙酰丙酸还原生成 4-羟基戊酸，4-羟基戊酸再脱水生成 $\gamma$-戊内酯，其后反应路径和上一方法相同。由乙酰丙酸生成甲基四氢呋喃已有较多的研究，不同的催化剂表现出不同的催化效果。如在液态条件下，由 Raney Ni 催化剂催化乙酰丙酸生成 $\gamma$-戊内酯，产率为 94%；在 Pd 催化剂催化下，乙酰丙酸发生还原反应生成 $\gamma$-戊内酯的产率为 87%；而用 Cu-Cr 催化剂，催化乙酰丙酸生成了 $\gamma$-戊内酯、1,4-戊二醇、甲基四氢呋喃的混合物，1,4-戊二醇很容易通过热分解/脱水反应生成甲基四氢呋喃，产率超过 79%。

甲基四氢呋喃除了由乙酰丙酸转化而来，还可由纤维素类生物质转化乙酰丙酸的中间产物糠醛和糠醇制备。早在 20 世纪，甲基四氢呋喃的制备主要是以糠醛为原料，通过不同的工艺流程和不同的催化剂催化转化。

一种方法是以糠醛为原料，先经催化加氢还原制备 2-甲基呋喃，然后，2-甲基呋喃再加氢还原得到目标产物甲基四氢呋喃。常用的催化剂有镍基催化剂、Raney Pd、Pt/C、Ni/ZnO 等，其中以 Raney Pd 为催化剂还原 2-甲基呋喃，适当温度下，2-甲基四氢呋喃的产率为 100%。另一种方法是糠醛先加氢制备糠醇，中间产物糠醇再经催化加氢生成目标产物 2-甲基四氢呋喃。此类反应一般受温度影响较大，温度过高或过低都会影响产物的产率。

### 4.4.1　甲基四氢呋喃的研究进展

2-甲基四氢呋喃是一种有机合成原料和溶剂，主要用作树脂、天然橡胶、乙基纤维素和氯乙酸-乙酸乙烯共聚物的溶剂；用它提取脂肪族酸类，比一般低聚沸点溶剂好，也可作为乙烯衍生物或丁二烯聚合过程的引发剂，还可以制备 1,3-戊二烯。此外，2-甲基四氢呋喃还是制药工业的原料，可用于抗痔药物磷酸伯氨奎等的合成。2-甲基四氢呋喃的制备有多种方法，可用不同的原料及不同的催化剂进行制备，下面分别从原料和催化剂方面进行了研究综述。

1. 以糠醛为原料制备2-甲基四氢呋喃

20世纪五六十年代，2-甲基四氢呋喃的制备主要是以糠醛为基本原料，通过不同的工艺流程合成。

一般流程是首先将糠醛催化加氢还原制得2-甲基呋喃，然后再将2-甲基呋喃加氢还原得2-甲基四氢呋喃。

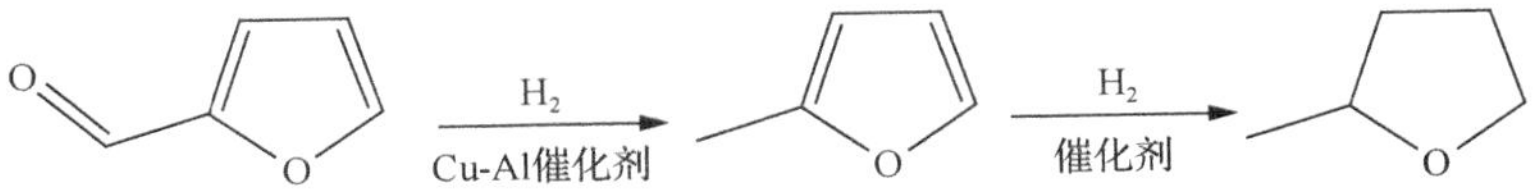

$H_2$，Cu-Al催化剂；$H_2$，催化剂

在由2-甲基呋喃催化加氢制备2-甲基四氢呋喃的反应中，可用的催化剂有多种。工业生产中通常用镍作催化剂，在150℃、15～20MPa压力下，将2-甲基呋喃还原为2-甲基四氢呋喃，沸程78～86℃时馏出量≥90%。

Shikin等[179]用Raney Pd(用NaOH处理的5%的Pd-Al合金，去掉其中40%～50%的Al)还原2-甲基呋喃，温度控制在150℃，可得100%的2-甲基四氢呋喃。若在275℃反应，则得到80%的2-甲基四氢呋喃。他们同时还用5% Pt-C及Ni-ZnO作催化剂，对该反应的反应机理进行研究。

另一种利用糠醛作原料制备2-甲基四氢呋喃的方法是将糠醛发生Cannizzaro反应[180]，生成糠醇，再将糠醇催化加氢生成2-甲基四氢呋喃。

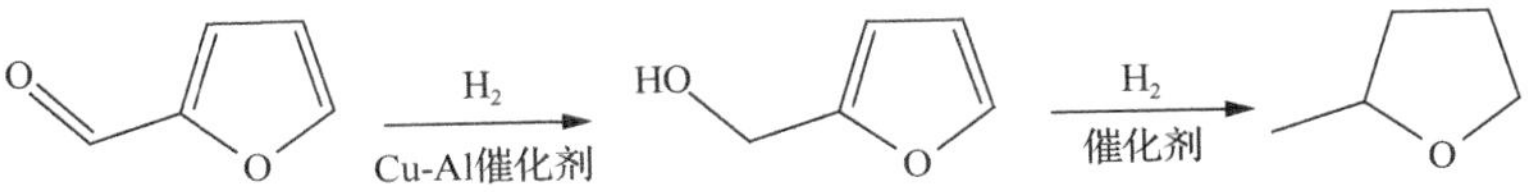

$H_2$，Cu-Al催化剂；HO；$H_2$，催化剂

由糠醇制备2-甲基四氢呋喃可用不同的方法。1958年，Proskuryakov[181]用Raney Ni将糠醇还原得到2-甲基四氢呋喃，并研究了温度和压力对该反应的影响。研究发现，在220℃、18.0MPa的催化条件下可得38.5%的产物；在160℃、18.0MPa的催化条件下可得到11.5%的产物。

Nurbeerdiev等[182]在过氧化物$(Me_3CO)_2$作用下使2-甲基四氢糠醇的甲酸酯发生自由基脱羧反应得到2-甲基四氢呋喃，同时有副产物2-戊酮的生成。

另外，还可利用糠醛衍生物制备2-甲基四氢呋喃。Baikova等[183]利用5-甲基糠醛得到2-甲基四氢呋喃。该方法是以Pd-$K_2CO_3$作催化剂，温度控制在200～300℃，5-甲基糠醛主要发生脱羧反应和氢化反应转化为2-甲基四氢呋喃。该反应受温度影响很大，温度过高或过低都会影响产物的纯度。

利用糠醛作为基本原料制备2-甲基四氢呋喃，工艺成熟，技术稳定，已经实现大规模工业化生产；不仅使2-甲基四氢呋喃的成本相对降低，同时还拓展了糠醛的利用途径，为农副产品的深加工开拓了广阔的前景。但是用糠醛作为原料所需反应条件苛刻，尤其是压力要求大，设备投资高。

2. 以二醇为原料制备 2-甲基四氢呋喃

2-甲基四氢呋喃作为一种环醚，可在催化剂的作用下通过二醇分子内脱水得到。

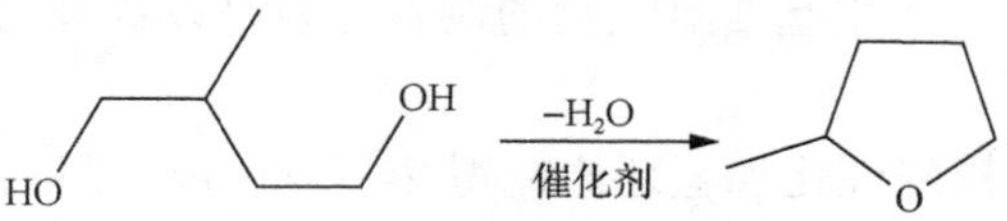

Reynolds 等[184]提出用胺作催化剂，使 2-甲基-1,4-丁二醇发生环化反应，但是产率很低。1975 年，人们又用 *N*-甲基-*N,N*-二叔丁基碳化二亚胺盐和磺化聚苯乙烯树脂作脱水反应的催化剂，同样产率很低。1981 年 George 报道了一种快速、有效的脱水反应，用 Nafion-H(一种固体超强酸全氟磺酸树脂催化剂)作催化剂，在 135℃下反应 5h，产率可高达 90%，并且副产物易于分离，催化剂容易再生，反应不需溶剂。Donald 等[185]用 $P(OC_2H_5)_5$ 作催化剂，用二氯甲烷作溶剂，反应时间 18h，产率为 69.2%，如图 4-11 所示。

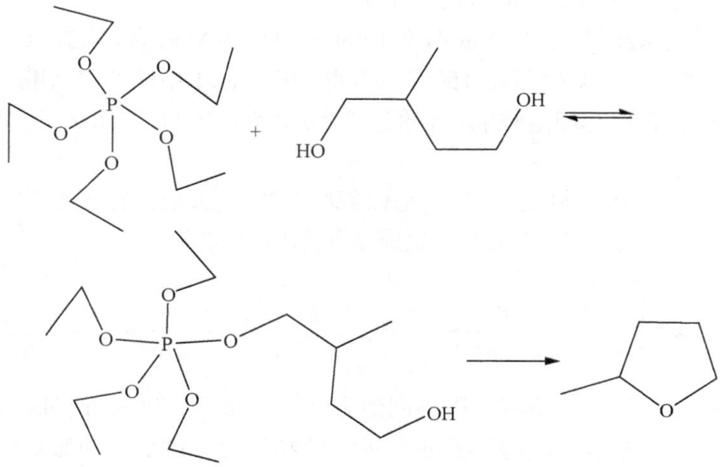

图 4-11　$P(OC_2H_5)_5$ 催化制备 2-甲基四氢呋喃

Kuramoto 等[186]使 2-甲基-1,4-丁二醇在脂肪族叔胺存在的情况下脱水制备 2-甲基四氢呋喃。2-甲基-1,4-丁二醇在 $Bu_3N$ 和盐酸的催化下，130℃搅拌 6h 得到 99%的产物。

Mihailovic 等[187]利用 2-甲基-1,4-丁二醇邻羟基参与形成了分子内环醚，该反应是使一些非环状烯醇在羟汞化-脱汞化反应中发生分子内 Markovikov 反应生成环醚。

用 2-甲基-1,4-丁二醇制备 2-甲基四氢呋喃，条件温和，设备要求相对较低，且产率高。但是原料难得，且会造成环境污染(如汞化合物)。如果 2-甲基-1,4-丁二醇作为某一产品的副产物或当地便宜易得，可考虑用来制备 2-甲基四氢呋喃。

3. 以内酯、酸酐或二酯为原料制备 2-甲基四氢呋喃

2-甲基四氢呋喃还可通过内酯、酸酐或二酯的还原反应来制备。

Saneo 等[188]在 $SiHCl_3$ 存在下，用 γ 射线照射内酯，得 2-甲基四氢呋喃，产率为 82.3%。

SiHCl₃ / UV或γ射线

Hansen 等[189]把催化剂改为二氧化钛/四丁基氟化铵/氧化铝混合物或二氟化钛，产物的产率提高到了 90%。但其需要两步反应，操作较为复杂，尚未得到大规模的应用。

4. 以其他物质为原料制备 2-甲基四氢呋喃

Deguil-Castaing 等[190]将 $MeCO(CH_2)_nCH_2Cl$ 与 $Bu_3SnH$ 在 14kPa 下反应得到环醚，但是产率与环的大小有关。当 $n$=2 时，所得 2-甲基四氢呋喃的产率为 98%。

Ismailova 等[191]将 $RCH_2CH_2OCHR'CH_2R$ (R=Br, Cl; R'=H, Me) 在极性溶剂中在锌粉、钾汞齐或锂汞齐的作用下发生分子内偶联反应得 2-甲基四氢呋喃。

Zn

Grisha 等[192]研究了在催化剂 $Pd_3Sb$ 和 $RhBi_4$ 或其混合物存在下，1-苯基-1(2)-辛烯的衍生物(1,2-、3,4-和 1,4-二乙酰氧基)在 100℃和 8MPa 压力下的位置变化和几何异构化，结果表明，异构化由热力学和动力学因素共同控制，可以提高生成 2-甲基四氢呋喃反应的选择性。

Delmond 等[193]发现把 4-卤素烷氧基三丁基锡化合物加热可以得到相应的 2-甲基四氢呋喃。Matsunage 等[194]还利用 $(bipy)Ni(R)_2$ 及 $I_2$ 等原料合成了 2-甲基四氢呋喃，但产率只有 14%。用这些比较特殊的原料来制备 2-甲基四氢呋喃，具有较高的理论研究价值。但基本上是作为工业废渣后处理的一种途径，要根据当地的实际情况确定合成所需原料。

### 4.4.2 不同催化剂对合成 2-甲基四氢呋喃及其中间产物的影响

负载型催化剂中研究得最多的是铜基催化剂。从环境的角度来看，铜基催化剂又可分为含铬的催化剂和不含铬的催化剂。糠醛加氢生产 2-甲基呋喃技术的关键是开发廉价、高效和环境友好的催化剂。目前，采用的催化剂主要是 Cu-Cr 催化剂(亚铬酸铜催化剂)、合金催化剂、复合金属氧化物催化剂、负载型催化剂及超细粉末催化剂。这些催化剂存在活性低、制备成本高、有一定毒性、稳定性差和寿命短等缺点。因此，开发原料单耗低、选择性好、转化率高、寿命长、稳定性好、成本低和无铬污染，适用于糠醛常压气相加氢制 2-甲基呋喃的新型高效催化剂是今后的发展趋势。

1. 铜铬催化剂

Adkins 等[195]最早发现了催化剂活性组分 $Cu_2Cr_2O$，并将其应用于催化加氢。Zhou 等[196]利用自制的催化剂对反应进行了改进，最佳条件下，原料的转化率达到 100%。杨静等[197]报道，采用 Cu-Cr/石墨或 Cu-Cr/$Al_2O_3$ 作催化剂，进行糠醛气相加氢制备 2-甲基呋喃，在温度200～300℃、空速0.25～0.5$h^{-1}$、反应压力0.3MPa条件下，2-甲基呋喃选择性大于90.0%，但副产物多，后处理分离困难。郑纯智等[198]采用沉淀法制备了亚铬酸铜催化剂并对其进行了分析表征，发现采用氨水为沉淀剂，沉淀反应温度100℃，溶液pH为6，Cr∶Cu质量比为0.62，Ba、Ca的含量分别为0.6%、2.7%时制得的催化剂性能最佳。他们还发现高温利于晶核的生长，可以得到适宜粒度的晶粒；低温时获得的晶粒较小，反应时易烧结。加入铬可以起隔离铜微晶的作用，防止铜微晶的烧结；适量的Ba可以增加催化剂的稳定性，并且可以提高2-甲基呋喃的选择性，但过量时则对主反应会有明显的抑制作用；适量的Ca可以阻止糠醛的酯化反应，使作为中间产物的糠醛可以顺利加氢生成2-甲基呋喃。对催化剂失活前后进行扫描电镜分析研究失活原因，结果发现，失活是活性组分铜的重结晶造成比表面积降低所致。吴世华等[199]利用普通浸渍法(CI)、共沉淀法和溶剂化金属原子浸渍法(SMAI)制备了一系列Cu-Cr/$\gamma$-$Al_2O_3$催化剂，并用X射线衍射、扫描电镜、透射电镜和X射线光电子能谱等技术对这些催化剂进行了表征。结果表明，不同方法制备的催化剂的金属粒度的顺序为：溶剂化金属原子浸渍法＜共沉淀法＜普通浸渍法；金属还原程度的顺序为：溶剂化金属原子浸渍法＞普通浸渍法≈共沉淀法。催化活性顺序为：溶剂化金属原子浸渍法＞普通浸渍法＞共沉淀法；生成2-甲基四氢呋喃的选择性顺序为：共沉淀法＞普通浸渍法＞溶剂化金属原子浸渍法。溶剂化金属原子浸渍法制备的催化剂金属晶粒小、分散度高、铜均为零价存在，所以活性高，但对2-甲基四氢呋喃的选择性低，共沉淀法、普通浸渍法两种方法制备催化剂还原不完全，部分铜以一价形式存在，所以活性低，糠醛深度加氢少，2-甲基四氢呋喃选择性略高。申延明等[200]将一定浓度的铜盐和铬盐等体积浸渍到$\gamma$-$Al_2O_3$上，经干燥，在600℃焙烧8h制成催化剂。催化剂还原条件：还原气体为$H_2$、流量30mL·$min^{-1}$，从120℃以5℃·$min^{-1}$的速率升至220℃，在220℃下恒温还原4h。在不锈钢固定床积分反应器中对Cu-Cr/$\gamma$-$Al_2O_3$催化剂进行了活性测试。催化剂装填量为30g，装在反应器的恒温段。活性测试时，糠醛经微量进料泵打入蒸发器(温度185℃)气化，并在蒸发器中与$H_2$混合后进入反应器，产物经冷凝器收集到接收瓶中，尾气放空。负载型催化剂Cu-Cr/$\gamma$-$Al_2O_3$催化糠醛加氢制2-甲基四氢呋喃时，当Cu/Cr摩尔比为2.4∶1，在反应温度185～190℃、常压、$H_2$/糠醛摩尔比为4.61∶1时，2-甲基四氢呋喃选择性为91.83%，糠醛转化率几乎达100%。催化剂中的零价铜是活性组分，Cu基本上以$CuCrO_4$形式存在，这样有助于活性组分的分散，有助于糠醛加氢生成2-甲基四氢呋喃。

2. 无铬铜系催化剂

林培滋等[201]研究出一种无铬$CuO$-$SiO_2$的一系列催化剂，该催化剂不含金属铬。在这种催化剂上可以实现常压、较低温度下糠醛加氢制备糠醇，催化剂表现出良好的催化反应性能，并且无毒、无污染。催化剂的活性组分是铜，其余主要是氧化硅。研究还发现这种催化剂稳定性好的原因之一可能是在催化剂中相当一部分CuO不是简单负载于$SiO_2$表面形成高分散CuO，而是与$SiO_2$发生化学反应生成更加稳定的化学状态，使得铜的还原不是容易而是更难了。在铜含量为15wt%，室温干燥、400℃下，焙烧4h制备的催化剂，对糠醛加氢制备糠醇表现出良好的活性。结果表明，在常压、100℃的反应温度、糠醛投料量为 0.53mL·h$^{-1}$ 和氢醛摩尔比为 13∶1 的条件下，连续运转 50h，糠醛转化率为 98.2%，糠醇的选择性达 100%。李长海等[202]将载体 $\gamma$-$Al_2O_3$ 进行改性处理，根据 $\gamma$-$Al_2O_3$ 的吸水量，将定量硝酸钙溶于蒸馏水，加入 $\gamma$-$Al_2O_3$，进行浸渍吸附，浸渍 12h，干燥，450℃焙烧 4h。改性后的 $\gamma$-$Al_2O_3$ 放入烘箱，110℃烘干 10h；取 40g 的 $Cu(NO_3)_2$，用 250mL 蒸馏水溶解完全，加入浓氨水调节 pH=9～10（形成铜氨溶解，无沉淀为止）；将烘干的 $Al_2O_3$ 称量 50g，加入上述溶液，升温至 80℃，用三口烧瓶浸渍 5h，滤出 $\gamma$-$Al_2O_3$，用 3% 氨水洗至中性，送加热炉，在 400℃焙烧 3h，制得成品催化剂。结果表明，催化剂中 Cu 质量分数为 0.28%，400℃焙烧 3h，230℃活化 6h 制得的催化剂活性较好。在最佳反应条件下，糠醛转化率达到 98.9%，选择性为 92.3%，产率为 91.3%。张定国等[203]用浸渍法制备了不同 Cu/Zn 比的 $\gamma$-$Al_2O_3$ 和改性 $\gamma$-$Al_2O_3$ 负载的 Cu-Zn 催化剂。研究发现，未改性载体催化剂的活性和选择性没有呈现出规律性的变化。而用 Co 改性的 $\gamma$-$Al_2O_3$ 负载的 Cu-Zn 催化剂具有较高的催化活性和选择性，糠醛转化率达 91.3%，其稳定性可达 6h。针对催化剂的催化活性与糠醇选择性的最佳温度为 140℃。其中催化剂中的 Cu 晶相是催化活性中心，该催化剂有一个很大的缺点就是在反应中容易失活，且失活后虽经过活化，但仍不能恢复其催化活性。这主要是由催化剂中 Cu 晶相转变为 CuO 及烧结造成的。天津大学陈霄榕等[204]研究了在 Mn 改性的 Cu-Zn-Al 催化剂上进行糠醛气相加氢制糠醇反应，催化剂用共沉淀法制备。在同样条件下，加入 Mn、Ca、Mg、Ba、Ni 等助剂，考察这些助剂对催化剂活性的影响，发现适量 Mn 的加入，可提高 Cu 和 Zn 的分散度，对 Cu-Zn-Al 催化剂性能的改变非常明显，在较温和的条件下，糠醛转化率由原来的 96%提升至 99.8%，糠醇选择性由 53.6%提高至 97.7%。结果表明，助剂 Mn 的加入可大大提高 Cu-Zn-Al 系催化剂的活性。加入 K，可进一步提高 Cu-Zn-Al 系催化剂上糠醇的选择性。工业侧线实验表明，Cu-Zn-Al 系糠醛气相加氢制备糠醇催化剂有较好的活性，可进行工业放大试验。吴静等[205]以廉价的工业酸性硅溶胶为原料，采用溶胶凝胶法制备的超细 CuO-CaO/$SiO_2$ 催化剂，活性组分高度分散于载体内，且活性组分与载体之间存在较强的相互作用。该催化剂在糠醛加氢反应中表现出很高的活性，而且选取适宜的活性组分负载量，可高选择性制取 2-甲基呋喃。吴静等[206]用溶胶凝胶法制备了活性组分负载量为 20%的 CuO-CaO/$SiO_2$ 超细负载型催化剂，并将其用于糠醛加氢制备 2-甲基呋喃反应中。该催化剂的制备是将铜、钙的硝酸盐溶于酸性硅溶胶中，在剧烈搅拌下加入絮凝剂 $Na_2CO_3$ 溶液使铜、钙均匀地沉积在硅凝胶的表面上，在母液中陈化 2h，再过滤洗涤至中性并挤成条形。然后 110℃烘干 2h，400℃焙烧 4h，粉碎成 20～40 目。催化剂对糠醛加氢反应性能的评价在微型常压固定床反应器中进行。反应前，催化剂在 250℃时用氮氢混合气还原 3h。絮凝剂的浓度对催化剂形貌及结构有重要的影响：絮凝剂浓度太大，在成胶过程中，容易造成溶液局部碱性较强，使粒子形成的速率快慢不一，从而使粒子的生长时间不同，造成粒子的大小不均匀。而浓度太小，粒子形成的速率较缓慢，成核时间较长。在成核过程中，必然出现已成核粒子的长大现象，从而得到较大粒度的粒子。根据实验结果可得，絮凝剂浓度为 1.0mol·L$^{-1}$ 是制备超细 CuO-CaO/$SiO_2$ 催化剂较适宜的条件。在中性溶液中，以 1.0mol·L$^{-1}$ 的 $Na_2CO_3$ 溶液凝结溶有活性组分硝酸盐的硅溶胶，不但可以制得粒度较均匀的超细硅凝胶载体，而且可使活性组分以纳米级溶盐的形式均匀分布于载体内，避免了后处理过程中活性组分的流失。本研究所制备的超细催化剂，要获得较高的 2-甲基呋喃选择性，反应温度以 220℃为宜。对于糠醛加氢反应，氢醛摩尔比对 2-甲基呋喃的选择性影响较大，随着氢醛摩尔比的增加，2-甲基呋喃的选择性先升高而后又降低。高氢醛摩尔比对糠醛加氢有利；而氢醛摩尔比过低，可能会造成反应不完全，使 2-甲基呋喃的选择性下降，适宜的 $n(H_2)$∶$n$(醛)=5～6。当空速较小时，反应物和催化剂的接触时间长，有利于深加氢的进行，因而 2-甲基呋喃的选择性较低，当空速逐渐增大时，反应物和催化剂的接触时间变短，2-甲基呋喃的选择性升高，但增大到一定值，继续增大空速将使接触时间过短，有利于糠醇的生成，因而 2-甲基呋喃的选择性又下降，糠醛的转化率也随之下降，适宜的空速为 200～300$h^{-1}$。所以要获得较高产率的 2-甲基四氢呋喃，需要控制反应温度 201～230℃，$n(H_2)$∶$n$(醛)=5～6，空速 200～300$h^{-1}$，此时糠醛的转化率可达 100%。

现在对负载型催化剂研究较多的是将糠醛催化加氢生产糠醇，糠醇再加氢脱水得到 2-甲基呋喃，2-甲基呋喃再加氢还原得 2-甲基四氢呋喃，这几个过程在固定床中联合反应。

3. 合金催化剂

高玉晶等[207]把骨架铜催化剂用于糠醛催化加氢制备 2-甲基呋喃，考察了合金中铜铝质量比、温度及碱液含量对 2-甲基呋喃选择性的影响。不同的铜铝配比合金催化剂对糠醛转化率几乎没有影响，而且转化率均很高，但对 2-甲基呋喃选择性影响较大，当铜含量在 40%～53%时，随着铜含量增加，对 2-甲基呋喃选择性明显增加，若继续增加铜含量，2-甲基呋喃选择性明显下降，所以最佳铜铝配比为 53∶47。温度为 80℃，碱液含量为 10%时，2-甲基呋喃的选择性可以达到 94.65%。

4. 非晶态合金催化剂

非晶态合金是一类介于晶态和无定形物质之间的特殊材料，于 20 世纪 60 年代问世，其组成成分之间以金属键相连并在几个晶格常数范围内保持短程有序而长程无序的结构，这种独特结构使其具有优良的催化性能[208]。与晶态催化剂相比，非晶态合金作为催化剂有很多优点：组成可在较大范围内调变，可以得到适用于不同反应的优化的电子结构和几何结构；具有化学均匀性，催化活性中心可以均一分布在组成和结构均匀的环境中；配位不饱和的活性为浓度高、表面能高。所以在非晶态催化剂上可望同时达到高活性和高选择性。近年来报道的非晶态合金催化剂主要有：金属+金属型，如 Ni-Zr、Cu-Zr、Pd-Zr 等；金属+类金属型，如 Fe-B、Ni-P、Ni-B 等。反应类型主要有加氢、脱氢、异构化、电极催化等。近年来，对 M-P、M-B（M=Ni、Co、Fe、Pd、Ru、Pt 等）等类型的非晶态合金催化剂对不饱和化合物的加氢性能的影响研究较多。非晶态合金的制备及其催化性能的研究近年有很大的进展，人们相继制备出许多不同组成的非晶态合金 Ni-P、Ni-B。非晶态合金主要用于烯烃、二烯烃、羰基加氢和葡萄糖加氢制山梨醇等。卢伟伟等[209]用乙酸镍（或和乙酸镧、硫酸铈、氯化铁的混合液）搅拌下在冰水浴中滴加硼氢化钾反应，在搅拌的同时控制滴加速率，得黑色沉淀后过滤洗涤得 Ni-B 及其掺杂的非晶态合金催化剂。对于催化糠醛加氢研究，发现铁掺杂的镍硼合金对 2-甲基呋喃的选择性可达

73.2%，活性为100%。研究认为铁的掺入大大加强了催化剂与反应物之间的吸附，有利于反应活化，从而使糠醛加氢转化为2-甲基呋喃。

5. 相转移催化剂

温辉梁等[210]在相转移催化条件下，用水合肼进行Wulff-Kischner反应将糠醛还原制备2-甲基呋喃。他们考察了不同溶剂、不同催化剂、不同水合肼用量对反应产率的影响，发现用正丁醇作溶剂，5mol%的PEG-400作催化剂，糠醛、肼、氢氧化钾的摩尔比为1∶2∶1.2时反应产率最高，为62%。此法用到大量溶剂、产率低、产物分离提纯复杂，没有市场应用价值，现在研究很少。

## 4.5　脂肪族类液体燃料

脂肪族类液体燃料是指通过生物质基糖类化合物的液相加工过程生产的$C_7$～$C_{15}$脂肪族汽油类化合物。生物质基脂肪族类液体燃料可替代石油基轻质烷烃燃料，并且饱和的含氧有机化合物和重质液体烷烃类化合物可以作为柴油燃料添加剂。

生物质基多糖酸水解产生单糖，单糖再经酸催化脱水产生含氧的呋喃类化合物，如糠醛和5-羟甲基糠醛，在此过程中伴随着重质液体脂肪烃的产生，这些化合物能通过丁间醇醛反应生成新的有机分子，同时丁间醇醛反应产物也可通过氢化反应产生更大分子的水溶性有机化合物。这些有机化合物在流体反应器中通过含有酸和金属结合位点的双功能催化剂的液相脱氢/加氢反应，进一步转化为液体脂肪族化合物($C_7$～$C_{15}$)。因此，生物质基碳水化合物脱水产生呋喃类化合物及丁间醇醛的缩合反应等多步催化反应在脂肪族类液体燃料的制备中起着关键作用。

生物质基碳水化合物的脱水反应有助于呋喃类化合物如糠醛和5-羟甲基糠醛的形成，它们是产生液体脂肪族化合物的必需中间产物。在水相、有机溶剂相或者双相系统中酸性催化剂(包括固体酸、无机酸)催化果糖和葡萄糖发生脱水反应生成糠醛和5-羟甲基糠醛。在水相中，果糖脱水生成5-羟甲基糠醛是非选择性的，在质子惰性液体如二甲基亚砜中的产率大于90%，但是，也要防止高沸点有机溶剂对5-羟甲基糠醛的热降解。研究表明，果糖(特别是和葡萄糖相比)脱水产生糠醛有较高的反应速率，选择性较高。在纯水中，葡萄糖脱氢反应是非选择性的，且产率很低，而在二甲基亚砜中，即使是浓度3%的葡萄糖，其转化糠醛的产率也可达到42%。同样地，其他含羰基的化合物如二羟甲基丙酮和甘油醛也能通过葡萄糖的丁间醇醛缩合反应生产，而丙酮则可以通过葡萄糖的发酵过程生产。

丁间醇醛缩合反应通常在固体碱催化剂(如金属碱、碱土金属化合物、磷酸盐、滑石和MCM-41)存在条件下，在有机相或气相中两个含羰基化合物之间形成新的C—C键。滑石类催化剂的水合形式是有机相中丁间醇醛缩合反应的有效和稳定催化剂。碱土金属催化剂如镁-氧化锆和镁-二氧化钛可用于气相条件下的丙酮缩合反应。由于固体碱催化剂组分很差的水热特性及在水相中的渗漏，不太适用于水相中丁间醇醛缩合反应。但均一性的反应体系如NaOH溶液中，可以发生生物质基碳水化合物的丁间醇醛缩合反应。有研究报道采用氨基化功能的介孔材料为催化剂可催化糠醛和丙酮间的交叉缩合反应。

丁间醇醛缩合反应是丁间醇醛加合物的氢化还原反应，其中，糠醛和5-羟甲基糠醛的呋喃环的选择性加氢还原反应可诱发含羰基化合物的自缩合反应形成重质脂肪烃类液体燃料。由于不饱和醛类物质的加氢还原反应的特异性，C═C键比C═O键更容易发生热态缩合反应。C═C键和C═O键的加氢活性还受到分子空间位阻的影响，反应动力学研究表明，小分子不饱和醛类化合物的C═C键比C═O键更容易发生加氢还原反应，但对于大分子的C═C键的加氢还原反应由于受大分子的立体结构的限制而较难发生。因此，糠醛加氢还原生成四羟基糠醇的反应更难一些。

基于生物质基碳水化合物的脱氢/加氢反应的丁间醇醛缩合反应转化为液体脂肪族类燃料的反应中，使用的原料可为纤维素、半纤维素、淀粉等水解得到的葡萄糖、果糖和木糖等单糖类物质。此类单糖类物质在酸催化脱水条件下可进一步降解为5-羟甲基糠醛和糠醛等含羰基的化合物。此外，葡萄糖和木糖也可通过气相重整反应生成$H_2$。同时，葡萄糖可通过反向丁间醇醛缩合反应生成磷酸二羟丙酮和甘油醛。同样，单糖也能经发酵作用生成丙酮，丙酮和糠醛或5-羟甲基糠醛经缩合反应形成$C_7$～$C_{15}$的大分子有机化合物。交叉反应的产物分子通过加氢还原反应能增加其在液相中的溶解性，进一步经过液相脱氢/加氢还原反应产生液体烷烃燃料。另一条生产优质汽油类燃料的途径是催化转化糠醛和5-羟甲基糠醛生产甲基四氢糠醛和5-羟甲基四氢呋喃。

具体的液相脱氢/加氢还原反应如下：①五环上C═O键的选择性加氢反应；②通过—C—OH基团的优先脱氢反应先生成醛类化合物，再进一步发生加氢还原反应；③通过形成一个醛基后，对—C—OH基团的选择性氧化完成完全的加氢还原反应，生成甲基四氢呋喃和5-羟甲基四氢呋喃，然后它们发生自缩合反应形成不同种类的化合物，进一步发生氢化反应形成水溶性有机物。总之，生物质转化为液体烷烃燃料化合物包括一系列的反应，如脱氢反应、还原反应/加氢反应及氧化反应，并通过丁间醇醛缩合反应改变分子大小，随后的丁间醇醛加合物经还原反应形成更大分子的水溶性物质。

生物质多糖碳水化合物制备液体脂肪族燃料的反应路径的最初步骤是生物质多糖类碳水化合物的水解反应，此反应是在无机酸催化下发生的典型的碳水化合物的键断裂的高温反应过程。生物质中的纤维素由于高的结晶度很难水解，而作为一种$C_5$糖前体的半纤维素在稀酸催化下较容易发生水解。这些糖类碳水化合物酸催化脱水生成呋喃类化合物，如糠醛和5-羟甲基糠醛，反应温度一般为100～200℃。丁间醇醛缩合反应通常指含有羰基的两类化合物的C—C缩合反应，反应是在极性溶剂如水或水-甲醇中进行，常用的催化剂为Mg-Al氧化物或Mg-Zr氧化物等碱性催化剂。具体的反应历程为：生成的丙酮先与5-羟甲基糠醛反应产生$C_9$化合物，然后再与另外一分子的5-羟甲基糠醛分子反应生成$C_{15}$化合物。丁间醇醛缩合反应产物的水溶性低，在液相体系中容易发生沉淀，接下来的加氢还原步骤能使丁间醇醛的C═C键或C═O键在加氢催化剂中发生还原反应生成较大的水溶性有机化合物。此水溶性有机化合物在含有酸和金属位点的双功能催化剂作用下，经过脱氢/加氢还原反应形成液相脂肪族化合物。同时，呋喃环中的C═C键选择性加氢还原生成5-羟甲基四氢呋喃，不仅保留羰基，也包含一个$\alpha$-H，经过自缩合

反应产生 $C_{12}$ 脂肪族化合物。

丁间醇醛的缩合反应是生物质基碳水化合物衍生的羰基化合物转化产生大分子有机化合物的关键步骤。生物质基糖类物质含有羰基，在水溶液、室温条件下可形成环结构，也可形成无环结构的脂肪族化合物。并且无环结构的糖类化合物反应活性低，有利于丁间醇醛缩合反应的发生，但是由于糖类化合物含有多个羟基，尤其是在碱性溶液体系中，容易形成各种副产物，如反应物葡萄糖、木糖和果糖脱水分别生成糠醛和5-羟甲基糠醛。糠醛和5-羟甲基糠醛不能发生自缩合反应，因为在它们的结构中不含有 $\alpha$-H 结构单元，$\alpha$-H 原子对于丁间醇醛缩合反应是至关重要的。一般糠醛和5-羟甲基糠醛中的C═C键能分别选择性加氢还原生成甲基四氢呋喃和5-羟甲基四氢呋喃，这些呋喃类化合物能形成负碳离子类化合物，发生自缩合反应。一般来说，含氧的羰基化合物具有潜在的自缩合反应，可形成较大分子的有机化合物分子。

生物质多糖类化合物脱水反应是在一个含有活性水/二甲基亚砜或水/液-甲基吡咯烷酮液相层的双相反应器中进行的，还有一个抽提反应层，如二氯甲烷或甲基异丁基酮。使用甲基异丁基酮作为抽提相的脱水反应实验是在带有磁力搅拌器的油浴反应器中进行的。果糖在酸性催化剂存在的条件下失去三个水分子，通过1,2-烯二醇开链反应形成5-羟甲基糠醛。同时，反应中间产物和5-羟甲基糠醛通过键断裂、缩合、水合、反转再脱水反应产生各种副产物。在一个双相反应系统中，果糖在酸催化剂的作用下发生脱水反应，产物5-羟甲基糠醛可通过有机相抽提系统分离出来，这样减少了5-羟甲基糠醛生成其他副产物的损失。果糖脱水反应可以在90℃条件下在二元反应系统的离子交换树脂中进行，反应的液相系统用非质子溶剂如二甲基亚砜，抽提系统用甲基异丁基酮。二甲基亚砜的浓度与果糖脱水产生5-羟甲基糠醛的选择性有关，当二甲基亚砜的浓度从0%增加到50%时，产物的选择性从47%增加到81%，脱水速率也有明显的增加。二甲基亚砜能抑制缩合反应副产物的形成，降低水的含量时，5-羟甲基糠醛能再脱水产生乙酰丙酸。

研究表明，二甲基亚砜浓度的增大有利于增加5-羟甲基糠醛合成过程中呋喃的转化率，而二甲基亚砜会抑制非环化反应，导致副产物的产生。进一步增加二甲基亚砜的浓度到70%，果糖脱水产生5-羟甲基糠醛的选择性只增加了3%；但高浓度的二甲基亚砜会在有机相中有较高的残留率，导致5-羟甲基糠醛分离时消耗的能量增加，实验表明，在120℃条件下，二甲基亚砜脱水生成5-羟甲基糠醛的选择性为77%。这个发现不仅降低了催化剂的成本，也能减少由于反应过程中非水溶性副产物形成引起的催化剂的失活问题。进一步实验表明，在没有甲基异丁基酮存在时，二氯甲烷溶液中二甲基亚砜残留量只有1.5%；而有甲基异丁基酮存在时，二甲基亚砜残留量为8.5%，因此，甲基异丁基酮的存在会增加后续二甲基亚砜的分离成本。

双相反应系统实验表明，在无机酸如盐酸催化的液相反应体系中，果糖制备5-羟甲基糠醛的产率可达到90%，选择性达到80%。在反应体系中加入二甲基亚砜及聚乙烯吡咯烷酮(PVP)作为极性非质子化合物可以抑制不必要的副产物的产生。反应速率在此条件下较高，尤其是在无机酸或高温条件下。5-羟甲基糠醛产物可通过甲基异丁基酮萃取，2-丁醇可促进5-羟甲基糠醛从反应体系中分离，从而形成一种高效的从果糖合成

5-羟甲基糠醛的方法。研究还发现，在聚乙烯侧链含有 *N*-甲基吡咯烷酮配体的亲水性聚合物 PVP 存在条件下，反应的选择性会降低，特别是在 *N*-甲基吡咯烷酮存在的条件下；但 PVP 能消除有机相的污染，特别是含有 *N*-甲基吡咯烷酮的萃取系统中。用二甲基亚砜或 *N*-甲基吡咯烷酮作为液相催化因子，以甲基异丁基酮作为有机萃取剂，在 90℃反应条件下菊粉和果糖的反应选择性相同，但糖苷化 C—O—C 键的水解反应会降低菊粉的转化率。蔗糖转化为 5-羟甲基糠醛有较好的选择性，但残留一部分葡萄糖未发生反应，表明多糖可在一个双相反应系统中产生 5-羟甲基糠醛，可消除水解过程的分步进行。

通过液相脱氢/加氢转化生物质基碳水化合物经糠醛或 5-羟甲基糠醛生成脂肪族液体燃料的关键步骤之一是丁间醇醛的缩合和加氢还原反应。其中，碱性催化剂催化缩合反应是从亲核试剂获得一个 $\alpha$-H 原子形成负碳离子，负碳离子进攻糠醛或 5-羟甲基糠醛的羰基碳离子，形成新的 C—C 键。反应的最初过程是通过沸石分子筛负载的 Mg-Al 复合材料催化作用下发生的丁间醇醛缩合反应。丙酮和 5-羟甲基糠醛间的缩合反应产生 $C_9$ 类化合物，然后进行脱水反应形成不饱和 $\alpha$-$\beta$ 的 $C_9$ 丁间醇醛单体。$C_9$ 丁间醇醛水合物单体随后和 5-羟甲基糠醛分子经缩合反应形成 $C_{15}$ 类化合物二聚体。由于非极性结构特性，$\alpha$-$\beta$ 的 $C_9$ 丁间醇醛水合物二聚体在水溶液中的溶解度很低，会从液相中沉淀出来。随着丁间醇醛缩合反应的进行，$H_2$ 和 Pd 催化剂一起加入反应体系中，在呋喃环上加氢，会增加这些化合物在液体中的溶解度。最终脂肪族产物的分子分布是由丁间醇醛产物的总体产率决定的，它还依赖于反应物的浓度、反应物的摩尔比、温度及碱性催化剂的特性。对液体体系中的催化剂的稳定性进行研究，发现混合 Mg-Al-氧化物催化剂经过催化丁间醇醛的两轮反应后，活性分别丧失了 79%和 96%，即使在 5-羟甲基糠醛和丙酮的丁间醇醛缩合反应循环再经钙化复活后，活性仍然明显降低。混合 Mg-Al-氧化物在水存在的条件下能发生结构或相应的活性变化，这可能是导致催化剂失活的根本原因。研究表明，CaO 对于丁间醇醛缩合反应的催化活性较高，但是催化剂也可能渗透到液相中去；对于液相中的丁间醇醛缩合反应，催化剂 MgO-$ZrO_2$、MgO-$TiO_2$ 具有良好的循环催化特性，这是因为 $ZrO_2$ 和 $TiO_2$ 是液相环境中的较好的催化剂。

糠醛与 5-羟甲基糠醛和二羟甲基丙酮、甘油醛或羟甲基丙酮反应会产生比 $C_5$ 或 $C_6$ 分子量更大的脂肪族化合物，但产率低于 30%；即使将糠醛和 5-羟甲基糠醛完全反应消耗掉，结果仍然如此。因此，尽管可通过交叉缩合反应产生更大分子量的脂肪族化合物，但是，这一反应过程的选择性仍需不断改进。同样地，糠醛氢化反应产生的呋喃的选择性小于 6%，特别是在水溶液中发生反应的情况下。然而，在 Cu/$SiO_2$ 催化剂催化下，糠醛可选择性加氢形成甲基四氢呋喃类化合物，并可进一步催化 $C_{10}$ 化合物转化产生液体脂肪族化合物，产率较为理想。

生物质基碳水化合物的脱水、丁间醇醛缩合/加氢及脱氢/加氢过程产生脂肪族类液体燃料的机理和过程控制仍有很多瓶颈有待攻克。果糖能够高效催化转化为 5-羟甲基糠醛，尤其是在双相反应系统中的高浓度情况下。葡萄糖转化为脂肪族类液体燃料的产率偏低，如果能把地球上储量最丰富的葡萄糖等碳水化合物大量转化为脂肪族液体燃料，将是非常有意义的。考虑到酸水解和脱氢的相同条件下，两步法能使两种反应结合到一个反应器中，这样能将多糖碳水化合物如半纤维素、淀粉及纤维素有效转化为脂肪族类液体燃料。每一种单糖都有不同的脱水条件，因此发展一种高效的整体反应系统以满足不同糖的反应需求是一个挑战。此外，树脂性催化剂在 90℃条件下将蔗糖中的一半成分即果糖能转化为 5-羟甲基糠醛，而剩下一半左右的葡萄糖未得到有效利用。疏水性聚合物 PVP 可改善 5-羟甲基糠醛合成的选择性，当将二甲基亚砜结合到聚合物骨架或沉淀在硅固体表面提供类似的溶剂环境时，可节省将二甲基亚砜与 5-羟甲基糠醛分离的耗能步骤。碳水化合物或类似碳水化合物如糠醛或 5-羟甲基糠醛都能转化形成各种含羧基的 $C_{10}$～$C_{17}$ 的单体或二聚体化合物。此外，2,5-呋喃二羧基甲醛和四羟基呋喃二羧基甲醛在环的任何一侧都含有羰基，因此潜在提供了一种用丙酮作为连接分子聚合形成较大分子的可能性。研究表明，产物的分子结构和可溶性对于将它们转化为液体脂肪族类燃料是非常重要的，另外一种方法是将不溶性单体或二聚体化合物从液相中分开，然后加氢还原合成 P 系列燃料的重要添加剂或在液态烷烃类化合物中加氢还原产生含氧类燃料添加剂，这在生物质的规模化、工业化、市场化应用中有非常重要的意义。

## 参 考 文 献

[1] 杨超鹏. 愈创木酚和香兰素合成工艺研究[D]. 南京: 南京理工大学, 2010.
[2] 罗富源, 吴联真. 天然愈创木酚的提取: 中国, CN1114956A[P]. 1996.
[3] 罗富源. 新法提取天然愈创木酚: 中国, CN1270949A[P]. 2000.
[4] 孙勇, 蒋叶涛, 林鹿, 等. 一种从木质素中同步制备愈创木酚和紫丁香醇的方法:中国, CN103739457A[P]. 2014.
[5] 李光明, 刘有智, 张巧玲,等. 愈创木酚制备方法研究与进展[J]. 化工中间体, 2010, (5): 20-25.
[6] 孔岩, 高海霞, 陈强, 等. 用于邻苯二酚制愈创木酚的催化剂及其制备方法: 中国, CN103706383 A[P]. 2014.
[7] Witthuhn R C, van der Merwe E, Venter P, et al. Guaiacol production from ferulic acid, vanillin and vanillic acid by alicyclobacillus acidoterrestris[J]. International Journal of Food Microbiology, 2012, 157(1):113-117.
[8] 王涛, 游玲, 郑通文. 一株生产愈创木酚的酵母: 中国, CN103255069[P]. 2013.
[9] 孔黄宽. 邻甲氧基苯胺重氮盐水解合成愈创木酚的新设备工艺方法: 中国, 02137265.9[P]. 2004.
[10] 张小希. 一种改进的制备愈创木酚的新工艺: 中国, CN1176959A[P]. 1998.
[11] 李光明, 刘有智, 张巧玲, 等. 重氮盐水解制备愈创木酚的试验工艺研究[J]. 化工中间体, 2010, (3): 57-61.
[12] 李斌, 刘仁杰. 以亚硝酸钙为原料制备愈创木酚的方法: 中国, CN1948252A[P]. 2007.
[13] 刘有智, 祁贵生, 李光明, 等. 一种由邻氨基苯甲醚的重氮盐连续水解制备愈创木酚的工艺及其装置: 中国, CN101774895A[P]. 2010.
[14] Marx K. Manufacture of guaiacol: USA, 1966635[P]. 1934.
[15] Marx K. Monoalkyl ether of aromatic polyhydoxy compounds: USA, 2024534[P]. 1935.
[16] Swidinsky J. 3-Cyanopyrrolidines: USA, 3318908[P]. 1967.
[17] Swidinsky J. Manufacture of guaiacol: USA, 3374276[P]. 1968.
[18] 陶立丹, 赵育明. 愈创木酚合成新工艺的研究[J]. 染料工业, 1997, 34(6): 35-38.
[19] 张苏明. 愈创木酚的合成方法: 中国, CN101219938B[P]. 2010.
[20] 杨宇, 李妞, 王爽. 愈创木酚的制备研究进展[J]. 工业催化, 2017, 25(4): 1-11.
[21] 姜庆梅, 曹善健, 杨在刚, 等. 一种愈创木酚的制备方法: 中国,CN103694090A[P]. 2014.
[22] 蒋挺大. 木质素[M]. 2 版. 北京: 化学工业出版社, 2009.
[23] Pearl I A. Synthesis of syringaldehyde[J]. Journal of the American Chemical Society, 1948, 70: 1746-1748.
[24] Caroll A R, Krauss A S, Taylor W C. Intramolecular oxidative coupling of aromatic compounds[J]. Australian Journal of Chemistry, 1993, 46: 277-292.

[25] Krouss R B, Crede E. The preparation of halogen derivatives of catechol, homo-catechol and pyrogallol methyl ethers and sulfonic acids[J]. Journal of the American Chemical Society, 1917, 39: 1431-1435.
[26] 吴安心, 王明义, 潘鑫复. 选择性去甲醚化反应——2,6-二甲氧基苯酚的新合成方法[J]. 化学通报, 1997, (8): 42-43.
[27] 唐培宇, 赵阳, 路英军. 利用 SFE-MD 技术分离提纯紫丁香精油及其成分分析[J]. 民营科技, 2013(8): 55.
[28] Choudhary H, Nishimura S, Ebitani K. Metal-free oxidative synthesis of succinic acid from biomass-derived furancompounds using a solid acid catalyst with hydrogen peroxide[J]. Applied Catalysis A: General, 2013, 458: 55-62.
[29] Guo H, Yin G. Catalytic aerobic oxidation of renewable furfural with phosphomolybdic acid catalyst: An alternative route to maleic acid[J]. The Journal of Physical Chemistry C, 2011, 115: 17516-17522.
[30] Gilkey M J. Panagiotopoulou P P, Mironenko A V, et al. Mechanistic insights into metal lewis acid-mediated catalytic transfer hydrogenation of furfural to 2-methylfuran[J]. ACS Catalysis, 2015, 5: 3988-3994.
[31] 陈军. 糠醛生产技术进展[J]. 贵州化工, 2005, (30): 6-8.
[32] 张璐鑫, 于宏兵. 糠醛生产工艺及制备方法研究进展[J]. 化工进展, 2013, 32(2): 425-432.
[33] Montané D, Salvadó J, Torras C, et al. High-temperature dilute-acid hydrolysis of olive stones for furfural production[J]. Biomass and Bioenergy, 2002, 22: 295-304.
[34] Zeitsch K J. The Chemistry and Technology of Furfural and Its Many By-Products[M]. Amsterdam: Elsevier Science, 2000.
[35] Nimlos M R, Qian X, Davis M, et al. Energetics of xylose decomposition as determined using quantum mechanics modeling[J]. The Journal of Physical Chemistry A, 2006, 110: 11824-11838.
[36] Antal M J, Leesomboon T, Mok W S, et al. Mechanism of formation of 2-furaldehyde from D-xylose[J]. Carbohydrate Research, 1991, 217: 71-85.
[37] 李晓征, 孙绍晖, 孙培勤, 等. 糠醛生产工艺的研究进展[J]. 化工时刊, 2013, 27(12): 29-33.
[38] Zhang J H, Zhuang J P, Lin L, et al. Conversion of D-xylose into furfural with mesoporous molecular sieve MCM-41 as catalyst and butanol as the extraction phase[J]. Biomass & Bioenergy, 2012, 39: 73-77.
[39] Weingarten R, Cho J, Jr W C C, et al. Kinetics of furfural production by dehydration of xylose in a biphasic reactor with microwave heating[J]. Green Chemistry, 2010, 12: 1423-1429.
[40] 陶芙蓉, 王丹君, 宋焕玲, 等. 单糖脱水制备呋喃类化合物的研究进展[J]. 分子催化, 2011, (25): 467-475.
[41] 章思规. 实用精细化学品手册(有机卷)[M]. 北京: 化学工业出版社, 1996.
[42] 殷艳飞, 房桂干, 施英乔, 等. 生物质转化制糠醛及其应用[J]. 生物质化学工程, 2011, 45(1): 53-56.
[43] 李淑君. 植物纤维水解技术[M]. 北京: 化学工业出版社, 2009.
[44] Vazquez M, Oliva M, Tellez-Luis S J, et al. Hydrolysis of sorghum straw using phosphoric acid: Evaluation of furfural production[J]. Bioresource Technology, 2007, 98: 3053-3060.
[45] Yemis O, Mazza G. Acid-catalyzed conversion of xylose, xylan and straw into furfural by microwave-assisted reaction[J]. Bioresource Technology, 2011, 102: 7371-7378.
[46] Cai C M, Zhang T, Kuma R, et al. THF co-solvent enhances hydrocarbon fuel precursor yields from lignocellulosic biomass[J]. Green Chemistry, 2013, 15: 3140-3145.
[47] Xing R, Qi W, Huber G W. Production of furfural and carboxylic acids from waste aqueous hemicellulose solutions from the pulp and paper and cellulosic ethanol industries[J]. Energy & Environmental Science, 2011, 4: 2193-2205.
[48] Mao L, Zhang L, Gao N, et al. Seawater-based furfural production via corncob hydrolysis catalyzed by $FeCl_3$ in acetic acid steam[J]. Green Chemistry, 2013, 15: 727-737.
[49] Yang W, Li P, Bo D, et al. The optimization of formic acid hydrolysis of xylose in furfural production[J]. Carbohydrate Research, 2012, 357: 53-61.
[50] Kim E S, Liu S, Abu-Omar M M, et al. Selective conversion of biomass hemicellulose to furfural using maleic acid with microwave heating[J]. Energy & Fuels, 2012, 26: 1298-1304.
[51] Zhang L, Yu H, Wang P, et al. Conversion of xylan, D-xylose and lignocellulosic biomass into furfural using $AlCl_3$ as catalyst in ionic liquid[J]. Bioresource Technology, 2013, 130: 110-116.

[52] Hines C C, Cordes D B, Griffin S T, et al. Flexible coordination environments of lanthanide complexes grown from chloride-based ionic liquids[J]. New Journal of Chemistry, 2008, 32: 872-877.

[53] Zhang L, Yu H, Wang P, et al. Production of furfural from xylose, xylan and corncob in gamma-valerolactone using $FeCl_3·6H_2O$ as catalyst[J]. Bioresource Technology, 2014, 151: 355-360.

[54] Binder J B, Blank J J, Cefali A V, et al. Synthesis of furfural from xylose and xylan[J]. ChemSusChem, 2010, 3: 1268-1272.

[55] Serrano-Ruiz J C, Campelo J M, Francavilla M, et al. Efficient microwave-assisted production of furfural from C5 sugars in aqueous media catalysed by Brönsted acidic ionic liquids[J]. Catalysis Science & Technology, 2012, 2: 1828-1832.

[56] Li H, Deng H, Ren J, et al. Catalytic hydrothermal pretreatment of corncob into xylose and furfural via solid acid catalyst[J]. Bioresource Technology, 2014, 158: 313-320.

[57] Zhang L, Yu H, Wang P. Solid acids as catalysts for the conversion of D-xylose, xylan and lignocellulosics into furfural in ionic liquid[J]. Bioresource Technology, 2013, 136: 515-521.

[58] Choudhary V, Pinar A B, Sandler S I, et al. Xylose isomerization to xylulose and its dehydration to furfural in aqueous media[J]. ACS Catalysis, 2011, 1: 1724-1728.

[59] Gürbüz E I, Gallo J M R, Alonso D M, et al. Conversion of hemicellulose into furfural using solid acid catalysts in γ-valerolactone[J]. Angewandte Chemie International Edition, 2013, 52: 1270-1274.

[60] Sahu R, Dhepe P L. An one-pot method for the selective conversion of hemicellulose from crop waste into C5 sugars and furfural by using solid acid catalysts[J]. ChemSusChem, 2012, (5): 751-761.

[61] Dhepe P L, Sahu R. A solid-acid-based process for the conversion of hemicellulose[J]. Green Chemistry, 2010, 12: 2153-2156.

[62] Li H, Ren J, Zhong L, et al. Production of furfural from xylose, water-insoluble hemicelluloses and water-soluble fraction of corncob via a tin-loaded montmorillonite solid acid catalyst[J]. Bioresource Technology, 2015, 176: 242-248.

[63] Xu Z. Li W, Du Z, et al. Conversion of corn stalk into furfural using a novel heterogeneous strong acid catalyst in γ-valerolactone[J]. Bioresource Technology, 2015, 198: 764-771.

[64] Bhaumik P, Dhepe P L. Influence of properties of SAPO's on the one-pot conversion of mono-, di-and poly-saccharides into 5-hydroxymethylfurfural[J]. RSC Advances, 2013, 3: 17156-17165.

[65] Bhaumik P, Dhepe P L. Effects of careful designing of SAPO-44 catalysts on the efficient synthesis of furfural[J]. Catalysis Today, 2015, 251: 66-72.

[66] Lok B M. Messina C A, Patton R L, et al. Silicoaluminophosphate molecular sieves: Another new class of microporous crystalline inorganic solids[J]. Journal of the American Chemical Society, 1984,106: 6092-6093.

[67] Bhaumik P, Dhepe P L. Efficient, stable, and reusable silicoaluminophosphate for the one-pot production of furfural from hemicellulose[J]. ACS Catalysis, 2013, 3: 2299-2303.

[68] Moreau C, Durand R, Peyron D, et al. Selective preparation of furfural from xylose over microporous solid acid catalysts[J]. Industrial Crops and Products, 1998, 7: 95-99.

[69] Moreau C, Belgacem M N, Gandini A. Recent catalytic advances in the chemistry of substituted furans from carbohydrates and in the ensuing polymers[J]. Topics in Catalysis, 2004, 27: 11-30.

[70] Dias A S, Pillinger M, Valente A A. Dehydration of xylose into furfural over micro-mesoporous sulfonic acid catalysts[J]. Journal of Catalysis, 2005, 229: 414-423.

[71] Dias A S, Pillinger M, Valente A A. Mesoporous silica-supported 12-tungstophosphoric acid catalysts for the liquid phase dehydration of D-xylose[J]. Microporous and Mesoporous Materials, 2006, 94: 214-225.

[72] Dias A S, Lima S, Brandão P, et al. Liquid-phase dehydration of D-xylose over microporous and mesoporous niobium silicates[J]. Catalysis Letters, 2006, 108: 179-186.

[73]Dias A S, Lima S, Carriazo D, et al. Exfoliated titanate, niobate and titanoniobate nanosheets as solid acid catalysts for the liquid-phase dehydration of D-xylose into furfural[J]. Journal of Catalysis, 2006, 244: 230-237.

[74] Lima S, Pillinger M, Valente A A. Dehydration of D-xylose into furfural catalysed by solid acids derived from the layered zeolite Nu-6 (1) [J]. Catalysis Communications, 2008, 9: 2144-2148.

[75] Gürbüz E I, Wettstein S G, Dumesic J A. Conversion of hemicellulose to furfural and levulinic acid using biphasic reactors with alkylphenol solvents[J]. ChemSusChem, 2012, 5: 383-387.
[76]Kwarteng I K. Kinetics of acid hydrolysis of hardwood in a continuous plug flow reactor[D]. Hanover: Dartmouth College, 1983.
[77] Dunnning J W, Lathrop E C. Saccharification of agricultural residues[J]. Industrial and Engineering Chemistry, 1945, 37: 24-29.
[78] Singh A, Das K, Sharma D K. Integrated process for production of xylose, furfural, and glucose from bagasse by two-step acid hydrolysis[J]. Industrial & Engineering Chemistry Product Research and Development, 1984, 23: 257-262.
[79] Sproull R D, Bienkowski P R, Tsao G T. Production of furfural from corn stover hemicellulose[J]. Biotechnology and Bioengineering Symposium, 1986, 15: 561-577.
[80] Sako T, Taguchi T, Sugeta T, et al. Kinetic study of furfural formation accompanying supercritical carbon dioxide extraction[J]. Journal of Chemical Engineering of Japan, 1992, 25: 372-377.
[81] Kim Y C, Lee H S. Selective synthesis of furfural from xylose with supercritical carbon dioxide and solid acid catalyst[J]. Journal of Industrial and Engineering Chemistry, 2001, 7: 424-429.
[82] 殷艳飞, 房桂干, 施英乔, 等. 两步法稀酸水解竹黄(慈竹)生产糠醛的研究[J]. 林产化学与工业, 2011, 1: 95-99.
[83] Riansa-Ngawong W, Prasertsan P. Optimization of furfural production from hemicellulose extracted from delignified palm pressed fiber using a two-stage process[J]. Carbohydrate Research, 2011, 346: 103-110.
[84] Huang W, Li H, Zhu B L, et al. Selective hydrogenation of furfural to furfuryl alcohol over catalysts prepared via sonochemistry[J]. Ultrasonics Sonochemistry, 2007, 14: 67-74.
[85] Nagaraja B M, Padmasri A H, Raju B D, et al. Production of hydrogen through the coupling of dehydrogenation and hydrogenation for the synthesis of cyclohexanone and furfuryl alcohol over different promoters supported on Cu-MgO catalysts[J]. International Journal of Hydrogen Energy, 2011, 36: 3417-3425.
[86] 孟祥巍, 王红, 刘丹, 等. Au/SBA-15 催化糠醛选择性加氢制糠醇[J]. 石油化工高等学校学报, 2011, 6: 59-62.
[87] Yuan Q Q, Zhang D M, Van Haandel L, et al. Selective liquid phase hydrogenation of furfural to furfuryl alcohol by Ru/Zr-MOFs[J]. Journal of Molecular Catalysis A: Chemical, 2015, 406: 58-64.
[88] Panagiotopoulou P, Vlachos D G. Liquid phase catalytic transfer hydrogenation of furfural over a Ru/C catalyst[J]. Applied Catalysis A: General, 2014, 480: 17-24.
[89] Panagiotopoulou P, Martin N, Vlachos D G. Effect of hydrogen donor on liquid phase catalytic transfer hydrogenation of furfural over a Ru/$RuO_2$/C catalyst[J]. Journal of Molecular Catalysis A: Chemical, 2014, 392: 223-228.
[90] Taylor M J, Durndell L J, Isaacs M A, et al. Highly selective hydrogenation of furfural over supported Pt nanoparticles under mild conditions[J]. Applied Catalysis B: Environmental, 2016, 180: 580-585.
[91] Merlo A B, Vetere V, Ruggera J F, et al. Bimetallic Pt/Sn catalyst for the selective hydrogenation of furfural to furfuryl alcohol in liquid-phase[J]. Catalysis Communications, 2009, 10: 1665-1669.
[92] Chen X, Zhang L, Zhang B, et al. Highly selective hydrogenation of furfural to furfuryl alcohol over Pt nanoparticles supported on g-$C_3N_4$ nanosheets catalysts in water[J]. Scientific Reports, 2016, 6: 580-585.
[93] O'Driscoll Á, Leahy J, Curtin T. The influence of metal selection on catalyst activity for the liquid phase hydrogenation of furfural to furfuryl alcohol[J]. Catalysis Today, 2016, 279: 194-201.
[94] Halilu A, Ali T H, Atta A Y, et al. Highly selective hydrogenation of biomass-derived furfural into furfuryl alcohol using a novel magnetic nanoparticles catalyst[J]. Energy & Fuels, 2016, 30: 2216-2226.
[95] Li J, Liu J, Zhou H, et al. Catalytic transfer hydrogenation of furfural to furfuryl alcohol over nitrogen-doped carbon-supported iron catalysts[J]. ChemSusChem, 2016, 9: 1339-1347.
[96] 李国安, 王承学, 赵凤玉, 等. 糠醛液相加氢制糠醇新型催化剂的研究[J]. 精细石油化工, 1995, (1): 12-16.
[97] 赵修波, 蒋新, 周红军. 糠醛液相加氢催化剂的研制及工业应用[J]. 工业催化, 2005, (13): 47-50.
[98] 周红军, 赵修波, 蒋新. 糠醛液相加氢生产糠醇催化剂的失活研究[J]. 工业催化, 2004, 12(10): 18-21.

[99] Yan K, Chen A. Efficient hydrogenation of biomass-derived furfural and levulinic acid on the facilely synthesized noble-metal-free Cu-Cr catalyst[J]. Energy, 2013, 58: 357-363.

[100] Villaverde M, Bertero N, Garetto T, et al. Selective liquid-phase hydrogenation of furfural to furfuryl alcohol over Cu-based catalysts[J]. Catalysis Today, 2013, 213: 87-92.

[101] 赵会吉，李孟杰，丁宁，等. Raney 铜催化糠醛加氢制备糠醇的研究[J]. 石油化工, 2014, 43 (10): 1179-1184.

[102] Xu C, Zheng L, Liu J, et al. Furfural hydrogenation on nickel-promoted Cu-containing catalysts prepared from Hydrotalcite-like precursors[J]. Chinese Journal of Chemistry, 2011, 29: 691-697.

[103] Sharma R V, Das U, Sammynaiken R, et al. Liquid phase chemo-selective catalytic hydrogenation of furfural to furfuryl alcohol[J]. Applied Catalysis A: General, 2013, 454: 127-136.

[104] Fulajtárova K, Soták T, Hronec M, et al. Aqueous phase hydrogenation of furfural to furfuryl alcohol over Pd-Cu catalysts[J]. Applied Catalysis A: General, 2015, 502: 78-85.

[105] Huang S, Yang N, Wang S, et al. Tuning the synthesis of platinum-copper nanoparticles with a hollow core and porous shell for the selective hydrogenation of furfural to furfuryl alcohol[J]. Nanoscale, 2016, 8: 14104-14108.

[106] 陈兴凡，刘俊，杨晓春，等. Co-Cu-B 催化剂用于糠醛液相加氢制糠醇[J]. 上海师范大学学报（自然科学版），2007, (36): 88-92.

[107] 廉金超，刘丹，杨玉莲，等. 纳米 $Cu(OH)_2/SiO_2$ 催化剂的制备条件对糠醛加氢反应的影响[J]. 石油炼制与化工，2010, (41): 41-44.

[108] Villaverde M M, Garetto T F, Marchi A J. Liquid-phase transfer hydrogenation of furfural to furfuryl alcohol on Cu-Mg-Al catalysts[J]. Catalysis Communications, 2015, 58: 6-10.

[109] Lesiak M, Binczarski M, Karski S, et al. Hydrogenation of furfural over Pd-Cu/$A_{12}O_3$ catalysts. The role of interaction between palladium and copper on determining catalytic properties[J]. Journal of Molecular Catalysis A: Chemical, 2014, 395: 337-348.

[110] Srivastava S, Solanki N, Mohanty P, et al. Optimization and kinetic studies on hydrogenation of furfural to furfuryl alcohol over SBA-15 supported bimetallic copper-cobalt catalyst[J]. Catalysis Letters, 2015, 145: 816-823.

[111] Khromova S A, Bykova M V, Bulavchenko O A, et al. Furfural hydrogenation to furfuryl alcohol over bimetallic Ni-Cu sol-gel catalyst: A model reaction for conversion of oxygenates in pyrolysis liquids[J]. Topics in Catalysis, 2016, 59: 1413-1423.

[112] 彭革，赵凤玉，李国安. 糠醛液相加氢制糠醇骨架钴催化剂的研究[J]. 石油化工, 1997, (6): 353-357.

[113] 柴伟梅，骆红山，李和兴. 不同溶剂体系制备的 Co-B 催化剂应用于糠醛选择性加氢制备糠醇[J]. 上海师范大学学报（自然科学版）, 2005, (34): 87-90.

[114] Lange J P, Van d H E, Van B J, et al. Furfural—A promising platform for lignocellulosic biofuels[J]. ChemSusChem, 2012, 5: 150-166.

[115] Yan K, Cheng A C. Highly selective production of value-added $\gamma$-valerolactone from biomass-derived levulinic acid using the robust Pd nanoparticles[J]. Applied Catalysis A: General, 2013, 468: 52-58.

[116] Sitthisa S, Sooknoi T, Ma Y G, et al. Conversion of furfural and 2-methylpentanal on Pd/$SiO_2$ and Pd-Cu/$SiO_2$ catalysts[J]. Journal of Catalysis, 2011, 277: 1-13.

[117] Dutta S. Catalytic materials that improve selectivity of biomass conversions[J]. RSC Advances, 2012, 2: 12575-12593.

[118] Perez R F, Fraga M A. Hemicellulose-derived chemicals: One-step production of furfuryl alcohol from xylose[J]. Green Chemistry, 2014, 16: 3942-3950.

[119] Nakagawa Y, Tamura M, Tomishige K. Catalytic reduction of biomass-derived furanic compounds with hydrogen[J]. ACS Catalysis, 2013, 3: 2655-2668.

[120] Medlin J W. Understanding and controlling reactivity of unsaturated oxygenates and polyols on metal catalysts[J]. ACS Catalysis, 2011, 1: 1284-1297.

[121] Kotbagi T V, Gurav H R, Nagpure A S, et al. Highly efficient nitrogen-doped hierarchically porous carbon supported Ni nanoparticles for the selective hydrogenation of furfural to furfuryl alcohol[J]. RSC Advances, 2016, 6: 67662-67668.
[122] 孙雅玲, 杜长海, 邹丹, 等. 非晶态 CoNiB 合金催化糠醛液相加氢制糠醇[J]. 化学工程师, 2010, (172): 10-12.
[123] 刘百军, 吕连海, 蔡天锡. 糠醛在杂多酸盐修饰骨架镍上的选择加氢[J]. 催化学报, 1997, (18): 177-178.
[124] 骆红山, 庄莉, 李和兴. 超细 Ni-B 非晶态合金催化糠醛液相加氢制备糠醇[J]. 分子催化, 2002, (16): 49-54.
[125] 雷经新. 负载型非晶态 Ni-B 及 Ni-B-Mo 合金催化剂催化糠醛液相加氢制糠醇的研究[D]. 南昌: 南昌大学, 2006.
[126] 魏书芹, 崔洪友, 王景华, 等. NiMoB/$\gamma$-$Al_2O_3$ 催化剂制备及糠醛加氢活性评价[J]. 化学反应工程与工艺, 2010, (26): 30-36.
[127] 曹晓霞, 项益智, 卢春山, 等. 甲醇水相重整制氢原位还原糠醛制备糠醇[J]. 稀有金属材料与工程, 2010, (39): 516-520.
[128] Rudiansono R, Takayoshi H, Nobuyuki I, et al. Development of nanoporous Ni-Sn alloy and application for chemoselective hydrogenation of furfural to furfuryl alcohol[J]. Bulletin of Chemical Reaction Engineering &Catalysis, 2014, (9): 53-59.
[129] 殷恒波, 张振祥. 糠醛气相加氢制糠醇催化剂的研究[J]. 沈阳化工学院学报, 1992, (6): 221-228.
[130] 张定国, 张守民, 张淑红, 等. Cu-Zn/$\gamma$-$Al_2O_3$ 催化剂的制备及其在选择加氢反应中的催化性能[J]. 催化学报, 2003, (24): 350-354.
[131] 方键, 屈学俭, 李长海. 糠醛气相加氢制糠醇新型配合物催化剂[J]. 长春工业大学学报(自然科学版), 2006, (27): 192-195.
[132] 李瑞峰. Cu 系无 Cr 催化剂催化糠醛加氢制糠醇的研究[D]. 大庆: 大庆石油学院, 2008.
[133] 李锋, 宋华, 李瑞峰, 等. $Al_2O_3$-$ZrO_2$ 复合氧化物对 Cu 基催化剂选择加氢性能的影响[J]. 化工进展, 2010, (29): 1898-1902.
[134] Li M, Hao Y, Cárdenas-Lizana F, et al. Selective production of furfuryl alcohol via gas phase hydrogenation of furfural over Au/$Al_2O_3$[J]. Catalysis Communications, 2015, 69: 119-122.
[135] 周亚明, 沈伟. 糠醛常压气相催化加氢制糠醇[J].石油化工, 1997, (26): 4-7.
[136] 张定国, 刘芬, 李发亮, 等. 糠醛加氢制糠醇中 $\gamma$-$Al_2O_3$ 负载 Cu-Zn 催化剂的改性研究[J]. 工业催化, 2007, 15(5): 52-55.
[137] Jiménez-Gómez C P, Cecilia J A, Durán-Martín D, et al. Gas-phase hydrogenation of furfural to furfuryl alcohol over Cu/ZnO catalysts[J]. Journal of Catalysis, 2016, 336: 107-115.
[138] 王爱菊, 陈霄榕, 雷翠月, 等. 糠醛气相加氢制糠醇催化剂的研制[J]. 工业催化, 2000, (8): 25-28.
[139] 陈霄榕, 王爱菊, 卢学英, 等. Cu-Zn-Al 催化剂上糠醛气相加氢制糠醇的研究[J]. 化工进展, 2001, (6): 40-49.
[140] 林培滋, 黄世煜. 新型糠醛加氢制糠醇催化剂研究[J]. 燃料化学学报, 1996, (24): 364-367.
[141] Sitthisa S, Sooknoi T, Ma Y, et al. Kinetics and mechanism of hydrogenation of furfural on Cu/$SiO_2$ catalysts[J]. Journal of Catalysis, 2011, 277: 1-13.
[142] Sitthisa S, Resasco D E. Hydrodeoxygenation of furfural over supported metal catalysts: A comparative study of Cu, Pd and Ni[J]. Catalysis Letters, 2011, 141: 784-791.
[143] Robertson S, McNicol B, De Baas J, et al. Determination of reducibility and identification of alloying in copper-nickel-on-silica catalysts by temperature-programmed reduction[J]. Journal of Catalysis, 1975, 37: 424-431.
[144] 黄子政, 邱丽娟. 糠醛液相加氢制糠醇无毒催化剂的研制[J]. 石油化工, 1992,(21): 35-38.
[145] 张蕊. 糠醛气相加氢制糠醇催化剂的研究[D]. 太原: 中北大学, 2014.
[146] 宋华, 宋腱森, 李锋. Cu/$TiO_2$-$SiO_2$ 催化剂的制备及糠醛选择加氢活性研究[J]. 化学工业与工程技术, 2012, (33): 55-58.
[147] Li F, Cao B, Ma R, et al. Performance of Cu/$TiO_2$-$SiO_2$ catalysts in hydrogenation of furfural to furfuryl alcohol[J]. The Canadian Journal of Chemical Engineering, 2016, 94: 1368-1374.
[148] 张丽荣, 张明慧, 李伟, 等. 糠醛气相加氢制糠醇新型催化剂[J]. 石油化工, 2003, (32): 329-332.
[149] Nagaraja B, Padmasri A H, Seetharamulu P, et al. A highly active Cu-MgO-$Cr_2O_3$ catalyst for simultaneous synthesis of furfuryl alcohol and cyclohexanone by a novel coupling route-combination of furfural hydrogenation and cyclohexanol dehydrogenation[J]. Journal of Molecular Catalysis A: Chemical, 2007, 278: 29-37.

[150] Nagaraja B, Padmasri A, Raju B D, et al. Vapor phase selective hydrogenation of furfural to furfuryl alcohol over Cu-MgO coprecipitated catalysts[J]. Journal of Molecular Catalysis A: Chemical, 2007, 265: 90-97.

[151] Nagaraja B, Kumar V S, Shasikala V, et al. A highly efficient Cu/MgO catalyst for vapour phase hydrogenation of furfural to furfuryl alcohol[J]. Catalysis communications, 2003, 4: 287-293.

[152] Estrup A. Selective hydrogenation of furfural to furfuyl alcohol over copper magnesium oxide[D]. Maine: University of Maine, 2015.

[153] Vargas-Hernandez D, Rubio-Caballero J M, Santamaria-Gonzalez J, et al. Furfuryl alcohol from furfural hydrogenation over copper supported on SBA-15 silica catalysts[J]. Journal of Molecular Catalysis A: Chemical, 2014, 383: 106-113.

[154] 乐治平, 黄艳秋, 代丽丽. 海泡石负载Cu催化糠醛气相加氢制糠醇反应[J]. 分子催化, 2005, (19): 69-71.

[155] Lai L K, Zhang Y G. The production of 5-hydroxymethyl furfural from fructose in isopropyl alcohol: A green and efficient system[J]. ChemSusChem, 2011, 4(12): 1745-1748.

[156] Bicker M, Hirth J, Vogel H. Dehydration of fructose to 5-hydroxymethylfurfural in sub- and supercritical acetone[J]. Green Chemistry, 2003, 5(2): 280-284.

[157] Antal M J, Mok W S, Richards G N. Mechanism of formation of 5-(hydroxymethyl)-2-furaldehyde from d-fructose and sucrose[J]. Carbohydrate Research, 1990, 199(1): 91-109.

[158] Huang R, Qi W, Su R, et al. Integrating enzymatic and acid catalysis to convert glucose into 5-hydroxymethylfurfural[J]. Chemical Communications (Cambridge), 2010, 46(7): 1115-1117.

[159] Moreau C, Finiels A, Vanoye L. Dehydration of fructose and sucrose into 5-hydroxymethylfurfural in the presence of 1-H-3-methyl imidazolium chloride action both as solvent and catalyst[J]. Journal of Molecular Catalyst A: Chemical, 2006, 253(1-2): 165-169.

[160] 董坤, 张泽会. 离子液体中木质素磺酸催化果糖制备5-羟甲基糠醛[J]. 有色金属科学与工程, 2011, 2(2): 38-42.

[161] Qu Y, Huang C, Zhang J, et al. Efficient dehydration of fructose to 5-hydroxymethylfurfural catalyzed by a recyclable sulfonated organic heteropolyacid salt[J]. Bioresource Technology, 2012, 160: 170-172.

[162] Tao F, Song H, Chou L. Efficient process for the conversion of xylose to furfural with acidic ionic liquid[J]. Canadian Jouranl of Chemistry, 2011, 89: 83-87.

[163] Zhao H B, Holladay J E, Brown H, et al. Metal chlorides in ionic liquid solvents convert sugars to 5-hydroxymethylfurfural[J]. Science, 2007, 316(5831): 1597-1600.

[164] Hu S Q, Zhang Z F, Song J L, et al. Efficient conversion of glucose into 5-hydroxymethylfurfural catalyzed by a common Lewis acid $SnCl_4$ in an ionic liquid[J]. Green Chemistry, 2009, 11(11): 1746-1749.

[165] 刘欣颖, 邱俊杰, 周宇涵, 等. 杂多酸及其盐催化D-果糖选择性合成5-羟甲基糠醛[J]. 精细化工, 2012, 29(2): 130-134.

[166] Chidambaram M, Bell A T. A two-step approach for the catalytic conversion of glucose to 2,5-dimethylfuran in ionic liquids[J]. Green Chemistry, 2010, 12(7): 1253-1262.

[167] 林鹿, 陈天明. 阳离子交换树脂和 $Al_2O_3$ 催化葡萄糖制取 5-羟甲基糠醛[J]. 华南理工大学学报(自然科学版), 2010, 38(11): 69-73.

[168] Hu L, Tang X, Wu Z, et al. Magnetic lignin-derived carbonaceous catalyst for the dehydration of fructose into 5-hydroxymethylfurfural in dimethylsulfoxide[J]. Chemical Engineering Journal, 2015, 263: 299-308.

[169] Zhang Y L, Shen Y T, Chen Y, et al. Hierarchically carbonaceous catalyst with Brønsted-Lewis acid sites prepared through Pickering HIPEs templating for biomass energy conversion[J]. Chemical Engineering Journal, 2016, 294: 222-235.

[170] Kraus G A, Guney T. A direct synthesis of 5-alkoxymethylfurfurral ethers from fructose via sulfonic acid-functionalized ionic liquids[J]. Green Chemistry, 2012, 14(6): 1593-1596.

[171] Lai L, Zhang Y G. The production of 5-hydroxymethylfurfural from fructose in isopropyl alcohol: A green and efficient system[J]. ChemSusChem, 2011, 4(12): 1745-1748.

[172] Vigier K D O, Benguerba A, Barrault J, et al. Conversion of fructose and inulin to 5-hydroxymethylfurfural in sustainable betaine hydrochloride-based media[J]. Green Chemistry, 2012, 14(2): 285-289.

[173] 熊兴泉, 韩骞, 石霖, 等. 低共熔溶剂在绿色有机合成中的应用[J]. 有机化学, 2016, 36(3): 480-489.

[174] Li C, Zhang Z, Zhao Z B. Direct conversion of glucose and cellulose to 5-hydroxymethylfurfural in ionic liquid under microwave irradiation[J]. Tetrahedron Letters, 2009, 50: 5403-5405.

[175] Qi X H, Watanabe M, Aida T M, et al. Fast transformation of glucose and di-/polysaccharides into 5-hydroxymethylfurfural by microwave heating in an ionic liquid/catalyst system[J]. ChemSusChem, 2010, 3(9): 1071-1077.

[176] Tan M X, Zhao L, Zhang Y G. Production of 5-hydroxymethyl furfural from cellulose in $CrCl_2$/Zeolite/BMIMCl system[J]. Biomass and Bioenergy, 2011, 35(3): 1367-1370.

[177] Lansalot-Matras C, Moreau C. Dehydration of fructose into 5-hydroxymethylfurfural in the presence of ionic liquids[J]. Catalysis Communications, 2003, 4(10): 517-520.

[178] Chidambaram M, Bell A T. A two-step approach for the catalytic conversion of glucose to 2,5-dimethylfuran in ionic liquids[J]. Green Chemistry, 2010, 12(7): 1253-1262.

[179] Shikin N I, Belski I F, Karakhanov R A. Mechanism of reaction of catalytic hydrogenolysis of the furan ring [J]. Doklady Akademii Nauk SSSR, 1958, 122: 628.

[180] Yokoyama M, Hasuo R. Preparation of dihydropyran from furfural[J]. Kgakuin Daigaku Kenky Hkoku, 1954, 1: 76-89.

[181] Proskuryakov V A, Ivanov A P, Genusov M L. Hydrogenation of furfural under pressure[J]. Trudy Leningrad Tekhnol Inst Im Lensoveta, 1958, 44:3-5.

[182] Nurberdiev R, Rolnik L Z, Khekimov Yu B, et al. Radical decarboxylation of furfuryl and tetrahydrofurfuryl alcohol formats[J]. Izv Vyssh Uchebn Zaved Khim Khim Tekhnol, 1987, 30(11): 119-121.

[183] Baikova Z G, Stonkus V. Reaction of furan compounds on a palladium catalyst[C]. Tezisy Dokl Konf Molodykh Uch 6th, 1978: 40-49.

[184] Reynolds D D, Kenyon W O. Preparation and reaction of sulfonic esters. Ⅳ. Preparation of cyclic ethers[J]. Journal of the American Chemical Society, 1950, 72: 1593-1594.

[185] Donald B, Denney Z, Denny, et al. Ggantino cyclodehydration of 1,4-butamediols by pentaethoxyph-osphorane[J]. Journal of Organic Chemistry, 1984, 49: 2831-2832.

[186] Kuramoto K, Iwasaki F, Yoshitani K. Preparation of cyclic ethers: Japan, 0216774[P]. 1982.

[187] Mihailovic M L, Marinkovic D, Orbovic N, et al. The formation of cyclic ethers from olefinic alcohols VL oxymercuration demercuration of some open chain unsaturated alcohols[J]. Glasnik Hemijskog Drustva Beograd, 1980, 45(11): 497-506.

[188] Saneo J, Fukumoto T, Nakao K. Cyclic ethers from lactones: Japan, 7333745[P]. 1996.

[189] Hansen M C, Verdaguer X, Buchwald S L. Convenient two-step conversion of lactones into cyclic ethers[J]. The Journal of Organic Chemistry, 1998, 63(7): 2360-2361.

[190] Degueil-Castaing M, Maillard B, Rahm A. Organometalic chemistry under high pressure: Reaction of chloroketones with tributyltinhydride[J]. Journal of Organometallic Chemistry, 1985, 278(1): 49-56.

[191] Ismailova F G, Metaksa I P, Movsumzade M M. Dehalocyclization of $\beta,\beta$-dihaloolialkyl ethers[J]. Azerb Khim Zh, 1980, 3: 64-67.

[192] Grisha A S ,Vekki A V D . Positional and geometric isomerization of diacetoxy derivatives of 1-phenyl-1(2)-octenes[J]. Russian Journal of Applied Chemistry, 2011, 84(9): 1560-1566.

[193] Delmond B, Pommier J, Valade J. Haloalkoxytin compound. Ⅲ. Application to the preparation of tetrahydrofuran and tetrahydropyran compound[J]. Journal of Organometallic Chemistry, 1973, 50(1): 121-128.

[194] Matsunage P T, Marropoulos J C, Hillhouse G L, et al. Oxygen-atom transfer from nitrous oxide (N═N═O) to nichel alkyls syntheses and reaction of nichel (Ⅱ) alkoxides [J]. Polyhedron, 1995, 14(1): 175-185.

[195] Adkins H, Conner R. The catalytic hydrogenation of organic compounds over copper chrome[J]. Journal of the American Chemical Society,1931, 53(3): 1091-1095.

[196] Zhou Y M, Shen W, Xu H L, et al. Furfuryl alcohol from furfural by hydrogenation under atmospheric pressure[J]. Petrochemical Technology, 1997, 26(1): 4-7.

[197] 杨静, 石秋杰. 糠醛加氢制 2-甲基呋喃催化剂的研究进展[J]. 化工时刊, 2008, 22(4): 62-65.
[198] 郑纯智, 张国华, 李国安. 糠醛气相加氢制 2-甲基呋喃催化剂初步研究[J]. 辽宁化工, 2000, 29(2): 71-72.
[199] 吴世华, 魏伟, 李保庆, 等. 不同方法制备的 Cu-Cr/$\gamma$-$Al_2O_3$ 的结构及其对糠醛加氢制 2-甲基呋喃反应的催化性能[J]. 催化学报, 2003, 24(1): 27-28.
[200] 申延明, 吴静, 张振祥, 等. 糠醛常压气相加氢制 2-甲基呋喃催化剂的研究[J]. 沈阳化工学院学报, 2000, 14(1): 28-31.
[201] 林培滋, 黄世煌, 周焕文, 等. 新型糠醛加氢制糠醇催化剂研究[J]. 燃烧化学学报, 1996, 24(4): 364-367.
[202] 李长海, 李国安. 糠醛气相加氢制 2-甲基呋喃新型配合物催化剂研究[J]. 工业催化, 2008, 16(8): 60-64.
[203] 张定国, 刘芬, 李发亮, 等. 糠醛加氢制糠醇中 Cu-Zn/$\gamma$-$Al_2O_3$ 催化剂的改性研究[J]. 化学反应工程与工艺, 2007, 23(2): 136-140.
[204] 陈霄榕, 王爱菊, 卢学英, 等. Cu-Zn-Al 催化剂上糠醛气相加氢制糠醇的研究[J]. 化工进展, 2001, 20(6): 40-43.
[205] 吴静, 申延明, 王坤院, 等. CuO-CaO/$SiO_2$ 超细催化剂结构及糠醛加氢反应性能的研究[J]. 分子催化, 2003, 17(5): 321-325.
[206] 吴静, 申延明, 刘东, 等. 糠醛加氢制 2-甲基呋喃超细催化剂的制备及反应性能[J]. 天然气化工, 2003, (28): 4-8.
[207] 高玉晶, 李国安, 孟祥春. 用于糠醛气相加氢制 2-甲基呋喃的新型合金催化剂研究[J]. 吉林大学自然科学学报, 2000, (1): 102-103.
[208] 黄仲涛. 工业催化剂手册[M]. 北京: 化学工业出版社, 2004.
[209] 卢伟伟, 徐贤伦. 改性 Ni-B 合金的制备及其催化糠醛加氢性能的研究[J]. 分子催化, 2006, 20(10): 67-69.
[210] 温辉梁, 刘崇波, 黄绍华, 等. 相转移催化 Wulff-Kischner 反应制备 2-甲基呋喃[J]. 南昌大学学报, 1999, 23(4): 321-323.

# 第5章　酯类车用替代燃料的复配技术

## 5.1　酯类柴油燃料的理化特性

为解决日渐匮乏的能源和生态环境的矛盾问题，替代燃料近年来得到各国的大力支持，并获得迅速发展。替代燃料是指以新的燃料替代当前广泛使用的石油燃料。目前使用和研究的替代燃料主要有醇类燃料、醚类燃料、天然气、石油液化气、生物燃料、氢燃料等，其目的是扩大燃料的来源、使用清洁性燃料、减少排放污染。其中，醇类燃料、天然气、石油液化气等已经在一定范围内得到商品化应用。

酯类燃料作为生物质基液体清洁燃料，来源广泛，可从能源植物、野生植物、草类、生物质残渣、可食用及不可食用植物油、动物油等中获取，从生产到应用形成良好的生态循环。随着汽油机和柴油机的出现和石油加工工艺的发展，液体燃料获得越来越广泛的应用，而对其质量要求也越来越高。乙酰丙酸酯类车用燃料的特性可分为物理性质及化学性质，统称为理化特性。各种发动机的工作原理和工作条件互不相同，它们对使用燃料的质量要求也不尽相同。但根据长期使用的经验，各种发动机对所使用的液体燃料的理化特性品质有共同的要求，主要有以下几方面[1]。

(1) 良好的蒸发性和雾化性。各种液体燃料蒸发性的好坏与储存和使用都有密切的关系。就发动机使用而言，蒸发性良好的燃料，较易生成可燃混合气，保证可靠地燃烧，特别是在寒区冬季条件下，对保证低温下的迅速启动具有非常重要的意义。但是蒸发性很高的燃料在储存和运输中蒸发损耗较大，容易着火燃烧，无论是在装卸油料作业中还是在发动机燃料系统中，都易产生气阻，使供油中断而引起发动机停车，在飞机上则可能造成事故。因此，各型发动机对所用燃料的蒸发性都作了严格的规定，既不宜过低，也不宜过高。

雾化性是和混合气形成质量密切相关的重要性能，雾化性主要取决于燃料的黏度大小，黏度过大，燃料不易雾化，油雾颗粒直径大，蒸发速率慢，对燃烧不利；黏度过小，燃料雾化过细，则喷射距离短，燃料不能充满燃烧室空间，造成混合气局部过浓，对燃烧也不利。

(2) 良好的燃烧性。各种燃料都是在发动机一定的工作条件下进行燃烧的。由于发动机工作原理和使用条件不同，对燃料的燃烧性能要求也不同。例如，气化器发动机要求使用的燃料能在点燃条件下进行正常的燃烧，而柴油机则要求所用燃料在压燃条件下能进行正常的燃烧，往往在汽油机中燃烧良好的燃料，在柴油机中却不稳定，不宜采用。所有发动机都要求燃料燃烧完全且稳定，以保证发动机充分发挥其动力性能和经济性能，同时工作可靠，此外，所有燃料都应具有较高的热值，以保证发动机有较高的效率。

(3) 高度的安定性。所有燃料都应性质稳定，不易氧化变质，适于储存和使用。在近代超音速飞机上，由于气动加热效应较强，燃料的温度升高较多，良好的燃料规定在储存及使用的条件下应性质稳定。性质不稳定的油料经过较长时期的储存，往往产生大量胶质，使燃料变色，有时还会产生悬浮物或沉淀，在使用中会堵塞油滤或管道，造成燃油供量不足或中断，燃烧后会生成大量积炭，影响机械设备的工作和寿命。燃料性质不稳定还会在氧化过程中生成较多的酸性物质，对储存和使用的金属设备引起腐蚀。

(4) 无腐蚀性。燃料在储存、运输和使用过程中，经常要与各种不同的金属接触。因此，要求燃料对发动机燃料系统和储油金属容器无腐蚀性。燃料对金属的腐蚀不但会缩短机械设备的使用寿命，而且生成的腐蚀产物往往是有害的物质。当燃料中含有较多的硫时，燃烧后会产生硫的氧化物，与燃气中的水分结合后，停车时会生成具有强烈腐蚀性的亚硫酸或硫酸，严重腐蚀燃烧室及排气设备，也污染发动机中的润滑油。当硫的氧化物排入大气时，则造成严重的环境污染。因此，良好的液体燃料均应限制其硫含量和其他引起腐蚀的成分含量，保证对金属无腐蚀性。

(5) 良好的低温性。各种燃料均应保证在所使用的低温条件下具有适当的流动性，以便在发动机中能实现顺利供油，不发生故障。如果燃料的低温流动性不好，或在低温下出现烃类和冰晶固体，就会堵塞供油系统，影响工作。同时，低温流动性不好的油料对装卸油料作业也会带来很大困难。这对军用油料，尤其是战斗装备用油更加重要。为此通常要对喷气燃料、柴油及锅炉燃料油的凝点(或结晶点)和低温黏度作出严格规定。

(6) 良好的洁净性。近代发动机都是由许多精密部件组成，要求使用洁净程度很高的燃料。燃料中如混入固体杂质，不但容易堵塞油路，影响正常供油，而且会造成油泵等部件的磨损，缩短其使用寿命。燃料中的水分不仅影响正常燃烧，低温下还会结成冰粒，影响供油。储油容器中含有水分会影响添加剂的效果，降低燃料的安定性，增加对容器的腐蚀。所以，各种燃料在储存和运输过程中，都要注意保持容器清洁，严防水分和各种杂质混入。

燃料储存中氧化生成的胶质和沉淀及燃料在使用中发生的裂解、氧化、聚合反应产物，容易在化油器、喷油嘴、进气阀、燃烧室等部位沉积，影响燃料的供应、雾化和燃烧，从而使得发动机油耗增大、功率下降、排放增加，甚至发生故障。良好的洁净性用以保证发动机进气系统、燃料系统和燃烧系统的清洁。

(7) 良好的润滑性。柴油发动机和喷气发动机的油泵、喷油器等部件工作压力较高，运动速度快，容易发生磨损，而这些部件靠燃料自身进行润滑，因此，燃料也应有良好的润滑性，保证燃料系统运动部件正常工作。

(8) 良好的抗静电着火性。液体燃料在输送、加注过程中，与过滤器、管道，甚至与空气直接发生摩擦，都会产生静电，由于燃料导电性差，产生的静电逐渐积聚产生高电压，在一定条件下会发生静电放电，从而引起火灾。为了防止发生静电着火，液体燃料应有较高的电导率，以便及时将产生的静电导走。

(9) 良好的排放特性。汽车发动机排放的污染物是大气污染的主要来源之一，随着环境保护要求不断提高，汽车排放标准日益严格，单靠发动机技术改进已经无法满足排放要求，因此，对燃料自身的排放性能也提出了更严格的要求。燃料的排放特性除了和洁净性密切相关外，还和燃料的组成有很大关系。目前，国内外对车用汽油和柴油的硫含量、烯烃含量、芳香烃含量都作了严格规定。

### 5.1.1 互溶性与低温流动性

1. 互溶性

替代燃料的有些理化性质与已经适应内燃机要求的石油燃料有较大的差异。例如，酯类燃料的黏度低，而植物油、生物柴油的黏度又远高于石油燃料；酯类燃料的热值低；难以与柴油燃料混溶。因此，为了使各燃料之间能取长补短，在可能及合适的情况下，在两种为主的混合燃料中，加入一些其他液相甚至固相的成分，形成多液相或多相的混合燃料。例如，在乙酰丙酸酯类-柴油的混合燃料中加入低碳醇、中碳醇作为助溶剂，或加入生物柴油平衡酯类燃料与柴油在黏度及密度方面的差异。但存在产量有限，价格较高等问题，所以混合燃料仍面临以石油燃料为主，替代燃料为辅的现状，但其优势在于资源供应充足、价格适宜，又能在理化性质上实现取长补短的目的，是一种可混合多种成分的清洁燃料[2]。

互溶性是指混合燃料各成分相溶不分层、不浑浊的性能，有利于复配燃料的稳定储存和正常工作。一般随着温度的升高，互溶性逐步增强。考虑0#柴油的冷滤点最低温度，即 4℃条件下，生物柴油、正丁醇均可以与柴油以任意比例互溶，均无分层、无浑浊现象发生；而乙酰丙酸乙酯与柴油的最大互溶比例为 12%；$\gamma$-戊内酯与柴油在室温情况下仅能以 1%的比例互溶，可见互溶性较差，需添加其他助溶剂[3]。

2. 低温流动性

液体燃料在低温条件下具有一定流动状态的性能称为其低温流动性，一般用冷滤点、凝点、倾点等来衡量。在冷滤点方法出现之前，一般用浊点、凝点、倾点来评价油品的低温性能。美国使用浊点和倾点指标划分柴油的牌号，我国使用凝点划分。冷滤点与燃料实际使用温度有很好的对应关系，对柴油的使用有实际指导意义，而浊点、凝点、倾点与实际情况有偏差。低温流动性对发动机燃料供给系统在低温下能否正常供油有重要影响，决定了燃料的低温储存、运输条件。下面分别对其中的冷滤点、凝点两个指标进行低温流动性能分析。

1) 冷滤点

冷滤点是指在规定条件下，当液体燃料通过过滤器每分钟不足 20mL 时的最高温度(即流动点使用的最低环境温度)。冷滤点是衡量轻柴油低温性能的重要指标，能够反映柴油低温实际使用性能，最接近柴油的实际最低使用温度。

冷滤点的测定按照《柴油和民用取暖油冷滤点测定法》(SH/T 0248—2006)的规定进行。

2) 凝点

凝点是指在规定的实验条件下，将装有石油的试管冷却并倾斜 45°，经过 1min 后，试样表面不再移动时的最高温度。凝点的测定按照《石油产品凝点测定法》（GB/T 510—2018）的规定进行。不同添加比例的乙酰丙酸乙酯-柴油复配燃料的凝点、冷滤点的实验结果如图 5-1 所示。

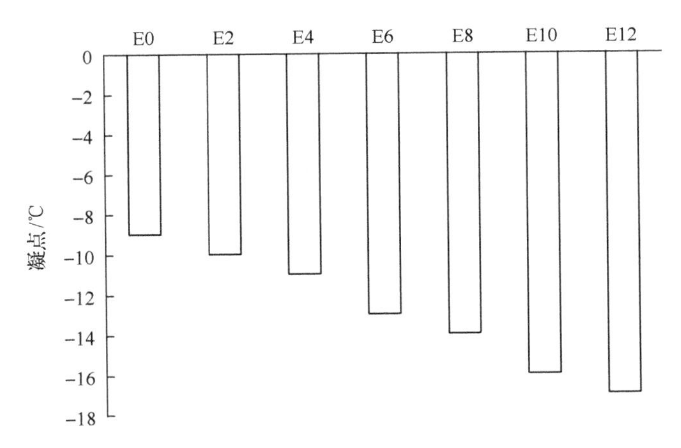


(a) 乙酰丙酸乙酯-柴油复配燃料

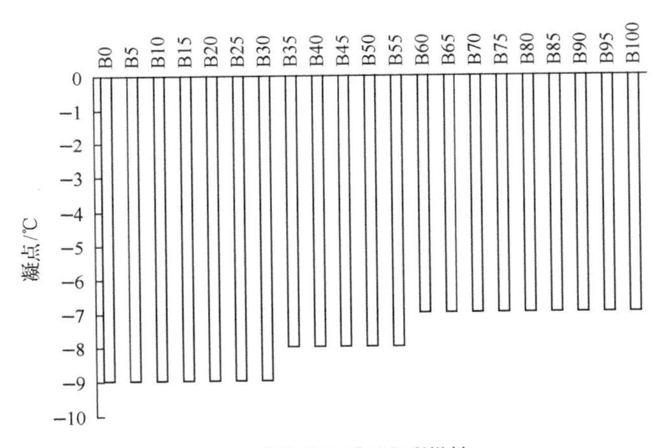


(b) 生物柴油-柴油复配燃料

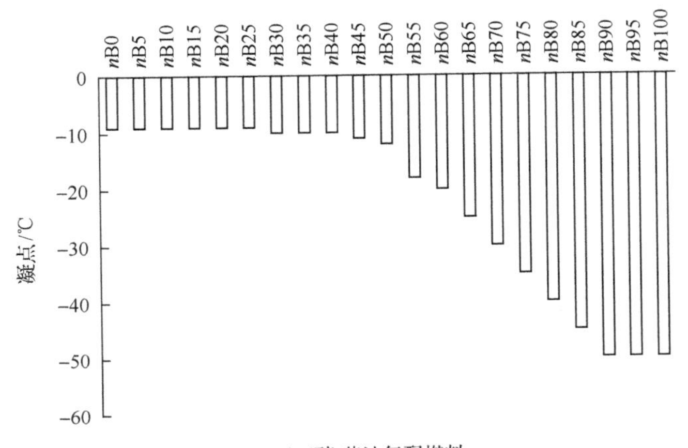


(c) 正丁醇-柴油复配燃料

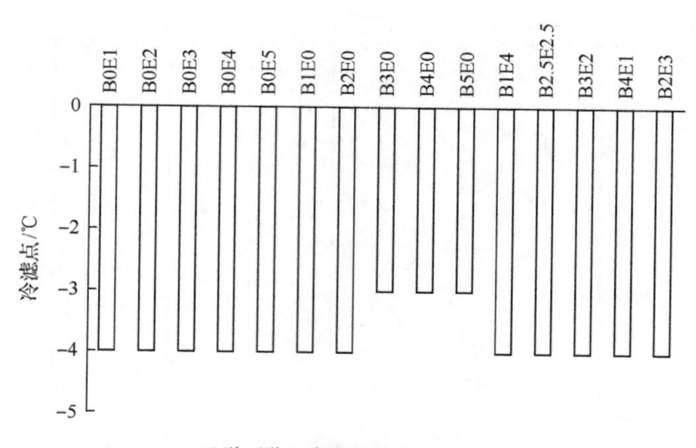


(d) 乙酰丙酸乙酯-生物柴油-柴油复配燃料

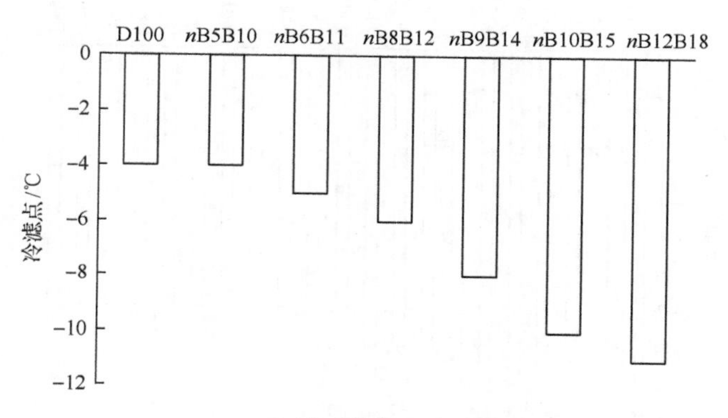


(e) 正丁醇-生物柴油-柴油复配燃料

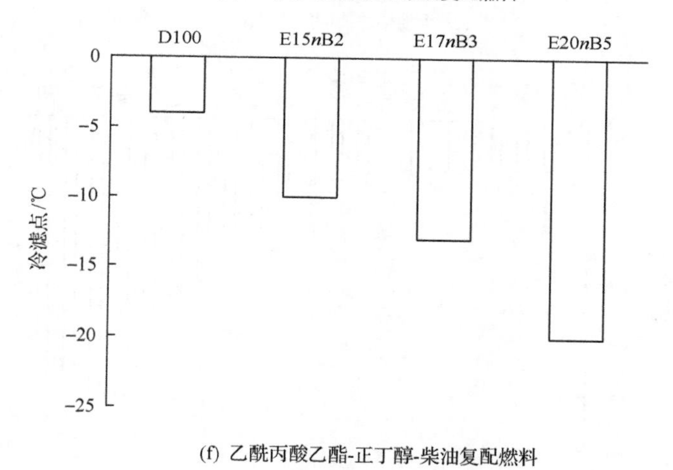


(f) 乙酰丙酸乙酯-正丁醇-柴油复配燃料

图 5-1　复配燃料的凝点与冷滤点

由图 5-1(a)～(f)可以得出以下结论。

(1)由图 5-1(a)可知，柴油凝点为−9℃；乙酰丙酸乙酯的凝点低于−45℃(本实验所用仪器所能达到最低温度下限为−45℃)，远低于柴油的凝点。随着乙酰丙酸乙酯添加比例的增大，凝点下降愈加明显。整体上，乙酰丙酸乙酯的添加有利于柴油复配燃料低温流动性的改善。

(2) 由图 5-1 (b) 可知，生物柴油的凝点为–7℃，高于柴油的凝点。添加生物柴油在比例小于等于 25%时，凝点没有明显变化，添加生物柴油的比例大于 25%后的复配燃料较柴油的凝点多数有所上升，随着生物柴油添加比例的增大，凝点上升愈加明显。整体上，生物柴油的添加不利于柴油复配燃料低温流动性的改善。

(3) 由图 5-3 (c) 可知，正丁醇的凝点低于–45℃(本实验所用仪器所能达到最低温度下限为–45℃)，远低于柴油的凝点。添加正丁醇在比例小于等于 25%时，凝点没有明显变化，添加正丁醇的比例大于 25%后的复配燃料较柴油的凝点多数有所下降，随着正丁醇添加比例的增大凝点下降愈加明显。整体上，正丁醇的添加有利于柴油复配燃料低温流动性的改善。

(4) 由图 5-1 (d) 可知，各添加比例复配燃料组较柴油的冷滤点多数持平，少数有所下降。虽然乙酰丙酸乙酯的冷滤点低于柴油，生物柴油的冷滤点高于柴油，但本实验小比例地添加乙酰丙酸乙酯和生物柴油，并没有改变复配燃料的冷滤点。

(5) 由图 5-1 (e) 可知，随着正丁醇、生物柴油添加比例的增大，复配燃料冷滤点整体上有所下降，低温流动性有所改善。

(6) 由图 5-1 (f) 可知，乙酰丙酸乙酯和正丁醇的冷滤点均比柴油低，同时添加乙酰丙酸乙酯和正丁醇的复配燃料，冷滤点下降较为明显，低温流动性改善显著。

### 5.1.2　雾化及蒸发性

蒸发性是液体燃料最重要的特性之一，它与燃料的储存、运输和在发动机中的使用都有密切的关系。在储存和运输条件相同时，蒸发性大的燃料蒸发损耗较大，着火的危险性也较大。蒸发性大的燃料在夏季泵送时，常易产生气阻(气蚀)现象而影响正常输油，使发动机不能正常工作。一种液体气化的难易程度称为该液体的蒸发性或挥发性。显然，液体在一定温度下的饱和蒸气压越大，表示该液体的蒸发性越高[1]。

液体燃料的雾化和蒸发性直接决定了燃烧室内混合气形成的速率和品质，对柴油机的工作性能影响很大。柴油机内燃料在很短的时间内要完成喷油、蒸发、混合、燃烧等过程，要求柴油机燃料具有良好的雾化和蒸发性能。柴油雾化和蒸发性能差有以下危害：①在做功行程之前无法完全蒸发和混合，在膨胀过程中会继续进行混合和雾化，提高排气温度，增加热损失，效率下降；②未蒸发的汽油受热分解，有炭粒产生，容易形成积炭和排气冒黑烟，增加污染物和油耗；③燃烧不完全的柴油会冲刷润滑油，使润滑和密封性降低，串入油底壳还能污染润滑油，使磨损加剧。轻质柴油雾化和蒸发性的评价指标有馏程、运动黏度、密度和闭口闪点。

1. 馏程

馏程曲线表示油品在规定条件下蒸馏时，从初馏点到终馏点的温度与该温度下馏出的油品容积比例(体积分数)的关系曲线。图 5-2 (a) 为几种常见油品燃料的沸点曲线图，图 5-2 (b) 为油品燃料的馏程曲线图。

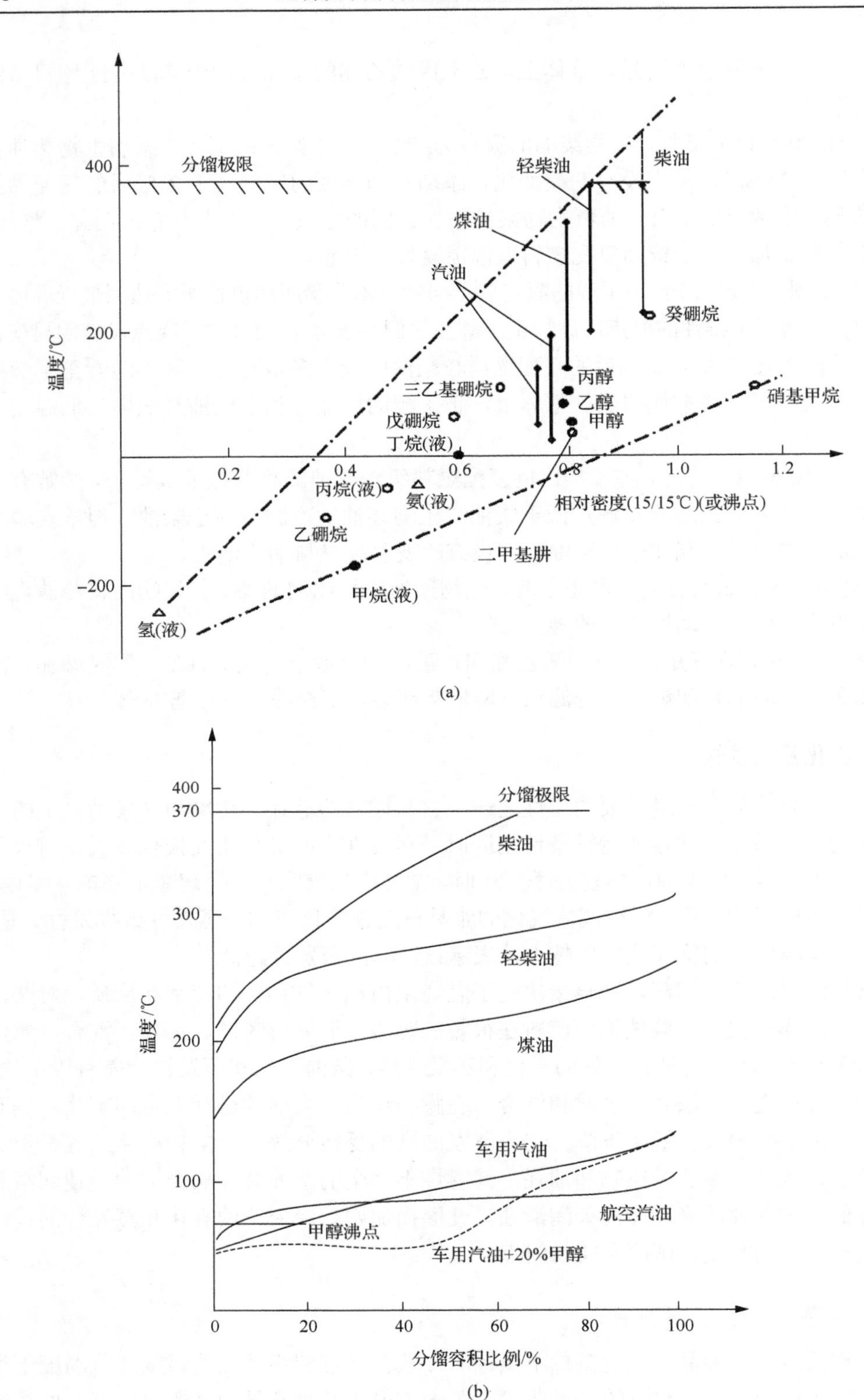


图 5-2　常见油品燃料及替代燃料沸点(a)和馏程(b)[2]

为了保证柴油在燃烧室内保持良好的雾化、蒸发性和低温启动性能，柴油在夏天的初馏点应在 160℃，10%回收温度在 190℃；冬季的柴油初馏点和 10%回收温度则分别在 130℃和 160℃左右。轻质柴油应用于高速柴油机的 50%回收温度一般不高于 300℃，95%回收温度则不高于 350～355℃，终馏点在 360～365℃。随着柴油机转速的提高，柴油油品蒸发形成混合气体的作用时间则减小，故低速柴油机的回收温度标准可相应提高。

柴油的馏程温度通常采用初馏、10%、50%、90%和 95%的回收温度来表示。柴油 50%回收温度（中馏点）与发动机启动所需最短时间的关系见表 5-1，柴油 50%回收温度越低，其成分中轻质馏分越多，蒸发速率越快，从而使柴油机启动时间变短。柴油的 90%和 95%回收温度越高，其成分中重质馏分越多，虽然不影响启动温度，但容易引起柴油机积炭或不完全燃烧。

**表 5-1　发动机启动最短时间与中馏点温度的关系**

| 中馏点温度/℃ | 200 | 225 | 250 | 275 | 285 |
|---|---|---|---|---|---|
| 发动机启动时间/s | 8 | 12 | 30 | 67 | 95 |

馏程的测定依据《石油产品常压蒸馏特性测定法》(GB/T 6536—2010) 规定进行。复配燃料的馏程实验结果如图 5-3 所示。

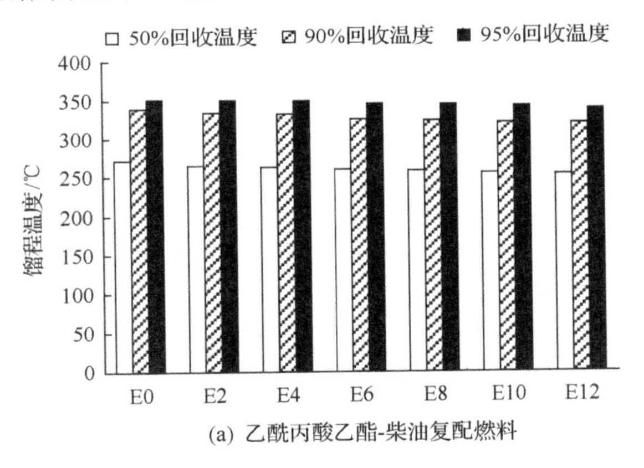

(a) 乙酰丙酸乙酯-柴油复配燃料

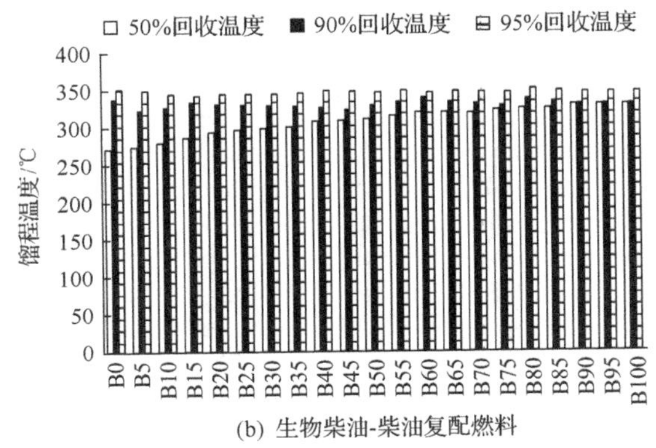

(b) 生物柴油-柴油复配燃料

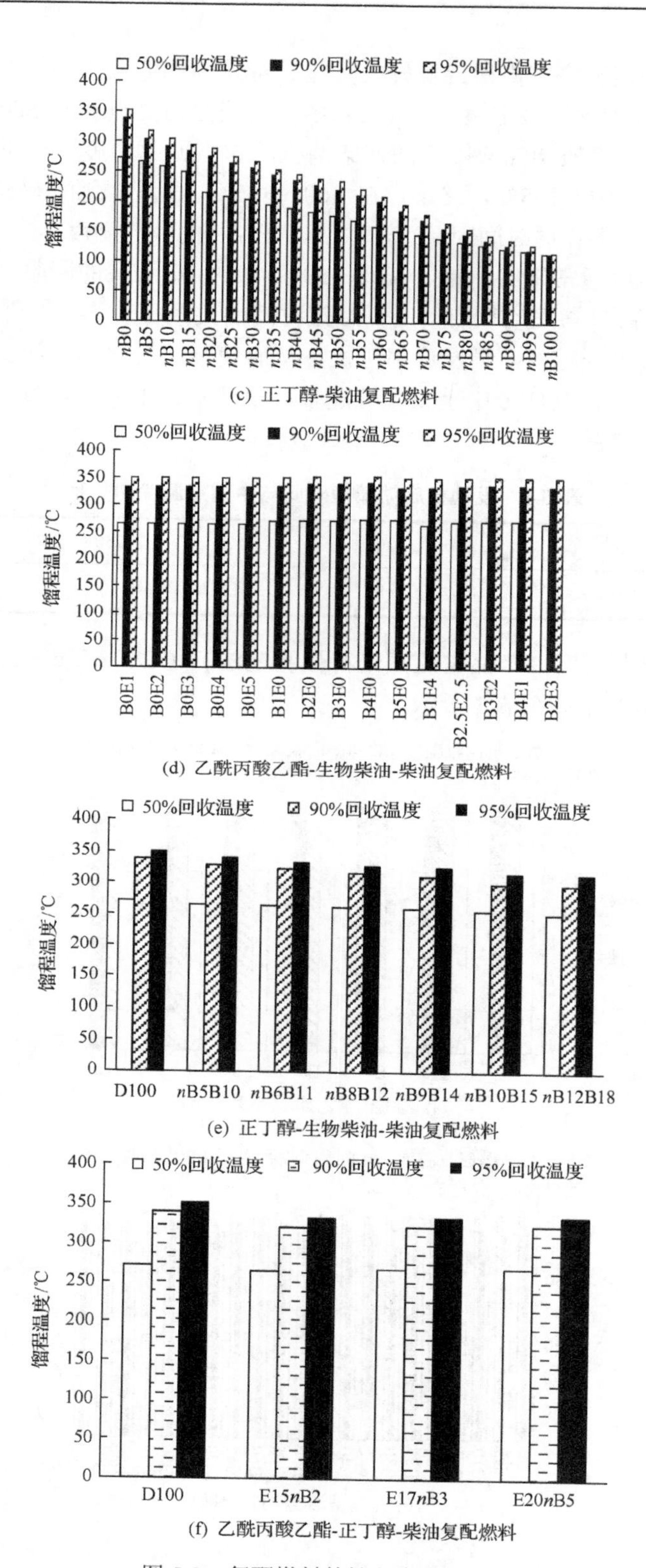

(c) 正丁醇-柴油复配燃料


(d) 乙酰丙酸乙酯-生物柴油-柴油复配燃料


(e) 正丁醇-生物柴油-柴油复配燃料


(f) 乙酰丙酸乙酯-正丁醇-柴油复配燃料

图 5-3　复配燃料的馏程实验结果

由图 5-3(a)～(f)可以得出以下结论。

柴油、生物柴油、乙酰丙酸乙酯、正丁醇四者的馏分分布差别很大。生物柴油和柴油中重质馏分较多，馏分宽度较大，其中生物柴油馏分宽度最大；乙酰丙酸乙酯和正丁醇的成分单一，仅有一种馏分。

(1) 由图 5-3(a)可知，在柴油中添加乙酰丙酸乙酯可以使馏程温度(50%、90%和95%回收温度)向低温方向偏移，但添加乙酰丙酸乙酯(≤12vol%)对柴油的馏程影响不是很明显。

(2) 由图 5-3(b)可知，在柴油中添加生物柴油可以使 50%回收温度向高温方向偏移，同时 50%回收温度和 90%回收温度趋于一致，95%回收温度随着生物柴油的添加没有明显变化。

(3) 由图 5-3(c)可知，在柴油中添加正丁醇可以使馏程温度(50%、90%和 95%回收温度)向低温方向偏移，同时 50%、90%和 95%回收温度趋于一致。

(4) 由图 5-3(d)可知，在柴油中添加小比例(≤5vol%)的乙酰丙酸乙酯和生物柴油，整个馏程温度(50%、90%和 95%回收温度)变化不大。

(5) 由图 5-3(e)可知，在柴油中添加正丁醇和生物柴油可以使馏程温度(50%、90%和 95%回收温度)向低温方向稍微偏移，整体上馏程温度趋于一致。

(6) 由图 5-3(f)可知，在柴油中添加乙酰丙酸乙酯和正丁醇可以使馏程温度(50%、90%和 95%回收温度)向低温方向稍微偏移，乙酰丙酸乙酯和正丁醇都是单一的物质，所以复配燃料的馏程温度向一致靠拢。

### 2. 运动黏度

石油产品的黏度主要由其化学成分所决定，是液体燃料流动时内摩擦力的量度，黏度随温度的升高而减小的特性称为黏温性。油品燃料的黏温性曲线见图 5-4。在同样的馏分条件下，以烷烃为主要成分的油品的黏度相对较低，黏温性较好；芳香烃次之；而环烷烃为主的油品黏度最高，黏温性较差。含胶质多的石油黏度更高，黏温性及安定性均很差。黏度小时，液体燃料流动性好，如果黏度太小，在燃料喷射油泵内产生泄漏损失，有效供油量减少，柱塞偶件摩擦加剧，同时运行性能也会降低。黏度大时，润滑性好，如果黏度过大，流动阻力过大，引起无压力调节系统在高温下出现较高的喷射压力峰值，形成较大的油滴，从而形成不利的喷雾状态。要产生良好的使用效果，黏度需要在合适范围内。

根据测量方法的不同，黏度可分为动力黏度和运动黏度，动力黏度定义为应力与应变速率之比，其数值上等于面积为 $1m^2$ 相距 1m 的两平板以 1m/s 速度相对运动时，它们之间存在的流体相互作用产生的内摩擦力。车用柴油和生物柴油调和燃料国家标准中规定测定指定温度下的运动黏度。石油产品的运动黏度测定按照《石油产品运动粘度测定法和动力粘度计算法》(GB/T 265—1988)的规定进行。

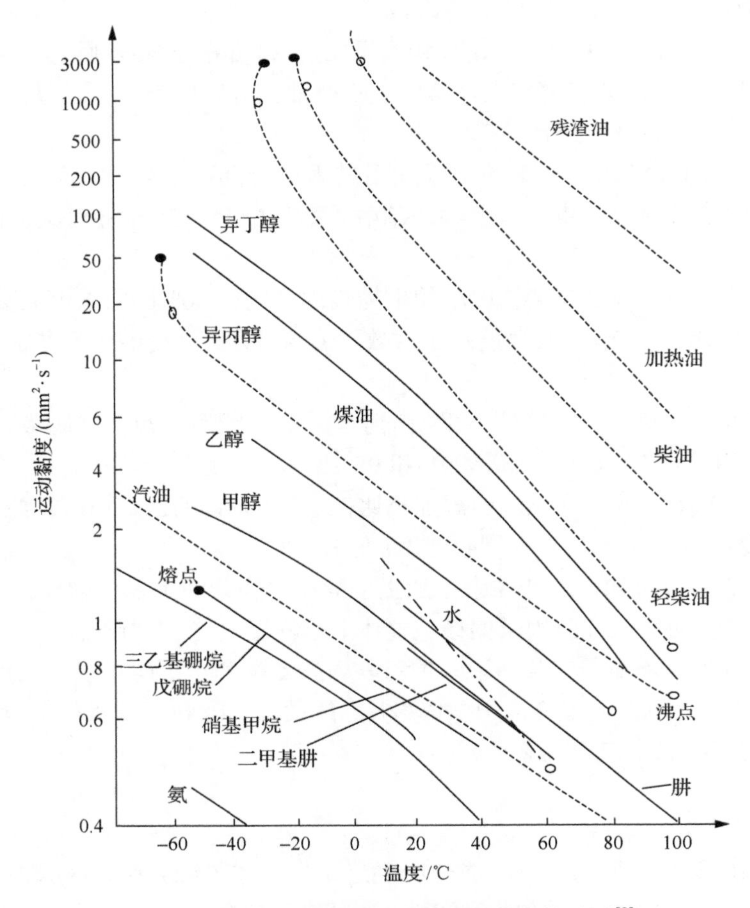


图 5-4　油品燃料的运动黏度与温度的特性关系[2]

在温度 $t$ 时，试样的运动黏度 $\upsilon_t$ $(mm^2 \cdot s^{-1})$ 按照式(5-1)计算：

$$\upsilon_t = C\tau_t \tag{5-1}$$

式中，$C$ 为黏度计常数，$mm^2 \cdot s^{-2}$；$\tau_t$ 为试样的平均流动时间，s。

本实验在 20℃下对不同添加比复配燃料的运动黏度进行测定，测定结果如图 5-5 所示。由实验结果可知，柴油的运动黏度为 $4.2175mm^2 \cdot s^{-1}$；生物柴油的运动黏度均大于柴油的运动黏度，为 $6.8438mm^2 \cdot s^{-1}$，单独添加生物柴油的各组燃料，其运动黏度均略有增加，随着生物柴油添加比例的提高，复配燃料的运动黏度呈增加趋势。乙酰丙酸乙酯的运动黏度小于柴油，为 $2.1435mm^2 \cdot s^{-1}$，单独添加乙酰丙酸乙酯的复配燃料比柴油的运动黏度都低，当乙酰丙酸乙酯的添加比大于 3%时复配燃料的运动黏度下降开始明显；同时添加乙酰丙酸乙酯和生物柴油的复配燃料运动黏度与柴油基本相当。

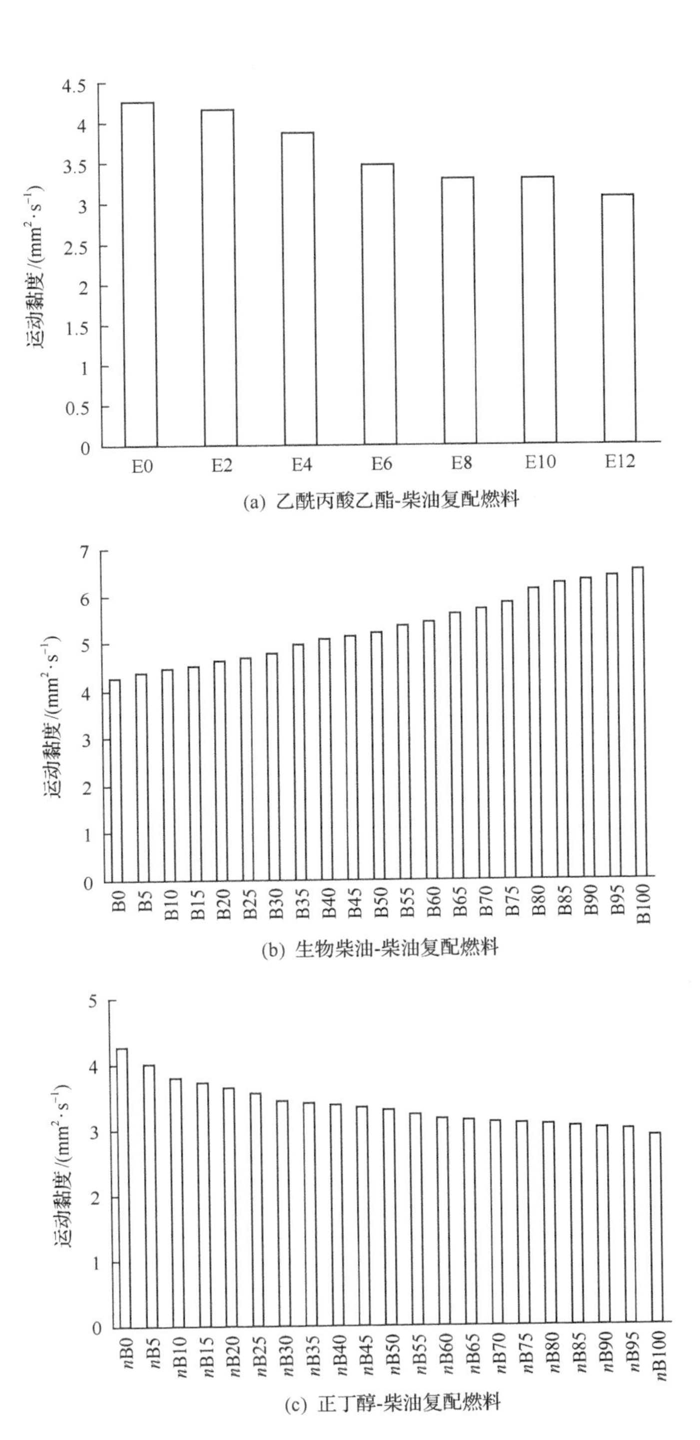


(a) 乙酰丙酸乙酯-柴油复配燃料

(b) 生物柴油-柴油复配燃料

(c) 正丁醇-柴油复配燃料

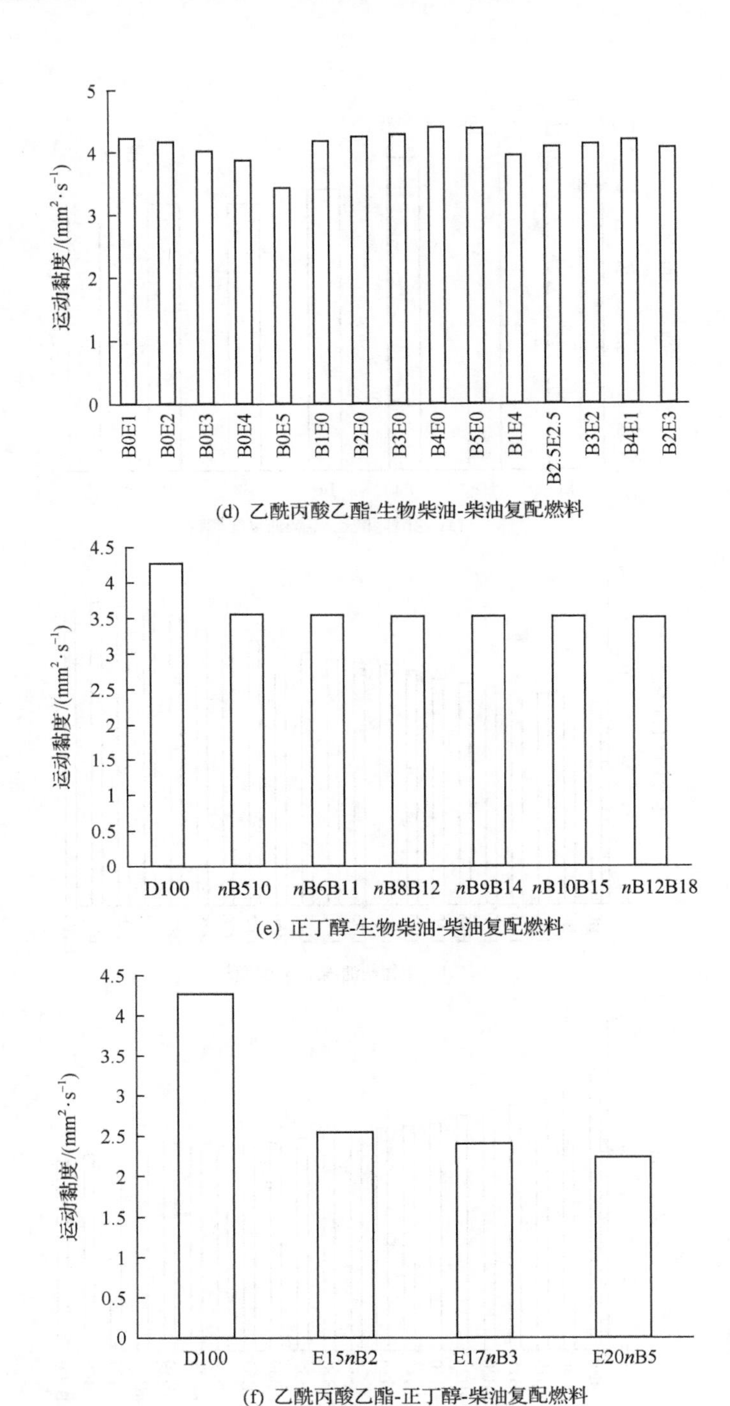


(d) 乙酰丙酸乙酯-生物柴油-柴油复配燃料

(e) 正丁醇-生物柴油-柴油复配燃料

(f) 乙酰丙酸乙酯-正丁醇-柴油复配燃料

图 5-5　复配燃料的运动黏度

由图 5-5(a)～(f) 可以得出以下结论。

(1) 由图 5-5(a) 可知，随着乙酰丙酸乙酯添加比例的增大，运动黏度下降愈加明显。

整体上，乙酰丙酸乙酯的添加有利于柴油复配燃料流动性的改善。

(2) 由图 5-5(b) 可知，随着生物柴油添加比例的增大，运动黏度增加愈加明显。整体上，生物柴油的添加不利于柴油复配燃料流动性的改善。

(3) 由图 5-5(c) 可知，随着正丁醇添加比例的增大，运动黏度下降愈加明显。整体上，正丁醇的添加有利于柴油复配燃料流动性的改善。

(4) 由图 5-5(d) 可知，生物柴油的运动黏度大于柴油，乙酰丙酸乙酯的运动黏度小于柴油，同时在小比例(添加比例≤5vol%)添加乙酰丙酸乙酯和生物柴油，复配燃料的运动黏度略微下降。

(5) 由图 5-5(e) 可知，生物柴油的运动黏度大于柴油，正丁醇的运动黏度小于柴油，在较大比例(添加比例≥15vol%)同时添加乙酰丙酸乙酯和生物柴油的复配燃料，运动黏度有所下降。

(6) 由图 5-5(f) 可知，乙酰丙酸乙酯和正丁醇的运动黏度均比柴油低，同时添加乙酰丙酸乙酯和正丁醇的复配燃料，运动黏度下降较为明显，流动性改善显著。

3. 密度

密度是单位体积内所含有的物质的质量。液体燃料密度与其所处的温度和压力有关，通常以一个大气压下，20℃时的密度作为标准密度，是一个重要和常用的指标。液体燃料密度的大小对柴油机的供油量和喷油束的射程，燃料的雾化及蒸发性能均有影响。石油密度随着所含碳、氧、硫的成分的增加而增加，包含芳香烃、胶质、沥青多的石油密度最大，含环烷烃的居中，而含烷烃多的石油的密度较小。

密度的测定依据《原油和液体石油产品密度实验室测定法(密度计法)》(GB/T 1884—2000)的规定进行。图 5-6 为不同复配燃料的密度。

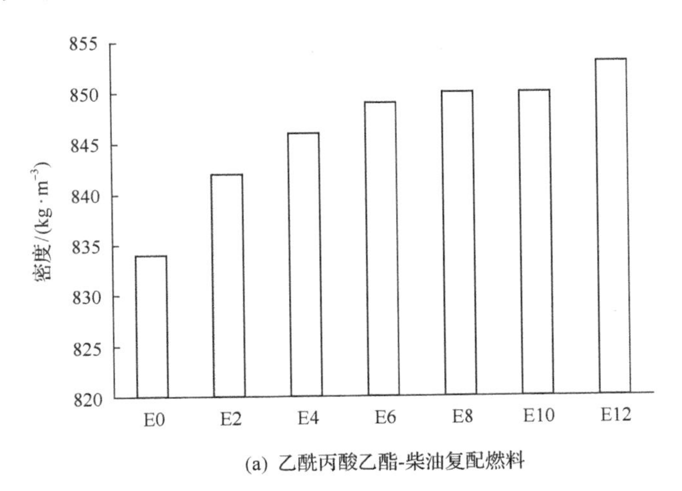


(a) 乙酰丙酸乙酯-柴油复配燃料

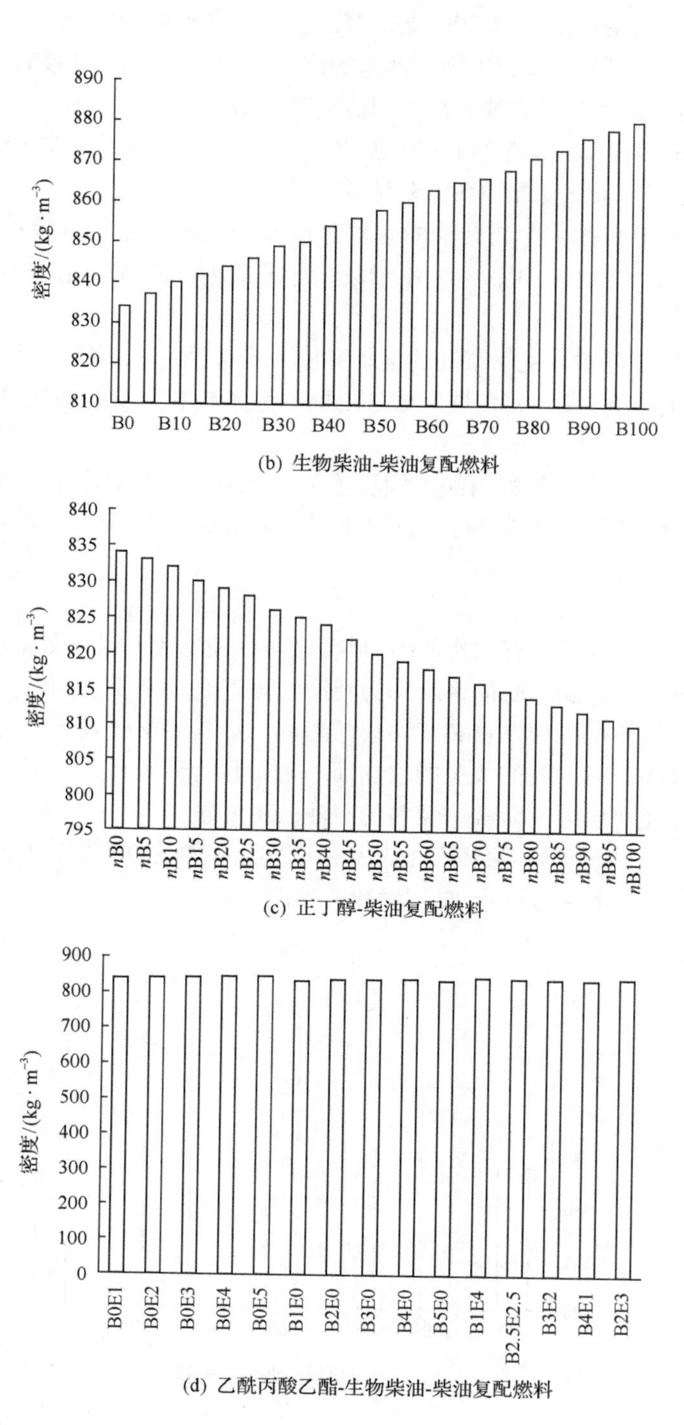


(b) 生物柴油-柴油复配燃料



(c) 正丁醇-柴油复配燃料



(d) 乙酰丙酸乙酯-生物柴油-柴油复配燃料

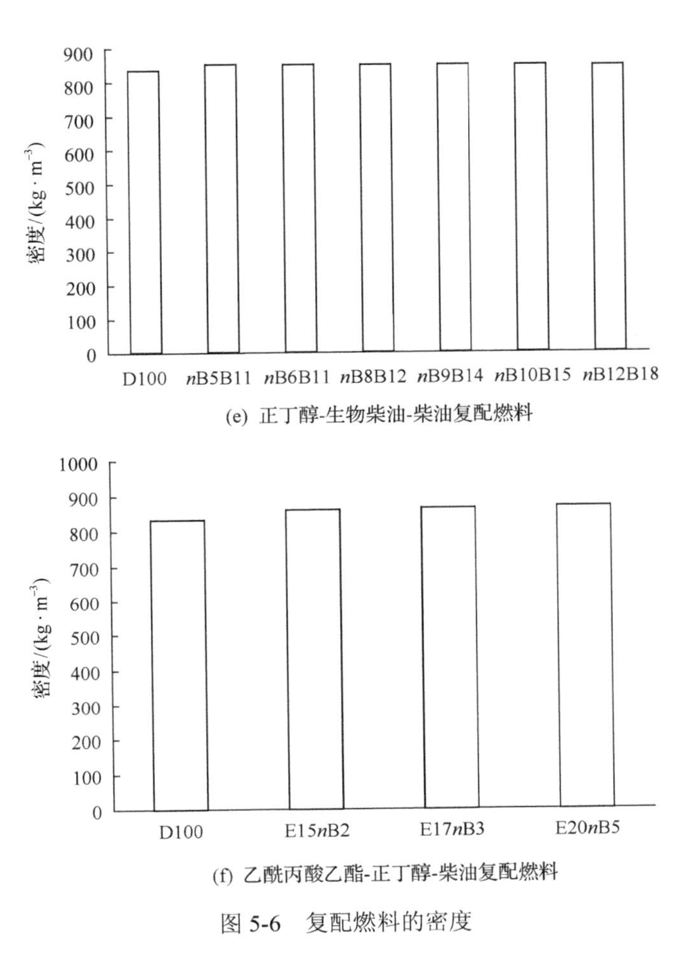

(e) 正丁醇-生物柴油-柴油复配燃料

(f) 乙酰丙酸乙酯-正丁醇-柴油复配燃料

图 5-6　复配燃料的密度

由图 5-6(a)～(f)可以得出：乙酰丙酸乙酯的密度＞生物柴油的密度＞柴油的密度＞正丁醇的密度。单独添加乙酰丙酸乙酯、生物柴油的复配燃料，随着添加比例的增大，复配燃料密度增大；单独添加正丁醇的复配燃料，随着添加比例的增大，复配燃料密度减小；在同时添加乙酰丙酸乙酯和生物柴油的复配燃料(添加比例≤5vol%)，由于添加比例不大，复配燃料密度变化范围不大；同时添加乙酰丙酸乙酯、正丁醇的复配燃料，由于正丁醇比例较小，复配燃料的密度略有升高。

4. 闭口闪点

燃油的闪点是指其挥发的蒸气与空气形成混合物遇火源能够闪燃的最低温度，它影响到燃油的运输和存放使用过程的安全性。闪点分为闭口闪点和开口闪点，闭口闪点多用于蒸发性较大的轻质石油产品，开口闪点多用于润滑油及重质石油产品。闪点高，蒸发性差，闪点低，蒸发性好。闪点越高，其在存储、运输及使用时有越好的安全性能，但是闪点过高对燃烧不利。燃料的闭口闪点测定按照《闪点的测定　宾斯基-马丁闭口杯法》(GB/T 261—2008)的规定进行[4]。不同复配燃料的闭口闪点见图 5-7。

闪点修正公式如下：

$$T_c = T_o + 0.25(101.3 - p) \tag{5-2}$$

式中，$T_c$为标准大气压的闪点；$T_o$为环境大气压下的观察闪点，℃；$p$为环境大气压，kPa。

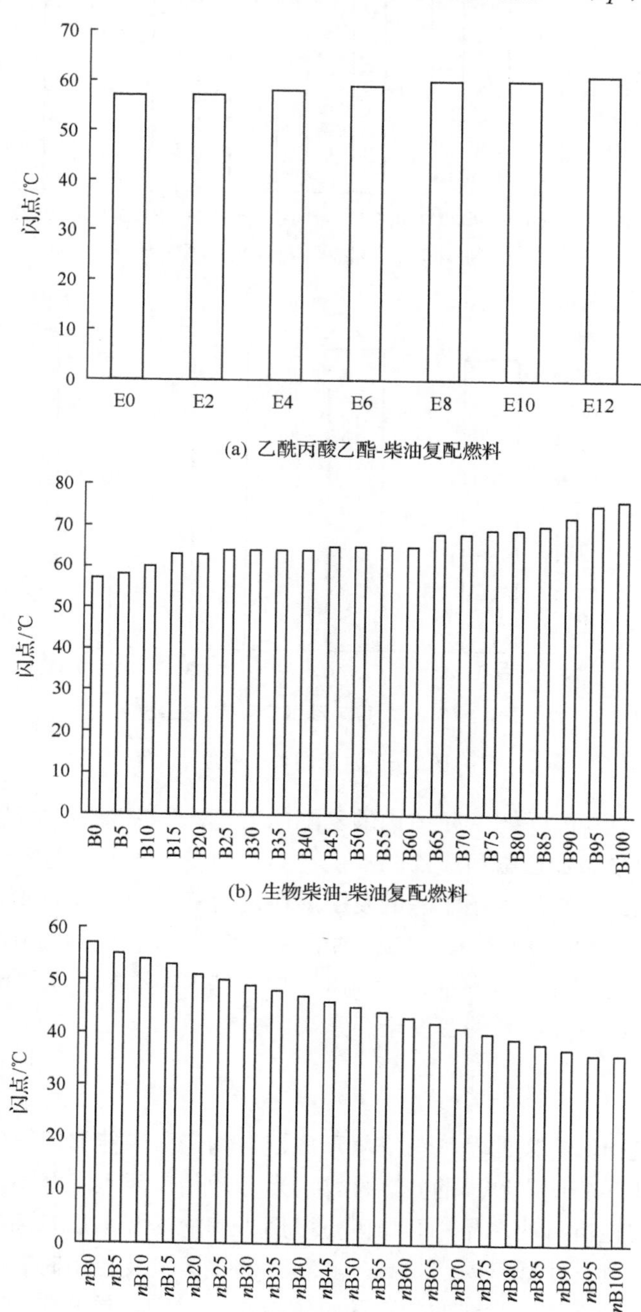


(a) 乙酰丙酸乙酯-柴油复配燃料

(b) 生物柴油-柴油复配燃料

(c) 正丁醇-柴油复配燃料

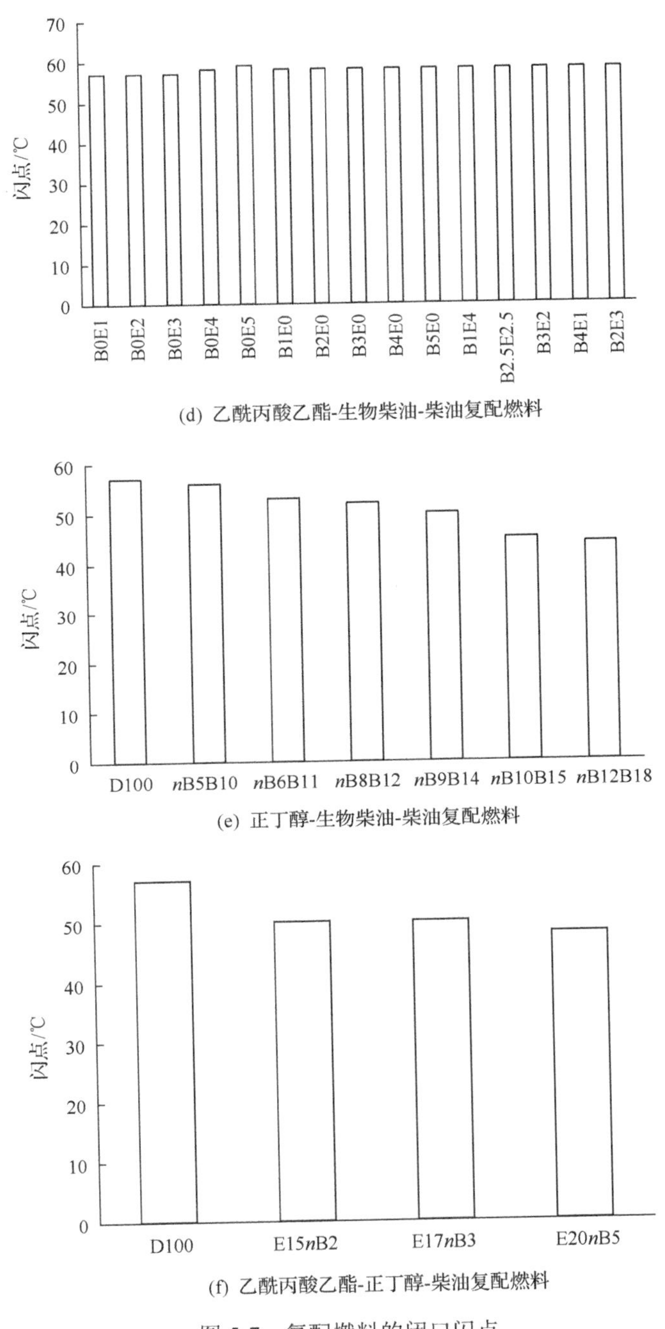


(d) 乙酰丙酸乙酯-生物柴油-柴油复配燃料



(e) 正丁醇-生物柴油-柴油复配燃料



(f) 乙酰丙酸乙酯-正丁醇-柴油复配燃料

图5-7　复配燃料的闭口闪点

由图5-7(a)～(f)可以得出：乙酰丙酸乙酯的闪点＞生物柴油的闪点＞柴油的闪点＞正丁醇的闪点。单独添加乙酰丙酸乙酯、生物柴油的复配燃料，随着添加比例的增大，复配燃料的闪点升高；单独添加正丁醇的复配燃料，随着添加比例的增大，复配燃料闪点降低；在同时添加乙酰丙酸乙酯和生物柴油的复配燃料(添加比例≤5vol%)，由于添加比例不大，复配燃料闪点变化范围不大；同时添加乙酰丙酸乙酯、正丁醇的复配燃料，复配燃料的闪点略有下降，原因是正丁醇的闪点过低。

### 5.1.3　氧化安定性

氧化安定性原指液体燃料在使用、储存条件下，抵抗大气或氧气的作用而保持其性质不发生永久变化的能力。安定性可以分为物理安定性、化学安定性和热安定性。燃料的物理安定性是指燃料保持其物理性质稳定的能力；化学安定性也称抗氧化安定性，是指燃料在常温液相使用、储存条件下抵抗氧化变质、不发生化学变化的能力；燃料的热安定性是燃料在温度较高的使用条件下仍能保持良好质量、避免积聚生成沉淀的能力。在民用石油供应中，燃料储存的时间一般较短，对燃料安定性的要求也较低。而对于军用油料、航空煤油等，正常情况下一般要求稳定储存在 10 年以上，氧化安定性要求较高[2]。

从石油中炼制的柴油，其中直馏柴油的安定性高于裂化柴油。安定性良好的柴油，在储存和运输过程中能较好地保持油品颜色不加深，实际胶质变化不大，基本上不生成沉淀。而氧化安定性不良的油品因性质不稳定容易生成可溶性和不溶性聚合物、老化酸和过氧化物等，应用于燃料系统中不但易生成胶质沉淀，堵塞滤清器，影响供油油路和雾化效果，而且在喷嘴头部、燃烧室壁及活塞顶等部位积聚大量积炭，造成喷嘴堵塞、喷油不均。使用含有大量胶质的柴油还会增加排气阀的结焦，妨碍正常操作，从而影响供油系统和燃料燃烧的正常运行，导致燃油浪费和环境污染物排放增加。

柴油的储存安定性良好与否，主要取决于油品的化学成分，包括原料的性质和加工精炼工艺。柴油氧化安定性是在规定条件下，100mL 柴油氧化生成的总不溶物的质量，单位为 $mg \cdot 100mL^{-1}$，相同规定条件下生成不溶物越多，说明燃料的氧化安定性越差。根据《馏分燃料油氧化安定性测定法(加速法)》(SH/T 0175—2004)，选择总不溶物作为复配燃料氧化安定性的评价指标[5]。不同复配燃料的氧化安定性见图 5-8。

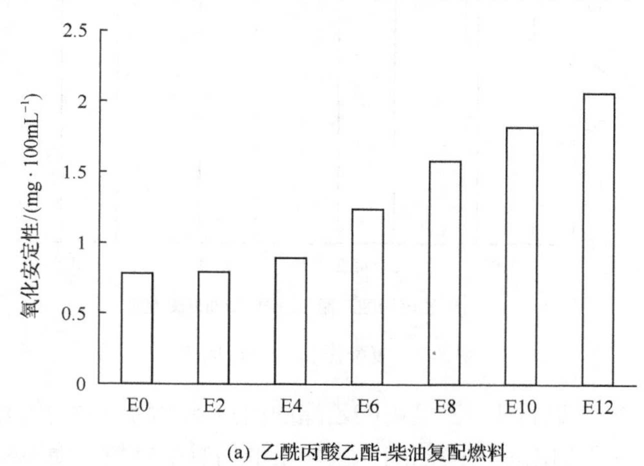


(a) 乙酰丙酸乙酯-柴油复配燃料

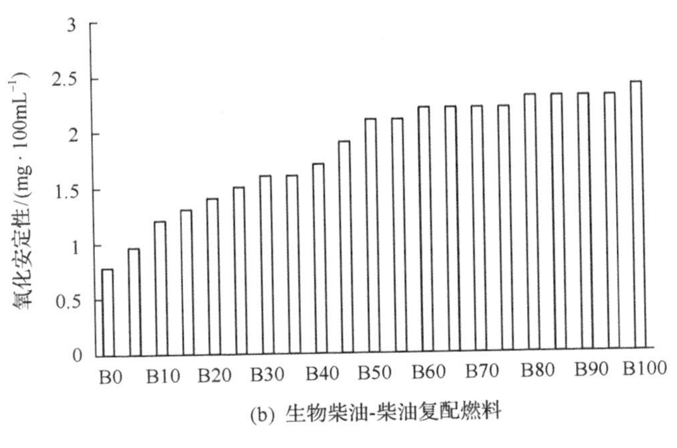


(b) 生物柴油-柴油复配燃料

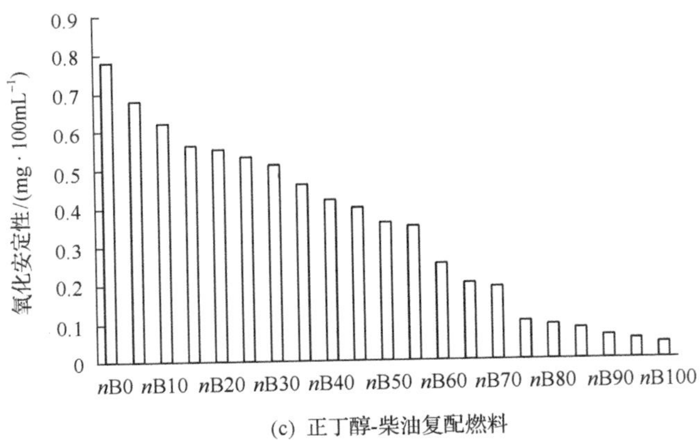


(c) 正丁醇-柴油复配燃料

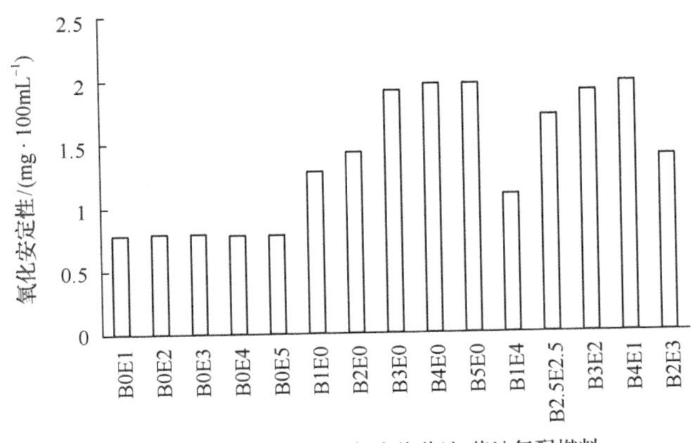


(d) 乙酰丙酸乙酯-生物柴油-柴油复配燃料

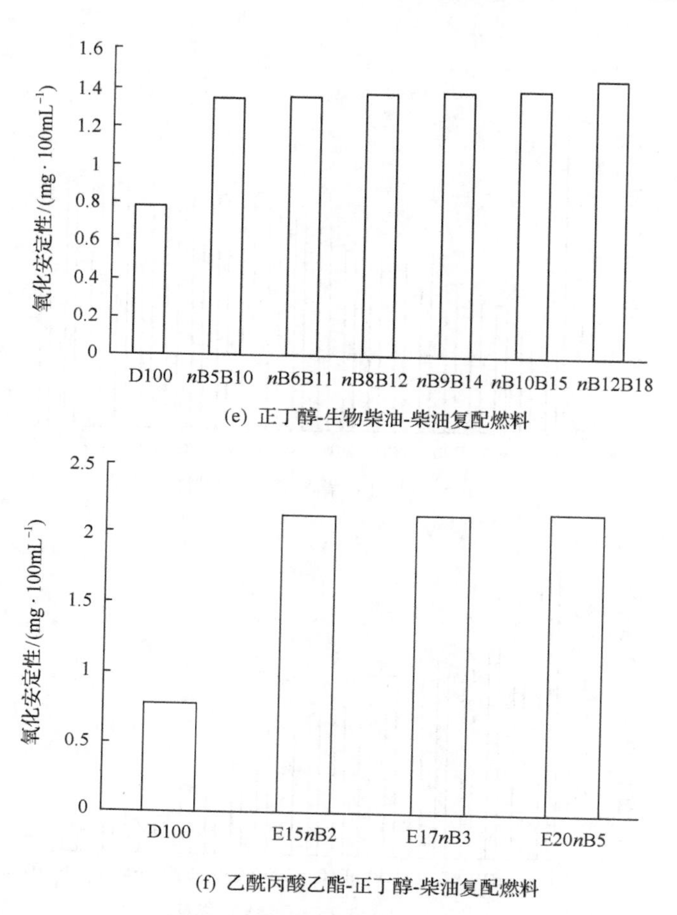


(e) 正丁醇-生物柴油-柴油复配燃料

(f) 乙酰丙酸乙酯-正丁醇-柴油复配燃料

图 5-8　复配燃料的氧化安定性

由图 5-8(a)～(f)可以得出：乙酰丙酸乙酯和生物柴油的氧化安定性(总不溶物浓度)均大于柴油，正丁醇的氧化安定性(总不溶物浓度)小于柴油。单独添加乙酰丙酸乙酯、生物柴油的复配燃料，随着添加比例的增大，复配燃料总不溶物浓度升高；单独添加正丁醇的复配燃料，随着添加比例的增大，总不溶物浓度降低；同时添加乙酰丙酸乙酯和生物柴油的复配燃料(添加比例≤5vol%)，总不溶物浓度受生物柴油影响较为明显；同时添加乙酰丙酸乙酯、正丁醇的复配燃料，复配燃料的闪点略有下降，但总不溶物浓度均符合相关国家标准的要求。

### 5.1.4　发火性与热值

1. 发火性

燃料的发火性是评价柴油液体燃料燃烧性能的重要指标。柴油发动机的燃料发火性能指其自燃的能力。发火性能好的燃料，自燃温度低，着火延迟期短，着火燃烧后气缸内压力上升平稳，柴油机工作柔和，容易冷启动且具有低怠速噪声，十六烷值即十六烷指数可以表示燃料的燃烧性能。十六烷值越低，则燃料着火越不易，滞燃期就越长，以致发生爆震，降低发动机功率，增加燃油消耗量；十六烷值越高，燃烧性能越好，但十六烷值过高的燃料分子量会较大，其低温流动性、雾化和蒸发性能均会受到影响，会使燃烧不完全、发动机功率下降、油耗增加，燃烧过程中容易裂解，从而排气烟度增大。因此，要求十六烷值满足标准且不大于 65 为宜。一般认为转速为 1500～2000r·min$^{-1}$ 的柴油机选用十六烷值为 45～50 的柴油，转速在 2000r·min$^{-1}$ 以上的则选用十六烷值更大些的柴油，而低速柴油机可选用十六烷值较低的柴油。不同复配燃料的十六烷值见图 5-9。

由图 5-9(a)～(f)可以得出：乙酰丙酸乙酯和正丁醇的十六烷值均小于柴油，生物柴油的十六烷值大于柴油。单独添加乙酰丙酸乙酯、正丁醇的复配燃料，随着添加比例的增大，复配燃料十六烷值有所下降，其中正丁醇复配燃料的十六烷值下降比较明显；单独添加生物柴油的复配燃料，随着添加比例的增大，十六烷值上升；同时添加乙酰丙酸乙酯和生物柴油的复配燃料(添加比例≤5vol%)，十六烷值变化波动范围不大；同时添加乙酰丙酸乙酯、正丁醇的复配燃料，复配燃料的十六烷值有所下降。

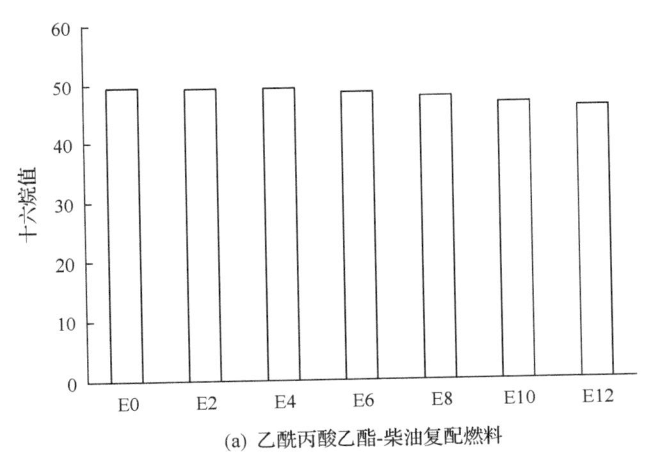


(a) 乙酰丙酸乙酯-柴油复配燃料

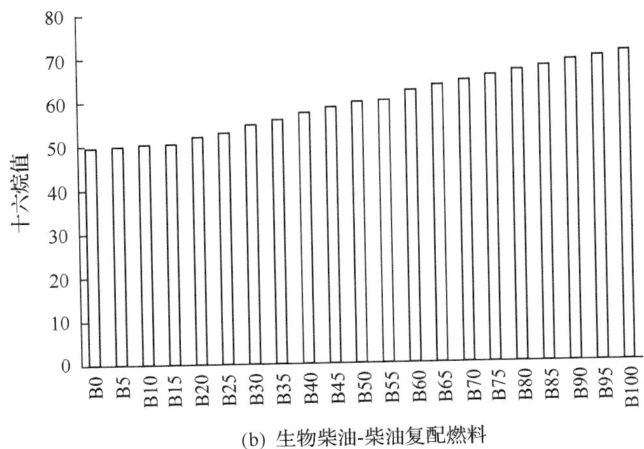


(b) 生物柴油-柴油复配燃料

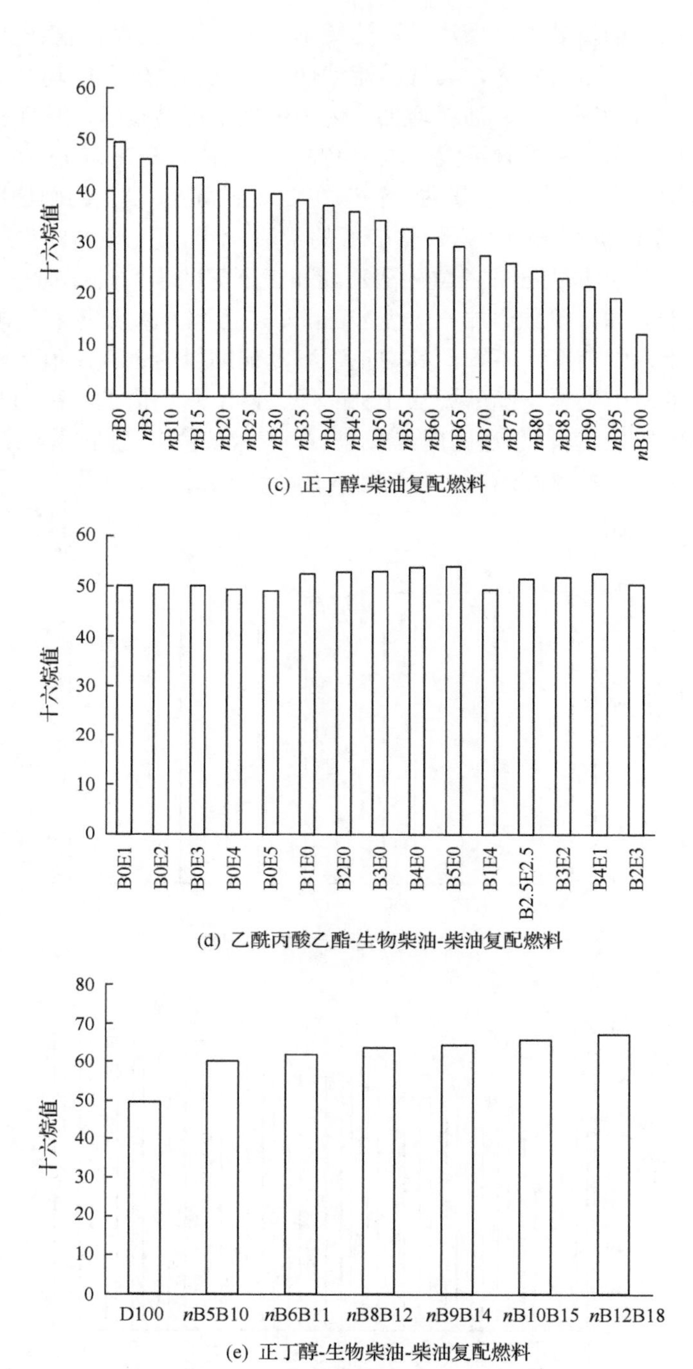


(c) 正丁醇-柴油复配燃料

(d) 乙酰丙酸乙酯-生物柴油-柴油复配燃料

(e) 正丁醇-生物柴油-柴油复配燃料

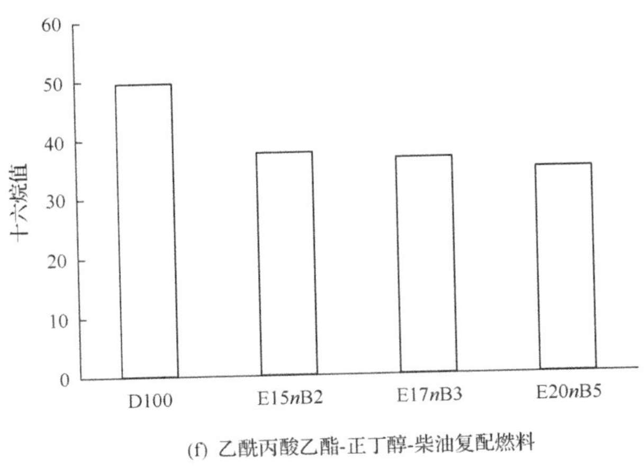


(f) 乙酰丙酸乙酯-正丁醇-柴油复配燃料

图 5-9　复配燃料的十六烷值

2. 热值

热值是液体燃料应用于发动机的重要指标，关系到发动机的动力性能。各种液体燃料，包括液态氢、液态氨及液态碳氢类燃料在内的热值见图 5-10。由图可见，醇类燃料的热值较低，随着分子量的增加而增加；硝基甲烷的热值很低；氢及氮氢化合物的热值变化曲线与烃类相似，但数值较低；戊硼烷的热值明显高于烃类。乙酰丙酸乙酯、生物柴油等含氧燃料的热值一般低于柴油，但氧的存在使得其燃烧更为完全，碳烟等污染物排放比柴油明显降低。热值的高低会影响到燃油的消耗率。本实验按照国标《石油产品热值测定法》(GB 384—1981)的规定进行[6]。

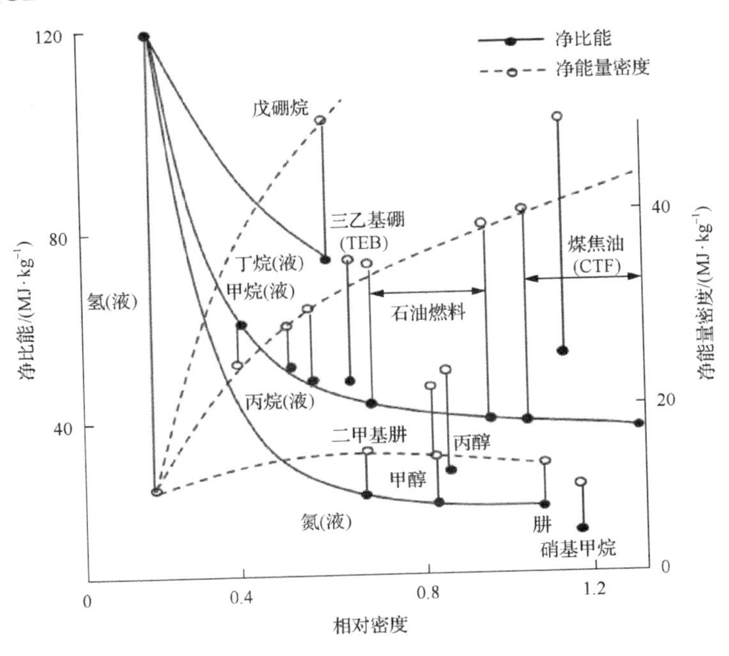


图 5-10　液体燃料的热值

氧弹热值折算单位为 cal[①]·$g^{-1}$，忽略油品中的氮含量，则总热值计算如式(5-3)所示。

$$Q_Z = Q_Y - 22.5S \tag{5-3}$$

式中，$Q_Y$为氧弹热值，cal·$g^{-1}$；$Q_Z$为总热值，cal·$g^{-1}$；$S$为试样中的硫含量，%。

低位热值计算如式(5-4)所示。

$$Q_D = Q_Z - 54H \text{ 或 } Q_D = Q_Z - 54(0.005Q_Y - 41.4) \tag{5-4}$$

式中，$Q_D$为低位热值，cal·$g^{-1}$；$H$为试样中的氢元素含量，%。

氧弹热值实验结果和低位热值计算结果如图 5-11 所示。

由图 5-11(a)～(f)可以得出以下结论。

(1)由图 5-11(a)可知，柴油、乙酰丙酸乙酯的热值(低位热值)分别为 43.1MJ·$kg^{-1}$、24.8MJ·$kg^{-1}$，随着乙酰丙酸乙酯添加比例的增大，复配燃料的热值下降比较明显。

(2)由图 5-11(b)可知，生物柴油的热值为 37.5MJ·$kg^{-1}$，添加生物柴油对于复配燃料的热值影响不是很明显。

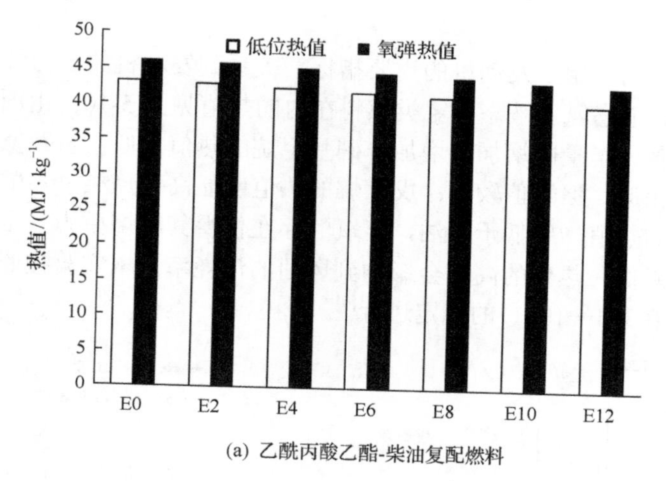


(a) 乙酰丙酸乙酯-柴油复配燃料

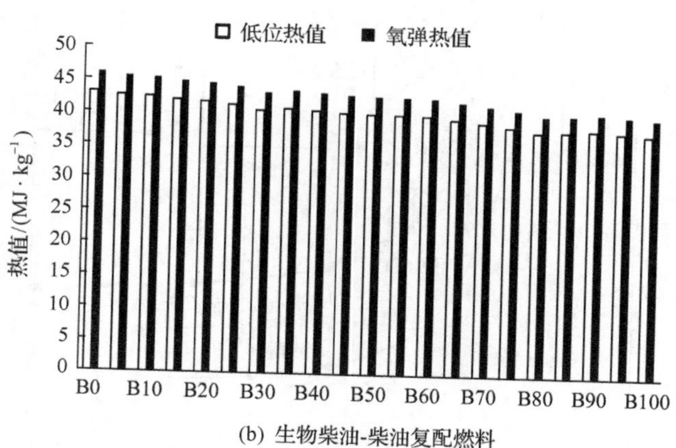


(b) 生物柴油-柴油复配燃料

① 1cal=4.184J。

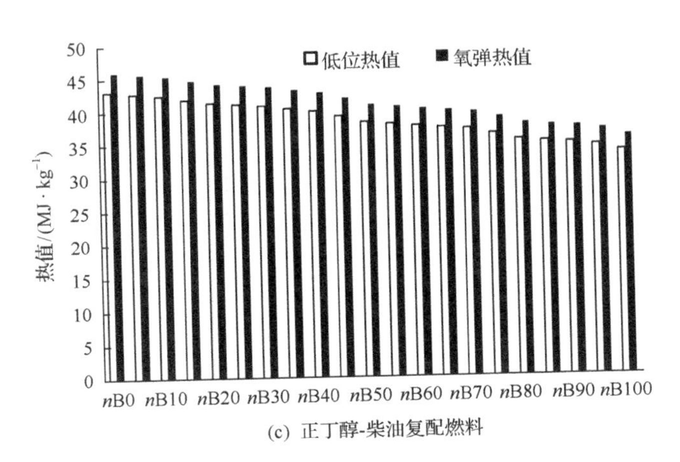


(c) 正丁醇-柴油复配燃料

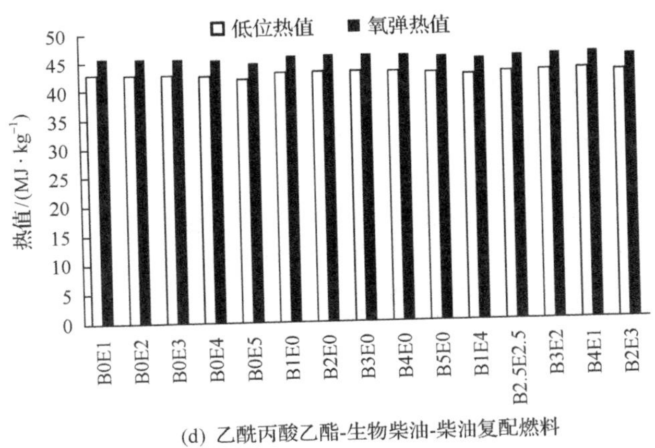


(d) 乙酰丙酸乙酯-生物柴油-柴油复配燃料

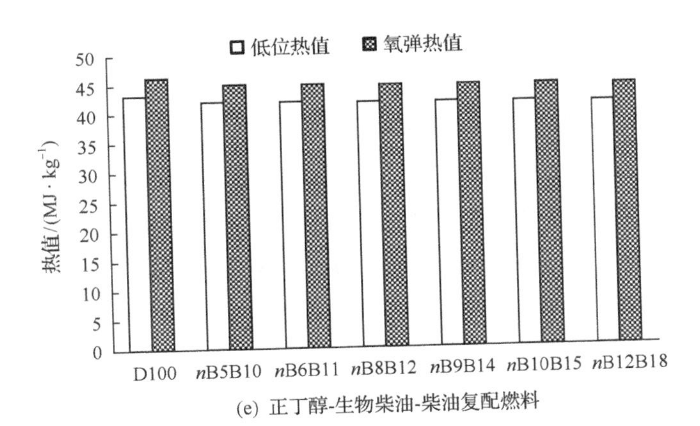


(e) 正丁醇-生物柴油-柴油复配燃料

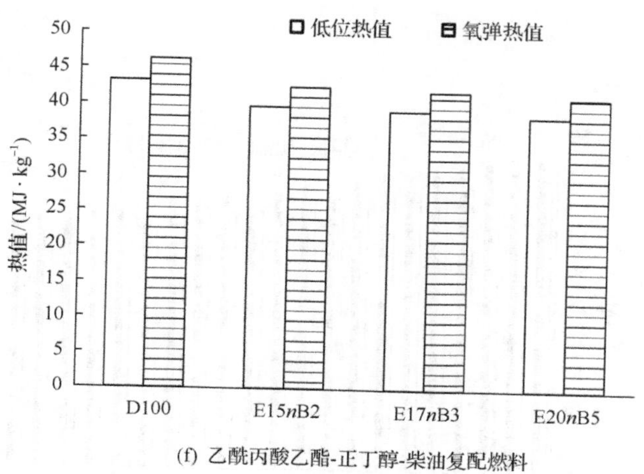


(f) 乙酰丙酸乙酯-正丁醇-柴油复配燃料

图 5-11　复配燃料的热值

(3) 由图 5-11(c) 可知，正丁醇的热值为 $33.6MJ \cdot kg^{-1}$，正丁醇-柴油复配燃料的热值随着正丁醇的添加有较为明显的下降。

(4) 由图 5-11(d) 可知，虽然乙酰丙酸乙酯和生物柴油的热值低于柴油，但小比例(≤5vol%)地添加乙酰丙酸乙酯和生物柴油，对复配燃料的热值改变不是很明显，热值均在 $40MJ \cdot kg^{-1}$ 以上。

(5) 由图 5-11(e) 可知，生物柴油添加比例的增加会降低复配燃料的热值。

(6) 由图 5-11(f) 可知，乙酰丙酸乙酯的添加比例变化对复配燃料的影响较大，即使是小幅度增加也将会降低复配燃料的热值。

### 5.1.5　防腐性与洁净性

1. 防腐性

柴油一般没有腐蚀性，柴油复配燃料的腐蚀性主要是由添加物引起的。如添加生物柴油后，复配燃料中有机酸和水溶性酸含量就显著增高。腐蚀性的增加会对发动机的金属零部件造成不利影响，加速发动机老化。液体燃料腐蚀性指标主要有酸值、硫含量和铜片腐蚀。

1) 酸值

酸值是表示油品中酸性物质的一个指标，考察油品的腐蚀能力。酸值高的燃料可使燃料油系统的不溶物沉积，从而对喷油和燃烧效率产生不利影响。液体燃料的酸值对发动机零件的腐蚀作用较大，其值越小越好。酸值测定按照《石油产品酸值测定法》(GB/T 264—1983) 的规定进行。

酸值计算如式 (5-5) 所示。

$$X = \frac{V \times 56.1 \times T}{G} \times 100\% \tag{5-5}$$

式中，$X$ 为被测试样的酸值，$mg\ KOH \cdot g^{-1}$；$V$ 为滴定时所消耗的氢氧化钾乙醇溶液的体积，mL；$G$ 为被测试样的质量，g；56.1 为氢氧化钾的分子量；$T$ 为氢氧化钾乙醇溶液的摩尔浓度，mol/L。复配燃料的酸值结果如图 5-12 所示。

由图 5-12(a)～(f)可以得出：随着乙酰丙酸乙酯、正丁醇、生物柴油的添加，复配燃料的酸值都有不同程度的升高，原因是乙酰丙酸乙酯、正丁醇和生物柴油在制取过程中残留不同程度的盐酸等，造成了其本身含酸量大于柴油。

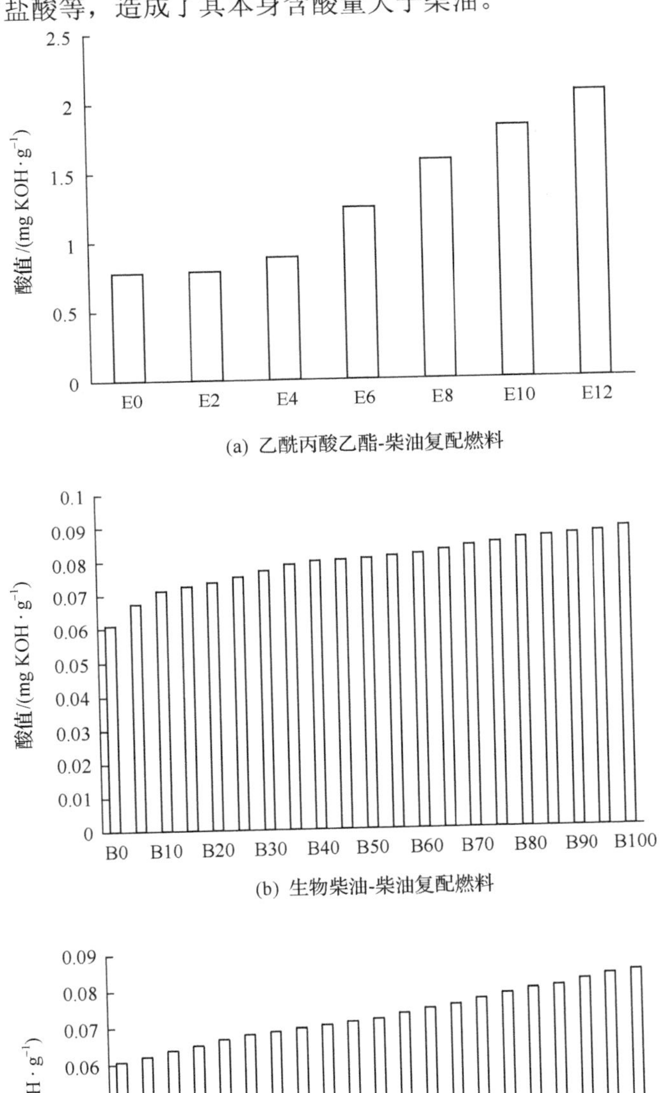


(a) 乙酰丙酸乙酯-柴油复配燃料

(b) 生物柴油-柴油复配燃料

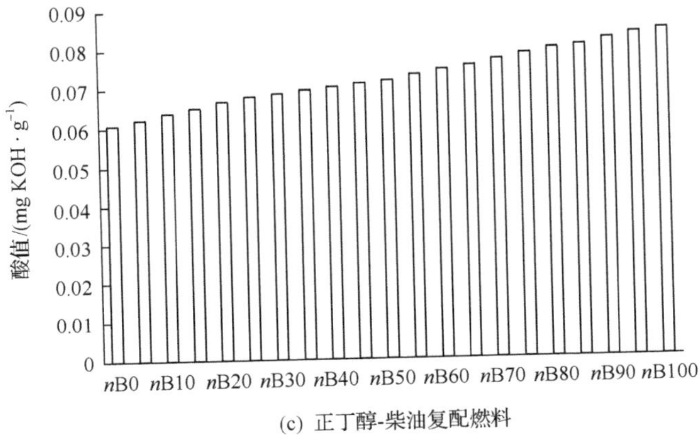


(c) 正丁醇-柴油复配燃料

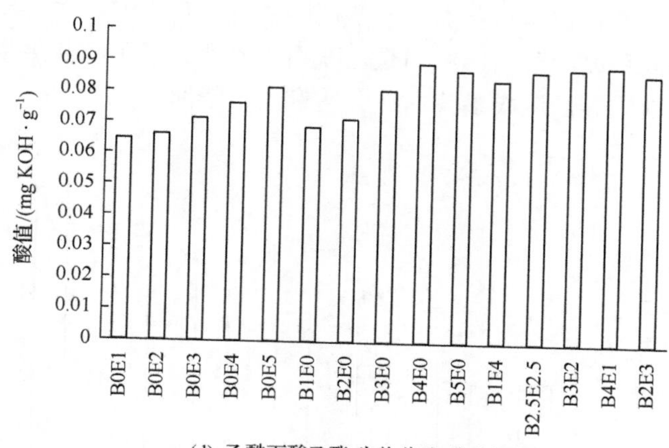


(d) 乙酰丙酸乙酯-生物柴油-柴油复配燃料

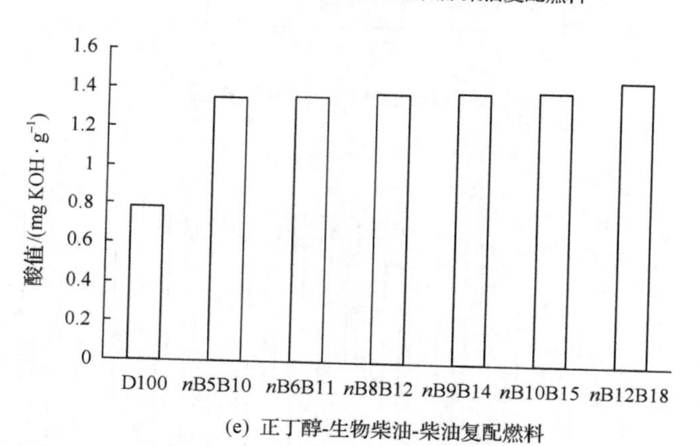


(e) 正丁醇-生物柴油-柴油复配燃料

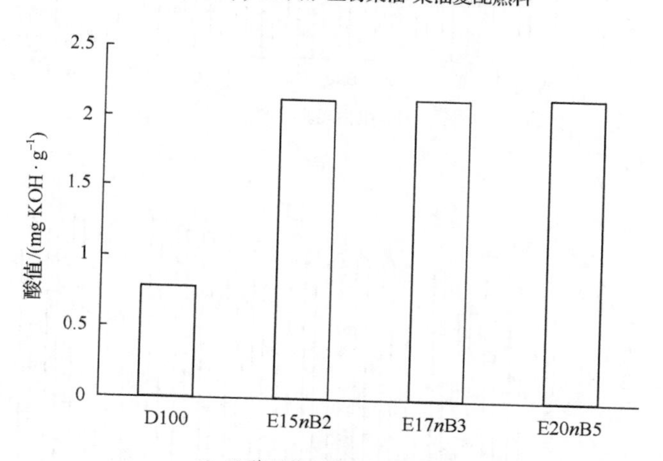


(f) 乙酰丙酸乙酯-正丁醇-柴油复配燃料

图 5-12　复配燃料的酸值

2) 硫含量

硫含量对发动机磨损和沉积及污染物排放都有很大影响，清洁燃料的一个重要指标就是低硫。柴油中含有化学成分硫，其数量取决于原有质量和在炼油厂添加的成分，尤其是裂解成分中大部分的硫含量都很高。一般的生物柴油和乙酰丙酸乙酯中都不含硫。硫能与铜或铜合金发生化学作用，生成硫化铜，从而破坏发动机有关的铜质零件；硫与铁能发生化学作用而生成硫化铁，从而腐蚀发动机。硫元素还在燃烧过程中生成 $SO_2$、$SO_3$，对发动机的燃烧室和排气系统产生腐蚀性磨损，造成环境污染。为此，德国在 2003 年就对含硫柴油征收了处罚税，其市场上目前只提供无硫燃油。硫含量的测定按照《石油产品硫含量测定法(燃灯法)》(GB/T 380—1977)的规定进行[7]。

试样的硫含量按照式(5-6)计算。

$$X = \frac{(V - V_1) \times K \times 0.0008}{G} \times 100\% \tag{5-6}$$

式中，$X$ 为被测试样的硫含量，%；$V$ 为滴定空白液所消耗的盐酸溶液体积，mL；$V_1$ 为滴定被测试样吸收器中的吸收液所消耗的盐酸溶液体积，mL；$K$ 为换算为 0.05N 盐酸溶液的修正系数(盐酸的实际当量浓度与 0.05N 之比)；0.0008 为单位体积 0.05N 盐酸溶液所相当的硫含量，$g \cdot mL^{-1}$；$G$ 为被测试样的燃烧量，g。测定结果如图 5-13 所示。

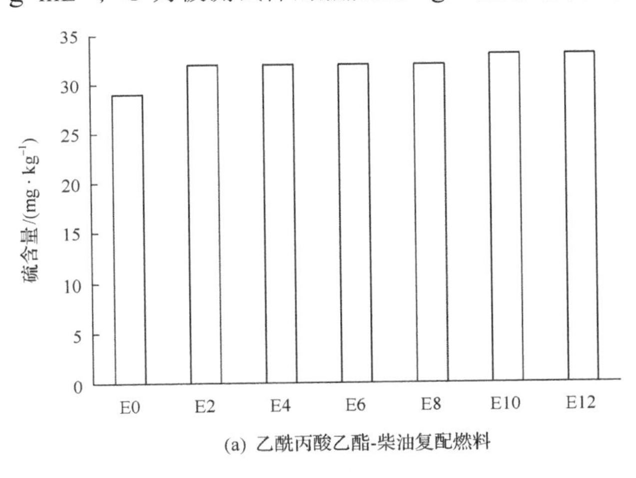


(a) 乙酰丙酸乙酯-柴油复配燃料

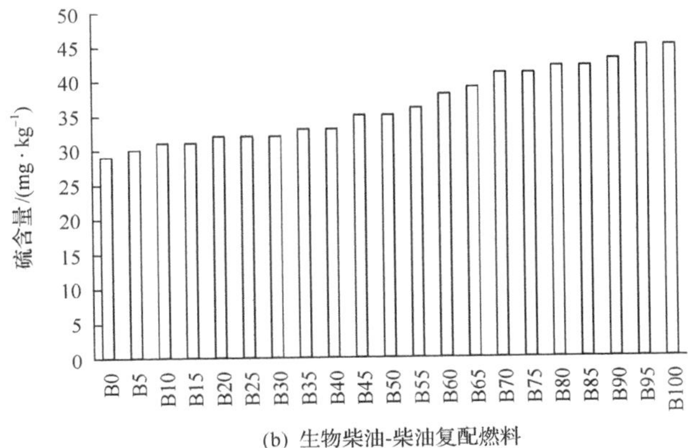


(b) 生物柴油-柴油复配燃料

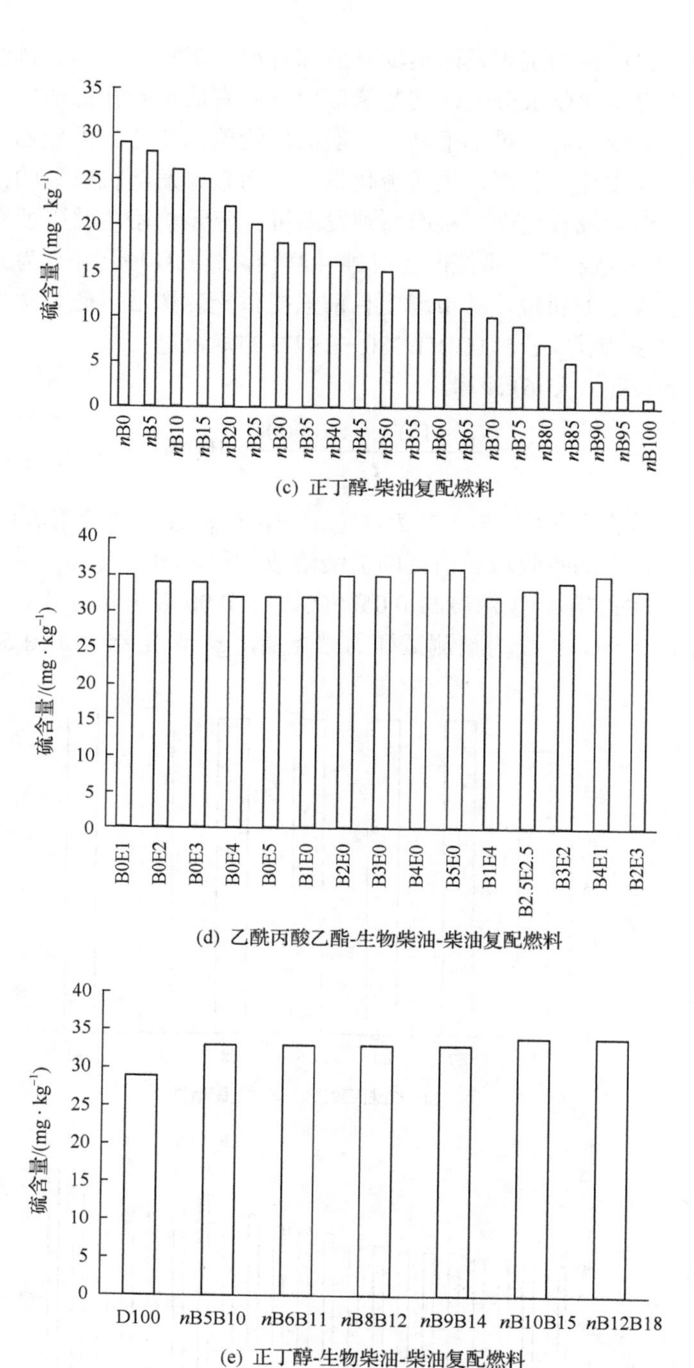


(c) 正丁醇-柴油复配燃料

(d) 乙酰丙酸乙酯-生物柴油-柴油复配燃料

(e) 正丁醇-生物柴油-柴油复配燃料

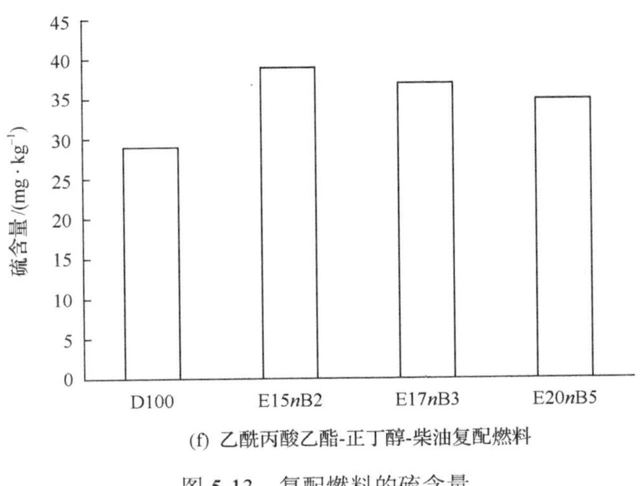

(f) 乙酰丙酸乙酯-正丁醇-柴油复配燃料

图 5-13　复配燃料的硫含量

由图 5-13(a)～(f) 可以得出：正丁醇的硫含量＜乙酰丙酸乙酯的硫含量≤柴油的硫含量＜生物柴油的硫含量。乙酰丙酸乙酯和生物柴油含的硫应该是制取过程中残留的硫酸根造成的。随着乙酰丙酸乙酯的添加比例的增大，复配燃料的硫含量基本不变；随着正丁醇的添加比例的增大，复配燃料的硫含量呈下降趋势；随着生物柴油添加比例的增大，复配燃料的硫含量呈上升趋势。

3) 铜片腐蚀

铜片腐蚀越大的液体燃料对其他金属的腐蚀性也越大。铜片腐蚀的测定依照《石油产品铜片腐蚀试验法》(GB/T 5096—2017) 的规定进行[8]。

把经过表面处理和抛光的铜片，依次用无水乙醇及乙醚洗涤并放置在滤纸上晾干。将试样注入试管中 30mL 刻线处，并将经过最后磨光的干净铜片在 1min 内浸入该试管的试样中。将试管滑入试验弹中，把试验弹完全浸入已维持在 (50±1)℃的水浴中，在水浴中放置 (180±5) min 后，将试管取出，倒出试样，小心地用镊子取出铜片，放入装有温热的丙酮或无水乙醇-苯混合液的瓷皿中，趁热洗涤，然后将这块铜片与腐蚀性标准色板成 45°折射角方式比较。腐蚀性标准色板分为 1 级轻度变色、2 级中度变色、3 级深度变色、4 级腐蚀。当铜片介于两种相邻标准色板之间的腐蚀级别时，其按照变色严重的腐蚀级判断。乙酰丙酸乙酯、生物柴油、正丁醇与柴油复配燃料的铜片腐蚀试验结果见表 5-2，部分铜片腐蚀后的照片如图 5-14 所示。

由表 5-2 可以得出：生物柴油对铜片的腐蚀性最大，乙酰丙酸乙酯、正丁醇、柴油对铜片基本无腐蚀。复配燃料随着生物柴油添加比例的增加，其铜片腐蚀程度有增加的趋势；当生物柴油添加比例达到 5%时，对铜片的腐蚀程度超出国标 B5 的要求。

**表 5-2　复配燃料添加剂比例与腐蚀等级对照表**

| 燃料名称 | 添加剂调和比例 | 腐蚀等级 |
| --- | --- | --- |
| 乙酰丙酸乙酯-柴油 | 0～12% | 无腐蚀 |
| 生物柴油-柴油 | 0～10% | 无腐蚀 |
| | 10.1%～80% | 1a |
| | 80.1%～100% | 1b |
| 正丁醇-柴油 | 0～100% | 无腐蚀 |
| 乙酰丙酸乙酯-生物柴油-柴油 | 0～5%(B+E≤5%) | 无腐蚀 |
| 正丁醇-生物柴油-柴油 | 0(纯柴油) | 无腐蚀 |
| | 0～30%(*n*B+B≤30%) | 1a |
| 乙酰丙酸乙酯-正丁醇-柴油 | 0～25%(E+*n*B≤25%) | 无腐蚀 |

a,b 表示腐蚀标准色板的分级。

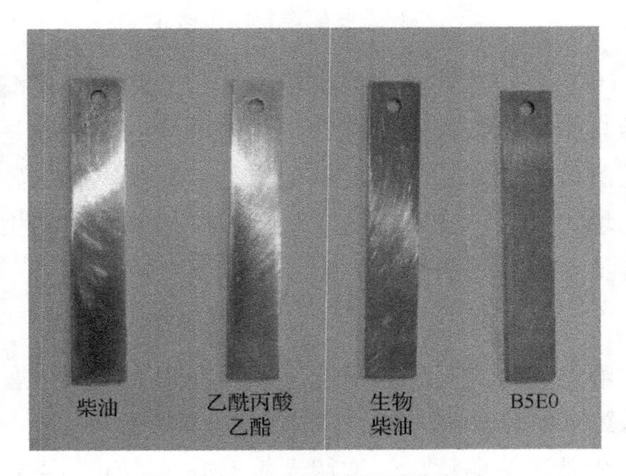


图 5-14　复配燃料的铜片腐蚀

2. 洁净性

液体燃料洁净性的评定指标有水分、机械杂质、灰分和残炭。

1) 水分

游离水会导致液体燃料氧化并与游离脂肪酸生成酸性水溶液，燃料中存在的水分会对容器、管路、燃烧室和金属零部件进行腐蚀，从而引起积炭、结胶，造成滤清器和油路的堵塞。水分的测定依照《石油产品水含量的测定 蒸馏法》(GB/T 260—2016)的规定进行[9]。

试样中水分的体积分数 $Y$ 按式(5-7)计算。

$$Y = \frac{V}{G} \times 100\% \tag{5-7}$$

式中，$V$ 为接受器中收集水的体积，mL；$G$ 为试样的质量，g。水在室温密度可视为 1，因此用水的毫升数作为水的克数。

生物柴油、乙酰丙酸乙酯、正丁醇、柴油复配燃料的水分实验结果见表 5-3。

**表 5-3　复配燃料的添加剂比例与水分值对照表**

| 燃料名称 | 添加剂比例 | 水分值/% |
| --- | --- | --- |
| 乙酰丙酸乙酯-柴油 | 0～2% | 0.008 |
| | 2.1%～12% | 0.009 |
| 生物柴油-柴油 | 0～5% | 0.008 |
| | 5.1%～15% | 0.009 |
| | 15.1%～70% | 0.01 |
| | 70.1%～75% | 0.011 |
| | 75.1%～100% | 0.012 |
| 正丁醇-柴油 | 0～25% | 0.008 |
| | 25.1%～55% | 0.009 |
| | 55.1%～100% | 0.01 |
| 乙酰丙酸乙酯-生物柴油-柴油 | 0%B+(0～2)%E | 0.008 |
| | 0%B+(2.1～5)%E | 0.009 |
| | (0～5)%B+0%E | 0.009 |
| | B+E=5%，E＜2.9% | 0.01 |
| | B+E=5%，E＞3% | 0.011 |
| 正丁醇-生物柴油-柴油 | 0(纯柴油) | 0.008 |
| | *n*B+B＜25% | 0.014 |
| | *n*B+B=30% | 0.015 |
| 乙酰丙酸乙酯-正丁醇-柴油 | 0.1%＜*n*B+E＜20%(*n*B＜3%) | 0.017 |
| | 20.1%＜*n*B+E＜25%(3.1%～5%) | 0.018 |

由表 5-3 可以得出：随着乙酰丙酸乙酯、生物柴油、正丁醇的添加，水分含量略有增加，其复配燃料中水分含量均不大于国家标准(即不大于 0.03%)。

2)机械杂质

机械杂质是液体燃料洁净性的评价指标之一，是指石油或石油产品中不溶于油和规定溶剂的沉淀或悬浮物，如泥沙、尘土、铁屑、纤维和某些不溶性盐类。机械杂质可用沉淀或过滤等方法除去。对轻质油来说，机械杂质会堵塞油路，促使生胶或腐蚀。机械杂质对供油系统正常工作和发动机上精密偶件的磨损有重要影响。机械杂质可用目测法进行测定，将试样注入 100mL 的玻璃量筒中，在室温下观察燃料的透明性、悬浮、沉降等情况。本实验按照国标《石油和石油产品及添加剂机械杂质测定法》(GB/T 511—2010)的规定进行[10]。

称取一定量的试样，溶于甲苯溶剂中，用已恒重的滤纸或微孔玻璃过滤器过滤，被留在滤纸或微孔玻璃过滤器上的杂质即为机械杂质。复配燃料的机械杂质数据见表 5-4。

**表 5-4　复配燃料的机械杂质**

| 燃料名称 | 添加剂比例 | 机械杂质 |
| --- | --- | --- |
| 乙酰丙酸乙酯-柴油 | 0～12% | 无 |
| 生物柴油-柴油 | 0～100% | 无 |
| 正丁醇-柴油 | 0～100% | 无 |
| 乙酰丙酸乙酯-生物柴油-柴油 | E+B≤5% | 无 |
| 正丁醇-生物柴油-柴油 | *n*B+B≤30% | 无 |
| 乙酰丙酸乙酯-正丁醇-柴油 | E+*n*B≤25% | 无 |

由表 5-4 可以得出：乙酰丙酸乙酯、生物柴油、正丁醇、柴油复配燃料均无机械杂质。

3) 灰分

液体燃料中溶解的无机盐、有机盐、不能燃烧的机械杂质经过灼烧后所剩余的不燃物质为灰分。其中，生物柴油中灰分来自固体磨料、可溶性金属皂及未除去的催化剂。固体磨料和未除去的催化剂能导致喷油器、燃油泵、活塞和活塞环磨损。可溶性金属皂对磨损影响很小，但可能导致滤网堵塞。灰分的测定按照《石油产品灰分测定法》(GB/T 508—1985)的规定进行[11]。

试样的灰分含量计算如式(5-8)所示。

$$X = \frac{G_1}{G} \times 100 \tag{5-8}$$

式中，$G_1$ 为灰分的质量，g；$G$ 为试样的质量，g。

不同添加比复配燃料的灰分含量如图 5-15 所示。

由图 5-15(a)～(f) 可以得出：生物柴油的灰分含量略大于柴油，其他燃料小于柴油，乙酰丙酸乙酯、生物柴油、正丁醇、柴油复配燃料中灰分含量均不大于国家标准(即不大于 0.01%)。

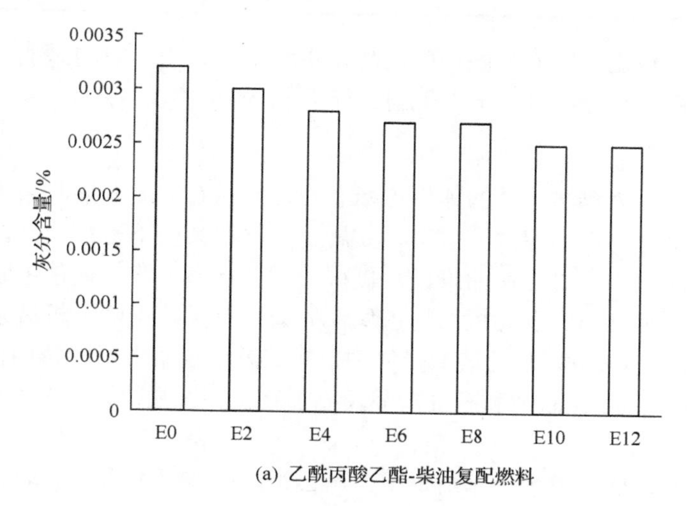


(a) 乙酰丙酸乙酯-柴油复配燃料

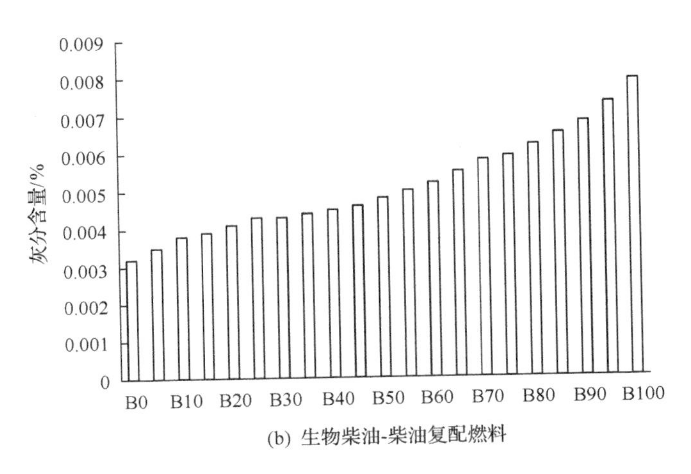


(b) 生物柴油-柴油复配燃料

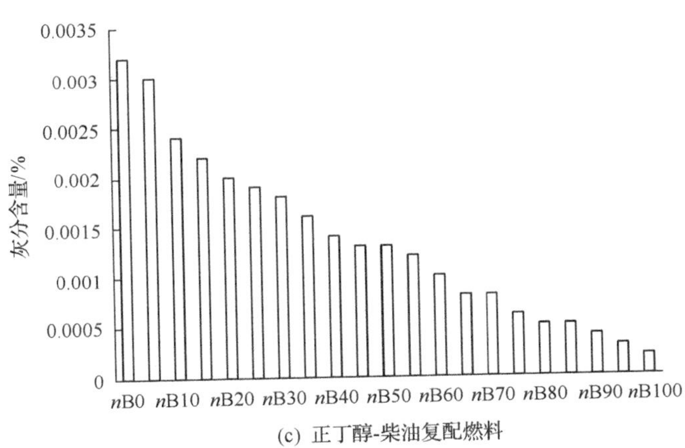


(c) 正丁醇-柴油复配燃料

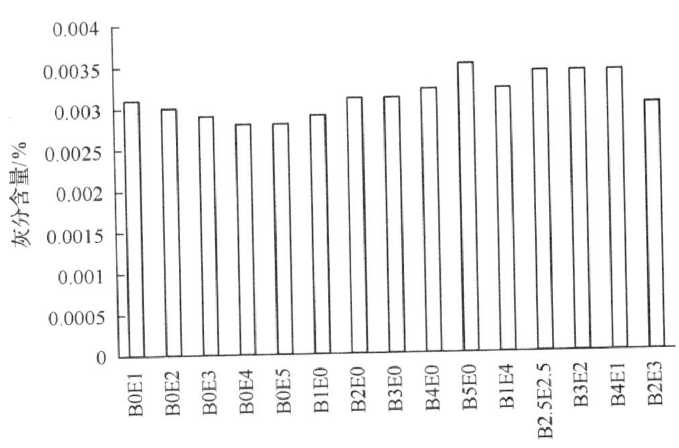


(d) 乙酰丙酸乙酯-生物柴油-柴油复配燃料

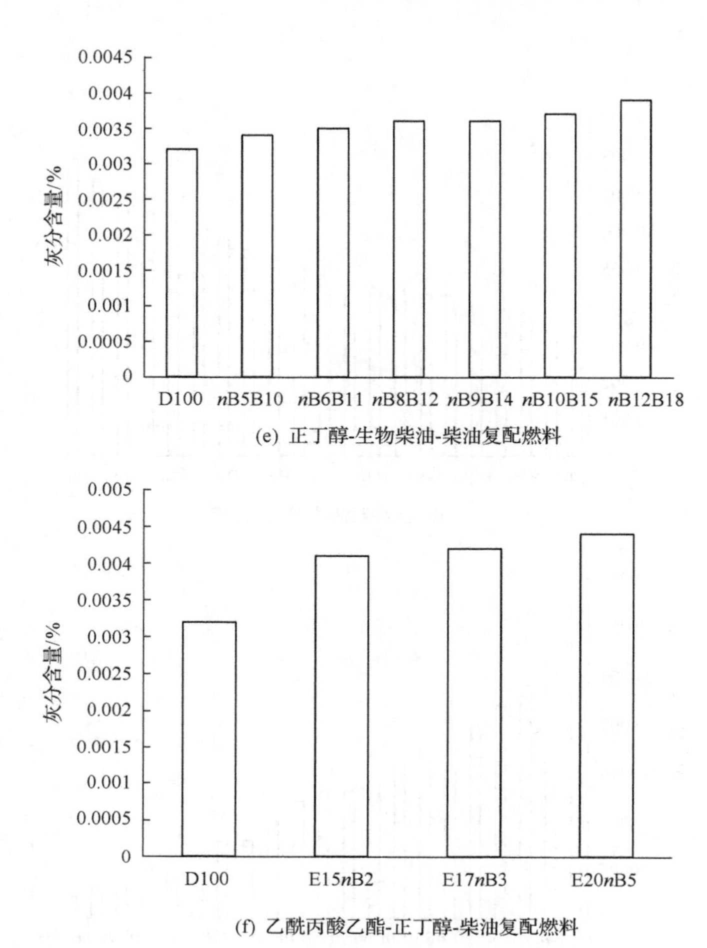


(e) 正丁醇-生物柴油-柴油复配燃料

(f) 乙酰丙酸乙酯-正丁醇-柴油复配燃料

图 5-15　复配燃料的灰分含量

4) 残炭

残炭是指液体燃料在规定的实验条件下受热蒸发、裂解和燃烧形成的焦黑色残留物。残炭值越高，其积炭倾向就越大，在压缩机汽缸、胀圈和排气阀座上的积炭就越多，在高温下容易发生爆炸。残炭的测定按照《石油产品残炭测定法(康氏法)》(GB 268—1987)的规定进行[12]。

不同添加比复配燃料的残炭值如图 5-16 所示。

由图 5-16(a)～(f) 可以得出：生物柴油的残炭值大于柴油，乙酰丙酸乙酯和正丁醇的残炭值均小于柴油，含生物柴油比例较大的燃料残炭值大于纯柴油，整体上，乙酰丙酸乙酯、生物柴油、正丁醇、柴油的复配燃料残炭值均不大于国家标准(即不大于 0.3%)。

本节对生物质基乙酰丙酸乙酯、生物柴油、正丁醇与柴油的复配燃料的理化特性进行了多个指标的研究。结论如下：

(1) 互溶性实验表明：生物柴油和丁醇不同添加比情况下均能与柴油进行混溶，均无分层、无浑浊现象发生。而乙酰丙酸乙酯与柴油的最大互溶性可达 12%。

(2) 低温流动性实验表明：乙酰丙酸乙酯、正丁醇与柴油的复配燃料均能降低冷滤点和凝点，改善低温流动性，生物柴油的添加可提高冷滤点和凝点，不利于柴油复配燃料低温流动性的改善。

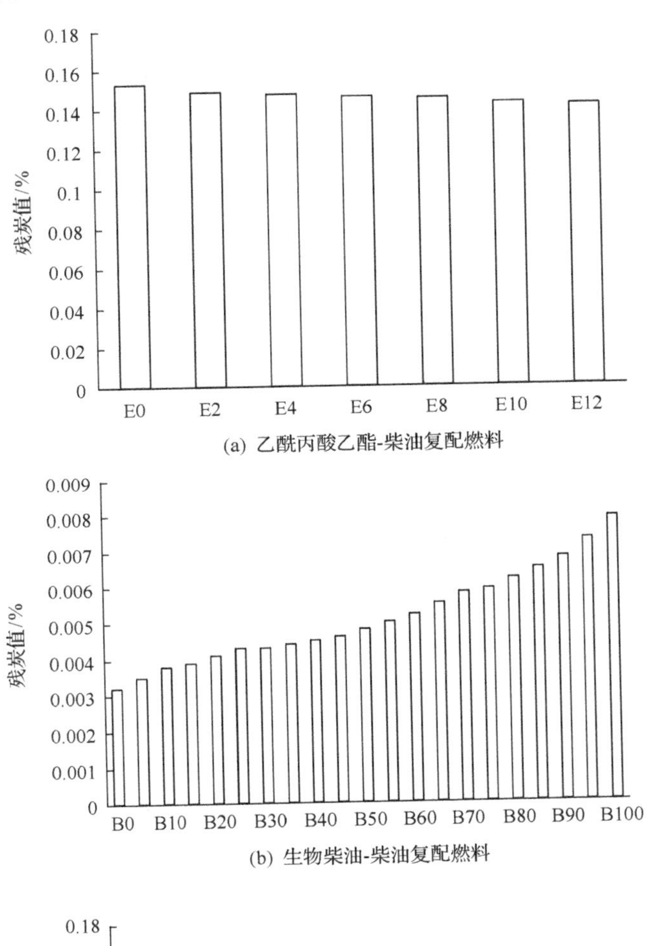


(a) 乙酰丙酸乙酯-柴油复配燃料

(b) 生物柴油-柴油复配燃料

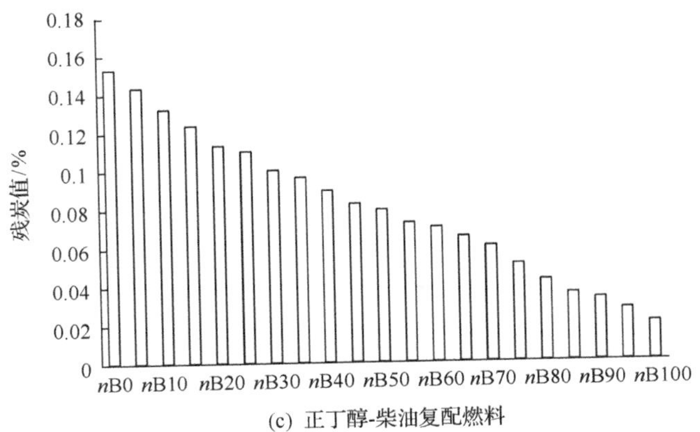


(c) 正丁醇-柴油复配燃料

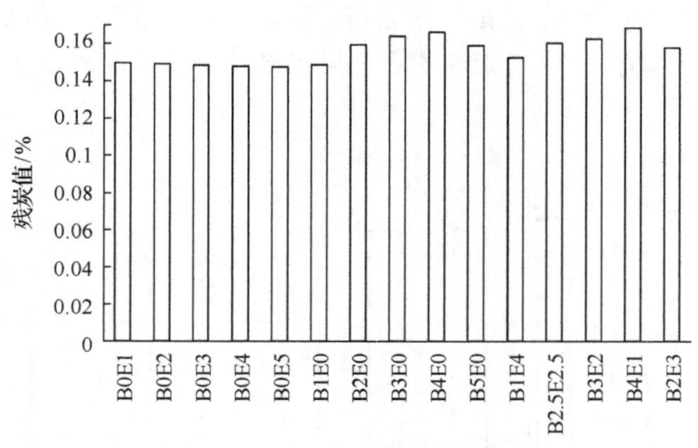


(d) 乙酰丙酸乙酯-生物柴油-柴油复配燃料

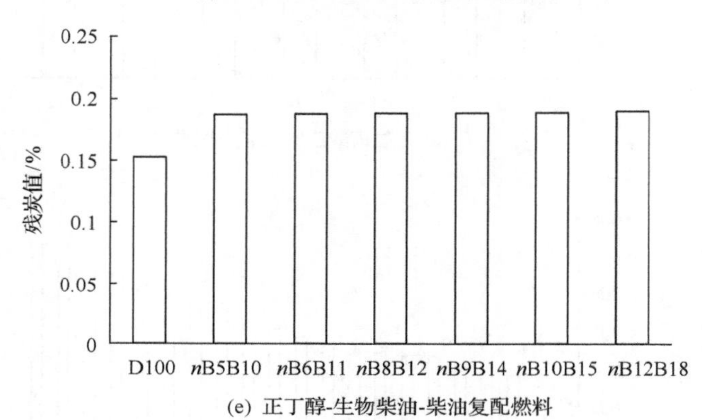


(e) 正丁醇-生物柴油-柴油复配燃料

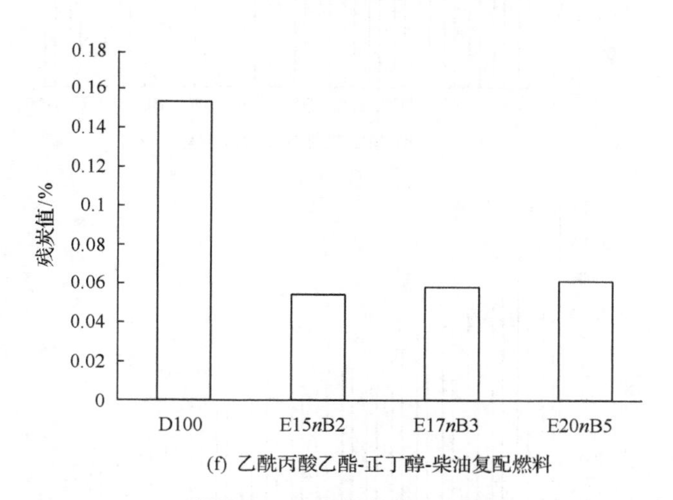


(f) 乙酰丙酸乙酯-正丁醇-柴油复配燃料

图 5-16　复配燃料的残炭值

(3)雾化及蒸发性实验表明：柴油、生物柴油、乙酰丙酸乙酯、正丁醇四者的馏分分布差别很大。生物柴油和柴油中重质馏分较多，馏分宽度较大，其中生物柴油馏分宽度最大；乙酰丙酸乙酯和正丁醇的成分单一，仅有一种馏分；添加乙酰丙酸乙酯(≤12vol%)对柴油的馏程影响不是明显。在柴油中添加生物柴油可以使 50%回收温度向高温方向偏移，同时50%回收温度和90%回收温度趋于一致；在柴油中添加正丁醇可以使馏程温度向低温方向偏移；在柴油中添加小比例(≤5vol%)的乙酰丙酸乙酯和生物柴油，整个馏程温度(50%、90%和95%回收温度)变化不大。整体上，乙酰丙酸乙酯的添加有利于柴油复配燃料流动性的改善；生物柴油的添加不利于柴油复配燃料流动性的改善；正丁醇的添加有利于柴油复配燃料流动性的改善；同时添加乙酰丙酸乙酯和生物柴油的复配燃料运动黏度略有下降；同时添加乙酰丙酸乙酯和生物柴油的复配燃料运动黏度有所下降；同时添加乙酰丙酸乙酯和正丁醇的复配燃料，运动黏度下降较为明显，流动性改善显著。单独添加乙酰丙酸乙酯、生物柴油的复配燃料，随着添加比例的增大，复配燃料密度增大；单独添加正丁醇的复配燃料，随着添加比例的增大，复配燃料密度减小；同时添加乙酰丙酸乙酯和生物柴油的复配燃料(添加比例≤5vol%)，复配燃料密度变化范围不大。单独添加乙酰丙酸乙酯、生物柴油的复配燃料，随着添加比例的增大复配燃料闪点升高；单独添加正丁醇的复配燃料，随着添加比例的增大复配燃料闪点降低；同时添加乙酰丙酸乙酯和生物柴油的复配燃料(添加比例≤5vol%)，由于添加比例不大，复配燃料闪点变化范围不大；同时添加乙酰丙酸乙酯、正丁醇的复配燃料，复配燃料的闪点略有下降，原因是正丁醇的闪点过低。

(4)氧化安定性实验表明：单独添加乙酰丙酸乙酯、生物柴油的复配燃料，随着添加比例的增大，复配燃料总不溶物浓度升高；单独添加正丁醇的复配燃料，随着添加比例的增大，复配燃料总不溶物浓度降低；同时添加乙酰丙酸乙酯和生物柴油的复配燃料(添加比例≤5vol%)，总不溶物浓度受生物柴油影响较为明显；同时添加乙酰丙酸乙酯、正丁醇的复配燃料，复配燃料的闪点略有升高，但总不溶物含量均符合相关国家标准的要求。

(5)发火性实验表明：乙酰丙酸乙酯和正丁醇的十六烷值均小于柴油，生物柴油的十六烷值大于柴油。单独添加乙酰丙酸乙酯、正丁醇的复配燃料，随着添加比例的增大，复配燃料十六烷值有所下降，其中，正丁醇复配燃料的十六烷值下降比较明显；单独添加生物柴油的复配燃料，随着添加比例的增大，复配燃料十六烷值上升；同时添加乙酰丙酸乙酯和生物柴油的复配燃料(添加比例≤5vol%)，十六烷值变化波动范围不大；同时添加乙酰丙酸乙酯、正丁醇的复配燃料，复配燃料的十六烷值有所下降。

(6)热值实验表明：柴油、乙酰丙酸乙酯、生物柴油、正丁醇的热值(低位热值)分别为$43.1MJ\cdot kg^{-1}$、$24.8MJ\cdot kg^{-1}$、$37.5MJ\cdot kg^{-1}$、$33.6MJ\cdot kg^{-1}$，随着乙酰丙酸乙酯、正丁醇添加比例的增大，热值下降比较明显，添加生物柴油对于复配燃料的热值影响不是很明显。小比例(≤5vol%)地添加乙酰丙酸乙酯和生物柴油，对复配燃料的热值改变不是很明显，热值均在$40MJ\cdot kg^{-1}$以上。

(7)防腐性实验表明：随着乙酰丙酸乙酯、正丁醇、生物柴油的添加，复配燃料的酸值都有不同程度的升高。随着乙酰丙酸乙酯的添加比例的增大，复配燃料的硫含量基本不变；随着正丁醇的添加比例增大，复配燃料的硫含量呈下降趋势；随着生物柴油添加比例增大，复配燃料的硫含量呈上升趋势。生物柴油对铜片的腐蚀性最大，乙酰丙酸乙酯、正丁醇、柴油对铜片基本无腐蚀。复配燃料随着生物柴油添加比例的增加，其铜片腐蚀程度有增加的趋势；当生物柴油添加比例达到5%时，对铜片的腐蚀程度超出国标

B5 的要求。

(8) 洁净性实验表明：随着乙酰丙酸乙酯、生物柴油、正丁醇的添加，水分含量略有增加，其复配燃料中水分含量均不大于痕迹。乙酰丙酸乙酯、生物柴油、正丁醇、柴油复配燃料均无机械杂质。生物柴油的灰分含量略大于柴油，其他燃料小于柴油，乙酰丙酸乙酯、生物柴油、正丁醇、柴油中及复配燃料中灰分含量均不大于 0.01%。生物柴油的残炭值大于柴油，乙酰丙酸乙酯和正丁醇的残炭值均小于柴油，含生物柴油比例较大的燃料残炭值大于纯柴油，整体上，乙酰丙酸乙酯、生物柴油、正丁醇、柴油的复配燃料中残炭值均不大于 0.3%。

## 5.2　酯类燃料动力性、经济性和排放性

对复配燃料进行实验室台架实验，通过模拟发动机在实际中的运转过程，测量燃料的油耗量、动力扭矩、功率等参数，对尾气排放物，如氮氧化物 ($NO_x$)、一氧化碳、二氧化碳等进行分析，得到燃料在台架运行中的动力性、经济性和排放性，为生物质基酯类燃料在实际发动机中推广应用提供一定的实验依据。

酯类复配燃料燃烧排放特性实验系统如图 5-17 所示。

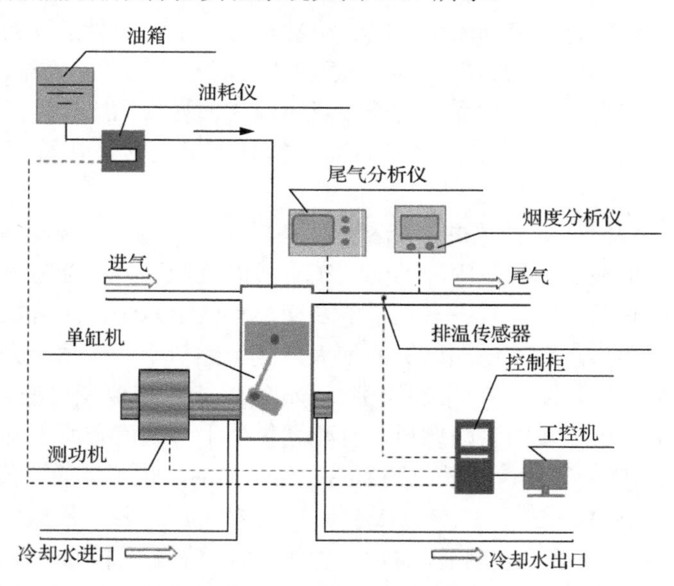


图 5-17　复配燃料燃烧排放特性实验系统简图

### 5.2.1　醇类复配燃料

国内外对醇类燃料作为车用替代燃料的研究和工业应用已经较为成熟。醇类燃料制造原料丰富，避免了类似于原油的供应受到各方面因素的制约。在排放方面，首先，由于含氧量较高，混合气燃烧充分，能够明显地抑制燃烧中碳烟的生成，同时降低排放物中未充分燃烧的碳氢化合物 (HC) 和一氧化碳 (CO) 生成量；其次，燃烧温度比烃类燃料

低，对燃烧中氮氧化物的生成有抑制作用，有助于进一步缓解大气污染；最后，醇类燃料的辛烷值较高，作点燃式发动机的燃料，应用于压缩比较高的发动机，可以提高发动机的热效率。醇类燃料的不足之处主要有：醇类热值较低，导致燃料的消耗量相对增加，可通过提高发动机的压缩比，保证发动机的较平稳的动力性；醇类燃料的低温蒸发性差，汽化潜热高，不利于低温冷启动[1]。

已有研究表明，作为车用替代燃料，丁醇比乙醇更具优势，其优点主要包括以下方面：丁醇的热值比乙醇要高 25%左右，因此相同质量的丁醇可比乙醇多输出约 1/3 的动力；丁醇的挥发性远低于乙醇，只有乙醇的 1/6 左右，且对水蒸气的适应性较高；丁醇的腐蚀性较小，可以使用现有的燃料供应和分销系统；此外，丁醇与汽油、柴油的相溶性较好，因此可以不必对现有的发动机结构作出大的改动，并且可以使用浓度几乎为 100%的丁醇燃料。几种主要醇类和柴油的理化性质如表 5-5 所示[13]。

**表 5-5　醇类的基本理化性质[14]**

| 性质 | 甲醇 | 乙醇 | 丁醇 | 柴油 |
| --- | --- | --- | --- | --- |
| 含氧量/% | 50.0 | 34.8 | 21.62 | — |
| 密度(20℃)/(kg·L$^{-1}$) | 0.792 | 0.7893 | 0.8109 | 0.82～0.86 |
| 沸点(沸程)/℃ | 65 | 78 | 117.6 | 180～370 |
| 里德蒸气压(38℃)/kPa | 31.69 | 13.80 | 2.27 | 1.86 |
| 闪点/℃ | 11～12 | 13～14 | 35～37 | 65～88 |
| 低位热值/(MJ·kg$^{-1}$) | 19.9 | 26.8 | 33.1 | 48 |
| 汽化潜热/(MJ·kg$^{-1}$) | 1.17 | 0.93 | 0.582 | 0.25～0.3 |
| 理论空燃比 | 6.45 | 9.0 | 11.2 | — |
| 辛烷值 | 106～115 | 110 | 96 | 16～20 |
| 十六烷值 | 3～5 | 8 | 25 | 45～65 |

醇类与柴油的混合燃料称为醇类-柴油复配燃料，一般按照醇类在混合燃料中所占的体积分数对其进行定义。本节主要研究醇类-柴油复配燃料的动力性、经济性和排放性等，醇类燃料因与汽油、柴油均有良好的互溶性，可作为重要的添加调和剂。下面分别对正丁醇-柴油、异丁醇-柴油、正丁醇-生物柴油-柴油复配燃料特性进行研究。

1. 正丁醇-柴油复配燃料

如表 5-6 所示，不同比例的正丁醇-柴油复配燃料主要理化特性，包含运动黏度、低位热值、闭口闪点、密度、十六烷值、回收温度等参数。复配燃料相比于柴油，10%回收温度大幅提前，复配燃料的比例为 10%～40%时，轻质馏分比例增加，导致 50%、90%、95%回收温度出现小幅度提前；运动黏度、闭口闪点、十六烷值在掺入少量正丁醇时下降明显，随着掺混比例的增大，下降趋势趋于平缓。

**表 5-6 正丁醇-柴油复配燃料理化特性**[15]

| 特性 | *n*B0 | *n*B10 | *n*B20 | *n*B30 | *n*B40 | *n*B50 | *n*B60 | *n*B70 | *n*B80 | *n*B90 | *n*B100 |
|---|---|---|---|---|---|---|---|---|---|---|---|
| 运动黏度/($mm \cdot s^{-2}$) | 4.27 | 3.82 | 3.65 | 3.48 | 3.41 | 3.31 | 3.18 | 3.11 | 3.15 | 3.03 | 3.02 |
| 低位热值/($MJ \cdot kg^{-1}$) | 43.45 | 42.29 | 41.42 | 40.90 | 40.05 | 38.14 | 38.05 | 37.35 | 35.29 | 35.20 | 33.69 |
| 闭口闪点/K | 337.1 | 314.6 | 314.4 | 314.4 | 313.6 | 313.5 | 312.6 | 312.6 | 310 | 310 | 310 |
| 密度/($kg \cdot m^{-3}$) | 0.834 | 0.829 | 0.827 | 0.825 | 0.823 | 0.821 | 0.817 | 0.815 | 0.813 | 0.811 | 0.809 |
| 十六烷值 | 49.5 | 36.5 | 27 | 25 | 24.5 | 23.5 | 21.8 | $<20$ | $<20$ | $<20$ | $<20$ |
| 10%回收温度/K | 495 | 399 | 391 | 389 | 391 | 390 | 390 | 390 | 390 | 390 | 388 |
| 50%回收温度/K | 551.5 | 545 | 539 | 525 | 512 | 399 | 391 | 391 | 391 | 391 | 390 |
| 90%回收温度/K | 611 | 603 | 603 | 593 | 594 | 584 | 578 | 542 | 391 | 391 | 390 |
| 95%回收温度/K | 626 | 620 | 622 | 611 | 606 | 600 | 598 | 572 | 546 | 532 | 390 |

1）动力性

在等负荷率下一系列混合燃料的输出功率如图 5-18(a)所示。混合比对输出功率的影响较小。对于 14.7%、23.5%、35.3%、47.1%、58.8%、70.6%、82.3%、94.1%和 100%的负载率下标准偏差分别如下：0.0175、0.0097、0.0175、0.0116、0.0175、0.0067、0.0175、0.0128 和 0.0175。标准偏差最大值为 0.0175，平均值为 0.0143。小标准偏差可用于对比在相同输出功率条件下，燃料混合物和柴油的燃料消耗和排气的差异。

2）经济性

随着正丁醇含量升高，混合燃料的燃油消耗量高于柴油，见图 5-18(b)。B10、B20、B30、B40 的燃油消耗量增幅最大值分别为 7.8%、9.9%、14.2%和 18.6%，柴油机在不同的工作点上的最大增幅分别为 3.7%、6.2%、8.1%和 10.6%。由于混合燃料的热值较低，在同等放热条件下，燃料混合物的燃料消耗量高于柴油的燃料消耗量。

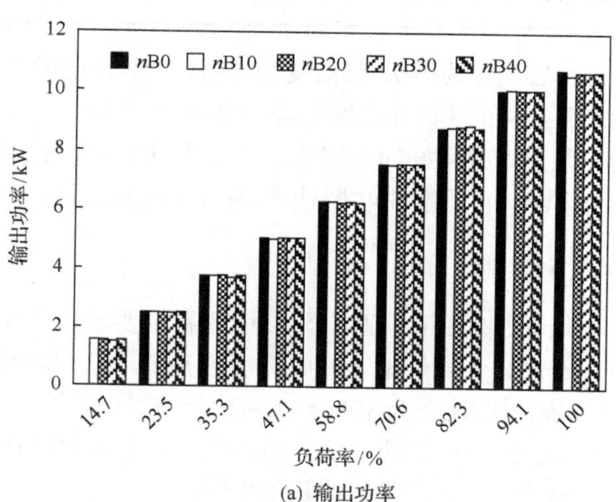


(a) 输出功率

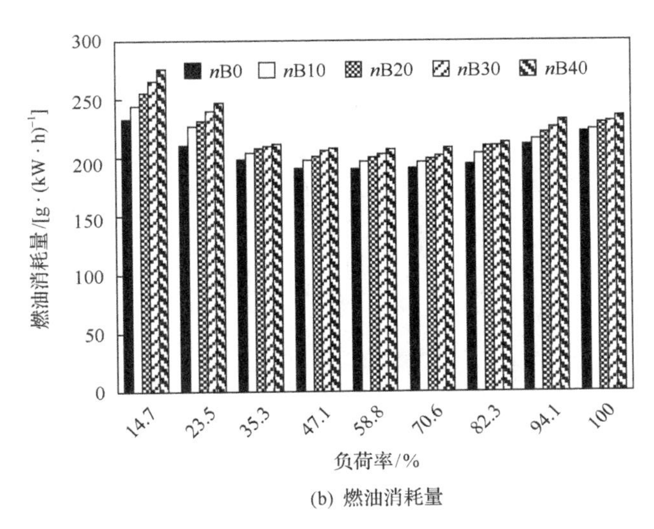


(b) 燃油消耗量

图 5-18　正丁醇-柴油复配燃料动力性和经济性

3) 排放性

排气温度[图 5-19(a)]随着混合燃料负荷率的增加而增加，在低负荷至中等负荷下的差异较小。然而，在 100%的负荷率下，柴油的排气温度(760K)显著高于混合燃料的最高温度(722K)。

随着混合燃料中正丁醇含量的增加，燃料混合物的 HC 排放量[图 5-19(b)]降低。*n*B10、*n*B20、*n*B30 和 *n*B40 的 HC 排放量最大降幅分别为 52.7%、68.2%、71.2%和 72.4%。不同的操作点平均减少了 30.5%、60.7%、63.5%和 64.4%。在燃烧过程中，HC 排放的主要来源是未燃烧的燃料，柴油中正丁醇的加入可以减少 HC，原因可能是混合燃料具有比柴油更快的湍流火焰速率、燃料气化和扩散速率。在同样的燃烧时间下，混合燃料能够更充分地进行燃烧。

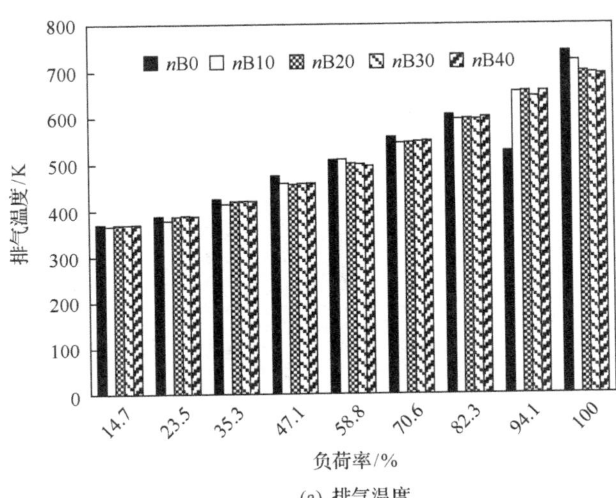


(a) 排气温度

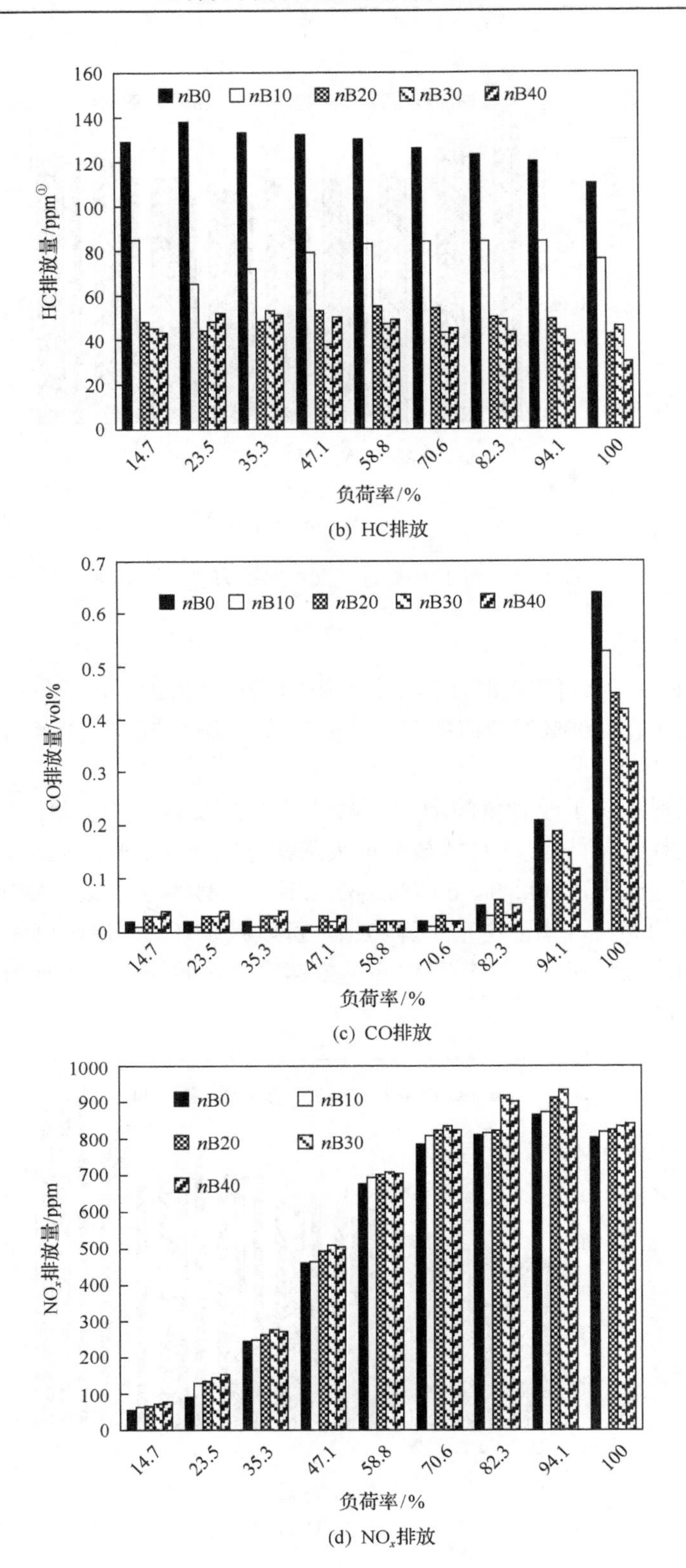


(b) HC排放

(c) CO排放

(d) $NO_x$排放

① 1ppm=$10^{-6}$ 量级。

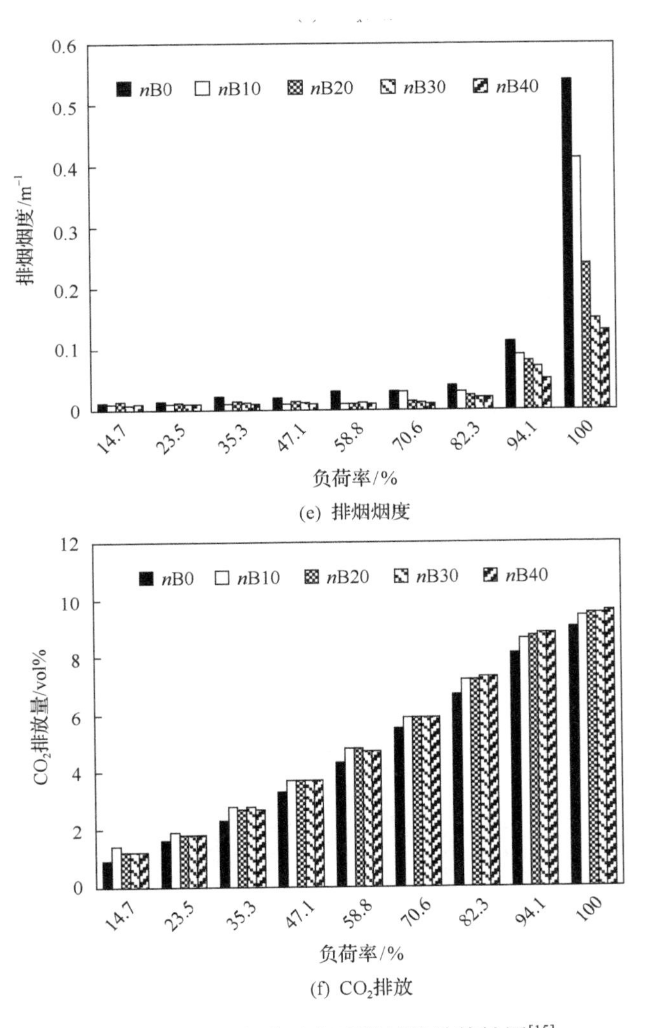


(e) 排烟烟度

(f) $CO_2$排放

图 5-19　正丁醇-柴油复配燃料排放特性图[15]

随着正丁醇含量的增加，CO 和 PM(颗粒物)排放减少，过量空气系数是控制 CO 和 PM 形成和排放的主要因素，醇类燃料有较高的氧含量，有助于燃烧反应的进行，降低 CO 和 PM 排放。虽然混合燃料的氧化过程中会产生更多的氧离子，但混合燃料的点火延迟时间短，在高温区域的停留时间比柴油的时间短，造成 $NO_x$ 排放量小幅增加。

2. 异丁醇-柴油复配燃料

异丁醇作为正丁醇的同分异构体，也被认为是一种有前途的可再生生物燃料。对异丁醇-柴油复配燃料进行研究分析，考察混合燃料的特性。表 5-7 为异丁醇-柴油复配燃料的理化特性。由表可得，随异丁醇比例的增加，复配燃料的密度、运动黏度、十六烷值和低位热值逐渐下降。

**表 5-7　异丁醇-柴油复配燃料理化特性[16]**

| 特性 | 密度(20℃)/(g·cm$^{-3}$) | 运动黏度(20℃)/(mm·s$^{-2}$) | 十六烷值 | 低位热值/(MJ·kg$^{-1}$) |
|---|---|---|---|---|
| 柴油(0#) | 0.835 | 4.26 | 49.5 | 43.09 |
| 异丁醇 | 0.801 | 4.05 | 13 | 32.81 |
| *i*B10 | 0.811 | 3.81 | 44.05 | 42.01 |
| *i*B20 | 0.808 | 3.78 | 40.6 | 41.06 |
| *i*B30 | 0.804 | 3.76 | 37.15 | 40.45 |

1) 动力性

图5-20中显示了在1200r·min$^{-1}$负荷下燃烧不同比例异丁醇-柴油复配燃料时柴油机的特性。加入异丁醇后，柴油机的输出功率没有明显下降。这种现象是由于混合燃料的十六烷值较低，说明异丁醇-柴油复配燃料可以直接用于柴油发动机而不需要改变燃料系统。

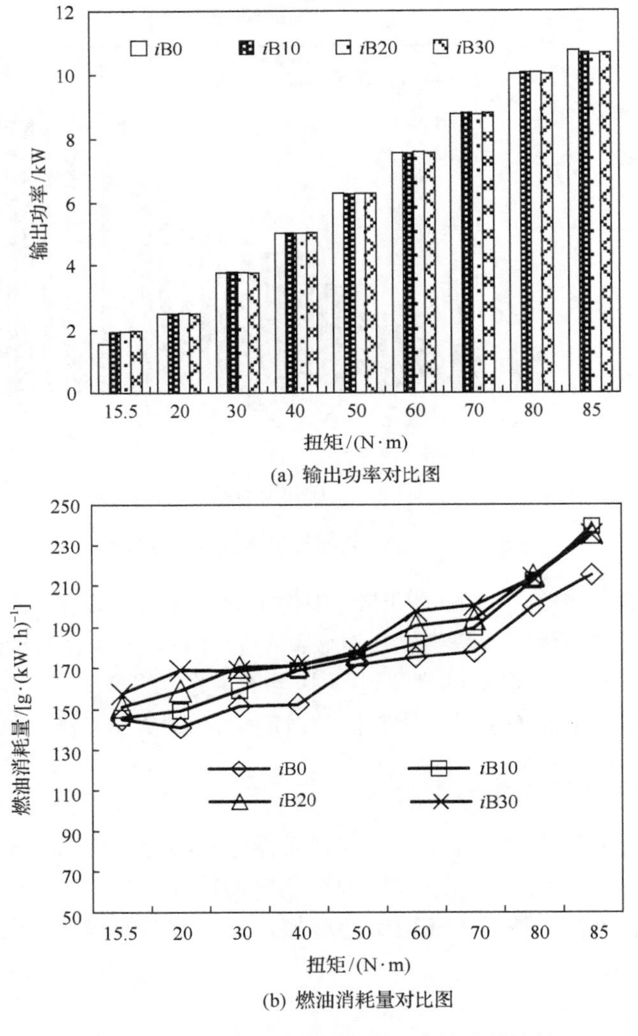


(a) 输出功率对比图

(b) 燃油消耗量对比图

图 5-20　异丁醇-柴油复配燃料动力性和经济性

2) 经济性

图 5-20(b) 显示了随异丁醇体积分数的增加，燃料消耗量逐渐增大。由于醇类燃料的热值低，复配燃料的热值低于纯柴油。因此，在相同的输出功率测试条件下会消耗更多的燃料。结果表明，在同样的柴油发动机上燃烧复配燃料，增加了燃料的消耗量。

3) 排放性

CO 是烃类燃料燃烧的中间产物。影响燃烧的主要因素是烃类燃料的氧化程度和复配燃料的均匀性。图 5-21(a) 显示了 CO 排放随负荷(对应扭矩)变化的情况。不同燃料的 CO 排放量在低负荷和中负荷都保持在较低水平，而在高负荷下急剧上升。当柴油发动机被加热时，随着异丁醇添加比例的增加，异丁醇-柴油复配燃料的 CO 排放量逐渐下降。低黏度的异丁醇氧含量有助于确保燃料充分混合。此外，醇燃料中的氧有助于 CO 的氧化过程，提供更多的氧气。因此，CO 的排放量低于纯柴油的。

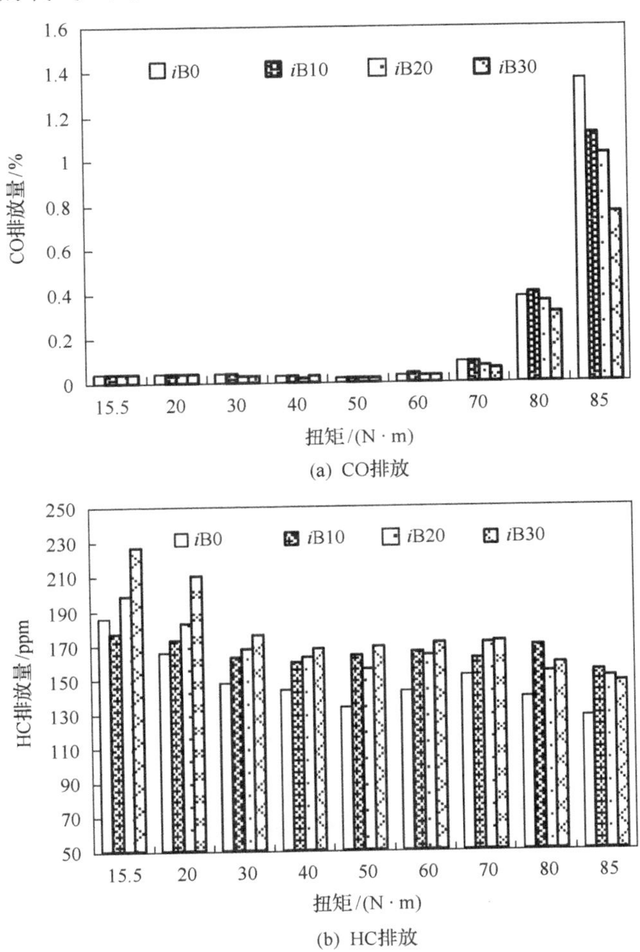

(a) CO排放


(b) HC排放

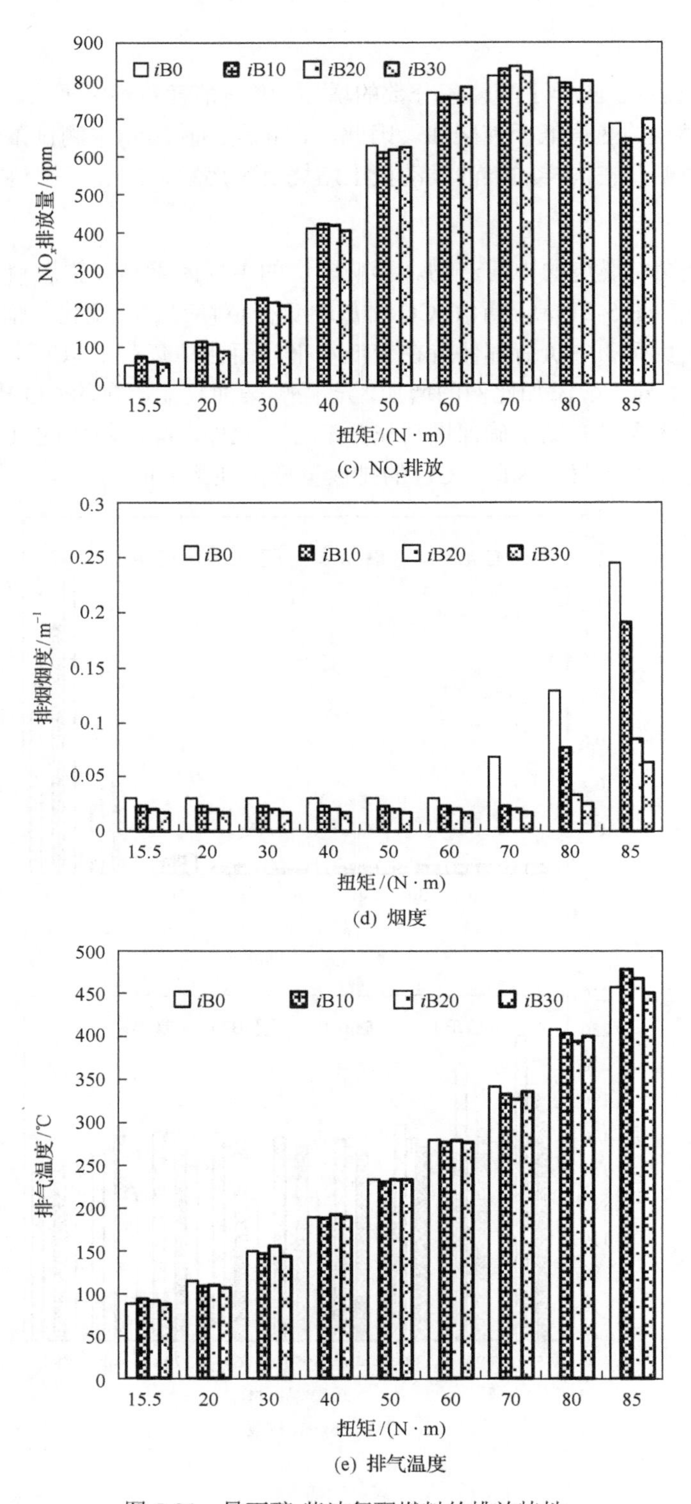


(c) $NO_x$排放

(d) 烟度

(e) 排气温度

图 5-21　异丁醇-柴油复配燃料的排放特性

HC 排放物由多种烃类组成，主要是由燃料不完全燃烧造成的。图 5-21(b)显示了 HC 排放随负荷变化的特点。如图所示，随着复配燃料异丁醇含量逐渐增加，HC 排放与纯柴油相比有明显增加的趋势。低负荷下，靠近气缸壁的低温增加了淬火区，直接导致了未完全燃烧的 HC 的产生。随着负荷的增加，温度在气缸中稳定升高，因此 HC 体积分数逐渐下降。异丁醇使淬火区的厚度进一步增加。低十六烷值是影响复配燃料的另一个因素：十六烷值越低，点火性能越差，较差的点火性能导致高 HC 的排放。

影响 $NO_x$ 形成的主要因素是燃烧温度、空气燃料比及高温持续时间。较高的燃烧温度、较高的氧浓度有助于产生更多的 $NO_x$。图 5-21(c)呈现了负荷变化对 $NO_x$ 排放的影响。随着负荷的增加，纯柴油和复配燃料的 $NO_x$ 排放量均呈现先增加后降低的趋势；$NO_x$ 排放峰值发生在扭矩为 70N·m 时。在中、低负荷下，复配燃料的 $NO_x$ 排放量略低于纯柴油燃料。复配醇类燃料具有更高的汽化潜热和较低的燃烧温度，延长气缸点火延迟时间，因此温度降低抑制了热 $NO_x$ 的生成。因此，异丁醇-柴油复配燃料的 $NO_x$ 排放量略低于纯柴油。高负荷下，气缸处于较高温度，促进了 $NO_x$ 的产生。

图 5-21(d)显示了碳烟排放随负荷变化的特性在低负荷和中负荷时碳烟排放几乎为零，而在高负荷下快速增加。异丁醇-柴油复配燃料的烟气排放量大大低于纯柴油。在 100%负荷(扭矩 85N·m)时，*i*B10、*i*B20 和 *i*B30 复配燃料的碳烟排放量分别比纯柴油少 22%、65%、74%。异丁醇的低黏度有助于形成具有良好雾化特性的混合气体。此外，燃料中的氧气可以进一步促进燃烧，较高的汽化潜热可使局部高温区的范围变窄，改善高温低氧条件。因此，异丁醇-柴油复配燃料可以有效地减少柴油机排放的碳烟。

### 3. 正丁醇-生物柴油-柴油复配燃料

#### 1) 动力性

由图 5-22 可以看出，燃用正丁醇-生物柴油-柴油复配燃料与纯柴油相比，其外特性的输出功率变化趋势相同，即当转速由低速逐渐上升时，功率逐渐增大；随着正丁醇和生物柴油添加比例的增大，同一转速下的功率逐渐减小。在高转速情况下，添加的正丁醇和生物柴油越多，功率下降越明显。

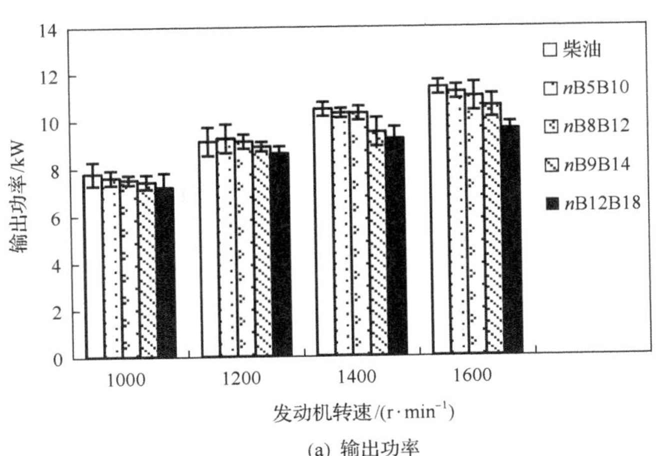

(a) 输出功率

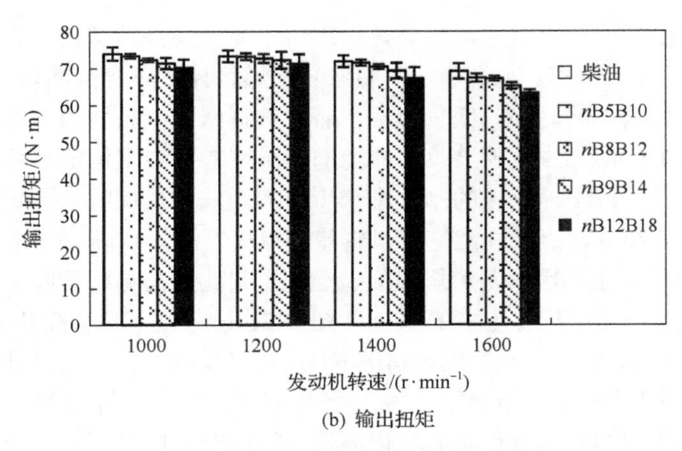


(b) 输出扭矩

图 5-22　正丁醇-生物柴油-柴油复配燃料外特性

由图 5-22 可以看出，燃用正丁醇-生物柴油-柴油复配燃料与柴油相比，其外特性的动力性变化趋势相同，即当转速由低速逐渐上升时，扭矩逐渐下降，但下降幅度不大。同一转速下，随着正丁醇、生物柴油添加比例的增大，扭矩逐渐下降；随着转速的升高，扭矩下降幅度增大。柴油机扭矩变化很大程度上取决于每循环供油量，每循环供油量是随着转速的提高而增大的，但当转速过高时，过量空气系数下降，加上燃烧过程经历的时间缩短，混合气形成条件恶化，不完全燃烧程度加剧，进而使得扭矩有所下降，当转速增加到一定程度时开始下降明显。在一定的添加范围内，燃用合适比例的正丁醇-生物柴油-柴油复配燃料不会有大的扭矩下降，仍然能够在柴油发动机上正常使用。

2) 经济性

由图 5-23(a)可以看出，随着转速的逐渐升高，几种燃料燃油消耗率逐渐增加。随着正丁醇、生物柴油混合比例的增大，燃油消耗率逐渐升高，在转速为 $1600\mathrm{r\cdot min^{-1}}$ 左右时，*n*B12B18 比柴油燃油消耗率增加 8%，正丁醇和生物柴油较低的热值是导致复配燃料油耗升高的主要原因。

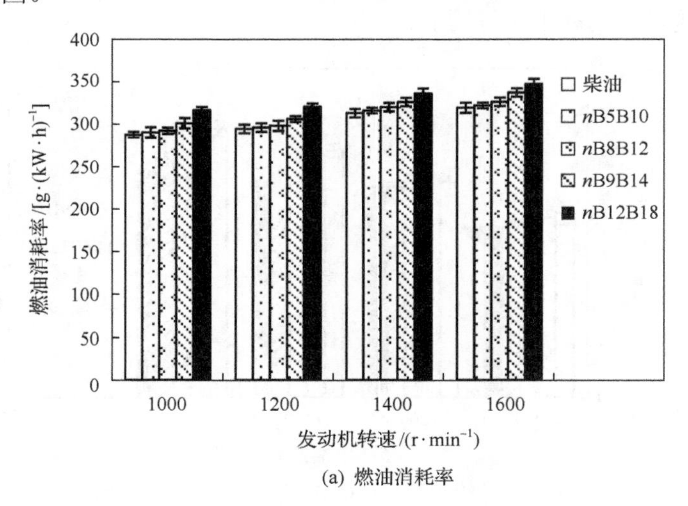


(a) 燃油消耗率

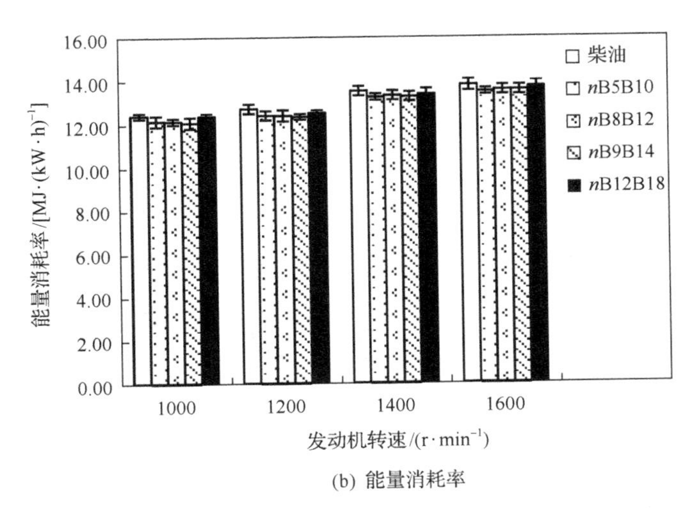


(b) 能量消耗率

图 5-23 正丁醇-生物柴油-柴油复配燃料燃油消耗率和能量消耗率比较

由图 5-23(b)可以看出，随着转速的逐渐升高，复配燃料和柴油的能量消耗率逐渐增大。随着正丁醇、生物柴油混合比例的增大，能量消耗率逐渐降低，与燃油消耗率相反。整体上，掺烧正丁醇、生物柴油后复配燃料燃烧更充分，使得燃烧热效率和能量利用率得以提高，能量消耗率略有下降。

3) 排放性

由图 5-24(a)可以看出，随着发动机转速的逐渐升高，正丁醇-生物柴油-柴油复配燃料 HC 排放量逐渐升高，柴油的上升比较明显。随着正丁醇、生物柴油添加比例的增大，同一转速下，HC 的排放量呈下降趋势，这种趋势在高转速情况下更加明显。

由图 5-24(b)可以看出同一转速下，燃料的 $NO_x$ 排放量随着正丁醇、生物柴油添加比例的增加逐渐降低。在较低转速时，喷射入气缸中的燃料量比较少，由于复配燃料中的含氧量较高，燃料中的碳氢化合物燃烧更充分，气缸内温度更高，燃烧时间也比较长，这些条件更有利于热力型 $NO_x$ 的生成。而随着发动机转速的增大，燃料喷射量和空气吸入量都逐渐增加，复配燃料中较低的氧含量的作用逐渐被弱化，使得 $NO_x$ 的生成减少。

由图 5-24(c)可以看出，随着正丁醇、生物柴油混合比例的增大，CO 的排放量有所上升。整体上，复配燃料的 CO 排放比纯柴油高。复配燃料中正丁醇的含量的增加使得燃烧缸内温度降低(醇类的冷却作用)，延缓了燃烧时间，相对降低了燃烧效率，从而使 CO 排放略有升高。

由图 5-24(d)可以看出，随着正丁醇、生物柴油混合比例的增大，$CO_2$ 的排放量有所下降。整体上，复配燃料的 $CO_2$ 排放量比纯柴油低。复配燃料中正丁醇的含量的增加使得燃烧缸内温度降低(醇类的冷却作用)，延缓了燃烧时间，相对降低了燃烧效率，从而使 $CO_2$ 排放量略有下降。

由图 5-24(e)可以看出，随着输出转速的逐渐升高，正丁醇-生物柴油-柴油复配燃料及柴油的尾气烟度开始变化不大，后来迅速升高。尾气烟度随燃料中正丁醇、生物柴油添加比例的增大，即氧含量的升高而降低。

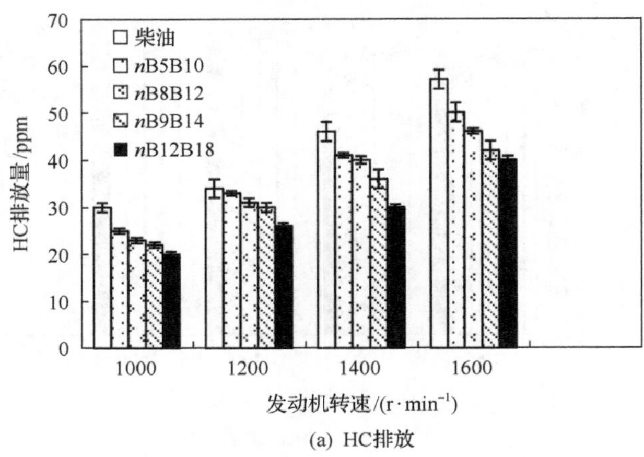


(a) HC排放

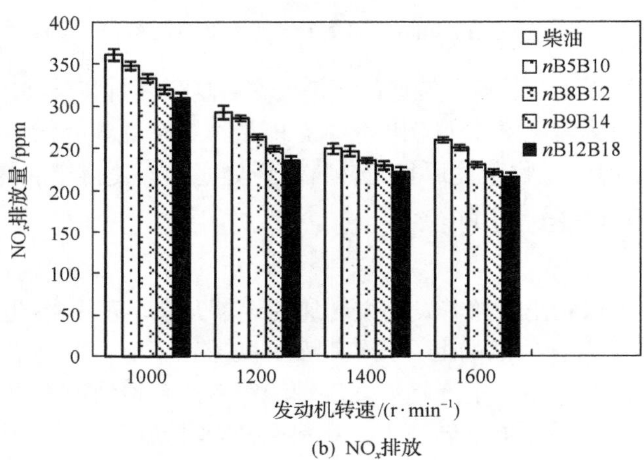


(b) $NO_x$排放

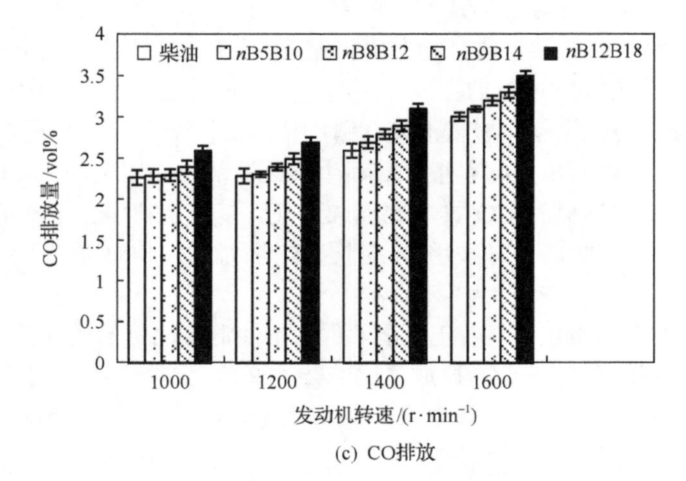


(c) CO排放

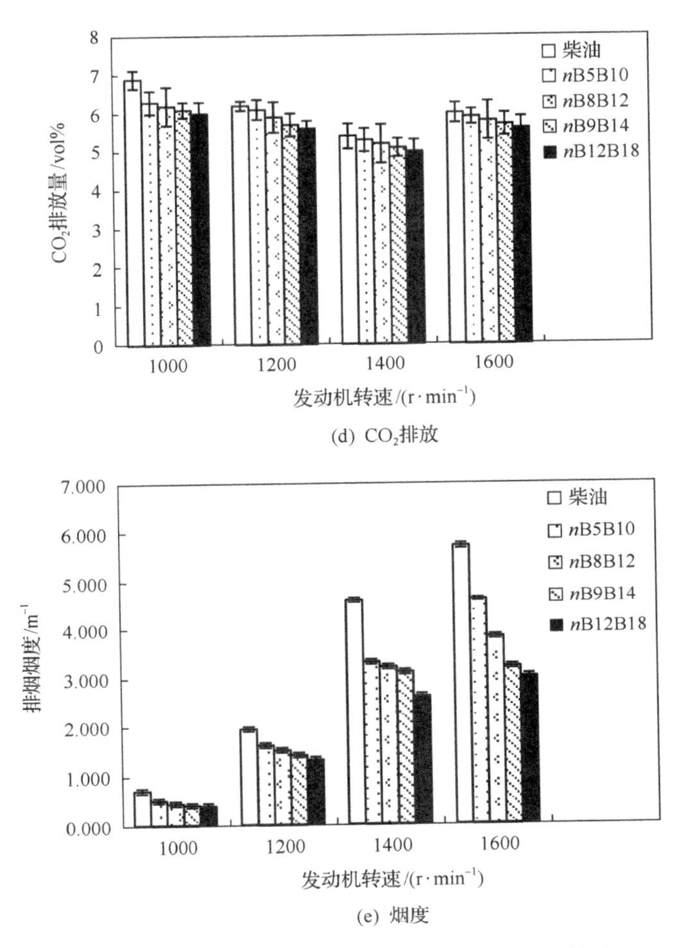


(d) $CO_2$排放

(e) 烟度

图 5-24　正丁醇-生物柴油-柴油复配燃料排放特性图

### 5.2.2　γ-戊内酯柴油复配燃料

基于公开的文献报道[17,18]，γ-戊内酯(GVL)也是潜在的生物质燃料。单独添加 GVL 至柴油中会由于互溶性差，制备混合燃料困难。然而，丁醇与柴油和 GVL 具有良好的混溶性，根据现有的实验、文献、报告，分析 GVL 和正丁醇对柴油复配燃料物理性能的影响，选择合适的比例进行台架实验，分析 γ-戊内酯柴油复配燃料的发动机实验结果。选择 GVL(小于 13.1vol%)和正丁醇(小于 21.1vol%)不同配比的复配燃料，旨在研究燃料混合物的物理化学性质、发动机性能和尾气排放性能。

复配混合燃料标记为 G*X**n*B*X*，包括 G4.4*n*B7.1(1#)、G6.5*n*B11.5(2#)、G7.9*n*B13.4(3#)、G9.0*n*B16.4(4#)、G10.8*n*B17.3(5#)、G12.1*n*B20.8(6#)和 G13.1*n*B21.1(7#)，加上纯柴油共八个样品。“*n*B”表示正丁醇，“G”表示 GVL，“*X*”表示正丁醇和 GVL 的体积分数。复配燃料保存于蓝盖瓶中，放置在高低温交变实验箱(E-04KA)中进行互溶性测试。在 4℃、10℃、15℃、20℃、25℃和 30℃下，分别进行超过 72h 的观察实验，复配燃料中

未观察到分相、浑浊现象，表明配制的复配燃料具有良好的互溶性。复配燃料的理化特性如表 5-8 所示。

**表 5-8　γ-戊内酯-正丁醇-柴油复配燃料理化特性**[19]

| 特性 | 柴油 | *n*B | GVL | 1# | 2# | 3# | 4# | 5# | 6# | 7# |
|---|---|---|---|---|---|---|---|---|---|---|
| 运动黏度/($mm^2 \cdot s^{-1}$) (20℃) | 4.31 | 3.02 | 1.77 | 3.74 | 3.55 | 3.44 | 3.38 | 3.33 | 3.26 | 3.2 |
| 低位热值/($MJ \cdot kg^{-1}$) | 41.97 | 30.63 | 24.12 | 39.51 | 38.64 | 38.28 | 37.60 | 36.84 | 36.41 | 36.28 |
| 闭口闪点/K | 337 | 310 | 369 | 331 | 327 | 323 | 312 | 311 | 312 | 311 |
| 密度/($kg \cdot m^{-3}$) | 0.839 | 0.809 | 1.052 | 0.845 | 0.847 | 0.849 | 0.850 | 0.852 | 0.853 | 0.855 |
| 十六烷值 | 46.4 | <15 | <15 | 31.8 | 29.9 | 27.1 | 24.4 | 15.1 | <15 | <15 |
| 10%回收温度/K | 499 | 390 | 478 | 469 | 457 | 446 | 427 | 420 | 417 | 422 |
| 50%回收温度/K | 553 | 390 | 478 | 551 | 548 | 547 | 542 | 544 | 543 | 538 |
| 90%回收温度/K | 624 | 390 | 478 | 631 | 633 | 632 | 631 | 638 | 642 | 643 |
| 含氧量/wt% | 0 | 21.6 | 32.0 | 3.2 | 5.0 | 5.9 | 6.9 | 7.8 | 9.0 | 9.4 |

1. 动力性

图 5-25(a)给出了输出功率与负荷率的关系。在 $1200r \cdot min^{-1}$ 的负荷下，混合燃料与柴油之间的输出功率平均值差异不大(＜3%)。可以认为，在低负荷时，发动机燃用 γ-戊内酯-正丁醇-柴油复配燃料几乎没有动力损失。

2. 经济性

随着 GVL 和正丁醇的含量增加，复配燃料的燃油消耗量与纯柴油相比，有明显的增加趋势。G4.4*n*B7.1、G7.9*n*B13.4、G10.8*n*B17.3、G13.1*n*B21.1 的燃油消耗量分别增加 2.4%、5.1%、6.8%和 9.8%。一个重要的原因可能是燃料的低位热值(最高为 $39.51MJ \cdot kg^{-1}$)低于纯柴油($41.97MJ \cdot kg^{-1}$)。

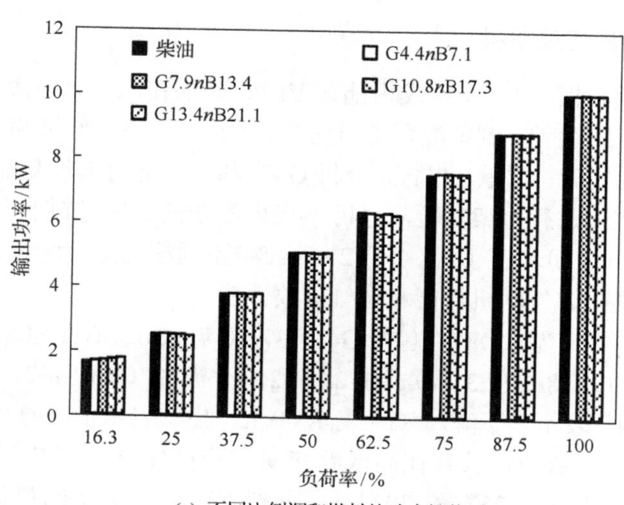


(a) 不同比例调和燃料的动力性能对比

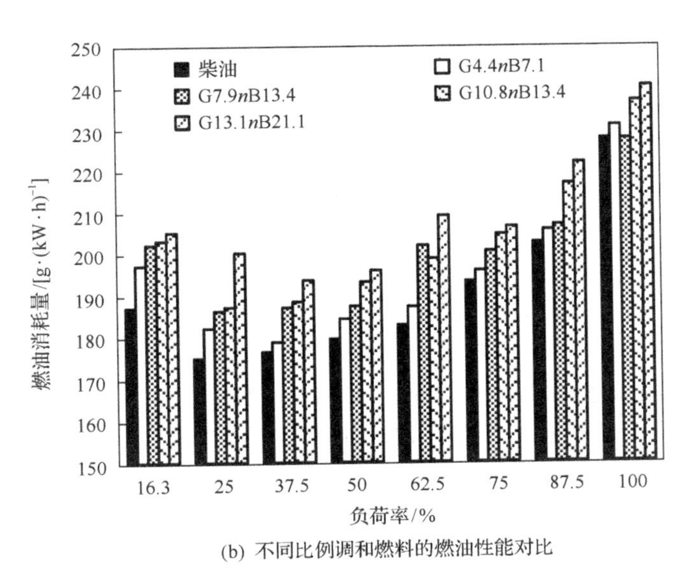


(b) 不同比例调和燃料的燃油性能对比

图 5-25　不同比例复配燃料的动力性能与燃油性能对比[19]

3. 排放性

图 5-26 给出了 $\gamma$-戊内酯-正丁醇-柴油复配燃料排放特性。如图 5-26(a)所示，随着复配燃料中正丁醇和 $\gamma$-戊内酯含量的增加，排气温度或制动功率下降不大，平均下降百分比如下：G4.4*n*B7.1，1.5%，G7.9*n*B13.4，8.8%；G10.8*n*B17.3，9.3%；G13.1*n*B21.1，11.4%。与柴油相比，GVL 和正丁醇的加入使排气温度降低，这是因为其较低热值和较高的汽化潜热。此外，排气温度的降低有助于抑制颗粒物的形成，减少颗粒物的排放。

如图 5-26(b)所示，在低到中等负荷下，复配燃料燃烧几乎没有 CO 排放，但在较高的负荷下 CO 排放量急剧上升。与纯柴油相比较，复配燃料在低负荷时 CO 排放量略微增加，而在高负荷下则相对减少。类似的结果已有相关报道。这些发现可能的原因是低负荷工作时，由于较高的汽化潜热，气缸内温度降低，增加了 CO 的排放量。在高负荷下，缺氧是 CO 排放量急剧增加的一种主要影响因素。通过比较分析 C/H/O 比，发现在燃烧过程中氧离子水平进一步提高，导致 CO 排放减少。

复配燃料的 $CO_2$ 排放量增加，如图 5-26(c)所示。根据实验结果，添加 GVL 和正丁醇的复配燃料与纯柴油相比，$CO_2$ 排放量最大值分别减小：G4.4*n*B7.1，7.5%；G7.9*n*B13.4，9.1%；G10.8*n*B17.3，19.7%；G13.1*n*B21.1，19.8%。平均幅度分别增大：6.4%、7.2%、19.5%和 17.7%。

复配燃料的 HC 排放量如图 5-26(d)所示，复配燃料的 HC 排放量有所减少。最大百分比下降结果如下：G4.4*n*B7.1，15.7%；G7.9*n*B13.4，32.9%；G10.8*n*B17.3，33.1%；G13.1*n*B21.1，37.1%。平均值分别下降：G4.4*n*B7.1，7.2%；G7.9*n*B13.4，20.3%；G10.8*n*B17.3，22.6%；G13.1*n*B21.1；26.8%。这些结果的可能原因是复配燃料有较小的运动黏度(小于 3.74mm$^2$·s$^{-1}$，纯柴油为 4.31mm$^2$·s$^{-1}$)和轻质馏分含量的增加(10%回收温

度小于 478 K，纯柴油 499 K)。并且复配燃料较低的十六烷值(≤31.8，柴油为 46.5)导致了点火延迟和更低的闪点(≤331K)，导致层流火焰传播速率降低，可能造成 HC 排放增加。然而，氧含量在 HC 排放中发挥重要的作用，氧含量的增加有助于减少混合燃料的 HC 排放(≥3.2%)。

由图 5-26(e)可知，随着负荷率的增加，复配燃料与柴油的 $NO_x$ 的排放呈现先增加后减少的趋势，$NO_x$ 排放量的峰值出现在 94.1%负荷下。复配燃料整体上有助于降低柴油的 $NO_x$ 排放量，在高负荷时最高下降百分比如下：G4.4*n*B7.1, 10%; G7.9*n*B13.4，1.7%; G10.8*n*B17.3，21.7%；G13.1*n*B21.1，15.6%，平均下降百分比如下：G4.4*n*B7.1，16.8%; G7.9*n*B13.4，7.5%；G10.8*n*B17.3，26%；G13.1*n*B21.1，30.1%。根据 Zeldovich 的理论，燃烧温度和过量空气系数对 $NO_x$ 的形成和排放有重要影响。

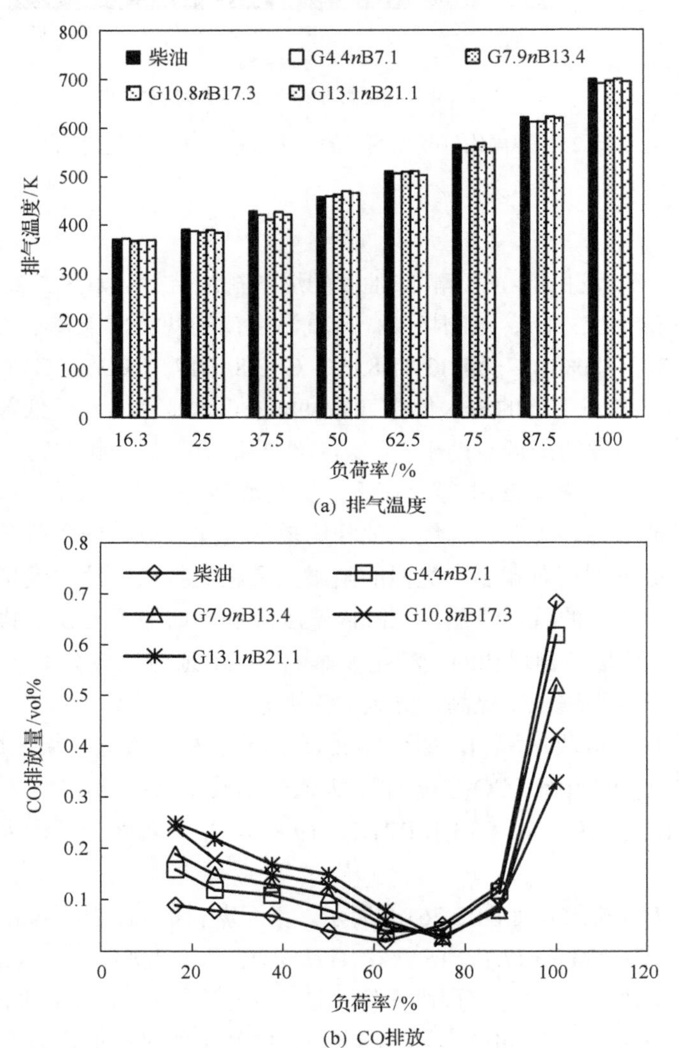

(a) 排气温度

(b) CO排放

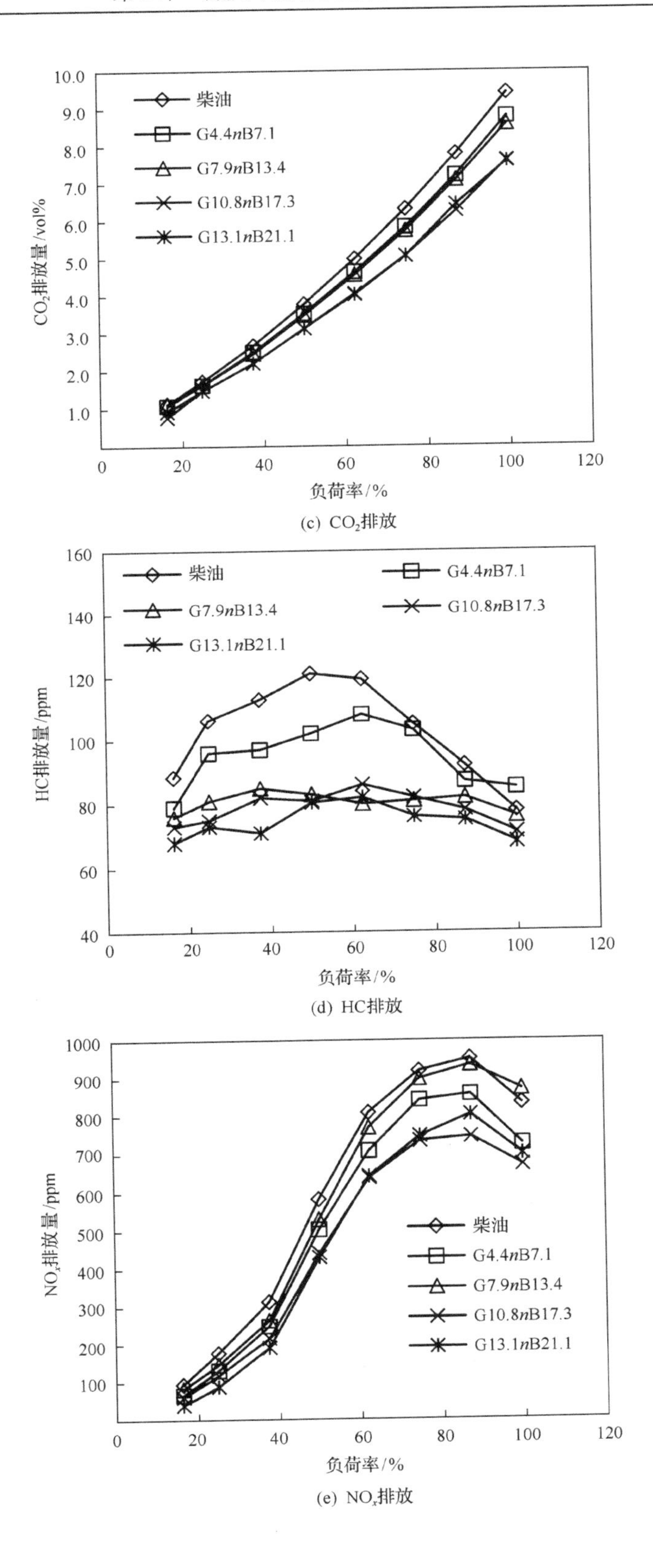

(c) $CO_2$排放


(d) HC排放


(e) $NO_x$排放

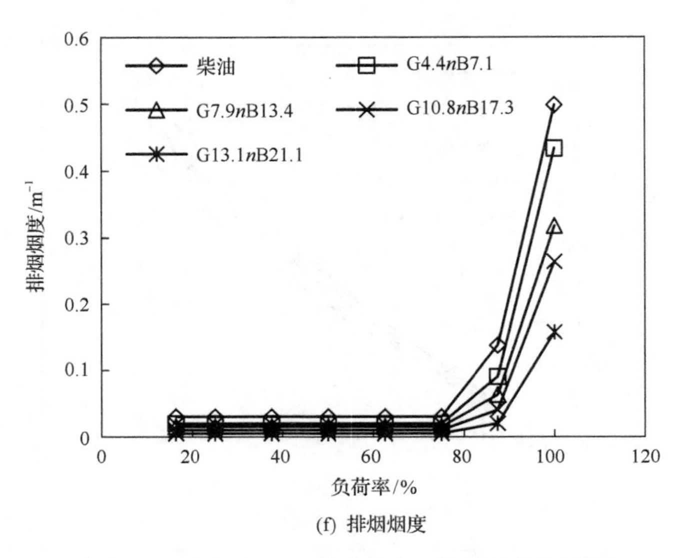

(f) 排烟烟度

图 5-26　$\gamma$-戊内酯-正丁醇-柴油复配燃料排放特性[19]

高负荷下，燃用柴油的 PM 排放急剧增加，燃用复合燃料的 PM 排放均有所下降[图 5-26(f)]。原因可能是，在高负荷下，空气-燃料混合物中的不均匀区域废气排放量增加，主要来源是在高温和低氧条件下，碳颗粒和气相排放物生成碳链聚合物。混合燃料的氧含量缓和了气缸内缺氧状况。然而，确定 PM 排放的形成机制仍然需要进一步研究。

### 5.2.3　乙酰丙酸酯类复配燃料

1. 乙酰丙酸乙酯-生物柴油-柴油复配燃料

1) 动力性

功率、扭矩、转速是柴油发动机动力性能的主要工作指标。通过实验，比较不同转速下柴油机燃用不同燃料配方的外特性扭矩差异及外特性功率差异，分析生物柴油、乙酰丙酸乙酯对柴油发动机动力性能的影响。外特性功率和扭矩情况分别如图 5-27(a)和(b)所示。

由图 5-27(a)可以看出，燃用各种复配燃料与柴油一样，其功率都是随着转速的增加而增大。同时，燃用复配燃料时，除 B1E4 外，其他复配燃料的外特性功率比燃烧柴油略有下降，但下降幅度很小，基本没有变化。综上所述，在柴油中添加一定比例(小于 5vol%)的生物柴油、乙酰丙酸乙酯后，其燃烧的动力性能基本不变，复配燃料可在柴油发动机上正常使用。

从图 5-27(b)可以看出，燃用不同配方燃料与柴油的外特性转矩变化趋势相同，即当转速由低速逐渐上升时，扭矩基本持平，略有下降，整体上，配方 B1E4 的扭矩最高，多数情况下其大于柴油的扭矩，但增加幅度不大，小于 2%。其他配方的扭矩多数情况下比燃柴油的要低一些，但低的幅度也不大，小于 0.5%。

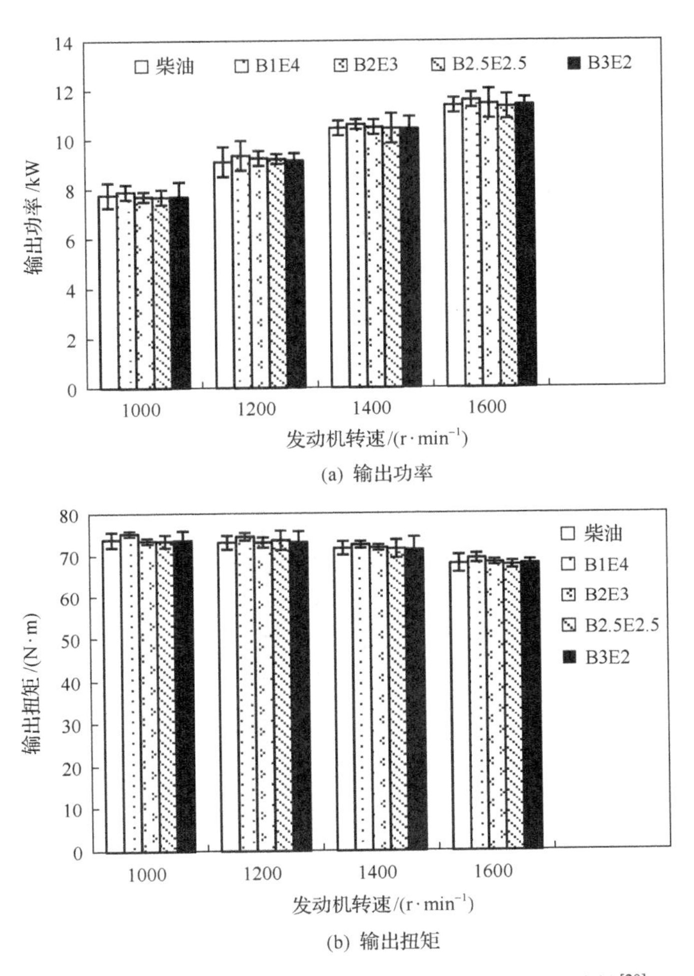

(a) 输出功率

(b) 输出扭矩

图 5-27　乙酰丙酸乙酯-生物柴油-柴油复配燃料外特性[20]

2) 经济性

图 5-28 是外特性情况下，不同配方燃料在不同发动机转速下的燃油消耗率。整体上，复配燃料的燃油消耗率比柴油略低，这可能是复配燃料中小比例地添加乙酰丙酸乙酯和生物柴油使得燃料的燃烧效率更高，且这 4 种复配燃料的热值和密度与柴油相差不大，B1E4、B2E3、B2.5E2.5、B3E2 和柴油的密度分别为 $0.846g\cdot cm^{-3}$、$0.845g\cdot cm^{-3}$、$0.844g\cdot cm^{-3}$、$0.843g\cdot cm^{-3}$ 和 $0.839g\cdot cm^{-3}$ (20℃)，复配燃料与柴油的密度最大差别幅度为 0.8%；热值分别为 $42.2MJ\cdot kg^{-1}$、$42.6MJ\cdot kg^{-1}$、$42.7MJ\cdot kg^{-1}$、$42.8MJ\cdot kg^{-1}$、$43.2MJ\cdot kg^{-1}$，复配燃料与柴油的热值最大差别幅度为 2.3%。在转速为 $1400r\cdot min^{-1}$ 左右时，复配燃料 B2E3 相对柴油的燃油消耗率的降低较明显，约为 6%。整体上，复配燃料比柴油的燃油消耗率略有降低。

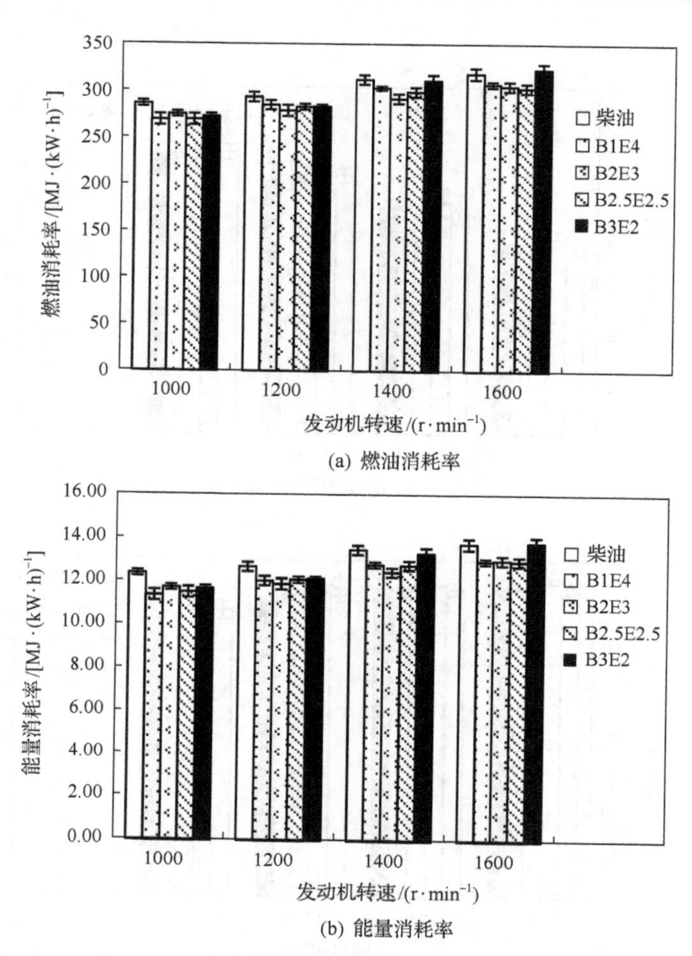


(a) 燃油消耗率

(b) 能量消耗率

图 5-28　乙酰丙酸乙酯-生物柴油-柴油复配燃料外特性燃油消耗率和能量消耗率[20]

由于复配燃料的热值低于柴油的热值，单纯用燃油消耗率的概念来比较燃油经济性并不全面。因此引入能量消耗率将提高发动机燃用复配燃料时燃料消耗的可比性。其计算式为：能量消耗率[MJ·(kW·h)$^{-1}$]=燃油消耗率[g·(kW·h)$^{-1}$)]×复配燃料低位热值(MJ·g$^{-1}$)。从而减少了热值降低对复配燃料燃油消耗率的影响，更合理地反映出复配燃料的经济性。能量消耗率如图 5-28(b)所示。

由图 5-28(b)可以看出，相对于纯柴油来说，B1E4、B2E3、B2.5E2.5 和 B3E2 的能量消耗率分别下降了 5.0%、5.2%、4.4%和 1.9%，添加含氧燃料使得燃料利用更加充分，燃烧效率更高，并且能够更合理地反映出复配燃料的经济性。

3) 排放性

图 5-29(a)为不同复配燃料 HC 排放在外特性实验中的变化情况。四种复配燃料的 HC 排放均小于柴油的 HC 排放，其中减排 HC 最明显的是 B1E4，以 1600r·min$^{-1}$为例，其 HC 排放量下降了 78.4%，其他 HC 排放量下降幅度从大到小依次是 B2E3、B2.5E2.5、B3E2。根据文献报道，尾气中未燃烧的 HC 是在气缸中由多种原因导致的，且其成因仍

不十分明确，随着在柴油中添加含氧燃料而导致尾气中 HC 排放浓度升高和降低的实验结果都有报道。因此依据文献研究结论，乙酰丙酸乙酯的添加也可能会引起尾气中 HC 排放量升高。柴油机未燃碳氢主要由氧气浓度过低（空气量过小）或过高（空气量过大）引起。

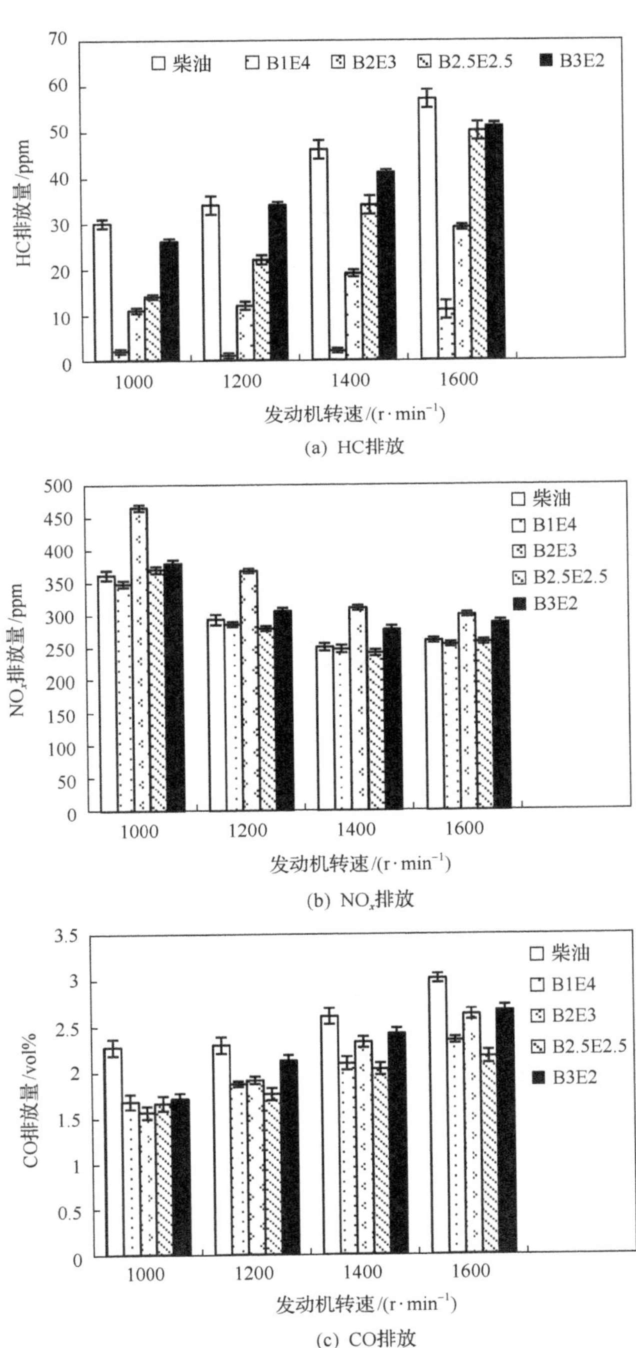


(a) HC排放

(b) $NO_x$排放

(c) CO排放

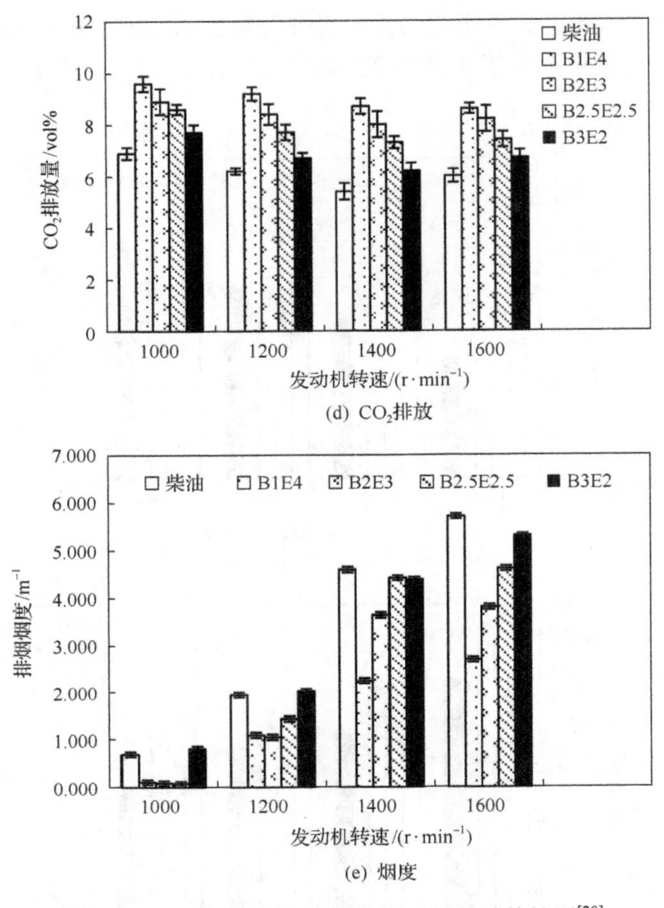

(d) $CO_2$排放

(e) 烟度

图 5-29 乙酰丙酸乙酯-生物柴油-柴油排放特性图[20]

尾气中的 $NO_x$ 主要来自三个方面：热力型 $NO_x$、燃料型 $NO_x$ 和快速型 $NO_x$，在柴油发动机中热力型 $NO_x$ 是主要来源。$NO_x$ 包括 NO 和 $NO_2$，但主要是 NO，$NO_2$ 所占比例不高。NO 主要是气缸内空气中的氮气在高温下被氧化而成，$NO_x$ 生成依赖的条件主要是：高温、在高温下停留的时间和氧浓度，并且 NO 的生成强烈地依赖温度。图 5-29(b)是在外特性状况下，不同配方 HC 的排放情况。整体上，在不同的转速情况下，复配燃料的 $NO_x$ 排放量大于柴油，B1E4、B2.5E2.5 与柴油的 $NO_x$ 排放量比较接近。随着转速的增加，$NO_x$ 排放量呈下降趋势。由于复配燃料是含氧燃料，含氧使得混合气中氧的浓度增大，并且使燃料燃烧更完全，缸内温度升高，促进了 $NO_x$ 的生成，这是造成燃料配方 $NO_x$ 排放量较高的主要原因。

图 5-29(c)为在外特性状况下，不同配方的 CO 排放情况。CO 排放量随发动机转速的增加而比较平缓地上升。可以看出不同复配燃料的 CO 排放量基本没有明显差别，不同复配燃料的 CO 排放量都比柴油略低。

图 5-29(d) 为外特性情况下，不同配比的复配燃料 $CO_2$ 排放量随发动机转速的变化。整体上，复配燃料配方的 $CO_2$ 排放量均比柴油要高，这也验证了理论上燃料总含氧量越高，剩余的碳氢化合物含量越低。假设气缸内喷射入的燃料完全燃烧，$CO_2$ 排放量随含氧量的升高而升高。

图 5-29(e) 为外特性情况下，不同复配燃料配方的烟气排放浓度随发动机转速的变化。排烟烟度随燃料中乙酰丙酸乙酯含量的升高而降低，添加的氧组分可以使该区域的燃料燃烧更充分，从而降低排烟烟度。与柴油相比，复配燃料配方可以明显降低烟度。其中，燃用 B1E4 时，在中高负荷下烟度的最大降幅度达 53.7%。根据文献报道，烟度主要产生于气缸中心燃料浓度比较高的区域，添加的氧组分可以使该区域的燃料燃烧更充分，从而降低排烟烟度。排烟烟度主要由高温和缺氧而引起，柴油机混合气不均匀性和局部缺氧导致了碳烟的生成，在发动机功率增大时缺氧情况较为明显。在扩散燃烧期，燃烧速率受到燃料与氧的结合速率的限制，此时局部缺氧状况非常严重，并且缸内气体平均最高温度和高温持续期均主要出现在扩散燃烧期，因此扩散燃烧期被认为是碳烟生成的主要时期。

2. 乙酰丙酸乙酯-正丁醇-柴油复配燃料

1) 动力性

由图 5-30(a) 可以看出，燃用乙酰丙酸乙酯-正丁醇-柴油复配燃料与柴油相比，其外特性的功率变化趋势相同，即当转速由低速逐渐上升时，功率逐渐增大；随着乙酰丙酸乙酯和正丁醇添加比例的增大，同一转速下的功率逐渐减小。乙酰丙酸乙酯-正丁醇-柴油复配燃料能够在柴油发动机上正常使用。

由图 5-30(b) 可以看出，燃用乙酰丙酸乙酯-正丁醇-柴油复配燃料与柴油相比，其外特性的扭矩变化趋势相同，即当转速由低速逐渐上升时，扭矩逐渐下降，但下降幅度不大。同一转速下，随着乙酰丙酸乙酯和正丁醇添加比例的增大，扭矩逐渐下降。

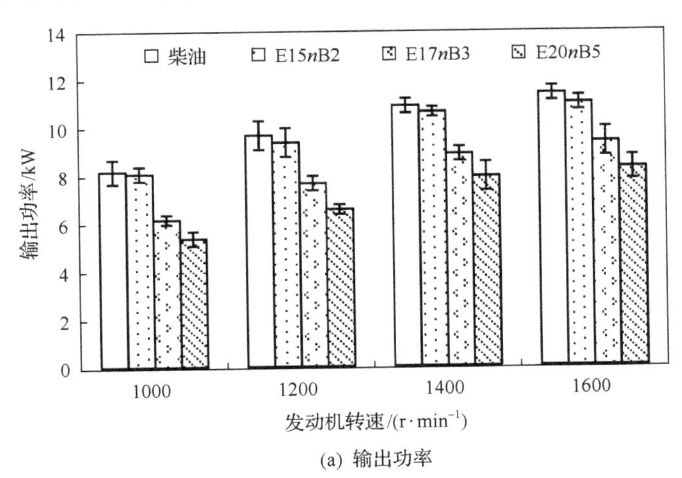

(a) 输出功率

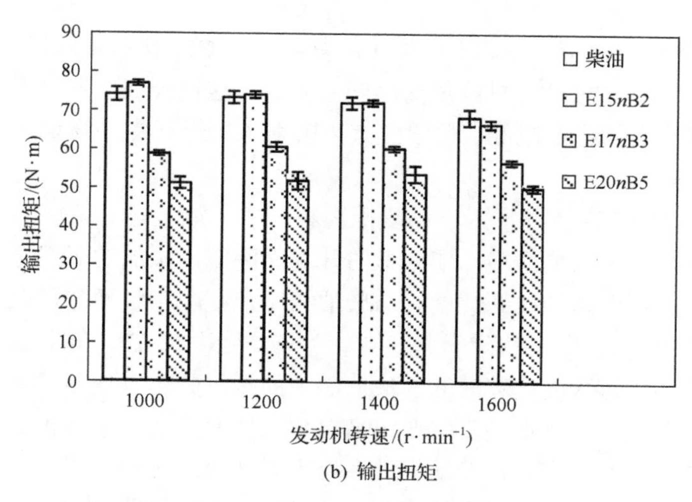

(b) 输出扭矩

图 5-30　乙酰丙酸乙酯-正丁醇-柴油复配燃料外特性功率和外特性扭矩图[21]

2) 经济性

由图 5-31(a)可以看出，随着转速的逐渐升高，几种燃料燃油消耗率逐渐增加。随着乙酰丙酸乙酯、正丁醇混合比例的增大，燃油消耗率逐渐升高，在转速为 1600r·min$^{-1}$ 左右时，E20*n*B5 比柴油燃油消耗率增加 9%，分析认为乙酰丙酸乙酯和正丁醇较低的热值导致复配燃料油耗升高，并且乙酰丙酸乙酯的密度比柴油的密度大，从而导致其循环喷油质量更大。

由图 5-31(b)可以看出，随着转速的逐渐升高，复配燃料和柴油的能量消耗率逐渐增大。随着乙酰丙酸乙酯、正丁醇混合比例的增大，能量消耗率逐渐降低，与燃油消耗率几乎相反。整体上，掺烧乙酰丙酸乙酯后复配燃料燃烧更为充分，作为含氧燃料乙酰丙酸乙酯和正丁醇能扩大混合气的着火界限，促进燃烧，使得燃烧热效率和能量利用率得以提高。

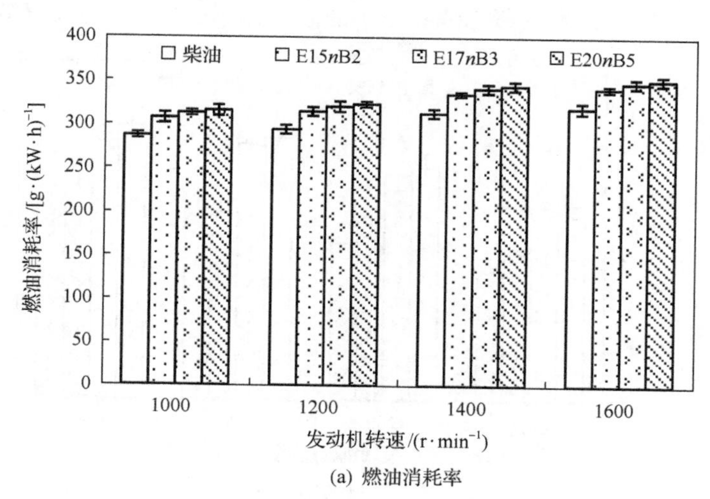

(a) 燃油消耗率

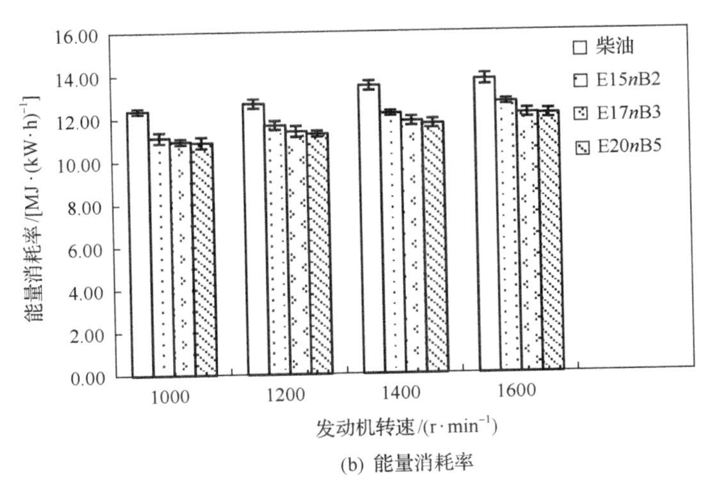

(b) 能量消耗率

图 5-31　乙酰丙酸乙酯-正丁醇-柴油复配燃料外特性燃油消耗率和能量消耗率[21]

3) 排放性

由图 5-32(a)可以看出，随着输出转速的逐渐升高，乙酰丙酸乙酯-正丁醇-柴油复配燃料 HC 的排放量变化不明显，柴油的上升比较明显。复配燃料中添加正丁醇可能是尾气中 HC 排放量不稳定的原因；随着乙酰丙酸乙酯混合比例的增大，整体上 HC 的排放量有所下降。

由图 5-32(b)可以看出，同一转速下，复配燃料的 $NO_x$ 排放量随着乙酰丙酸乙酯和正丁醇添加比例的增加逐渐升高。在较低转速时，喷射入气缸中的燃料量比较少，由于复配燃料中的含氧量较高，燃料中的碳氢化合物燃烧更充分，气缸内温度更高，再加上乙酰丙酸乙酯较低的十六烷值，压燃时间也比较长，这些条件更有利于热力型 $NO_x$ 的生成，所以复配燃料尾气中 $NO_x$ 浓度比柴油高。

由图 5-32(c)可以看出，随着乙酰丙酸乙酯、正丁醇混合比例的增大，CO 的排放量有所下降。整体上，复配燃料的 CO 排放量比纯柴油要低。复配燃料中氧含量的增加可以使燃料燃烧更充分，从而使 CO 排放量降低。CO 是碳氢化合物燃料在燃烧过程中产生的重要的中间产物，可燃混合气中氧的含量对 CO 排放量影响最大，其次为燃料中含氧量。

由图 5-32(d)可以看出，$CO_2$ 排放量变化规律在一定程度上类似于 $NO_x$ 排放。高氧含量对应高 $CO_2$ 排放量，低氧含量对应低 $CO_2$ 排放量。理论上燃料总含氧量越高，剩余的碳氢化合物含量越低，假设气缸内喷射入的燃料完全燃烧，$CO_2$ 排放量随含氧量的升高而升高。随着转速的增加，$CO_2$ 排放量逐渐增加。

由图 5-32(e)可以看出，随着输出转速的逐渐升高，乙酰丙酸乙酯-正丁醇-柴油复配燃料及柴油的排烟烟度开始变化不大，后来迅速升高；随着转速增大，排烟烟度变化逐渐明显，最大降幅达 65%。排烟烟度随燃料中乙酰丙酸乙酯、生物柴油浓度的增大，即氧含量的升高而降低。

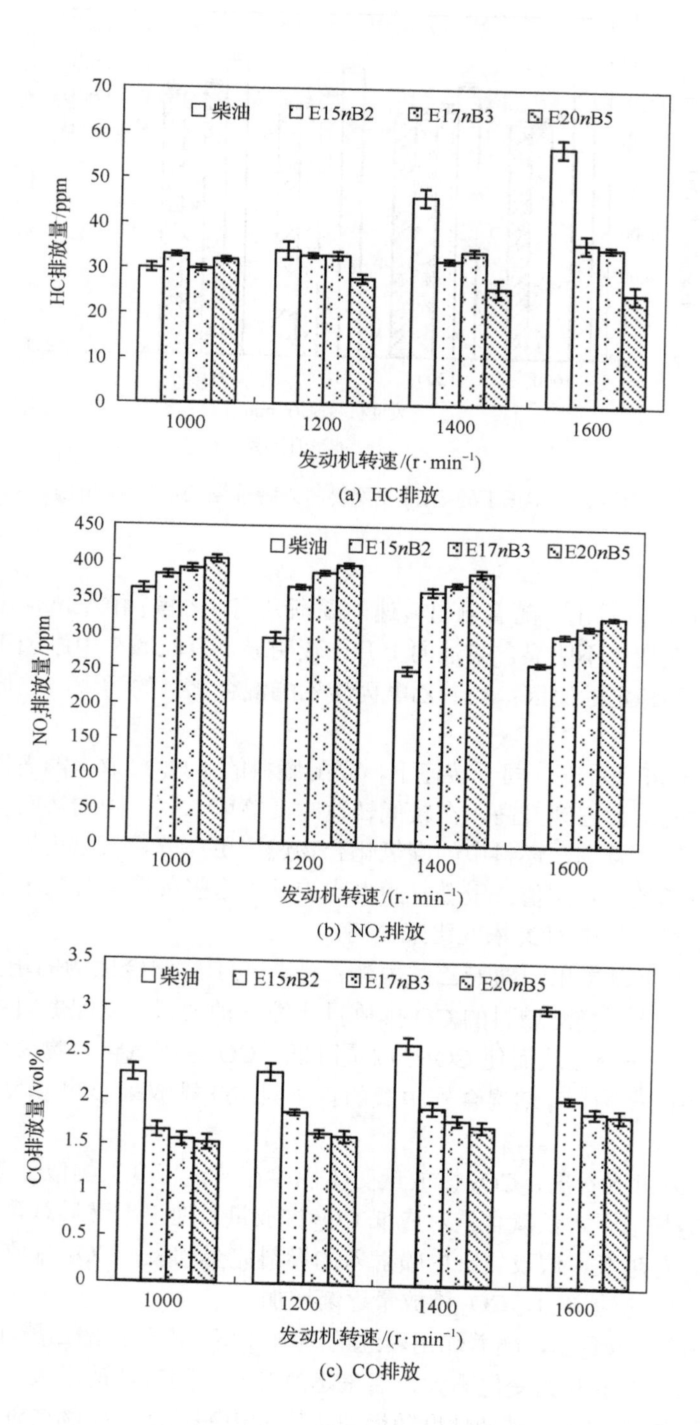


(a) HC排放



(b) $NO_x$排放



(c) CO排放

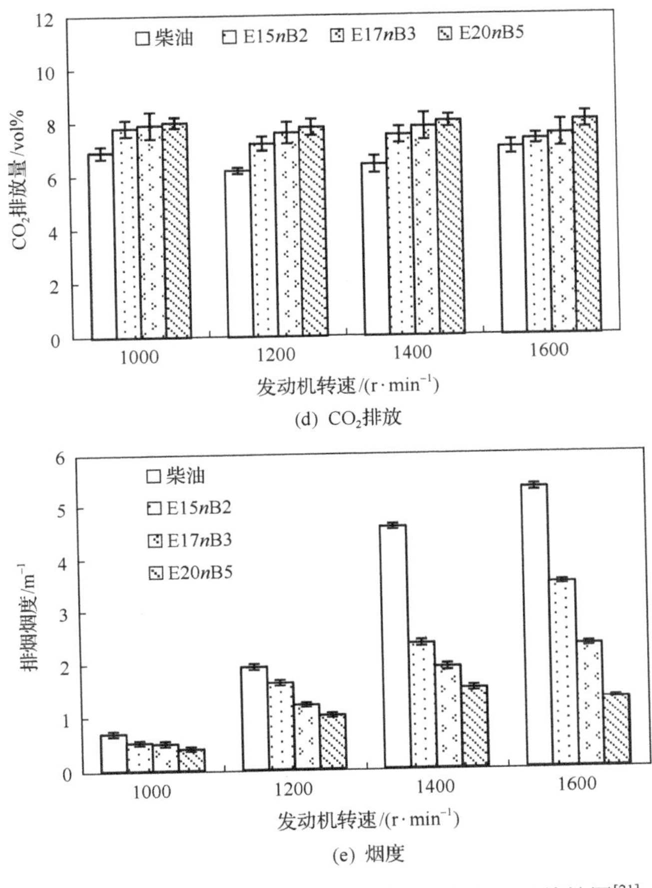


(d) $CO_2$排放

(e) 烟度

图 5-32　乙酰丙酸乙酯-正丁醇-柴油复配燃料排放特性图[21]

## 5.3　酯类汽油燃料的理化特性

选取汽油的替代燃料，需要对燃料的理化特性与汽油进行对比分析，合适的替代燃料需要和汽油的理化性质相近。以下为评价的几种重要物化特性参数。

(1) 基本理化特性：互溶性、含氧量、辛烷值、低位热值、饱和蒸气压、密度、自然温度、胶质、馏程。

(2) 燃料本身的毒性和排放物的毒性。

(3) 生物质原料的再生周期和地域分布性。

(4) 燃料与原汽车供油系统和内燃机材质的兼容性。

(5) 燃料本身的生物降解性。

(6) 燃料从生物质原料生产到使用后排放完整生命周期条件下，对环境的友好性。

本节探究了几种典型的生物质基汽油代用燃料，具体包括异丁醇、$\gamma$-戊内酯、乙酰丙酸甲酯、乙酰丙酸乙酯、乙酰丙酸丁酯、碳酸二甲酯、碳酸二乙酯(diethyl carbonate，DEC)。

以上几种生物质原料代替汽油燃料物性评价参照的实验标准如表 5-9 所示。

**表 5-9 燃料特性实验方法**

| 项目 | 参照标准 | 实验方法 |
|---|---|---|
| 密度(20℃)(kg · $L^{-1}$) | GB/T 1884—2000 | 原油和液体石油产品密度实验室测定法(密度计法) |
| 低位热值(MJ · $kg^{-1}$) | GB 384—1981 | 石油产品热值测定法 |
| 蒸发性<br>10%回收温度(℃)<br>50%回收温度(℃)<br>90%回收温度(℃)<br>终馏点温度(℃) | GB/T 6536—2010 | 石油产品常压蒸馏特性测定法 |
| 运动黏度(20℃)($mm^2$ · $s^{-1}$) | GB 265—1988 | 石油产品运动黏度测定法和动力黏度计算法 |
| 理论空燃比 | — | 计算法 |
| 辛烷值 | ASTMD 2699—2013 | 用于火花点火发动机燃料的研究法，辛烷值的标准测试方法 |
| 辛烷值 | GB/T 5487—2015 | 汽油辛烷值的测定研究法 |
| 抗爆指数(RON+MON) | GB/T 503—2016 | 汽油辛烷值的测定马达法 |
| 铜片腐蚀(50℃,3h) | GB 5096—2017 | 石油产品铜片腐蚀试验法 |

几种生物质燃料的基本物性参数与汽油的对比，如表 5-10 所示。几种酯类燃料都具有高辛烷值、高含氧量和低热值等特性。添加到汽油中以后，都会在一定程度上影响汽油特性，规律性的表现是增加了汽油的辛烷值和含氧量，降低了汽油的热值。高辛烷值对发动机的经济性和动力性都具有正向促进作用，含氧量提高在于燃烧化学反应中增加了氧离子的总量，有利于燃烧，从而降低了污染排放，达到环保的效果。混合燃料在内燃机上使用时，因为燃料热值的降低，在动力上就会有一定的牺牲。添加的燃料比例越大，环保的效果越明显，而动力性牺牲也就越大，选取适合的混合燃料时，需要平衡节能环保和牺牲动力两方面的因素。目前市场推广的汽油最高添加比例一般低于 10%，柴油最高添加比例一般低于 5%。

**表 5-10 几种生物质基燃料的基本物性参数**

| 项目 | 汽油 | 乙酰丙酸甲酯 | 乙酰丙酸乙酯 | 乙酰丙酸丁酯 | γ-戊内酯 | 碳酸二甲酯 | 碳酸二乙酯 |
|---|---|---|---|---|---|---|---|
| 分子式 | $C_5$～$C_{12}$ | $C_6H_{10}O_3$ | $C_7H_{12}O_3$ | $C_9H_{16}O_3$ | $C_5H_8O_2$ | $C_3H_6O_3$ | $C_5H_{10}O_3$ |
| 分子量 | — | 130.14 | 144.17 | 172.22 | 100.12 | 90.1 | 118.13 |
| 含氧量/wt% | — | 36.9 | 33.3 | 27.9 | 32.1 | 53.3 | 40.6 |
| 含碳量/wt% | — | 55.4 | 58.3 | 62.7 | 59.9 | 40 | 50.9 |
| 含氢量/wt% | — | 7.7 | 8.4 | 9.4 | 8 | 6.7 | 8.5 |
| 密度 20℃/(g · $cm^{-3}$) | 0.780 | 1.051 | 1.012 | 0.974 | 1.057 | 1.079 | 0.975 |
| 热值/(MJ · $kg^{-1}$) | 44.31 | 24.44 | 24.30 | 27.40 | 25.00 | 15.78 | 23.07 |
| 闪点/℃ | — | 66.9 | 90 | 91 | 81 | 18 | 33 |
| 辛烷值(介电常数法) | 97.8 | ＞140 | ＞140 | ＞140 | ＞140 | 114.3 | 107.7 |
| 铜片腐蚀/级 | 1a | 1b | 1a | 1b | 1a | 1a | 1a |
| 馏程 | — | — | — | — | — | — | — |
| 50%回收温度/℃ | 104.4 | — | — | — | — | — | — |

续表

| 项目 | 汽油 | 乙酰丙酸甲酯 | 乙酰丙酸乙酯 | 乙酰丙酸丁酯 | $\gamma$-戊内酯 | 碳酸二甲酯 | 碳酸二乙酯 |
|---|---|---|---|---|---|---|---|
| 90%回收温度/℃ | 160 | 191.6 | 201.7 | 232.4 | 202.4 | 89.2 | 124.5 |
| 95%回收温度/℃ | 173.4 | — | — | — | — | — | — |
| 饱和蒸气压/kPa | 52 | — | — | — | — | — | — |
| 未洗胶质含量/[mg·(100mL)$^{-1}$] | 3 | 4 | — | 4 | — | 2 | 2 |
| 溶剂洗胶质含量/[mg·(100mL)$^{-1}$] | 1 | 2 | — | 2 | — | 1 | 1 |

汽油复配燃料的配方标记通常采用 $Qx$(燃料字母缩写+含量)的表示方法，生物质基燃料在汽油中的含量通常有体积分数和质量分数两种。如表 5-11 所示，ML10 代表的是乙酰丙酸甲酯的体积分数为 10%，汽油的体积分数为 90%，ML 则是来源于乙酰丙酸甲酯的英文缩写。以体积分数作为标记是目前混合燃料常用的标记方法，以市场常用的乙醇汽油 E10 为例，就是指汽油中添加 10%体积分数的生物乙醇。

表 5-11 是几种典型生物质燃料以 10%的体积分数添加到汽油中形成的复配燃料的基本理化特性参数。将燃料的基本性质与汽油进行对比，混合燃料的热值降低了 5.1%～9.6%，而辛烷值提高 2.0～2.5，酯类燃料含氧量相对较高，能够在一定程度上缓解热值降低对动力性能的影响。因此，总体而言，添加低于 10%的酯类燃料对汽油性质是有所改进的。同时在使用以下几种燃料的过程中也需要注意几个问题。例如，$\gamma$-戊内酯是一种高附加值化学品，应用于汽油中致使成本过高，推广应用比较困难，同时，$\gamma$-戊内酯与橡胶等材料的相容性较好，对汽油机中的弹性连接件有一定的腐蚀作用。而碳酸二甲酯的凝点温度较高，处在较低的温度时会产生结晶现象，使得燃料难以使用。

**表 5-11　混合燃料的基本理化特性参数**

| 项目 | ML10 | EL10 | BL10 | $\gamma$10 | DMC10 | DEC10 |
|---|---|---|---|---|---|---|
| 运动黏度(20℃)/(mm$^2$·s$^{-1}$) | 0.682 | 0.697 | 0.754 | 0.723 | 0.532 | 0.523 |
| 低位热值/(MJ·kg$^{-1}$) | 41.417 | 41.731 | 41.59 | 40.819 | 39.776 | 40.998 |
| 辛烷值(介电常数法) | 114.1 | 112.1 | 108.5 | 135.9 | 97.0 | 97.2 |
| 辛烷值(研究法) | 99.9 | 100 | 99.8 | 100.3 | 99.8 | 100.1 |
| 铜片腐蚀 | 1b | 1b | 1a | 1a | 1a | 1a |
| 馏程 | | | | | | |
| 50%回收温度/℃ | 115.5 | 114.9 | 262.8 | 115.0 | 89.4 | 110.5 |
| 90%回收温度/℃ | 176.2 | 185.8 | 324.9 | 188.4 | 158.7 | 163.0 |
| 95%回收温度/℃ | 190.6 | 200.1 | 341.5 | 200.7 | 177.5 | 184.6 |
| 饱和蒸气压/kPa | 48 | 49 | 48 | 51 | 48 | 48 |
| 未洗胶质含量/[mg·(100mL)$^{-1}$] | 6 | 3 | 2 | 4 | 2 | 2 |
| 溶剂洗胶质含量/[mg·(100mL)$^{-1}$] | 3 | 1 | 1 | 1 | 1 | 1 |

### 5.3.1　互溶性

互溶性是替代燃料在内燃机上正常使用的前提条件之一，良好的互溶性能保证混合燃料的物性在使用阶段保持稳定，因为燃料一旦出现相分离就会严重影响内燃机的使用特性。两种液体燃料的互溶性好坏除了和本身化学性质及相似相溶基本原理有关以外，与环境温度也有着非常重要的关系。

图 5-33(a)～(c) 为 $\gamma$-戊内酯、乙酰丙酸甲酯和碳酸二甲酯在–30℃～30℃内与汽油的相分离及结晶现象。异丁醇、乙酰丙酸乙酯、乙酰丙酸丁酯和碳酸二乙酯与汽油在此温度区间未出现相分离。

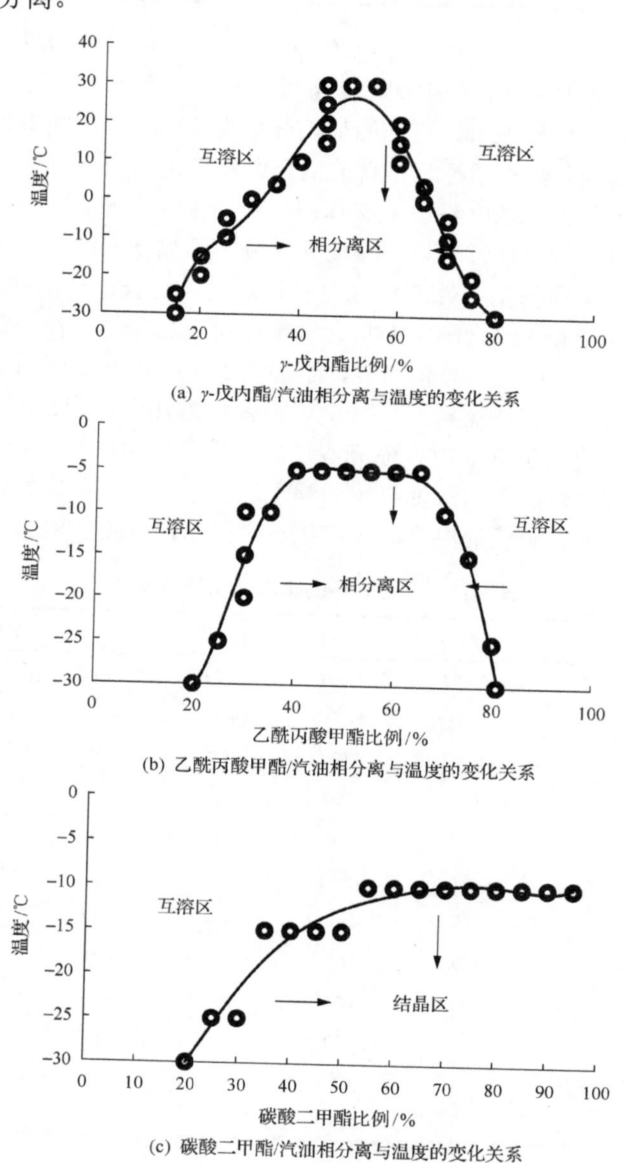


图 5-33　$\gamma$-戊内酯、乙酰丙酸甲酯、碳酸二甲酯与汽油的相分离和温度的变化关系

酯类燃料相对于醇类燃料的一大优势在于亲油性大于亲水性，当环境中存在一定的水分时，对酯类混合燃料的影响不大，而醇类燃料受环境水分的影响比较严重。由于酯类燃料的种类和结构复杂，其受环境温度的影响表现形式也多种多样，如相分离、浑浊和结晶等。$\gamma$-戊内酯和乙酰丙酸甲酯与汽油出现的是相分离，碳酸二甲酯与汽油出现的是结晶，其他酯类燃料在柴油中表现的则是浑浊。

### 5.3.2　密度

表 5-12 和表 5-13 分别给出了异丁醇、$\gamma$-戊内酯体积分数与混合燃料理化特性的关系。由表可知，混合燃料的测试密度值随异丁醇和 $\gamma$-戊内酯的体积分数增大而逐渐增大，异丁醇混合燃料的增加幅度较小，而 $\gamma$-戊内酯的增加幅度较大，原因是异丁醇和汽油的密度较为接近，而 $\gamma$-戊内酯的密度较大，汽油的密度为 0.736kg·L$^{-1}$，异丁醇的密度为 0.803kg·L$^{-1}$，$\gamma$-戊内酯的密度为 1.04kg·L$^{-1}$，异丁醇的密度为汽油的 1.09 倍，$\gamma$-戊内酯的密度为汽油的 1.41 倍，混合燃料的密度与纯汽油近似，所以，混合燃料的密度能够满足汽油机的使用。

**表 5-12　异丁醇体积分数与混合燃料理化特性关系**

| 混合燃料 | *i*0 | *i*10 | *i*20 | *i*30 | *i*40 | *i*50 | *i*60 | *i*70 | *i*80 | *i*90 | *i*100 |
|---|---|---|---|---|---|---|---|---|---|---|---|
| 密度(20℃)/(kg·L$^{-1}$) | 0.736 | 0.743 | 0.750 | 0.752 | 0.760 | 0.766 | 0.776 | 0.785 | 0.789 | 0.796 | 0.803 |
| 低位热值/(MJ·kg$^{-1}$) | 44.3 | 43.2 | 42.3 | 40.6 | 39.3 | 38.6 | 37.7 | 36.8 | 36.0 | 34.6 | 33.5 |
| 10%回收温度/℃ | 63 | 68 | 70 | 72 | 75 | 77 | 79 | 88 | 91 | 102 | 106 |
| 运动黏度(20℃)/(mm$^2$·s$^{-1}$) | 0.534 | 0.633 | 0.708 | 0.797 | 0.961 | 1.289 | 1.595 | 2.049 | 2.288 | 3.525 | 4.722 |
| 理论空燃比 | 14.7 | 14.3 | 13.9 | 13.6 | 13.2 | 12.8 | 12.5 | 12.1 | 11.8 | 11.4 | 11.1 |
| 辛烷值 | 97.5 | 100.3 | 102.2 | 103.9 | 105.7 | 107.4 | 109.1 | 110.8 | 112.4 | 114.0 | 115.6 |
| 腐蚀性(50℃，3h) | 无 | 无 | 无 | 无 | 无 | 无 | 无 | 无 | 无 | 无 | 无 |
| 含氧量/% | 0 | 2.32 | 4.60 | 6.84 | 9.05 | 11.21 | 13.34 | 15.43 | 17.49 | 19.51 | 21.50 |

**表 5-13　$\gamma$-戊内酯体积分数与混合燃料理化特性关系**

| 特性名称 | 纯汽油 | $\gamma$2.5 | $\gamma$5 | $\gamma$10 | $\gamma$15 | $\gamma$20 |
|---|---|---|---|---|---|---|
| 辛烷值(研究法) | 94.5 | 95.0 | 95.5 | 99.4 | 99.8 | 100.2 |
| 抗爆指数 | 89.4 | 89.8 | 90.2 | 93.9 | 94.4 | 94.9 |
| 低位热值/(MJ·kg$^{-1}$) | 44.30 | 43.62 | 42.96 | 41.67 | 40.41 | 39.24 |
| 运动黏度(20℃)/(mm$^2$·s$^{-1}$) | 0.608 | 0.778 | 1.018 | 1.081 | 1.294 | 1.342 |
| 饱和蒸气压/kPa | 64.50 | 62.75 | 62.25 | 47.75 | 47.75 | 47.50 |
| 密度(20℃)/(kg·L$^{-1}$) | 0.736 | 0.748 | 0.755 | 0.787 | 0.802 | 0.818 |
| 10%回收温度/℃ | 48.7 | 48.5 | 48.7 | 59.7 | 60.6 | 59.7 |
| 50%回收温度/℃ | 89.6 | 91.1 | 93.1 | 114.4 | 116.3 | 112.2 |
| 90%回收温度/℃ | 164.2 | 165.6 | 169.5 | 187.0 | 190.0 | 177.6 |
| 终馏点温度 /℃ | 194.3 | 192.0 | 192.3 | 200.5 | 201.0 | 200.7 |
| 残留量/vol% | 1.0 | 0.9 | 0.9 | 0.9 | 0.8 | 0.8 |
| 含氧量/wt% | 2.69 | 2.60 | 2.52 | 1.91 | 1.78 | 1.63 |

### 5.3.3　低位热值

汽油的低位热值为 44.3MJ·$kg^{-1}$，异丁醇的低位热值为 33.5MJ·$kg^{-1}$，$\gamma$-戊内酯的低位热值为 25MJ·$kg^{-1}$，汽油的低位热值为异丁醇的 1.32 倍，为 $\gamma$-戊内酯的 1.77 倍。相比乙醇和甲醇(低位热值分别为 26.8 MJ·$kg^{-1}$ 和 19.9MJ·$kg^{-1}$)，异丁醇的低位热值更接近于汽油，从表 5-12 和表 5-13 可以看出，混合燃料的低位热值随异丁醇和 $\gamma$-戊内酯的体积分数增大而逐渐减小，但减小幅度较小，能够满足汽油机的使用。

### 5.3.4　馏程

整体上，随着异丁醇含量的增加，混合燃料的 50%回收温度、90%回收温度、终馏点温度均逐渐下降。50%回收温度下降表明混合燃料更易蒸发，从而缩短汽油机启动后的升温时间、提高加速性能；90%回收温度下降表明混合燃料中重质成分相对减少，燃烧过程中气化程度提高，气缸积炭和活塞磨损程度减小；终馏点温度下降表明混合燃料残留量减少，混合燃料更易燃烧完全。

随着 $\gamma$-戊内酯含量的增加，混合燃料的 10%回收温度、50%回收温度、90%回收温度和终馏点温度出现不同程度的升高，原因在于 $\gamma$-戊内酯的沸点温度为 205℃，汽油馏程温度为 50～205℃，添加 $\gamma$-戊内酯相当于增加了混合燃料中的重质馏分含量，增大混合燃料的蒸馏所需热量。

### 5.3.5　氧化安定性

汽油实际胶质含量和诱导期是表征汽油燃料氧化安定性的重要指标。实际胶质含量是指 100mL 燃料在实验条件下所含胶质的质量，单位为 mg·$(100mL)^{-1}$。它主要用来说明燃料在规定条件下加速蒸发时生成的胶质总质量，分为燃料本身的胶质和在实验过程中产生的部分胶质。实际胶质含量小的燃料工作时，在进气系统中不易生成沉积物，有利于发动机的燃烧和工作过程。发动机使用的燃料实际胶质含量越大，则同样条件下正常行驶的里程数就会越短，应加强车辆的日常保养、维修清理，特别是对发动机的进气系统及时清理沉积物，以防堵塞。

诱导期表示汽油在压力为 709kPa(7kg·$cm^{-2}$)的氧气中，温度为 100℃时未发生明显氧化的时间，单位为 min。该实验按国家标准《汽油诱导期测定法》(GB/T 256—1964)及《汽油氧化安定性测定法(诱导期法)》(GB/T 8018—1987)进行[22]。

诱导期是衡量汽油在储存期间发生氧化和生成胶质的时间指标。诱导期数值越小，表示汽油的抗氧化安定性越差，一般由工厂在出厂前测定，90 号以上含铅或无铅汽油的诱导期应不低于 480min。不同炼制方法生产的汽油的诱导期不同，部分国产汽油在储存实验中诱导期的变化见图 5-34。直馏和加氢汽油的诱导期很长，通常大于 1000min，随储存时间延长未见明显下降；而二次加工汽油，如热裂化汽油含有较多烯烃和双烯烃，性质相对不稳定，其诱导期很短，通常小于 100min，且随储存时间延长，诱导期逐渐下降，超过 6 个月时诱导期降为 10min 以内；直馏汽油和裂化汽油组成的调和汽油诱导期整体不大于 150min，抗氧化诱导期指标居于两者之中。

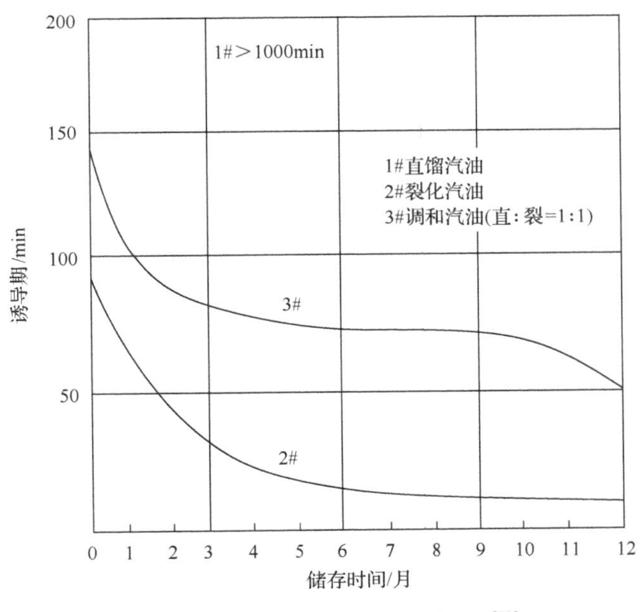


图 5-34　汽油储存实验中的诱导期[23]

# 5.4　酯类汽油燃料在点燃式内燃机上的使用特性

## 5.4.1　内燃机常用运行参数基本概念

直观表征内燃机运行参数的指标是表示运行频率的转速 $n$ 和工作负荷的扭矩 $T_{tq}$、功率 $P_e$、油门踏板的开度 $\theta$。而气缸内的参数平均有效压力 $p_{me}$ 和 $T_{tq}$、$P_e$ 成正比，有时也用 $p_{me}$ 表示内燃机的负荷。工况参数之间有式(5-9)的关系

$$P_e \propto T_{tq} n \propto p_{me} n \tag{5-9}$$

在 $P_e$、$T_{tq}$ 和 $n$ 三个参数中，只有两个是独立变量，任意两个参数确定后即可通过公式计算出第三个参数。

不同用途的内燃机实际中的运行工况十分复杂，典型的工况可以分为三类。

(1) 点工况。运行中转速和节气门位置始终保持不变的工况称为点工况。

(2) 线工况。当内燃机发出的功率和曲轴转速之间存在一定的函数关系时属于线工况。

(3) 面工况。当内燃机作为汽车及其他交通工具和作业机械的动力时，转速取决于车辆的行驶速度，它的功率取决于车辆的行驶阻力，功率 $P_e$ 和转速 $n$ 都独立地在很大范围内变化，称之为面工况。以汽车行驶为例，简单地说，就是需要不断地改变油门踏板来适应加速、匀速前进和爬坡等情况，运行的工况点形成一个面。

本节主要在内燃机的稳态工况下进行测试，即内燃机在负荷和转速保持稳定的前提下。而内燃机在汽车等运载工具上使用时的工况是相对复杂的，针对车用指标评价则主要根据汽车的运行路况进行测试，包括稳态测试、瞬态测试和过渡工况测试等。

评价燃料在内燃机上使用特性的指标主要从动力性、经济性、排放性和兼容性等几个方面进行。理想的替代燃料是在不牺牲动力和不对内燃机进行大规模结构调整的前提下达到节省油耗和减少排放的目的。

1) 动力性

衡量发动机动力性指标的重要参数包括平均有效压力 $p_{me}$、有效功率 $P_e$ 和升功率 $P_L$ 等。

平均有效压力是一个假想的、平均不变的作用在活塞顶上的压力，使活塞移动一个行程所做的功等于每循环所做的有效功。

$$P_e = \frac{p_{me} V_s n i}{30\tau} \tag{5-10}$$

式中，$i$ 为内燃机气缸的缸数；$p_{me}$ 为发动机的平均有效压力，MPa；$V_s$ 为气缸工作容积，L；$n$ 为额定转速，$r \cdot min^{-1}$；$\tau$ 为冲程数。

对于一定气缸总工作容积 ($iV_s$) 的发动机，平均有效压力 $p_{me}$ 的值反映了发动机输出扭矩 $T_{tq}$ 的大小，有如下对应关系

$$T_{tq} \propto p_{me} \tag{5-11}$$

在一定程度上，平均有效压力 $p_{me}$ 可反映出内燃机单位气缸工作容积输出扭矩的大小。

升功率 $P_L$ 的定义是在额定工况下，发动机每升气缸工作容积所发出的有效功率。

$$P_L = \frac{P_e}{iV_s} \tag{5-12}$$

2) 经济性

衡量发动机经济性的重要指标是有效热效率 $\eta_{et}$ 和有效燃油消耗率 $b_e$。

有效热效率是实际循环的有效功与为得到有效功所消耗的热量的比值。

$$\eta_{et} = \frac{W_i \eta_m}{Q_1} = \frac{3.6 \times 10^3 P_e}{BH_u} \tag{5-13}$$

式中，$W_i$ 为循环指示功，J；$\eta_m$ 为机械效率；$Q_1$ 为燃料燃烧热量，J；$B$ 为燃油消耗量，$kg \cdot h^{-1}$；$H_u$ 为燃料低位热值，$J \cdot kg^{-1}$；$P_e$ 为有效功率。

有效燃油消耗率是指单位有效功的耗油量，通常采用单位有效功所消耗的燃料来表示。

$$b_e = \frac{3.6 \times 10^3}{\eta_{et} H_u} \tag{5-14}$$

式中，$\eta_{et}$ 为有效热效率。

3) 排放性能

燃料在内燃机中不可能完全燃烧，内燃机一般转速很高，燃料与空气的混合过程极短，因此燃料空气混合气不可能完全均匀，在需要大量功率输出时，要使用过量空气系数 $\phi_a < 1$ 的浓混合气，则加剧了未燃 HC 和 CO 等污染物的排放。同时内燃机的最高燃

烧温度在 2000℃以上，从而产生各种氮氧化物，氮氧化物绝大部分是 NO，少量是 $NO_2$，一般用 $NO_x$ 表示。

CO 是一种无色无味的气体，与血液中的血红蛋白结合的速率比氧气快 250 倍。CO 经呼吸道进入血液循环，与血红蛋白结合后产生碳氧血红蛋白，从而削弱血液向各组织输送氧的功能，危害中枢神经系统，造成人的感觉、反应、理解、记忆力等机能障碍，重者危害血液循环系统，导致生命危险。所以，即使微量吸入 CO，也可给人造成缺氧性伤害。

$NO_x$ 对人体的呼吸系统有危害，在 $NO_2$ 浓度为 $9.4mg \cdot m^{-3}$ 的空气中暴露 10min，可造成人的呼吸系统功能失调。

碳氢化合物对人体的健康的直接危害机理还尚需研究，但 $NO_x$ 和碳氢化合物在太阳紫外线的作用下，会产生一种具有刺激性的浅蓝色烟雾，其中包含酯臭氧、醛类、硝酸酯类等多种复杂化合物。这种光化学烟雾对人体最突出的危害是刺激眼睛和上呼吸道黏膜，引起眼睛红肿和喉炎[24,25]。

测量内燃机的动力性需采用测功机台架，常用的测功机类型分为水力测功机、电涡流测功机和电力测功机。电力测功机是利用电机测量各种动力机械轴上输出的扭矩，并结合转速以确定功率的设备，因为被测量的动力机械可能有不同的转速，所以用作电力测功机的电机必须是平滑调速的电机，目前被广泛使用的是直流测功机、交流测功机和涡流测功机。

测量内燃机的排放性需采用油耗仪，油耗仪种类繁多，按测量方法可分为容积式油耗仪、重量式油耗仪及各种类型的燃油流量计，目前普遍采用的是容积式油耗仪和重量式油耗仪。

容积式油耗仪随着电子技术的发展，实现了自动计时测量。液面测量起始、停止位置由光电管检测，计时功能由计时器完成，三通阀采用电磁阀。容积式油耗仪是一种恒压式工作过程，燃油供给压力不变，一般只用于台架实验。主要误差有：测量容器的误差、比重误差、标定误差及温度变化引起的误差。另外，容积式油耗仪只能测量一定时间内的平均值。

重量式油耗仪的测量精度一般比容积式高。这是因为重量法不需要测量燃油的密度，因而完全消除了由于燃油密度变化造成的误差。重量式油耗仪所产生的误差来源于以下几个方面：系统误差、泄漏误差和时间测量误差。

世界各国的排放法规已经把法规限定的排放物的测量技术标准化，它们一般都基于光、热、电等物理方法进行检测，具有较好的动态特性，而不用湿化学法，因为后者手续烦琐，耗时较多。排放法规中，内燃机排气中的 CO 和 $CO_2$ 用不分光红外线吸收型分析仪(nodisper-sive infrared analyzer，NDIR)测量，$NO_x$ 用化学发光分析仪(chemiluminescent detector or analyzer，CLD 或 CLA)或加热型 CLD(heat CLD，HCLD)测量，HC 用氢火焰离子化分析仪(flame ionization detector，FID)或加热型氢火焰离子化分析仪(heat FID，HFID)测量。当需要从总碳氢(THC)中分出甲烷($CH_4$)和非甲烷碳氢化合物(NMHC)时，一般用气相色谱(gas chromatograph，GC)进行分离。此外，进行内燃机排气分析时常要测量排气中氧的含量，常用仪器为顺磁分析仪(paramagnetic analyzer，PMA)[26]。

### 5.4.2　混合燃料使用特性

1. 乙酰丙酸酯类燃料

乙酰丙酸酯类燃料有乙酰丙酸甲酯、乙酰丙酸乙酯、乙酰丙酸丁酯和γ-戊内酯。

与纯汽油燃料相比，乙酰丙酸酯类燃料在整体的特性的趋势变化上没有太大的差别。但随着燃料添加比例的增加，内燃机的动力性都会产生不同比例的下降。以γ-戊内酯为例，如图 5-35 所示，γ-戊内酯燃料的扭矩下降范围在 16%～35%。γ-戊内酯的含氧量为 32%，导致混合燃料的热值整体低于汽油燃料，在对原来内燃机的电控系统不做改变的前提下，也就是说燃料的循环喷油量不变，会导致循环燃料放热量减小，从而降低了动力性。而如果混合燃料在采用氧传感器闭环控制的电控喷射火花点火发动机，中低负荷条件下(过量空气系数＞1)，氧传感器通过检测排气中的氧含量，在一定范围内增加喷油脉宽，从而可使内燃机动力性不下降甚至有所提高。原因在于乙酰丙酸酯类燃料的化学计量比混合气热值高于汽油空气混合气。对于高负荷条件下(过量空气系数＜1)，需要对内燃机的实验工况进行标定，增大喷油脉宽等。

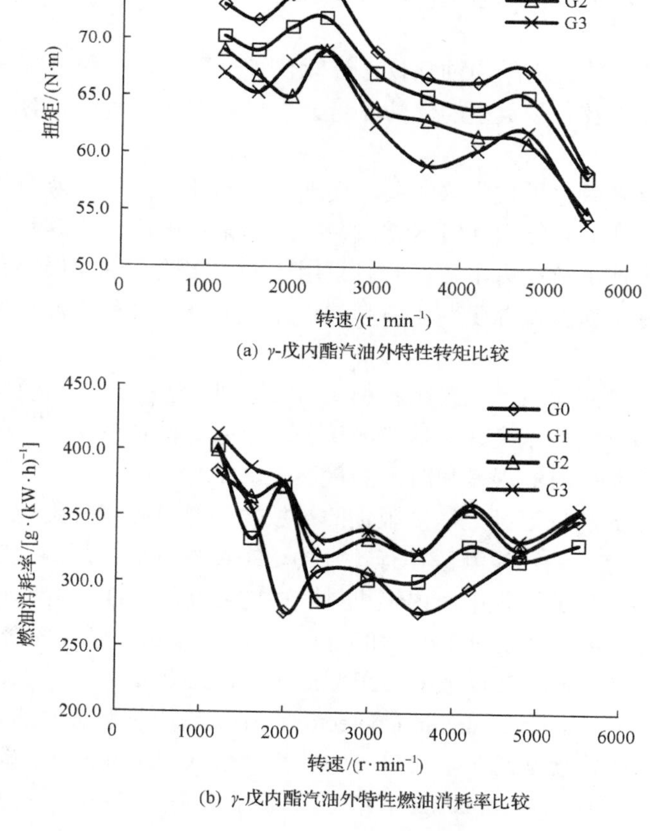


(a) γ-戊内酯汽油外特性转矩比较

(b) γ-戊内酯汽油外特性燃油消耗率比较

图 5-35　γ-戊内酯汽油动力和经济特性

若需要最大化地在内燃机上使用燃油代用燃料，仍需要从内燃机研发阶段入手，包括改造相应燃料适合的供油系统。因为大部分醇、醚、酯等燃料与供油系统的橡胶密封件不能兼容，会发生溶胀，部分燃料也会出现 pH 较低等情况，对内燃机中的非金属和金属器件产生腐蚀。

在燃油经济性方面，与纯汽油相比，乙酰丙酸酯类燃料以质量计的燃油消耗率会相应增加，然而混合燃料的含氧量高，热效率增加，会使得比能耗下降。随着 $\gamma$-戊内酯添加比例的增加，外特性燃油消耗率整体上有所增大，这是由于 $\gamma$-戊内酯的热值低于汽油，密度却高于汽油($\gamma$-戊内酯密度为 $1.04kg \cdot L^{-1}$，汽油密度为 $0.736kg \cdot L^{-1}$)，使得做同样功量下，$\gamma$-戊内酯混合燃料的消耗量大，并且随着 $\gamma$-戊内酯比例的增大，燃料消耗率增大。从图 5-35 中还可以看出，在低转速小负荷条件下，$\gamma$-戊内酯汽油燃油消耗率低于纯汽油，在中低负荷下，较高的充量系数使得含氧燃料燃烧更为充分。而燃油消耗率的变化也会根据负荷和工况的变化而变化，在中低负荷和高负荷工况下的燃油经济性不尽相同，相应的实验数据表明，低转速、低负荷条件下的燃油经济性增加幅度不大，甚至会有部分降低，高转速、高负荷条件下混合燃料的燃油经济性增加相对明显。

而在实际内燃机台架测试过程中，由于酯类燃料添加比例较少，测试的结果一般都难以达到非常完美的趋势，这在于台架的运行工况相对复杂，即使是内燃机的稳态燃烧过程，影响燃烧过程的因素也非常多，包括燃烧噪声、循环喷油压力波动、流体波动等，诸多因素导致内燃机的燃烧工况是在一定范围内变化，若要获取相对科学精确的实验数据，则需要通过大量的实验数据进行数据拟合所得到的实验趋势。然而此种实验方法在研究中需要耗费较大的人力和物力，因此一般在对比混合燃料的特性实验中，使用纯汽油燃料和添加较大比例的调和燃料进行对比，获得较为明显的实验趋势结果。

在排放方面，实验结果表明，如图 5-36 所示，乙酰丙酸酯类燃料的 $NO_x$ 排放下降。影响 $NO_x$ 生成的两种重要因素是温度和含氧量，NO 的生成随温度的升高而呈现指数函数急剧增加。当温度低于 1800K 时，NO 的生成速率极低；到 2000K 就达到很高的速率。大致可认为温度每提高 100K，NO 的生成速率几乎翻番。含氧量提高也使 NO 生成量增加，由于 NO 的生成反应比燃料的燃烧反应慢，所以很少一部分 NO 产生于很薄的火焰反应带中，大部分 NO 在火焰离开后的已燃气体中生成。如果反应物在高温环境停留时间不足，则 NO 达不到平衡量，使 NO 排放量减少。

乙酰丙酸酯类燃料的汽化潜热大于纯汽油，导致缸内的最高燃烧温度下降，同时高温区域持续时间缩短，从而造成反应物在高温环境中的停留时间下降，降低了 $NO_x$ 排放。在 $NO_x$ 生成过程中，含氧量因素的影响弱于温度因素影响。因此即使是酯类燃料的含氧量高于纯汽油，在最高燃烧温度下降和高温区域持续时间缩短后，$NO_x$ 排放相对下降。

相对于纯汽油，CO 排放浓度变化与负荷和转速有着一定的联系，在全工况范围内 CO 排放浓度并非持续地下降或者上升，由于在不同工况下循环喷油量的变化，碳排放增加。影响 CO 和 $CO_2$ 排放的重要因素是过量空气系数，在过量空气系数 $\phi_a < 1$ 时，氧气缺少，CO 排放急剧增加，当 $\phi_a > 1$ 时，氧气富余，CO 排放减少。而在内燃机工况过程中，增加后者，减少酯类燃料循环喷油量并不代表增加了单位体积空气内的碳含量，因为酯类燃料的碳含量低于纯汽油。

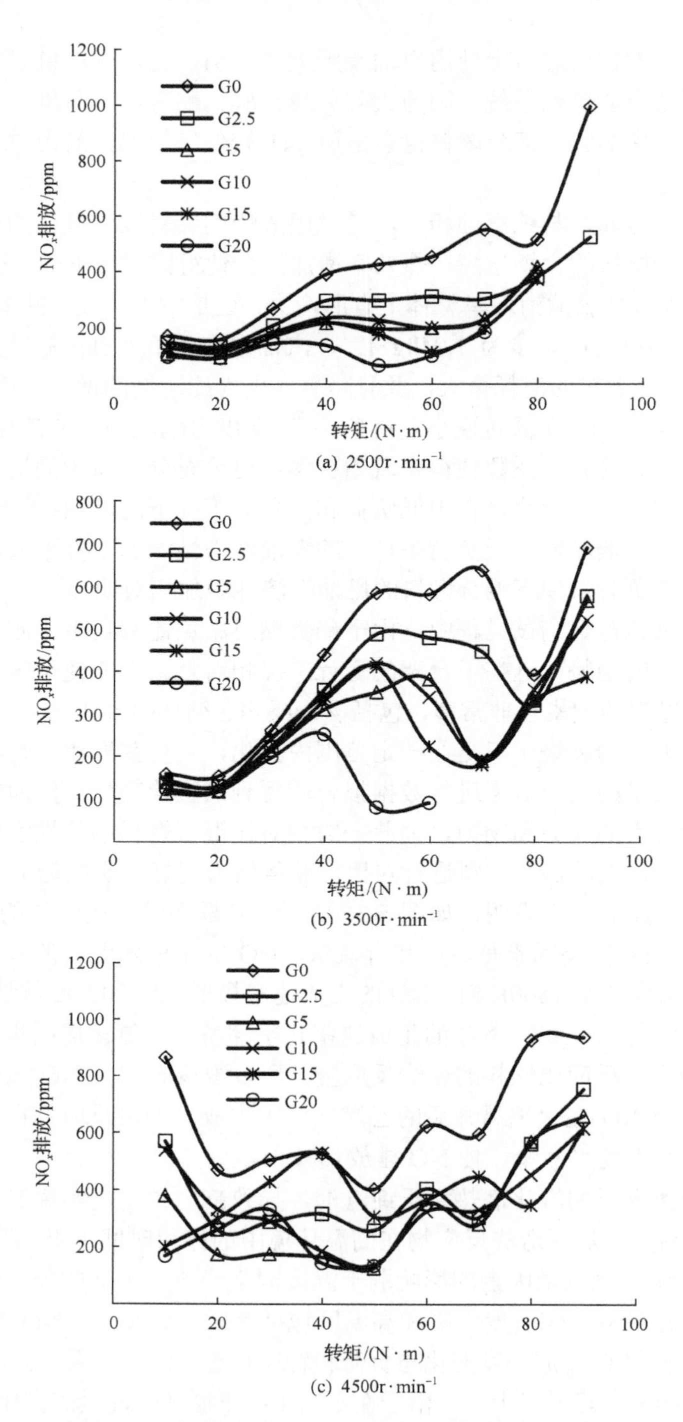


图 5-36　不同比例的 γ-戊内酯在不同转速下 $NO_x$ 排放

从图 5-37 中可以看出，γ-戊内酯汽油在 $3500r \cdot min^{-1}$ 工况条件下，CO 排放呈现先增加后减小的趋势。相对于纯汽油，γ-戊内酯汽油在 $2500r \cdot min^{-1}$ 工况下，CO 排放变化趋势不明显，$3500r \cdot min^{-1}$ 工况下，CO 排放呈现整体下降趋势，在 $4500r \cdot min^{-1}$ 工况下，

CO 排放呈现先升高后下降的趋势。混合燃料的 CO 排放下降，是由于 CO 是燃料中的碳氢化合物在燃烧过程中产生的，燃料中的氧含量对 CO 排放量影响较大。

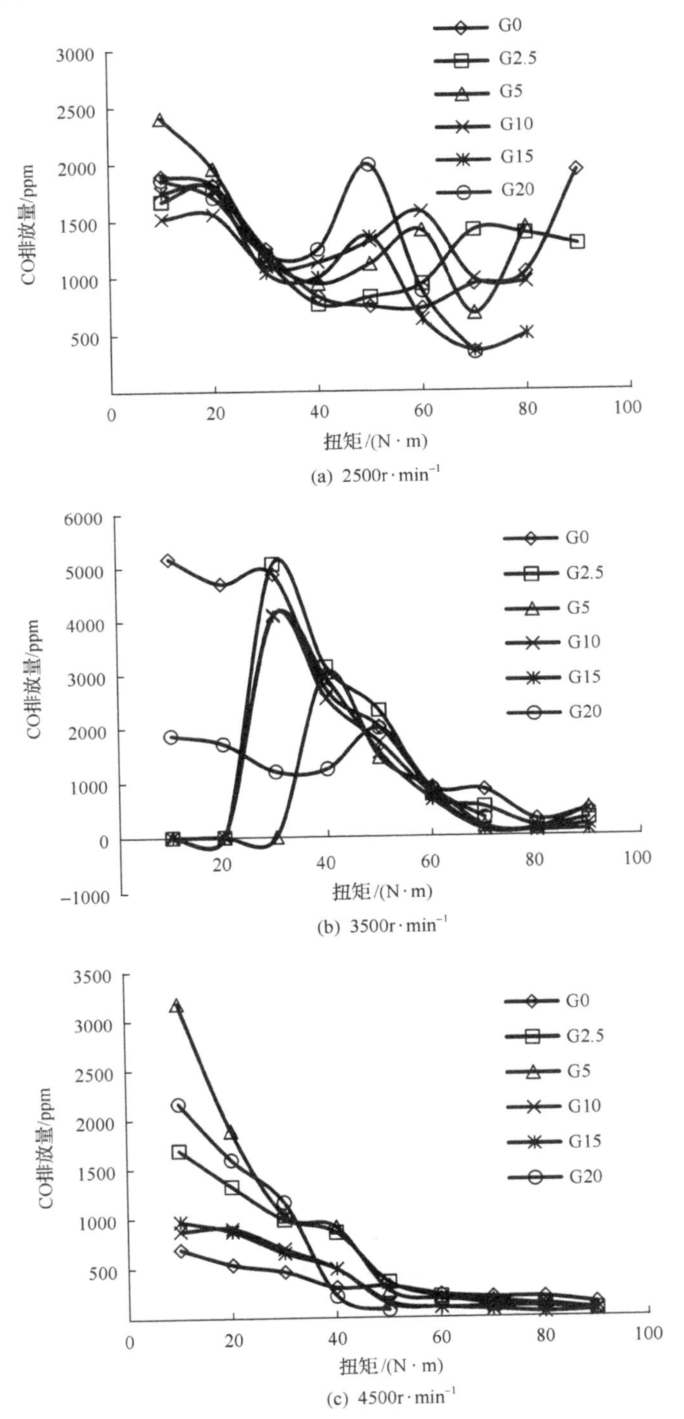


图 5-37　不同比例的γ-戊内酯在不同转速下 CO 排放

从图 5-38 中可以看出，整体工况是 $\gamma$-戊内酯的掺入使燃料都能够更加充分地燃烧，进而减少了 THC 的排放。另外，同一转速低负荷条件下，燃料的 THC 排放相对于纯汽油均为先降低后升高，这是由于随着掺混比例的增大，供油量增加引起燃烧不完全。

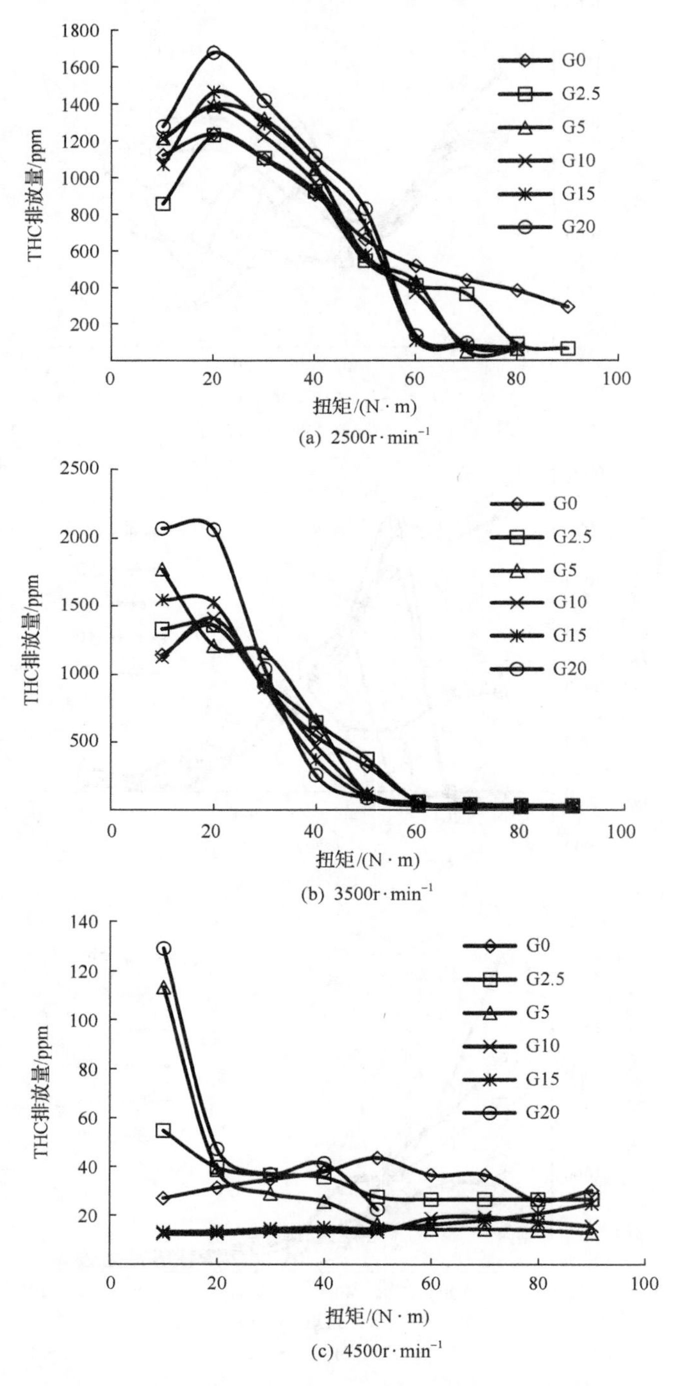


图 5-38　不同比例的 $\gamma$-戊内酯在不同转速下 THC 排放

2. 碳酸酯类燃料

碳酸酯类燃料包括碳酸二甲酯、碳酸二乙酯。

碳酸二甲酯是一种低毒、环保性能优异、用途广泛的化工原料，它是一种重要的有机合成中间体，分子结构含有羰基、甲基和甲氧基等官能团，具有多种反应性能，其毒性较小，是一种具有发展前景的“绿色”化工产品。

碳酸二甲酯作为汽油添加剂时，具有高氧含量(分子中氧含量高达53%)、优良的提高辛烷值作用、常温下无相分离、低毒和快速生物降解性等性质，使汽油达到同等氧含量时，使用碳酸二甲酯的量比甲基叔丁基醚(MTBE)少4.5倍，从而降低了汽车尾气中碳氢化合物、一氧化碳和甲醛的排放总量，此外还克服了常用汽油添加剂易溶于水、污染地下水源的缺点，因此碳酸二甲酯将成为替代MTBE具有潜力的汽油添加剂之一。在2002年美国化学会会议上，我国天津大学的无污染、低成本生产汽油添加剂碳酸二甲酯的技术成为该次会议的瞩目研究成果之一。

碳酸二甲酯研究开发的重点工艺依然是氧化羰基化法和酯交换法，典型的氧化羰基化法包括ENI液相法、Dow气相法和UBE常压气相法，而通常的酯交换法是由碳酸乙烯酯或碳酸丙烯酯与甲醇进行酯交换反应得到碳酸二甲酯。据悉，Shell公司开发了一种以环氧丙烷为原料生产碳酸二甲酯，并以其为原料生产PC(聚碳酸酯)的新工艺，该工艺可以明显降低投资和操作费用，与氧化羰基化工艺相比，每吨PC生产成本降低300美元；此工艺利用了温室效应气体二氧化碳，是一种环境友好工艺，可以减少10%碳化物排放。我国也在酯交换工艺研究方面投入了较大的精力，但多集中在实验室和中试阶段，有待于工艺流程的进一步简化和催化剂的优化，从而实现工业化。

碳酸二甲酯的应用前景广阔，被认为是一种比较环保的绿色原料，可以满足当前清洁工艺的要求，符合可持续发展的趋势[27-29]。

碳酸二乙酯是乙醇的二碳酸酯，常温下为无色清澈液体，稍有气味，蒸气压1.33kPa(23.8℃)、闪点25℃、熔点-`43℃、沸点125.8℃；溶解性：不溶于水，可混溶于醇、酮、酯等多数有机溶剂；密度：相对密度(水=1)1.0；相对密度(空气=1)4.07；稳定性：稳定；危险标记7(易燃液体)；主要用作硝酸纤维素、树脂和一些药物(如红霉素)的溶剂及有机合成(如苯巴比妥、除虫菊酯)的中间体，它还可用在锂电池的电解液中。

碳酸二乙酯可采用如下工艺进行合成：首先，通过无水乙醇与光气反应生产氯甲酸酯，再进一步与无水乙醇反应生产碳酸二乙酯。之后，再通过水洗、蒸馏等后处理工艺制得成品。如果期望获得更高纯度的精制方法，需要采用碳酸钠或者碳酸氢钠水溶液进行洗涤，水洗后采用生石灰或者氯化钙干燥、蒸馏[30]。

碳酸酯类燃料在使用过程中需要考虑以下事项：

(1)碳酸二甲酯和碳酸二乙酯是易燃品，其蒸气与空气混合易燃，因此在运输过程中要注意防火和防爆。

(2)碳酸二甲酯和碳酸二乙酯的热值分别为汽油的35.6%和52.6%。在汽油机上燃用混合燃料时，若希望内燃机动力性没有较大的牺牲，需要调整和标定循环喷油脉宽或者增大喷油孔。

(3)混合燃料的辛烷值高于纯汽油，在火花塞式内燃机中燃用时，可在设计过程中适当提高气缸的压缩比。

(4) 碳酯二甲酯和碳酯二乙酯的运动黏度低于汽油，因此混合燃料的蒸发性较高，容易造成汽油管道的高温气阻，同时燃油的饱和蒸气压较高，燃油损失较大。

(5) 碳酯二甲酯和碳酯二乙酯长时间使用，易与汽车供油系统中的橡胶连接等部件发生反应。

## 5.5　酯类燃料配方技术

### 5.5.1　配方优选方法

生物质液体燃料技术是生物质能转化利用技术中最重要的部分之一，合理地发展生物质液体燃料产业不但对增强我国石油安全具有重要战略意义，而且对于缓解我国能源和资源压力、减轻生态环境污染和发展社会经济等具有现实意义[31,32]。采用合适的配方优选技术对生物质替代混合燃料配方进行优选，是衡量生物质能液体燃料利用方式，促进液体燃料规范、规模化利用的重要途径[33]。

灰色关联是指事物之间不确定性关联或系统因子与主行为因子之间的不确定性关联。灰色关联分析方法(grey relation analysis，GRA)具有所需的原始数据量较少、计算方便简单、结论合理等特点，利用灰色关联分析方法可在不完全的信息中，找出要分析事物的关联度大小。与精确数学方法相比，该方法可以把模糊的参数明确化，使定性的指标定量化[34]。灰色关联分析被广泛应用于能源领域的分析，例如，Lu 等[35]利用灰色关联分析方法，分析了交通系统发展过程中的不同因素和特点，评估了燃料价格、国内生产总值、汽车数量、单位公里的汽车能耗等之间的相对影响。Lee 等[36]利用灰色关联分析建立了一个多目标输出系统，来分析评价一系列建筑，通过对 47 个办公楼的能源性能指标进行分析，得到了有效的既定目标。Chang 等[37]选择 34 家工厂，用灰色关联分析方法对影响工厂 $CO_2$ 排放因素的产品生产量、煤耗、油耗、气耗、电耗等因素进行分析，结合敏感性和稳定性等方法，导出了提高产品生产可靠性的结果。Yuan 等[38]用灰色关联分析方法分析了中国能源消耗与经济增长的关系，得到不同时期的关系的不同程度，同时得出总的能耗与第二产业的增加有着最大的关联程度，国内生产总值与能耗中煤的消耗有着最大的关系。层次分析法 (analytic hierarchy process, AHP) 是美国运筹学家 T.L.Saaty 等在 20 世纪 70 年代提出的一种定性和定量相结合，系统性、层次化的多目标决策分析方法[39]。层次分析法将复杂系统的评价数学化，将复杂问题分解为若干层次和若干要素，并在同一层次的各要素之间进行合理的比较、判断和计算，得出不同方案的重要度，从而为选择最优方案提供决策依据。层次分析法广泛应用于生态安全[40]、环境规划[41]、区域承载力[42]和化学品环境性能评价[43]等众多领域。层次分析法的核心是将决策者的经验判断定量化，增强了决策依据的准确性，在目标结构较为复杂且缺乏统计数据的情况下更为实用。

1. 多目标问题求解模型的确立

根据低温流动性、雾化及蒸发性、氧化安定性、防腐性、洁净性、发火性、热值等评价指标进行灰色关联和层次分析。复配燃料理化特性的评价模型可以表示为图 5-39。

复配燃料的方案为 $F=\{F_1,F_2,\cdots,F_n\}$。方案的指标集合为 $S=\{x_1,x_2,\cdots,x_m\}$。各方案的因素指标向量是 $F_j=\{x_{1j},x_{2j},\cdots,x_{mj}\}^{\mathrm{T}}(j=1,2,\cdots,n)$。第 $j$ 个方案的第 $i$ 个因素指标记做 $x_{ij}$，则 $n$ 个方案的 $m$ 个因素指标的特征值矩阵为

$$F=\begin{bmatrix} x_{11} & x_{12} & \cdots & x_{1n} \\ x_{21} & x_{22} & \cdots & x_{2n} \\ \vdots & \vdots & & \vdots \\ x_{m1} & x_{m2} & \cdots & x_{mn} \end{bmatrix} \tag{5-15}$$

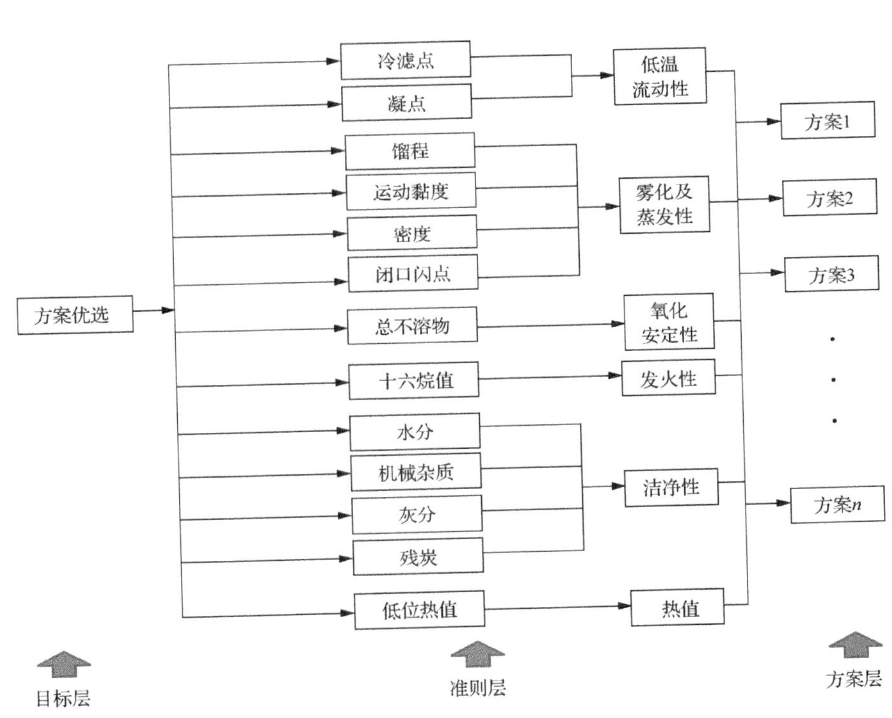


图 5-39　复配燃料评价模型

建立层次分析评价模型后，利用灰色关联理论对所给的数据进行处理和计算。

1) 数据标准化

由于原始统计数据指标的量纲和单位不一样，不同指标间数值大小相差较大。为了保证系统分析的质量、可靠性和相同指标不同元素的可比性，对原始数据分别进行无量纲标准化处理。将评价指标特征值统一变换到[0,1]范围内。

对于模糊数越大越优的递减型指标，无量纲标准化处理为

$$r_{ij}=\frac{x_{ij}-\min(x_i)}{\max(x_i)-\min(x_i)} \tag{5-16}$$

对于模糊数越小越优的递增型指标，无量纲标准化处理为

$$r_{ij}=\frac{\max(x_i)-x_{ij}}{\max(x_i)-\min(x_i)} \tag{5-17}$$

2）灰色相关系数计算

经过标准化处理后的最优指标为 $R_0=(r_{10},r_{20},\cdots,r_{m0})^{\mathrm{T}}=(1,1,\cdots,1)^{\mathrm{T}}$，经过标准化处理后的评价指标为 $R_j=(r_{1j},r_{2j},\cdots,r_{mj})^{\mathrm{T}}$，多层次灰色相关系数为

$$\xi_{ij}=\frac{\min\limits_i\min\limits_j\left|r_{i0}-r_{ij}\right|+\rho\max\limits_i\max\limits_j\left|r_{i0}-r_{ij}\right|}{\left|r_{i0}-r_{ij}\right|+\rho\max\limits_i\max\limits_j\left|r_{i0}-r_{ij}\right|} \tag{5-18}$$

分辨系数 $\rho\in[0,1]$，这里取 $\rho=0.5$。

将 $n$ 个方案的 $m$ 个因素指标的特征值矩阵 $F$ 转换为关联系数矩阵 $U$ 为

$$U=\begin{bmatrix}\xi_{11} & \xi_{12} & \cdots & \xi_{1n}\\ \xi_{21} & \xi_{22} & \cdots & \xi_{2n}\\ \vdots & \vdots & & \vdots\\ \xi_{m1} & \xi_{m2} & \cdots & \xi_{mn}\end{bmatrix} \tag{5-19}$$

2. 定性指标定量化

定性指标定量化时，可将因素指标分成 5 个等级，并给出赋值标准评定值（表 5-14）。当因素指标介于两个等级之间时，评定值取这两个等级评定值之间的值。

**表 5-14　因素指标等级**

| 等级 | 很好 | 好 | 一般 | 差 | 很差 |
|---|---|---|---|---|---|
| 越大越好（↑） | 0.95 | 0.75 | 0.55 | 0.35 | 0.15 |
| 越小越好（↓） | 0.15 | 0.35 | 0.55 | 0.75 | 0.95 |

3. 权重向量计算及其一致性检验

采用判断矩阵分析法，确定各个指标的权重值 $W=(\omega_1,\omega_2,\cdots,\omega_m)$。判断矩阵 $A$ 的特征方程 $AX=\lambda X$。其中，$\lambda$ 为 $A$ 的特征值，$X$ 为 $A$ 的特征向量。

最大特征值 $\lambda_{\max}$ 对应的特征向量经归一化后即为同一层次相应因素对于上一层次某因素相对重要性的排序权值，记作权向量 $W$；其分量 $W_i$ 表示各因素的相对重要度。常用求和法计算特征向量的近似值。

1）求和法

对于一个一致的判断矩阵，它的每一列归一化后就是相应的权重向量。当 $A$ 不一致时，每一列归一化后近似于权重向量，求和法就是采用这 $n$ 个列向量的算术平均作为权重向量。因此有

$$W_i=\frac{1}{n}\sum_{j=1}^{n}\frac{a_{ij}}{\sum\limits_{k=1}^{n}a_{kj}}\quad(i=1,2\cdots,n) \tag{5-20}$$

其计算步骤如下：①矩阵 $A$ 的元素按列归一化；②将归一化后的各列相加；③将相加后的向量除以 $n$ 得权重向量。

2) 一致性检验

为保证我们做出的比较结果相互不矛盾和 AHP 方法计算的结果有意义，还需进行一致性检验。

首先计算一致性指标 C.I

$$\mathrm{C.I}=\frac{\lambda_{\max}-n}{n-1} \tag{5-21}$$

其中

$$\lambda_{\max}=\frac{1}{n}\sum_{i}\frac{(AW)_i}{W_i} \tag{5-22}$$

再计算随机一致性比率 C.R

$$\mathrm{C.R}=\frac{\mathrm{C.I}}{\mathrm{R.I}} \tag{5-23}$$

在式(5-23)中 R.I 为平均随机一致性指标，是根据足够多个随机发生的样本矩阵计算的一致性指标的平均值。R.I 的值如表 5-15 所示。

**表 5-15　平均随机一致性指标**

| 矩阵阶数 | 1 | 2 | 3 | 4 | 5 | 6 | 7 | 8 | 9 | 10 |
|---|---|---|---|---|---|---|---|---|---|---|
| R.I | 0.00 | 0.00 | 0.58 | 0.89 | 1.12 | 1.24 | 1.32 | 1.41 | 1.45 | 1.49 |

在通常情况下，当 $\mathrm{C.R}<0.1$ 时，认为层次单排序的结果具有满意的一致性，AHP 方法求解结果才是有效的，否则需要调整判断矩阵的元素取值。

4. 灰色关联和层次分析的综合评价

灰色关联和层次分析的综合评价表达式为

$$B=W\times U \tag{5-24}$$

式中，$B=(b_1,b_2,\cdots,b_n)$，为 $n$ 个方案的综合评价结果矩阵；$W=(\omega_1,\omega_2,\cdots,\omega_m)$，为权重向量矩阵；$U=(\xi_{ij})_{m\times n}$，为关联系数矩阵。

### 5.5.2　配方优选技术

以乙酰丙酸乙酯-生物柴油-柴油复配燃料为例，使用配方优选方法对复配燃料进行优选。首先，根据国家相关标准，筛选不符合标准的配方，保留符合标准的配方；若符合标准燃料较多，再通过灰色关联与层次分析的综合方法进行优化和筛选。下面对 15 种乙酰丙酸乙酯-生物柴油-柴油复配燃料进行筛选(表 5-16)。

根据灰色关联及层次分析法，经过定性指标定量化和权重向量的确定，灰色关联和层次分析的综合评价结果见表 5-17。

表 5-16　乙酰丙酸乙酯-生物柴油-柴油复配燃料的理化特性筛选表

| 项目 | 单位 | B0E1 | B0E2 | B0E3 | B0E4 | B0E5 | B1E0 | B2E0 | B3E0 | B4E0 | B5E0 | B1E4 | B2.5E2.5 | B3E2 | B4E1 | B2E3 |
|---|---|---|---|---|---|---|---|---|---|---|---|---|---|---|---|---|
| 冷滤点 | ℃ | −4 | −4 | −4 | −4 | −4 | −4 | −4 | −3 | −3 | −3 | −4 | −4 | −4 | −4 | −4 |
| 凝点 | ℃ | −10 | −10 | −10 | −11 | −14 | −10 | −10 | −10 | −10 | −9 | −14 | −13 | −13 | −13 | −14 |
| 馏程 | | | | | | | | | | | | | | | | |
| 50%回收温度 | ℃ | 265 | 265 | 265 | 265 | 265 | 271 | 272 | 273 | 275 | 275 | 265 | 271 | 272 | 273 | 269 |
| 90%回收温度 | ℃ | 334 | 335 | 335 | 336 | 335 | 337 | 342 | 343 | 345 | 335 | 336 | 339 | 340 | 341 | 338 |
| 95%回收温度 | ℃ | 350 | 351 | 351 | 350 | 351 | 352 | 354 | 354 | 355 | 352 | 352 | 353 | 354 | 354 | 353 |
| 运动黏度 | $mm^2 \cdot s^{-1}$ | 4.23 | 4.17 | 4.02 | 3.88 | 3.43 | 4.18 | 4.25 | 4.28 | 4.4 | 4.38 | 3.94 | 4.08 | 4.13 | 4.19 | 4.06 |
| 密度 | $kg \cdot m^{-3}$ | 840 | 842 | 844 | 846 | 847 | 835 | 839 | 840 | 842 | 837 | 846 | 844 | 842 | 840 | 845 |
| 闭口闪点 | ℃ | 57 | 57 | 57 | 58 | 59 | 58 | 58 | 58 | 58 | 58 | 58 | 58 | 58 | 58 | 58 |
| 氧化安定性 | $mg \cdot (100mL)^{-1}$ | 0.78 | 0.79 | 0.79 | 0.78 | 0.78 | 1.28 | 1.43 | 1.91 | 1.96 | 1.96 | 1.09 | 1.71 | 1.9 | 1.97 | 1.39 |
| 十六烷值 | — | 50.1 | 50.2 | 50.1 | 49.3 | 49 | 52.4 | 52.8 | 52.9 | 53.7 | 53.9 | 49.2 | 51.4 | 51.7 | 52.4 | 50.2 |
| 酸值 | $mg\ KOH \cdot g^{-1}$ | 0.0645 | 0.0661 | 0.0712 | 0.0762 | 0.0813 | 0.0685 | 0.0712 | 0.0808 | 0.0895 | 0.0873 | 0.0842 | 0.0872 | 0.0881 | 0.0889 | 0.0864 |
| 硫含量 | $mg \cdot kg^{-1}$ | 35 | 34 | 34 | 32 | 32 | 32 | 35 | 35 | 36 | 36 | 32 | 33 | 34 | 35 | 33 |
| 铜片腐蚀 | 级 | 无/0 | 无/0 | 无/0 | 无/0 | 无/0 | 无/0 | 无/0 | 无/0 | 无/0 | 无/0 | 无/0 | 无/0 | 无/0 | 无/0 | 无/0 |
| 水分 | % | 0.008 | 0.008 | 0.009 | 0.009 | 0.009 | 0.009 | 0.01 | 0.01 | 0.01 | 0.009 | 0.011 | 0.01 | 0.01 | 0.01 | 0.011 |
| 机械杂质 | — | 无/0 | 无/0 | 无/0 | 无/0 | 无/0 | 无/0 | 无/0 | 无/0 | 无/0 | 无/0 | 无/0 | 无/0 | 无/0 | 无/0 | 无/0 |
| 灰分 | % | 0.0031 | 0.003 | 0.0029 | 0.0028 | 0.0028 | 0.0029 | 0.0031 | 0.0031 | 0.0032 | 0.0035 | 0.0032 | 0.0034 | 0.0034 | 0.0034 | 0.003 |
| 残炭 | % | 0.1493 | 0.1488 | 0.1482 | 0.1476 | 0.1472 | 0.1483 | 0.159 | 0.1635 | 0.1658 | 0.1586 | 0.1521 | 0.1598 | 0.1621 | 0.1679 | 0.1573 |
| 热值 | $MJ \cdot kg^{-1}$ | 42.9 | 42.8 | 42.7 | 42.5 | 41.9 | 43.0 | 43.1 | 43.1 | 43.0 | 42.7 | 42.3 | 42.7 | 42.9 | 43.1 | 42.6 |
| 非柴油体积 | % | 1 | 2 | 3 | 4 | 5 | 1 | 2 | 3 | 4 | 5 | 5 | 5 | 5 | 5 | 5 |

注：冷滤点、凝点、馏程、运动黏度、密度、总不溶物、酸值、硫含量、铜片腐蚀、水分、机械杂质、灰分、10%剩余物残炭等指标，值越低越好；闭口闪点、十六烷值、低位热值等指标，值越高越好。

**表 5-17　各层评价结果**

| | 评价指标 | B0E1 | B0E2 | B0E3 | B0E4 | B0E5 | B1E0 | B2E0 | B3E0 | B4E0 | B5E0 | B1E4 | B2.5E2.5 | B3E2 | B4E1 | B2E3 |
|---|---|---|---|---|---|---|---|---|---|---|---|---|---|---|---|---|
| 第一层 | 冷滤点 | 1.00 | 1.00 | 1.00 | 1.00 | 1.00 | 0.33 | 0.33 | 1.00 | 1.00 | 1.00 | 1.00 | 1.00 | 1.00 | 1.00 | 1.00 |
| | 凝点 | 0.57 | 0.57 | 0.67 | 0.67 | 1.00 | 0.67 | 0.67 | 0.67 | 0.67 | 0.33 | 1.00 | 0.80 | 0.80 | 0.80 | 1.00 |
| | 馏程 | | | | | | | | | | | | | | | |
| | 50%回收温度 | 1.00 | 0.80 | 0.57 | 0.40 | 0.36 | 0.36 | 0.33 | 1.00 | 1.00 | 1.00 | 1.00 | 1.00 | 1.00 | 1.00 | 1.00 |
| | 90%回收温度 | 1.00 | 0.57 | 0.57 | 0.57 | 0.50 | 0.36 | 0.33 | 1.00 | 1.00 | 0.80 | 1.00 | 0.80 | 0.67 | 1.00 | 1.00 |
| | 95%回收温度 | 0.67 | 0.50 | 0.40 | 0.33 | 0.33 | 0.33 | 0.33 | 0.67 | 0.67 | 1.00 | 0.67 | 1.00 | 1.00 | 1.00 | 1.00 |
| | 运动黏度 | 1.00 | 0.45 | 0.40 | 0.40 | 0.38 | 0.34 | 0.33 | 0.36 | 0.41 | 0.48 | 1.00 | 0.80 | 0.80 | 0.80 | 1.00 |
| | 密度 | 0.33 | 0.37 | 0.40 | 0.44 | 0.50 | 1.00 | 0.80 | 0.57 | 0.44 | 0.36 | 1.00 | 1.00 | 1.00 | 1.00 | 1.00 |
| | 闭口闪点 | 1.00 | 1.00 | 1.00 | 0.50 | 1.00 | 0.33 | 0.33 | 0.33 | 0.33 | 0.33 | 1.00 | 0.80 | 0.67 | 1.00 | 1.00 |
| | 总不溶物 | 1.00 | 0.63 | 0.47 | 0.38 | 0.34 | 0.47 | 0.33 | 0.98 | 0.98 | 1.00 | 0.67 | 1.00 | 1.00 | 1.00 | 1.00 |
| | 十六烷值 | 0.33 | 0.34 | 0.42 | 0.57 | 0.60 | 0.95 | 1.00 | 0.45 | 0.41 | 0.35 | 0.34 | 0.47 | 0.33 | 0.45 | 0.41 |
| | 酸值 | 0.42 | 0.37 | 0.36 | 0.34 | 0.33 | 0.68 | 0.43 | 1.00 | 0.68 | 0.52 | 0.33 | 0.33 | 0.33 | 0.33 | 0.33 |
| | 硫含量 | 1.00 | 0.60 | 0.60 | 0.43 | 0.43 | 0.33 | 0.33 | 0.43 | 0.43 | 1.00 | 0.68 | 0.43 | 1.00 | 0.68 | 0.52 |
| | 铜片腐蚀 | 1.00 | 1.00 | 1.00 | 1.00 | 1.00 | 1.00 | 1.00 | 1.00 | 1.00 | 1.00 | 1.00 | 1.00 | 1.00 | 1.00 | 1.00 |
| | 水分 | 1.00 | 1.00 | 1.00 | 1.00 | 1.00 | 1.00 | 1.00 | 1.00 | 1.00 | 1.00 | 1.00 | 1.00 | 1.00 | 1.00 | 1.00 |
| | 机械杂质 | 1.00 | 1.00 | 1.00 | 1.00 | 1.00 | 1.00 | 1.00 | 1.00 | 1.00 | 1.00 | 1.00 | 1.00 | 1.00 | 1.00 | 1.00 |
| | 灰分 | 1.00 | 0.75 | 0.75 | 0.33 | 0.60 | 0.50 | 0.50 | 0.60 | 0.75 | 0.66 | 0.60 | 0.50 | 0.50 | 0.60 | 0.75 |
| | 10%剩余物残炭 | 1.00 | 1.00 | 1.00 | 1.00 | 1.00 | 0.34 | 1.00 | 0.37 | 0.37 | 0.37 | 0.34 | 1.00 | 0.37 | 0.37 | 0.37 |
| | 低位热值 | 0.33 | 0.36 | 0.50 | 0.56 | 0.63 | 1.00 | 1.00 | 0.63 | 0.56 | 0.45 | 0.37 | 0.37 | 0.34 | 1.00 | 0.67 |
| | E+B 体积分数 | 0.33 | 0.44 | 0.50 | 0.67 | 1.00 | 0.33 | 0.44 | 0.50 | 0.67 | 1.00 | 1.00 | 1.00 | 1.00 | 1.00 | 1.00 |
| 第二层 | 低温流动性 | 1.00 | 1.00 | 0.84 | 0.84 | 0.84 | 0.33 | 0.33 | 0.67 | 0.67 | 0.70 | 1.00 | 1.00 | 1.00 | 1.00 | 1.00 |
| | 雾化及蒸发性 | 0.83 | 0.67 | 0.60 | 0.46 | 0.58 | 0.51 | 0.44 | 0.54 | 0.56 | 0.65 | 0.58 | 0.51 | 1.00 | 0.54 | 1.00 |
| | 氧化安定性 | 1.00 | 0.63 | 0.47 | 0.38 | 0.34 | 0.47 | 0.33 | 0.98 | 0.98 | 1.00 | 0.34 | 0.47 | 0.33 | 0.98 | 0.98 |
| | 发火性 | 0.33 | 0.34 | 0.42 | 0.57 | 0.60 | 0.95 | 1.00 | 0.45 | 0.41 | 0.35 | 0.42 | 0.57 | 0.60 | 0.95 | 0.85 |
| | 防腐性 | 0.81 | 0.66 | 0.65 | 0.59 | 0.59 | 0.67 | 0.59 | 0.81 | 0.70 | 0.84 | 1.00 | 1.00 | 1.00 | 1.00 | 1.00 |
| | 洁净性 | 0.84 | 0.78 | 0.78 | 0.67 | 0.73 | 0.71 | 0.88 | 0.74 | 0.78 | 0.84 | 0.34 | 0.42 | 0.57 | 0.60 | 0.34 |
| | 热值 | 0.33 | 0.36 | 0.50 | 0.56 | 0.63 | 1.00 | 1.00 | 0.63 | 0.56 | 0.45 | 0.36 | 0.50 | 0.56 | 0.63 | 0.85 |
| | 非柴油配比 | 0.33 | 0.44 | 0.50 | 0.67 | 1.00 | 0.33 | 0.44 | 0.50 | 0.67 | 1.00 | 1.00 | 1.00 | 1.00 | 1.00 | 1.00 |
| 第三层 | 综合评价结果 | 0.77 | 0.73 | 0.78 | 0.80 | 0.79 | 0.73 | 0.75 | 0.78 | 0.79 | 0.78 | 0.82 | 0.83 | 0.83 | 0.81 | 0.85 |

由表 5-17 可知，综合评价结果为：B2E3＞B3E2=B2.5E2.5＞B1E4＞B4E1＞B0E4＞B4E0=B0E5＞B5E0＞B0E3=B3E0＞ B0E1＞B2E0＞B1E0=B0E2，本实验最终选取各项理化特性指标均符合相应国家标准要求，并且具有更好的低温流动性能、雾化及蒸发性能、非柴油配比高的 B2E3、B3E2、B2.5E2.5、B1E4 四种配比燃料进行相应的动力性、排放性及经济性研究。

### 5.5.3 配方优选验证

通过优选后的复配燃料与柴油共同在动力排放实验装置中进行验证，保证原柴油发动机不作任何调整的情况下，进行动力性(扭矩、功率)、经济性(燃油消耗率)及排放性(HC、$NO_x$、CO、$CO_2$ 和烟度)实验，对结果进行分析对比。详细分析见 5.2 节，结论如下。

(1) 动力性实验表明：不同复配燃料与柴油外特性扭矩变化趋势相同。①在柴油中添加一定比例(小于 5vol%)的生物柴油、乙酰丙酸乙酯后，其燃烧的动力性能基本不变，在柴油发动机上正常使用；②随着生物柴油添加比例的增大，同一转速下的功率逐渐减小，在高转速情况下，添加生物柴油越多，功率下降越明显；③随着乙酰丙酸乙酯添加比例的增大，同一转速下的功率逐渐减小。燃用乙酰丙酸乙酯-生物柴油-柴油复配燃料能够在柴油发动机上正常使用。

(2) 排放性实验表明：乙酰丙酸乙酯-生物柴油-柴油复配燃料(添加比例≤5vol%)的 HC 排放均小于柴油的 HC 排放，最大幅度下降了 78.4%，在较高转速时，燃料配方与柴油的 HC 排放差别较小；多数燃料配方的 $NO_x$ 排放比柴油略高，B1E4 与柴油相当；复配燃料配方的 CO 的排放浓度基本没有明显差别，燃料配方中除 B3E2 外，其他的 CO 排放都比柴油低；燃料配方 $CO_2$ 的排放均比柴油要高，表明燃料配方的燃烧更完全；燃料配方可以明显降低烟度，烟度的最大降幅达 53.7%。

(3) 经济性实验表明：整体上，复配燃料的燃油消耗率比柴油略高，这是由于复配燃料中添加的乙酰丙酸乙酯、生物柴油的热值均比柴油要低。但能量消耗率比柴油要低或者基本持平，含氧燃料的添加一定程度上使得燃烧更加完全、效率更高。

动力性、经济性、排放性实验整体验证表明：合理比例地添加乙酰丙酸乙酯和生物柴油的柴油复配燃料，在柴油机中燃烧的动力性基本不变，经济性略有提高，HC、CO、烟度等污染物排放比燃烧柴油有明显降低，实现节能减排。

## 参 考 文 献


[1] 许世海, 熊云, 刘晓, 等. 液体燃料的性质及应用[M]. 北京: 中国石化出版社, 2010.

[2] 崔新存. 车用替代燃料与生物质能[M]. 北京: 中国石化出版社, 2007.

[3] 王志伟. 生物质基乙酰丙酸乙酯混合燃料动力学性能研究[D]. 郑州: 河南农业大学, 2013.

[4] 国家标准化学管理委员会. GB/T 261—2008 闪点的测定 宾斯基-马丁闭口杯法[S]. 北京: 中国标准出版社, 2009.

[5] 国家发展和改革委员会. SH/T 0175—2004 馏分燃料油氧化安定性测定法(加速法)[S]. 北京: 石油工业出版社, 2005.

[6] 国家标准总局. GB 384—1981 石油产品热值测定法[S]. 北京: 中国标准出版社, 1982.

[7] 国家标准计量局. GB/T 380—1977 石油产品硫含量测定法(燃灯法)[S]. 北京: 中国标准出版社, 1978.

[8] 国家质量监督检验检疫总局, 国家标准化管理委员会. GB/T 5096—2017 石油产品铜片腐蚀试验法[S]. 北京: 中国标准出版社, 2017.

[9] 国家质量监督检验检疫总局, 国家标准化管理委员会. GB/T260—2016 石油产品水含量的测定 蒸馏法[S]. 北京: 中国标准出版社, 2017.

[10] 国家质量监督检验检疫总局, 国家标准化管理委员会. GB/T 511—2010 石油和石油产品及添加剂机械杂质测定法[S]. 北京: 中国标准出版社, 2010.

[11] 中国石油化工集团公司. GB/T 508—1985 石油产品灰分测定法[S]. 北京: 中国标准出版社, 1986.

[12] 中国石油化工集团公司. GB 268—1987 石油产品残炭测定法(康氏法)[S]. 北京: 中国标准出版社, 1988.

[13] 曾现军, 邓建, 孔华, 等. 丁醇作为车用替代燃料的研究进展[J]. 小型内燃机与车辆技术, 2012, 41(1): 76-80.

[14] 杨淼, 王志伟, 辛晓菲, 等. 正丁醇/柴油调和燃料的蒸发雾化特性研究[J]. 内燃机工程, 2017, 38(4): 68-73.

[15] Yang M, Wang Z, Guo S, et al. Effects of fuel properties on combustion and emissions of a direct injection diesel engine fueled with *n*-butanol-diesel blends[J]. Journal of Renewable & Sustainable Energy, 2017, 9(1): 013105.

[16] Xin X F, Wang Z W, Yang M, et al. Performance and emissions characteristics of a diesel engine with *iso*-butanol-diesel blended fuels[J]. Journal of Biobased Materials and Bioenergy, 2016, 10(6): 405-409.

[17] Bereczky A, Lukács K, Farkas M, et al. Effect of $\gamma$-valerolactone blending on engine performance, combustion characteristics and exhaust emissions in a diesel engine[J]. Nature Resources, 2014, 5: 177-191.

[18] Donkerbroek A J, Boot M D, Luijten C C M, et al. Flame lift-off length and soot production of oxygenated fuels in relation with ignition delay in a DI heavy-duty diesel engine[J]. Combust Flame, 2011, 158: 525-538.

[19] Yang M, Wang Z W, Lei T Z, et al. Influence of valerolactone-*n*-butanol-diesel blends on physicochemical characteristics and emissions of a diesel engine[J]. Journal of Biobased Materials and Bioenergy,2017, 11(1): 66-72.

[20] Lei T Z, Wang Z W, Chang X, et al. Performance and emission characteristics of a diesel engine running on optimized ethyl levulinate-biodiesel-diesel blends[J]. Energy, 2016, 95: 29-40.

[21] Wang Z W, Lei T Z, Chang X, et al. Optimization of a biomass briquette fuel system based on grey relational analysis and analytic hierarchy process: A study using cornstalks in China[J]. Applied Energy, 2015,157:523-532.

[22] 中国石油化工集团公司. GB/T 256—1964 汽油诱导期测定法. 1964; 国家标准局. GB/T 8018—1987 汽油氧化安定性测定法(诱导期法). 1987.

[23] 周龙保. 内燃机学[M]. 西安:机械工业出版社, 2005.

[24] 蒋德明. 内燃机燃烧与排放学[M]. 西安: 西安交通大学出版社, 2001.

[25] 蒋德明, 黄佐华. 内燃机替代燃料燃烧学[M]. 西安: 西安交通大学出版社, 2006.

[26] 徐东, 浮球式发动机油耗仪的开发与研究[D]. 锦州:辽宁工学院, 2007.

[27] 方宏伟. 酯交换法合成碳酸二甲酯的工艺优化与分析[D]. 天津: 天津大学, 2004.

[28] 王胜平. 用碳酸二甲酯代替光气合成甲苯二异氰酸酯——2,4-甲苯二氨基甲酸甲酯合成[D]. 天津: 河北工业大学. 2000.

[29] 付贤磊. 离子液体催化碳酸二甲酯参与绿色反应的研究[D]. 上海: 华东师范大学. 2009.

[30] 张明森, 黄凤兴, 梁泽生, 等. 精细有机化工中间体全书[M]. 北京: 化学工业出版社, 2008.

[31] Hellweg S, Canals L M. Emerging approaches, challenges and opportunities in life cycle assessment[J]. Science, 2014, 344(6188): 1109-1113.

[32] Morales M, Quintero J, Conejeros R, et al. Life cycle assessment of lignocellulosic bioethanol: Environmental impacts and energy balance[J]. Renewable and Sustainable Energy Reviews, 2015, 42: 1349-1361.

[33] 邓聚龙. 灰色理论基本方法[M]. 武汉: 华中理工大学出版社, 1996.

[34] 周秀文. 灰色关联度的研究与应用[D]. 长春: 吉林大学, 2007.

[35] Lu I J, Lin S J, Lewis C.Grey relation analysis of motor vehicular energy consumption in Taiwan[J]. Energy Policy, 2008, 36(7): 2556-2561.

[36] Lee W S, Lin Y C. Evaluating and ranking energy performance of office buildings using grey relational analysis[J]. Energy, 2011, 36(5): 2551-2556.

[37] Chang T C, Lin S J. Grey relation analysis of carbondioxide emissions from industrial production and energy uses in Taiwan[J].Journal of Environmental Management, 1999, 56(4): 247-257.

[38] Yuan C Q, Liu S F, Fang Z G, et al. The relation between Chinese economic development and energy consumption in the different periods[J]. Energy Policy, 2010, 38(9): 5189-5198.

[39] 曹茂林. 层次分析法确定评价指标权重及 EXCEL 计算[J]. 江苏科技信息, 2012, (2): 39-40.

[40] 付爱红, 陈亚宁, 李卫红. 塔里木河流域生态系统健康评价[J]. 生态学报, 2009, (5): 2418-2425.

[41] 王凌芬, 李洪文, 胡伏生, 等. 镇江市应急水源地规划评价[J]. 水资源保护, 2011, (1): 89-94.

[42] 张广海, 刘佳, 王蕾, 等. 山东半岛城市群旅游环境承载力综合评价研究[J]. 地理科学进展, 2008, (2): 74-79.

[43] Qian Y, Huang Z X, Yan Z G. Integrated assessment of environmental and economic performance of chemical products using analytic hierarchy process approach[J]. Chinese Journal of Chemical Engineering,2007, 1: 81-87.

# 第6章　生物质水解转化酯类燃料及化学品的综合评价

生物质液体燃料技术是生物质能转化利用技术中最重要的部分之一，合理地发展生物质液体燃料产业不仅对增强我国石油安全具有重要战略意义，而且对于缓解我国能源和资源压力、减轻生态环境污染和发展社会经济等具有现实意义。生物质能生命周期能耗、环境排放、环境影响研究是全球能源学术界重点发展方向之一，其相关的分析评价是衡量生物质能液体燃料利用方式的重要途径[1,2]。木质纤维素是地球上最丰富的资源之一，作为木质纤维素的重要来源，农作物秸秆等在中国的资源量达 6 亿～8 亿 $t\cdot a^{-1}$[3]，而玉米秸秆约占农作物秸秆资源量的近三分之一[4]。本章以生物质水解转化酯类燃料（如乙酰丙酸乙酯等）和化学品为研究对象，建立适合我国国情的生命周期能源消耗、环境排放、环境影响与经济性分析模型；考察生物质（以玉米秸秆为例）的生长、收集、粉碎、水解、酯化合成液体燃料及化学品、酯类燃料的运输分配、燃烧和使用等环节，详细讨论各个单元过程；对模型进行分析，建立数据的分类和量化的方法与步骤，进行相关指标的量化与评价。从而明确生物质水解转化酯类燃料生产和使用过程中的节能与温室气体减排、环境影响等的技术要点，提出相应的改进建议，促进我国生物质水解转化酯类燃料的清洁生产和利用。全生命周期分析评价过程的主要数据来源于生物质水解转化酯类燃料的示范工程，部分数据来自 Ecoinvent 数据库。

## 6.1　生命周期评价理论概述

### 6.1.1　生命周期评价理论

生命周期评价（life cycle assessment，LCA）是一种对产品及其生产工艺活动给环境造成的影响进行评价的客观过程。它通过对能源和物质消耗、环境排放进行量化和分析，从而评估能量、物质利用对环境的影响，最终寻求改善产品或工艺的途径。生命周期评价贯穿于产品生产使用全过程，包括原材料的开采，产品的制造、运输、销售，产品使用、维护、回收处理[5]。生命周期评价，又被称为“从摇篮到坟墓”分析、“资源和环境的状况”分析等，其基本思想是力图在源头预防和减少环境影响，而不是等问题出现后再去解决，是和末端处理相对的，它是对产品从原料开采、加工，直到产品最终使用和废弃物处置的整个生命过程进行全面的、系统的分析以及在产品的功能、能耗和污染排放之间寻求合理的平衡[6]。生命周期评价有助于给产业、政府或非政府组织中的决策者提供信息，如战略规划、确定优先项对产品或过程的设计或再设计的目的[7]。

### 6.1.2　生命周期评价的技术框架

1993 年国际环境毒理学与化学学会（SETAC）制定了生命周期评价大纲，将生命周期评价的基本结构归纳为定义目标与确定范围、清单分析、影响评价和改进评价四个相互联系的部分，如图 6-1 所示。国际标准化组织(ISO)分别于 1997 年和 2006 年颁布了 ISO 14040 标准和 ISO 14044 标准[8]。ISO 将生命周期评价分为目的与范围的确定、清单分析、影响评价和结果分析等四个步骤，如图 6-2 所示。

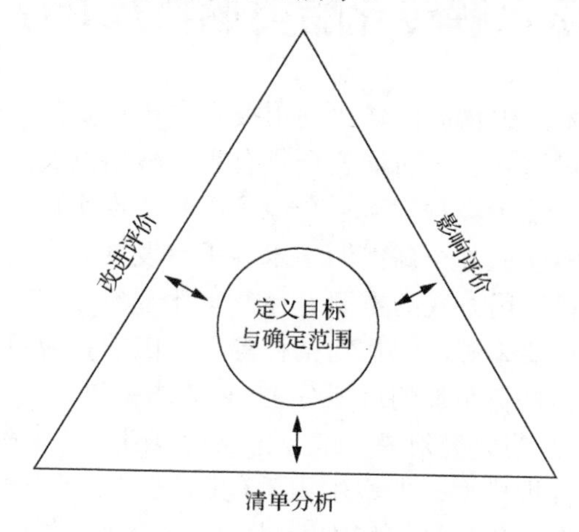


图 6-1　SETAC 生命周期评价框架图

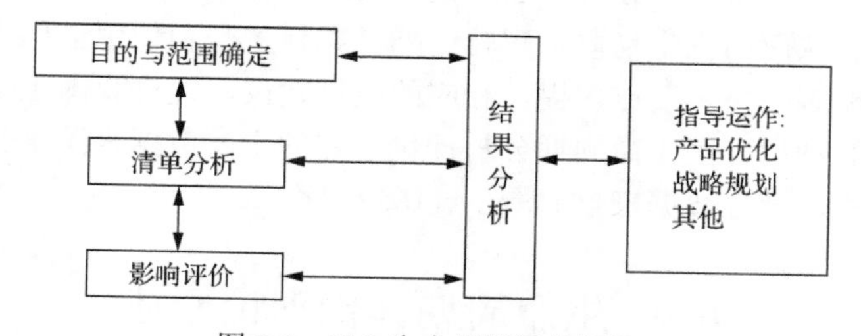


图 6-2　ISO 生命周期评价框架

在 SETAC 和 ISO 评价框架中：①定义目标或目的即明确开展此项生命周期分析的目的、原因和研究结果可能应用的领域；范围的确定应保证能满足研究目的，包括定义所研究的系统、确定边界条件、阐明数据要求等。②清单分析是对产品、工艺等在整个生命周期内的能耗、环境排放与影响等进行量化分析。③影响评价是对清单分析中的环境影响进行定量、定性分析。④改进评价或结果分析是结合清单分析、影响评价结果等，找到生命周期内减少能耗与环境排放和影响的途径和薄弱环节，提出相关意见和建议。

### 6.1.3　环境、能源和经济因素确定

生命周期评价理论的起始主要用于环境和能源方面的分析评价，经济方面考虑得非常少，实际上产品的生命周期中，从原料生产过程、产品制造过程、运输过程、使用过程、回收循环和废物处理过程都伴随着资金流。为改善选定产品的能源效率和环境性能，可能会采取很多经济可行性的不同的措施，从而需要选择实施方案，这样，经济性因素就成为重要的，甚至是决定性的因素。科技的进步及环境意识的增强，使得产品的开发和推广应用、项目活动的开展等，一般都要从经济、能源和环境等方面综合考虑，才能真实反映客观情况[9]。

在生命周期评价中，评价系统对环境的影响，产品生产、使用和废弃过程中污染物的排放是重要的评价内容。生物周期分析中多数用到设备的排放因子，在国外，许多排放因子已经编订成册。在我国，因为同类的排放因子还没有被规范地收集和整理，所以出现了我国设备引用国外排放因子的情况，在一定程度上降低了生命周期分析的科学性[10]。

系统边界条件是区分要分析的系统与环境的重要基础条件。生命周期的环境和能耗分析主要分析系统和边界上的能量和物质流。生命周期分析的经济性分析，就考虑了系统和边界上的资金流。资金流可以认为是伴随着物质流和能量流的价值转换，主要包括系统的初投资、物料购买、能源购买、销售收入、税收等[11]。由流入系统边界的物质流和能量流而引起的资金流可以用市场价格表示；系统内部流出的资金流可以用成本来表示。在财务基准收益率等一定的情况下，物质和能量的价格与成本只可用无量纲系数表示。如果市场波动经济因素较大，可以用敏感性分析等来保证经济分析的可靠性[12]。

### 6.1.4　生命周期分析软件

生命周期评价研究需要大量数据的支持，这些数据的获取、分析、归类需要大量的时间。数据来源的多样性和评价数据的复杂性促使了生命周期评价软件的研发。目前，国际上已经开发出多种生命周期评价软件。当前比较著名的生命周期评价软件有：荷兰莱顿大学环境科学中心(CML)开发的 SimaPro 软件、德国斯图加特大学开发的 GaBi 软件、加拿大可持续发展国际研究所开发的 Athena 软件、英国 Pira International 公司研发的 PEMS 软件、日本产业环境管理协会开发的 JEMAI-LCA 软件、瑞典 Chalmers Industriteknik 开发的 LCAiT 软件等。其中比较常用的生命周期评价软件为 SimaPro 和 GaBi，下面对这两款软件进行介绍。

1. SimaPro

SimaPro 软件是生命周期评价中目前应用最为广泛的评价软件之一。其集成了生命周期评价方法，如 Eco-Indicator99、Eco-Indicator95、Ecopoints97、CML92、CML 2(2001)、EDIP/UMIP、EPS2000 等，由 Dutch Input Out Database95、BUWAL250、Data Archive、IDEMAT2001、Ecoinvent 等 8 个数据库联合组成[13]。其目的主要在于简化流程及图标量化数据，由于各环节的评估过程与结果均可以系统流量(包括物质与能量)方式表示，设计工程师不需要花太多功夫去了解生命周期分析的具体过程及数据，便能以生命周期的观念来改善产品设计，进而达到保护环境的目的。该软件于 1990 年首度推出，其每一代的发展，都代表着生命周期影响评价方法的更新，但仍保留原有的评价方法，供使用者参考选用。以下是其主要特点。

可完整应用于生命周期评价——清单及影响评估的各个阶段，也可应用于不同生命周期工序阶段。针对不同工序的编目清单数据管理，既可以在该阶段进行简单分析，又可以只作为数据保存，而在整个生命周期评价中进行数据计算；丰富的环境负荷数据库，如 ETH-ESU96(能源、电力制造、运输)、BUWAL 250(包装材料的产品、运输、销售及最后处置方面)、IDEMAT 2001(不同材料、工艺和工序的工业设计方面)、Dutch concrete(水泥及混凝土)、IVAM(用于建筑部门的超过 100 种材料和 250 个工艺生产的有关能源和运输方面)、FEFCO(造纸业方面)等；用户可以选择一种评价方法模型进行单一评价，也可以同时针对一种产品或服务选择多种评价模型进行对比评价；使用界面良好，提供向导式的评价模式，自动生成评价工艺流程图，大幅度降低了专业软件的使用难度，便于用户使用和易于理解；数据处理的图形化，可以直观地描述各工序对整个产品或材料的环境负荷的贡献。该软件也正在将技术、经济分析引入评价体系中。最新系统中包含数据不确定性分析和敏感性分析。软件最大特点是整合不同的数据库，将不同来源的数据分级储存，因此兼顾实用性与保密性，该软件数据来源清楚，选单式的指令容易学习，对于环境冲击评估可利用不同的特征化、标准化及权重的方法。

SimaPro 的工作原理：SimaPro 软件在实际应用过程中，首先需要绘制生命周期流程图，即“从摇篮到坟墓”的全过程，并在每一具体的过程中，定义其需要输入和输出的数据[14]。例如，在 SimaPro 中构建一个产品的生命周期评价模型，需要通过如下程序实现。首先需要定义产品的生产过程，通过将产品的生产过程与原材料的生产过程相联系，明确产品的物质构成，这些过程可以与其他过程连接，SimaPro 会保持这些连接，说明为进行装配所需要的其他生产和运输过程。然后将已完成的装配阶段与生命周期阶段相联系，输入使用过程，如能量、运输使用，应同时将这些过程与定义的这个生命周期阶段相联系。在生命周期内输入关于废弃物处置的数据。废弃物处置一般会与废弃物处理过程相联系，这样就足够描述废弃物的后续处理过程了，而 SimaPro 会保存这种联系[15]。通过上述步骤，可以建立一个完整的产品生命周期结构图，而 SimaPro 对于实现这类结构图的可视化是十分方便的。

2. GaBi

GaBi 软件主要用于分析物质代谢和生命周期评价，GaBi 软件拥有全面的功能、完善的界面、便捷的操作、模仿分析等优点，既可为数据输入、管理和使用提供清晰的框架，又可针对研究对象的每个过程单元方便地建立相应的物质流输入和输出，还能实现环境设计、温室效应等的核算，将过程单元进行连接、展示详细的物流全景图。其主要有以下特点。

GaBi 具有强大的数据库，有超过 5000 种生命周期评价常用数据库资料组，涵盖各种行业生产，如能源、金属、钢铁、塑料、制造、电子、建材、纺织等，同时还有扩展数据库，可以根据行业需求进行扩展。GaBi 软件的数据库是全世界唯一的、每年都更新的、可持续的数据库，确保使用者可以用最新的数据和方式展开研究工作；成组数据保存和再调用特点。由 GaBi 用户数据库中的内容可以创建内容的自身特点，通过特殊的过滤节点保存数据包，然后作为一个独立的数据库对象调用；GaBi 软件可以换取电子数据文件来交流环境产品声明，为了满足 ILCD 格式的需求，改进了生命周期清单数据的导入和导出；自动计算复杂流程图并显示各单元名称及流量；流程进行层次化结合，使生命周期流向结构清晰；数据库的分类整理完善，从而容易找到数据；可进行敏感度分析、冲击分析与成本分析[16]。

以 GaBi6.0 软件为例，简单介绍其操作流程，GaBi6.0 软件是将确定的评价对象编辑成一个计划方案来分析的。首先，列举产品的材料清单，详细说明产品生产的相关信息；其次，根据研究目的和研究范围，建立系统的边界和研究对象的模型，将整个生命周期分解为多个解决方案，然后分解成不同的工艺技术；再次，使用拖放插入的工艺方案，形成过程之间的联系，形成计划全过程；最后，将每个计划连接，并最终完成平衡技术。

## 6.2　生物质水解转化酯类燃料及化学品生命周期分析

生物质能是来自太阳能的可再生能源，其利用后，生产的 $CO_2$ 理论上可以通过光合作用等量返回到生物质。但是，在生产利用等过程中融入了人为行动，使得 $CO_2$ 的排放和吸收产生了差异[17]。在生物质水解转化酯类燃料及化学品的环境影响、能源消耗和温室气体排放评价中，可借助从矿井到车轮的分析法，采用从生物质到车轮的分析方法，分析从生物质生产、生物质收集和运输、生物质预处理(如粉碎等)、生物质水解和酯化生成液体燃料和化学品、燃料和化学品等的运输分配到产品的使用等(图 6-3)。

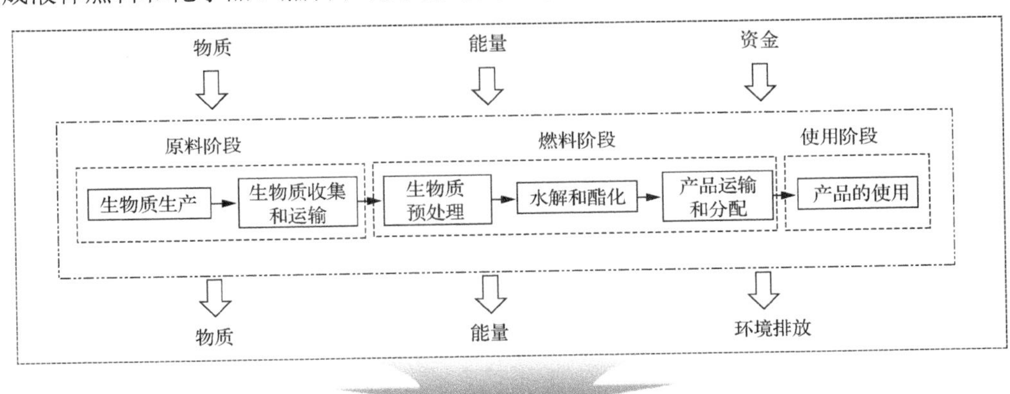


图 6-3　生物质水解转化酯类燃料及化学品能源、环境、经济等分析模型

从图 6-3 可以看出，生物质水解转化酯类燃料及化学品的生命周期分析以生物质的生产为始点，经过酯类燃料及化学品的生产，最后以车辆应用等而消耗殆尽为终点。可以将生物质生产、生物质收集和运输合称为原料阶段，生物质预处理(如粉碎等)、生物质水解和酯化生成液体燃料和化学品、燃料和化学品等的运输分配合称为燃料阶段，燃料和化学品等产品的使用则称为使用阶段。系统的外部环境为物质、能量、资金、环境排放和影响，其中物质、能量和资金为整个系统外部输入源，输入的能量主要为太阳能、原煤、原油、生物质等，而能量、标准气体排放、温室气体排放和其他环境影响为整个系统的外部输出源，其中输出的能量主要为酯类燃料等。

### 6.2.1　能源与环境分析

1. 能源与环境分析模型和方法

1) 系统边界

在生物质水解转化酯类燃料及化学品的生命周期的每个环节，存在消耗除原料以外其他能源的现象，而这些能源可能是生物质、煤、电力等，这些能源消耗都折算为一次能源中的原煤和原油。生物质水解转化酯类燃料及化学品的生产过程中的交通工具、设备和建筑的制造和维护不考虑在整个生命周期中，一般这些环节的生命周期影响小于0.3%[18]；以车用燃料为例，则不考虑车辆等在制造过程中的原料与能源消耗等指标，从而形成一个相对封闭的生命周期系统。生物质资源中选取农作物秸秆中的玉米秸秆为原料，对生物质生产过程中二氧化碳的吸收和不同阶段二氧化碳的排放进行了计算，从而分析生物质水解转化酯类燃料及化学品技术的二氧化碳捕捉和储存潜能。

分析生物质水解转化酯类燃料及其作为车用燃料利用，可以采用从秸秆到车轮的分析方法，主要考虑的阶段有：①秸秆的生长；②秸秆的收集；③秸秆的预处理；④水解和酯化；⑤酯类燃料及化学品的运输和分配；⑥酯类燃料作为车用燃料的使用。整个系统的边界条件可以分为三个子阶段："燃料收集阶段"（S1）、"酯类燃料生产阶段"（S2）和"酯类燃料及化学品使用阶段"（S3）。图 6-4 是生物质水解转化酯类燃料及化学品的生命周期评价流程。

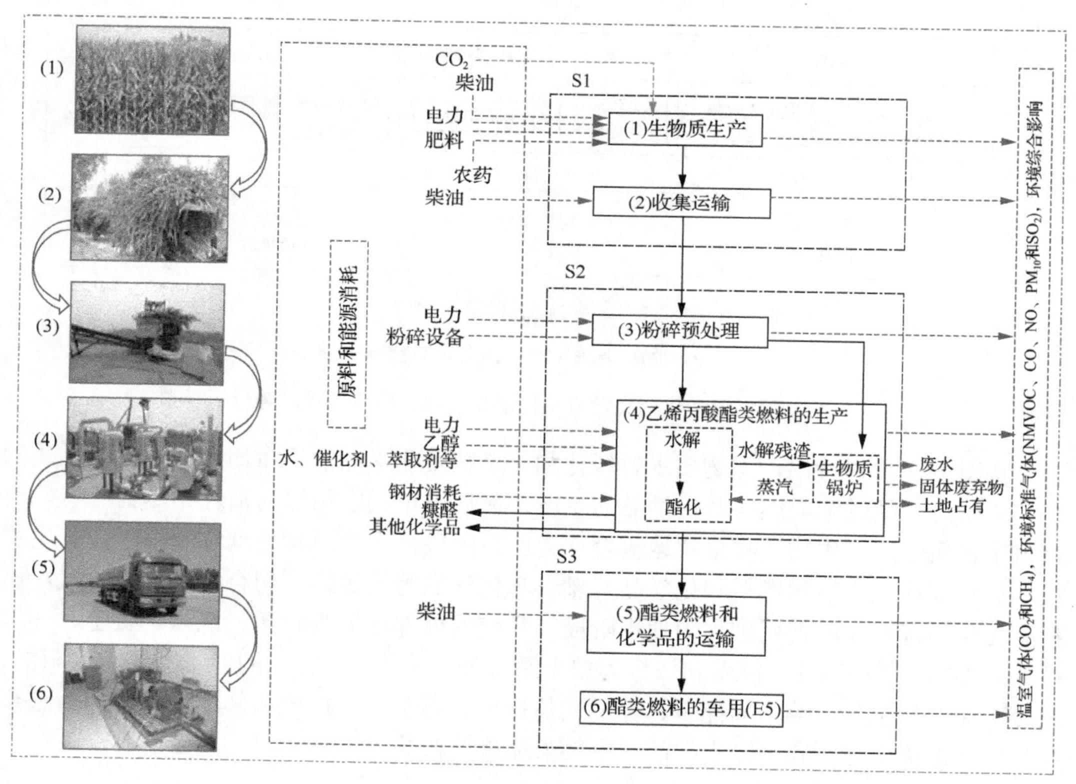


图 6-4　生物质水解转化酯类燃料及化学品的生命周期评价流程

2）分析指标

a. 能耗、温室气体和标准气体排放

全生命周期能耗、温室气体和标准气体排放的分析是基于 ISO 14040 和 ISO 14044 的从原料到燃料的框架。全生命周期能耗将折算为一次能源，如原煤、原油和生物质等；

温室气体排放主要包括$CO_2$、$CH_4$和$N_2O$，温室气体$N_2O$、$CH_4$和$CO_2$分别乘以各自的地球变暖指数[19-21]，可折算为基于$CO_2$的温室气体排放量，如式(6-1)所示；标准气体排放包括无甲烷的挥发性有机物(NMVOC)、CO、$PM_{10}$和$SO_2$；温室气体和标准气体排放是基于能耗、材料消耗、固体和液体废物排放、土地使用变化及酯类燃料的车用和化学品的使用。一些数据，如材料(水、钢铁和化学品等)消耗的数据直接来自Ecoinvent数据库。功能单元为生产和使用1t酯类燃料的能耗、温室气体和标准气体排放量。

$$GHG_{FTF}=CO_{2,\ FTF}+23CH_{4,\ FTF}+296N_2O_{FTF} \tag{6-1}$$

式中，$CO_{2,FTF}$为$CO_2$排放因子，$g\cdot MJ^{-1}$；$CH_{4,FTF}$为$CH_4$排放因子，$g\cdot MJ^{-1}$，$N_2O_{FTF}$为$N_2O$排放因子，$g\cdot MJ^{-1}$。

b. 计算方法分析

以生物质水解转化为乙酰丙酸乙酯系统为例，假设在生命周期每个阶段共经历了$P$个环节(用$t$表示第$t$环节)，输出$L$种排放物(用$i$表示第$i$种排放物)，使用$M$种工艺燃料(用$j$表示第$j$种工艺燃料)，涉及$N$种能源使用装置(用$k$表示第$k$种能源使用装置)和一次能源(用$s$表示第$s$种一次能源)，则任意一种分析指标的数量均可以用各个环节相应数据的推导得出。

(1)原料和燃料阶段算法分析。以生产$Y$t的乙酰丙酸乙酯系统为例，在第$t$环节，使用的第$k$种能源使用装置和第$j$种工艺燃料的能耗为$Q_{t,k,j}$，输出第$i$种排放物量为$F_{t,k,j,i}$，则该环节的能耗为$\sum_{k=1}^{k}\sum_{j=1}^{j}Q_{t,k,j}$，排放物量为$\sum_{k=1}^{k}\sum_{j=1}^{j}\sum_{i=1}^{i}F_{t,k,j,i}$，在原料和燃料阶段的各环节的总能耗和排放物量分别为$\sum_{t=1}^{t}\sum_{k=1}^{k}\sum_{j=1}^{j}Q_{t,k,j}$和$\sum_{t=1}^{t}\sum_{k=1}^{k}\sum_{j=1}^{j}\sum_{i=1}^{i}F_{t,k,j,i}$。各个阶段的能耗需要折算为原油和标煤后进行排放物的计算，例如，消耗电力量折算为电厂消耗标煤量，然后根据电厂发电效率计算能耗，利用电厂污染物排放量计算污染物量。

(2)使用阶段算法分析。乙酰丙酸乙酯的利用替代了柴油，所以燃用乙酰丙酸乙酯的车辆或内燃机设备在生产制造中的能耗可不予考虑。使用阶段主要计算污染排放物，假设乙酰丙酸乙酯使用车的燃料消耗为$H$t，乙酰丙酸乙酯的能量(低位热值)为$V$MJ，第$i$种排放物的排放因子为$f_{EL,i}$($g\cdot MJ^{-1}$)，则$H$t乙酰丙酸乙酯在使用过程中第$i$种排放物的排放量为$F_{EL,i}=V\times f_{EL,i}$。

(3)全生命周期算法分析。以生物质基乙酰丙酸乙酯使用阶段的燃料消耗和排放因子为依据，可计算乙酰丙酸乙酯全生命周期的一次能源消耗与排放因子，则乙酰丙酸乙酯的全生命周期一次能源消耗为$\sum_{s=1}^{s}\sum_{k=1}^{k}\sum_{j=1}^{j}Q_{s,k,j}$，全生命周期第$i$种排放物总量为$\sum_{s=1}^{s}\sum_{k=1}^{k}\sum_{j=1}^{j}F_{s,k,j,i}+F_{EL,i}$。

生物质水解转化酯类燃料的生命周期能耗、温室气体排放、标准气体排放的主要分析指标如图6-5所示。

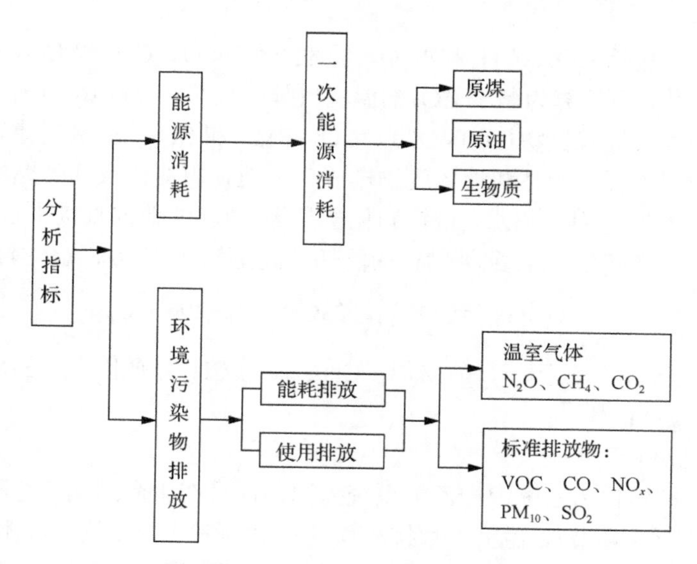


图 6-5　从生物质到车轮的生命周期分析指标

2. 数据的采集和评估

1）生物质生产

我国拥有丰富的生物质能资源，目前可利用的生物质能资源主要包括农业废弃物、林业剩余物、禽畜粪便、生活垃圾、工业有机废渣与废水等，其中农业废弃物占有重要地位。目前我国玉米秸秆年产量为 2.5 亿 t 以上，占我国农业废弃物总量的三分之一左右，是农业废弃物中最大的组成部分。所以这里的生物质生产以农业废弃物中玉米秸秆生产为例。如果不考虑粮食减产及种植面积减少，则玉米秸秆等生物质可循环利用，即利用后可得到再生的生物质，二氧化碳的循环可以永久性地持续进行[22]，如图 6-6 所示。

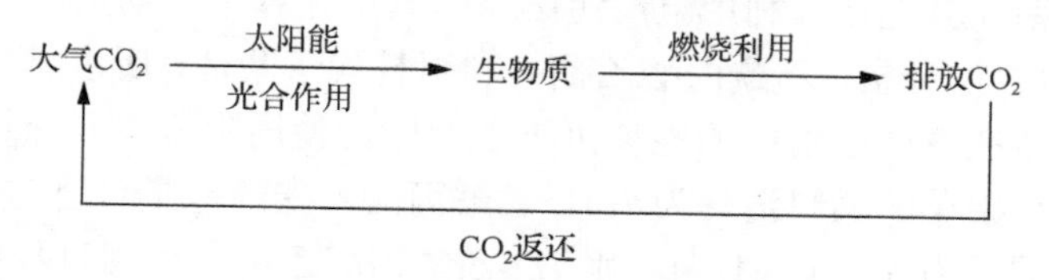


图 6-6　玉米秸秆 $CO_2$ 循环示意图

在玉米秸秆等生物质作为燃料利用过程中，$CO_2$ 在一定时期内先增加，随着玉米秸秆的再一次生成，$CO_2$ 又被玉米秸秆固定起来，对应的大气中的 $CO_2$ 基本恢复到了以前的水平。玉米秸秆固定吸收 $CO_2$ 可用式(6-2)表示[23]。

$$CO_2+H_2O \xrightarrow[\text{叶绿素}]{\text{光合作用}} (CH_2O)+O_2 \tag{6-2}$$

对于粮食和农业废弃物原料的生产阶段产生的能耗和环境排放的分配方法主要有 3 种：第一种是全部划分给粮食，农业废弃物按照废弃物处理。第二种是粮食和秸秆各分一半。第三种是按照谷草比、价格比等进行划分。

第一种分配方法是在把农业废弃物真正当成废物的前提下，能耗和环境排放等全部划分给粮食，但随着农业废弃物利用技术的进步，越来越多的农业废弃物被合理地利用，农业废弃物也应承担一定的分配。因此该方法不合理。

第二种分配方法是能耗和环境排放等粮食和农业废弃物各一半的划分方法，夸大了农业废弃物的价值，从环境影响方面给农业废弃物利用过多的压力，不利于农业废弃物的利用。

第三种分配方法是按照谷草比、粮食和秸秆价格比等因素划分，充分考虑农作物生长过程中的各种投入、粮食和农业废弃物的固碳效益、经济价值、使用规模等，最终计算出合理的分配比例。

按照第三种谷草分配方法，农业废弃物原料的生产阶段的能耗和环境排放需要考虑的因素有：谷草比、粮食和秸秆价格、能耗(柴油、电力等)、占地面积、化肥使用、农药使用、灌溉等。以玉米为例，玉米的价格和玉米秸秆价格比为 10∶1，玉米和玉米秸秆的谷草比为 1∶1.2，则玉米和玉米秸秆的分配比约为 8.3∶1，即排放分配过程中有 10.8%分给了玉米秸秆，89.2%分配给了玉米。图 6-7 给出了玉米和玉米秸秆生产阶段产生的能耗和环境排放。

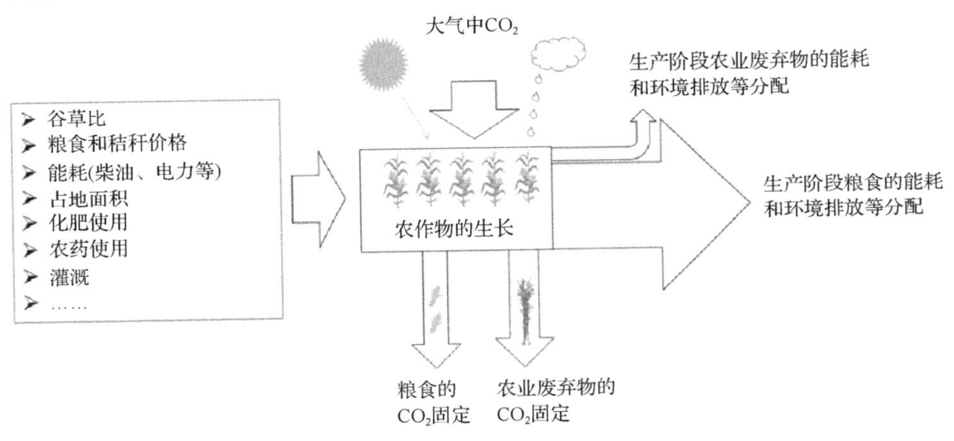


图 6-7　玉米和玉米秸秆生产阶段产生的能耗和环境排放

2) 生物质的收集

农作物秸秆等生物质能量密度低，空隙较大，因此堆积密度较小。如玉米秸秆的密度为煤炭的 1/10 左右，木屑的密度为煤炭的 1/5 左右。因此其运输所占空间较大，运费高。农作物秸秆按种植面积来说，物源密度(单位面积内秸秆的质量)很低，以年亩①产 2t 计算，玉米秸秆产量密度约为 $3kg \cdot m^{-2}$，所以收集和运输困难[24]。在农作物收获季节，秸秆易于获得，但秸秆水分过大。在忙收忙种的季节，秸秆如果没有被及时收集，就会耽误农业生产而被丢弃或随意焚烧。秸秆的收集受天气的影响也较大，如遇到下雨、下雪等天气，运输条件将大打折扣。综上所述，生物质资源是可再生资源，

① 1 亩≈$666.67m^2$。

且为清洁能源，但是生物质的堆积密度小、体积大、松散，秸秆等的收集受天气因素影响较大，给生物质的收集带来了困难，增加了其运输、储存等费用。相比化石能源，玉米秸秆等农业废弃物的能量密度较低，因此在确定秸秆的利用规模之前，要考虑原料收集半径的问题。玉米秸秆收集主要包括秸秆的收购和运输，其收集过程的能耗和环境排放主要由运输车辆产生。

生物质资源量的分析，是其转化为液体燃料的前提，要满足一定规模的生物质水解转化酯类燃料及化学品，需要满足原料的充分供应。农作物秸秆的理论资源量为计算区域内每年所有可能的农作物秸秆原料总产量，可用粮食种植面积、粮食产量和草谷比的等参数表示[25]。

$$J_{\mathrm{n}} = \sum_{i=1}^{n} S_i L_i \theta_i \tag{6-3}$$

式中，$J_{\mathrm{n}}$为研究范围内秸秆资源理论量，t；$S_i$为第$i$种粮食的种植面积，$\mathrm{km}^2$；$L_i$为第$i$种农作物的平均粮食产量，$\mathrm{t \cdot km^{-2}}$；$\theta_i$为第$i$种秸秆草谷比，$\mathrm{kg \cdot kg^{-1}}$。

秸秆的能源化利用还要考虑其他用途消耗的秸秆量、秸秆可收集系数、秸秆减量系数等。

$$J' = \sum_{i=1}^{n} S_i L_i \theta_i \eta_i \tag{6-4}$$

式中，$\eta_i$为第$i$种秸秆的收集系数，%。

玉米秸秆收集半径计算式为

$$Q_{\mathrm{y}} = \frac{D_{\mathrm{a}}}{\alpha} \tag{6-5}$$

$$S = \pi R^2 = \frac{Q_{\mathrm{y}}}{\theta(1-\mu)} \tag{6-6}$$

由于要考虑耕地面积占当地总面积的比例，故实际最佳秸秆收集半径为

$$(R')^2 = \frac{R^2}{\xi} \tag{6-7}$$

$$R' = \sqrt{\frac{Q_{\mathrm{y}}}{\pi \xi \theta \lambda (1-\mu)}} \tag{6-8}$$

式(6-5)～式(6-8)中，$D_{\mathrm{a}}$为乙酰丙酸乙酯年生产规模，$\mathrm{t \cdot a^{-1}}$；$\alpha$为单位质量玉米秸秆的乙酰丙酸乙酯转化量，$\mathrm{kg \cdot kg^{-1}}$；$Q_{\mathrm{y}}$为年消耗玉米秸秆量，$\mathrm{t \cdot a^{-1}}$；$S$为玉米秸秆收集面积，$\mathrm{km}^2$；$\theta$为单位面积年玉米秸秆产量，$\mathrm{t \cdot km^{-1} \cdot a^{-1}}$；$\mu$为玉米秸秆减量系数；$R$为计算玉米秸秆收集半径，km；$R'$为实际玉米秸秆收集半径，km；$\xi$为耕地面积系数；$\lambda$为玉米种植系数。

设 $L$ 为单台车辆完成一次秸秆运输的平均运程，车辆空载和实载的运程一样，则 $L=2R'$。能够表示运输机械结构特性参数和运输条件参数的耗油量数学模型如式(6-9)所示[26,27]。

$$q=\frac{\left[g_1\frac{L}{2v_1}+g_0\frac{L}{2v_0}\right]N_{\mathrm{en}}}{m\frac{L}{2}}=\left(\frac{g_1}{v_1}+\frac{g_0}{v_0}\right)\frac{N_{\mathrm{en}}}{m} \tag{6-9}$$

式中，$g_1$ 为满载时的单位功率耗油量，$\mathrm{kg\cdot(kW\cdot h)^{-1}}$；$g_0$ 为空载时的单位功率耗油量，$\mathrm{kg\cdot(kW\cdot h)^{-1}}$；$v_1$ 为满载时的平均车速，$\mathrm{km\cdot h^{-1}}$；$v_0$ 为空载时的平均车速，$\mathrm{km\cdot h^{-1}}$；$N_{\mathrm{en}}$ 为车辆的额定功率，kW；$m$ 为机车载重量，$10^3$kg；$L$ 为单台机车完成一次运输的平均运程，km；$q$ 为机车单位质量千米耗油量，$\mathrm{kg\cdot kg^{-1}\cdot km^{-1}}$。

在式(6-9)中的机车载重量 $m$ 与 $N_{\mathrm{en}}$ 具有某种正比关系，即 $m$ 越大，要求配备的 $N_{\mathrm{en}}$ 也要越大，故可设功载比 $k_{\mathrm{n}}=N_{\mathrm{en}}/m$，单位为 $\mathrm{kW\cdot kg^{-1}}$，则完成一次秸秆运输所消耗柴油的热量为

$$Q_{\mathrm{o}}=qLmE_{\mathrm{o}} \tag{6-10}$$

式中，$Q_{\mathrm{o}}$ 为完成一次运输所消耗柴油的热量，MJ；$E_{\mathrm{o}}$ 为柴油的热值，$\mathrm{MJ\cdot kg^{-1}}$，柴油平均低位发热量为 $42.5\mathrm{MJ\cdot kg^{-1}}$(或 $35\mathrm{MJ\cdot L^{-1}}$)。

运输秸秆的货车选用农用柴油车，由于秸秆密度较低，每次平均载重量为 0.5t 左右，以农村沙砾路面为基础条件，对应的参数见表 6-1。

**表 6-1　秸秆运输车辆参数值**

| 满载车速/($\mathrm{km\cdot h^{-1}}$) | 空载车速/($\mathrm{km\cdot h^{-1}}$) | 满载耗油率/[$\mathrm{kg\cdot(kW\cdot h)^{-1}}$] | 空载耗油率/[$\mathrm{kg\cdot(kW\cdot h)^{-1}}$] | 功载比/($\mathrm{kW\cdot kg^{-1}}$) |
|---|---|---|---|---|
| 25 | 35 | 0.382 | 0.310 | 0.0072 |

秸秆收集运输过程中柴油的消耗量可以由式(6-9)、式(6-10)计算获得。运输车辆不考虑在全生命周期之中，这些车辆可以更多地被利用到运输秸秆之外的工作。基于运输过程油耗和柴油机排放因子(表 6-2)[28]，可以计算该阶段的能耗、温室气体排放量、标准气体排放量。

**表 6-2　运输车辆的温室气体和标准气体排放因子**($\mathrm{g\cdot MJ^{-1}}$)

| 温室气体 | | 标准气体 | | | | |
|---|---|---|---|---|---|---|
| $CH_4$ | $CO_2$ | NMVOC | CO | $NO_x$ | PM | $SO_2$ |
| 0.0042 | 74.0371 | 0.0853 | 0.4739 | 0.2843 | 0.0413 | 0.0160 |

柴油生产过程的能耗、温室气体排放量、标准气体排放量可由 Ecoinvent 数据库计算。同样的数据计算存在于酯类燃料及化学品的运输过程中。

3) 生物质的预处理

不同的秸秆化学组分相似，而密度等性质差别较大，密度作为重要的物理特性参数，

对秸秆利用和转化装置的经济性有直接影响，对于生物质水解反应也有较大的影响。图 6-8 中给出了部分秸秆在粒度为 15～25mm 时的堆积密度。

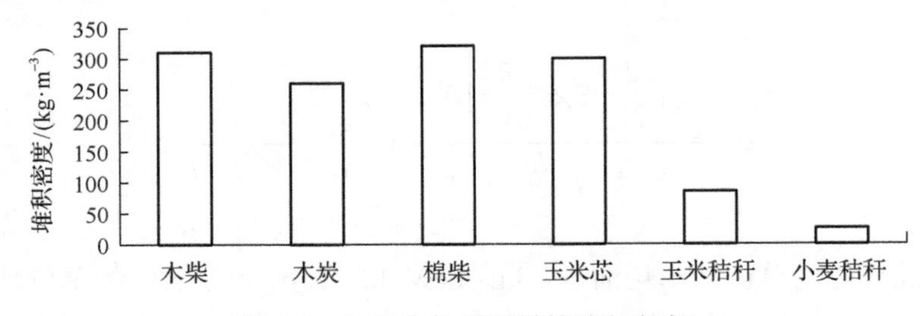


图 6-8 部分生物质原料的堆积密度

从图 6-8 中可以看出，实际存在着两类秸秆原料，一类是林业剩余物及棉花秸秆等，它们的堆积密度为 250～300kg·m$^{-3}$；另一类是农业废弃物中的软质秸秆，它们的堆积密度远小于第一类，例如，玉米秸秆的堆积密度相当于第一类的四分之一，小麦秸秆的堆积密度相当于第一类的十分之一。

采用的生物质切揉制粉机主要用于玉米秸秆，设备粉碎能力 5～10t·h$^{-1}$；设备电耗≤15kW·h·t$^{-1}$；粉碎后物料的粒度为 3～30mm，并可根据实际需要调整。粉碎后的生物质(玉米秸秆)需进一步粉碎，制成 80 目以下的生物质粒度才适合水解，本实验采用的粉碎设备粉碎及进一步粉碎合计电耗为 20kW·h·t$^{-1}$。

电力消耗可以折算为一定质量的煤，利用如下公式：

$$Q_c = 3.6E_e / \eta_e \eta_{grid} \tag{6-11}$$

式中，$\eta_e$ 为火力发电厂平均发电效率，%；$\eta_{grid}$ 为电网输配效率，%；$E_e$ 为消耗的电量，kW·h(1kW·h=3.6MJ)；$Q_c$ 为折算原煤的热量，MJ。目前中国的火电厂发电平均效率为 38%，电网输配效率为 93.25%[29]。

中国电力生产过程的能耗、温室气体排放、标准气体排放可由 Ecoinvent 数据库计算。

4) 生物质的水解和酯化

水解和酯化阶段，玉米秸秆的湿度一般控制在 15%左右，粒度为 5～15mm，水解剩余物一般自然晾晒干燥后的湿度为 15%左右，因此水解剩余物的干燥能耗没有考虑到生命周期分析当中。玉米秸秆和水解剩余物的空气干燥基低位热值是 14.38MJ·kg$^{-1}$ 和 18.52MJ·kg$^{-1}$。玉米秸秆和水解剩余物的收到基工业分析和空气干燥基的化学分析如表 6-3 所示。

**表 6-3 玉米秸秆和水解剩余物的工业分析和化学分析(wt%)**

| 原料 | 工业分析 | | | | 化学分析 | | | |
|---|---|---|---|---|---|---|---|---|
| | V | FC | A | M | Ch1 | Ch2 | Ch3 | Ch4 |
| 玉米秸秆 | 64.69 | 15.23 | 5.15 | 14.93 | 33.85 | 27.46 | 16.42 | 22.27 |
| 水解剩余物 | 67.13 | 11.56 | 6.41 | 14.90 | 11.18 | 3.63 | 36.16 | 49.04 |

注：V：挥发分；FC：固定碳；A：灰分；M：水分；Ch1：纤维素；Ch2：半纤维素；Ch3：木质素；Ch4：其他。

(1) 水解。料仓内被粉碎的生物质（玉米秸秆）由斗提机运到螺旋输送机，随后将玉米秸秆分配到水解锅的装料口，待装料完毕，进入低压水解反应器，采用由高压反应器产物蒸汽减压后的低压蒸汽，利用该蒸汽中含有的甲酸、乙酸及少量无机酸作催化剂，将半纤维素经水解转化为相应的糖类，溶解于水，聚戊糖的水解和戊糖脱水这两个反应在同一个水解锅内进行，在 170～180℃和 0.8～1.0MPa 作用下半纤维素水解成 3.5%糠醛液体，称为原液，在水解锅内生成的蒸汽及时放出锅外进行冷凝，以减少树脂化和缩合损失。与此同时，将已经经过低压水解反应后的物料（主要含纤维素）切换成液相反应，通过切换成蒸汽，在 210～230℃和 0.2～0.25MPa 作用下，5%酸浓度及过渡金属催化剂协同作用下，水解成含有 2%乙酰丙酸及其余有机酸的蒸汽，经过低压水解获得糠醛后，形成含有糠醛和乙酰丙酸的蒸汽，经过冷凝后，获得含有产物的水溶液。

(2) 产物分离。将含有糠醛及乙酰丙酸的原液经碳酸钠中和至 pH 为 4 左右，进入初馏塔，利用混合液体中各种组分沸点不同来分离成各个组分的方法蒸馏出含糠醛 90%～92%的毛醛（或粗醛）；经脱水塔分离出水分和低沸点组分，经精馏塔分离出高沸点物和灰分，生产出纯度为 98.5%的糠醛。精馏塔底存留的乙酰丙酸及其余高沸点物定时排入蒸馏釜内，对残液进行真空蒸发浓缩，回收的液体进入蒸汽锅炉循环利用，浓缩后的残液采用合适的萃取剂提取乙酰丙酸，对其进行减压蒸馏，获得乙酰丙酸产品。

(3) 酯化。经过产物分离精制后获得乙酰丙酸，再与乙醇进入酯化固定床装置，在固体酸催化剂的作用下进行酯化反应，最终生成乙酰丙酸乙酯。

以年消耗玉米秸秆 3000t 的生物质水解转化酯类燃料及化学品系统为例，图 6-9 为玉米秸秆分级水解生产乙酰丙酸乙酯联产糠醛的示意图，玉米秸秆分级水解生产乙酰丙酸乙酯联产糠醛系统的物料平衡如表 6-4 所示。

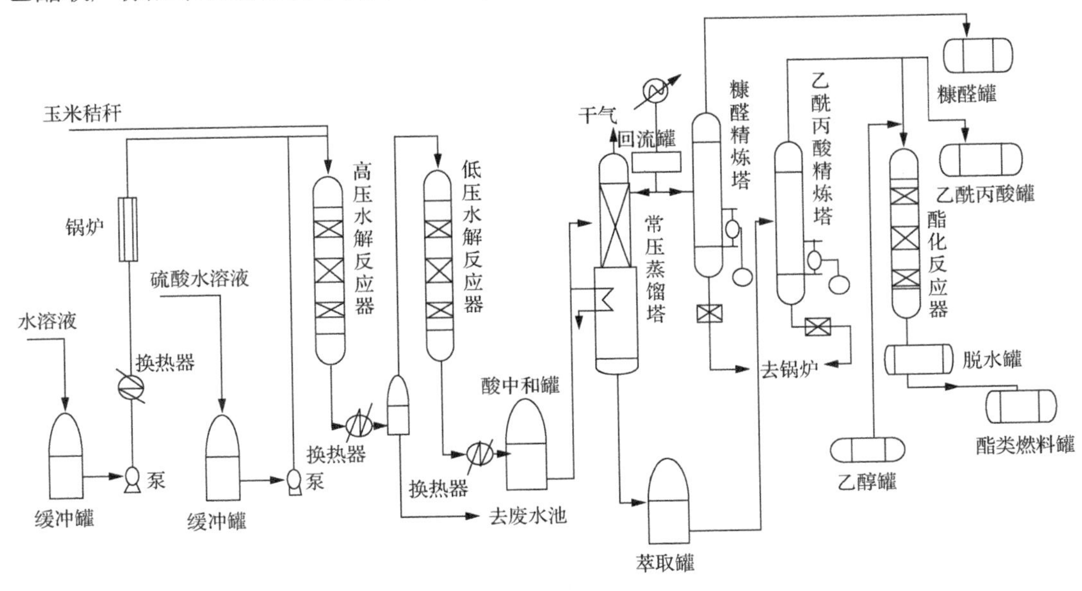


图 6-9　玉米秸秆分级水解生产乙酰丙酸乙酯联产糠醛示意图

表 6-4　玉米秸秆分级水解生产乙酰丙酸乙酯联产糠醛系统的物料平衡

| 系统输入 | | 系统输出 | |
|---|---|---|---|
| 项目 | 数值/($t \cdot a^{-1}$) | 项目 | 数值/($t \cdot a^{-1}$) |
| 玉米秸秆(约 15%水分) | 3530 | 乙酰丙酸乙酯 | 372 |
| 硫酸 | 75 | 糠醛 | 360 |
| 碳酸钠 | 30 | 其他化学品 | 25 |
| 乙醇 | 120 | 水解残渣 | 1315 |
| 催化剂 | 15 | 循环水、催化剂等 | 34241 |
| 水 | 35470 | 废水 | 2160 |
| | | 蒸发损失 | 767 |
| 总计 | 39240 | 总计 | 39240 |

在水解和酯化阶段，水主要用于水解、蒸馏、分离、提纯，用作蒸汽、冷凝和循环冷却水等。钢材的消耗约为 20t，整个水解系统的使用寿命为 12～15 年。

系统电力消耗主要由水泵、风扇等组成，耗电功率约为 80kW，系统设计运行为年运行 300d，每天运行 12h。总计电力消耗约为 288000kW·h。约 1000t 的秸秆燃料也需要考虑在内。该阶段由于电力消耗产生的能耗、温室气体和标准气体的排放可参考预处理阶段的计算方法。

水解和酯化阶段的蒸汽由水解剩余物和玉米秸秆燃烧获得，该系统年消耗玉米秸秆燃料 1000t，消耗水解剩余物 1315t。生物质锅炉的热效率为 90%。锅炉供热过程中每年产生生物质灰渣约 127t。作为燃料的 1000t 玉米秸秆生命周期经历的阶段为生物质生长、收集、粉碎和燃烧，除燃耗阶段外，其他阶段的分析方法与前面一致。玉米秸秆和水解剩余物在锅炉中燃烧后的排放用尾气分析仪(Testo360，德图，德国)和气相色谱(7890A，安捷伦,美国)进行分析。排放因子如表 6-5 所示。

表 6-5　生物质锅炉排放因子($g \cdot MJ^{-1}$)

| 温室气体 | | 标准气体 | | | | |
|---|---|---|---|---|---|---|
| $CH_4$ | $CO_2$ | NMVOC | CO | $NO_x$ | $PM_{10}$ | $SO_2$ |
| 0.0036 | 82.5027 | 0.0021 | 0.019 | 0.0208 | 0.0189 | 0.0033 |

在考虑酯类车用燃料过程中，水解副产物的能耗和排放可以从系统中扣除。目前国内还没有糠醛的生命周期排放等的记录，而糠醛的生命周期能耗可以参考文献，大约为 $600kW \cdot h \cdot t^{-1}$[30]。全生命周期甲酸钠等化学品的分析参考部分数据来自 Ecoinvent 数据库。

5) 酯类燃料的运输

乙酰丙酸酯类燃料可以销售到加油站，假设平均的运输距离是 20km，中型运油车每次运输大约 4t 燃料，运输过程的生命周期评价可参考 Ecoinvent 数据库。

6) 酯类燃料车用

根据柴油机对乙酰丙酸乙酯-柴油混合燃料（EL5：5vol%的乙酰丙酸乙酯和 95vol%的柴油）的测试，EL5 的功率和扭矩与纯柴油相似，理化特性符合 GB/T 25199—2010 生物柴油调和燃料（B5）的指标要求。纯柴油和 EL5 在柴油机中的排放情况如表 6-6 所示。测试过程没能检测到 $N_2O$，但这部分相对于 $CO_2$ 的排放量来说，对全球温室气体变化影响很小[31]。

**表 6-6　柴油机排放因子测试和计算**（$g \cdot MJ^{-1}$）

| | 温室气体 | | 标准气体 | | | | |
|---|---|---|---|---|---|---|---|
| | $CH_4$ | $CO_2$ | NMVOC | CO | $NO_x$ | $PM_{10}$ | $SO_2$ |
| 柴油 | 0.0051 | 75.6090 | 0.0543 | 0.6468 | 0.2218 | 0.0602 | 0.0162 |
| EL5 | 0.0048 | 82.0234 | 0.0520 | 0.5077 | 0.2163 | 0.0285 | 0.0154 |
| EL | –0.0034 | 258.0465 | –0.0111 | –3.3095 | 0.0654 | –0.8414 | –0.0066 |

由表 6-6 可以看出，相对于纯柴油，EL5 的排放中 CO 和 $PM_{10}$ 下降比较明显。纯柴油、EL5 和 EL 的低位热值分别为 35.53$MJ \cdot L^{-1}$ （42.50$MJ \cdot kg^{-1}$）、34.98$MJ \cdot L^{-1}$（41.42$MJ \cdot kg^{-1}$）和 24.60$MJ \cdot L^{-1}$（24.21$MJ \cdot kg^{-1}$）。所以，0.05L 的 EL（1.23MJ）和 0.95L 的纯柴油（33.75MJ）组成了 1L 的 EL5（34.98MJ），EL 和纯柴油分别占 EL5 低位热值中的 3.52%和 96.48%。所以，EL 的排放因子可由以下式子计算出。

EL5 排放因子=乙酰丙酸乙酯（EL）排放因子×3.52% +纯柴油排放因子×96.48%

7) 清单分析

通过综合考虑从生物质生长到酯类燃料的运输，结合 Ecoinvent 数据库，能耗和材料消耗等如表 6-7 所示（由于酯类燃料的使用仅仅考虑了排放，能耗和材料等消耗没有列入表中）。

**表 6-7　生命周期清单分析**（功能单元为生产和使用 1t 酯类燃料）

| 项目 | 数量 | 单位 |
|---|---|---|
| 玉米秸秆生产 | | |
| 柴油 | 10.49 | kg |
| 电力 | 19.82 | kW · h |
| 氮肥 | 13.61 | kg |
| 磷肥 | 4.72 | kg |
| 钾肥 | 5.80 | kg |
| 农药 | 0.05 | kg |
| 耕地占用 | 1075.27 | $m^2$ |
| 玉米秸秆的收集 | | |
| 柴油 | 17.84 | kg |
| 玉米秸秆预处理 | | |
| 电力 | 189.78 | kW · h |
| 钢铁（使用周期内） | 0.45 | kg |

续表

| 项目 | 数量 | 单位 |
| --- | --- | --- |
| 水解和酯化 | | |
| 电力 | 774.19 | kW · h |
| 生物质燃料(43.20%的玉米秸秆) | 6.22 | t |
| 钢铁(使用周期内) | 4.48 | kg |
| 水 | 5.81 | t |
| 乙醇 | 322.58 | kg |
| 硫酸 | 201.61 | kg |
| 碳酸钠 | 80.65 | kg |
| 三氯化铁 | 40.32 | kg |
| 生物质灰(排放) | 341.40 | kg |
| 工业土地占用 | 53.76 | $m^2$ |
| 糠醛(产品) | –967.74 | kg |
| 甲酸钠(产品) | –67.20 | kg |
| 酯类燃料运输 | | |
| 柴油 | 3.05 | kg |

3. 能源消耗结果分析

由图 6-10 可知，1t 酯类燃料的能耗为 109.9GJ，其中 104.1 GJ 来自生物质，占能耗总量的 94.7%。乙酰丙酸乙酯的热值为 $24.2GJ \cdot t^{-1}$，能耗可以折算为 $4.54MJ \cdot t^{-1}$，其中 4.30MJ 来自生物质。能耗分布中乙酰丙酸乙酯的生产占有最大比例，为 96.8%，在生产

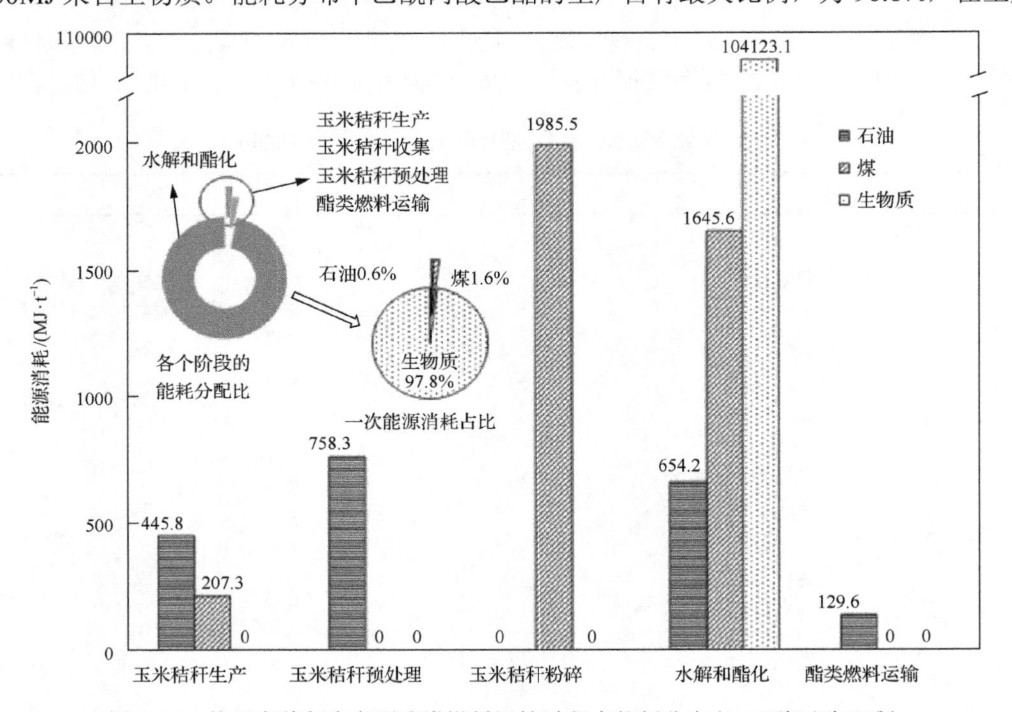


图 6-10　从玉米秸秆生产到酯类燃料运输过程中能耗分布(1t 乙酰丙酸乙酯)

阶段，97.8%的能耗来自生物质；整体上，除去生物质能耗外，化石能源的消耗在生产阶段也是最大的，占整个能耗的 2.2%。玉米秸秆生产和运输阶段的能耗相似，乙酰丙酸乙酯运输阶段的能耗最低。另外，在不考虑生物质能耗的情况下，生产阶段的化石能源消耗占整个化石能源消耗的 39.5%。从生物质到乙酰丙酸乙酯燃料的过程，生物质能耗和化石能源消耗的比例为 17.9∶1，整体上表现出了良好的可再生性。

4. 温室气体排放和标准气体排放分析

1) 温室气体排放分析

生命周期温室气体排放如图 6-11 所示。在玉米秸秆生长阶段，大量的二氧化碳被固定到玉米和秸秆中，因此玉米秸秆生长阶段温室气体排放为负值。在玉米秸秆的收集、预处理，水解和酯化，酯类燃料的运输及酯类燃料车用阶段，温室气体排放均为正值。如图所示，温室气体负值为正值的 83.34%，说明生物质基酯类燃料的生命周期存在着温室气体的排放，但是仍然有很大的减排作用。其中，生产阶段和使用过程排放的温室气体较多，分别占生命周期全过程中温室气体排放正值的 53.4%和 44.5%。另外，如果 1t 乙酰丙酸乙酯完全燃烧，产生的二氧化碳为 2.14t（$2C_7H_{12}O_3 + 17O_2 = 14CO_2 + 12H_2O$），然而在车用阶段每月产生了 6.25t 二氧化碳，主要原因是使用阶段的混合燃料燃烧更加完全，二氧化碳和碳烟等排放增加。全生命周期温室气体排放为 2.34t $CO_{2,eq}\cdot t^{-1}$（$96.6g\cdot MJ^{-1}$）。

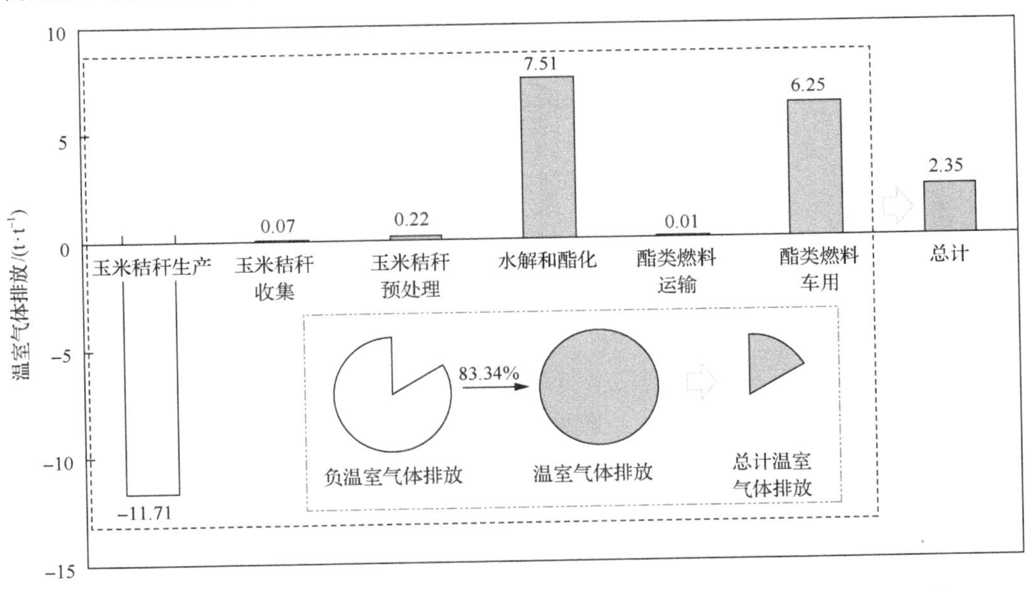


图 6-11　从玉米秸秆生产到酯类燃料车用过程中温室气体排放分布（1t 乙酰丙酸乙酯）

2) 标准气体排放分析

生命周期标准气体排放如图 6-12 所示。标准气体排放中 NMVOC、CO、$PM_{10}$ 和 $SO_2$ 在燃料利用阶段显示为负值，使用乙酰丙酸乙酯作为车用添加燃料具有一定的标准气体减排作用。另外，标准气体排放中 CO 和 $PM_{10}$ 在全生命周期显示为负值，主要是因为燃料车用阶段的 CO 和 $PM_{10}$ 减排值比其他阶段之和还要多。总体上，标准气体中 NMVOC、CO、$NO_x$、$PM_{10}$ 和 $SO_2$ 的生命周期排放值分别为 $0.30kg \cdot t^{-1}$、$-76.22kg \cdot t^{-1}$、$8.03kg \cdot t^{-1}$、$-17.47kg \cdot t^{-1}$ 和 $6.83kg \cdot t^{-1}$（等值于 $0.01g \cdot MJ^{-1}$、$-3.15g \cdot MJ^{-1}$、$0.33g \cdot MJ^{-1}$、$-0.72g \cdot MJ^{-1}$ 和 $0.28g \cdot MJ^{-1}$）。NMVOC 排放在车用阶段减排值为其他阶段增加值的 46.6%。$NO_x$ 排放在整个生命周期的各个阶段均为正值，在水解和酯化阶段的比例最大，占整个生命周期的 62.4%。尽管 $SO_2$ 排放在使用阶段有一定的减少但在整个生命周期表现为正值，主要是因为水解和酯化阶段的 $SO_2$ 排放较多，占整个生命周期的 67.7%。

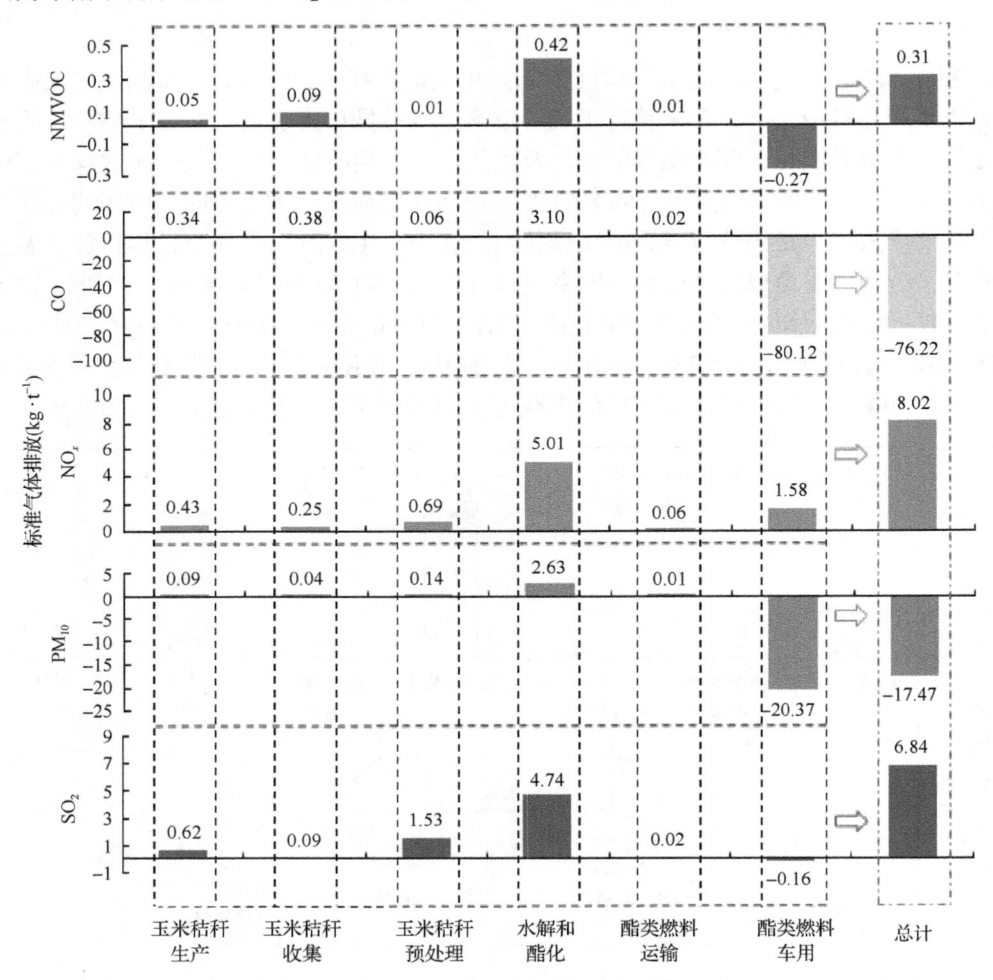


图 6-12　从玉米秸秆生产到酯类燃料车用过程中标准气体排放分布（1t 乙酰丙酸乙酯）

5. 敏感性和不确定性分析

1）敏感性分析

在玉米秸秆的生长阶段，根据一定分配比例方法把能耗和环境排放分配给了玉米和秸秆，然而这些分配存在着变数。前面我们已经叙述了对于粮食和农业废弃物原料的生产阶段产生的能耗和环境排放的 3 种分配方法，下面进行相关的分析，分析玉米秸秆的生长阶段的分配方案对整个生命周期的影响。把前面进行的生命周期分析结果作为基础案例，进行不同的分配原则的敏感性分析，主要假设方案如下：①方案 1：把玉米秸秆生长阶段的能耗和排放全部划分给玉米，玉米秸秆按农业废弃物处理。②方案 2：考虑玉米秸秆用途的增加和价格的升高，把玉米秸秆生长阶段的能耗和排放的 50%划给玉米秸秆。基础方案的值无量纲化后被设定为 1 或–1。气体排放和能耗的值无量纲化后更简洁。标准化公式如下所示：

$$c_{j,i}=x_{j,i}/|x_{0,i}| \tag{6-12}$$

式中，$c_{j,i}$ 为假设方案中排放和能耗指标值与基础方案指标值的绝对值的比值；$x_{0,i}$ 为基础方案中第 $i$ 种排放的值或能耗的值；$x_{j,i}$ 为其他方案中第 $i$ 种排放的值或能耗的值，$j$=1，2。基础方案与假设方案 1 和方案 2 的生命周期能耗和排放对比如图 6-13 所示。

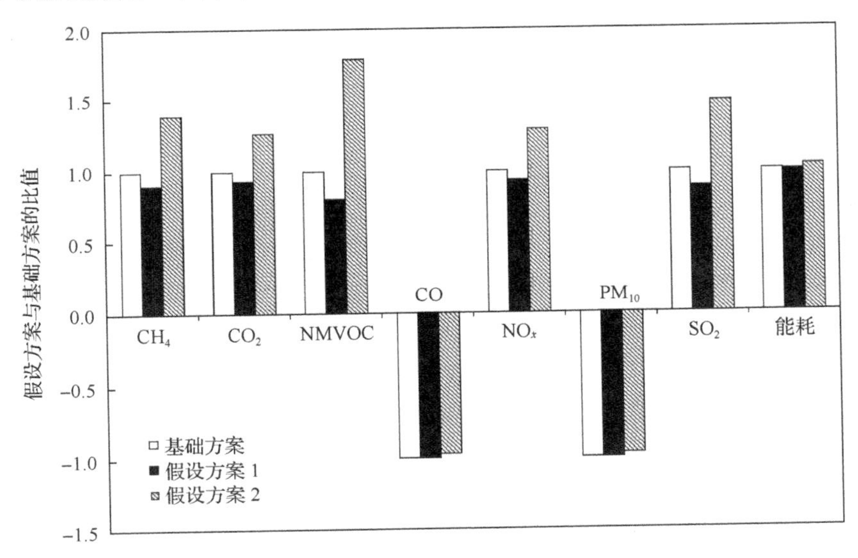


图 6-13　基于玉米秸秆生长阶段分配变化的生命周期环境排放和能耗敏感性分析

由图 6-13 可知，相对于基础方案，假设方案 1 的所有排放和能耗下降，方案 2 的有所上升。方案 1 中下降最明显的是 NMVOC，相比基础方案下降 20%，方案 2 中上升最为明显的也是 NMVOC，上升幅度达 80%。方案 1 中下降较大的排放有 $CH_4$，$NO_x$ 和 $SO_2$，下降幅度在 8%～13%，方案 1 的能耗变化不明显。方案 2 中增加较大的排放有 $CH_4$，$NO_x$ 和 $SO_2$，增加幅度在 29%～48%，方案 2 中的其他排放不明显，但能耗相比方案 1 变化（增加）幅度较大。

我国北方地区农作物一年两熟，在农作物收获和种植下茬作物之间时间紧，需要及时清理田间地头，在没有处理的情况下，没有长期的即地保存性。如果大量的农作物秸秆没有及时清理出去，便会被农民就地烧掉或放到田间地头，如果暂时放到地头，未免会占用耕地，从而耽误了一部分农业生产。秸秆的随意焚烧不仅浪费了资源，还严重污染了大气，危害了人类的生存环境，同时浪费了宝贵的可再生能源。所以秸秆的收集和利用是减少气体排放的重要途径[32]。

进行秸秆直接焚烧的对比研究具有重要意义。假设秸秆进行直接焚烧为方案 3。方案 3 中的能耗分配与基础方案中的一致。目前还没有公开数据可以查到玉米秸秆直接燃烧的排放，所以采用的数据来自 Ecoinvent 数据库。玉米秸秆直接燃烧的排放采用 6kW 的秸秆燃烧炉，燃烧炉的生命周期分析没有考虑在内。玉米秸秆生长过程的能耗、排放等分配与基础方案一致。根据前面的分析可知，生产 1t 的乙酰丙酸乙酯最终需要 10.75t 的玉米秸秆作为原料，则这些秸秆直接燃烧过程的温室气体排放、标准气体排放和能耗如表 6-8 所示。

**表 6-8　玉米秸秆直接燃烧和玉米秸秆作为酯类燃料利用的生命周期排放和能耗对比**

| 方案 | 温室气体排放/kg | | 标准气体排放/kg | | | | | 能耗/MJ |
|---|---|---|---|---|---|---|---|---|
| | $CH_4$ | $CO_2$ | NMVOC | CO | $NO_x$ | $PM_{10}$ | $SO_2$ | 化石能源消耗 |
| 基础方案 | 4.47 | 2236.28 | 0.30 | −76.22 | 8.03 | −17.47 | 6.83 | 5826.45 |
| 方案 3 | 3.25 | −1140.05 | 1.47 | 528.01 | 24.00 | 17.40 | 0.82 | 40.41 |

从表 6-8 可以看出，相对于基础方案，方案 3 的 NMVOC、CO、$NO_x$ 和 $PM_{10}$ 排放分别增加了 390%、792.7%、198.8%和 199.6%，但是 $SO_2$ 排放下降了 88.1%。这些标准气体排放的增加主要是因为秸秆在直接燃烧过程中存在不充分燃烧，因此秸秆等农业剩余物资源的高效转化和利用是非常必要的。基础方案中，较高 $SO_2$ 排放主要是由生物质水解转化酯类燃料过程中电力的消耗造成的，这些 $SO_2$ 排放来自电厂的燃煤消耗。

然而相对于基础方案，方案 3 的 $CH_4$ 和 $CO_2$ 排放分别下降了 27.4%和 151.0%，这是由于基础方案中 NMVOC、CO 和 $PM_{10}$ 的排放下降，碳的燃烧更加完全，$CO_2$ 的排放上升。

方案 3 的能耗仅仅包含了玉米秸秆生长过程的能量投入。由于秸秆直接燃烧没有当作能源利用，基础方案中应扣除了生物质的能耗进行对比，所以秸秆直接燃烧的化石能源消耗比基础方案减少了 99.3%。

2) 不确定性分析

截至目前，河南年消耗玉米秸秆 3000t 的生物质水解转化酯类燃料基地是中国唯一的生物质基乙酰丙酸乙酯生产示范工程，所以目前仍然有许多不确定的因素，需要综合考虑技术、经济和环保等因素来达到和实现能耗和环境等的最优。示范工程中多数的数据取的是平均数据，造成了一定的不确定性。另外，经济效益和环境效益存在一定的矛盾，运行过程需要在两者之间找到一个平衡。有时，经济性指标的变化会是环境可持续发展的一个局限。随着生物质水解制取酯类燃料技术的工业化发展，相关技术将逐渐成熟，环保措施将逐渐加强。不确定性将会在生物质水解制取酯类燃料的工厂或示范工程运行过程中逐渐减少。同时由于实验条件有限，在车用燃料测试中的能耗和排放也存在不确定性，相关工作将在未来研究中逐渐解决。

### 6.2.2　经济性分析

1. 经济性分析模型和方法

对生物质水解制取酯类燃料生命周期进行分析，仅从能耗和环境方面进行分析还不够，随着生物质水解转化酯类燃料及化学品技术的成熟，在生物质资源丰富的地区建立乙酰丙酸乙酯等生产规模化生产线也逐渐成为可能。因此，要进行相应的经济性分析，找到影响其经济性的因素和酯类燃料与传统车用燃料的竞争优势。

1) 系统边界及分析指标

生物质生成乙酰丙酸乙酯(以乙酰丙酸路线为主)一般要经过生物质的预处理(粉碎)、水解、分离及酯化，最后生成酯类燃料及化学品。①预处理过程是对生物质进行粉碎，以便于进行水解，生物质粒度过大不容易进入反应器，粒度过小又耗电过大；②生物质水解法制取乙酰丙酸可以通过间歇催化水解法和连续催化水解法来实现；③水解后的生物质包含乙酰丙酸、糠醛、甲酸和水，其中糠醛可以再循环水解生成乙酰丙酸；④水解得到的乙酰丙酸在催化剂的条件下与乙醇进行反应，生成乙酰丙酸乙酯等酯类燃料和化学品。加上生物质的收集等，整个系统消耗费用主要包含原料及其运输、预处理费用、生产乙酰丙酸乙酯的设备初投资、厂运行费用、设备维护费用及燃料运输费用等。生物质水解转化酯类燃料及化学品系统经济分析模型见图 6-14。

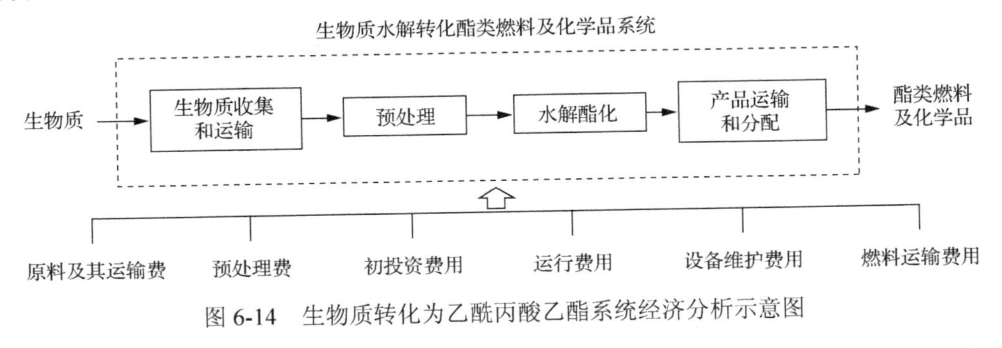


图 6-14　生物质转化为乙酰丙酸乙酯系统经济分析示意图

经济性分析同样采用从生物质到车轮的分析方法，即考虑从生物质的生长、收集、粉碎、水解、酯化得到液体燃料产品和燃料运输分配及替代车用燃料的成本。其中，在原料阶段和燃料阶段主要是针对乙酰丙酸乙酯生产厂，在使用阶段主要是针对车辆使用者。对于乙酰丙酸乙酯生产厂的经济性分析较为复杂，需要对财务净现值、内部收益率、投资回收期等主要指标进行分析。

2) 技术经济评价指标

技术经济评价指标可分为静态指标和动态指标。静态评价指标不考虑资金时间因素，优点是便于计算，易于理解，但不能准确地反映投资项目的实际情况。动态评价指标考虑了资金的时间因素，如投资回收期、净现值、内部收益率等，而且考察了投资项目在整个寿命期内的收支情况，比静态评价指标更科学、更全面[33]。

(1) 财务净现值(NPV)。在项目计算期内，按行业基准折现率或其他设定的折现率计

算的各年净现金流量现值的代数和。其表达式为

$$\mathrm{NPV}=\sum_{m=1}^{n}(\mathrm{CI}-\mathrm{CO})_m(1+i)^{-m} \tag{6-13}$$

(2)静态投资回收期(Pt)。该指标是指通过资金回流量来回收投资的年限。其表达式为

$$\sum_{t=1}^{\mathrm{pt}}(\mathrm{CI}-\mathrm{CO})_t(1+i_0)^{-t}=0 \tag{6-14}$$

(3)财务内部收益率(IRR)。该指标是指项目投资实际可望达到的收益率，即能使投资项目的净现值等于零时的折现率。其表达式为

$$\sum_{m=1}^{n}(\mathrm{CI}-\mathrm{CO})_m(1+\mathrm{IRR})^{-m}=0 \tag{6-15}$$

(4)财务净现值率(PI)，是指项目的净现值与初投资之比。表达式为

$$\mathrm{PI}=\frac{\mathrm{NPV}}{I} \tag{6-16}$$

式(6-13)～式(6-16)中，CI 为现金流入量，万元；CO 为现金流出量，万元；$(\mathrm{CI}-\mathrm{CO})_m$ 为第 $m$ 年的净现金流量，万元；$i$ 为行业内部基准收益率，%；$n$ 为项目设计运行年限，年；$I$ 为项目的总投资，万元。

3)相关数据的收集

以年水解 3000t 的生物质转化酯类燃料及化学品的项目为例。

(1)项目实施进度：建设期为 1 年，第 2 年投产，生产期为 15 年，计算期为 16 年。

(2)资金来源：该项目经费预算共计 700 万元，其中，固定资产投资的 50%为自有资金，不还本不计息，其余 50%为银行贷款，年利率为 7.60%。

(3)固定资产折旧和无形及流动资产摊销：固定资产的折旧年限为 15 年，残值率为 5.0%；无形及流动资产残值为 0。

(4)乙酰丙酸乙酯、糠醛的销项税率为 17%；行业基准收益率为 10%。

乙酰丙酸乙酯作为化石燃料的替代燃料，可参照我国柴油价格来确定相应的价格，目前柴油价格为 8500 元·$t^{-1}$。乙酰丙酸乙酯的热值为柴油的 58%，加上乙酰丙酸乙酯的环境效益，目前售价应定在 6000 元·$t^{-1}$ 左右，糠醛作为副产物售价定为 7000 元·$t^{-1}$。

2. 经济性分析结果

以年水解 3000t 的生物质转化酯类燃料及化学品的项目为例，假设乙酰丙酸乙酯生产厂距周边加油站平均距离为 10km，乙酰丙酸乙酯可被加油站收购和销售。生产厂周边有丰富和足量的玉米秸秆。

在充分进行市场调查的基础上，根据项目建设内容，以项目地当年度市场价格为依据，参考当地前三年平均投入产出水平，并比照国内同期统计资料和预期市场状况作为该项目的财务经济效益估算依据。

1) 成本估算

a. 设备初投资费用包括固定资产和无形资产及递延资产费用

项目建设期为 1 年，运行年限为 15 年，年利率 10%，固定资产的折旧年限为 15 年，残值率为 5.0%。经济性分析主要数据见表 6-9。

**表 6-9　经济性分析主要数据**

| 序号 | 项目 | 原值/万元 | 运行期/(万元 · $a^{-1}$) | 残值/万元 |
|---|---|---|---|---|
| 1 | 固定资产 | 500.00 | 65.75 | 25 |
| 2 | 流动资金 | 200.00 | 0 | 0 |
| 3 | 建设期投资贷款利息 | 26.60 | 0 | 0 |
| | 合计 | 726.60 | 65.75 | 25 |

b. 原料及运输、预处理费用和运行中的电力成本估算

本项目原料主要为玉米秸秆等生物质和乙醇；玉米秸秆预处理过程、水解过程、酯化过程中主要消耗能源为电力；液相水解过程需要硫酸，气相水解过程需要盐酸，酯化过程需要固体酸催化剂。项目运行后每年需要购买的原料费用如表 6-10 所示。

**表 6-10　项目运行后年购买原料费用**

| | | |
|---|---|---|
| 生物质原料 | 单价/(元 · $t^{-1}$) | 200 |
| | 年购买量/(t · $a^{-1}$) | 4530 |
| 乙醇 | 单价/(元 · $t^{-1}$) | 6000 |
| | 年购买量/(t · $a^{-1}$) | 120 |
| 硫酸 | 单价/(元 · $t^{-1}$) | 600 |
| | 年购买量/t | 75 |
| 碳酸钠 | 单价/(元 · $t^{-1}$) | 1500 |
| | 年购买量/t | 30 |
| 催化剂 | 单价/(元 · $t^{-1}$) | 5000 |
| | 年购买量/t | 15 |
| 电力 | 单价/[元 · $(kW \cdot h)^{-1}$] | 0.70 |
| | 年购买量/(kW · h) | 288000 |
| 合计 | 成本/(万元 · $a^{-1}$) | 199.26 |

c. 运行费用中的工人工资及福利估算

项目运行稳定后，固定人员 20 人，运行工人 15 人，管理人员 5 人。运行人员人均工资为 3200 元 · 月$^{-1}$，管理人员人均工资 3600 元 · 月$^{-1}$。具体估算如表 6-11 所示。

**表 6-11　项目运行期间工人工资**

| | 运行人员 | 管理人员 |
|---|---|---|
| 人员人数 | 15 | 5 |
| 人均月工资/[元·(人·月)$^{-1}$] | 3200 | 3600 |
| 工资/(元·a$^{-1}$) | 576000 | 216000 |
| 总计/(万元·a$^{-1}$) | 79.2 | |

d. 总成本估算

总成本费用估算见表 6-12。

**表 6-12　总成本费用估算**

| 序号 | 项目 | 年运行成本/(万元·a$^{-1}$) |
|---|---|---|
| 1 | 年折旧摊销费用 | 65.75 |
| 2 | 生物质费用 | 90.60 |
| 3 | 乙醇费用 | 72.00 |
| 4 | 催化剂和硫酸费用 | 16.50 |
| 5 | 购电费用 | 20.16 |
| 6 | 工资及福利 | 79.20 |
| 7 | 维修费用(1%) | 5.00 |
| | 总成本费用 | 349.21 |

从图 6-15 可以看出，年运行总成本中，生物质原料费用占的比例最大，为 25.94%；乙醇费用也占较大比例，为 20.62%。

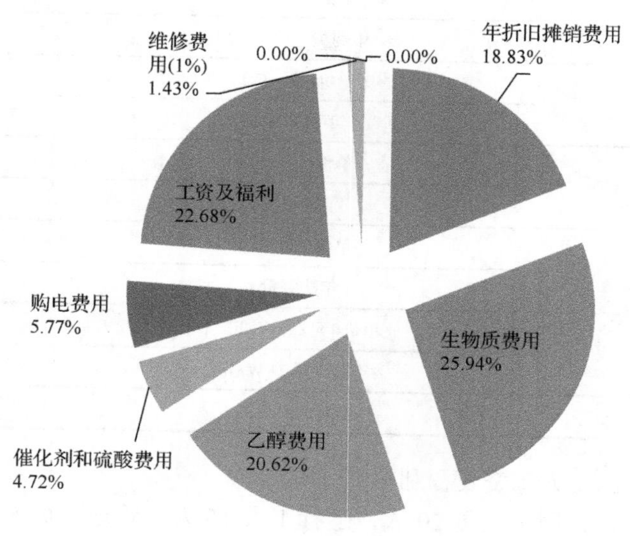


图 6-15　成本费用构成

2) 销售收入和税金估算

本项目的收入来源为乙酰丙酸乙酯和糠醛的销售。运行投产后，销售收入如表6-13所示。

**表6-13　年销售收入和税金估算**

| | | |
|---|---|---|
| 乙酰丙酸乙酯 | 销售收入/(万元·$a^{-1}$) | 223.20 |
| | 单价/(元·$t^{-1}$) | 6000 |
| | 售量/(t·$a^{-1}$) | 372 |
| 糠醛 | 销售收入/(万元·$a^{-1}$) | 252 |
| | 单价/(元·$t^{-1}$) | 7000 |
| | 售量/(t·$a^{-1}$) | 360 |
| 甲酸钠 | 销售收入/(万元·$a^{-1}$) | 7.5 |
| | 单价/(元·$t^{-1}$) | 3000 |
| | 售量/(t·$a^{-1}$) | 25 |
| | 合计销售收入/(万元·$a^{-1}$) | 482.7 |
| | 销项税(17%)/(万元·$a^{-1}$) | 82.06 |
| | 销售净收入/(万元·$a^{-1}$) | 400.64 |

3) 全部投资现金流量分析

由表6-14可知，该项目的财务净现值(基准收益率 $I_c$=10%)为160.27万元，内部收益率为13.41%，投资回收期为10.09年，项目盈利情况一般，财务内部收益率略大于行业基准收益率。

**表6-14　投资现金流量**

| 序号 | 项目 | 建设期 | 运行期 |
|---|---|---|---|
| 1 | 现金流入 | | 482.60 万元·$a^{-1}$ |
| | 销售收入 | | 482.60 万元·$a^{-1}$ |
| 2 | 现金流出 | 726.60 万元 | 366.06 万元·$a^{-1}$ |
| | 建设投资 | 726.60 万元 | |
| | 经营成本 | | 283.46 万元·$a^{-1}$ |
| | 销项税 | | 82.60 万元·$a^{-1}$ |
| 3 | 净现金流量 | −726.60 万元 | 116.54 万元·$a^{-1}$ |
| 4 | 财务内部收益率 | 13.41% | |
| | 财务净现值 | 160.27 万元 | |
| | 财务净现值率 | 22.06% | |
| | 投资回收期(含建设期1年) | 10.09 年 | |

## 6.3 小　结

以生物质转化乙酰丙酸乙酯系统及乙酰丙酸乙酯作为车用燃料为研究对象，考察了生物质水解制取酯类燃料的生物质的生长、收集、预处理、水解酯化、燃料运输分配及燃烧使用等环节，定义了车用燃料生物质水解制取酯类燃料生命周期的系统边界，建立了能源消耗、环境污染物排放及经济性分析的模型，并进行了分析。结论如下：

(1) 1t 酯类燃料的能耗为 109.9GJ，其中 104.1GJ 来自生物质，占能耗总量的 94.7%。乙酰丙酸乙酯的热值为 $24.2GJ \cdot t^{-1}$，能耗可以折算为 $4.54MJ \cdot MJ^{-1}$，其中 4.30MJ 来自生物质。能耗分布中乙酰丙酸乙酯的生产占有最大比例，为 96.8%，在生产阶段，97.8%的能耗来自生物质；整体上，除去生物质能耗外，化石能源的消耗在生产阶段也是最大的，占整个能耗的 2.2%。生产阶段的化石能源消耗占整个化石能源消耗的 39.5%。从生物质到乙酰丙酸乙酯燃料的过程，生物质能耗和化石能源消耗的比例为 17.9∶1，整体上表现出了良好的可再生性。

(2) 在玉米秸秆生长阶段，大量的二氧化碳被固定到玉米和秸秆中，因此玉米秸秆生长阶段温室气体排放为负值。在玉米秸秆的收集、预处理，水解和酯化，酯类燃料的运输及酯类燃料车用阶段，温室气体排放均为正值。温室气体负值为正值的 83.34%，说明生物质基酯类燃料的生命周期存在着温室气体的排放，但是仍然有很大的减排作用。生产阶段和使用过程排放的温室气体较多。

(3) 标准气体排放中 NMVOC、CO、$PM_{10}$ 和 $SO_2$ 在燃料利用阶段显示为负值，使用乙酰丙酸乙酯作为车用添加燃料具有一定的标准气体减排作用。另外，标准气体排放中 CO 和 $PM_{10}$ 在全生命周期显示为负值，主要是因为燃料车用阶段的 CO 和 $PM_{10}$ 减排值比其他阶段之和还要多。总体上，标准气体中 NMVOC、CO、$NO_x$、$PM_{10}$ 和 $SO_2$ 的生命周期排放值分别为 $0.30kg \cdot t^{-1}$、$-76.22kg \cdot t^{-1}$、$8.03kg \cdot t^{-1}$、$-17.47kg \cdot t^{-1}$ 和 $6.83kg \cdot t^{-1}$。

(4) 生物质生产乙酰丙酸乙酯系统的年运行总成本中，生物质原料费用占的比例最大，为 25.94%；乙醇费用也占较大比例，为 20.62%。另外，初投资费用、工资及福利、乙酰丙酸乙酯销售收入、糠醛销售收入在成本费用或销售收入中占有较大的比例。生物质水解制取乙酰丙酸的项目的财务净现值 ($I_c$=10%) 为 160.27 万元，内部收益率为 13.41%，投资回收期为 10.09 年，项目盈利情况一般，财务内部收益率略大于行业基准收益率。

(5) 根据国际能源形势和我国的生物质资源特点，非化石基的生物质水解制取酯类燃料等燃料，将逐渐从科研阶段进入产业化。生物质水解制取酯类燃料的规模化应用，可以有效缓解我国对进口原油的依赖，减少环境排放，同时增加劳动就业，具有明显的环境和社会效益。

### 参 考 文 献

[1] Hellweg S, Canals L M. Emerging approaches, challenges and opportunities in life cycle assessment[J]. Science, 2014, 344(6188): 1109-1113.

[2] Morales M, Quintero J, Conejeros R, et al. Life cycle assessment of lignocellulosic bioethanol: Environmental impacts and energy balance[J]. Renewable and Sustainable Energy Reviews, 2015, 42: 1349-1361.

[3] National Statistics Bureau of the P.R.China. China Statistics Yearbook in 2015[M]. Beijing: China Statistics Press, 2015.
[4] Peng C Y, Luo H L, Kong J. Advance in estimation and utilization of crop residues resources in China[J]. Chinese Journal of Agricultural Resources Regional Planning, 2014, 35(3): 20-35.
[5] 杨建新, 徐成, 王如松. 产品生命周期评价方法及应用[M]. 北京: 气象出版社, 2002.
[6] 邓南圣, 王小兵. 生命周期评价[M]. 北京: 化学工业出版社, 2003.
[7] 中国国家标准化管理委员会. GB T 24040—2008 环境管理　生命周期评价　原则与框架. 北京: 中国标准出版社.
[8] DIN EN. ISO 14040: 2006. Environmental management—Life cycle assessment—Principles and framework. 2006[S]; DIN EN. ISO 14044: 2006. Environmental management—Life cycle assessment—Requirements and Guidelines[S]. 2006.
[9] 利娜.基于 LCA 的生物柴油技术经济评价研究[D]. 天津: 天津大学, 2011.
[10] 邱彤, 孙柏铭, 洪学伦. 燃料电池汽车氢源系统的生命周期 EEE 综合评估[J]. 化工进展, 2003, 22(4): 448-453.
[11] 孙柏铭. 生命周期评价方法及在汽车代用燃料中的应用[J]. 现代化工, 1998, 18(7): 34-38.
[12] 朱丽娜. 基于生命周期的替代汽车燃料方案的综合评价[D]. 重庆:重庆大学, 2006.
[13] 张业明, 蔡茂林. 基于 SimaPro 的气动与电动执行器生命周期评价[J]. 北京航空航天大学学报, 2014, 40(12): 10-13.
[14] 李芳. 二甲醚生产应用过程的生命周期评价及价格体系研究[J]. 上海:同济大学, 2008: 26-28.
[15] 谭斌. 应用生命周期分析的酒精企业清洁生产研究[D]. 上海: 同济大学, 2007.
[16] 金栖凤. GaBi 软件在环境影响评价中的应用[D]. 苏州: 苏州科技大学, 2015.
[17] 朱金陵, 王志伟, 师新广, 等. 玉米秸秆成型燃料生命周期评价[J]. 农业工程学报, 2010, 26(6): 262-266.
[18] Hill J, Nelson E, Tilman D, et al. Environmental, economic, and energetic costs and benefits of biodiesel and ethanol biofuels[J]. PNAS, 2006, 103: 11206-11210.
[19] Ou X, Yan X, Zhang X. Life-cycle energy consumption and greenhouse gas emissions for electricity generation and supply in China[J]. Applied Energy, 2011, 88: 289-297.
[20] 许英武. 生物柴油生命周期分析与发动机低温燃烧实验研究[D]. 上海: 上海交通大学, 2010.
[21] 董进宁. 生物柴油制取的 LCA 及其技术经济性分析[D]. 广州: 华南理工大学, 2010.
[22] 日本能源学会. 生物质和生物能源手册[M]. 史仲平, 华兆哲译. 北京: 化学工业出版社, 2007.
[23] 吴创之, 马隆龙.生物质能现代化利用技术[M]. 北京:化学工业出版社, 2005.
[24] 李京京. 中国生物质资源可获得性评价[M]. 北京: 中国环境科学出版社, 1998.
[25] 贾小黎. 秸秆直接燃烧供热发电项目——资源可供性调研和相关问题的研究(1)[J]. 太阳能, 2006, (2): 9-15.
[26] 杨树华, 雷廷宙, 何晓峰, 等. 生物质致密冷成型原料最佳收集半径的研究[J]. 农业工程学报, 2006, (S1): 132-134.
[27] 陈丽能, 林鸿, 徐展峰, 等. 农村运输机械耗油量数学模型的研究[J]. 浙江大学学报(农业与生命科学版), 2003, 29(2): 185-187.
[28] Hu J, Lei T, Wang Z, Yan X, et al. Economic, environmental and social assessment of briquette fuel from agricultural residues in China—A study on flat die briquetting using corn stalk[J]. Energy, 2014, 64: 557-566.
[29] 国家电网网站. http://www.sgcc.com.cn[EB/OL].
[30] Hong J, Zhou J, Hong J. Environmental and economic impact of furfuralcohol production using corncob as a raw material[J]. International Journal of Life Cycle Assessment, 2015, 20: 623-631.
[31] Xiang D, Yang S, Li X, et al. Life cycle assessment of energy consumption and GHG emissions of olefins production from alternative resources in China[J]. Energy Conversion and Management, 2015, 90: 12-20.
[32] Wang X, Chen Y, Tian C, et al. Impact of agricultural waste burning in the Shandong Peninsula on carbonaceous aerosols in the Bohai Rim, China[J]. Science of The Total Environment, 2014, 481: 311-316.
[33] 彭运芳. 新编技术经济学[M]. 北京:北京大学出版社, 2009.